学术中国·院士系列
未来网络创新技术研究系列

软件定义网络核心原理与应用实践（第三版）上册

SDN Core Principles and Application Practice (3rd edition) Volume 1

黄韬 刘江 魏亮 张娇 杨帆 刘韵洁 著

人民邮电出版社
北京

图书在版编目（CIP）数据

软件定义网络核心原理与应用实践 / 黄韬等著. -- 3版. -- 北京 : 人民邮电出版社, 2018.8(2023.1重印)
（学术中国. 院士系列. 未来网络创新技术研究系列）
国之重器出版工程
ISBN 978-7-115-48767-4

Ⅰ. ①软… Ⅱ. ①黄… Ⅲ. ①计算机网络－网络结构－研究 Ⅳ. ①TP393.02

中国版本图书馆CIP数据核字(2018)第137152号

内 容 提 要

本套书包含核心原理和应用实践上下两册，对软件定义网络（SDN）技术进行全面剖析和深入解读。上册属于核心原理部分，首先阐述 SDN 的设计思想与体系架构，详细分析控制转发分离和开放可编程两个重要属性；其次介绍以 OpenFlow 为代表的 SDN 南向接口协议，以及北向和东西向接口协议；接下来根据 SDN 的层次化架构，自下而上依次介绍 SDN 数据平面、控制平面和应用案例；最后梳理总结 SDN 标准化和学术进展情况。下册属于应用实践部分，首先介绍虚拟交换机 Open vSwitch 和网络仿真工具 Mininet，其次介绍开源控制器 NOX/POX、Ryu、Floodlight、OpenDaylight 以及 ONOS，接下来介绍网络虚拟化工具 FlowVisor 和 OpenVirtex，最后介绍实验测试工具的基本知识。

本书涉及内容广泛，较为全面地阐述了 SDN 的核心原理和基本概念，对从事 SDN 技术研发的专业人士、网络运营管理人员、相关专业的高校学生以及对 SDN 技术感兴趣的读者，都具有一定的参考价值。

◆ 著　　　黄韬　刘江　魏亮　张娇　杨帆　刘韵洁
　责任编辑　代晓丽
　责任印制　杨林杰
◆ 人民邮电出版社出版发行　　北京市丰台区成寿寺路 11 号
　邮编 100164　　电子邮件 315@ptpress.com.cn
　网址 http://www.ptpress.com.cn
　固安县铭成印刷有限公司印刷
◆ 开本：700×1000　1/16
　印张：40.5　　　　2018 年 8 月第 3 版
　字数：749 千字　　2023 年 1 月河北第 6 次印刷

定价：288.00 元

读者服务热线：(010)81055493　印装质量热线：(010)81055316
反盗版热线：(010)81055315

《国之重器出版工程》编辑委员会

专家委员会委员（按姓氏笔画排列）：

于　全　中国工程院院士
王　越　中国科学院院士、中国工程院院士
王小谟　中国工程院院士
王少萍　“长江学者奖励计划”特聘教授
王建民　清华大学软件学院院长
王哲荣　中国工程院院士
尤肖虎　“长江学者奖励计划”特聘教授
邓玉林　国际宇航科学院院士
邓宗全　中国工程院院士
甘晓华　中国工程院院士
叶培建　人民科学家、中国科学院院士
朱英富　中国工程院院士
朵英贤　中国工程院院士
邬贺铨　中国工程院院士
刘大响　中国工程院院士
刘辛军　“长江学者奖励计划”特聘教授
刘怡昕　中国工程院院士
刘韵洁　中国工程院院士
孙逢春　中国工程院院士
苏东林　中国工程院院士
苏彦庆　“长江学者奖励计划”特聘教授
苏哲子　中国工程院院士
李寿平　国际宇航科学院院士

李伯虎　中国工程院院士
李应红　中国科学院院士
李春明　中国兵器工业集团首席专家
李莹辉　国际宇航科学院院士
李得天　国际宇航科学院院士
李新亚　国家制造强国建设战略咨询委员会委员、中国机械工业联合会副会长
杨绍卿　中国工程院院士
杨德森　中国工程院院士
吴伟仁　中国工程院院士
宋爱国　国家杰出青年科学基金获得者
张　彦　电气电子工程师学会会士、英国工程技术学会会士
张宏科　北京交通大学下一代互联网互联设备国家工程实验室主任
陆　军　中国工程院院士
陆建勋　中国工程院院士
陆燕荪　国家制造强国建设战略咨询委员会委员、原机械工业部副部长
陈　谋　国家杰出青年科学基金获得者
陈一坚　中国工程院院士
陈懋章　中国工程院院士
金东寒　中国工程院院士
周立伟　中国工程院院士

郑纬民　中国工程院院士

郑建华　中国科学院院士

屈贤明　国家制造强国建设战略咨询委员会委员、工业和信息化部智能制造专家咨询委员会副主任

项昌乐　中国工程院院士

赵沁平　中国工程院院士

郝　跃　中国科学院院士

柳百成　中国工程院院士

段海滨　“长江学者奖励计划”特聘教授

侯增广　国家杰出青年科学基金获得者

闻雪友　中国工程院院士

姜会林　中国工程院院士

徐德民　中国工程院院士

唐长红　中国工程院院士

黄　维　中国科学院院士

黄卫东　“长江学者奖励计划”特聘教授

黄先祥　中国工程院院士

康　锐　“长江学者奖励计划”特聘教授

董景辰　工业和信息化部智能制造专家咨询委员会委员

焦宗夏　“长江学者奖励计划”特聘教授

谭春林　航天系统开发总师

前言

软件定义网络（Software Defined Networking，SDN）正在成为行业注目的焦点，越来越多的业界专家相信它将推动传统网络的发展与变革。但是，究竟什么是SDN？为什么需要SDN？它将对现有网络架构产生何种影响？这些问题的背后，是大家对网络技术发展的思考与期许。

当前正在运行的互联网体系架构已经有超过40年的历史，随着网络规模的急剧膨胀和业务类型的不断丰富，互联网的结构和功能也日趋复杂，网络管控难度日渐增加，网络新功能难以快速部署。这促使人们重新思考网络体系架构的设计，而此时SDN的提出与兴起为未来网络的发展提供了一个新的可行方向。

SDN之所以是一种革新性的技术，是因为它打破了传统网络架构的设计理念，一方面实现了控制平面与数据平面相分离；另一方面开放了网络可编程能力，从而提高了网络的灵活性和可管控性。此外，SDN运营建立在开放软件的基础上，可以显著降低业务部署和维护成本。

本系列丛书期望对当前SDN的概念定义、核心原理、关键技术和部署应用几方面进行较为全面的介绍，具体包含核心原理和应用实践上下两册。本册属于核心原理部分，重点介绍了SDN数控分离的体系架构和主流南向接口协议，以及SDN各个平面的相关成果，第三次再版，本册主要对SDN领域的最新进展进行了更新。具体章节内容介绍如下。

第1章通过讲述互联网的发展历程，介绍了SDN技术的产生背景，使读者对SDN的兴起有一个大致的了解。

第2章介绍了SDN的基本原理，重点阐述了ONF组织定义的SDN体系架构，通过回顾发展历史，详细论述了软件定义网络的数控分离和可编程性这两大突出属性，并解读了这两个属性对网络技术发展的重要意义。

第3章介绍了SDN南向、北向以及东西向接口等相关内容，重点分析了发展较为成熟的 OpenFlow 协议及其伴侣协议 OF-CONFIG，同时对 XMPP、PCEP、OVSDB 等南向接口协议和 SDN 北向接口进行了简单介绍，并对东西向接口的进展和发展趋势进行了分析。

第 4 ~ 6 章按照 SDN 层次化架构，分别从数据平面（交换设备）、控制平面（控制器）和业务应用（SDN 应用案例）3 个层面剖析了支撑 SDN 架构的关键元素。通过分析 SDN 交换设备架构，重点介绍了 SDN 芯片和 SDN 软 / 硬件交换机。在解读 SDN 控制器体系架构的同时，对开源和商用控制器进行了详细介绍。在此基础上，介绍了多个方面的 SDN 应用案例，阐释了在应用场景中引入 SDN 的策略和方法，帮助读者了解 SDN 多元的发展方向和应用前景。

第 7 章主要介绍了 SDN 在技术标准化和学术方面的进展，详细梳理了多个标准化组织对 SDN 相关技术标准的工作开展情况，并分类概述了 SDN 在相关领域的学术研究成果，使读者更方便了解 SDN 技术的发展前景。

为便于读者检索，本书在附录中给出了 SDN 相关缩略语、名词索引以及有关 SDN 资源网址列表。

本书参与撰写和审校的人员包括：北京邮电大学的汪硕、张晨、李呈、丁健、王健、胡文博、俞淑妍、张健男、谢俊峰、肖海洋、杨潇、顾莹、于洁、张丽、刘娟、晏思宇、侯乐、张歌、胡晓露、蒋韵、曹睿、马宁宁、毛健炜、师圣蔓、王泽南、王领、张航、张然、辛远铭、吴理炫、李婕妤、吴畏虹、邹贵今、王彬、尹弼柏、周正强、陈进、李倩、田家翼、王领、张泽阳，以及江苏省未来网络研究院的檀朝红、张婉蒙、王统柱、徐锟、吴正东、程智炜、周陆宁、陈俊霞、张小雅等。在此对大家表示衷心感谢。

感谢相关企业给予的大力支持与帮助，特别感谢中国联通研究院张云勇院长、房秉毅博士、徐雷博士，盛科公司孙剑勇总经理、张卫峰总监、杨勇涛经理在本书编写过程中提出的诸多宝贵建议。

同时还要感谢北京邮电大学 SDN 试验平台小组的高志鹏、赵钦、胡铮、李慧、乔秀全、孙咏梅等几位老师，大家的共同努力为本书第 6 章试验平台部分提供了切实有力的支撑。

最后，感谢人民邮电出版社的大力支持和高效工作，使本书能尽早与读者见面。

本书内容是作者所在团队科研过程中一些实际经验的总结，希望能够对读者有所帮助。由于作者水平所限，同时 SDN 技术仍处于快速发展之中，因此书中难免存在不少疏漏之处，真诚地企盼读者批评指正。

作 者

目 录

第1章 SDN概述

软件定义网络（Software Defined Networking，SDN）是近几年来受到广泛关注的一个技术理念。本章通过回顾整个互联网的发展历程来分析SDN诞生的背景，以及它之所以受到学术界和产业界如此强烈关注的原因，使读者对SDN技术有一个感性的认识；然后在第2章中详细阐释SDN的具体定义，从而使读者能够对SDN有更深入的理解。

谈到互联网的发展历史，我们可以从任何一本关于计算机网络的课本中找到，下面仅对互联网发展历程中具有代表性的一些重要事件做简要介绍。在 20 世纪 50 年代，随着计算机技术和通信技术的快速发展，科学家们认识到通过组建连通性的网络，能够实现不同计算机用户之间的远距离通信，这促进了学术界开始对数据分组交换、分布式网络、排队论等一系列技术展开探索和研究。1962 年，Leonard Kleinrock 在美国麻省理工学院的博士论文中首次提出分组交换概念，该技术后来成为互联网的标准通信方式。在 20 世纪 60 年代特定的“冷战”历史背景下，美国国防部于 1969 年启动了计算机网络开发计划 ARPANet（Advanced Research Projects Agency Network），这一网络最初连接了美国加利福尼亚大学洛杉矶分校、美国斯坦福大学、加利福尼亚大学圣塔芭芭拉分校以及犹他大学的几台大型计算机，虽然开始时规模很小，但是 ARPANet 的成功运行使计算机网络的概念发生了根本变化，同时标志着现代互联网的诞生。1974 年，国际标准化组织（International Organization for Standardization，ISO）发布了著名的 ISO/IEC 7498 标准，它首次提出并定义了网络分层模型设计思想，也就是我们所熟知的 OSI（Open System Interconnection，开放式系统互连）7 层参考模型，同年 12 月，斯坦福大学的 Vinton G. Cerf 和 Robert E. Kahn 一起领导的研究小组提出了著名的 TCP/IP（Transmission Control Protocol/Internet Protocol，传输控制协议 / 互联网协议），利用计算机网络互连的思想，以互连具有不同协议的网络，从而使得构建大规模数据分组网络成为可能。1983 年，

ARPANet 宣布将过去的通信协议——NCP（Network Control Protocol，网络控制协议）向 TCP/IP 过渡。1984 年，欧洲粒子物理研究实验室（CERN）的 Tim Berners Lee 博士为解决由于 CERN 主机不兼容而无法共享文件的问题，提出了开发一个分布式系统的设想。1991 年夏，Tim 利用 HTML（HyperText Markup Language，超文本标记语言）、HTTP（HyperText Transfer Protocol，超文本传输协议）成功编制了第一个局部存取浏览器 Enguire，从此 Web 应用开始起飞，随后通过不断演进最终形成了著名的万维网（World Wide Web，WWW）技术。1996 年，随着万维网的大规模应用，"Internet（互联网）"一词广泛流传。之后 10 年，互联网基于"细腰"的设计理念成功容纳了各种不同的底层网络技术和丰富的上层应用，迅速风靡全世界。

可以看到，互联网最初的设计目标是要把分散的计算机连接起来以达到资源共享的目的。在互联网发展的初期，一所大学、一个研究机构或者企业都能够把自己的计算机资源通过网络组织起来形成私有的网络，这个网络只是为了自己的小规模研究或者给员工提供辅助性服务。例如，在一些中小企业内部往往构建一个小规模专用机房，为员工提供邮件、数据库以及其他一些功能型应用服务，这些应用服务的主要服务对象是公司的内部人员，服务的规模通常很小，因此，各种设备只需要少量的运维管理人员就可以很好地进行管理。但是随着企业规模逐渐增大，以及对外提供服务的增加，原来专用的小型机房难以满足日益增长的需求，这就需要企业对其进行扩容或扩建，当然这将会使得机房的运维管理成本急剧上升。为应对这一问题，互联网数据中心（IDC）应运而生，业界开始考虑把各种业务托管到数据中心进行统一管理，进而有效降低企业的 IT 运维成本。

随着业务的增长和数据中心的不断扩大，服务器的计算能力与最初的计算机相比提高了成百上千倍，但计算资源往往难以得到充分的利用，一台服务器如果只处理少量任务，或者有大量空闲时间没有执行操作系统的任务，显然是对计算资源的一种浪费，于是，有研究者提出了一种新的技术设想——虚拟化。虚拟化技术的核心思想是希望能够在一台真实的物理机器上创建多个虚拟的逻辑主机，每个逻辑主机有自己虚拟的网卡、主板等虚拟设备，这些虚拟设备能够高效地复用真实物理设备，从而极大地提高物理基础设施资源的利用率。同时，为便于用户使用各逻辑资源，还特别强调灵活性和隔离性，即各台逻辑主机可以支持不同的操作系统，能够并行运行且互不干扰。正是由于上述这些技术特点，在随后几年中，虚拟化技术凭借种种优势逐步成为了信息技术（IT）领域持续关注的热点之一。

事实上，虚拟化技术在充分利用物理资源的同时也带来了许多其他好处。

例如，IT 管理部门可以暂停虚拟机，通过复制文件把任意应用轻松地从一台物理主机移动到另一台主机上，并可以通过复制一套虚拟机的文件来快速建立一台新的虚拟机。正是这种灵活性，使网络管理人员能够方便地根据用户访问需求、流量负载情况以及电力制冷甚至经济杠杆等因素将虚拟机合理分配到不同的数据中心中，并能够通过虚拟化把所有活跃的主机集中起来，关掉或者睡眠一些不使用的设备来降低数据中心能耗。简单地说，网络管理员可以通过动态分配计算、存储、网络等 IT 基础设施资源来满足更灵活高效的需求。

正是虚拟化技术提供的这种灵活性，随后引发了一种新的商业模式。数据中心的网络管理人员意识到，为了满足用户对计算、存储资源不断增加的需求，考虑到峰值业务需求和服务体验保障，需要采购大量冗余的设备，这些冗余设备无论使用与否都会消耗大量的电能，占用大量的空间。亚马逊就陷入了这种困境，当时亚马逊的业务不断增长，迫使它增加更多的设备来满足业务需求，但是很多设备在业务高峰期之外的时间里通常是闲置的，造成了 IT 资源的巨大浪费。为了应对这种困境，亚马逊开发了著名的亚马逊云服务（Amazon Web Service，AWS），通过 AWS 将闲置的资源出租，从而提高了业务闲时的资源利用率。当亚马逊内部业务繁忙需要更多的资源时，AWS 就可以减少零售给用户的资源来保证内部对资源的需求；当内部不需要这些资源时，就可以接着把资源分配给零售用户，这种成功的商业模式直接推动了云计算技术的诞生。

从网络技术发展的角度来看，从 20 世纪 70 年代开始到现在，随着业务和应用的不断丰富与发展，用户对互联网提出的要求也在不断变化。网络最初设计的目标只是实现单纯的端到端数据传送，IP 数据分组主要包含源主机和目的主机的网络地址，互联网中几乎所有的流量都是建立在 TCP/IP 架构之上的，尽管设备性能上有了飞跃性的提高，但网络本身的架构却没有什么突破性的变化。然而随着网络中传输的流量越来越大，业务应用对网络的要求越来越高，传统的依靠端到端连接和尽力而为路由转发的网络体系架构，越来越难以满足日益出现的新需求。正如上面提到的亚马逊多租户数据中心应用场景，其对网络提出了更高的需求，它要求不同租户网络间的高度隔离性，以保证各租户差异性的服务质量（QoS），显然如果只依靠端到端的传统网络是难以满足这种需求的。为了解决租户之间的隔离性问题和更复杂的网络需求，在这些年中，各种新技术层出不穷。例如，VLAN（Virtual LAN，虚拟局域网）技术就是为了解决二层局域网内的隔离性问题而被提出的，它主要采用 VLAN 标签的方法隔离网络中的不同用户，但是由于标签数量有限，因此在大规模的网络中，VLAN 技术不能很好地工作，于是近年来业界又进一步提出了虚拟可扩展局域网（Virtual eXtensible LAN，VxLAN）、基于通用路由封装的网络虚拟化（Network Virtualization using

General Routing Encapsulation，NVGRE）等改进的网络虚拟化技术。

从上述技术的发展思路可以看出，这些网络技术的创新往往都是在被动地进行修补，通常情况下是用户发现现有网络中的问题或者有新的业务需求后，由研究者们在 TCP/IP 的基础上进行设计改进，提出新的协议，并逐步在网络设备中改造集成，尽管这些年出现了非常多新的协议帮助解决问题，但这种方法并不是系统性的解决方案，而且通过这种修补的方式，还将会使得原本简单的网络设备变得越来越复杂、臃肿，从网络技术未来的整个发展来看无疑是饮鸩止渴，何况面临全新的网络应用场景，这种“打补丁”的解决办法是远远不够的。例如，在一个典型的多租户数据中心中，每个虚拟机都需要一个 IP 地址与外网相连，虚拟机迁移后，可以重新为虚拟机分配新的物理地址（MAC 地址）和 IP 地址。当虚拟机个数很少时，管理员可以手动进行配置，这不会引起太大问题；然而当虚拟机规模很大时，手动配置各种策略（如 QoS 策略、ACL 策略等）就变得很困难。针对这些新的需求，人们希望通过设计新的网络协议来完成新的功能。

但是，由于厂商设备的封闭性，人们想要添加新协议的行为在很大程度上受到了束缚，不够灵活。这是因为网络管理人员必须使用商用路由器和交换机提供的管理接口才能配置设备，虽然这些设备都提供了一些接口来方便网络管理人员对其进行配置，但是由于多方面原因，它们都隐藏了底层的技术细节，网络管理人员的操作都要通过设备本身封闭的操作系统来完成，这极大地限制了网络管理的灵活性。当人们希望实现并加入一些新的协议时，通常需要设备厂商重新研发，增加设备的相应功能，这往往需要很长的研发周期和高昂的研发成本，从而使得网络升级和新业务的部署变得非常困难。除了交换设备相对封闭不能使网络管理员快速开发协议外，传统网络交换设备架构本身也限制了协议的创新，很多时候网络设备的更替往往只是单纯地提高转发速率性能和增加新协议的支持，而很少从系统架构上进行改进，这主要是由于传统的网络设备中负责智能决策的控制平面和负责高速转发的数据平面集中在一起，都由硬件厂商进行控制，设备的可编程能力非常弱，研究人员和管理人员事实上根本无法添加并实现自己新的协议，由此推动了业界转发控制单元分离（Forwarding and Control Element Separation，ForCES）和路由控制平台（Routing Control Platform，RCP）两种新技术的产生（这两种技术将在第 2 章详细介绍）。这两种技术的核心理念是通过尝试分离网络设备的控制逻辑和转发逻辑，并采用标准的接口 API，以提高灵活性。但是，新协议的设计实现和推动完成是一个漫长的过程，可能需要花费几年的时间，并需要技术、标准、产业等多方面的配合，然而出于商业考虑，设备厂商不太愿意采用像 ForCES 那样的标准数据平面 API，因为开放的 API 会引入新的厂商与他们竞争，因此最终这两种协议并没有得到广泛的使用。

近些年来，为了加快推动网络技术的创新发展，研究者们建设了一系列大规模网络实验基础平台，如美国 PlanetLab 和 Emulab，希望在此之上运行新的协议进行网络创新。出于这些动机，2005 年，美国国家自然科学基金会（National Science Foundation，NSF）资助启动了全球网络创新实验环境（Global Environment Networking Innovations，GENI）计划。与此同时，为了更好地实现控制与转发分离并加快网络创新，2006 年由斯坦福大学主导，联合美国国家自然科学基金会以及多个工业界厂商共同启动了 Clean-Slate Design for the Internet（以下简称 Clean-Slate）项目，该项目旨在重塑互联网，摒弃传统渐进叠加和向前兼容的原则，Clean-Slate 计划最初选择了网络体系结构、异构应用、异构物理层技术、安全、经济与政策 5 个关键研究方向。从 2006 年开始，斯坦福大学研究生 Martin Casado 参与了 Clean-Slate 项目，并着手领导了一个叫作 Ethane 的项目，该项目的最初目标是提出一个新型的企业网络架构，希望通过集中控制来简化管理模型，并为企业网提供更高的安全性。因此，Ethane 最初设计是允许网络管理员定义一个全网的安全策略，这些策略自动下发给各个交换机，以指导其处理网络流量，Ethane 项目最早部署了由一台控制器和 19 台交换机组成的实验环境，用以管理 300 个有线用户和一些无线用户的流量。随后在 2007 年 SIGCOMM 会议上，Martin Casado 发表了一篇名为“Ethane：Taking Control of the Enterprise”的论文，引起了学术界的广泛关注，在 Ethane 的系统架构中，控制与转发完全解耦，控制器通过 Pol-Ethane 语言向交换机分发策略，可以说 Ethane 包含了 SDN 早期的思想，它实际上成为了 SDN 技术的雏形。

2007 年，Martin Casado 联合 Nick McKeown、Scott Shenker 等人共同创建了一个致力于网络虚拟化技术创新的公司——Nicira，并最早提出了 SDN 的概念。紧接着在 2008 年，Nick McKeown 在 SIGCOMM 会议上发表文章“OpenFlow：Enabling Innovation in Campus Networks”，首次提出了将 OpenFlow 协议用于校园网络的试验创新。OpenFlow 开始正式进入人们的视野，SDN 呼之欲出。OpenFlow 协议是为了简化 Ethane 项目中的交换机设计而被提出的，它是一个控制平面和数据平面之间的交互协议，它使得控制和转发完全分离，从而控制器专注于决策控制，而交换机完全专注于转发工作。OpenFlow 协议使得网络具有高度的灵活性以及强大的可编程能力，它蝉联了 2008 年和 2009 年的 SIGCOMM 最佳演示奖，被麻省理工学院和多家咨询机构评选为信息领域未来十大技术之一，为 SDN 早期的发展注入了强劲动力，并一举成为后续 SDN 领域备受关注的核心技术。

2011年初，在Google（谷歌）、Facebook（脸书）、Yahoo（雅虎）等业界重量级企业的推动下，开放网络基金会（Open Networking Foundation，ONF）成立，并正式提出了SDN的概念。ONF组织致力于推动SDN架构、技术的规范和发展工作。同年4月，印第安纳大学、斯坦福Clean-Slate计划工作组与Internet 2联合发起了网络开发与部署行动计划（Network Development and Deployment Initiative，NDDI），旨在创建一个基于SDN的网络创新试验平台，以支持全球科学研究，NDDI将提供一项名为"开放科学、学问与服务交流（Open Science，Scholarship and Services Exchange，OS3E）"的Internet 2服务，并通过与加拿大的CANARIE、欧洲的GÉANT、日本的JGN-X以及巴西的RNP等国际合作伙伴的实验平台协作，实现了与北美洲、欧洲、亚洲以及南美洲的互联。

随着SDN大潮迅猛来袭，迫使传统网络设备商重新思考其未来的发展战略。2013年4月，由思科、Juniper（瞻博网络）、Broadcom（博通公司）、IBM（国际商业机器公司）等传统网络设备、芯片、平台巨头主导的开源平台项目——OpenDaylight引发了IT界一次巨大的轰动，OpenDaylight旨在促进SDN技术交流和产业化开源架构，提供开源代码和架构以加快标准化、健壮性SDN平台的发展演进。OpenDaylight项目的成立对于SDN技术的发展具有里程碑式的意义，它代表了传统网络芯片、设备巨头对网络领域开源技术方向的认可。

在2013年8月的SIGCOMM会议上，Google公司首次将其如何利用SDN技术解决数据中心之间流量问题的方案通过论文公之于众——B4：Experience with a Globally-Deployed Software Defined WAN，鉴于这篇论文在SDN实际应用场景分析上的重要贡献，最终获得了SIGCOMM 2013的最佳论文奖。Google的B4网络作为SDN实际部署的一个成功的商业案例，引起了全球业界的广泛关注与思考，同时也使SDN技术名声大震。它向人们证明了，针对传统网络架构所面临的一系列棘手问题，SDN具有解决这些问题的能力，同时也增强了业界对于SDN技术可行性的信心。

2012年，美国AT&T、英国电信、德国电信等基础电信网络运营商在欧洲通信标准协会（ETSI）上提出了网络功能虚拟化（NFV）的概念。NFV是一种新型网络架构概念，期望摆脱专用硬件的束缚，通过通用的IT硬件及虚拟化技术，实现网络功能的软件化，如NAT、防火墙、DNS、缓存等。NFV与SDN既有联系又有区别：联系在于，它们的核心思想都是软件化、开放化、标准化，从而降低成本，提高灵活性，也能够相互促进；区别在于，SDN更注重网络系统的可编程性，即OSI参考模型的3层及以下，而NFV更注重网元层面的虚拟化以及网络上层功能的软件化，即OSI参考模型的4～7层。由于更接近运营商的业务需求和成本需求，NFV一经提出就得到了以运营商为主的广泛关注。

据 ETSI 的统计数据，截至 2016 年 2 月，ETSI 的 NFV 规范组（NFV ISG）已经拥有来自全球通信业界的 116 家成员单位以及 175 家参与单位。

随着 B4 在 Google 数据中心中的成功落地与应用，如何利用 SDN 技术改造运营商网络成为了新的探索目标。首先，美国运营商 AT&T 提出了 Domain 2.0 计划，到 2015 年底已完成该计划的 5.7%，2016 年将进一步增强网络软件化和云化的基础，进入加速推动软件化的高速通道，预计到 2020 年底实现 75% 的网络功能完全由软件构成，通过 SDN 和 NFV 将网络控制权放入云中和用户手中。在 2017 年 1 月，AT&T 进一步提出了 Domain3.0 Indigo。Indigo 的主要目标在于搭建一个可信赖的环境，不同的组织之间可以实现数据共享和合作分析，更好地利用大数据的可用优势。目前，AT&T 已经成功发布了一个基于 SDN 的产品服务理念——按需服务（On Demand Service），用户可以自己添加或改变网络服务类型，比如实时设定需求的网络速率，并支付相应的费用。按需服务从概念提出到试商用仅花了 6 个月的时间。另外，我国三大运营商分别初步进行了 SDN 的商用部署探索。2014 年 4 月，中国电信与华为联合宣布双方合作完成了全球首个运营商 SDN 商用部署，将 SDN 技术成功应用于数据中心网络。2014 年 8 月，中国移动与华为合作利用 SDN 技术完成了政企专线业务在分组传送网（PTN）中的改造，大幅提升了运维效率及带宽利用率。同年，中国联通首次成功实现了 SDN IPRAN 的商用，初步实现了运维精简、业务可视、快速创新的目标。2015 年 9 月，中国联通发布了新一代网络架构 CUBE-Net 2.0 白皮书，目标是基于 SDN/NFV、云和超宽带技术实现网络重构。在 2017 年 6 月，中国最大的民营电信运营商鹏博士集团，在全球范围内正式发布运营商级别 SD-WAN（软件定义广域网）服务，成为中国第一个提供 SD-WAN 服务的电信运营商。同年 8 月份，中国电信集团公司发布了注入“云网融合、网随云动”灵魂，承载在电信级骨干网上，由 Versa 提供支持的全球 SD-WAN 产品。

在 SDN 网络操作系统方面，2014 年 12 月，由斯坦福大学和加州大学伯克利分校 SDN 先驱共同创立的 ON.Lab，推出了新的 SDN 开源操作系统——开放网络操作系统（ONOS）的首个版本。至此，形成了 OpenDaylight 与 ONOS 两大阵营。ONOS 是业界首个面向运营商业务场景的开源 SDN 控制器平台，旨在满足用户高可靠性、高灵活性的使用需求。与 OpenDaylight 由设备商和互联网厂商主导不同的是，ONOS 主要由运营商和设备商为主推动，主要致力于推动大规模组网场景下的应用，同时重点支持设备的白盒化，这在一定程度上代表了运营商的利益，可以帮助其降低开支、提高服务效率。在 2017 年 3 月底，相关行业报道称思科公司正在开发一种新的网络操作系统 Lindt。Lindt 操作系统增强了软件定义的以应用为中心的基础设施（Application Centric

Infrastructure，ACI)，主要针对中型企业和中小企业市场，以覆盖更广泛的思科交换机。通过回顾整个互联网的发展历史，可以看到网络从最初的端到端模型已经发展到今天诸如多租户数据中心等复杂的应用场景；用户需求从最初的单纯可达性到现在对服务质量、流量工程等多方面的需求；网络协议从最初的TCP/IP 模型发展到了现在 TCP/IP 协议簇和上千种补丁协议。整个网络越来越复杂，但设备架构还是一如既往的封闭，缺少灵活性，难以跟上日益变化的应用需求。同时，由于设备门槛很高，核心技术掌握在少数大公司手中，这就制约了新技术和新协议的部署与实施。在这一背景下，SDN 技术应运而生，其使命就是加快网络创新，推动网络架构从注重标准到注重实现转型，打破设备的封闭性，使整个网络更加开放，以适应不断更新的业务和应用需求。可以说SDN 技术是网络发展到这一阶段的必然产物，它的迅速发展自然也在情理之中。

介绍了这么多软件定义网络技术出现的背景，本章最后简要地总结一下它的核心思想。SDN 系统架构分为一个集中式的控制平面（通常是控制器）和分布式的数据平面，控制器位于上层应用与物理设备之间，控制器首先负责把网络中的各种功能进行抽象，建立具体的操作模型，并向上层提供编程接口，上层应用着重根据业务需求通过控制器与物理设备进行交互，网络中的设备通过控制器向应用平面传递信息。可以看到，SDN 的两个突出属性是数据平面和控制平面分离以及网络的可编程性，下一章将对此进行详细分析和介绍。

SDN 技术目前仍处于发展初期，在协议和处理机制上仍有诸多需要改进和完善的地方，当前其概念和架构也还没有一个统一明确的定义和设计，甚至网络控制、网络管理以及业务编排之间界限也尚未定义清晰。第 2 章中我们将重点介绍 ONF 组织对 SDN 的定义与架构，并通过分析其几个基本属性，以期使读者对 SDN 基本原理有进一步的理解和认识。

第2章 SDN基本原理

第1章从互联网发展历史的角度介绍了SDN的提出背景，并概述了其核心思想，使读者对SDN有一个初步的、宏观的印象。本章将从基本原理开始详细阐述SDN的具体定义、架构以及数据控制分离和网络的编程两个重要特点，从而使读者对SDN有更深入的理解。

| 2.1　SDN 定义与架构 |

2.1.1　SDN 定义

顾名思义，SDN 与传统网络的最大区别就在于可以通过编写软件的方式来灵活定义网络设备的转发功能。在传统网络中，控制平面功能是分布式地运行在各个网络节点（集线器（Hub）、交换机（Switch）、路由器（Router））中的，因此新型网络功能的部署需要所有相应网络设备的升级，导致网络创新往往难以落地。而 SDN 将网络设备的控制平面与转发平面分离，并将控制平面集中实现，这样新型网络功能的部署只需要在控制节点进行集中的软件升级，从而实现快速灵活地定制网络功能。另外，SDN 体系架构还具有很强的开放性，它通过对整个网络进行抽象，为用户提供完备的编程接口，使用户可以根据上层的业务与应用个性化地定制网络资源来满足其特有的需求。由于其开放可编程的特性，SDN 有可能打破某些厂商对设备、协议以及软件等方面的垄断，从而使更多的人可以参与到网络技术的研发工作中来。

根据业界的通用性理解[1-2]，可以将 SDN 定义为一种数据控制分离、软件可编程的新型网络体系架构，其基本架构如图 2-1 所示。SDN 采用了集中式的控制平面和分布式的转发平面，两个平面相互分离，控制平面利用控制—转发通信接口对转发平面上的网络设备进行集中式控制，并向上提供灵活的可编程能力，具备以上特点的网络架构都可以被认为是广义的 SDN 技术。

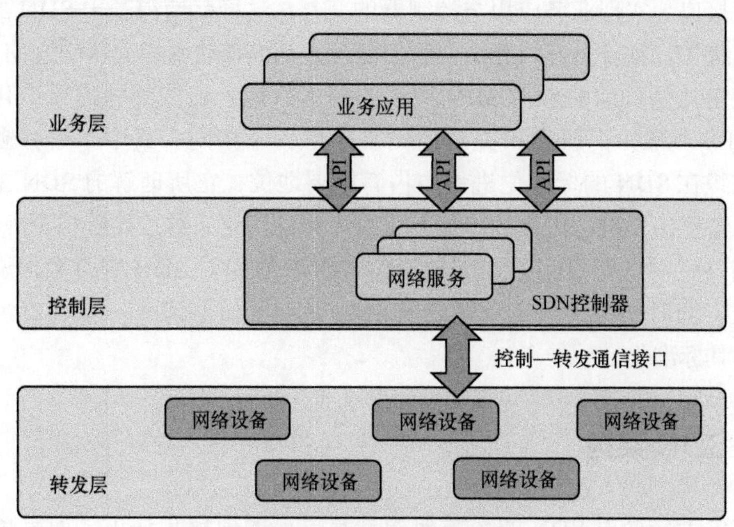

图 2-1 SDN 的基本架构

在 SDN 架构中，控制平面（控制器）通过控制—转发通信接口对网络设备进行集中控制，这部分控制信令的流量发生在控制器与网络设备之间，独立于终端间通信产生的数据流量，网络设备通过接收控制信令生成转发表，并据此决定数据流量的处理，不再需要使用复杂的分布式网络协议来决策数据转发，如图 2-2 所示。

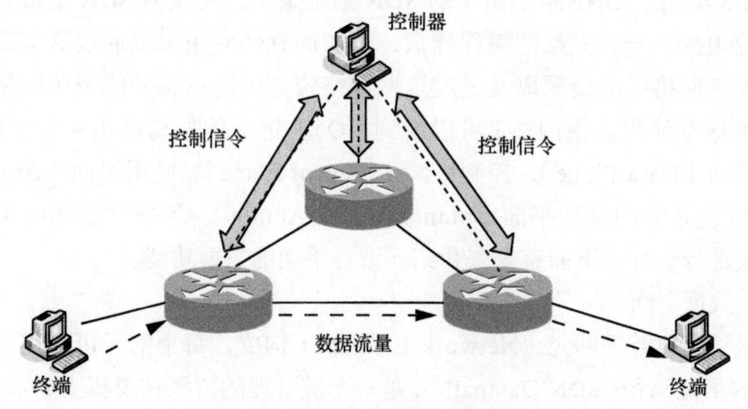

图 2-2 SDN 的数据控制分离

需要明确的是，SDN 并不是某一种具体的网络协议，而是一种网络体系框架，这种框架中可以包含多种接口协议。如使用 OpenFlow 等南向接口协议实现控制器与交换机的交互，使用北向 API（Application Programming Interface，应用程序接口）实现业务应用与控制器的交互。这样就使得基于 SDN 的网络架构更加系统化，具备更好的感知与管控能力，从而推动网络向新的方向发展。

上述定义是目前业界对 SDN 技术的基本共识，当然不同的标准化组织都有自己的参考架构，研究和关注的侧重点也各不相同。其中，最有影响力的 ONF[3] 组织在 SDN 的标准化进程中占有重要地位，它所理解的 SDN 主要是从网络用户角度出发进行定义的，尤其强调未来的网络系统应能够根据业务需求，对底层网络资源进行灵活的定义与操作。ONF 组织对 SDN 核心架构进行了明确的定义，同时还定义了完全开放的 SDN 南向接口协议——OpenFlow，并致力于推进其标准化。

2.1.2 SDN 架构

目前各大厂商对 SDN 的系统架构都有自己的理解和认识，而且也都有自己独特的实现方式，这种多样性使得 SDN 充满活力。ONF 作为 SDN 最重要的标准化组织，自成立开始，就一直致力于 SDN 体系架构的标准化，它提出的系统架构对 SDN 的技术发展产生了很大影响。下面将首先分析 ONF 组织提出的 SDN 系统架构，力求使读者对架构中几个组成部分有一个明确的理解，并对 SDN 技术有一个宏观的认识，然后在后面详细介绍其他厂商的理念，使读者能够尽可能完整地了解到业界各方对 SDN 技术的理解与思考。

图 2-3 给出了 ONF 组织定义的 SDN 系统架构，它认为 SDN 的最终目标是为软件应用提供一套完整的编程接口，上层的软件应用可以通过这套编程接口灵活地控制网络中的资源以及经过这些网络资源的流量，并能按照应用需求灵活地调度这些流量。由图 2-3 可以看到，ONF 定义的架构共由 4 个平面组成，即数据平面（Data Plane）、控制平面（Control Plane）、应用平面（Application Plane）以及右侧的管理平面（Management&Admin）。各平面之间使用不同的接口协议进行交互，下面首先来介绍一下各平面的主要功能。

（1）数据平面

数据平面由若干网元（Network Element）构成，每个网元可以包含一个或多个 SDN 数据路径（SDN Datapath），是一个被管理的资源在逻辑上的抽象集合。每个 SDN 数据路径是一个逻辑上的网络设备，它没有控制能力，只是单纯用来转发和处理数据，它在逻辑上代表全部或部分的物理资源，可以包括与转发相关的各类计算、存储、网络功能等虚拟化资源。同时，一个网元应该支持多种物理连接类型（如分组交换和电路交换），支持多种物理和软件平台，支持多种转发协议。如图 2-3 所示，一个 SDN 数据路径包含控制数据平面接口（Control Data Plane Interface，CDPI）代理、转发引擎（Forwarding Engine）表和处理功能（Processing Function）3 个部分。

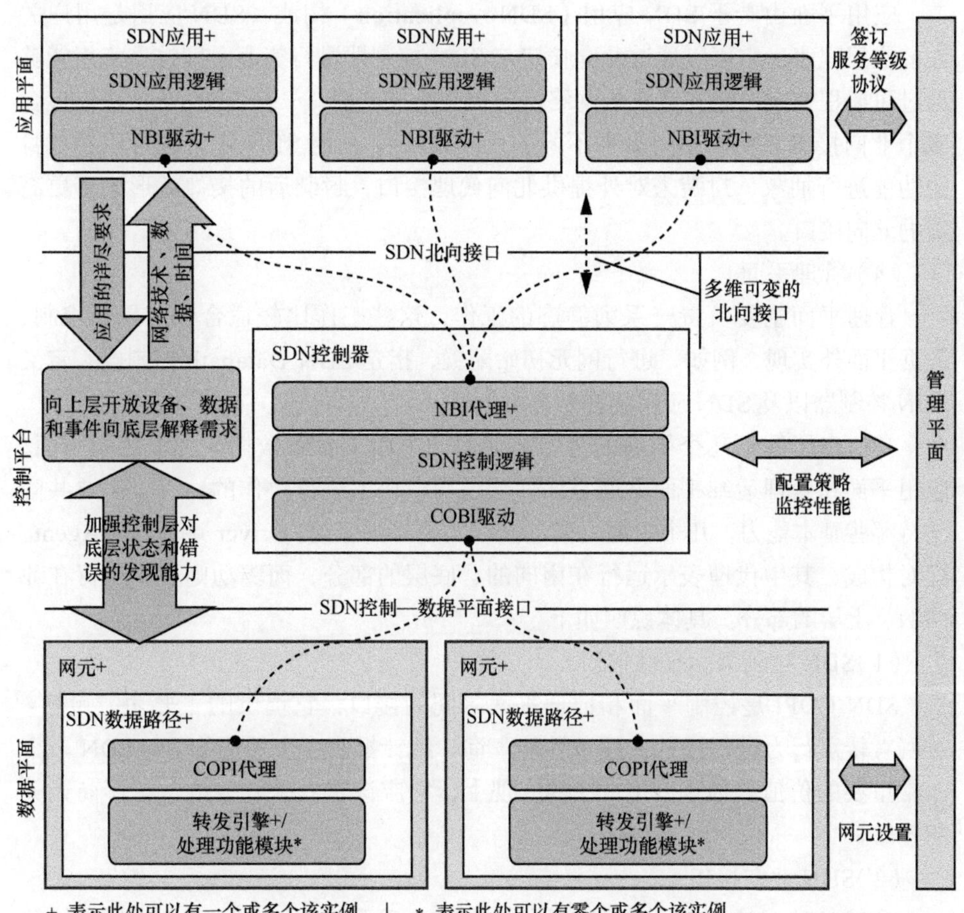

图 2-3　ONF 组织提出的 SDN 系统架构

（2）控制平面

如图 2-3 所示，SDN 控制器（Controller）是一个逻辑上集中的实体，它主要承担两个任务：一是将 SDN 应用层请求转换到 SDN 数据路径；二是为 SDN 应用提供底层网络的抽象模型（可以是状态，也可以是事件）。一个 SDN 控制器包含北向接口（Northbound Interface，NBI）代理、SDN 控制逻辑（Control

Logic）以及控制数据平面接口驱动（CDPI Driver）3 个部分。SDN 控制器只要求逻辑上完整，因此它可以由多个控制器实例协同组成，也可以是层级式的控制器集群。从地理位置上来讲，既可以是所有控制器实例在同一位置，也可以是多个实例分散在不同位置。

（3）应用平面

应用平面由若干 SDN 应用（SDN Application）构成，SDN 应用是用户关注的应用程序，它可以通过北向接口与 SDN 控制器进行交互，即这些应用能够通过可编程方式把需要请求的网络行为提交给控制器。一个 SDN 应用可以包含多个北向接口驱动（使用多种不同的北向 API），同时 SDN 应用也可以对本身的功能进行抽象、封装来对外提供北向代理接口，封装后的接口就形成了更高级的北向接口。

（4）管理平面

管理平面主要负责一系列静态的工作，这些工作比较适合在应用、控制、数据平面外实现，例如，进行网元初始配置，指定 SDN Datapath 控制器，定义 SDN 控制器以及 SDN 应用的控制范围等。

在初步了解了几个平面的基本功能后，下面来看看数据平面、控制平面、应用平面和管理运维平面之间是如何通过接口协议进行协作的，以及需要共同支持哪些基本能力。几个平面之间的接口实现都由驱动（Driver）和代理（Agent）配对构成，其中代理表示运行在南向的、底层的部分，而驱动则表示运行在北向的、上层的部分。具体说明如下。

（1）SDN 控制数据平面接口

SDN CDPI 是控制平面和数据平面之间的接口，它提供的主要功能包括：对所有转发行为进行控制、设备性能查询、统计报告、事件通知等。SDN 一个非常重要的价值就体现在 CDPI 的实现上，它应该是一个开放的、与厂商无关的接口。

（2）SDN 北向接口

SDN NBI 是应用平面和控制平面之间的一系列接口，它主要负责提供抽象的网络视图，并使应用能直接控制网络的行为，其中包含从不同层次对网络及功能进行的抽象，这个接口也应该是一个开放的、与厂商无关的接口。

从 ONF 组织对 SDN 架构的定义可以看到，SDN 架构下集中式控制平面与分布式数据平面是相互分离的。SDN 控制器负责收集网络的实时状态，将其开放并通知给上层应用，同时把上层应用程序翻译成更为底层、低级的规则或者设备硬件指令下发给底层网络设备。考虑到可扩展性、可靠性等问题，SDN 控制器可以不是物理上集中的，而是可以通过分布式的多个控制器实例协同工作

来实现逻辑上的集中。通过 SDN 架构，控制策略建立在整个网络视图之上，而不再是传统的分布式控制策略，控制平面演变成了一个单一、逻辑集中的网络操作系统，这个操作系统可以实现对底层网络资源的抽象隔离，并在全局网络视图的基础上有效解决资源冲突与高效分配问题，下一节将对 SDN 架构的特点进行分析。

ONF 组织所定义的 SDN 体系架构最突出的特点就是标准化的南向接口协议，它希望所有的底层网络设备都能实现一个标准化的接口协议，这样控制平面和应用平面就不再依赖底层具体厂商的交换设备。控制平面可以使用标准的南向接口协议来控制底层数据平面的设备，从而使得任何实现了这套标准化南向接口协议的设备都可以进入市场并投入使用。交换设备生产厂商可以专注于底层的硬件设备，甚至交换设备能够逐步向白盒化的方向发展。

事实上，ONF 组织提出的这一网络设计思想与 PC 的发展思想十分类似。对于个人计算机领域，计算机系统能持续革新并创造辉煌今天的两个重要因素就是底层硬件使用统一的 x86 指令集和基于 x86 架构的操作系统。事实上，最初的芯片生产商如摩托罗拉、英特尔、美国超威半导体公司（AMD）都有各自的硬件架构，程序开发者需要直接在芯片之上开发设计自己的程序，因此基于不同芯片设计的程序是不可以相互移植的，同时由于应用直接基于芯片开发，因此应用需要直接操作底层的硬件，开发效率十分低下。1978 年英特尔推出了 8086 处理器，与此同时微软与英特尔合作，开始基于 8086 处理器开发 DOS，从此开启了英特尔与微软的时代，业界已经找到了一个统一的硬件指令集——x86 指令集，并形成了英特尔和微软两大帝国，其中英特尔公司负责底层的处理器设计，微软公司负责基于 x86 系列处理器的操作系统的开发，两者高度互补。在 x86 架构的流行之下，像戴尔（Dell）、惠普（HP）、联想等 PC 硬件厂商都基于英特尔的芯片和微软的操作系统生产个人 PC。这使得 PC 设备制造商和处理器芯片生产商只需要专注于提升硬件的性能，而不用关心上层的软件与操作系统，而操作系统由于广泛使用了 x86 指令集，使操作系统减少了设计上的复杂性，能更好地兼容各厂商生产的硬件，同时又由于使用了该操作系统，应用也不再需要直接与底层硬件打交道，使得上层应用的兼容性和开发效率都有了很大的提升。

相比之下，互联网领域的网络设备设计并非如此，通常来讲，各个厂商需要负责自己硬件的设计，同时还负责设计自己的软件系统。因此，底层硬件没有统一的设计标准，软件控制也没有使用统一的指令集，于是网络协议基本上只能由设备厂商实现，从而造成了少量设备厂商对网络设备领域的垄断，最终设备缺乏足够的开放性。随着网络新需求的日益增加，OSPF、BGP、NAT、MPLS 等众多功能被不断地加入设备体系中，使得网络设备越来越复杂，最初简单的转发设备如今已经非常臃肿，设备管理系统十分复杂，这导致网络技术的发展相对缓慢，基于网络应用的软件设计变得烦琐不堪，网络缺乏良好的编程性。

因此，ONF 组织期望达到 SDN 技术最初提出时的目标，即希望定义一个标准化的南向接口协议。期望这个南向接口协议和控制器的关系，与 x86 指令集和计算机操作系统的关系相似，硬件厂商专注于底层设备性能的突破，而软件厂商专注于上层的应用。事实上，如果这一目标真正实现，这将有可能彻底改变整个网络领域的产业生态链，尤其可能对传统设备厂商带来巨大冲击，因此产业各方都予以了高度关注。2013 年 4 月 8 日，一个以设备厂商为首的项目——OpenDaylight 开源项目诞生了[4]，其主要参与者大都是设备厂商，其中包括思科、Juniper、IBM 等设备巨头，该开源项目的核心目标是通过社区方式设计一套开源的控制器，而不是对 SDN 进行标准化。在其控制器架构中，一个突出的特点就是以插件（Plugin）的形式支持众多南向接口协议，并通过引入一个新的服务抽象层来对底层南向协议进行抽象与适配，从而使底层可以自由地扩展多个协议，如 OpenFlow、I2RS、NETCONF、XMPP 等。

此外，还有一些厂商认为交换设备的软件仍然能够以目前的方式，即分布式地集成在交换机内部，只需要把一些实时性要求较低的功能分离出来，在远端实现集中式控制即可。仔细思考不难看出，这种理念与前面介绍的 ONF SDN 技术在系统架构上有非常大的不同，它并没有严格地实现所有网络功能的集中式控制，但它在某种程度上也确实使网络具备了一定程度的可编程性，因此宽泛地讲，它也算是一种 SDN 技术。事实上，这种思路的产生与设备厂商自身利益密不可分，在提供一定开放性的同时，他们可以继续控制交换设备大部分的软件和硬件。

虽然 ONF 和 OpenDaylight 两个组织在南向接口是否需要开放标准化上观点仍略有差别，但是它们对 SDN 总体架构的理解是大致相同的，主要表现为：都支持数据控制分离以实现集中化控制，整体体系架构都分为数据、控制和应用 3 个平面，并通过南向和北向接口实现 3 个平面之间的交互，且二者都支持开放网络的可编程能力给用户以实现用软件来定义网络。

综上所述，SDN 技术之所以能够如此吸引产业界的目光，主要是因为它有两个重要的属性：一是数据控制分离以实现逻辑集中式控制；二是网络具有可编程性以实现灵活可定义。下面我们将通过回顾历史上网络技术的发展来详细分析 SDN 这两大属性，以便使读者进一步地深入理解 SDN 技术。

| 2.2　数据控制分离 |

2.2.1　基本概念

数据控制分离是自 SDN 被提出以来业界广泛认同的核心特征之一。为了能够更好地理解这个概念，本节首先介绍当前网络体系架构中的控制与数据平面情况以及它们的基本组件和行为，并详细分析它们在功能和工程实现上的特点，以及它们可能会被部署在什么样的场景中，为后续详细介绍 SDN 数据控制平面分离打下基础。

首先我们先提一个问题，传统互联网设备的数据平面和控制平面是一体的还是分离的？对于这个问题，大部分读者都会认为当然是一体的，因为数据平面和控制平面都集成在网络设备（交换机、路由器）中，它们通过分布式的协议实现了相应的控制决策。但是，如果我们把任意一个传统网络设备打开研究一下，那么这个问题似乎又有另外一个答案了。图 2-4 是网络设备的内部控制平面和数据平面的架构示意，不难看出，在传统网络节点内部，数据平面与控制平面一直以来都是相互分离的，控制平面的执行在独立的处理器或存储卡上，而数据平面的执行则一般在另一个处理器或存储卡上，只不过，这种分离在物理上并没有距离很远，一般情况下两者被放置在同一个网络设备的机箱中。数据平面与控制平面在机箱中设计的区别在于：控制平面由于要完成更多更灵活的功能，因此经常运行在网络节点中可编程性良好的通用处理器上；而数据平面需要保证高速的交换能力，因此，通常运行在网络节点中具备高速硬件转发能力的线卡上，两者之间一般通过高速总线互连，或者在有些设备中也通过专门的光纤互连，以保证高速连接。

这一架构说明，虽然在当前传统网络设备中，控制平面和数据平面在物理距离上非常近，但他们实质上是相互分离的，并分别执行各自擅长的功能，这一点为 SDN 的可行性奠定了基础。

从功能实现来说，控制平面的主要功能是建立本地的数据集合，该数据集合一般被称为路由信息库（Routing Information Base，RIB），RIB 需要与网络内其他控制平面实例的信息保持一致，这一点通常使用分布式路由协议（如 OSPF、BGP 等）来完成。接下来，控制平面需要基于 RIB 创建转发表，用于指导设备出入端口之间的数据流量转发。转发表通常被称为转发信息库（Forwarding Information Base，FIB），FIB 需要经常在设备的控制和数据平面之间进行镜像备份，以保证转发行为与路由决策一致，因此，FIB 实际上是两个平面之间连接的纽带。在此基础上，数据平面就可以根据 RIB 创建的 FIB 进行数据的高速转发。

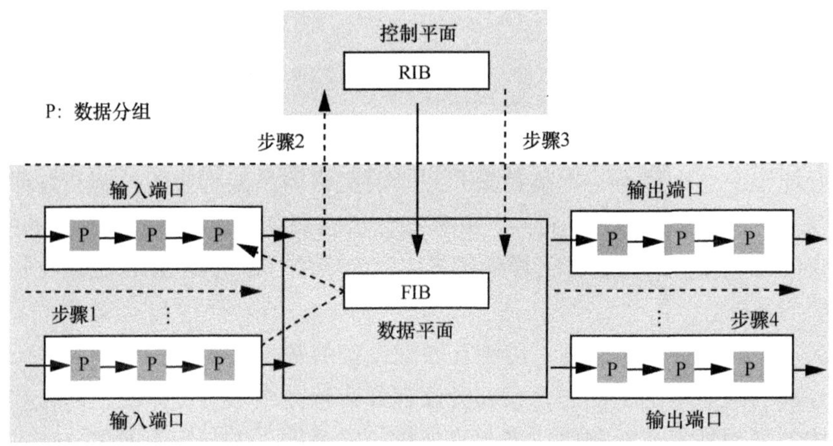

图 2-4　传统网络设备中数据与控制平面示意

当然这只是对控制平面和数据平面最简化的说明，具体情况将会更复杂一些，下面将进一步对两个平面的具体功能作详细介绍，以便读者建立较为完整的基础概念。

（1）控制平面

传统网络设备的控制平面依据功能层面细分来讲，可以分为二层控制平面、三层控制平面以及跨二 / 三层控制平面等几类。

二层控制平面主要关注硬件或物理地址（MAC 地址）。在二层网络中，学习 MAC 地址的行为、保证无环图的机制（如最小生成树协议（STP））、对 BUM（广播、未知单播和多播）流量的泛洪等行为均在自身的可扩展性方面面临着挑战，从反面讲也透露出其在可扩展性方面的局限性。为了解决这些问题，业界提出了多种二层控制协议并进行了广泛应用，例如电气和电子工程师协会（IEEE）的最短路径桥接（SPB）以及互联网工程任务组（IETF）的多链接透明互联（TRILL）协议等。在可扩展性问题上，由于二层网络中存在大量终端主机，在使用广播协议的情况下扩展性较差，这也导致二 / 三层的解决方案总是混杂在一起。这些问题的核心是终端主机在网络之间迁移时，会导致转发表的大规模失效，因此必须以足够快的速度更新转发表才能保证数据流的正常传输不被中断。在二层网络中，转发更

关注 MAC 地址的可达性，因此二层网络控制平面主要实现了 MAC 地址的存储与管理，但是由于大型企业网络中存在大量主机，使得主机的MAC数目十分巨大，因此这些地址在交换机中的管理就变得非常困难。

三层控制平面则侧重完成网络层寻址与转发，主要关注网络地址，如 IPv4/IPv6 地址。在三层网络中，转发主要关注网络地址的可达性，具体来说是一个可达的目的 IP 前缀，这包括关于单播和多播的多个地址簇网络前缀。在当前常见的情况下，三层网络主要用于分割或连通二层网络，从而解决二层网络规模受限的问题。具体来说，一些代表 IP 子网的二层交换机通常是与三层路由器连接在一起以形成较大规模的网络，这些较大规模的网络间通过网关路由器连接。然而，在大多数情况下，路由器仅在三层网络之间传递数据流量，只有得知报文已经到达目标主机所在的三层网络时，才会在二层将数据转发给特定的目标主机。

此外，还有一些著名的跨二/三层协议，例如多协议标签交换（MPLS）协议、以太网虚拟专用网络（Ethernet Virtual Private Network，EVPN）协议和位置标识分离协议（Locator ID Separation Protocol，LISP）等。MPLS 协议是一个协议族，它既集成了二层交换的性能（ATM 创新的快速分组交换技术），同时又集成了三层路由的智能（IP 所采用的灵活且复杂的路由信令技术），因此，MPLS 是一种三层路由结合二层交换的技术。EVPN 协议尝试解决第二层网络的可扩展问题，它将距离较远的二层网桥通过 MPLS（或 GRE）设备打通连接在一起，然后通过这些隧道进行二层寻址和可达性信息交换，因此，不会影响基本的三层网络的可扩展性。另一个值得一提的跨层协议是 LISP，它主要用于解决控制平面分布式模型固有的缺点，例如多宿主场景、新增地址域或封装控制和转发协议等。在大规模数据中心的需求下，基于三层基础网络的虚拟租户网络成了主要解决方案之一，一方面可以通过三层解决终端数量多的问题；另一方面可以通过规模可控的租户网络提升网络的弹性，但是这个方案要求使用三层以上的网络虚拟化封装技术，例如 VxLAN 等。

（2）数据平面

数据平面的首要工作是通过一系列链路级操作采集传入的数据分组，并执行基本的完整性检查。接下来，数据平面将查找 FIB 表（FIB 表已通过控制平面生成，并通过镜像备份的方式复制到数据平面），识别数据分组的目的地址，这样的流程被称为快速数据分组处理。这里的快速数据分组处理主要体现在不再需要每次都到控制平面进行查询匹配，从而有效节省了处理时间。当然，当报文不能匹配已有规则时，这些数据分组将会被发送到控制平面进行处理。

数据平面的查表采用硬件查表和通用处理器查表两类技术，依性能需求而定。首先，在对高带宽有明确需求的网络设备设计过程中，主要使用硬件查表技术，这是由于硬件查表具有更高的数据分组转发性能。当然，硬件转发的设计目标主要是针对数据分组维持线速转发，在设计时需要考虑多种因素，包括板卡和机架的空间、预算、电源利用率和吞吐量等，在这些因素条件下设计出来的数据平面会存在可扩展性的差异，例如不同的转发表数、不同的转发表项数等。其次，在中低性能需求的场景下，可以使用通用处理器进行查表，这样可以在定制功能时节约成本，考虑到通用处理器的 I/O 能力近年正在大幅提升，因此，基于通用硬件的数据平面设计与应用也成为一个重要的发展方向。

从数据平面进行查找后的下一步典型动作是转发（也存在特殊情况，例如多播时下一个动作是复制）、丢弃、重新标记、计数和排队，这些动作也可以组合或链接在一起。在某些情况下，转发判决返回一个本地端口，说明流量目的地是本地控制平面运行的进程，例如 OSPF 或 BGP。这些数据分组由此离开了数据平面，使用内部通信信道转发到路由器的处理器。这个路径通常是较低吞吐量的路径，因为它不适合高吞吐量的数据分组转发。当然，也有一些设计通过简单地添加一个额外的光纤以连接内部交换结构，从而实现盒内接近线速率的转发。

除正常转发功能外，数据平面还可以根据特殊需要处理一些特定的辅助服务功能，例如访问控制列表和 QoS 策略等。此外由于一些服务有非常严格的性能需求，例如较短的事件侦测时间，需要放在数据平面以保证快速执行，不需要通过本地的控制平面进行决策。这些功能既可以使用独立的表，也可以借助增加转发表条目数量来执行，不同的设计可以实现不同的功能和转发操作顺序。图 2-5 是一种典型的转发操作顺序，这样的实现要求硬件的支持，而硬件转发的处理流程往往是设备厂商的核心商业机密，因此，硬件将会影响 SDN 灵活可定义的转发芯片的设计，在后文将进一步详细分析。

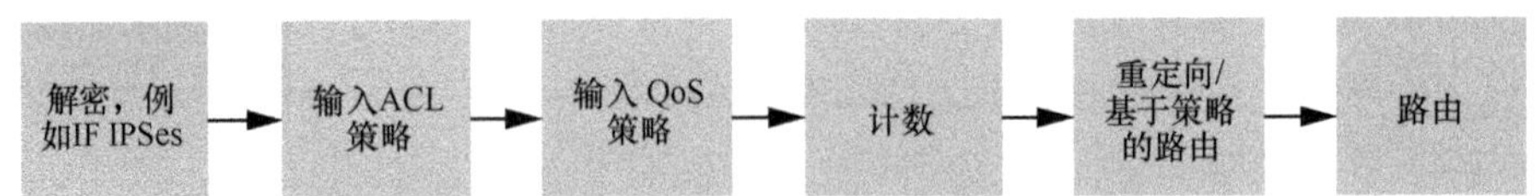

图 2-5　在传统网络设备上进入功能应用的通用实例

2.2.2 数据控制分离历史

2.2.1 小节中对数据平面和控制平面的基本知识进行了简要介绍，下面开始讲述传统网络领域数据平面和控制平面分离的历史。最早期的数据控制分离思

想来源于电话网络，电话网络的初期设计模式是话音数据和控制信令混合传输的模式，信道中的一些特定频段用于传输信令，例如，2 600 Hz可以重置电话中继线，直流脉冲拨号也是一个典型的例子，可以用于为电话做路由，这种方案一个最明显的挑战就是安全性问题，因为攻击可以从数据平面发起。为了应对这样的问题，AT&T公司在20世纪80年代早期决定采取数据控制分离的网络模型，为电话网络引入了网络控制点（Network Control Point，NCP）的概念。NCP的主要功能是承载网络的所有控制信令，同时可以查询用户数据库，以获得更加丰富的数据，可以支持多种附加业务，例如800电话、电话卡服务等。值得一提的是，由于具有了全局数据，例如用户信息、网络空闲状态等，这个网络模型非常便于新业务的开发。截至目前，这个系统很多技术还在使用，足以证明数据控制分离模式的可用性和稳定性。然而与互联网相比，这是一个业务相对简单、流量相对较小的网络。当然，这一数控分离的思想也为理解SDN技术的发展提供了一些参考，例如SDN是否应当将注意力局限于特定的业务流，而不是试图替代全网业务，还是SDN应该追求设计一套更为通用的完整方案。

真正海量数据和丰富业务的通信网络应该是运行TCP/IP的互联网，与传统的电信网络（例如电话网）相比，互联网具有网络功能简单、终端功能复杂的特点，这个结构特征使互联网得以迅速发展，因为大家只需要遵守简单的网络层规则就可以实现互联，其他层面的功能则是开放和多样的，这非常有利于发挥海量互联网用户的潜力。然而，任何一项技术都有其弱点，并有可能随着发展周期而逐渐凸显。采用“尽力而为”模式的互联网的最大问题之一就是难以保证承载业务的服务质量，也缺少对网络状态的感知和控制，这些特点决定了互联网只能用间接的方法解决一些网络问题，例如不断升级路由器/交换机的能力，扩大骨干网带宽，用轻载方式（冗余带宽）提升服务质量（QoS）等。然而，这种模式既不够经济高效，也不具备可控可管性，因此，学术界和产业界不断涌现对互联网进行改进的方案，例如ATM网络和主动网络[5-7]等，它们都或多或少使用了数控分离的管控策略，虽然由于各种原因未能替代现有互联网，但是也体现了对可管可控的需求。

随着互联网的蓬勃发展，诸如Google、亚马逊之类的大型服务商逐渐壮大，甚至构建了覆盖全球的网络基础设施。与传统互联网服务提供商（ISP）一样，这些服务商也开始努力思考如何对日益扩大的网络进行更好的运营与管理，同时迫于业务变化以及出于建设成本方面的考虑，它们对网络灵活优化的管控能力更加渴求。另一方面，随着通用计算平台的迅速发展，通用服务器与专用路由设备控制平面之间的性能距离正在逐步减小，这些趋势催化了一些数控分离的原始创新，例如在Linux中实现内核级数据分组转发功能的Netlink技术，

IETF ForCES 工作组提出的 ForCES（转发和控制单元分离）技术以及 RCP（路由控制平台）技术等。

ForCES 工作组是 IETF 在 2002 年专门成立的，工作组于 2003 年针对一般网络设备提出了控制面—转发面分离的基本结构，而后一直专注于 ForCES 协议等标准草案文件的制定。一个满足 ForCES 规范的网络设备，其基本结构如图 2-6 所示。从图 2-6 中可以看出，一个 ForCES 的网络单元（Network Element，NE）可以包含至少一个或多个（用于冗余备份）控制单元（Control Element，CE）和多达几百个转发单元（Forwarding Element，FE）。每个 FE 包含一个或多个物理介质接口 Fi/f，该接口用来接收从该网络单元外部来的报文或将报文传输到其他的网络单元，这些 FE 接口的集合就是 NE 的外部接口。在网络单元外部还有两个辅助实体：网络单元管理者（CE Manager，CEM）和转发单元管理者（FE Manager，FEM），它们用来在配置阶段对相应的 CE 和 FE 进行配置。图 2-6 中 Fp 为 CE 和 FE 间的接口（通信过程由 ForCES 协议的标准协议完成），其间可以经过一跳（Single-Hop）或多跳（Multi-Hop）网络实现。Fi 表示 FE 间的接口，Fr 表示 CE 间的接口，Fe 表示 CE 管理者和 CE 间的接口，Ff 表示 FE 管理者和 FE 间的接口，Fl 表示 CE 管理者和 FE 管理者之间的接口。ForCES 的这种架构具有底层资源功能模块以及控制面与转发面分离的特点，为新一代网络提供了较好的功能灵活性。

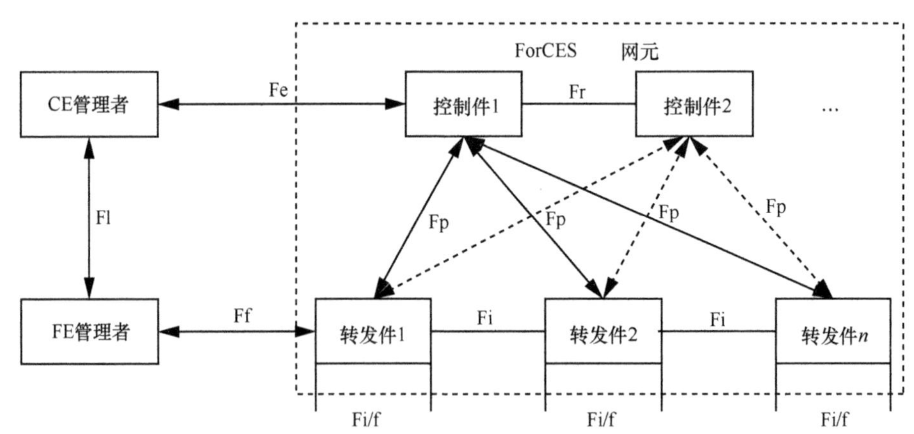

图 2-6　ForCES 网络件基本结构

另一个支撑数据控制分离的创新是逻辑上集中控制网络，如路由控制平台（Routing Control Platform，RCP）和 SoftRouter 架构 [8] 以及 IETF 的路径计算元素（PCE）协议。RCP 利用现有的标准控制平面协议（边界网关协议（BGP））在传统路由器中安装转发表条目，以支持快速部署。这些创新与前期的数控分离机制相比，一个较为突出的区别是将目光集中在网络管理问题上，即关注为网络管理员提供开放可编程、全网视图以及网络控制能力，而不是直接面向用户。这样的好处在于，用户面对的网络其实是有限的、局部的，而网络管理员面对的网络才是全网范围的，管理员的主要工作（如基于当前业务负载选择更优的网络路径，或是在规划路由过程中最大限度地减少瞬态干扰产生的变化）都是基于全网信息实现的。SoftRouter 使用 ForCES API，以允许分离的控制器能够安装数据平面转发表中的条目，从而彻底从路由器中清除控制功能。另外，类似 Open vSwitch（OVS）的开源虚拟交换软件的出现以及高性能服务器技术的进步，为创建逻辑上集中式的路由控制器原型降低了门槛，提供了可能。虽然数控分离的业界原型和标准化工作已经取得了一些进展，但是距离方案真正被厂商广泛采纳仍然遥遥无期。这是因为占主导地位的设备商很少有动力采用标准的数据平面 API，如 ForCES，因为开放的 API 会降低设备商进入该市场的门槛，进而加剧网络设备领域的竞争，影响这些主导厂商的利益。

随后，学术界为拓展控制和数据平面分离的概念提出了一些逻辑集中的新型控制架构。例如，针对当前网络逻辑决策平面和分布式硬件设备结合过紧的问题，Greenberg 等人[9] 重新设计了互联网控制和管理结构，提出了将决策逻辑从底层协议中完全分离出来的 4D 项目，如图 2-7 所示。4D 项目倡导 4 个主要平面：数据平面基于决策平面产生的状态来处理报文；发现平面用于在网络中发现物理网元并创建逻辑标识符识别它们，它定义了标识符的范围和持久化，并执行彼此间的自动发现和管理；扩散平面提供一个连接路由器或交换机的健壮、高效的通信基础结构，从而能够将决策面产生成的状态扩散到数据面上，而自身不产生任何状态；决策平面用于处理网络控制诸如可达性、负载均衡、访问控制、安全和接口配置等功能。这样做的优势在于可以从分布式系统问题中独立出网络的控制逻辑，这种架构有助于实现更健壮、更安全的网络，同时便于对异构网络进行有效管理。

在 4D 项目的基础上，SANE[10] 项目出现了。SANE 项目来自于斯坦福大学研究人员 Martin Casado 等提出的面向企业网的管理架构，其主要工作是创建了一个逻辑上集中的企业接入控制流级解决方案。具体来说，SANE 在链路层和 IP 层之间定义了一个可以管理所有连接的保护层，所有路由和接入控制决策都通过这个保护层由一台中央服务器进行集中式控制。虽然 SANE 实现了以 4D 架构为基础的设计原则，但是由于面向企业网，因此其重点在于安全控制，而不是实现复杂的路由决策，同时，SANE 也没有经过大规模的测试验证，因此距离实际部署还比较远。2007 年提出的 Ethane[11] 项目则在 SANE 项目的基础上进行了功能扩展，将安全管理策略添加到网络管理当中，扩充了中央控制器的管理功能，实现了更细粒度的流表转发策略。Ethane 网络的设计遵循 3 条基本原则：网络应该被高层次发布的网络策略所管理；网络策略决定数据分组的转发路径；网络策略应该在数据分组与其源之间进行强制绑定。在 Ethane 网络中，中央控制器和 Ethane 交换机是两个主要部件，中央控制器负责完成网络主机认证、IP 分配和产生交换机流表等基本功能，是整个网络的控制决策层；Ethane 交换机则负责根据控制器部署的流表进行报文转发，是一个简单的、哑的数据转发单元。事实上，Ethane 项目实现了 OpenFlow[12] 交换机和中央控制器的大部分功能，并最终奠定了 OpenFlow 的技术基础。

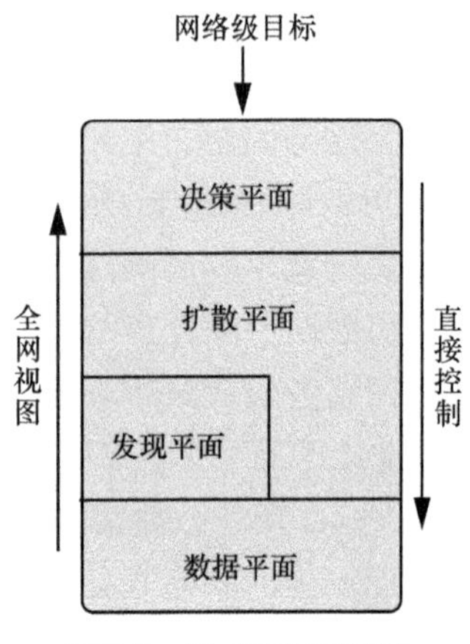

图 2-7　4D 框架系统模型

在以上相关工作的基础上，斯坦福大学的研究人员于 2008 年提出了 OpenFlow 技术，OpenFlow 更加明确地提出了数据控制分离的基本概念，打破了传统网络的分布式框架，简化了网络管理和配置操作，实现了高层控制逻辑的灵活性和可部署性，为 SDN 概念和生态系统的发展迈出了重要的第一步。基于 OpenFlow 的 SDN 数据控制分离将会在下一节详细介绍。

2.2.3　SDN 数据控制分离

数据和控制分离是 SDN 的核心思想之一。在传统的网络设备中，控制平面和数据平面在物理位置上是紧密耦合的，这样的耦合有利于两个平面之间数据的快速交互，从而实现网络设备性能的提升。然而，这种分布式的网络控制方式也带来了一些问题，例如，网络设备管理非常困难，只能逐个配置，任何错误都可能导致管理行为失效，并且难以排查与定位故障；另外灵活性也不够，当网络设备需求的功能越来越复杂时，在分布式平面上进行新功能部署的难度非常大，尤其对于类似数据中心这种变化较快、管控灵活的应用场景，当前数据耦合和控制耦合的技术模式的缺点日益凸显。

下面举一个最简单的例子。一个企业级规模的传统网络，用户希望对时延敏感的声音视频流量提供一个相对更高的优先级来保证用户体验，那么基于传统网络架构技术可以利用转发帧中的某些特定字段来实现流量优先级，如通常可基于数据分组头的 ToS（Type of Service）或 DSCP（Differentiated Services Code Point）等字段来标识优先级，但仔细分析后发现，这些字段必须在整个网络中被一致地标识并使用一致的规则，才能真正有效地区分这些网络流量。事实上，在传统多交换网络中实现这一功能并不简单，这是因为配置工作必须按照某种方式在每个单独的交换设备上重复、无遗漏地完整做一遍，考虑到跨运营商场景以及网络规模动态变化等因素，在现实的互联网上实现这一功能事实上极其困难。尤其网络中的每个端口都被看成一个管理点，这意味着每个端口都被单独的配置，这不仅费时而且难以发现配置错误的位置，这对于网络管理来说是非常耗费时间和精力的工作模式。

为了解决这样的问题，SDN 以网络设备的 FIB 表为界分割数据控制平面，其中交换设备只是一个轻量级的、哑的数据平面，仅保留 FIB 和高速交换转发能力，而上层的控制决策全部由远端的统一控制器节点完成，在这个节点上，网络管理员可以看到网络的全局信息，并可根据该信息做出优化的决策。数据控制平面之间采用 SDN 南向接口协议相连接，这个协议将提供数据平面可编程性。

SDN 的数据控制分离的特征与挑战主要体现在以下两个方面。

一是采用逻辑集中控制，对数据平面采用开放式接口。这个技术特点实际上和 ForCES 面临同样的挑战，即开放接口打乱了传统网络设备商的垄断地位，因此将面临巨大的阻力。然而与几十年前网络规模普遍较小、需求较为单一的情况不同的是，大型互联网服务商（如 Google、亚马逊等）的出现和快速成长使它们的需求成了主要矛盾，设备商的市场定位也要由它们的需求决定，因此，也给了传统设备商向软件转型的动力。另外，通用处理器的能力也在不断提升，使逻辑集中成为可能。

二是需要解决分布式的状态管理问题。首先，逻辑上集中的路由控制器面临着分布式状态管理的挑战，一个逻辑上集中的控制器必须考虑冗余副本以防止控制器故障，但在整个副本中可能存在潜在的状态不一致。其次，为了获得更好的可扩展性，每个控制器实例可负责拓扑的一个单独部分，或一个单独功能，这些控制器之间的实例需要交换相互的路由信息，以确保一致的策略。此外，在分布式 SDN 控制器的背景下，仍然存在分布式控制器放置策略的挑战，以及支持任意应用这一更为普遍的问题，这些都需要更复杂的分布式状态管理解决方案。

虽然数据和控制平面的分离确实会让 SDN 在灵活性和优化性上占据优势，但同时这也是其最具争议的地方。事实上数据控制分离不是一个新的概念，如上文所述，当前网络设备的数据和控制平面在逻辑上也是分离的，这样有利于各个平面功能的独立开发与优化，但 SDN 的创新之处在于，它认为数据和控制平面可以运行在物理距离较远的两个设备上，并通过一个开放的接口协议相互连接。同时，这样的模型也会产生一些性能方面的问题，例如，转发前等待远程处理是否会影响转发效率，控制平面的可扩展性是否能得到保证等，这些都是数据控制分离特性中不可避免的问题。

为更加综合客观地评述 SDN 数据控制分离机制的优劣，我们下面再从技术演进发展的历程上去看待数据控制平面的分离。SDN 的数据控制分离经历了两个阶段，在早期刚提出 SDN 概念时，SDN 的代表协议仅是 OpenFlow，此时定义的数据控制分离就是将控制平面从网络设备中完全剥离，放置于一个远端的集中节点，这个定义并未在可实现性等上探讨过多，仅描绘了一个理想的模式：远端集中节点上的全局调度控制结合本地的快速转发，可以使网络智能充分提升，使网络功能的灵活性最大化。主张这种模式的是期望网络产生革命式发展的研究团队（如 Clean-Slate 等）。这些团队主要来自于高校、研究院所以及代表先进方向的网络创业公司。虽然这种控制平面严格集中的模式引发了相当大的争议，但也说明了 SDN 思想的超前性。

接下来，随着 SDN 影响力的增加，越来越多的传统网络设备提供商也加入 SDN 的研究阵营中，出于自身利益考虑，他们对 SDN 的数据控制分离有了新的解读：远端的集中控制节点是必要的，但是控制平面的完全剥离在实现上有难度，因此，控制平面功能哪些在远端、哪些在本地，应该是 SDN 发展道路上需要研究的主要内容之一。这个概念比上面的原始概念更加宽泛，不仅包含了激进的革命化思路，也涵盖了从当前网络设备的设计模式进行逐渐演化的思想，例如，当前大多数的管理平面功能就是在远端集中的，只需要将少量控制平面功能移至管理平面实现，就能够实现一个新的 SDN 架构，这对于传统网络设备商来说，是一个性价比更高的方案，同时也可以回避开放性问题。

事实上，虽然本书的基本出发点是探讨 SDN 的学术发展和技术革新，但是互联网是一个从来都没能离开商业应用的复杂系统，因此，在 SDN 的发展中，学术上理想的模型和普遍的商业认可都是不可或缺的。本书对这两种思路不置可否，将它们都呈现给读者，希望读者能够对 SDN 的各种思想有全面的了解。

最后，这里结合前面介绍的内容，总结一下 SDN 数据控制分离的特点，具体来讲，SDN 数控分离的优点在于以下几点。

① 全局集中控制与优化：这是SDN的最主要优势，集中式的控制平面有利于实现更好的全局优化，可以高效解决传统网络中困难和复杂的问题[13]。

② 灵活可编程与高速转发相结合：事实上，OVS和Click等软件路由器可编程性更好，但是SDN数控分离的设计更加平衡，以FIB为分界线实际上降低了SDN的编程灵活性，但是没有暴露商用设备的高速转发实现细节，因此也使得网络设备商相对来说更容易接受SDN的理念。

③ 开放性和IT化：数据控制分离在一定程度上可以降低网络设备和控制软件的成本。当前的网络设备是捆绑控制平面功能软件一起出售的，由于软件开发由网络设备公司完成，对用户不透明，因此网络设备及其控制平面软件的定价权完全掌握在少数公司手中，造成了总体价格高昂的局面。在数据控制平面分离以后，尤其是使用开放的接口协议后，将会实现交换设备的制造与功能软件的开发相分离，这样可以实现模块的透明化，从而有效降低成本。虽然硬件价格降低后，相应的软件成本会增加，不过总体来说，IT化将会是一个有效的节约成本的方案。

当然，数据控制分离的属性也给SDN架构带来了一些待解决的问题，本书认为SDN数据控制分离目前还面临以下问题。

① 可扩展性问题：这是SDN面临的最大问题，数据控制分离后，原来分布式的控制平面集中化了，即随着网络规模扩大，单个控制节点的服务能力极有可能会成为网络性能的瓶颈。因此控制架构的可扩展性是数据控制分离后的主要研究方向之一。

② 一致性问题：在传统网络中，网络状态一致性是由分布式协议保证的，在SDN数据控制分离后，集中控制器需要负起这个责任，如何快速侦测到分布式网络节点的状态不一致性，并快速解决这类问题，也是数据控制分离后的主要研究方向之一。

③ 可用性问题：可用性是指网络无故障的时间占总时间的比例，传统网络设备是高可用的，即发向控制平面的请求会实时得到响应，因此网络比较稳定，但是在SDN数据控制分离后，控制平面网络的延迟可能会导致数据平面可用性问题。

通过上述分析，我们可以将传统的网络类比为植物，分布式的交换机就是组成植物的根、茎、叶等各部分，植物的各部分能通过相互配合协调维持植物的生命，但是缺少一个统一的协调系统，所以植物大多数是静止的，无法完成移动、奔跑等复杂的动作。而SDN中的控制器类似于动物的大脑，通过大脑协调各个部分的功能，动物可以完成移动、奔跑等复杂的动作。因此，SDN的创新之处就在于提供了一个控制系统，可以控制网络的各个部分，无论是激进的全部集中式控制，还是演进式的部分集中式控制，要实现的都是一个由高级控制系统调度的智能网络。但是可以看到，目前全部集中式控制遇到了上述的诸多问题，因此整体分布、部分集中、部分分布才有可能是未来的发展趋势。正如动物的大脑只负责协调和下发高级的指令，各个器官自身还是要完成一些基本功能一样，SDN 的集中式控制也最好只完成高级的控制功能来实现部分集中控制，然后通过下移部分基本控制功能到交换机来优化提升性能。

综上所述，SDN 在数据控制分离方面对网络工作模式进行了创新，这种模式能否得到普遍认可还有待研究和市场的检验，但是可以肯定的是，SDN 目前在某些特定的场景下已经有基于数据控制分离思想的商业使用案例，并已经得到了市场的认可，这些案例在本书后续章节会有详细介绍。

2.3 网络可编程

2.3.1 基本概念

网络可编程性是 SDN 的另一个重要属性。说到可编程性，大家首先想到的往往是计算机软件，计算机发展到现在已经衍生出了各种各样的编程语言，包括低级的汇编语言和高级的 C 语言、Java 等，同时计算机操作系统为开发人员提供了各种丰富的编程接口和函数库，开发人员通过这些接口可在计算机操作系统上构建丰富、强大的应用。但是说到网络的可编程性，人们还是很陌生的，随着 SDN 的出现，网络可编程性越来越频繁地出现在了人们的视野当中。

网络可编程性最初是指网络管理人员可以通过命令行对设备进行配置，后来有了可编程路由器、NetFPGA 等设备，这些设备的可编程性主要是对设备本身硬件电路级的可编程，即开发人员是通过编译代码直接控制这些硬件来实现自己的协议或者功能。这种可编程的能力是对某台设备而言的，是一种处于最底层的编程能力，相当于计算机中汇编等级的低级编程语言，不够灵活便捷。然而，SDN 的网络可编程性是从另外一个角度来看的，传统网络设备需要通过命令行或者直接基于硬件的编译写入来对网络设备进行编程管理，现在管理者希望有更为高级的编程方式，相当于 Java 等高级语言。管理者可以通过 SDN 中这种高级的编程能力实现与网络设备的双向交互，通过软件更加方便、灵活地管理网络。这种可编程性是基于整个网络的，而不是基于某台设备的。它是对网络整体功能的抽象，使程序能通过这种抽象来为网络添加新的功能。比如，管理人员可能希望编写一个软件，这个软件能够根据实时的链路负载情况自动配置路由器的转发策略，这就是对网络设备编程能力的一种需求。SDN 很好地满足了这种需求，并体现了网络的可编程性。早在 SDN 出现之前，就有研究人员提出过主动网络（Active Networking）的概念，以使网络具有可编程性。主动网络和 SDN 之间有很多的相似之处，但它并没有发展起来，这一点值得思考，后面我们具体分析。下面首先介绍一下网络可编程的历史，然后再回过头来仔细分析 SDN 对网络可编程性的推动及其进一步的发展方向。

2.3.2　网络可编程历史

互联网于 20 世纪 70 年代中期开始飞速发展，随着电子邮件、文件传输这些服务在互联网中被广泛使用，越来越多的研究者开始去应用和改造网络，他们致力于把自己的新想法在网络中测试实现。刚开始，许多新的想法和网络协议都是在小的实验网络环境下提出，然后在大的网络环境中验证。后来，成立了 IETF 工作组对新的网络协议进行标准化工作。但是，由于标准化过程非常缓慢，新的网络技术得到应用往往需要很长的时间，因此在一定程度上打击了不少研究者的积极性。

为了解决这个问题，一些网络研究者提出了一种新的途径：开放网络控制权，使得研究者能够对网络进行编程。早期很难将计算机中的编程观念应用到网络领域，传统的网络根本就没有可编程这个概念，直到主动网络被作为一种激进的解决方案提出。1994 年，美国国防部高级研究计划署（DARPA）在有关未来网络发展方向的研讨会上指出，未来网络系统应是运行时刻可扩展的，提出了主动网络这一新的网络体系架构。

主动网络的基本思想是，打破传统网络只能被动传输信息的模式，允许网络中的节点在用户数据上执行用户所需的计算。例如，主动网络的用户可以向网络中的主动节点（如路由器）发送一个定制化的压缩程序，并要求该节点收到相应的分组时都执行这个压缩程序。DARPA 主动网络架构可以划分成 3 个主要层次，即主动应用（Active Application，AA）、执行环境（Execution Environment，EE）和节点操作系统（Node OS），如图 2-8 所示。

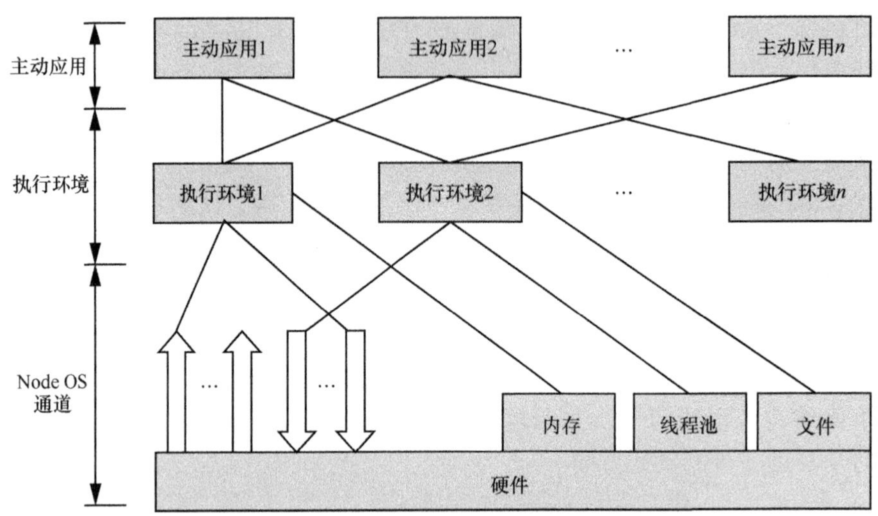

图 2-8　主动网络体系结构

AA 是一个协议的程序代码，它通过主动分组加载到主动节点中，并在主动节点中对分组进行转发和计算来完成某种通信功能。EE 是在 Node OS 上的一个用户级操作系统，它可以同时支持多个 AA 的执行，并负责 AA 之间的互相隔离。EE 为 AA 提供了一个可调用的编程接口，一个主动网络节点可以具有多个执行环境，每一种执行环境完成一种特定的功能。节点操作系统类似于一般操作系统的内核，它位于主动网络节点最底层的功能层次，管理和控制对主动网络节点硬件资源的使用。因此，EE 在 Node OS 中运行，一个 Node OS 可以并发地支持多个 EE，协调 EE 对节点中可利用资源（内存区域、CPU 周期、链路带宽等）的使用。一般来说，主动网络包含以下两种主要的数据模型。

（1）封装模型（Capsule Model）

节点的可执行代码被封装在数据分组内，为 In-Band 方式。这种模型利用数据分组携带代码从而在网络中添加新的功能，同时使用缓存来改善代码分发的效率，而可编程路由器根据数据分组的分组头由管理员定义一系列的操作行为。图 2-9 是主动网络封装报文的一种格式，其中包含了 IP 报文、可执行的程序码和用户数据，交换设备会根据原先的源目的地址来转发报文。可以看到，每条消息甚至每个报文都携带了一段可执行的代码，当报文到达交换机或路由器后，报文中的代码就会被分发到每个交换机的可执行环境中，然后控制交换机的行为或者修改报文。

（2）可编程路由器 / 交换机模型（Programmable Router/Switch Model）

节点的可执行代码与数据分组分离，为 Out-of-Band 方式，图 2-10 展示了报文在主动网络节点和传统网络中传输的情况。用户可以在协议栈中添加自己的操作，网络中可以同时有传统的节点和主动网络节点。当数据通过传统的设备时，报文只是被简单地转发而不做任何修改；而当数据报文通过主动网络节点时，节点能够根据用户定义的行为对数据报文进行计算与操作。

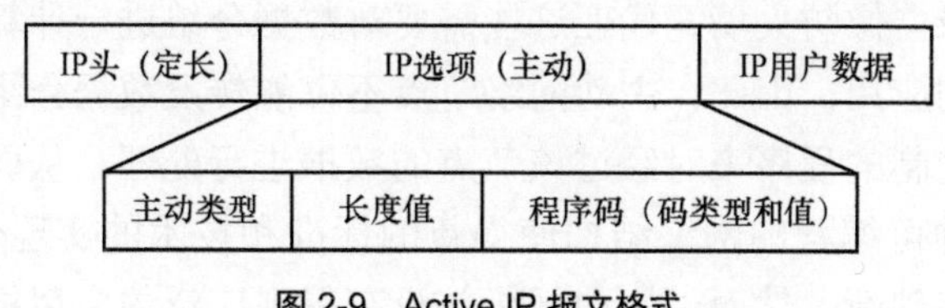

图 2-9 Active IP 报文格式

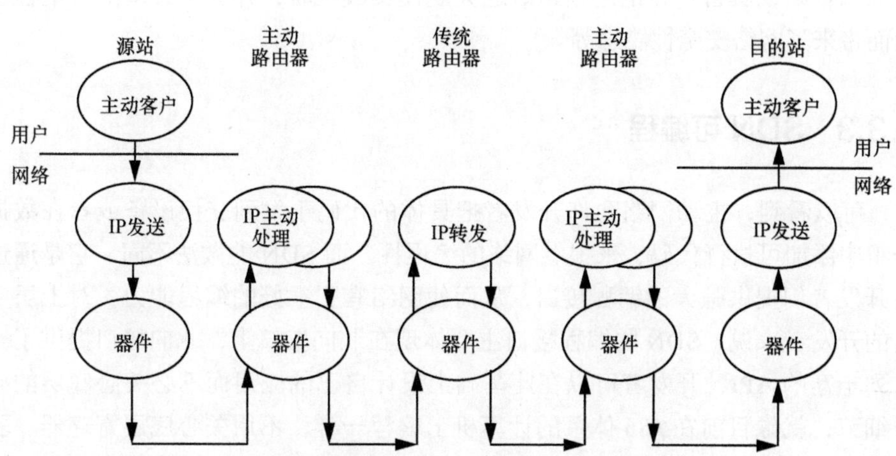

图 2-10 报文在包含主动路由器中的传输情况

上文介绍了主动网络的通用体系架构及其数据分组格式。在主动网络发展的进程中出现了几个重要的项目，这些项目促进了主动网络的快速发展。

① ANTS 项目：ANTS 是由麻省理工学院提出的基于 Java 实现的主动网络工具箱。ANTS 基于动态代码、需求读取和缓存技术，允许新的协议分布于端系统和中间路由节点上。

② SwtichWare 项目：该项目由宾夕法尼亚大学主导，项目提出了一种创新的 SwitchWare 交换机，该交换机使用一个编程元件完成交换功能，由可编程元件控制的入端口组成，被称为交换插件的程序部分被发送到交换机端口，然后编译并执行。

③ Smart Packets 项目：该项目是将主动网络技术引入网络管理中以达到管理节点可编程化的目的。

④ Netscript 项目：该项目的体系结构应用了压缩技术，用脚本语言对传统

网络的原始功能进行一系列简单的抽象。

从上面的介绍可以看出，主动网络通过提供一系列的编程接口来控制网络节点内的资源，例如处理器、存储、数据分组的队列，并且支持构造自定义的行为来对一些通过节点的数据分组进行处理，例如在每个路由器上对数据分组进行追踪和记录。像防火墙、代理这些需要对数据分组进行计算、分析的服务也是主动网络的应用。因此，主动网络节点不仅能转发数据分组，而且还可以执行用户自己定制的程序来对经过该节点的数据进行处理，从而更好地满足用户的需求。这种可编程的网络结构使得新的标准和技术的实现变得更为简单，从而加快了网络创新。然而，主动网络并没有得到广泛的应用推广，主要有以下原因：缺乏具备特色的应用，缺乏大规模实践检验，开放了太多的可编程能力而带来了网络安全性隐患等。

2.3.3 SDN 可编程

可以看到，主动网络允许开发者把具体的代码下发到交换设备或者在数据分组中添加可执行代码，来提供网络的编程性。而 SDN 的做法不同，它是通过为开发者们提供强大的编程接口，从而使网络有了很好的编程能力。对上层应用的开发者来说，SDN 的编程接口主要体现在北向接口上，北向接口提供了一系列丰富的 API，开发者可以在此基础上设计自己的应用而不必关心底层的硬件细节，就像目前在 x86 体系的计算机上编程一样，不用关心底层寄存器、驱动等具体的细节。SDN 南向接口用于控制器和转发设备建立双向会话，通过不同的南向接口协议，SDN 控制器就可以兼容不同的硬件设备，同时可以在设备中实现上层应用的逻辑。SDN 的东西向接口主要用于控制器集群内部控制器之间的通信，用于增强整个控制平面的可靠性和可拓展性。SDN 的各层接口及其关系如图 2-11 所示。

① SDN 北向接口是上层应用与控制器交互的接口，可以是基于控制器本身提供的各种接口 API 函数，也可以是现在最为流行的 REST（Representational State Transfer，表征状态转移）API。北向接口是直接为上层业务应用服务的，其设计需要密切考虑业务应用的需求，为业务提供底层网络的逻辑抽象和模型。北向接口的设计是否完善会直接影响整个 SDN 的可编程能力。虽然现在南向接口已有 OpenFlow 等诸多标准，但是北向接口方面还缺少一个业界公认的标准，不同的控制器厂商都有各自的北向接口。部分传统的网络设备厂商在其现有设备上提供了可编程接口供业务应用直接调用，也可被视作北向接口的一种形式，目的是在不改变其现有设备架构的条件下提升配置管理灵活性，应对开放协议的竞争。

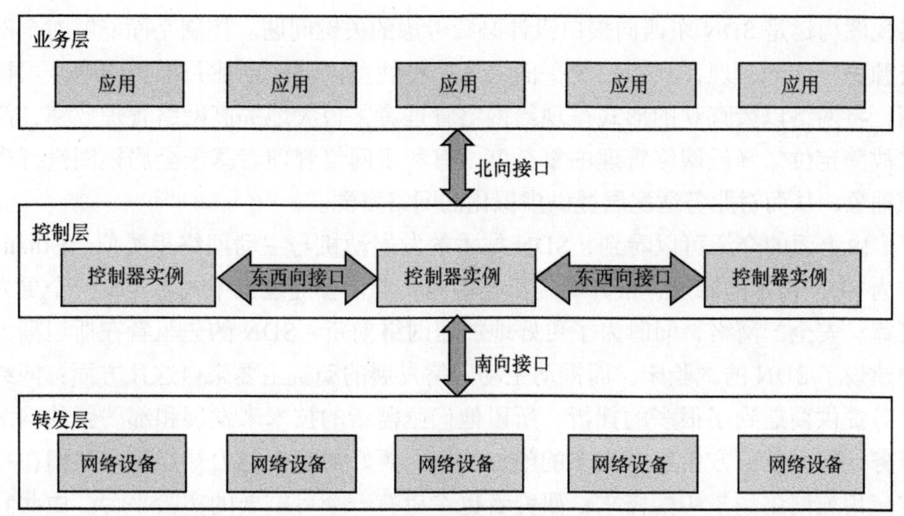

图 2-11　SDN 各层接口示意

② SDN 南向接口协议是集中式的控制平面和分布式的转发设备之间交互的接口协议，用于实现控制器对底层转发设备的管控。SDN 交换机需要与控制平面进行协同后才能工作，而与之相关的消息都是通过南向接口协议传达的。当前，SDN 中最为成熟的南向接口协议是 ONF 组织倡导的 OpenFlow 协议，用于完全控制数据平面的转发行为，此外很多厂商也提出了其他的南向接口协议，其中比较有代表性的有 XMPP、PCEP、I2RS、LISP 等。同时，ONF 还提出了 OF-CONFIG 协议，用于对 SDN 交换机进行远程配置和管理，其目标都是为了更好地对分散部署的 SDN 交换机实现集中化管控。OpenFlow 协议作为 SDN 发展的代表性协议，已经获得了业界的广泛支持，同时它也体现了 SDN 的开放性，ONF 希望通过 OpenFlow 协议实现南向接口的标准化，从而解除用户对厂商的锁定。同时希望厂商借此可以专注于提高转发设备的性能，但是由于协议本身不够完善和一些非技术因素，目前 SDN 南向接口协议的标准化仍在持续进行中。

③ SDN 的控制平面可以是分布式的，在这种情况下就需要一种接口协议来负责控制器之间的通信。SDN 东西向接口主要解决了控制器之间物理资源共享、身份认证、授权数据库间协作以及保持控制逻辑一致性等问题，实现多域间控制信息交互，从而实现底层基础设施透明化的多控制器组网策略。目前在 SDN 的东西向接口的研究方面，产业界还没有形成统一的标准，学术界更多的是从多种控制器处理机制的异同以及语言效率的角度，抽象出统一的控制器东西向接口协议及其消息封装格式，并在发送和接收控制消息时进行容错率校验和解析，实现基础设施透明的多控制器并存模式下的组网。同时，控制平面全局网

络视图构建是 SDN 东西向接口设计必须考虑的关键问题。控制平面能够对全网资源进行统一管理，利用控制平面的这个特性可以动态创建并维护网络全局视图，将网络以最直观的形式呈现给网络管理者，极大地提高网络管理效率，简化故障定位，降低网络管理的复杂度，有利于网络管理者基于全局视图进行资源抽象，从而对业务适配层提供虚拟化的网络资源。

由上面的介绍可以看到，SDN 技术的发展动机与主动网络相类似。Ethane 作为 SDN 技术的雏形，最开始提出是因为企业需要通过集中式来实现一个更为可靠、安全的网络，同时为了更好地加速网络创新，SDN 的先驱者在斯坦福大学建设了 SDN 的试验床。而推动主动网络发展的动机主要来自这几方面：网络服务提供商遇到了很多的挫折，所以他们亟需新的技术来发展和部署新的网络服务；同时第三方希望有更多的附加价值、更好的管控能力并能满足他们在特定应用或网络场景中的需求；研究者也希望有一个可扩展的实验平台。由此看来，SDN 和主动网络最初的目标是一致的，但它们的具体实现存在很大的差异，这直接导致它们的发展有了不同的结果。

下面我们从几个方面分析 SDN 相比于主动网络的优势。

① SDN 应用多集中在对控制平面的编程上，上层应用通过北向接口与控制器交互，然后控制器再通过南向接口与底层硬件交互，这样降低了程序与硬件的耦合程度，只需要实现不同的南向协议，就可以在不同的硬件环境上执行相同的功能。而主动网络的许多早期应用思路集中在中间件（Middlebox）、防火墙、代理上，这些应用都需要分开部署，每个都有各自的编程模型。主动网络主要是在数据平面上增加可编程性，试图直接控制数据平面来实现这些功能，程序代码与数据平面耦合性较高，同样的应用功能对不同的硬件设备有不同的实现，缺乏灵活性，这无疑会影响到主动网络技术的普及。

② SDN 有一些明确的应用场景，如在数据中心和网络试验床中，这很大程度上体现了 SDN 的商用能力，使得业界对于 SDN 的落地持有非常乐观的态度。而主动网络的应用主要在中间件和对数据平面的控制上，总体来说其应用场景相对狭窄。

③ SDN 出现时硬件技术能基本支撑它的发展，而主动网络出现的年代过早，当时许多技术都不是很先进，尤其是在硬件上，当时只能使用造价昂贵的 ASIC 去实现，造成了主动网络设备造价过高，很少有人去使用它。而现在可以使用 TCAM、FPGA、NP 去做，现在的 CPU 能力比过去提高了成百上千倍，价格也便宜了很多，而且有大批的厂商开发出了自己的 SDN 设备，因此 SDN 设备的造价也会越来越低。

④ SDN 的发展方向更为明确，SDN 将目标放在为网络管理者和应用开发

者提供强大的编程能力上，真正做到了为开发者提供一整套编程接口，让网络有强大的可编程能力，从而使开发者能在网络中加入自己新的服务，专注于编程与服务。例如，OpenFlow 在现有的协议基础上提供编程能力做得很好，它只是在现有硬件的基础上进行改进，提供了一套方便的管理协议，而不是大规模地革新现有网络数据平面中的协议，这使得网络有一个相对平缓的演进，有利于网络可编程性更好地落地。与之相比，主动网络过于关注编程语言以及数据分组中怎样更加安全地携带代码，而忽视了更为重要的目标，即人们更为关注网络方便快捷的编程能力。同时主动网络主要是为端用户提供服务，而不是网络的管理者，端用户大多数不怎么关心网络的编程能力，他们更加关注网络能提供什么更好的服务给他们。

SDN 虽然为网络提供了强大的可编程性，但目前在实现过程中也遇到了一些问题，事实上，SDN 所提供的强大的可编程能力需要数据平面的转发设备来支撑，只有转发设备提供了丰富的功能，SDN 才能真正提供强大的编程能力。但是目前主流的设备厂商都有自己的交换芯片，转发设备数据模型的设计也各不相同，这就导致了 SDN 功能实现起来复杂度较高。例如，OpenFlow v1.3 协议中规定的多级流表，许多硬件厂商受到自己设备原始设计的限制，很难提供足够的支持，目前普遍支持的只有能力受限的两级流表。所以说，虽然 SDN 所定义的一些基本能力转发设备可以很好地满足，但是很多高级的能力目前仍很难实现。这就需要设备能及时把自己的能力和所提供的操作上报给控制器，如所支持的流表大小、分组头匹配范围等，使控制器可以根据转发设备不同的能力来调整开放部分的编程能力，优化底层实现的效率。

根据前面所述，SDN 在初始发展阶段虽然明确提出了网络的可编程性，但是实际应用过程中依然受到了基于流水架构的转发芯片的制约，因此高性能网络可编程仍有非常大的空间。Nick McKeown 曾指出，可编程设备的转发速度比传统转发速度慢 10 ~ 100 倍[14]。即使如此，网络可编程所具有的优势依然吸引着学术界和产业界的目光。网络可编程不仅可以使控制平面更好地实现自动化的网络部署和管理，而且能让数据平面实时更改数据流的网络行为，灵活修改已有的网络协议，甚至快速部署新的网络协议，使其更好地支持创新型应用，满足更广泛的场景需求。为了增强 SDN 的网络可编程性，业界分别提出了一些新的标准和协议，例如华为公司主导的 POF（Protocol Oblivious Forwarding，协议无关转发）和斯坦福大学主导的 P4（Programming Protocol-independent Packet Processors，与协议无关分组处理编程语言）。这些都可以不依赖现有的网络协议而是根据网络管理人员自定义的报文协议对数据进行转发，这从很大程度上提高了网络的可编程性，因此受到业界的广泛关注。下面对 POF 和 P4 的网络可编程性进行简单介绍。

（1）POF

目前主流南向协议 OpenFlow 面临以下挑战[15]：① 处于被动演进的模式，即不断有新的协议内容加入、扩充到原有版本中，形成迭代更新的新版本，版本间互相隔离，导致数据层面交换机和控制层面控制器对于新的版本要做重新的定制和改动，牵一发而动全一身，可扩展性和灵活性大打折扣；② 转发层面无状态性，即基于 OpenFlow 的数据层面缺少流状态的主动监控能力，无控制器参与时无法完成带有状态的流操作行为。基于这一背景，2013 年 4 月，华为提出了 POF。

POF 协议基于 OpenFlow 进行增强改进，POF 协议的转发设备对数据报文处理转发中无需协议感知能力，网络行为完全由控制面负责定义。POF 还可以实现基于自定义协议的网络服务，这是目前 OpenFlow 无法做到的，这无疑给网络开发者提供了新的空间。因此，POF 从很大程度上提高了 SDN 的可编程能力，满足更多的网络需求。

在 POF 协议中，控制器主要通过定义数据的偏移和长度，识别已有协议类型和新的协议类型，并且可以控制所有协议报文的业务逻辑和转发规则。如果网络中需要部署新的协议，如部署基于 VxLAN 和 NVGRE 网络，又比如开发更多的服务与应用（如 L2/L3 VPN 服务、状态防火墙等服务）等，网络管理员只需要下发一些报文转发操作指令到支持 POF 的交换机上即可。因此，在 SDN 发展的道路上，POF 为南向协议的扩展性、网络可编程性提供了新思路，使得 SDN 可以应用于更多的网络场景中。

目前，华为已针对 POF 协议开发了相应控制器和交换机。POF 控制器由基于 Java 开发的 Floodlight 改进实现的，采用 BSD/Apache 许可授权，POF 转发单元基于 Linux C，同样采用 BSD 许可授权。华为通过开源网站向业界共享了 POF 控制单元和转发单元原型的软件代码和文档，以激发工业界和学术界对推进 POF 技术的广泛兴趣，读者可以通过访问 POF 官方网站，自由下载和运行软件、修改源代码，或者在原有 POpenFlow 交换机和 POF 控制器上开发新的功能。

（2）P4

2014 年 7 月，斯坦福大学提出了 SDN 编程语言 P4，这是一种声明式编程语言，通过 P4 可以使开发人员灵活地定义各种协议报文的格式，它主要用于编程程序以下达指令给数据转发平面的设备（如交换机、网卡、防火墙、过滤器等）如何处理数据分组。此外，P4 程序具有很强的移植性，可适用于所有支持 P4 的转发设备。P4 是对 OpenFlow 协议的进一步发展演进，也被部分学者形象地称为 OpenFlow v2.0。

众所周知，实现网络可编程是 SDN 发展的一大目标，而各种 SDN 方案的实现，都需要交换设备的支持。如今，设计一款高性能的网络设备相当痛苦。首先，需要确定所需的设备有哪些特性，然后要找到一块最符合特性需求的交换机芯片，接着要签署一份保密协议获得软件开发工具包（SDK），最后调用合适的 API 进行编程使芯片满足系统需求，但是由于系统取决于 SDK，因此设计是被芯片厂商锁定的。

P4 试图从根本上改变我们设计网络系统的方式。首先需要确定系统的设计要求，然后写一个 P4 程序来描述系统需要如何处理数据分组，最后编译程序通知转发设备该做什么。从本质上讲，通过 P4 语言，可以在很大程度上提升网络的可编程性。无论是在软件设计（编程、调试、代码覆盖、模块检查等）方面，还是在网络系统的设计方面，P4 都给用户带来了很多好处。综上所述，P4 有三大特性[16]。

- 可重构性：P4 支持网络工程师在已经部署交换机后再度更改交换机处理数据分组的方式。P4 程序的处理逻辑是一组流水线模型，由一系列的匹配动作表构成，程序员可以通过改变匹配表的执行顺序从而改变数据分组的处理方式，实现不同的处理逻辑。
- 协议无关：P4 编程定义如何处理数据分组的转发，交换机不应该绑定任何网络协议。相反，对于任何所需要的网络数据平面协议和数据分组处理行为，程序员都可以使用 P4 进行表达。数据分组进入网络设备后不是由某个特定的网络协议栈解析，而是由一个自定义的解析器完成分组头解析。当增加协议支持或协议内容变化时，可以通过修改解析器的 P4 代码实现协议的更新，具有很高的灵活性。
- 目标无关：网络工程师通过 P4 能够描述从高性能硬件到软件交换机的分组处理功能。即程序员无须关心底层硬件细节，P4 程序在执行时先经过编译器将 P4 程序中描述的数据平面的逻辑翻译成一个在特定可编程数据分组处理硬件上的具体物理配置，同时生成与控制平面通信的接口，从而实现用 P4 表达的数据分组处理逻辑。

P4 自首次发表在 2014 年 SIGCOMM 大会上以来就引起了工业界和学术界的极大关注。业内专家和主要学术团队受其启发组建了 P4 语言联盟，旨在定义 P4 语言的正式规范和维持开放源码的 P4 开发工具及参考程序，以期形成全行业通用的数据平面编程框架。截至 2017 年 5 月，已经发布的 P4 语言规范有 P414（1.0.2）和 P416（1.1.0），当前得到广泛支持的语言规范是 1.0.2 版本。

2.4 本章小结

由本章介绍可以看到，在 SDN 的发展过程中，虽然各大厂商和组织出于对利益的考虑，在协议标准以及架构方面存在一些分歧，但他们对 SDN 核心思想的理解都基本类似。SDN 的核心思想就是要实现控制平面与数据平面的分离，并使用集中式的控制器来完成对网络的可编程任务，控制器通过北向接口和南向接口协议分别与上层应用和下层转发设备实现交互。正是这种集中式控制和数据控制分离（解耦）的特点使 SDN 具有强大的可编程能力，这种强大的可编程性使网络能够真正地被软件所定义，达到简化网络运维、灵活管理调度的目标。同时为了使 SDN 能够实现大规模的部署，就需要通过东西向接口协议支持多控制器间的协同。第 3 章将介绍 SDN 的这几类接口协议，以期帮助读者进一步认识和理解 SDN 技术。

参考文献

[1] FEAMSTER N, REXFORD J, ZEGURA E. The road to SDN: an intellectual history of programmable networks[J]. ACM SIGCOMM computer communication review, 2014, 44(2): 87-98.

[2] NADEAU T D, GRAY K. SDN: software defined networks[M]. O'Reilly Media, Inc., 2013.

[3] 汪国安，程万理，侯秀红．主动网络体系结构及应用研究 [J]. 河南大学学报：自然科学版，2004, 34(2): 83-86.

[4] 李永锋．主动网络及其主要项目介绍 [J]. 现代电子技术，2004, 27(20): 47-49.

[5] CALVERT K. Reflections on network architecture: an active networking perspective[J]. ACM SIGCOMM computer communication review, 2006, 36(2): 27-30.

[6] LAKSHMAN T V, NANDAGOPAL T, RAMJEE R, et al. The softrouter architecture[C]// Proc. ACM SIGCOMM Workshop on Hot Topics in Networking. 2004.

[7] GREENBERG A, HJALMTYSSON G, MALTZ D A, et al. A clean slate 4D

approach to network control and management[J]. ACM SIGCOMM computer communication review 35.5, 2005: 41-54.

[8] CASADO M, GARFINKEL T, AKELLA A, et al. SANE: a protection architecture for enterprise networks[C]// USENIX Security Symposium. 2006.

[9] CASADO M, FREEDMAN M J, PETTIT J, et al. Ethane: taking control of the enterprise[J]. ACM SIGCOMM computer communication review, 2007, 37(4): 1-12.

[10] MCKEOWN N, ANDERSON T, BALAKRISHNAN H, et al. OpenFlow: enabling innovation in campus networks[J]. ACM SIGCOMM computer communication review, 2008, 38(2): 69-74.

[11] BOSSHART P, GIBB G, KIM H S, et al. Forwarding metamorphosis: fast programmable match-action processing in hardware for SDN[C]// Proceedings of the ACM SIGCOMM 2013 Conference on SIGCOMM, 2013: 99-110.

[12] SONG H. Protocol-oblivious forwarding: unleash the power of SDN through a future-proof forwarding plane[C]// Proceedings of the Second ACM SIGCOMM Workshop on Hot Topics in Software Defined Networking, 2013: 127-132.

[13] BOSSHART P, DALY D, GIBB G, et al. P4: programming protocol-independent packet processors[J]. ACM SIGCOMM computer communication review, 2014, 44(3): 87-95.

第3章 SDN接口协议

第2章最后提到，SDN接口协议开放出了SDN的可编程性，实现了各部分间的连接与通信。其中，南向接口协议完成控制平面与数据平面间的交互及部分管理配置功能，北向接口协议实现控制器与业务应用层间的交互，东西向接口协议负责控制器间的协同，这些接口协议实现了SDN灵活的可编程能力，是SDN的核心技术环节之一。考虑到3类接口协议目前的成熟度不同，本章将深入分析SDN南向接口协议，对北向接口和东西向接口协议做简要的介绍。

| 3.1 OpenFlow 协议 |

2006 年，斯坦福大学 Clean-Slate 计划资助的 Ethane 项目开始部署，致力于企业网架构的创新，OpenFlow 协议的雏形就诞生于这个项目。2008 年，Nick McKeown 教授的一篇重要论文“OpenFlow：Enabling Innovation in Campus Networks”[1] 使得 OpenFlow 开始正式进入人们的视野，继而成了标准化组织 ONF（Open Network Foundation，开放网络基金会）主推的南向接口协议。经过多年的发展，OpenFlow 目前已成为 SDN 的主流南向接口协议之一。

所谓 OpenFlow，是基于网络中流的概念设计的一种 SDN 南向接口协议。要搞清楚这个协议，首先需要讲一下流的概念：IP 网络是一种基于数据分组转发的分组交换网络，一次网络通信会产生大量的数据分组，虽然前后数据分组之间有千丝万缕的联系，但是传统网络设备对它们的处理却是独立的（每个分组都需要独立地进行查表、匹配然后动作），这大大降低了处理的效率。因此，如果能通过提取出这次通信产生的数据分组的共同特征（如 MAC 地址、IP 地址等），把它们抽象成一个流，使网络设备统一看待这些数据分组，将能很好地解决上面提到的问题。

SDN 的核心思想是数据与控制分离，在 OpenFlow 引入了流的概念后，控制器可以根据某次通信中流的第一个数据分组的特征，使用 OpenFlow 协议提供的接口对数据平面设备（OpenFlow 交换机）部署策略——OpenFlow 称为流表，而这次通信的后续流量则按照相应流表在硬件层次上进行匹配、转发，从而实现了灵活的网络转发平面策略，网络设备不再受固定协议的约束，即软件与硬件解耦，体现了 SDN 控制与数据分离的核心思想。

目前，OpenFlow 协议还在不断地演进中，本节首先将对 OpenFlow v1.0 进行深入分析，以详细介绍 OpenFlow 协议的基本架构，然后介绍 OpenFlow 协议在几个后续版本中发生的重要变化。

3.1.1 OpenFlow v1.0 协议

OpenFlow v1.0 架构原理如图 3-1 所示，OpenFlow 交换机利用基于安全连接的 OpenFlow 协议与控制器互相通信。在 OpenFlow v1.0 版本[2]中，流表、安全通道与 OpenFlow 协议是最为核心的概念。OpenFlow 流表是一些针对特定流的策略表项的集合，负责数据分组的查询和转发，主要包含数据分组匹配特征和数据分组处理方法。流表是一些针对特定流的策略表项的集合，负责数据分组的查询和转发。OpenFlow 交换机通过安全通道与控制器相连，安全通道上传输的就是 OpenFlow 协议消息，负责控制器与交换机间的交互。本节将依次介绍 OpenFlow v1.0 中的流表、安全通道与协议消息。

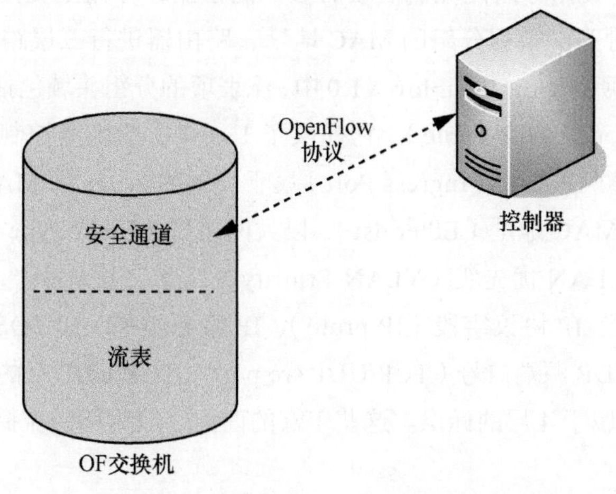

图 3-1　OpenFlow v1.0 架构原理示意

3.1.1.1 OpenFlow 流表

前面提到，OpenFlow 控制器通过部署流表来指导数据平面流量。OpenFlow v1.0 中每台 OpenFlow 交换机只有一张流表，这张流表中存储着许多的表项，每一个表项都表征了一个流及其对应的处理方法——动作（Action）表，一个数据分组进入 OpenFlow 交换机后需要先匹配流表，若符合其中某条表项的特征，则按照相应的动作进行转发，否则封装为 Packet-in 消息通过安全通道交给控制器，再由控制器决定如何处理。另外，每条流表项都存在一个有效期，过期之后流表会自动删除。

本小节将分析流表的结构与数据分组进入 OpenFlow 交换机后的匹配过程，具体的 OpenFlow 消息类型请参考 3.1.1.3 小节——OpenFlow 协议消息。

（1）流表项的结构

OpenFlow 的流表项主要由 3 个部分组成，分别是用于数据分组匹配的分组头域（Head Field）、用于保存与条目相关统计信息的计数器（Counter）、匹配表项后需要对数据分组执行的动作表（Action），如图 3-2 所示。

图 3-2　OpenFlow v1.0 流表项结构

（2）分组头域

分组头域是数据分组匹配流表项时参照的依据，作用上类似于传统交换机进行二层交换时匹配数据分组的 MAC 地址、路由器进行三层路由时匹配的 IP 地址。如图 3-3 所示，在 OpenFlow v1.0 中，流表项的分组头域包括了 12 个字段，协议称其为 12 元组（12-Tuple），它提供了 1 ~ 4 层的网络控制信息，详见表 3-1。其中，交换机入端口（Ingress Port）属于一层的标识；源 MAC 地址（Ether Source）、目的 MAC 地址（Ether dst）、以太网类型（Ether Type）、VLAN 标签（VLAN ID）、VLAN 优先级（VLAN Priority）属于二层标识；源 IP（IP src）、目的 IP（IP dst）、IP 协议字段（IP proto）、IP 服务类型（IP TOS bits）属于三层标识；TCP/UDP 源端口号（TCP/UDP src port）、TCP/UDP 目的端口号（TCP/UDP dst port）属于 4 层的标识。这些丰富的匹配字段为标识流提供了更为精细的粒度。

入端口	以太网源地址	以太网目的地址	以太网帧类型	VLAN 标识	VLAN 优先级	源 IP 地址	目的 IP 地址	IP 数据分组类型	服务类型 TOS	传输层源端口号	传输层目的端口号

图 3-3 OpenFlow v1.0 中的 12 元组

表 3-1 OpenFlow v1.0 中 12 元组详细信息

字段	字节数	适用范围	说明
入端口	未规定	所有数据分组	数据分组进入交换机的端口号，从 1 开始
以太网源地址	6	有效端口收到的数据分组	无
以太网目的地址	6	有效端口收到的数据分组	无
以太网帧类型	2	有效端口收到的数据分组	OpenFlow 交换机必须支持由 IEEE 802.2+ SNAP 或 OUI 规定的类型。使用 IEEE 802.3 而非 SNAP 的帧类型为 0x05FF
VLAN 标识	12 bit	帧类型为 0x8100 的数据分组	VLAN ID
VLAN 优先级	3 bit	帧类型为 0x8100 的数据分组	VLAN PCP 字段
源 IP 地址	4	ARP 与 IP 数据分组	可划分子网
目的 IP 地址	4	ARP 与 IP 数据分组	可划分子网
IP 数据分组类型	1	ARP 与 IP 数据分组	对应 ARP 中 opcode 字段的低字节
服务类型 TOS	6 bit	IP 数据分组	高 6 bit 为 TOS
传输层源端口号 /ICMP 类型	2	TCP/UDP/ICMP 分组	当数据分组类型是 ICMP 时，低 8 bit 用于标识 ICMP 类型
传输层目的端口号 /ICMP 码值	2	TCP/UDP/ICMP 分组	当数据分组类型是 ICMP 时，低 8 bit 用于标识 ICMP 码值

每个元组有其对应的适用场景，数值的长度不尽相同，可以是一个确定的值，也可以为“ANY”以匹配任意值，其中 IP 地址还可以指定子网掩码以便完成更为精确的匹配。需要指出的是，入端口（Ingress Port）不属于 2 ~ 4 层的概念，它是数据分组进入 OpenFlow 交换机的物理端口的标识，可看作数据分组在一层的标识。

（3）计数器

流表项中的计数器用来统计相关流的一些信息，例如查找次数、收发分组数、生存时间等。另外，OpenFlow 针对每张表、每个流表项、每个端口、每个队列也都会维护它们相应的计数器，具体信息见表 3-2。

表 3-2　OpenFlow v1.0 中的计数器

类型	计数器	字节数
每张表	有效表项	4
	查表的数据分组	8
	匹配的数据分组	8
每条表项	接收数据分组	8
	接收字节	8
	生存时间 /s	4
	生存时间 /ns	4
每端口	接收数据分组	8
	传送数据分组	8
	接收字节	8
	传送字节	8
	接收出现的错误	8
	传送出现的错误	8
	接收后丢弃的分组	8
	传送时丢弃的分组	8
	接收的帧排列错误	8
	溢出错误	8
	CRC 校验错误	8
	帧冲突	8
每队列	传送的数据分组	8
	传送的字节	8
	溢出错误	8

（4）动作表

动作表指定了 OpenFlow 交换机处理相应流的行为。相比于传统网络设备对数据分组只能进行较为单一的转发操作，流表项根据指定动作字段来指导 OpenFlow 交换机如何处理流。动作表可以包含 0 个或多个动作，交换机会按照这些动作的先后顺序依次执行。如果其中不包含转发（Forward）动作，数据分组就会被丢弃掉；如果包含转发动作，数据分组会得到相应的转发处理。但是，OpenFlow v1.0 无法保证不同的数据分组的转发顺序。动作可以分为两种类型：必选动作（Required Action）和可选动作（Optional Action）。必选动作是默认支持的，而交换机需要通知控制器它支持的可选动作。另外，当流表项中存在 OpenFlow 交换机不支持的动作时，将向控制器返回错误消息。OpenFlow v1.0 流表动作见表 3-3。

表 3-3　OpenFlow v1.0 中的动作

类型	名称	说　明
必选动作	转发	交换机必须支持将数据分组转发给设备的物理端口及下面的虚拟端口。ALL：数据分组复制为多份转发到所有端口（不包括入口，不考虑最小生成树）。CONTROLLER：将数据分组封装为 Packet-in 消息并转发给控制器。LOCAL：转发给本地网络栈。TABLE：对控制器 Packet-out 数据分组执行流表的匹配。IN_PORT：把数据分组从它的入端口发回去
	丢弃	没有明确指明处理行动的表项，所匹配的所有数据分组默认被丢弃
可选动作	转发	NORMAL：按照 OpenFlow 交换机所支持的传统交换机的二层或三层策略进行转发。FLOOD：通过最小生成树从出口泛洪发出，但不包括入口
	入队	将分组转发到某个端口上已配置好的队列中，队列的配置 OpenFlow 无法实现
	修改域	交换机将修改数据分组的分组头，可以为 12 元组中的任意字段

根据支持的动作类型的不同，OpenFlow 的交换机分为两类：一类是 OpenFlow 专用交换机（OpenFlow-Only）；另一类是支持 OpenFlow 的交换机（OpenFlow- Enabled）。前者不支持使用 NORMAL 端口对数据分组按照传统二、三层策略转发，后者则可以运行传统的二、三层协议对特定的流进行处理。

（5）流表的匹配

在 OpenFlow v1.0 中，数据分组是通过 12 元组进行匹配的，那么当数据分组进入 OpenFlow 交换机后，将解析出它的 12 元组，并对照流表中各表项分组头域中的 12 元组以决定后续动作，整个流程如图 3-4 所示。

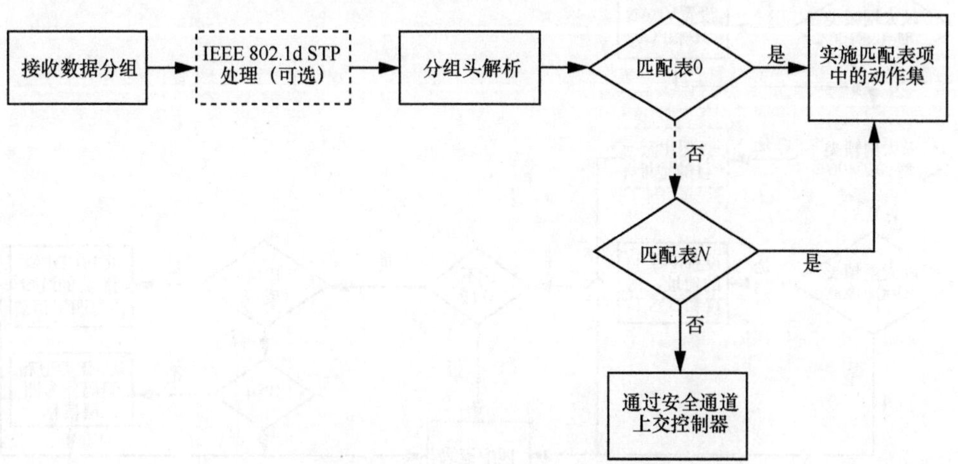

图 3-4　OpenFlow v1.0 中流表的匹配流程

这张图是从官方的 OpenFlow v1.0 协议规范中截取的，图里面的匹配表 *N* 乍看起来与前面提到过的“OpenFlow 交换机中只有一张流表”有矛盾，具体的原因在本节后文中会介绍，下面将从数据分组被 OpenFlow 交换机接收开始，分析 OpenFlow v1.0 中流表的匹配流程。

为了避免交换机互连可能导致的广播风暴，一些 OpenFlow 交换机会选择支持生成树协议（Spanning Tree Protocol，STP）。这样的话，所有经由物理端口进入 OpenFlow 交换机的分组在分组头解析之前，首先都会进行传统的生成树处理，然后再进行分组头解析。

分组头解析（Parse Header）是为了得到所收到数据分组的 12 元组，这个流程比较复杂，如图 3-5 所示。OpenFlow 交换机首先根据收到的数据分组解析出它的输入端口、以太网源地址、目的地址和协议类型，根据以太网类型得到 VLAN 或三层 IP 的信息，再根据 IP 分组头中的协议类型得到 ICMP 信息或四层的源、目的端口号。得到了数据分组的 12 元组，就可以用它与流表项中的分组头域进行匹配。

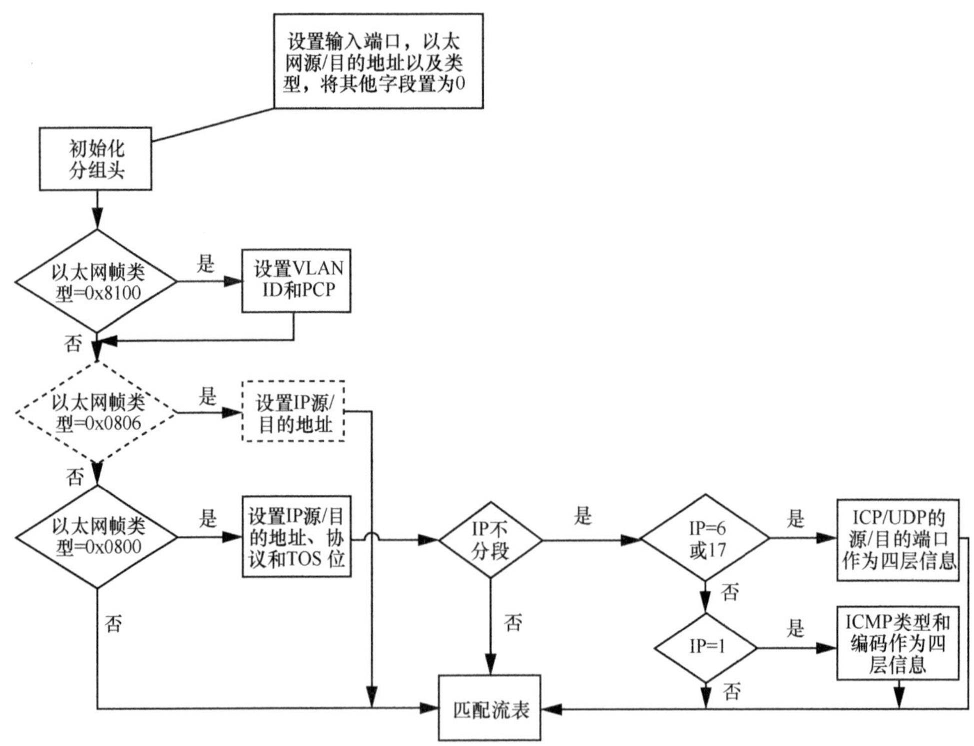

图 3-5　OpenFlow v1.0 对数据分组头的解析流程

前面提到 OpenFlow v1.0 中 OpenFlow 交换机只有一张流表，那么图3-4中出现的表 *N* 是怎么回事呢？可以看出，OpenFlow v1.0 规定只要数据分组匹配上一条表项，就立即跳出匹配流程执行相应动作表，因此，OpenFlow 交换机要对控制器下发的流表项的匹配顺序进行优化，分组头域中确定的字段越多，就代表精度越高，应该优先进行匹配。例如，流表项 A 匹配目的 IP 地址为 1.0.0.1 的数据分组，另一条流表项 B 匹配目的 IP 地址为 1.0.0.1，同时 TCP 目的端口号为 80 的数据分组，那么去往 1.0.0.1 的 80 端口的数据分组会优先被表项 B 处理，因为相比于 A 来说 B 的精度更高，尽管两条表项都是默认优先级。所以这里的表 *N* 可理解为由于各表项的分组头域精度不同产生的匹配优先级，表 0 包括精准匹配（即没有设置匹配掩码位。关于匹配掩码，请参见 OpenFlow 消息类型小节中对 Flow-mod 的介绍）的表项，匹配时它们具有最高优先级。如果所有的流表项都无法与该数据分组匹配，则会被封装为 Packet-in 消息上交给控制器，封装时一般只携带原始数据分组的分组头控制信息，而其中的数据则被存在 OpenFlow 交换机的本地缓存中等待后续的处理。

从上述介绍可以看出，流表是 OpenFlow 交换机上对数据转发逻辑的抽象，是交换机进行转发策略控制的核心数据结构，交换芯片通过查找流表项对进入交换机的网络流量进行决策并执行合适的动作。流表的功能与传统交换机中的二层 MAC 地址表、路由器中的三层 IP 路由表类似，但有别于传统设备，流表可以同时包含更多层次的网络特征，而且是由网络管理者通过控制器编程定义的，不再受限于随设备出厂的操作系统。通过部署面向各种网络服务的流表，一台 OpenFlow 交换机可集交换、路由、防火墙、网关等功能于一身，极大地提高了网络部署的灵活性。因此，无论是在 OpenFlow v1.0 还是在后续协议版本中，流表都是最为核心的概念之一。

3.1.1.2 OpenFlow 安全通道

OpenFlow 安全通道承载着 OpenFlow 协议的消息，不管是流表的下发还是其他的控制消息都要经过这条通道。这部分流量属于 OpenFlow 网络的控制信令，有别于数据平面的网络流，不需要经过交换机流表的检查。为了保证“本地流量”安全可靠的传输，OpenFlow v1.0 中规定通道建立在 TCP 连接之上，采用 TLS（Transport Layer Security，安全传输层协议）进行加密。本小节将从安全 OpenFlow 通道的建立与维护两个方面对其进行介绍。

（1）OpenFlow 安全通道的建立

OpenFlow 控制器开启 TCP 的 6633 端口等待交换机的连接，当交换机启动时，尝试连接到指定控制器的 6633 端口。为了保证安全性，双方需要通过交换证书进行认证。因此，每个交换机至少需配置两个证书，一个用来认证控制器，另一个用来向控制器发出认证。

当认证通过后，两边发送握手消息给对方，该消息携带支持的最高协议版本号，接收方将采用双方都支持的最低协议版本进行通信。一旦发现两者拥有共同支持的协议版本，则建立安全通道；否则发送错误消息，描述失败原因，并终止连接。

（2）OpenFlow 安全通道的维护

安全通道建立以后，交换机与控制器通过消息协商一些参数，并定时交换一些“保活（Keepalive）”的消息来维持连接。

当连接发生异常时，交换机尝试连接备份的控制器（至于备份控制器如何指定，不在 OF 协议规定范围内），当多次尝试均失败后，交换机将进入紧急模式，并重置所有的 TCP 连接。此时所有分组将匹配指定的紧急模式表项，其他所有正常表项将从流表中删除。此外，当交换机刚启动时，默认进入紧急模式。

有了这条通道，控制器与交换机之间就可以交互 OpenFlow 消息了，下面我们看看 OpenFlow v1.0 协议中都规范了哪些消息类型。

3.1.1.3 OpenFlow 协议消息

OpenFlow v1.0 支持 3 种消息类型：控制器—交换机（Controller-to-Switch）、异步（Asynchronous）和对称（Symmetric），每一类消息又有多个子消息类型。下面将分类介绍这 3 种消息类型，其中各消息的具体格式请读者参见官方文档（本书后续章节将 OpenFlow 消息简称为 OF 消息）。

1. 控制器—交换机消息

这类消息由控制器发起，包括 Features、Configuration、Modify-State、Read-State、Send-Packet、Barrier 等几类消息，用于对 OpenFlow 交换机的管理。控制器通过其中各种请求（Request）消息来查询 OpenFlow 交换机的状态，OpenFlow 交换机收到后需回复相应的响应（Reply）消息。

（1）Features

安全通道建立以后，控制器立即发送 Features-Request 消息给交换机以获得它支持的特性。

（2）Configuration

控制器可以通过 Set-Config 消息设置或通过 Get-Config 消息查询交换机上的配置信息，交换机需要通过 Config-Reply 消息做出应答。

（3）Modify-State

控制器通过 Port-mod 消息来管理端口状态，通过 Flow-mod 消息增删交换机的流表项，考虑到流表在 OpenFlow 的重要意义，在此针对这个消息进行详尽分析。

图 3-6 是 Flow-mod 消息的具体格式，前 4 个字段是 OpenFlow 消息的通用报头。wildcard 表示匹配时 12 元组的掩码位，被掩盖掉的元组不参加匹配。中间部分从 in_port 到 tp_dst 字段说明了流表项 12 元组的信息，其中，pad 负责对齐占位，不代表任何意义。cookie 字段在处理数据分组时不会用到，控制器通过 cookie 来过滤流的统计信息。command 字段表示对流表的操作，包括增加（Add）、删除（Delete）、修改（Modify）等。idle_time 和 hard_time 给出了该流表项的生存时间，其中，idle_time 表示当这条流表项在这段时间内没有匹配到数据分组，则该流表项失效，hard_time 表示自流表项下发后只要过了这段时间即刻失效。两者同时设置时，以先到的生存时间为准；两者同时为 0 时，流表项不会自动失效。priority（优先级）字段的设置参考流表匹配那一小节，原则上优先级越高，所属的 Table 号就越小。buffer_id 表示对应 Packet-in 消息的 buffer_id。out_port 仅在 command 为 Delete 或者 Delete Strict 时有效，表明当某表项不仅匹配了 Flow-mod 中给出的 12 元组，且转发动作中指定端口等于该 out_port 的动作时才予以删除，即对删除操作的一种额外限制。flags 字段为标志位，OpenFlow v1.0 中包括 3 项：OFPFF_SEND_FLOW_REM（流表失效时是否向控制器发送 Flow-Removed 消息）、OFPFF_CHECK_OVERLAP（交换机是否检测流表冲突）、OFPFF_EMERG（该流表项将被存于 Emergency Flow Cache 中，仅在交换机处于紧急模式时生效，参考 OpenFlow 安全通道小节）。消息中最后的 actions 数组是对动作表的描述，actions[0] 即代表其中第一个动作。

（4）Read-State

在流表结构中讲到 OpenFlow 针对每张表、每个流表项、每个端口、每个队列都会维护它们相应的计数器，当控制器需要统计信息时，会向交换机发送相关的 Request 消息以进行信息的请求。

（5）Send-Packet

很多情况下，控制器需要发送分组到数据平面，这时可以通过 Packet-out 消息封装好数据分组传给 OpenFlow 交换机，并在该消息中指定特定的动作表指导交换机处理这个数据分组，而不再进行流表的匹配（除非动作表中包含转发到 Table 的动作，见表 3-3）。这种消息往往作为控制器对 Packet-in 消息处理逻辑的一部分，若希望封装的数据字段独立于相应的 Packet-in 消息，需要指定

buffer_id 字段为 -1，并给出明确的数据字段值。

1 8 16 24 32

version	type	length	
xid			
wildcard			
in_port		dl_src	
dl_src			
dl_cst			
dl_dst		dl_vlan	
dl_vlan_pcp	pad	dl_type	
nw_tos	nw_proto	pad	
nw_src			
nw_dst			
tp_src		tp_dst	
cookie			
cookie			
command		idle_time	
hard_time		priority	
buffer_id			
out_port		flags	
actions[0]			

图 3-6　OpenFlow v1.0 中的 Flow-mod 消息格式

（6）Barrier

控制器通过 Barrier-Request 消息确保之前下发的一些消息已经被交换机执行完毕，它就像一个屏障一样，当交换机收到这个消息后立即处理完在其之前收到的所有消息，并回复 Barrier-Reply，之后再处理在其之后收到的消息。请读者考虑以下场景：控制器向交换机先后下发了 Flow-mod 和 Packet-out 消息，并希望该 Packet-out 携带的数据分组被这条新下发的流表处理，但是交换机对于 Controller-Switch 消息的处理可能会发生失序问题，此时就可以在两个消息间增加一条 Barrier-Request 消息以确保交换机进行正确的处理。

2. 异步消息

这类消息用来将网络事件或交换机状态的变化更新到控制器。也就是说，这类消息的触发不是由于控制器的请求，而是由交换机主动发起的，控制器也不知道交换机什么时候会发送这类消息。因为 SDN 是集中式管控的架构，当交换机不知道该怎样处理流量，或者它的状态发生了改变又或者发生了一些异常的时候，OpenFlow 交换机就会通过这类消息将相应情况上报控制器，由控制器完成决策。这类消息主要包括以下 4 种子类型。

（1）Packet-in

收到的数据分组如果在流表中没有匹配项，或者匹配的流表项中给出了转发动作中指定端口为 CONTROLLER（见表 3-3）的动作时，OpenFlow 交换机会封装 Packet-in 消息把这个数据分组上交控制器。封装时，如果交换机本地的缓存足够，数据分组将被临时放在缓存中，它分组头中的控制信息（默认 128 B）和在交换机缓存中的序号一同发给控制器，这个序号就是之前多次提到的 buffer_id，控制器可以根据这个字段通过 Packet-out 消息处理缓存中的数据分组；如果交换机不支持本地缓存，或缓存容量不足，则将整个数据分组封装进 Packet-in 消息发给控制器。往往数据流的首个数据分组会触发这类消息，也正是通过这个消息，控制器才能提取流的特征，以决定如何处理后续的流量。

（2）Flow-Removed

交换机中的流表项因为超时或修改等原因被删除时，会触发 Flow-Removed 消息，前提是这条流表项在下发时 flags 字段置位了 OFPFF_SEND_FLOW_REM。

（3）Port-Status

交换机端口状态发生变化时（例如 Up/Down），会触发 Port-Status 消息报告端口的信息以及发生的状态变化（增加、删除或修改）。

（4）Error

交换机通过 Error 消息来通知控制器发生的错误信息。

3. 对称消息

与前两类消息不同的是，对称类的消息可由控制器或者 OpenFlow 交换机中的任意一侧发起，这类消息包括以下 3 种类型。

（1）Hello

认证通过后，双方通过握手消息 Hello 建立安全通道。该消息携带发送方支持的最高协议版本号，接收方将采用双方都支持的最低协议版本进行通信。一旦发现两者拥有共同支持的协议版本，则建立安全通道；否则发送错误消息 Hello-Failed，描述失败原因，并终止连接。

（2）Echo

双方均可以主动向对方发出 Echo-Request 消息，接收者需要回复 Echo-Reply。该消息用来保活，也可以测量延迟。

（3）Vendor

为未来的协议版本预留，以允许 OpenFlow 交换机厂商提供额外的 OpenFlow 功能。

3.1.2 OpenFlow 协议的演进

OpenFlow 协议由 ONF 组织负责维护，OpenFlow v1.0 作为第一个较为成熟的版本，于 2009 年 12 月发布，随后 ONF 陆续地发布了几个版本，目前最新版本为 OpenFlow v1.6，该版本仅对 ONF 成员开放。OpenFlow 协议家族的发布时间线以及各个版本的主要变化如图 3-7 所示。

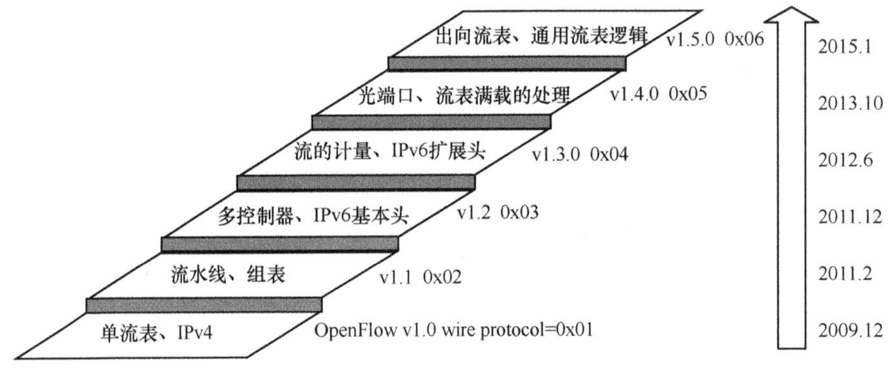

图 3-7　OpenFlow 协议发布时间线

其中，OpenFlow v1.3 是一个很重要的版本，它提供了包括服务质量、IPv6 扩展头等在内的更丰富的特性。ONF 组织承诺 v1.3 将作为一个稳定的版本，并对其进行长期的维护。因此，在发布了 OpenFlow v1.3.0 后，ONF 又持续推出了其修订版本，目前已跟进至 v1.3.4。现有的大多数 OpenFlow 交换机均提供了对 v1.3 版本的支持，市场上也出现了很多基于 OpenFlow v1.3 的 SDN 商业解决方案。OpenFlow v1.4 和 v1.5 目前仍无规模商用的实例。

协议的每个新版本均在前一版本的基础上进行了完善，其中，多级流表是协议演进的一个重要内容。因此，本节将从基于多级流表的协议架构演进，以及各协议版本细节上的其他变化两个方面对其演进情况进行介绍。

3.1.2.1　基于多级流表的协议架构演进

在 OpenFlow v1.0 的单流表匹配模式下，虽然流表部署起来比较简单，但是当网络需求变得越来越复杂时，各种各样的策略放在同一张表中显得十分臃肿，这使控制平面的管理变得十分困难，而且随着流表尺寸与数目的增加，对硬件性能的要求也越来越高。

为了解决上述问题，OpenFlow v1.1 设计了“流水线 + 组表”的协议架构，并在后续版本中（至 OpenFlow v1.4.0）得到沿用，如图 3-8 所示。在 OpenFlow v1.5.0 中，流水线细分为入向匹配和出向匹配两个阶段，不过由于该版本仍然不够稳定，因此，以下描述仅针对图 3-8 展开，关于 OpenFlow v1.5.0 的流水线设计请读者参考 3.1.2.2 小节。

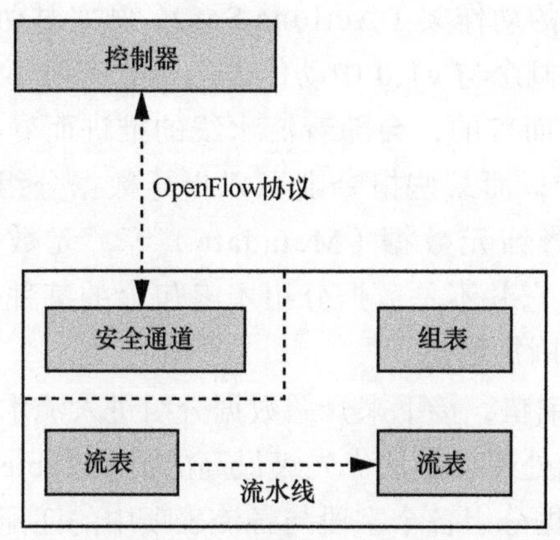

图 3-8　后续版本协议的架构

多张串联起来的流表就形成了流水线，数据分组在多张流表间跳转以完成匹配。在分析流水线匹配流程之前，先来介绍一下后续版本协议中的流表项结构。作为 OpenFlow 中最为核心的部分，流表项结构的演进意味着控制平面控制粒度的细化，后续版本协议中流表项结构如图 3-9 和图 3-10 所示。

区配域	计数器	指令集

图 3-9　OpenFlow v1.1/v1.2 中流表项结构

区配域	优先级	计数器	指令集	生存时间	Cookie

图 3-10　OpenFlow v1.3.0/v1.4 中流表项结构

OpenFlow v1.0 后续版本的协议将分组头域（Header Field）改称为匹配域（Match Field），每个版本在原有基础上都进一步丰富了匹配域的内容。为了增强协议的扩展性，从 OpenFlow v1.3.0 开始，用户可以按需自定义匹配域字段，后面将对各版本的匹配域进行详尽介绍。随着协议中概念的丰富，计数器方面也有细微的改动，优先级字段表示表项在所属表中的优先级，匹配发生冲突时，以优先级高的表项为准。

相比于 OpenFlow v1.0 中只有简单的动作指令，OpenFlow 后续版本中匹配过程的复杂化就要求定义更加丰富的处理方法，因此提出了指令集（Instructions）的概念。每个流表项指令集中包含一组指令，当匹配上该流表项时将按一定的顺序执行这些指令，不同类型的指令具有不同的功能：它们可以操作数据分组的动作集（Actions Set），例如对动作的增 / 删或立即执行等，这里动作集的概念与 v1.0 中动作表的概念有所不同，它是针对每个进入流水线的数据分组而言的，会随着流水线的推进而变化，流水线匹配结束后将按一定顺序执行；而某些指令则可以指导数据分组在流水线中的匹配，如在流表间跳转或修饰元数据（Metadata）等，元数据也是在 OpenFlow v1.1 中提出的概念，它并不是数据分组本身包含的某种信息，而是在不同流表间跳转时所携带的附加信息。

有了前面概念的铺垫，接下来介绍数据分组进入流水线后的处理流程。如图 3-11 所示，流水线处理总是从优先级最高的流表 Table 0 开始，根据某个流表进行处理时，将数据分组各个字段与各流表项中的匹配域对照，如果匹配了某流表项，那么该流表项中的指令集被执行，这些指令可能会修改分组的动作集、更新计数器，或指定数据分组跳转到另一个流表（GOTO 指令）中重复以上处理。当新的流表中不存在匹配项时会上交给控制器，或者当匹配到的表项不包括 GOTO 指令时会立即执行相关的动作集，两种情况都视为流水线匹配过程的结束。需要注意的是，GOTO 指令只能指导数据分组跳转到大于当前所在表号的流表，换句话说，流水线处理只能前进，而不能后退。

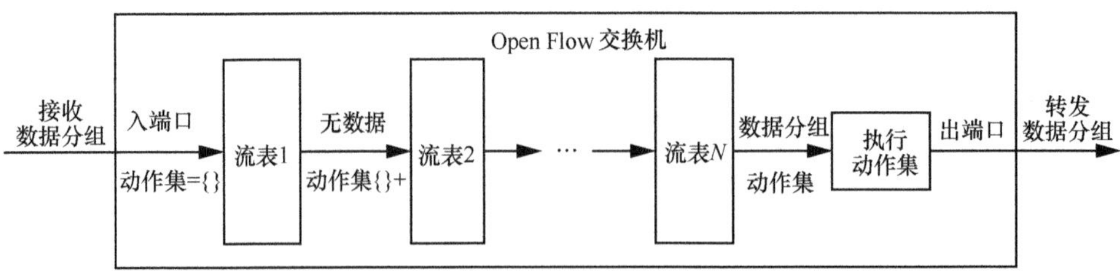

图 3-11　流水线对数据分组的处理流程

为了完善流水线，OpenFlow v1.3.0 中提出了漏表（Table-Miss）项的概念，附在每张流表后用于处理该表中失配的数据分组，因此漏表项的优先级必须设置为最小值 0。

通过流水线匹配数据分组有很多的优点：一方面，通过提取流表项的特征形成流水线，降低了总的流表数目，提高了匹配的效率；另一方面，这种将匹配过程分解成多个步骤的处理方式，使得处理的逻辑变得更加清晰，允许控制平面根据网络算法分步实现对数据平面策略的部署，增强了SDN的可操作性。

由于流水线匹配是按照流的特征决定处理的方法，所以流表项都有相应的指令集。但是对于一些特殊情况，不同流有可能能够复用同样的一些指令以提高效率，例如，不同的流可能会有相同的下一跳IP地址，这时如果每个流表项都添加这个动作，则会在一定程度上造成资源的浪费，影响数据平面转发的效率。OpenFlow v1.1设计了组表（Group Table）来解决这一问题。OpenFlow交换机中只存在一个组表，它独立于流水线之外，包含多个组表项，每个组表项可以包含很多的动作桶（Action Bucket）。组表项的结构如图3-12所示。

组表项标识符	组类型	计数器	动作桶

图3-12　组表项的数据结构

其中，组表项标识符（Group_Identifier）为组表项的唯一标识；计数器（Counter）则进行计数；动作桶（Actions Bucket）里面可以包含很多的动作；组类型（Group Type）则规定了动作桶中指令的执行方法，其定义了以下4种类型，OpenFlow交换机必须支持类型为All和Indirect的组表项，其余两种类型可选。

- All（所有）：执行所有动作桶中的动作，适用于广播与多播的情况。数据分组将产生很多份副本交由各个动作桶处理。
- Select（筛选）：执行某个动作桶中的动作，OpenFlow交换机将根据某些自定义的算法选择一个动作桶去处理数据分组。
- Indirect（间接）：执行该组表项中指定动作桶中的动作，这种类型的组表项只能有一个动作桶。
- Fast Failover（快速故障恢复）：执行第一个处于活动状态的动作桶中的动作。

组表的调用通过必选动作中的组命令来完成。不同数据流在匹配流水线的过程中，可以指定交由某一组表项进行处理，以执行相同的操作，这种高效的机制非常适合于广播、多播等较复杂的场景。

3.1.2.2　协议的细节变化

本小节将详细介绍OpenFlow v1.0的后续版本协议在细节上的变动，具体数据结构的变化请读者自行参考相应的原版协议。注意：协议只是一种规范，

OpenFlow 交换机也可能只实现了协议中的一部分功能。在 OpenFlow v1.2 后每个版本的原版协议中都明确给出了变动的情况。另外，OpenFlow v1.3.0 有几个修订版本，有兴趣的读者可参考相关规范。

1. OpenFlow v1.1 协议新特性 [3]

（1）匹配域

在 OpenFlow v1.0 的 12 元组基础上增加了元数据、MPLS 标签与 MPLS 业务类型 3 个元组。同时支持子网掩码，复用在原有 12 元组中的 IP 地址字段里，用于更精确的三层策略。

（2）对 MPLS 和 VLAN 标签的进一步支持

OpenFlow v1.0 中对 VLAN 仅提供了有限的支持，不支持多级 VLAN 标签，而 v1.1 版本中明确给出了对 VLAN 标签操作的动作（Action），同时支持 IEEE 802.1ad 标准规范的 QinQ 技术，用户可将私网 VLAN 标签封装在公网 VLAN 标签中，以实现二层 VPN 技术。同样，对 MPLS 的垫层（Shim）也提供了类似的支持。

（3）虚拟端口

OpenFlow v1.0 中把 OpenFlow 交换机的所有端口都看作物理端口，而 v1.1 版本提出了虚拟端口（Virtual Port）的概念，用于一些复杂转发逻辑的抽象。OpenFlow 交换机需要对虚拟端口提供支持，并且允许通过虚拟端口发送 Packet-in 消息。

（4）对 Flow-mod 机制的修改

OpenFlow v1.0 中通过 Flow-mod 下发流表后，不会对相应 Packet-in 消息的数据分组进行处理，虽然它们存在于交换机的存储栈中，但是这会导致流的首个数据分组直接被丢弃。OpenFlow v1.1 中完善了这一过程，当 Flow-mod 消息中与相应 Packet-in 消息中的 buffer_id 字段相同时，控制器会再发送一个 Packet-out 消息，其与 Flow-mod 消息中 buffer_id 字段相同，同时动作表中包含 Output 等于 TABLE 的动作（见表 3-3），保证对流的首个数据分组的处理。

（5）对 OpenFlow 安全通道的修改

从 OpenFlow v1.1 开始，OpenFlow 不再强制使用 TLS 安全通道，同样支持普通的 TCP 连接。但是，在后续的各个版本中均建议将 TCP 的 6633 端口用于安全通道。

OpenFlow v1.0 中提出了应急流表（Emergency Flow Cache），以指导交换机在与控制器连接失败的情况下的策略。由于实施的复杂性，v1.1 版本去掉了这个机制，规定当交换机为失败安全模式（Fail Secure Mode）时，所有发往控制器的数据分组和消息将被丢弃，而流表项则继续正常行为直到超时。在失败独立模式（Fail Standalone Mode），交换机使用 OFPP_NORMAL 端口来处理所有的数据分组，即按照传统的交换机或路由器模式运行。

（6）其他改动

- 去掉了在进入流水线前的 STP 处理。
- 提出了 Cookie 掩码（Cookie Mask）以增强对流过滤的支持。
- 支持流控制传输协议（SCTP）。
- 增加对显式拥塞控制（ECN）的支持，用于处理流量拥塞。
- 原有的 Vendor 消息改称为 Experimenter 消息。
- 增加了消息顺序（Message Ordering）机制，用于对 Controller-Switch 消息处理顺序进行优化。若希望保证消息处理的顺序，可以使用 Barrier 消息（一种 OF 消息类型），参考 OpenFlow v1.0 中相应的介绍。

2. OpenFlow v1.2 协议新特性 [4]

（1）匹配域

之前版本中的匹配域字段较少，而且其内容、格式是规定好的，控制器无法自定义其内容，这也约束了协议的使用场景。在 OpenFlow v1.2 中匹配域字段使用 TLV 格式，由类型（Type）、长度（Length）与值域（Value）组成，其中前两部分是定长的，而第三部分可由控制器自定义，大大提高了协议的灵活性。

OpenFlow v1.2 匹配域中包含了 36 个元组，主要增加了对 ARP 消息以及对 IPv6 基本头信息的支持，并将 OpenFlow v1.1 中定义的可复用匹配域全部拆分，具体变化请参考原版协议。

（2）Packet-in 消息可扩展

针对可定义的匹配域，OpenFlow v1.2 规定 Packet-in 消息携带的内容也是基于 TLV 格式的，用户可以将数据分组头的任意字段包含入 Packet-in 消息中，以便控制器对数据平面进行更为丰富、灵活的部署。

（3）对端口概念的修订

OpenFlow v1.2 中规定了 OpenFlow 端口，它是指 OpenFlow 交换机上的网络接口，携带 OpenFlow 消息的数据分组和其他数据分组均可通过这些端口来传输，它们与交换机上的硬件网卡存在着某种映射关系。物理端口（Physical Port）ID 号与硬件网卡一一对应。除了这种一一对应关系，OpenFlow v1.2 还规定了逻辑端口（Logical Port）和保留端口（Reserved Port），以完成网络层面上的逻辑映射，OpenFlow 的标准端口包括所有物理端口、逻辑端口和部分保留端口。

物理端口与逻辑端口之间的区别仅在于：一个逻辑端口的数据分组可能与

一个叫作隧道 ID 的额外字段相关联；当一个逻辑端口上接收到的分组被发送到控制器时，其逻辑端口和底层的物理端口都要报告给控制器。

保留端口用于特定的转发动作，包括 ALL、CONTROLLER、TABLE、IN_PORT、ANY、LOCAL、NORMAL 和 FLOOD，参考 OpenFlow v1.0 中对动作表的说明，新增的 ANY 为端口通配符，代表动作中并没有指定其他转发端口。

（4）Flow-mod 消息的简化处理

通过 Modify 和 Modify_Strict 无法新增流表项。另外，新增了标志位 Ofpff_reset_counts 来控制计数器的重置，并简化了 Cookie 字段的影响。

（5）多控制器

OpenFlow 采用了集中式控制的方式，一旦控制器单点故障或者 OpenFlow 通道出现问题，会对整个网络造成影响。因此，OpenFlow v1.2 中引入了多控制器的机制，控制器可以决定各自的角色并将其通知给交换机，其中的一台控制器为主（Master）控制器，其他则处于备用（Slave）状态，以提高 SDN 的容灾性，保障全网稳定可靠。同时可采用适当的方式利用多控制器，实现控制平面的负载均衡。

（6）其他改动

- 增强了对组的支持。
- 控制器可以感知交换机对生成树协议（STP）的支持。
- 控制器与交换机协商参数时，可通过 Set-Config 消息置位 OFPCML_NO_BUFFER，禁止交换机的缓存功能，使得 Packet-in 消息将数据平面的数据分组完整地送到控制器。

3. OpenFlow v1.3.0 协议新特性[5]

（1）匹配域

OpenFlow v1.3.0 的匹配域字段仍然采用 TLV 格式，在 OpenFlow v1.2 的基础上增加了对 MPLS_BOS（MPLS 底部标签）、PBB（Provider Backbone Bridge，运营商骨干桥接技术），隧道 ID 与 IPv6 扩展头的匹配，形成了 40 元组。

（2）Features 消息格式的重构

控制器通过 Features-Request 请求获悉交换机的特性。不同 OpenFlow 交换机支持的功能不同，之前的协议版本中 Features-Reply 只提供了有限的描述，而在 OpenFlow v1.3.0 中，Feature 消息重构为 TLV 格式，以便在控制器与交换机间进行更为灵活、全面的协商。

（3）漏表项

之前版本设计的流水线中，当数据分组失配时，只能选择以下 3 个动作之一：丢弃、上交控制器或者进入相邻的下一张流表。OpenFlow v1.3.0提出了漏表项的概念，它与其他流表项的结构一样，只不过匹配域的所有字段均为通配符ANY，附在每张表的后面以处理失配的数据分组，因此规定其具有最低的优先级。协议中要求OpenFlow v1.3.0交换机必须支持漏表项的机制，并在Features-Reply消息中给出其参数。

（4）IPv6扩展头

提供了对IPv6扩展头中Hop-by-Hop、Router、Fragment、Destination Options和认证加密等机制的支持。

（5）基于流的计量

之前版本中限速需要通过绑定端口上的队列来实现，不太符合流交换的思想。OpenFlow v1.3.0中定义的计量（Meter）直接与流表项相关，任意流表项可以在它的指令集中定义一个计量，以测量和控制相关流的速率，从而实现一些简单的QoS，也可以结合端口队列来实现复杂的QoS框架，如DiffServ。

每个计量可以划分为多个连续的计量带（Meter Band），流的实时速率落在哪个计量带中，就会采取该计量带指定的处理策略。OpenFlow v1.3中只支持少数计量带策略，如丢弃（Drop），以实现简单的限速。

（6）基于安全通道的过滤机制

OpenFlow v1.2中提出了多控制器的架构，在这种架构下可以实现控制平面的负载均衡。针对这一机制，OpenFlow v1.3.0提出了基于安全通道的过滤机制。控制器可以过滤掉与其相连交换机发送的某些异步消息，过滤策略与控制器的角色（Role）紧密相关。结合OpenFlow中其他基于流的过滤机制，可以实现对异步消息的一些复杂过滤策略。

（7）辅助连接

之前的OpenFlow协议版本中，一条安全通道上只能建立一条连接。在OpenFlow v1.3.0中，新增加了辅助连接（Auxiliary Connection）的机制。在这种机制下，一条安全通道上可以有多条连接，其中一个作为主连接，它基于TLS或者TCP，其余的作为辅助连接，通过这种并发的交互方式可以有效地改善交换机与控制器间通信的性能。辅助连接的请求由交换机发起，它们的源/目的IP地址和目的端口号与主连接相同，可以任意选择TCP、UDP、TLS、DTLS（Datagram Transport Layer Security，数据分组传输层安全性）协议作为其传输层协议。这条通道中的消息除了携带相同的Datapath ID之外，还需要携带各自的辅助连接号（Auxiliary ID）。一旦主连接断掉，交换机将立即断掉该通道上所有的辅助连接。

（8）其他变化

支持对各类标签的重排序，Packet-in 消息中携带 Cookie 字段以提高匹配效率。

Controller-Switch 类消息中新增了 Asynchonous-Configuration 消息，控制器通过向 OpenFlow 交换机发送这类消息，可用于过滤某些 OpenFlow 交换机上传的异步类消息的子类型，可以用于多控制器间的负载均衡。

Flow-mod 消息中可通过对 OFPFF_NO_PKT_COUNTS 或者 OFPFF_NO_BYT_COUNTS 置位来禁止该表项的计数器，以提高交换机的处理性能。

4. OpenFlow v1.4 协议新特性[6]

（1）匹配域

OpenFlow v1.4 的匹配域字段仍然采用 TLV 格式，在 OpenFlow v1.3.0 的基础上增加了对 PBB 中 UCA（User Customer Address，用户自定义地址）头部的支持，形成了 41 元组。

（2）控制器默认端口的改变

IANA（Internet Assigned Numbers Authority，互联网数字分配机构）为 OpenFlow 协议分配了 TCP 注册端口 6653 作为控制器默认的端口，之前版本中的端口 6633 不再可用。

（3）一些数据结构的重写

为了增强协议的灵活性与可扩展性，OpenFlow v1.4 使用 TLV 格式对前几个版本协议中的一些数据结构进行了重写，包括端口（Port）、流表（Table）、队列（Queue）、指令（Instruction）、动作（Action）等。

（4）细化了 Packet-in 的触发原因

随着流水线匹配机制的完善，上交给控制器的 Packet-in 事件可能出于以下原因：数据分组匹配了漏表项、TTL 值非法、指令集中 Apply_Actions 指定将数据分组上交、转发动作指定上交、组（Group）表项指定上交，还有可能上交的是由控制器 Packet-out 的数据分组，OpenFlow v1.4 针对这些情况对 Packet-in 事件触发的原因进行了细化。

（5）增加了对光接口的支持

端口的属性中增加了对光接口的描述，用于配置或监控以太光网口和电路交换设备的光网口。

（6）细化了 Flow-Removed 消息的触发原因

当一个计量被删除时，与该计量有关的所有流表项将被删除。针对这种情况，OpenFlow v1.4 为 Flow-Removed 中的触发原因（Reason）字段设定了一个新的值 OFPRR_METER_DELETE。

（7）对多控制器机制的完善

从 OpenFlow v1.2 起，各版本协议均支持多控制器，允许多个控制器控制一台 OpenFlow 交换机，它们都可以对交换机中的流表进行改动。针对这种情况，OpenFlow v1.4 增加了流的监控机制，通过设置监控器（Monitor），使各控制器能够感知到其他控制器对流表的改动。另外，当某控制器角色改变时，交换机会发送 Role-Status 消息给其余控制器，从而使各控制器更好地协同工作。

（8）对流表满载情况的处理

流表存储流表项的能力是有限的，在之前的版本中，当流表满载时，就无法新增加流表项了。这可能会导致一些问题，OpenFlow v1.4 通过允许 Flow-mod 消息对流表项的重要级（Importance）进行设置来解决这种缺陷。出现上述情况时，若相应流表的 OFPTC_EVICTION 属性被设置，流表中重要级低的表项将被删除，允许新增的表项添加入流表。另外，通过设置流表的 OFPTC_VACANCY_EVENTS 属性，允许交换机在表项数目超过一定限度时通过 Table-Status 消息通知控制器，以避免流表满载情况的发生。

（9）其他变化

新增了 OpenFlow 消息绑定（Bundle）、流表同步（Synchronise）的机制，同时丰富了错误消息的类型。

5. OpenFlow v1.5.0 协议新特性[7]

（1）匹配域

OpenFlow v1.5.0 的匹配域字段仍然采用 TLV 格式，在 OpenFlow v1.4 的基础上增加了对 TCP 标志位（TCP_FLAGS）、动作集中的出端口、数据分组类型的匹配，形成了 44 元组。其中，TCP 标志位元组能够匹配 TCP 报文中的所有标志位，如 SYN、ACK、FIN 等，可用来探测 TCP 连接的起始与终止；动作集中的出端口（ACTSET_OUTPUT）元组能够匹配当前动作集中转发动作中指定的出端口号，一般用于出流表中（参考流水线的变化）；数据分组类型（PACKET_TYPE）元组能够匹配数据分组的类型，目前支持 Ethernet、IPv4、IPv6、No（用于电路交换设备）和 Experimenter（厂商自定义）5 种类型。

（2）对流表项的统计机制进行了完善

为了使控制器能够更为灵活地对流表进行管理，OpenFlow v1.5.0 使用 TLV 格式扩展了流表项的统计信息，称为 OXS（OpenFlow eXtensible Statistics，OpenFlow 扩展统计信息）。原有的流表项的统计信息都被包括为 OXS 的标准字段，厂商可基于 OXS 对流表项的统计信息进行自定义。

在之前版本中，控制器只能通过主动获取的方式得到流表项的统计信息，OpenFlow v1.5.0 引入了支持交换机定期向控制器发送流表项统计信息的机制，避免了传统方式带来的开销。

（3）流水线的变化

OpenFlow v1.5.0 一个重要的变化是对原有版本设计的流水线进行了完善，将匹配分为了入向（Ingress）匹配和出向（Egress）匹配两个阶段。其中，入向匹配由一系列的入流表完成，出向匹配由一系列的出流表完成。入流表和出流表均为标准的 OpenFlow 流表（出流表由交换机可选地进行支持），它们之间的划分规则为：设 Table ID = e 的流表为第一出流表（First Egress Table），则 Table ID < e 的流表为入流表，Table ID > e 的流表为出流表。

当数据分组进入流水线时，首先进入 Table 0 开始进行入向匹配，根据各级入流表的匹配结果获得动作集。入向匹配阶段结束的标识为最后匹配的流表项中不再指定 GOTO 指令，此时入向匹配阶段获得的动作集将得到执行，其中一般会包括转发动作用来指定出端口。如果交换机中不存在出流表，则数据分组从该端口完成转发送出交换机；如果交换机中存在出流表，则数据分组将进入第一出流表开始进行出向匹配，根据各级出流表的匹配结果获得动作集。出向匹配阶段结束的标识为最后匹配的流表项中不再指定 GOTO 指令，此时出向匹配阶段获得的动作集将得到执行，数据分组将从该端口完成转发送出交换机。OpenFlow v1.5.0 禁止在出向匹配阶段的动作集中包括转发动作，以防止出端口的改变（允许在出向匹配阶段通过 Apply Actions 指定另外的端口作为出端口，该动作会被立即执行而不会添加到动作集中，该设计可用来实现端口流量镜像）。

（4）对通用流表逻辑的支持

在之前的版本中，动作只能针对具有明确值的字段进行。OpenFlow v1.5.0 新增了 Copy-Field 动作和 Packet Register 机制，使得交换机本地的流水线能够使用寄存器来完成更为通用的处理逻辑，从而能够将控制器的部分处理逻辑卸载到交换机本地。例如，根据之前的协议版本，实现 MAC 转发功能的流表中，每一个流表项都需要对应一个明确的目的 MAC 地址，而每一个新的 MAC 地址都需要控制器来学习。引入 Copy-Field 动作和 Packet Register 机制后，控制器只下发如下两条流表项即可完成 MAC 地址学习的工作：Table N 中将入端口赋值给寄存器 1，将源 MAC 地址赋值给寄存器 2；Table N+1 中将寄存器 2 中的值复制给匹配项中的目的 MAC 地址元组，将寄存器 1 中的值复制给转发动作中的出端口。

（5）其他变化

之前版本中 Meter 是一种流水线指令，OpenFlow v1.5.0 将 Meter 改为一种流表项动作，以支持更为丰富的计量功能的实现。

此外，OpenFlow v1.5.0 还增加了进行多个控制器间部分状态同步的机制；增加了对交换机本地定时功能的支持，包括前面提到的定期上报流表项统计信息；并对 Group、Barrier 的功能进行了完善。

3.1.3 OpenFlow 协议面临的问题

从 2007 年提出到现在，OpenFlow 系列协议已经在硬件和软件支持方面取得了长足的发展，但仍然存在很多问题，本小节将从技术角度分析 OpenFlow 协议面临的一些主要问题。

（1）协议消息类型尚不完善

SDN 是一种革命性的技术，但就目前而言，完全脱离传统网络环境对于 SDN 而言是不切实际的。传统路由—交换网络架构下，私有/公有协议并存，设备通过复杂的硬件设计实现了各种各样的网络功能，不同厂商的底层实现区别很大。而 SDN 的核心思想是控制与转发相分离，最终的追求是控制器的智能与转发设备的通用。因此，为了在 SDN 中实现传统网络的功能，就要求控制器南向接口协议包含完备的消息类型。虽然各个版本在不断丰富消息类型，但从整体来看 OpenFlow 在这方面仍然存在很多的缺陷，而如何解决这个问题将是 OpenFlow 面临的一个长期的挑战。

（2）控制平面的安全性与扩展性问题

虽然 SDN 是集中式控制思想的产物，但是当网络规模超过一定限度时，单点控制不可避免地会成为 SDN 中的瓶颈，而且其安全性也存在很大隐患。这个是所有 SDN 技术都面临的问题，OpenFlow 自然也是无法回避的，因此，在 OpenFlow v1.2 中便提出了多控制器的概念，希望通过多个控制器对网络进行协同管控，即通过“局部集中，全局分布”来解决该问题。在这种机制下，交换机如何能够更为有效地在多个控制器之间实现状态同步、故障切换、负载均衡等，对于南向协议都会是比较大的挑战。对此，OpenFlow 目前都还只停留在初步的阶段，不过可以看到 ONF 在新的协议版本中正在积极地进行着完善。

（3）数据平面的设备性能问题

传统交换机参照 MAC 地址转发，路由器参照 IP 地址转发，通过定制 ASIC

芯片可以实现高速工作。而 OpenFlow 将网络协议栈扁平化，协议栈各层次对于转发设备而言不再具有明确的界限，各个网络字段都可作为流表中的匹配域，通过通配符掩码实现任意字段的组合。相比于传统网络，这种做法无疑大大提高了网络灵活性，但付出的代价是硬件设备为了适应这种通配的匹配方式，一般来说需要采用 TCAM 来设计流表，但是 TCAM 的成本要高出很多，这就极大地限制了流表的规模，也就限制了 SDN 的规模。虽然 OpenFlow v1.1 及其后续版本使用了流水线的匹配架构，一定程度上减少了流表数量，但同时匹配查表的速度也受到了一定影响。而且 OpenFlow v1.3.0 及其后续版本都支持用户使用 TLV 格式自定义匹配字段，这导致匹配时各流表项的匹配域长度不尽相同，更增加了硬件开发的难度，另外，实现协议中的组表也为硬件实现引入了相当的复杂性。POF（协议无关转发）、P4（与协议无关的数据分组处理编程语言）的提出为解决上述问题提供了理论上的模型。

以上从技术角度分析了 OpenFlow 系列协议的几个不足之处，其实 OpenFlow 协议受到的非技术阻力同样非常多。本书第一版付印时即指出，业界对于 OpenFlow 有很多的争议，而随着 SDN 生态圈的进一步完善，OpenFlow 面临的挑战更是与日俱增，例如，很多广域网的场景中开始采用 PCEP 等南向接口协议，而非采用 OpenFlow 协议实现。但是，目前 ONF 组织仍在不遗余力地推动着 OpenFlow 的发展，相关的控制器、交换机以及典型应用的测试认证工作也正在工业界稳步进行。

应该说，OpenFlow 协议仍是目前业界最为成熟的南向接口协议，虽然它还有很长的路要走，但有理由相信它仍会不断发展，在 SDN 引发的这场革命中扮演愈发重要的角色。

3.2 OF-CONFIG 协议

在 ONF 组织制定的 SDN 标准体系中，除了 OpenFlow 之外，OF-CONFIG（OpenFlow Configuration and Management Protocol，OpenFlow 配置与管理协议）同样引起了业界广泛的关注。如前文所述，在 OpenFlow 协议中，控制器向 OpenFlow 交换机发送流表以控制数据流的转发行为，但是它并没有规定如何去管理和配置这些 OpenFlow 交换机，而 OF-CONFIG 就是为解决这一问题而提出的。

3.2.1　协议框架

作为 OpenFlow 协议的伴侣协议，OF-CONFIG 的作用是提供一个开放接口用于远程管理和配置 OpenFlow 交换机。它并不会影响到流表的内容和数据转发行为，对实时性也没有太高的要求。具体地说，诸如构建流表和确定数据流走向等事项将由 OpenFlow 规范进行规定，而诸如如何在 OpenFlow 交换机上配置控制器 IP 地址、如何配置交换机端口上的队列等操作则由 OF-CONFIG 协议完成。OF-CONFIG 提供配置 OpenFlow 交换机的能力，这里所指的 OpenFlow 交换机可以是一个物理交换机，也可以是一个虚拟的网络转发设备。

OpenFlow 配置点是指通过发送 OF-CONFIG 消息来配置 OpenFlow 交换机的一个节点，它既可以是控制器上的一个软件进程，也可以是传统的网管设备，它通过 OF-CONFIG 协议对 OpenFlow 交换机进行管理，因此该协议也是一种南向接口协议。OF-CONFIG 定义的各组件之间的逻辑关系如图 3-13 所示。需要说明的是，OpenFlow 配置点与控制器之间的交互不在 OF-CONFIG 协议的规定范围内。

OpenFlow 协议的不断演进，对 OF-CONFIG 的设计也提出了越来越多的需求。为了应对这种情况，OF-CONFIG 定义了利用业界相对成熟的 NETCONF 协议来实现 OF-CONFIG 协议的传输。下面就以 OF-CONFIG v1.1.1 版本[8]为例，看看它具体有哪些设计需求。

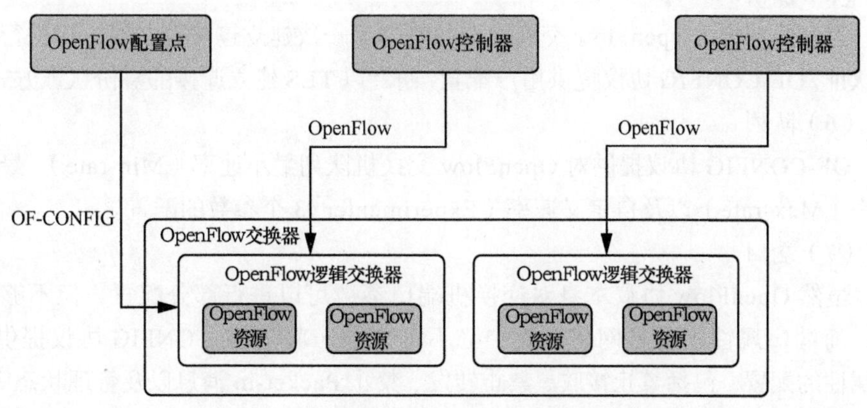

图 3-13　OF-CONFIG 定义的各组件之间的逻辑关系

3.2.2 设计需求

OF-CONFIG 最主要的设计目标是协助 OpenFlow 协议，支持用户远程对 OpenFlow 交换机进行配置和管理。除此之外，OF-CONFIG 还根据自身的需要制定了多种场景下的操作运维需求以及对交换机管理协议的需求，本小节将从上述几个方面分析 OF-CONFIG v1.1.1 的功能。

1. 实现对 OpenFlow v1.3.1 协议设备进行配置的设计需求

（1）连接设置

OpenFlow 交换机与控制器连接之前，有 3 个参数需要提前设置，包括控制器 IP 地址、控制器端口号以及传输协议。

（2）多控制器

OF-CONFIG 协议提供交换机同时与多控制器连接的参数配置。

（3）OpenFlow 逻辑交换机

OpenFlow v1.3.1 协议规定了与 OpenFlow 逻辑交换机有关的各种 OpenFlow 资源。OF-CONFIG 协议必须支持对这些 OpenFlow 资源的配置，如对 OpenFlow 逻辑交换机进行端口和队列等资源的配置。

（4）连接中断

当交换机与控制器失去连接时，有失败安全模式（Fail Secure Mode）和失败独立模式（Fail Standalone Mode）两种模式可选择，OF-CONFIG 协议可预先为 OpenFlow 交换机配置连接失效后进入的模式。

（5）加密

为安全考虑，OpenFlow 交换机与控制器第一次建立连接时，双方均进行身份认证，OF-CONFIG 协议提供用户配置，两者以 TLS 建立连接的身份认证方式。

（6）队列

OF-CONFIG 协议提供对 OpenFlow 交换机队列最小速率（Min-rate）、最大速率（Max-rate）以及自定义速率（Experimenter）3 个参数的配置。

（7）端口

虽然 OpenFlow 协议本身对交换机端口参数可以进行部分配置，但不够全面。而端口属性配置是网络配置中必不可少的一项，OF-CONFIG 协议提供 4 种属性的配置，包括禁止接收、禁止转发、禁止 Packet-in 消息以及管理状态等，同时也可对端口速率、双工、铜介质、光纤介质、自动协商、暂停以及非对称暂停等参数进行配置。同时，在数据中心网络等网络虚拟化环境中，OF-CONFIG

协议还支持逻辑端口的配置，目前版本的OF-CONFIG协议可以支持IPinGRE、VxLAN以及NVGRE，之后的OF-CONFIG版本可能会支持其他类型的隧道。

（8）能力发现

OpenFlow v1.3.1协议规范了多种虚拟交换机能力特性，如多种Action类型。虽然配置这些能力超出了OF-CONFIG协议的范围，但是它支持发现这些能力。表3-4对上述配置项进行了总结。

表3-4 OF-CONFIG v1.1.1支持的OpenFlow v1.3.1协议支持的配置需求

项目	说 明
控制器连接	支持在交换机上配置控制器参数，包括IP地址、端口号及连接使用的传输协议等
多控制器	支持多个控制器的参数配置
逻辑交换机	支持对逻辑交换机（即OpenFlow交换机的实例）的资源（如队列、端口等）设置，且支持带外设置
连接中断	支持故障安全和故障脱机两种应对模式的设置
加密传输	支持控制器和交换机之间TLS隧道参数的设置
队列	支持队列参数的配置，包括最小速率、最大速率、自定义参数等
端口	支持交换机端口的参数和特征的配置，即使OpenFlow v1.2中并没有要求额外的配置方式
能力发现	发现虚拟交换机的能力特性

2. 实际操作运维的设计需求

除了上述为支持OpenFlow协议而制定的设计需求外，为便于交换机的操作运维，OF-CONFIG v1.1.1协议必须支持以下几种场景。

- 支持OpenFlow交换机被多个OpenFlow配置点配置；
- 支持一个OpenFlow配置点管理多个OpenFlow交换机；
- 支持一个OpenFlow逻辑交换机被多个控制器控制；
- 支持配置OpenFlow逻辑交换机的端口和队列；
- 支持OpenFlow逻辑交换机的能力发现；
- 支持配置隧道，如IPinGRE、VxLAN以及NVGRE。

3. 交换机管理协议需求

OF-CONFIG v1.1.1协议定义了OpenFlow交换机与OpenFlow配置点间的通信标准，主要包括交换机的管理协议部分以及数据模型的设计。其中，数据模型部分将在下一节具体介绍，交换机的管理协议部分则有以下设计需求。

- 保障安全性，支持完整、私有以及认证，支持对交换机和配置点双向认证；
- 支持配置请求和应答的可靠传输；
- 支持由配置点或者交换机进行连接设置；
- 能够承载局部交换机配置以及大范围交换机配置；
- 支持配置点在交换机配置参数以及接收来自交换机的配置参数；
- 支持在交换机创建、更改以及删除配置信息，并支持报告配置成功的结果以及配置失败的错误码；
- 支持独立发送配置请求，并支持交换机到配置点的异步通知；
- 支持记忆能力、可伸展性以及报告其自身属性和能力。

3.2.3 数据模型

OF-CONFIG 协议的数据模型由 XML（eXtensible Markup Language，可扩展标记语言）定义。根据 OF-CONFIG 在应用中与 OpenFlow 交换机的关系，其顶级视图如图 3-14 所示。OF-CONFIG 协议的数据模型主要由类和类属性构成，其核心是由 OpenFlow 配置点对 OpenFlow 交换机的资源进行配置。在 OF-CONFIG v1.1.1 中，定义了 OpenFlow 端口和 OpenFlow 队列两类资源，它们隶属于各个 OpenFlow 交换机。每个 OpenFlow 交换机中包含多个逻辑交换机的实例，每个逻辑交换机可以对应一组控制器，同时也可以拥有相应的资源。另外，数据模型中还包含一些标识符，多数由 XML ID 标识。当前，这些 ID 都是一个字符串定义的唯一标识，以后有可能使用 URN（Universal Resource Name，统一资源名称）作为标识。利用 XML 定义数据模型，能够具有较好的扩展性，同时也便于利用软件进行实现。

以下是利用 OF-CONFIG 协议配置 OpenFlow 逻辑交换机的 XML 文件示例。该文件采用 XML 语言扩展的元素结构，第一层包括逻辑交换机的 ID 标识、数据路径 ID 标识（DPID）、控制器认证、安全通道失效模式以及交换机资源等元素；第二层是扩展的元素，如交换机资源元素中包括对端口资源、队列资源以及流表资源等的配置，逻辑交换机 ID 标识元素中包括对交换机能力特性配置，如控制器 IP 地址、监听端口号以及控制器主从地位等。

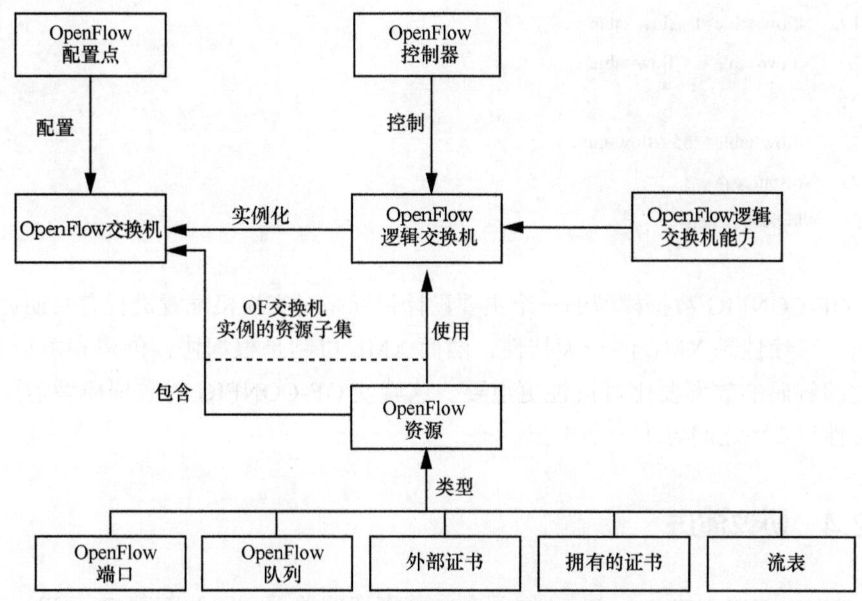

图 3-14 OF-CONFIG 数据模型

```
<logical-switch>
 <id>LogicalSwitch5</id>
  <capabilities>
  …
  <capabilities>
 <datapath-id>datapath-id0</datapath-id>
 <enabled>true</enabled>
 <check-controller-certificate>false</check-controller-certificate>
 <lost-connection-behavior>failSecureMode</lost-connection-behavior>
 <controllers>
  …
 </controllers>
 <resources>
  <port>port2</port>
  <port>port3</port>
  <queue>queue0</queue>
  <queue>queue1</queue>
  <certificate>ownedCertificate4</certificate>
```

```
  <flow-table>1</flow-table>
  <flow-table>2</flow-table>
  ...
  <flow-table>255</flow-table>
</resources>
</logical-switch>
```

OF-CONFIG 数据模型的一个主要设计目标是对交换机配置进行有效便捷的编码。可读性是 XML 的一大特性，然而 XML 机制是根据协议创建和解析的，因此编解码的效率要比可读性更重要。这就使 OF-CONFIG 的数据模型需要在可读性和效率之间寻求一个平衡。

3.2.4 协议演进

OF-CONFIG 与 OpenFlow 之间存在着密切的关系，因此随着 OpenFlow 标准的演进，OF-CONFIG 的版本也在不断跟进，目前已更新至 OpenFlow v1.2 版本。

OF-CONFIG 协议的演进主要体现在配置能力的提升上，例如，除了 OF-CONFIG v1.0[9] 所能提供的 3 项基本功能外，v1.1[10] 版本还能支持对 OpenFlow 逻辑交换机与控制器之间的安全通信证书的配置，支持 OpenFlow 逻辑交换机的发现，支持多种数据隧道类型（包括 IPinGRE、VxLAN、NVGRE 等）。OF-CONFIG v1.1.1 在 v1.1 版本的基础上增加了对 OpenFlow v1.3.1 协议的支持，而 OF-CONFIG v1.2 版本 [11] 则主要增加了对 NDM（Negotiable Datapath Model，可协商数据平面模型）的支持。

随着功能的提升，OF-CONFIG 协议的数据模型也有相应的调整，例如，增加了逻辑交换机能力、认证等新的数据模型。另外，在一些细节的配置项目上，之后的 OF-CONFIG 版本也都有不同程度的改进和完善。

3.3 其他 SDN 南向协议

前两节介绍了 OpenFlow 和它的伴侣协议 OF-CONFIG，这两个协议是由 OpenFlow 标准化组织 ONF 开发并维护的，他们致力于将控制器的南向接口标准化与统一化，希望转发平面的硬件完全由这两个协议所规范，是目前较为成熟的南向接口协议，获得了业界广泛的认可。然而，SDN 作为一个极具变革性的领域，随着其不断发展，业界都看到了它巨大的潜力，而控制器的南向接口协议作为 SDN 的指令集，具有重要的战略性价值，于是很多标准化组织和各大厂商纷纷根据他们对 SDN 的理解，推出了自己的南向接口协议。本节将有选择地介绍其中一些协议，并将它们与 OpenFlow 系列协议做简要的对比，以加深读者对 SDN 技术的理解。

3.3.1 XMPP

XMPP（可扩展消息处理现场协议）是一种以 XML 为基础的开放式实时通信协议，它用于即时消息（IM）以及在线现场探测，其前身是一个开源组织产生的网络即时通信协议——Jabber，目前 XMPP 已被 IETF 国际标准组织标准化。

XMPP 设计的网络结构中定义了 3 类通信实体：客户端、服务器与网关。XMPP 中基本的通信基于传统的 CS 模式，即客户端通过 TCP/IP 连接到服务器，然后通过传输 XML 流进行通信。服务器的内核是一个 XMPP 路由器，它在保持网络连通性的同时承担了客户端信息记录和连接的管理，而网关则承担着与异构通信系统的互联互通 [12]。XMPP 的系统原理如图 3-15 所示。

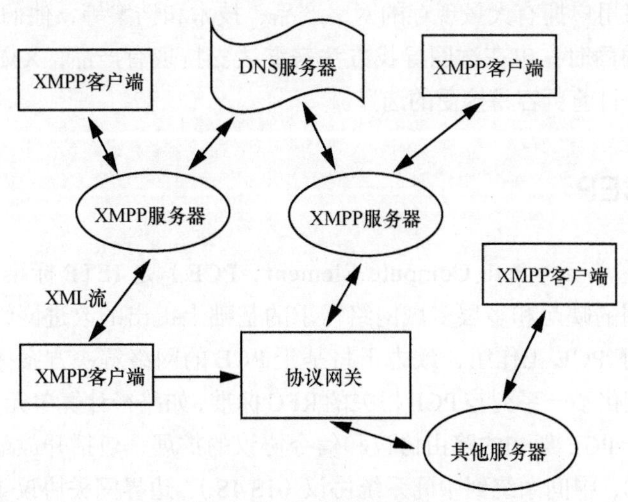

图 3-15　XMPP 的系统原理

XMPP 的这种结构与 SDN 的核心思想十分类似，如果将 XMPP 中的服务器设想为 SDN 中的控制器，XMPP 客户端作为 SDN 数据平面设备，那么通过 XML 流传输网络状态与路由信息，指导数据平面流量的转发，同时在服务器端实现一些控制逻辑与数据维护，就可以实现 SDN 控制与转发相分离的架构。

基于上述想法，扩展以后的 XMPP 中，客户端可以向服务器发送当前网络状态或数据处理请求，类似于 OpenFlow 中的异步消息；服务器可以通过扩展的信息来处理用户的需求，发送配置状态，例如路由实例和转发策略，类似于 OpenFlow 中控制器下发的控制器和交换机消息；在 XMPP 的顶端建立如内容发布系统和基于地址的服务等应用程序，类似基于 OpenFlow 协议开发的各种上层网络应用策略。客户端作为虚拟的数据转发设备，由 XMPP 传输的网络控制信息决定其转发行为。

XMPP 作为一种成熟的即时通信协议，已经过了长足的发展，再加上它与 SDN 设计思想上的不谋而合，很快就有公司基于扩展的 XMPP 推出了自己的 SDN 控制器南向接口协议。Juniper 在 2013 年 9 月发布的商业版本 SDN 控制器 Contrail 以及开源版本的 OpenContrail 中都使用了 XMPP 作为其南向接口协议的一种，又为数据平面提供了一种新的编程接口。

与 OpenFlow 相比，XMPP 所提供的流粒度较粗，无法实现 OpenFlow 协议那么细粒度的灵活控制。同时，与 OpenFlow 类似，XMPP 目前也只能提供单域的路由信息，无法实现异构互联。作为一种较新的南向接口协议，XMPP 还在不断发展中，它作为一种传统协议的扩展，对现有网络以及设备的兼容性要求较高。网络用户拥有大量现存的网络产品、技术和档案等，他们在向 SDN 方向演进迈进的同时，也在试图寻找方法来继续支持现有产品，XMPP 无疑为他们提供了一种目前更容易接受的选择。

3.3.2 PCEP

路径计算单元（Path Compute Element，PCE）是 IETF 标准组织在总结现存控制机制的缺陷和多层多域网络需求的基础上提出的改进网络架构，并于 2005 年成立了 PCE 工作组，致力于将基于 PCE 的网络解决方案标准化。该工作组逐渐规范化了一系列与 PCE 相关的 RFC 标准，如路径计算单元协议（PCEP）以及一些基于 PCE 架构的路由协议和信令协议的扩展，包括开放最短路径优先协议（OSPF）、中间系统到中间系统协议（IS-IS）、边界网关协议（BGP）和基于流量工程的资源预留协议（RSVP-TE）等。

PCE 是专门进行路径计算的网络单元，当接收到 PCC（Path Computation Client，路径计算客户端）的路径计算请求时，能够利用已有的网络拓扑信息计算一条满足约束条件和策略的端到端路径。PCE 技术的本质，实际上是将路径计算从传统的路由功能中提取出来，实现了路径计算与路由信息交互在功能上的分离[13]。而 PCEP 就是用于 PCE 与 PCC/PCE 之间通信的协议，其具体工作原理如图 3-16 所示。

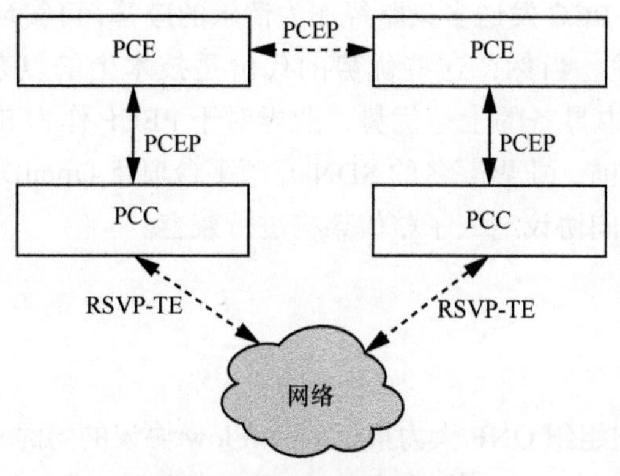

图 3-16　PCEP 的系统原理

不难看出，PCE 技术的提出正好契合了 SDN 控制转发相分离的核心思想，PCE 是逻辑集中点，掌握着全局的网络状态，可作为 SDN 的控制器；PCC 接受 PCE 的调度进行转发，看作 SDN 的数据平面设备。那么 PCE 与 PCC 间通信依赖的 PCEP 自然就成了一种控制器南向接口协议，主要完成路径计算请求和应答。基于 PCEP 的一个完整的通信流程如图 3-17 所示，主要分为消息初始化、消息打包、消息发送、消息接收、消息分析等阶段。

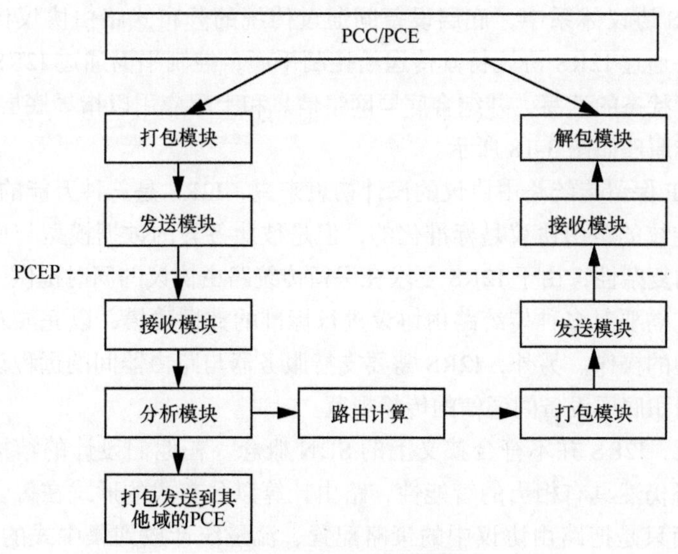

图 3-17　PCEP 的通信流程

与 OpenFlow 相比，PCEP 有其特色之处。从协议本身的实现来讲，完善的东西向接口，使得多个 PCE 间可以更好地协同，分散集中控制的单点控制压力；PCE 允许运营商或设备厂商使用不同的路由算法，基于复杂的参数和策略计算路由，允许 PCE 向 PCC 发送多条路径作为请求的应答，可实现流量的按需调度，提高系统的容灾性。当然，这些优势的代价是技术上的复杂性，不过考虑到 PCEP 在流量工程中具备的上述优势，业界对于 PECP 作为 SDN 南向协议仍寄予很高的期望。目前，业界著名的 SDN 开源平台项目 OpenDaylight 也将 PCEP 作为一种候选的南向协议纳入了整体架构进行兼容。

3.3.3 I2RS

在 SDN 标准化组织 ONF 大力推行 OpenFlow 协议的同时，IETF 也逐步开始关注和重视 SDN 领域。2013 年上半年，IETF 成立了一个 SDN 工作组，致力于开发 I2RS（Interface to Routing System）协议，并在当年 7 月提交了第一份草案。

在传统的路由体系里面，OSPF、IS-IS、BGP 都是分布式路由计算的架构，这套体系在传统设备中被证明非常有效。而 SDN 强调包括路由协议在内的上层逻辑都要运行在集中式的控制器上，可见传统的分布式路由协议与 SDN 集中式控制难以避免地存在着矛盾，因此 IETF 在跟进 SDN 的过程中，提出了 I2RS 这种南向接口协议，其目的是在 SDN 中最大限度地保留传统路由技术的优势，同时引入 SDN 可编程的新思想。

在 I2RS 协议体系中，底层设备间通过传统的分布式路由协议计算得到路由信息，并通过 I2RS 协议将其传递给控制平面，控制平面通过 I2RS 协议对底层设备进行状态的读写，并综合底层网络信息和上层应用以指导底层设备工作，其具体工作原理如图 3-18 所示。

从 IETF 保留传统路由协议的设计初衷来说，I2RS 是一种万能的配置协议。虽然许多传统的路由协议是标准化的，但是彼此各异的数据模型与操作接口导致了维护的复杂性，由于 I2RS 要求在保留传统路由协议的同时提供网络可编程能力，这就需要对多种传统路由协议进行标准的数据建模，以完成对各协议不同数据模型的操作。另外，I2RS 需要支持服务器与路由器间的远程访问，以提供上层应用和底层设备间通信的传输规范。

事实上，I2RS 并不符合狭义上的 SDN 概念，在他们设计的结构中，底层的转发设备仍然具有相当的智能性，路由计算以分布式的形式在每台转发设备上进行，而只是把路由协议中的策略配置、流量统计放到集中式的控制器上，这与 OpenFlow 完全要把数据平面设备“傻瓜化”的思想有所不同。由此可见，

I2RS 中控制器的功能被削弱了很多。相应地，这个协议所提供的可编程灵活性与 OpenFlow 相比自然也会大打折扣。

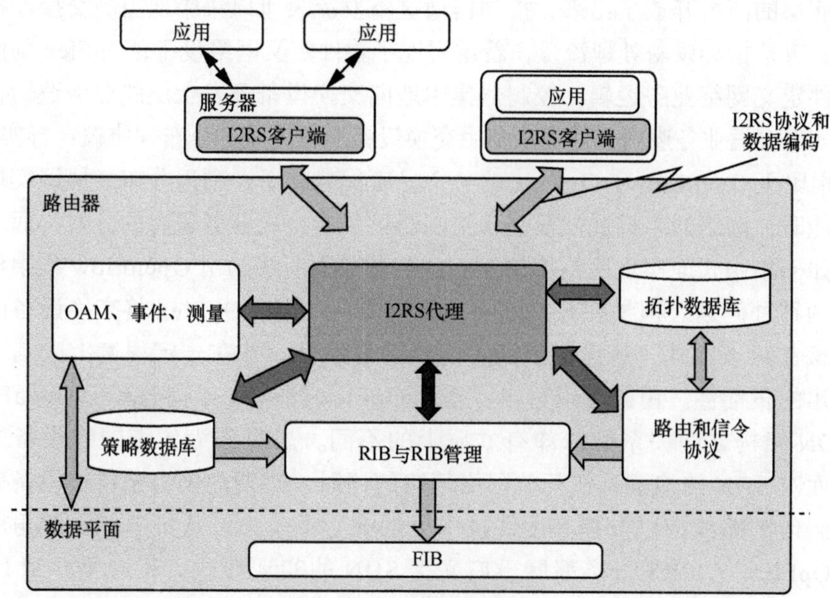

图 3-18　I2RS 的系统原理

从目前看，这个协议还处于前期的研究阶段，相关研究进展请参考第 7 章 SDN 标准化进展一节中对 IETF 工作组的介绍。

3.3.4　OpFlex

为了应对持续火热的 SDN 给传统网络设备市场带来的巨大冲击，思科公司于 2013 年年末推出了 ACI（Application Centric Infrastructure，以应用为中心的基础设施）战略。跟随着 SDN 开放网络的脚步，ACI 同样致力于将网络业务能力开放，围绕上层应用需求智能打造底层网络基础设施。参照 SDN 数控分离与可编程的思想，在 ACI 战略中，应用策略基础架构控制器（Application Policy Infrastructure Controller，APIC）通过北向 API 向上层应用开放网络策略，并通过南向接口协议将应用制定的网络策略分发给底层的交换设备。2014 年 4 月，思科发布南向接口协议 OpFlex 以推动 ACI 的发展，得到了包括微软、IBM、RedHat（红帽）等企业的大力支持。思科现已将 OpFlex 提交给 IETF 以推动其标准化的进行。

与 OpenFlow 类似，OpFlex 实现了集中式控制器与分布式交换设备间的通信，传统网络的交换设备通过集成 OpFlex Agent 便可以完成与 APIC 的交互。

虽然同样是以上层应用开发的敏捷性作为核心目标，两者看待软件定义的视角却有所不同。OpenFlow 协议中匹配—转发的朴素思想，将数据平面交换设备最为底层的能力开放了出来，控制器通过下发流表可以集中地控制交换设备的行为，直接指导设备处理流量，着重实现了软件定义网络设备；OpFlex 则侧重于软件定义网络业务逻辑，控制器集中地向交换设备下发上层的业务逻辑，而具体如何根据业务逻辑处理流量则由交换设备通过传统的分布式协议自行实现。

相比于 OpenFlow，OpFlex 的一个显著优势在于，利用分布式协议实现网络功能时，网络的可扩展性很强，控制器只负责全局业务逻辑的分发，而不用关心如何集中式地实现网络协议，不会存在前面所述的由 OpenFlow 集中控制引发的种种问题。但是在开放网络业务逻辑的同时，OpFlex 将交换设备的模型隐藏在协议之外，这无疑削弱了网络的开放性，并在一定程度上限制了上层应用的灵活性。由此可以看出，基于 OpFlex 的 ACI 架构与基于 OpenFlow 的 SDN 架构之间关系微妙却有本质上的不同。思科作为传统网络设备的巨头，面对 SDN 的浪潮，在开放网络策略的同时，短期内仍会坚持走设备硬件技术封闭的路线，以发挥其硬件技术上的核心竞争力。从集中控制的角度来看，OpFlex 与 I2RS 一样都属于广义上 SDN 的实现形式。在这里介绍 I2RS 和 OpFlex 协议也是希望读者能对广义上的 SDN 能有一个全面的认识。

3.3.5 OVSDB Mgmt

与 OF-CONFIG 协议类似，OVSDB Mgmt（Open vSwitch DataBase Management，OVSDB 管理）协议[14] 也是一种 OpenFlow 伴侣协议，它由 SDN 业界的重量级公司 Nicira 开发，如图 3-19 所示，控制平面可以通过 OVSDB Mgmt 远程配置 OVS 的数据库——OVSDB，实现对底层虚拟交换机 OVS 的管理、分配物理端口、配置队列等，甚至能够通过修改数据库，添加或者删除流表项。

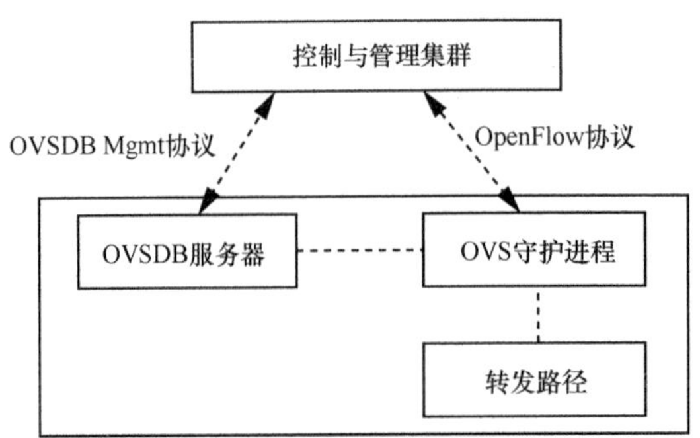

图 3-19　OVSDB Mgmt 与 OpenFlow 的逻辑关系

OVSDB 是一个轻量级的数据库，它设计了 15 种类型的表，用于存储虚拟交换环境中所包含的各种数据结构，OVSDB Mgmt 据此设计了不同类型的消息对其进行管理，这些表的具体讲解见本书应用实践部分中对 OVS 的介绍。OVSDB 使用 UUID（Universally Unique Identifier）唯一标识各种数据结构，OVSDB Mgmt 对 OVSDB 进行管理的同时会将网络元素对应的 UUID 通告给控制器，这极大地方便了 OpenFlow 对网络的部署。

虽然 OF-CONFIG 是 ONF 制定的标准，但由于 OVS 的普及，再加上 OVSDB Mgmt 采用灵活易懂、可扩展性强的 JSON 来实现，导致 OVSDB Mgmt 的普及度要比 OF-CONFIG 更高一些。

3.3.6 POF

POF（协议无关转发）是华为公司提出的一项 SDN 南向技术。POF 技术实现了转发设备对报文协议类型的无感知处理与转发，所有的报文处理与转发策略完全由控制器控制，同时软件设备摆脱了对特定协议的依赖，通过控制器软件编程可以实现新协议的快速部署[15]。

3.3.6.1 基本框架

图 3-20 给出了 POF 的框架图，操作者可以通过 UI 等接口在协议数据库中配置协议内容与元数据，并且可以在控制器上安装不同业务的应用。这些应用依据数据库内容，创建不同的流表以满足相应的服务需求。在 POF 中，应用向底层设备安装流表项时，则依然需要通过 OpenFlow 通道进行传输实现。

POF 协议数据库能够存储任何类型的网络协议，包括自定义协议。控制器之上的应用可以通过这些协议的字段来定义流表项匹配域和指令集的操作对象。对于 POF 的数据层，即底层网络设备，是不需要感知报文的协议类型，只需要根据流表、元数据区和指令集实现控制器的流控制策略，即可完成网络的正常网络通信。

基于上述框架，华为已经针对 POF 协议开发了可实用的 POF 控制器和 POpenFlow 交换机。其中，POF 控制器是基于 Floodlight 控制器进行改进的，并增添了 GUI，用户可以通过界面完成基本的应用；POpenFlow 交换机采用 C 语言实现，可以作为一个简单的 POpenFlow 交换机使用。

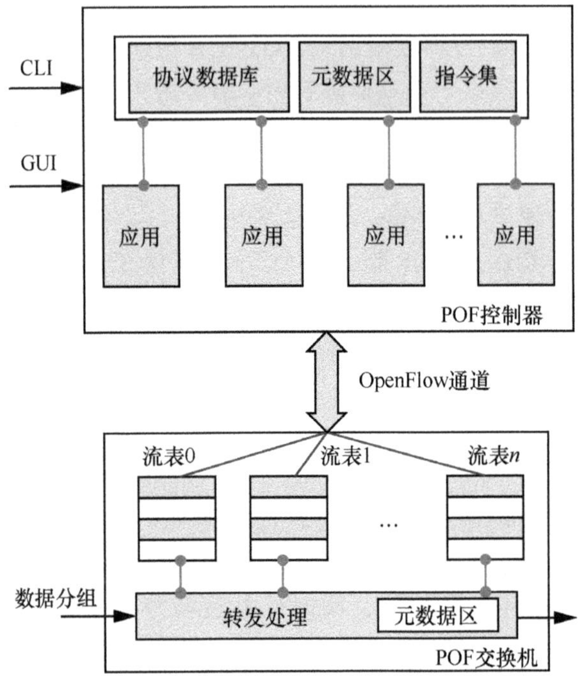

图 3-20　POF 框架

3.3.6.2　基本原理

和 OpenFlow 相似，POF 也是基于多级流表的匹配转发，即通过提取数据分组头在流表中进行匹配查找，然后执行流表项相应的转发动作。

但需要说明的是，OpenFlow 是基于语义的实现方式，即数据平面交换机必须理解数据分组的协议类型，才能进行匹配、动作执行等操作处理，这样显然将使新协议的可扩展性成为巨大问题，尤其难以实现非标准协议的匹配和处理。POF 协议则通过更面向底层的流表设计，实现了可编程的协议分析能力，从而让交换机转发与协议无关。

POF 实现协议无关转发的根本原理，是基于域 {type，offset，length} 的操作，即数据分组的匹配和流表项指令的执行可以在任意位置和任意长度的字段上实现。这种好处是不言而喻的，POF 可以处理任意报文格式的数据分组，包括 OpenFlow 不支持协议（如四层以上的协议），并且 POF 的操作粒度也更为细腻。这里，域 {type，offset，length} 中定义的每一项参数具体含义如下。

type：表示域的类型。POF 的操作对象可以是数据分组本身，也可是元数据。

因此，域的类型有 0 和 1 两种情况，其中，0 表示处理数据分组的数据域，1 表示元数据的域。

offset：域起始位置相对于分组处理指针（Packet Process Pointer，后续流表处理过程中的匹配过程会详细介绍）位置的偏移量，计量单位为 bit。通过 offset，可以指定待匹配字段或动作中待处理字段的起始位置。

length：域的长度，计量单位为 bit。通过 length，可以指定待匹配字段或动作中待处理字段的长度。

这里通过介绍一个简单的例子，来阐释 POF 中域的使用。例如，目前网络中使用较多的是 IPv4 和 IPv6 协议，如果需要验证一种新的 IP 协议 IPvX，通过 POF 就可以方便实现。这里将自定义的匹配字段命名为 IPvX，IPvX 由 3 个域（也可以理解为字段）构成，如图 3-21 所示。此时分组处理指针的位置移动到 IPvX 起始位置，则根据 POF 中对域的定义，IPvX 中每一个字段则表示为 Dst:{0,0,48}、Src:{0,48,48}、Type:{0,96,16}。

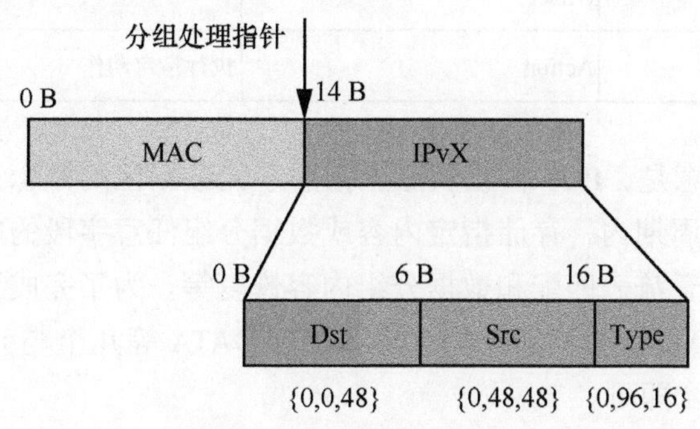

图 3-21　POF 中域使用示例

由于 POF 这种对于域 {type，offset，length} 的定义，不仅让匹配字段与协议无关，而且与流表指令、动作的定义也是无关的。POF 提出的 FIS(Flow Instruction Set，流指令集）概念，基本可以满足所有转发设备对数据分组的处理需求。FIS 的制订也具有一定的数学依据，其基础目标是实现最基本的数学操作（增、删、移位）和逻辑操作（与、或、非和异或），指令操作对象是域 {type，offset，length}，这样大大加强了控制层利用 FIS 指令对数据分组的操作粒度和自由度。

例如，通过 APPLY_ACTIONS 中的 ADD Field，可以在数据分组任意位置添加任意长度字段，在 OpenFlow 却只能完成 VLAN、MPLS 等几个仅有的字段添加。目前，FIS 包含的指令见表 3-5。

表 3-5　FIS 指令

指令	参数	功能
GOTO_TABLE	Next Table ID、Packet Offset	指定 Next Table ID 对应流表为 Pipeline 中的下一流表，Packet Offset 指出下一流表对应层的指针移动位置
GOTO_DIRECT_TABLE	Next Table ID、Entry Index、Packet Offset	跳转至下一个 Direct Table、Entry Index 直接指出下一流表中需匹配的流表项号
METER	Meter ID	为数据分组指出 Meter ID 指出计量表项
WRITE_METADATA	Name、Offset、length、value	将值 value、长度为 length 的元数据写入由 Name 与 Offset 指定的元数据区域
WRITE_METADAA_FROM_PACKET	Metadata Name、Metadata Offset、Write Length、Field Offset	将数据分组指定域的数据写入元数据指定区域
APPLY_ACTIONS	Action	执行指定动作

这里需要注意是，POF 协议实际上拓展了元数据区的概念，元数据区可以在数据分组生命周期内，存储指定内容或数据分组任意字段的内容，甚至元数据区的内容可用于流表匹配和数据分组内容恢复等。为了完成上述功能，只需要通过 WRITE_METADATA、WRITE_METADATA 等几个与元数据区相关的操作指令简单组合即可。

3.3.6.3　处理流程

POF 是采用多级流表的匹配转发方式，当数据分组进入交换机时，会跳转到第一张流表进行流表匹配，匹配到流表项则执行相应动作，未匹配到则根据配置选择上交控制器或丢弃数据分组，数据分组在交换机中的处理流程如图 3-22 所示。

需要注意的是，流表跳转主要会指定 3 项参数 table_id、packet_offset 和 type。第一个参数 table_id 指明跳转表的全局编号；第二个参数 packet_offset 设定数据分组分组处理指针的位置（跳转至第一张表时默认设置为分组头位置），匹配字段的偏移位置和偏移量都以分组处理指针为基准进行计量；第三个参数 type 指明流表跳转后，是选择数据分组内容还是元数据区内容进行流表匹配（跳转至第一张表时默认采用数据分组内容进行匹配）。

通过图 3-22 可以发现，POF 的流表匹配不局限于数据分组本身，可以通过元数据区进行流表匹配与处理。元数据区内容可以是之前匹配动作记录的数据分组副本字段，也可以是控制器写入的数据字段，其与数据分组具有相同的生命周期。通过这项功能，可以实现更多 OpenFlow 不能完成的功能。

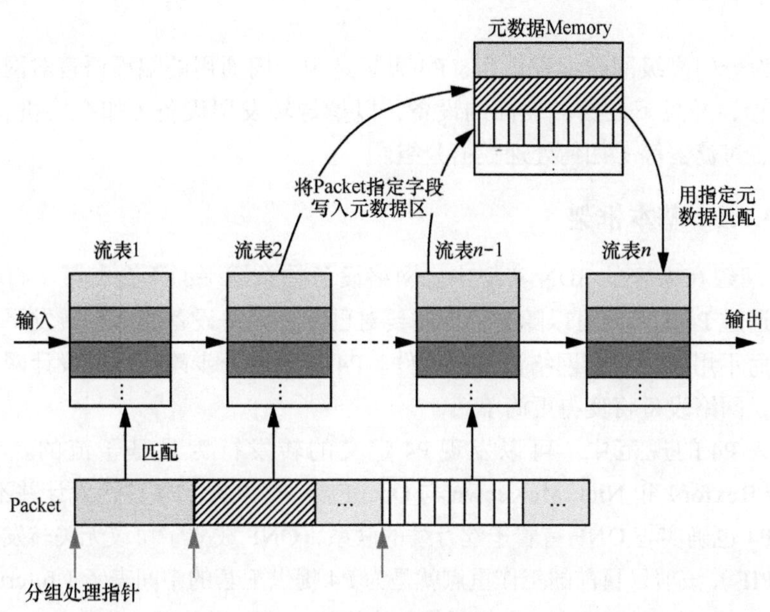

图 3-22 POF 处理流程

3.3.6.4 POF 和 OpenFlow 对比

相对于 OpenFlow 协议，POF 的设计思想具有很多优势，但是在很多方面仍然是各有利弊。为了更加清楚地分析 POF 与 OpenFlow 的异同，下面主要从流表结构、匹配域、指令和动作集几个方面进行简单对比。

- 流表结构：OpenFlow 具有 Timeout 字段，可以定义流表项的超时时间，POF 每条表项有编号和面向对象的 Counter ID，用来记录和 Counter 相关的参数。
- 匹配域：OpenFlow 支持 L2 ~ L4 部分字段，封装性好、成熟度较高，但协议扩展成为问题，POF 可以实现 L2 ~ L7 层任意字段协议和自定义协议，开发人员自由度高，但复杂度相应也有所提升。
- 指令：POF 对元数据的操作做了拓展，可以实现任意元数据的匹配与写入，并且可以用元数据重写数据分组的任意字段。
- 动作集：OpenFlow 可以对数据分组输出端口队列进行分配，POF 不支持显式队列配置，但是支持显示协议校验，数据分组字段的增、删、修改等动作，自由度更大。

3.3.7 P4

作为一门高级网络编程语言，P4 思想是用一门通用的编程语言对网络转发逻辑编程，并且下发给转发面的设备，以指导转发层设备（如交换机、网卡、防火墙、过滤器等）如何处理数据分组。

3.3.7.1 基本框架

P4 期望在未来的 SDN 实现中，网络设备的数据平面不会和某个特定协议绑定。通过 P4，人们可以随时根据需要对已部署网络设备的数据转发平面进行编程，而不用考虑更新网络设备的硬件。P4 试图进一步改变我们设计网络系统的思路，网络设备将变得更简单。

深入 P4 的规范中，可以发现 P4 定义的转发行为是基于流的。考虑到 Jennifer Rexford 和 Nick McKeown 与 OpenFlow 的渊源，P4 这么设计并不奇怪。另外，P4 也确实与 ONF 有着千丝万缕的联系，ONF 成立了协议无关转发的开源项目（PIF），该项目目前的工作重点就是为 P4 提供配套的中间表示（Intermediate Representation，IR）。另外，PIF 工作的成果将被用来设计下一代的 OpenFlow 协议。如图 3-23（摘自 ONF PIF 工作组）所示，服务器上有一个前端编译器将高级网络语言层中规定的 P4 代码翻译成 IR，网络设备端上后端编译器再将 IR 编译成数据平面硬件能支持的指令。这样，通过这种构架，P4 设备可以支持网络管理人员使用高级网络编程语言编写的网络程序，使网络管理人员可以通过编程软件控制整个网络行为与服务，进而大大提高了网络的可编程性。在 P4 的官方网站上可以看到，P4 成立了开源项目，所有代码都遵循 Apache 许可 [16]。

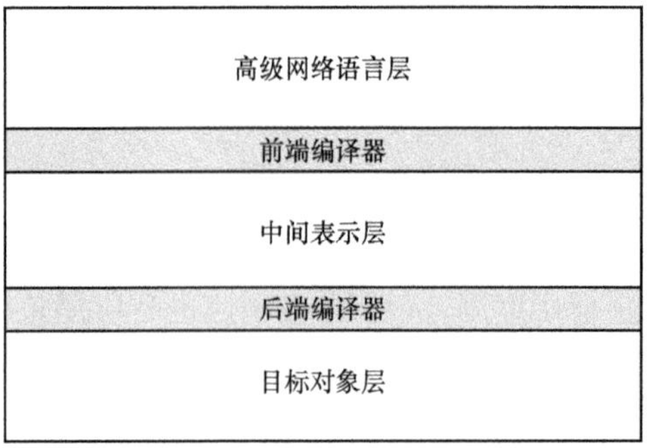

高级网络语言层
前端编译器
中间表示层
后端编译器
目标对象层

图 3-23　P4 框架

3.3.7.2　转发模型

图 3-24 是基于 P4 的一个抽象转发模型，这个模型包含协议解析并且对数据分组的出口和入口分别维护一系列的匹配 + 动作表。协议解析定义了每一个报文的头部。每一个匹配 + 动作表依据头部字段进行查找并且执行相应的动作。

P4 协议无关但是兼容现行的转发协议。一个 P4 程序包含下面的基本转发单元。

- 头部定义：报文中每一个头部的格式（设置字段以及字段的大小）。
- 解析表：报文中被允许的头部序列。
- 表定义：查找执行的类型，使用输入字段，可能应用的动作，每个表的大小。
- 动作定义：由一系列基本动作组成的复合动作集合。
- 流水线设计与控制：设计流水线中的表以及通过流水线的数据流。

P4 通过配置的转发单元进行寻址，一旦设置，就会下发相应表项用于对流经转发平面的数据分组进行处理。通过这点，P4 可以对已经部署好的转发设备进行升级配置、策略下发，而不需要考虑网络设备的硬件。图 3-24 描述了数据流通过 P4 设备进行转发的流程。

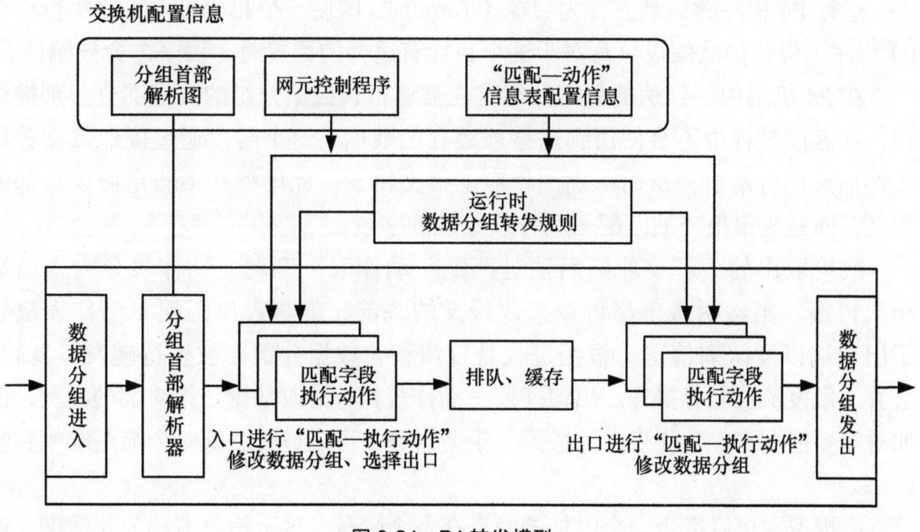

图 3-24　P4 转发模型

P4 的编程模型可以分为两个阶段：配置（Configure）阶段和下发表项（Populate）阶段。第一个阶段是配置阶段，在这个阶段定义了转发应用的协议解析过程，配置了转发芯片前端报文解析器。这个阶段还定义了主体控制程序，其中主要包括转发流程所涉及的各个流表以及流表之间的逻辑关系以及各个流表匹配后可执行的动作集合；第二个阶段是下发表项阶段，也可以称为运行时的流表控制阶段，这个阶段主要实现了软件定义网络应用驱动的流表表项的下发、修改、删除以及表项匹配动作的选择。数据流在转发过程中，还遵循如下一些规则。

- 对于每一个报文，解析器对报文进行解析，生成解析表示，使匹配表可以进行操作。
- 在流水线入口的匹配 + 动作表匹配报文并且决定报文发送到哪些端口。
- 队列机制处理出口规则，生成必要的报文实体并且提交给出口流水线。虽然不是 P4 强制措施，但是当有一个端口有过度流量时，出口队列可能会缓存报文。
- 一个报文实例的物理目的地址在其进入出口流水线之前就被决定了，一旦这个报文实例进入了出口流水线，那么它的物理目的地址就不能被改变。
- 当出口流水线完成所有的操作之后，报文实例的头部被解析，并且报文被传输。

P4 关注解析的规范化，匹配 + 动作表和对经过流水线的流的控制。程序员只需要依照图 3-24 中顶部交换机配置部分就可以根据自己的需求写一个 P4 程序。

运行 P4 程序的机制被称为目标（Target），即使一个目标可以直接执行一个 P4 程序，但是仍然假设只有对于这个目标有适合的配置时，程序才会被编译。

在 P4 机制中，到达的数据分组首先被解析，数据分组的数据部分分别被缓存，在匹配过程中不会使用到这些被缓存的数据。这个阶段通过提取数据分组头部信息进行解析，从而识别出相应的报文协议。此模型并不假定协议头部的含义，而是收集相应被匹配 + 动作表处理的字段。

被提取出的头部字段随后通过匹配 + 动作表。匹配 + 动作表分为入口端和出口端。虽然两张表都可以修改报文的头部，但是入口匹配 + 动作表决定了出口端以及队列情况。根据进入处理流程，数据分组会被执行转发、复制、丢弃、触发流控制等操作。出口匹配 + 动作表执行修改数据分组头部的实例，例如对于多播副本。动作表（计数器、策略器等）可以被关联到一个流跟踪帧到帧状态。

数据报文可以携带一个附加的信息在各个阶段，这个信息被称为元数据，可被当成头部字段使用。元数据的一些例子包括入口端口、传送的目的地和队列、一个时间戳，可用于数据分组调度和数据从一张表到另一张表，不涉及改变数据分组的解析表示，如虚拟网络标识。队列的处理与 OpenFlow 一致。通过动作配置队列，程序员可以通过添加相应的动作来实现新的或现有的拥塞控制协议。

3.3.7.3 P4 和 OpenFlow 对比

P4 可以说是在 OpenFlow 的基础上对 SDN 的进一步发展，早在 2014 年的全球开放网络峰会（ONS）上，P4 就被形象地称为未来的 OpenFlow v2.0 版本。

首先 P4 和 OpenFlow 具有相同的目标，那就是使网络功能的设计实现不再受到传统芯片的束缚。传统芯片制约了网络的多样化发展，芯片的设计决定了一个交换机或者路由器所能拥有的行为策略。OpenFlow 则改变了传统的思路，允许任意类型的数据分组处理，这些处理规则都由控制器下发到交换机的流表中，通过对进入流的匹配完成相应的转发动作。P4 则通过提出一个完整的语言体系扩大了 OpenFlow 的思想，这样不需要像 OpenFlow 一样进行表项的组合而是通过语言直接定义转发行为，使网络更加灵活、可控。P4 进一步提高了网络的可编程能力，符合未来 SDN 发展方向。图 3-25 所示为 P4 与现在存在的南向接口 OpenFlow 的关系。P4 提升了网络可编程的水平，并且可以作为控制器和交换机之间的通用接口。

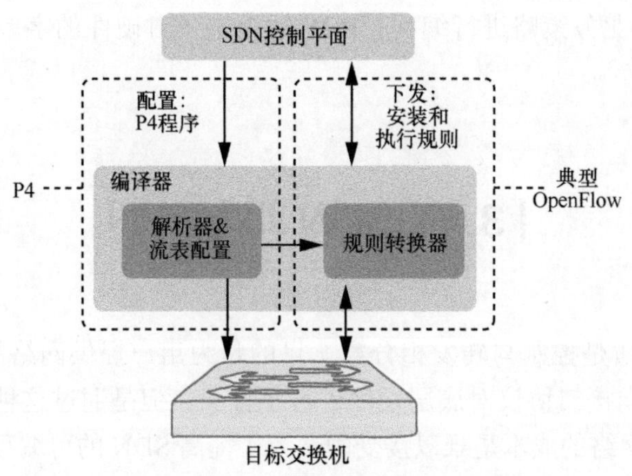

图 3-25　P4 与 OpenFlow 关系

除了上述介绍的几种协议外，还有很多开源的 SDN 南向接口协议。例如，第 2 章介绍的 ForCES 架构，其同名协议 ForCES 定义了转发单元（FE）和控制单元（CE）的通信接口。但由于种种原因，ForCES 架构现已淡出业界，然而用于 FE 与 CE 之间通信的 ForCES 协议倒是可以通过扩展用作 SDN 南向接口协议，IETF 也成立了相关小组来推动这一工作的进行。LISP（Locator ID Separation Protocol，位置标识分离协议）是 OpenDaylight 所支持的一种南向接口协议，它通过动态维护各个网域 / 网元键值（如 IP 地址、MAC 地址、AS 号等）的映射关系，提供一些网络增值业务，如它可用于多租户环境下的云间网络虚拟化。另外，一些传统的协议经过扩展后，在某些特定的场景中也被用于控制器与转发设备间的通信，如用于配置网关路由器以实现域间通信的 BGP，用于转发设备管理的 SNMP 等。

抛开技术上的差异来看，南向接口协议的多样性反映了不同的领域，甚至同一领域不同的组织对于 SDN 的理解与愿景都不尽相同。有人说 SDN 重在开源，有人说 SDN 的核心价值是可编程，有人理解 SDN 就是网络集中控制，而这些不同的观点也就直接导致了各家技术路线上的差异。从字面的意思来看，软件定义即意味着可编程性，这也是 SDN 最为本质的特征，可编程的粒度正是体现不同南向接口协议间差异的关键点，也使得不同的南向协议适合用于的场景各有不同：OpenFlow 直接对流表（FIB）进行编程，从而控制转发；P4 是对 OpenFlow 的升级，主要增加了对协议和动作的编程能力；OF-CONFIG 对 OpenFlow 设备进行配置；OVSDB 对 OVS 进行配置；NETCONF 对传统设备进行配置；BGP 能够发布 BGP 路由（RIB）从而影响转发；PCEP 能够直接配置转发路径（FIB）与 TE 参数；I2RS 能够对路由策略进行编程，而 OpFlex 用来对业务策略进行编程；POF 则提供了对硬件的字节处理进行编程的能力。

3.4 SDN 北向接口

SDN 的本质是控制与转发相分离，目的是为用户提供网络的可编程能力。控制器通过南向接口协议对底层硬件进行了抽象，但是通过这种最底层的抽象来设计、管理网络的成本是难以接受的。为了提高 SDN 的可编程能力，控制器作为 SDN 的操作系统，需要向上为开发者提供网络高层的逻辑抽象和业务模型，北向接口就是一套具有这样功能的编程接口。

实际上，北向接口就是提供了 SDN 中开发者与控制器间的交互能力，从更为宽泛的角度考虑，北向接口在 SDN 控制器中的作用类似于命令行在传统 NOS 中的作用，都是实现了网络管理者对网络的设计与管理。但在传统网络中这种设计是非常死板的，因为设备可以提供的功能都是出厂时固化好的，网管人员只能选择用或者不用，难以设计出完全适应其所处网络环境的网络功能。相比之下，SDN 则为开发者提供了更大的灵活性，控制器的北向接口可以实现一些基本的、更为通用的网络物理 / 逻辑抽象，如拓扑视图、虚拟化网络切片、链路 / 网络层数据库接口，以 API 的形式开放出强大的二次开发能力，使开发者可以着力关注更高层的应用业务，而非底层硬件实现。与计算机操作系统类似，只有上面有足够多的网络应用，SDN 控制器才会有强大的生命力，而友好、完备的北向接口是吸引 SDN 应用开发者的关键。本节将对 SDN 北向接口做简要介绍。

3.4.1 ONF 北向接口

主导 SDN 技术方向的 ONF 组织于 2013 年 10 月成立 SDN 北向接口工作小组（Northbound Interface Working Group，NBI-WG），旨在通过北向接口的标准化以加速 SDN 的商用。

（1）成立背景

ONF 成立之初并未提出要将 SDN 北向接口标准化，因为他们倡导的是用户决定应用，觉得标准化会大大限制用户的创新。但是随着控制器市场百花齐放，ONF 发现这些控制器提供的北向接口非常混乱，时常会给用户带来很大的困扰，于是他们决定将 SDN 北向接口标准化。该工作组成立的另外一个原因是防止控制器通过提供杀手级应用形成厂商锁定的局面，因为这会违背 ONF 成立的初衷。

（2）目标与规划

其实之前 ONF 组织中就存在一个小组负责研究不同应用领域内的 SDN 北向接口，单独成立了 NBI-WG 后，ONF 的目标是在一年内能提出一套具有建设性的标准化方案，希望它能支持一些 SDN 商用解决方案，以期为市场所接受。

ONF 作为一个标准化组织，既然他们希望统一北向接口，需要考虑的方面就非常多。首先，这套 API 对于转发设备而言必须具有良好的稳定性，对于控制器而言必须具有很强的可扩展性，对于应用开发必须具有灵活性和敏捷性。其次，标准化的北向接口必须具备底层无关性，这就意味着这套 API 的设计需要能够适应包括 OpenFlow 在内的各种南向接口协议，兼容各厂商设备的底层差异，并在一致性的基础上允许不同控制器间的差异化。最后，这套 API 中的各个接口必须具有简洁明了的功能，接口间的层次必须十分清晰，允许传统网络工作者在不了解 SDN 底层实现的情况下使用网络各个层次的可编程能力。

图 3-26 给出了 ONF 北向接口协议的设计层次，其中图 3-26 中控制器基础功能 API 提供了控制平面中最为底层的能力，例如，通过这种北向接口可以控制南向信令的收发，网络服务 API 提供了基础网络服务的编程接口；例如，通

过开放二层交换与三层路由的信息以保障网络连通性，而北向接口应用 API 则提供了业务逻辑层的抽象，例如 QoS 策略的制定等。

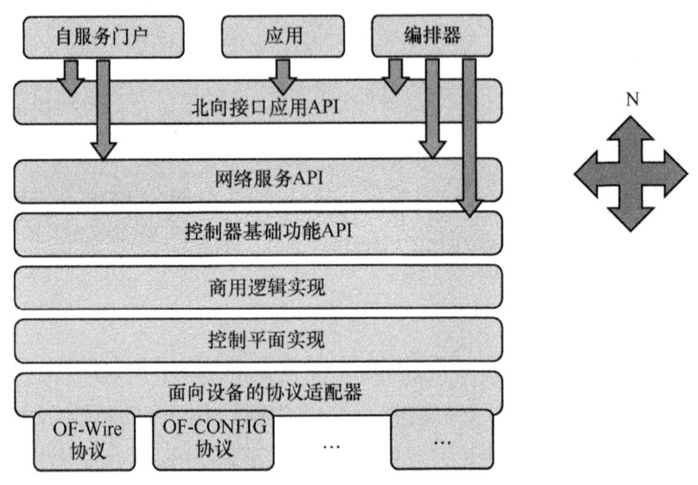

图 3-26　ONF 北向接口设计层次

实现上述设计目标的基础在于 ONF 如何定义 SDN 北向接口的功能集。网络协议栈的不同层次与应用的不同场景构成了北向接口功能集的两个维度，定义时需要进行二维的综合考量，图 3-27 给出了 ONF 组织对北向接口功能集的初步设计。

图 3-27 中最底层为控制器收发信令的基础能力，信令可以是 OpenFlow 消息，也可以是其他的南向接口协议。往上面一层是自验证能力、开发所用的编程语言以及设备的抽象层，这三层提供了网络转发设备级的编程接口。网络切片、拓扑生成、路径发现、路由与交换等提供了网络层的编程接口。其余部分则提供了更高层的业务逻辑，如服务链增值、QoS、统一通信等。这种设计架构的目标是提供一套层次清晰、功能完善的北向接口，但是架构的复杂性也大大增加了设计的难度，这部分工作目前仍在进行中。

（3）发展情况

NBI-WG 组织于 2013 年 10 月成立，他们的工作看起来容易，只需要定义一些函数接口，但考虑到接口的复杂性与统一化问题，实际上工作难度是相当大的，ONF 在 NBI-WG 的白皮书中给出了他们的工作时间表，预期在前 6 个月完成调研工作并完善工作计划，一年之内给出一套 SDN 北向接口的标准草案。但事实上，NBI-WG 在 2015 年 3 月才发布了实时媒体的北向接口，该接口基于 REST API 实现，主要用于提供实时媒体应用（如统一通信）

与 SDN 控制器间的接口，以满足国际多媒体通信协会制定的 QoE(Quality of Experience，体验质量) 规范。基于该接口，实时媒体应用能够指定自身所需的网络服务质量策略，并能够对当前的网络服务质量进行监测。该接口的发布比时间表晚了半年左右，可以印证的是，ONF 在北向接口方面的规范工作确实有着相当大的难度。

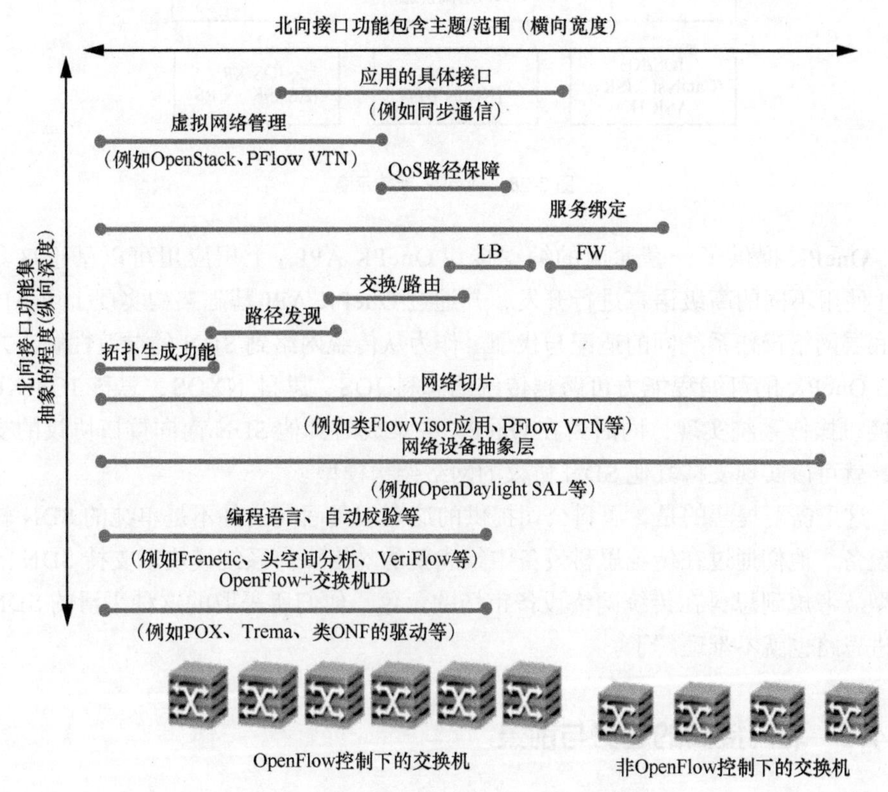

图 3-27 ONF 设想的北向功能集

3.4.2 SDN 其他北向接口

在传统网络架构遭受 SDN 强劲冲击的大环境下，思科作为传统网络设备行业的龙头老大，也开始在 SDN 领域布局，并于 2012 年 6 月提出了思科 ONE (Open Network Environment，开放网络环境) 战略，以在传统设备的基础上提供可编程能力。其中，OnePK 作为 ONE 战略下重要的技术平台，为传统思科的设备提供了一套完整的可编程环境，其架构如图 3-28 所示。

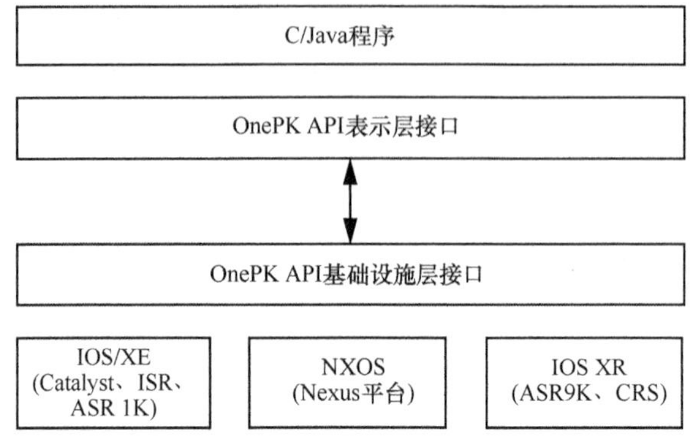

图 3-28　OnePK 架构示意

OnePK 提供了一套通用的编程接口 OnePK API，上层应用可以基于这套 API 使用不同的高级语言进行开发，并通过 OnePK API 基础架构实现上层 API 和底层网络操作系统间的适配与代理。作为从传统网络到 SDN 的过渡性解决方案，OnePK 的可编程能力可跨越传统的思科 IOS、思科 NXOS、思科 IOS XR 交换机操作系统实现，同时若在 OnePK 中集成对其他 SDN 南向接口协议的支持，就可以实现支持其他 SDN 协议的网络架构模型。

这里需要提醒的是，思科公司提供的这套工具面向的并不是单纯的 SDN 转发设备，他们通过在传统思科设备中集成新的网络操作系统模块以支持 SDN 的模型。考虑到思科在传统网络设备市场的角色，他们所采取的这种平滑的 SDN 演进思路也就不难理解了。

3.4.3　北向接口的趋势与前景

3.4.3.1　北向接口的发展趋势

随着 Web 的发展与普及，REST API（Representational State Transfer API，表征状态转移 API）以其灵活易用性在 SDN 北向接口设计中得到了广泛的应用。REST 定义了一组体系架构原则，开发者可以根据这些原则设计以系统资源为中心的 Web 服务。这种架构下，每个资源都具有唯一的标识，对资源的操作包括获取、创建、修改和删除资源。将 REST 用在 SDN 北向接口的设计中，可将控制器基本功能模块和各网元看作网络资源，对其进行标识，通过增、删、查、改的方法操作相应资源的数据。

从典型场景上来看，REST API 已经成了 SDN 控制器和云计算管理平台 OpenStack

对接的支撑性技术。OpenStack 中 Neutron 组件负责管理网络资源，其实 Neutron 本身就可以看作 SDN 控制器，不过目前 Neutron 的实现更侧重于设备驱动的级别，控制上仍缺乏足够的灵活性。同时，考虑到 OpenStack 正在成为云计算市场的实际标准，因此各类 SDN 控制器都在积极地寻求着与 OpenStack 的对接，在实现方式上都是通过 REST API 与 Neutron API 服务器进行信息同步，并代替 Neutron 完成对转发设备的调度。

REST API 架构成熟、接口友好，已经成了实现 SDN 北向接口的核心技术，上一个小节中提到的 ONF 发布的北向接口就是基于 REST API 实现的，而目前主流的开源 SDN 控制器也都基于 REST API 开放了各自的部分接口，如 Floodlight、Ryu、OpenDaylight、ONOS 等。

3.4.3.2 SDN 北向接口的前景

控制器本质上就是 SDN 的操作系统，它通过南向接口与转发设备通信，对用户屏蔽底层实现细节；通过北向接口与上层应用交互，提供更高层次的业务逻辑抽象。SDN 的最终价值在于根据丰富的上层应用需求更加灵活地部署和控制网络，而北向接口是否友好、完备，直接决定着控制器的生命力，是控制器能否获得大规模应用的决定因素。

SDN 北向接口的发展现状目前不甚明朗。市场上控制器的种类五花八门，各种控制器都提供了一些应用模块，但是这些模块大多都只是独立地实现了业务逻辑，并没有提供数据、消息的交互接口，开发人员很难使用这些模块进行二次开发，而往往只能通过控制器提供的信令收发能力，从底层开始进行程序设计，大大降低了研发效率。并且，由于还没有一个统一的北向接口标准，开发者在使用不同控制器进行开发时常常会感到十分困惑。

上述现状显示标准化工作迫在眉睫，但业界却迟迟没有动作，原因就是难以在网络的一致性与差异性之间找到一个平衡点。不同的产业对 IT 能力的需求大相径庭，同一产业不同用户的网络环境也各不相同，因此标准化功能集的定义问题就很难达成共识。因此 ONF 计划制定的这套 API 标准函数集，仍然会需要很长一段时间去普及和推广。

在 SDN 北向接口这一问题上，不同利益方考虑的方面是不同的，ONF 之所以推进标准化的工作，不单单因为他们是一个标准化组织，更深层次的原因是 ONF 是由一些互联网巨头公司发起的，他们希望借此来解除网络设备商的锁定。相反地，大的 SDN 服务供应商则希望通过差异化服务来控制市场，而标准的制定无疑会大大束缚他们的手脚。传统设备商在跟进 SDN 的战略中，短期内仍会坚持走硬件技术相对封闭的路线。

目前 SDN 北向接口标准化的前景仍然不甚明朗，但毫无疑问，SDN 未来要进行大规模的商用，离不开北向接口的标准化，就像 UNIX 家族系统的成功离不开 POSIX 标准一样。究竟是 ONF 等标准组织会主导北向接口的发展，还是厂商实现会成为事实上的标准，让我们拭目以待。

3.5 SDN 东西向接口协议

前面提到过，为了解决 SDN 集中式控制带来的问题，控制平面可以由多个控制器实例构成一个大的集群。各控制器实例间通过 SDN 东西向接口协议来实现控制信息的交互，从而根据全局网络信息制定策略，实现逻辑上的集中控制。目前对 SDN 东西向接口的探讨还主要处在学术研究阶段，大部分研究从域内多控制器协同或域间多控制器通信两个方向进行了初步的探索。本节将简要介绍几个代表性工作，使读者能够对 SDN 东西向接口协议的研究现状与发展前景有初步了解。

为了解决 SDN 集中控制的问题，有研究人员提出让交换机在本地自行决定部分流量的转发策略，以减少数据平面和控制平面的交互，从而在一定程度上减轻控制器负载。不过这种方法难以从根本上解决 SDN 集中控制架构下控制器单点的性能瓶颈。面对大规模的 SDN，分布式控制平面是解决此问题的一个可行思路，即如果能通过多个物理控制器实例分区管理整个网络，在实例间通过交互各个分区的信息以保证全局信息的一致性，便可在域内实现一个逻辑上集中的控制器，同时可以增强 SDN 控制平面的可扩展性。2010 年 Tootoocian 在 IN INM/WREN WorkShop 提出的 HyperFlow[17] 采用了分布式控制平面的思想。HyperFlow 通过部署多台控制器来管理 OpenFlow 交换机，每台控制器同步全网络视图的同时，只需要管理特定区域中的 OpenFlow 交换机。HyperFlow 作为 NOX 上的应用程序，实现过程简单，只需要对 NOX 进行少量修改。这种实现方式适用于网络状态事件更新不频繁、对网络状态一致性要求不高的网络。而对于网络状态事件频繁更新或规模较大的网络，HyperFlow 有可能面临性能瓶颈。

随着 SDN 应用场景和范围的逐渐扩大，人们开始逐渐考虑 SDN 域间如何进行互联互通。2013 年，清华大学的毕军教授团队提出了东西桥（East-West Bridge）的概念[18]（以下简称 EWBridge），允许控制器通过标准化插件的形式对其进行集成，从而实现异构 SDN 控制器间标准化的东西向通信。EWBridge

的设计中，控制器以全网状（Full-Mesh）的拓扑形式进行组网，它主要实现了控制器发现、网域视图信息维护和多域网络视图信息交互等功能，其工作原理如图 3-29 所示。

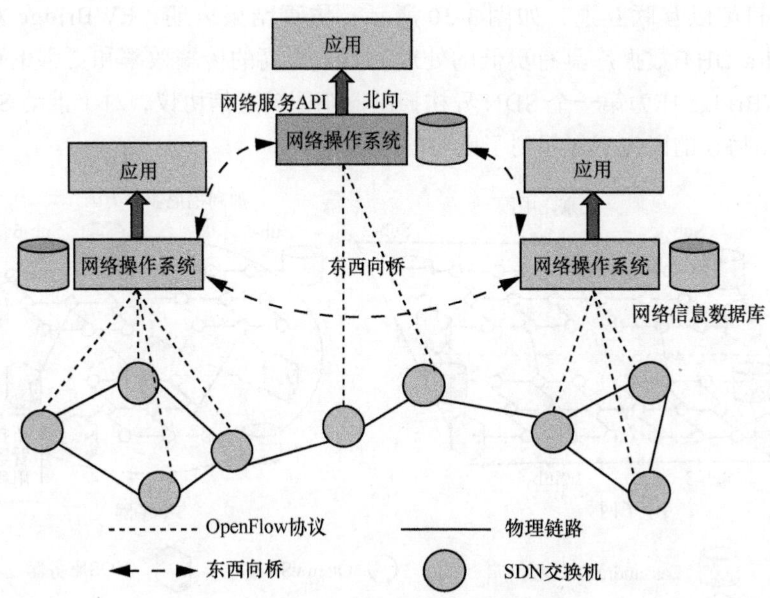

图 3-29　EWBridge 工作原理

在 EWBridge 中，控制器发现（Controller Discovery）实现了控制器间的握手，注册服务器（Registration Server）集中地维护各控制器列表信息，根据此信息控制器可以两两建立邻居关系。网域视图信息维护（Network View）是整个 EWBridge 中最为基础和重要的工作，包括网域视图信息的抽象、学习等。EWBridge 将 SDN 网元抽象为节点、链路、端口、流等概念，通过扩展的 LLDP（Link Layer Discovery Protocol，链路层发现协议）获取域内各网元的标识（ID）、容量（Capacity）、状态（Status）等信息，并对其进行综合分析、优化以形成域内的网络视图。

各控制器得到了对应网域的视图后，通过 EWBridge 在各控制器间交互多域的网络视图信息以形成一致的全局网络视图。EWBridge 是一种基于 TCP/SSL 的应用层协议，可以使用 JSON、XML、YANG 等语言实现，具有良好的移植性和可扩展性。EWBridge 将各控制器看作完全对等的，通过 Publish-Subscribe（发布—订阅）模式在控制器间高效地交互网域视图信息，协议参考 BGP（Border Gateway Protocol，边界网关协议）设计了有限状态机模型，协议消息包括 Open、Update、Notification、Keepalive 和 Viewrefresh 这 5 种类型，实现了 SDN 东西向通信的基本功能。

EWBridge 系统的仿真环境采用 Mininet 实现，分布在北京和美国加利福尼亚州的两个 SDN 网域分别由 NOX 和 Floodlight 进行控制，实验证明两者之间可以互联互通，如图 3-30 所示。仿真结果表明，EWBridge 对比于 Cassandra DHT 数据库具有更低的处理时延、更高的传输效率和更强的可扩展性。EWBridge 作为第一个 SDN 异构控制器东西向通信协议，对于推动 SDN 东西向接口协议的研究工作起到了重要的作用。

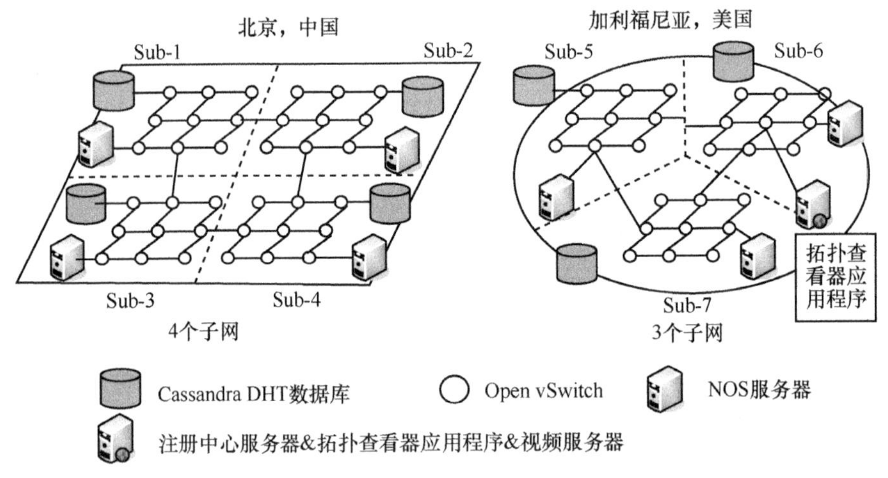

图 3-30　EWBridge 仿真环境

2012 年，华为公司也提出了 SDN 控制平面东西向接口协议 SDNi[19]。SDNi 是一个用于 Domain 控制器之间交换数据的协议，其定义了 SDN Domain 及其组件，以及 SDNi 如何帮助跨域通信等内容。然而，SDNi 草案中并没有详细描述其通信细节，目前 SDNi 正在 SDN 开源项目 OpenDaylight 上进行部署实现。

值得一提的是，控制器实例间控制信息的同步问题，对于实现 SDN 的逻辑集中控制至关重要，但是在技术上它却是极其复杂的。从以上介绍的学术界和产业界的研究进展情况来看，目前一些从零开始设计的 SDN 东西向接口协议都只实现了控制器间最基本的通信过程，在功能上仍存在着较大的缺口。换一个角度来看，传统网络协议的分布式设计思想都需要在各节点间进行信息的同步，一些协议（如 OSPF、BGP）很好地实现了路由的传播与路径选择的优化，SDN 东西向的接口协议可以在很大程度上借鉴上述传统协议的设计。

其实在产业界，这种接地气的思路已经有了商用的案例，在 Juniper 推出的 SDN 解决方案 OpenContrail 架构中，控制节点间即通过 IBGP（Interior Border Gateway Protocol，内部 BGP）交换路由，保证所有的控制节点中控制信息的同步，OpenContrail 中控制器节点通信模式如图 3-31 所示（对于 OpenContrail 的介绍请参见第 5 章相关内容）。通过使用 IBGP 作为 SDN 东西向接口协议，OpenContrail 控制平面的性能得到了极大的提升，如通过类似 BGP 路由反射（Route Reflection，RR）的机制在控制节点之间引入状态汇总和分片，即可在网络规模增大、控制信息激增时保证控制平面的可扩展性。不过，IBGP 要求控制节点逻辑上以全网状的拓扑形式互连，而且协议的完备性也往往意味着高复杂度，这些都对控制平面的维护提出了不小的挑战，虽然如此，OpenContrail 设计的成功说明利用传统分布式协议实现 SDN 东西向接口协议的确是一个值得借鉴的思路。

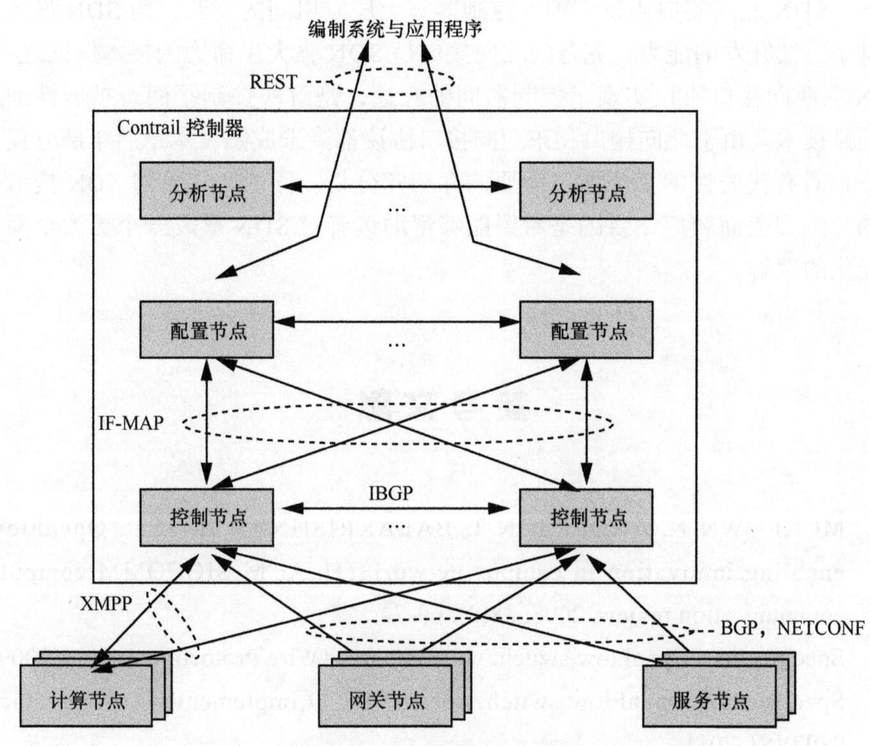

图 3-31　OpenContrail 中控制器节点间通过 IBGP 通信

当前，SDN 只是在小规模网络上得到了初步认可和应用，它是否能够成功应用到更大规模的网络中与控制平面的可扩展性息息相关。SDN 东西向接口协议的设计是增强控制平面可扩展性的核心技术，目前相关研究仍处于早期探索阶段，但是它的发展是否完善将直接关系到 SDN 能否进一步得到大规模应用。但是正如 SDN 技术提出的那样，如果真正要变更整个互联网，那么东西向接口协议必将成为 SDN 需要重点面对的问题之一，也将成为该领域未来的一个重要研究方向。

3.6 本章小结

SDN 接口协议实现了 SDN 各部分之间的通信，在体系架构中起着至关重要的作用。南向接口协议作为 SDN 的指令集联系着控制平面与数据平面，其中 ONF 组织推进的 OpenFlow 系列协议，无论是在技术上还是市场上都较为成熟，南向接口协议一节对此做了深入的介绍，并对其他南向接口协议进行了概述。SDN 北向接口协议实现了控制器与上层应用间的交互，为 SDN 设计者提供了二次开发的能力，完备的北向接口是 SDN 强大生命力的根本保证之一。SDN 东西向接口协议实现了控制器间的互通，是解决控制平面可扩展性问题的关键技术。由于北向接口和东西向接口协议都尚未成熟，本章后半部分仅对部分相对有代表性的工作做了简要的介绍和分析。同时，本章对 SDN 接口协议的介绍覆盖面较广，目的是希望能够帮助读者对 SDN 形成一个更为全面和多元化的理解。

参考文献

[1] MCKEOWN N, ANDERSON T, BALAKRISHNAN H, et al. OpenFlow: enabling innovation in campus networks[J]. ACM SIGCOMM computer communication review, 2008, 38(2): 69-74.

[2] Specification, OpenFlow switch. version 1.0. 0 (Wire Protocol 0x01)[S]. 2009.

[3] Specification,OpenFlow switch. version 1.1. 0 implemented (wire protocol 0x02)[S]. 2011.

[4] Specification, OpenFlow switch. version 1.2 (wire protocol 0x03) [S]. 2011.

[5] Specication, OpenFlow switch. version 1.3. 0 (wire protocol 0x04) [S]. 2012.

[6] Specication, OpenFlow switch. version 1.4. 0 (wire protocol 0x05) [S]. 2013.

[7] Specication, OpenFlow switch. version 1.5. 0 (wire protocol 0x05) [S]. 2013.

[8] ONF. OpenFlow configuration and management protocol version 1.1.1[S]. 2013.

[9] ONF. OpenFlow configuration and management protocol version 1.0[S]. 2011.

[10] ONF. OpenFlow configuration and management protocol version 1.1[S]. 2012.

[11] ONF. OpenFlow configuration and management protocol version 1.2[S]. 2014.

[12] SAINT-ANDRE P. Extensible messaging and presence protocol (XMPP): Core[J]. University of helsinki department of computer science, 2004.

[13] VASSEUR J P, ROUX J L. Path computation element (PCE) communication protocol (PCEP)[S]. IEEE, RFC 4657, 2006.

[14] PFAFF B, DAVIE B. The Open vSwitch database management protocol[S]. RFC 7047, IETF, 2013.

[15] SONG H. Protocol-oblivious forwarding: unleash the power of SDN through a future-proof forwarding plane[C]// Proceedings of the Second ACM SIGCOMM Workshop on Hot Topics in Software Defined Networking. ACM, 2013:127-132.

[16] BOSSHART P, DALY D, GIBB G, et al. P4: programming protocol-independent packet processors[J]. ACM SIGCOMM computer communication review, 2014, 44(3): 87-95.

[17] TOOTOONCHIAN, AMIN, GANJALI Y. Hyperflow: a distributed control plane for openflow[C]// Proceedings of the 2010 Internet Network Management Conference on Research on Enterprise Networking. USENIX Association, 2010.

[18] LIN P P, BI J Y, WANG Y Y. East-west bridge for SDN network peering[M]. Frontiers in Internet Technologies. Springer Berlin Heidelberg, 2013:170-181.

[19] YIN H, XIE H, TSOU T, et al. SDNi: a message exchange protocol for software defined networks (SDNs) across multiple domains[Z]. IRTF Internet Draft, 2012.

第4章 SDN数据平面

从上几章的介绍可知，SDN的核心思想是将数据平面与控制平面相分离以及提供开放的编程接口。SDN中数据平面的交换设备专注于高速转发数据分组，而转发的决策由控制平面的控制器通过南向接口协议统一分发，从而降低了设备复杂度，提高了网络控制管理效率。SDN作为这样一种革新性的网络新技术，当它在产业界真正落地的时候，对传统网络交换设备产生了什么样的影响？网络设备商又该如何应对？针对这些问题，本章将对比分析传统交换设备和SDN交换设备的架构，并介绍SDN芯片、SDN硬件交换机和SDN软件交换机的发展情况。

4.1 数据平面架构

传统网络的设计遵循 OSI 的 7 层模型，网络交换设备包括了工作在第二层（链路层）的交换机和工作在第三层（网络层）的路由器。交换机可以识别数据分组中的 MAC 地址，并基于 MAC 地址来转发数据分组；路由器可以识别数据分组中的 IP 地址，并基于 IP 地址来转发数据分组和实现路由。现在也有一些三层交换机，它结合了二层交换的简易敏捷与三层路由的部分智能特性。如图 4-1 所示，传统网络交换设备的功能架构主要由控制平面和数据平面组成，它们在物理上是紧密耦合的，逻辑上是相互分离的。控制平面通过网络操作系统和底层软件，生成、维护交换设备内部的转发表，并实现对网络的配置管理。数据平面通过硬件转发芯片对数据分组进行高速转发，基本功能主要包括转发决策、背板转发以及输出链路调度等几个方面[1]。

（1）转发决策

交换设备的各种转发行为均和协议相关，无论是交换机还是路由器，其工作原理都是在端口收到数据分组时，将数据分组中的目的地址与设备自身存储的 MAC 地址表或路由表进行匹配，从而确定数据分组转发的目的端口。表项匹配的工作是由交换设备中的交换芯片来实现的。

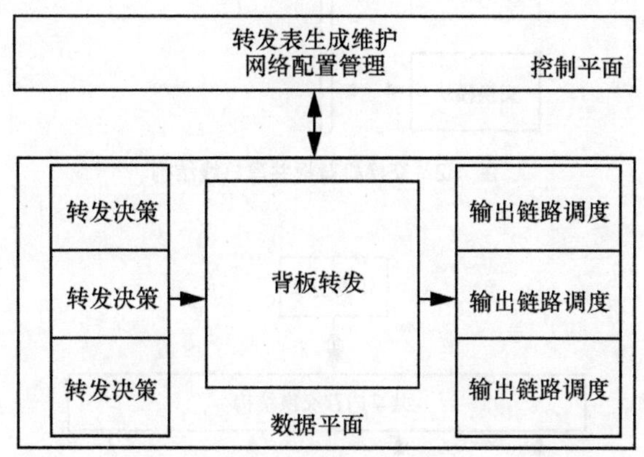

图 4-1　传统交换设备架构

（2）背板转发

交换机通过背板把各个端口连接起来，数据分组经转发决策后，由背板从入端口转发到目的端口。交换机背板的交换结构可以分为共享总线结构、共享内存结构和 CrossBar 结构。共享总线型背板的结构如图 4-2 所示，这种结构中没有交换芯片，通过共享总线进行各线卡之间的数据传递，各线卡分时占用背板总线，导致这种类型的背板交换容量受限。共享内存型背板结构如图 4-3 所示，这种结构依赖转发引擎来提供全端口的高性能连接，由转发引擎来检查收到的每个数据分组以决定路由，这种结构需要很大的内存，随着交换机端口的增加，内存会成为性能实现的瓶颈。CrossBar 型背板结构如图 4-4 所示，这是一种混合交叉总线的实现方式，将一体化的交叉总线矩阵划分为多个小交叉矩阵，中间通过高性能总线连接，减少了交叉总线数，降低了成本，减少了总线争用，从而大大提高了交换机的效率和性能。

（3）输出链路调度

各个端口针对接收线路和发送线路各有一个缓冲队列，当数据分组发往交换机时，发出的数据分组暂存在交换机的接收队列中，然后等待下一步处理。如果交换机决定把接收的数据分组发送给某一终端，这时候交换机把要发送的数据分组发往该接收终端所在端口的发送队列，然后再发送到接收终端，如果终端忙则一直存储在发送队列中。

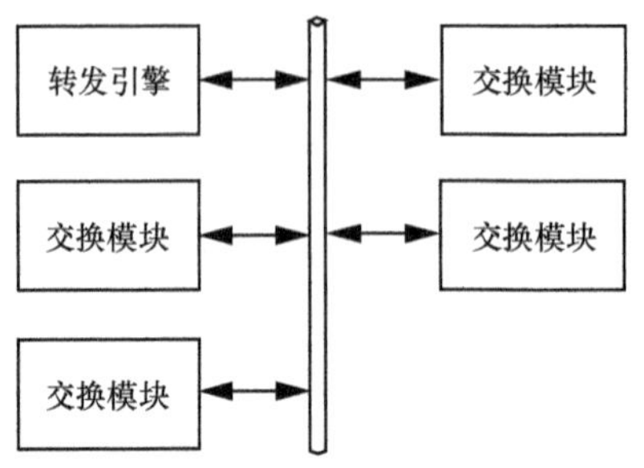

图 4-2　交换机背板共享总线结构

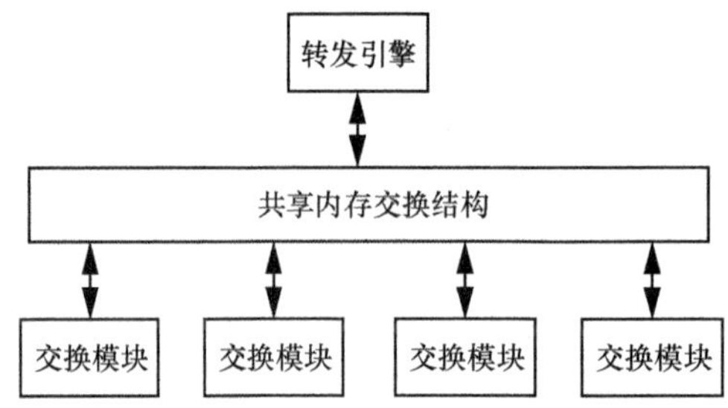

图 4-3　交换机背板共享内存结构

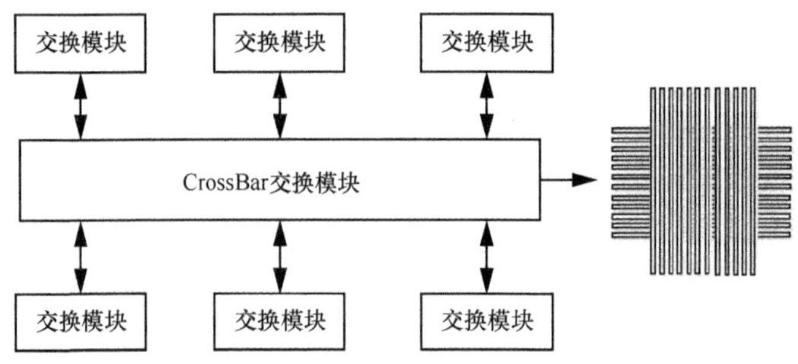

图 4-4　交换机背板 CrossBar 结构

由以上可以看出，传统网络的数据平面和控制平面物理上是完全紧密耦合的，分布在各个单独的交换设备中，并只支持制定好的网络标准协议，用户无法部署新的网络策略，加之各厂商的设备接口均对外封闭，用户亦无法自行管理和调用网络设备，在使用厂商的设备时不得不同时依赖其软件和服务，网络相对僵化，缺乏足够的灵活性。

不同于传统交换设备，SDN 将交换设备的数据平面与控制平面完全解耦，所有数据分组的控制策略由远端控制器通过南向接口协议下发，网络的配置管理也同样由控制器完成，这大大提高了网络管控的效率[2]。交换设备只保留数据平面，专注于数据分组的高速转发，降低了交换设备的复杂度。就这个意义上来说，SDN中交换设备不再有二层交换机、路由器、三层交换机之分。如图4-5所示，SDN交换设备的基本功能仍然包括转发决策、背板转发、输出链路调度，但在功能的具体实现上与传统网络的交换设备有所不同。

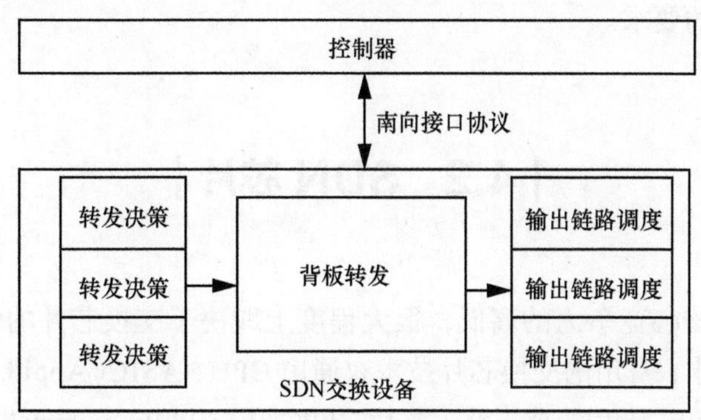

图4-5　SDN交换设备架构

（1）转发决策

支持OpenFlow南向接口协议的SDN交换设备首先用流表代替了传统网络设备二层和三层转发表，该流表中的每个表项都代表了一种流解析以及相应处理动作。数据分组进入SDN交换机后，先与流表进行匹配查找，若与其中一个表项匹配成功则执行相应处理动作，若无匹配项则上交控制器，由其决定处理决策。这些流程依旧需要依赖网络设备内的交换芯片实现。

（2）背板转发

目前SDN应用最广泛的场景是数据中心，其对交换机数据交换速率的要求相对较高。不过就目前的网络设备来说，设备的速率瓶颈点主要还是在交换芯片上，背板提供满足要求的交换速率并不是太大问题。

（3）输出链路调度

正常情况下，数据分组发往交换机某一端口或准备从交换机某一端口发出时，均需在端口队列中等待处理。而支持QoS的交换机则可能要对报文根据某些字段进行分类以进入有优先级的队列，对各个队列进行队列调度以及修改报文中的QoS字段以形成整个链路的有机处理流程等。支持OpenFlow协议的SDN交换机对QoS的支持主要有基于流表项设置报文入队列、根据Meter进行限速、基于Counter进行计费、基于Group的Select功能进行队列调度等。

背板转发和输出链路调度功能没有给SDN交换机带来太大挑战，但转发决策却给SDN交换机在技术实现上带来了很大的难题。正如3.1节提到，

OpenFlow 交换机的流表有别于传统网络交换设备，它的逻辑粒度性更高，可以包含更多层次的网络特征，可以使交换机集交换、路由、防火墙、网管等功能于一身，这也正是 SDN 灵活性的由来。而交换芯片需要通过查找这样一张流表来对进入交换机的数据分组进行转发决策，这就对交换芯片的性能在设计和实现上提出了新的要求。

4.2 SDN 芯片

交换设备核心竞争力的高低，很大程度上取决于交换芯片的性能。在传统网络设备市场中，常用的交换芯片技术有通用 CPU、ASIC（Application-Specific Integrated Circuit，专用集成电路）芯片、FPGA（Field Programmable Gate Array，现场可编程门阵列）和 NP（Network Processor，网络处理器）等。

其中，通用 CPU 的功能易扩展，理论上可以实现任何网络功能，但是其数据处理性能不高，所以一般仅用于网络设备的控制和管理。ASIC 芯片是按需专门定制的硬件电路，可高效地实现某些网络功能，单颗芯片就可以实现几百兆 PPS（Packet Per Second，每秒分组数）以上的处理能力，但 ASIC 芯片一旦开发完毕就很难继续扩展至其他应用，新功能的添加需要芯片研发公司花费较长开发周期，所以最适合应用于实现网络中的各种成熟的协议。FPGA 是一种门阵列芯片，它支持反复擦写，可以通过编程改变电路的结构，以实现不同的网络功能，但其处理能力有限，难以实现大规模的网络转发，因此 FGPA 主要的应用场景是科研和验证。NP 是一种可编程的处理器，利用众多并行运转的微码处理器进行复杂的多业务扩展，适用于实现各种创新或未成熟的业务，多用于路由器、防火墙等协议更为复杂灵活的网络设备。但其不足是网络厂商使用 NP 进行产品设计时需要投入大量的开发人员，同时性能和 ASIC 相比依然存在一些差距。

SDN 交换设备所要实现的协议相对简单而且固定，对稳定性的要求较高，因此 ASIC 芯片无疑是 SDN 最佳的选择，传统交换设备芯片市场也多是 ASIC 芯片。开发 ASIC 定制芯片需要巨大的成本投入，最短需要两年的研发时间，价格也很昂贵，因此，只有思科、华为和 Juniper 这样的巨头才倾向于使用自己的定制 ASIC 芯片。而绝大部分交换设备厂商均使用博通、英特尔旗下 Fulcrum、Marvell 等专业芯片制造商生产的商用 ASIC 芯片。

在传统网络芯片市场中，主流的芯片厂商有思科、博通、英特尔、Marvell、

Fulcrum、富士通半导体、Realtek、英飞凌等。除此之外，还有DAVICOM、VIA、Vitesse、Centec、Ethernity、QLogic、Xelerated等市场份额较小的公司。思科公司的大部分交换机都采用自己的定制芯片，由于其产品遍及世界，多年占据近70%的市场份额，因此其定制网络交换芯片应用最为广泛。博通公司拥有多款成熟的商用交换芯片，在全球以太网商用交换芯片（不包含定制交换芯片）市场占有率达到70%，即全世界大多数交换机生产制造商多采用博通的商用芯片。英特尔公司一直以来被视为个人电脑、服务器、手机的芯片提供商，实际上近年来英特尔也开始为网络设备提供芯片。Marvell交换芯片广泛应用于HP、华为、中兴等企业的交换机中，而Realtek则是低端交换芯片市场主要的芯片供应商。

SDN的蓬勃发展，势必会冲击网络芯片市场长期以来的平衡局面。这是一个双向需求的相互作用，因为SDN若想真正实现商用，必须要有芯片公司的支撑，而面对SDN对现网的革新，芯片公司也必须有所行动。

目前，SDN在数据平面的主要技术是OpenFlow，但是传统ASIC芯片技术与OpenFlow协议对转发芯片的要求存在很大差异。

① OpenFlow最终要实现的匹配规则是可编程的，而传统ASIC芯片的设计都是协议相关的，特定的协议有自己的处理模块和过程，芯片上设定的协议匹配规则一旦开发完毕便不可更改，不具有可编程性。

② OpenFlow规定流表可以使用表项匹配域中的任意字段组合来查表[3]，传统芯片中仅ACL表项有类似功能，但相较于ACL表项，OpenFlow对各种报文的解析和字段匹配的要求更高，对流表支持动作的种类更多，流表表项数量更大[4]，这是传统ACL很难满足的。而ACL表项查找需要用TCAM（Ternary Content Addressable Memory，三态内容寻址存储器）来实现，TCAM的成本和功耗都很高，无法大规模部署，这也必然会成为芯片设计的瓶颈。

③ OpenFlow v1.1提出了多级流表的概念，传统交换芯片是没有这一概念的，如何通过ASIC来实现这种灵活的架构是对芯片商的一个极大挑战。因此，研发完全支持OpenFlow等协议的ASIC芯片是SDN设备发展过程中的主要瓶颈之一。

为了能够提供支持OpenFlow协议的芯片，ONF成立了转发抽象组（Forwarding Abstraction WG）负责数据平面新的转发抽象技术，并在现有交换芯片架构基础上提出了支持OpenFlow接口的TTP（Table Typing Pattern）折中方案，这一方案于2013年更名为NDM（Negotiable Data-plane Model，可协商的数据平面模型）。尽管该方案外部支持OpenFlow南向接口，但在内部实现时不仅使用了ACL表项，同时也使用了路由表、MAC表、VLAN表、Port表、MPLS表等其他表项。NetLogic公司的技术专家跟美国几个高校的研究人员联合写了一篇题为“PLUG：Flexible Lookup Modules for Rapid Deployment of New Protocols in High-Speed Routers”的论文，试图使用 SRAM 来解决灵活的多级流表问题[5]。而 SDN 的创始人之一——Nick McKeown 联合美国德州仪器（TI）公司写了一篇题为“Forwarding Metamorphosis：Fast Programmable Match-Action Processing in Hardware for SDN”的论文，他们提出了一种全新的交换芯片设计思路，认为能够满足灵活可编程和 OpenFlow 交换功能是完全可行的，但这一方案应用于网络处理器芯片目前无法真正落地。

尽管关于 SDN 芯片的设计受到了广泛关注，但是目前产业界还没有一款专门支持 SDN 的专用芯片出现。一方面，可能芯片厂商尚未完全看清专门支持 OpenFlow 协议 ASIC 芯片这一方向的可行性和紧迫性，他们认为上述问题的解决还需要较长的时间和较大的投入；另一方面，SDN 的技术标准尚未成熟，大部分用户对网络的需求依旧是传统网络和 SDN 并存。两个方面都决定了芯片厂商暂时不会投入大量精力去开发 SDN 专用芯片，而是采用折中的方式，在传统芯片的基础上增加支持 SDN 的功能。以下对芯片市场中主要支持 SDN 的产品及解决方案进行简要介绍。

（1）博通 StrataXGS Trident Ⅱ系列芯片

博通公司在传统芯片市场占据重要的市场份额，面对 SDN 对市场的冲击，博通在 2012 年 VMware 合作伙伴大会上推出了全新的以太网交换解决方案产品——StrataXGS Trident Ⅱ系列 10 GE（Gigabit Ethernet，吉比特以太网接口）/40 GE 交换芯片，满足云网络环境以及大型数据中心对网络带宽、速率、网络容量、可扩展性和效率等多方面的需求。

该系列芯片是产业界第一款在硬件上实现 SDN 的芯片，具有以下创新点。

- 智能网络虚拟化：使网络虚拟化规模扩大高达 4 倍，能以线速在虚拟和物理链路上实现 SDN 虚拟化，并可利用 NVGRE、VxLAN 等网络虚拟化技术实现云级网络基础设施的虚拟化。
- 智能缓冲器：利用基于流量负载的创新性智能和动态分配方案，将分组数据缓冲器利用率和突发流量吸收能力提高 5 倍。
- 智能表：利用基于网络拓扑的分析，提供最大化的第二层和第三层转发能力，实现部署灵活性。
- 智能散列：在业务量繁重以及业务量分布多样的胖树型网络中，消除了负载失衡问题，提供 SDN 所需的网络流量可视性和诊断。

在 2014 年的技术创新产品中，博通又重磅推出全球首款 25 GE/100 GE 交换机芯片 STRATAXGS TOMAHAWK（战斧），拥有全面的 SDN 可视性和可控性。这款支持 25 GE/50 GE/100 GE 的战斧芯片 BCM56960，是博通首款基于

16 nm 工艺的芯片，拥有超大规模带宽，可实现 3.2 Tbit/s 双工交换性能，针对高基数的全 25 GHz 连接能力，集成了 70 多亿颗晶体管，全方位支持包括 VxLAN、NVGRE、MPLS、SPB 等技术体制。

（2）英特尔 FM6764 芯片

作为 x86 平台的主导者，英特尔公司当然不会错过软件定义网络这个新的领域，当前英特尔正积极带领 x86 生态环境进入 SDN 市场。英特尔通过收购 Fulcrum Microsystems 和 SDN 厂商 WindRiver，建立了自己的 SDN 系统架构。该系统架构的核心是英特尔下一代通信平台 Crystal Forest，通过统一的开放架构标准化平台，Crystal Forest 实现了多种负载的融合，网络用户可借助软件框架将 Crystal Forest 的组件组合使用，实现所需的功能和性能，以达到通过软件来定义网络设备的目的。该架构包括 SeaCliff Trail 网络系统以及配套的 WindRiver SDN 软件框架。其中，SeaCliff Trail 网络系统包含了专为 SDN 优化的以太网 FM6764 交换机芯片，该芯片支持 OpenFlow v1.0 以及 VxLAN 和 NVGRE 等扩展功能。

为了最快速地帮助用户推出自己的 SDN、NFV 的产品，英特尔于 2014 年年底推出了适用于服务器的英特尔开放网络平台（Open Network Platform，ONP），通过定义基于开源软件的开放软件框架来提供解决方案。该平台服务器采用了英特尔至强处理器 E5-2600 v3 产品家族系列，其以太网控制器 XL710 系列可为平台提供经过验证的 10 GE 和 40 GE 以太网连接能力，最终将英特尔虚拟化技术从服务器虚拟化拓展至网络虚拟化。

（3）盛科 GreatBelt 系列芯片

盛科是一家以太网芯片厂商，公司位于苏州。从第一代产品开始，盛科就采用原创性的灵活芯片架构，能够很好地适应企业 / 运营商交换网络，数据中心网络乃至 SDN 网络发展的新需求。两年前，盛科发布了两款支持 SDN 的经典芯片：CTC5162/CTC5163 和 CTC6048。CTC5162 采用 pin 对 pin 方式与 CTC5163 对接，以减少 SerDes（Serializer/Deserializer，串行器 / 解串器），优化 24 口的设计，能够共享 PCB（Printed Circuit Board，印刷电路板）参考设计以满足 24 GE 端口和 48 GE 端口交换，单片芯片可提供 104 $\text{Gbit}\cdot\text{s}^{-1}$/120 $\text{Gbit}\cdot\text{s}^{-1}$ 带宽处理能力。在支持 SDN 方面，CTC5162/CTC5163 增加了基于散列的流表条目，以支持 32 K 流表、OpenFlow v1.3 以及二级流表。CTC6048 可以提供 100 Gbit/s 的交换能力和灵活的端口配置，典型的端口配置是 48 GE+4 × 10 GE。在支持 SDN 方面，CTC6048 可支持 2.5 K 的 12 元组流表条目，支持外部 TCAM 扩展模块以满足大流表需求，同时支持 NVGRE、MPLS 隧道。

除上述两款芯片外，盛科于 2015 年推出了 CTC8096 第四代芯片，该产品是专为高密度 10 GE/40 GE 应用打造的高性能以太网交换芯片，CTC8096 继承了丰富的特性，包含从基本的 L2、L3 应用到高级数据中心和城域以太网的各种功能，这也使得 CTC8096 成为数据中心柜顶交换机和城域以太网 /PTN/IPRAN 汇聚应用的理想选择。CTC8096 具有 1.2 Tbit/s 的交换能力，配备 96 个 10 GE 端口、24 个 40 GE 端口、4 个 100 GE 端口，支持直接通过 4 × 25 G SerDes 提供 100 GE 接口上联；通过独创的 N-FlowTM 技术全面支持 OpenFlow 应用，尤其在灵活的多级流表及单芯片大流表上表现卓越。

（4）华为以太网络处理器

2013 年，华为公司专门针对以太网转发研发出了业界首款可编程芯片——以太网络处理器（Ethernet Network Processor，ENP），通过内置硬件加速组件、片内集成 Smart Memory 和高速查找算法，在保留了传统交换机 ASIC 成本、功耗、性能优势的同时，具备灵活的可编程能力。值得一提的是，由于 ENP 芯片采用可编程架构，通过微码编程实现新业务，客户无须更换新的硬件，快速灵活，6 个月即可上线，克服了传统 ASIC 芯片采用固定的转发架构和转发流程、新业务无法快速部署的缺点[9]。华为自主研发的 S12700 系列敏捷交换机正是使用了该处理器，为新的敏捷网络架构打下基础，具体内容可参考 4.3.3 小节。

4.3 SDN 硬件交换机

传统网络设备市场主要由封闭和垂直集成的平台主导，硬件、网络操作系统以及网络应用都被设备厂商定义和控制。用户如果需要增加某种网络功能，就必须得到设备商的支持，这不仅会造成网络升级周期长、成本高等问题，同时也会导致用户对厂商过度依赖。因此，经过多年的竞争发展，网络设备市场已经形成了基本稳定的格局，网络设备厂商基本都是成长多年的成熟公司。思科、HP、Juniper、阿尔卡特朗讯、华为这五大供应商占据了全球交换机市场的绝大多数份额。市场研究机构 IDC 数据显示，2013 年第四季度全球以太网交换机市场达到了创纪录的 59.6 亿美元，其中，思科位居首位，占据 61.3%；HP 排名第二，市场份额为 9.3%；Juniper、阿尔卡特朗讯和华为的市场份额分别为 3.4%、2.7% 和 2.3%；其他厂商总和为 21%。在这样一个相对封闭的市场中，新生力量很难生存下来，市场缺乏创新精神和竞争力，在某种程度上阻碍了网络设备产业的演进和发展。

SDN 的设计初衷是从实现网络的灵活控制角度出发，通过将网络设备控制平面与数据平面分离来实现网络的可编程，将以前封闭的网络设备变成一个开放的环境，为网络创新提供良好的平台。SDN 将原本只有在高端企业级路由器、交换机上才有的服务转移到了软件层面，而这些软件可以在一些廉价硬件平台上运行。因此，SDN 逐渐流行起来后，网络设备市场的门槛开始降低，大量新兴创业公司在近年来如同雨后春笋般涌现出来，并推出了针对 SDN 的产品及解决方案。这一趋势正在逐步打破传统大网络设备厂商垄断的局面，各大厂商也纷纷开始调整思路，以应对 SDN 带来的挑战和机遇。

OpenFlow 是 SDN 主流的南向接口协议，随着 OpenFlow v1.0 及 OpenFlow v1.3 等稳定版本的推出，各大网络设备商陆续推出支持 OpenFlow 的 SDN 硬件交换机，标志着 SDN 开始逐步走上了商用道路。考虑到多数 SDN 用户的需求是 SDN 和传统网络并存，现阶段纯 SDN 的应用场景并不广泛，多数厂商推出的 SDN 硬件交换机都是支持混合模式的，而不是纯 SDN 交换机。所谓混合模式 SDN 交换机，是指设备商并非将原来的交换机推倒重来，而是利用本身已有的操作系统优势，在系统里增加对 OpenFlow 协议的支持。其具体思路是，数据分组进入混合模式交换机后，交换机根据端口或 VLAN 进行区分，或经过一级流表的处理，以决定数据分组是传统二、三层处理模式还是 SDN 处理模式。传统二、三层处理模式由交换机已写定的协议完成，SDN 处理模式则由 SDN 控制器管理。

以下对网络设备市场中比较有代表性的几款 SDN 硬件交换机进行分类介绍。

4.3.1 基于 ASIC 芯片的 SDN 品牌交换机

老牌的网络设备提供商诸如思科、Juniper、IBM 等，凭借自己多年积累的市场优势和技术基础，在 SDN 领域推出了多款基于 ASIC 芯片的品牌交换机。这些传统网络设备商在推出 SDN 产品时，多数情况下仍然沿袭传统的商业模式，即将硬件与软件、应用、服务捆绑销售。以下对 NEC、IBM、惠普（HP）、Arista、DCN、思科、Juniper、H3C 推出的 SDN 交换机予以简要介绍。

（1）NEC IP8800 系列交换机

NEC 公司是一家全球领先的 IT 和通信解决方案供应商和系统集成商，在 SDN 领域展现出极强的前瞻性和战略性。自 2007 年斯坦福大学提出 OpenFlow

协议起，NEC 就开始对 OpenFlow 的相关硬件进行了跟进性研发。

NEC 针对数据中心的网络虚拟化推出了 ProgrammableFlow 产品（简称 PFlow），它是业内第一套 OpenFlow 商用产品，能够成功实现网络可视化和服务器虚拟化。此后，NEC 为全球 100 多家企业和数据中心运营单位成功导入该技术，同时还与欧洲最大运营商西班牙电信、葡萄牙电信共同开展 SDN 实验。NEC 与西班牙电信进行迁移方案的合作研究，目的是实现现有网络边缘设备的虚拟化，实现不同硬件平台之间的自由移植。虽然这只是一种严格的实验室试验和示范，但却表明 SDN 可能会引领新企业打入竞争激烈的欧洲市场。目前，NEC 也正在与中国运营商展开合作，虽然目前的合作还多集中在数据中心层面，但他们已经开始就 SDN 应用于核心网展开讨论研究。2013 年 7 月，NEC 结合自己的 SDN 技术、产品、服务以及合作伙伴的产品，推出面向全球企业、政府、通信运营商以及数据中心运营单位的 NEC SDN 解决方案群。

2011 年第一季度，NEC 第一个发布了普遍适用的 OpenFlow 产品组合，包括 PF5240 及 PF5820 交换机、控制器和管理控制台。其中，PF5240 交换机拥有 48 个 GE 端口和 4 个 10 GE 端口；PF5820 交换机拥有 8 个 10 GE SFP+（Small Form-factor Pluggable Plus，小封装热插拔 Plus）端口和 4 个 40 GE QSFP+（Quad Small Form-Factor Pluggable Plus，四通道小封装热插拔 Plus）端口（或 16 个 10 GE 端口）。这两款交换机均支持 OpenFlow v1.0 协议。

2012 年，NEC 推出 IP8800/S3640-24T2XW 和 IP8800/S3640-48T2XW 两款交换机，目前这两款交换机已经是支持 OpenFlow 协议最成熟的交换机之一，其主要性能参数见表 4-1。

表 4-1　NEC IP8800/S3640-24T2XW 和 IP8800/S3640-48T2XW 交换机主要性能参数

型号	IP8800/S3640-24T2XW	IP8800/S3640-48T2XW
交换性能	88 Gbit/s	136 Gbit/s
数据分组转发率	65.5 Mpps	101.2 Mpps
10/100/1000BASE-T	24×1	48
1000BASE-X（SFP）×2	4×1	
10GBASE-R（XFP）×3	2	2
最大功耗	100 W	145 W

2015 年 6 月，NEC 公司又发布了两款全新的 SDN 兼容型交换机：一款为

整合服务器提供 48 个端口 10 GE 接口的机架顶部（TOR）交换机 F5340-48XP-6Q；一款整合多个具有 32 个端口 40 GE 接口的机架聚合交换机 PF5340-32QP。这两款交换机旨在运用到电信运营商和服务提供商的大型数据中心，最大可支持几千个机架规模的设备组网，实现一个高可扩展性、经济高效的大型数据中心网络。

（2）IBM RackSwitch G8264 交换机

作为世界最大的信息技术和业务解决方案公司，IBM 对于网络设备这样巨大的市场同样给予了足够重视。作为 OpenDaylight 的发起成员之一，对于 SDN，IBM 认为首先要完成 OpenFlow 交换机及控制器的持续研发、生产和部署。

基于以上的发展定位以及 IBM 雄厚的技术实力，2012 年 2 月，IBM 发布了一款新型 OpenFlow 交换机 RackSwitch G8264，并将它与 NEC 的 PFlow 控制器捆绑销售，这是北美主流 IT 供应商发布的第一个端到端 SDN 解决方案组合产品。RackSwitch G8264 交换机具有 48 个 SFP/SFP+10 GE 端口和 4 个 QSFP 40 GE 端口，且可以划分为另外 16 个 10 GE 端口。它支持 OpenFlow v1.0 协议及多达 97 000 个流实体，支持 NEC 的 PFlow 控制器。理论上，企业可以使用 IBM OpenFlow 交换机和 NEC 控制器建立一个完整的数据中心网络。

（3）HP SDN 系列交换机

HP 的 SDN 发展道路如图 4-6 所示，其 SDN 之旅起步较早，早在 2007 年便与斯坦福大学合作研究 Ethane 项目，这个项目正是 OpenFlow 的摇篮。

HP 提供的 SDN 端到端解决方案可实现数据中心到园区和分支机构的网络自动化。其 SDN 生态系统通过扩展 SDN 创新成果，为开发和构建 SDN 应用市场提供了丰富的资源，并具有以下优势：借助支持 OpenFlow 的设备，跨整个网络实现简易编程；通过 SDN 软件开发工具包（Software Development Kit，SDK）提供开放式环境，提升 SDN 的价值。

目前，HP 支持 OpenFlow 的交换机系列有 FlexFabric 12900 系列、12500 系列、11900 系列、8200 系列、5930 系列、5920 系列、5900 系列、5400 系列、3800 系列、3500 系列和 2920 系列。

其中，FlexFabric 12900 系列交换机是新一代模块化数据中心核心交换机，旨在支持虚拟化数据中心和满足私有云与公有云部署的演进需求。该交换机可提供 10 个接口模块插槽以扩展至 480 个 GE/10 GE 端口、160 个 40 GE 端口和 40 个 100 GE 端口。该交换机支持完整的二层和三层功能，包括大量链路透明互连、智能弹性框架等高级功能，进而能够快速地构建出具备弹性可扩展的大型数据中心网络。

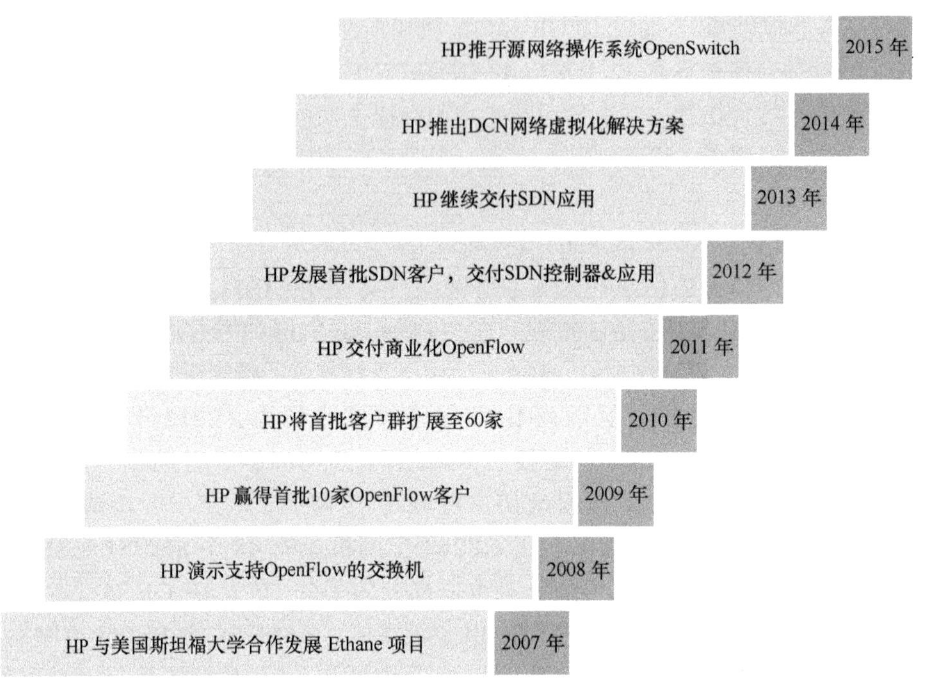

图 4-6　HP SDN 发展道路

（4）Arista 7150S 系列和 7500E 交换机

Arista 网络是一家为数据中心提供云计算网络设备的公司，主打数据中心以太网交换机，其核心优势是网络操作系统 EOS（Extensible Operating System，可扩展操作系统）。EOS 采用高度模块化的软件设计，基于独特的多进程状态共享架构，将网络状态与进程本身完全分开，从而可以以细粒度进程方式实现故障恢复和软件增量更新，而不会影响到系统状态。

Arista 的 SDN 交换机产品线主要包括 7150S 系列和 7500E，7150S 系列主要性能参数见表 4-2。

表 4-2　Arista 7150S 系列交换机主要性能参数

型号	7150S-24	7150S-52	7150S-64
端口参数	24 端口 SFP+	52 端口 SFP+	48 端口 SFP+4 QSFP+
端口总数	24	52	64
SFP+ 端口数	24	52	48
L2/3 吞吐量	480 Gbit/s	1.04 Tbit/s	1.28 Tbit/s
L2/3 PPS	360 Mpps	780 Mpps	960 Mpps

续表

型号	7150S-24	7150S-52	7150S-64
延迟	350 ns	380 ns	380 ns
最大功耗	191 W	191 W	224 W

Arista 7150S 系列是第一款针对前沿应用搭建的 SDN 交换机，主要应用为大数据、云网络、金融交易、高性能计算和 Web 2.0。它支持 VMware 等虚拟化软件支配及调度各种服务器时加快转换速度，支持各种应用服务在服务器之间转移、变动时完全不受影响、运作顺畅。Arista 7150 系列可与 SDN 控制器一起实现全网络虚拟化、虚拟机迁移等网络服务功能，而完全不影响原有业务的性能。内建的网络操作系统可以安装 Linux RPM（RedHat Package Manager，RedHat 软件包管理工具）套件，提供标准 Linux 开放平台，支持 Bash 和开发程序平台。

Arista 7500E 交换机与 EOS 共同提供了先进的 SDN 系统功能，即从各方面支持可编程控制、加强监控与自我修复能力。其自我修复能力增强体现在以下方面：线速 VxLAN 网关实现多用户网络虚拟化；配备 Arista LANZ、DANZ 和 TAP 聚合的流量监控；为大数据分析和 Hadoop 应用程序加速汇聚配备快速自动的链路故障指示；VM 跟踪器功能支持 VMware 和 OpenStack 云网络的全网负载流动性和虚拟化；通过即时性健康跟踪，实现分布式系统健康监测。

（5）DCN CS16800 系列交换机

神州数码网络有限公司（DCN）对 SDN 技术领域也十分敏锐，2009 年就开始了 SDN 领域的技术研发，到如今已经拥有国内多个落地应用案例。

DCN 针对 SDN 采取的战略侧重于传统网络架构与 SDN 的平滑演进，包括传统业务如何自适应地逐渐向 SDN 业务迁移，如今这项研究成果已经体现在 DCN 最新推出的交换机 Cloud Stone 16800 系列产品上。该产品综合十几年研发的技术和经验，实现了 9 槽交换机全球最紧凑的 14U 高度设计，做到了一柜三框，大大提升数据中心端口密度，同时实现了业界独有的管理、控制、数据三平面物理分离，每个平面互不影响，即使管理平面和控制平面都出现问题，数据仍能正常转发。Cloud Stone 16800 采用 A+B 电源双平面设计，支持电源平面间的 1+1 备份，以及单电源平面内的 $N+M$ 备份，大大提升设备可靠性。在软件定义网络时代，用户业务不断变化，每次业务的变化都需要网络做出相应调整，这就要求核心交换机能够对表项资源做出动态调整。Cloud Stone 16800 支持芯片资源虚拟化技术，各种芯片表项动态可调整，如二层表项不足可把不需使用的其他表项资源调度过来，从而满足不同业务对网络的不同需求。

CS16800 系列实现了传统业务与 SDN 业务自适应，能够支持传统业务和 SDN 业务共存，并且随着时间的迁移，可以逐步地由传统业务平滑地向 SDN 业务迁移，直到最终所有的业务都迁移到 SDN 业务上。目前，CS16800 系列数据中心交换机还能智能地实现园区网与数据中心网络自适应、有线网与无线网自适应、数据交换与安全防护自适应、本地接入与远程接入自适应，可广泛应用于教育、医疗、政府、互联网等各行业。

（6）思科 Nexus 9000 系列交换机

思科公司作为传统网络设备商的领先者，近些年来在新一轮 SDN 技术浪潮动作频频，以期继续维护自己的技术优势。

2012 年 4 月，思科注资一家名为 Insieme 的创业公司，以期帮助思科增强在 SDN 领域的产品组合，这一举动表明了思科在 SDN 领域展开行动的决心。

2012 年 6 月，思科提出其 SDN 战略——ONE（Open Network Environment，开放网络环境）战略，该战略旨在让网络的每一层（从传输层一直到网络服务层）皆可编程。思科 ONE 战略的一个主要组成部分是 OnePK API 工具套件，它能够支持开发人员创建出创新网络应用，为业务应用提供支持。思科 ONE 战略还包括 Nexus 1000 V 虚拟交换机，可用作虚拟覆盖网络的基础设备，用于多租户云部署。Nexus 1000 V 如今支持 OpenStack Quantum 和 REST（Representational State Transfer，表征状态转移）API，可用于多租户管理、开源 Hypervisor 以及 VxLAN 网关（连接物理 VLAN 和虚拟网络的设备）。

2013 年 11 月，思科 /Insieme 推出了 Nexus 9000 系列交换机、应用中心基础设施（Application Centric Infrastructure，ACI）战略、ACI 优化 NX-OS 操作系统以及应用政策基础设施控制器（APIC）。Nexus 9000 系列交换机包括 Nexus 9508、Nexus 9396PX 和 Nexus 93128TX 3 款交换机，主要性能参数见表 4-3。

表 4-3　思科 Nexus 系列交换机主要性能参数

型号	Nexus 9508	Nexus 9396PX	Nexus 93128TX
机架单元	13RU	2RU	3RU
端口	288×40 GE/ 1 152×10 GE	48×10 GE SFP+ + 12×40 GE QSFP+	96×10 GBASE-T+ 8×40 GE QSFP+
交换性能	30 Tbit/s、二 / 三层	960 Gbit/s、二 / 三层	1 280 Gbit/s、二 / 三层
是否模块化	模块化	非模块化	非模块化

Nexus 9000 系列交换机可以同时支持商用芯片（如博通的 Trident Ⅱ芯片组）与定制的 Insieme ASIC 芯片。Nexus 9000 系列交换机上的商用芯片可以提供开

源、OpenFlow、OpenDaylight 控制器、思科 OnePK 可编程性等功能，并可以帮助其他行业更好地了解和使用 SDN 的良好功能，例如解耦控制和数据平面等。而采用定制芯片的 Nexus 9000 可以获得更强大的功能：ACI 和 APIC 控制器具有硬件加速、对应用程序交互和行为的深入可视性，以及细粒度服务水平指标。Nexus 9000 系列交换机运行新版本的 NX-OS，优化了独立模式并强化了 ACI 模式。

以应用为中心的基础架构（ACI）是一个具有集中式自动化功能和策略驱动型应用配置文件的整体架构，ACI 能够提供软件灵活性和硬件性能扩展性。思科 ACI 的主要特点包括：通过应用驱动型策略模式简化自动化工作、利用实时的应用运行状况监控实现集中式可视性、具备开放式软件灵活性。采用 ACI 的未来网络将能够提供一种以支持 DevOps 和快速应用变更的方式进行部署、监控和管理的网络。

（7）Juniper EX9200 系列交换机

面对 SDN 给市场带来的冲击，Juniper 公司予以了高度重视。2012 年 12 月，Juniper 以 1.76 亿美元收购 SDN 创业公司 Contrail Systems。一个月后，Juniper 推出自己的 SDN 计划，这标志着 Juniper 正式踏上了 SDN 道路。Juniper 认为，SDN 的前景只有在具备适当的工具和技术时才可实现，并由此提出了“6-4-1”式 SDN 愿景，该愿景基于 Juniper 的 SDN 六大原则、SDN 的 4 步演变路线图以及基于软件的全新单一 SDN 许可模式。

如今，Juniper 的很多产品已经支持 SDN，包括网络管理平台 Junos Space、Contrail 控制器、MX 系列 3D 通用边缘路由器、EX 系列及 QFX 系列交换机。2013 年 4 月，Juniper 针对 SDN 推出可编程核心交换机 EX9200，它基于 MX 系列路由器，使用的是 Juniper 自己的可编程 One/Trio ASIC 芯片。目前 EX9200 交换机共有 3 个型号：EX9204、EX9208、EX9214。主要性能参数见表 4-4。

表 4-4　Juniper EX9200 系列交换机主要性能参数

型号	EX9204	EX9208	EX9214
机架单元插槽	6RU4	8RU8	16RU14
背板速率	1.6 Tbit/s	4.8 Tbit/s	13.2 Tbit/s
10/100/1 000 M 端口密度	120	240	480
10 GBASE-X 端口密度	96	160	320
40 GBASE QSFP+ 端口密度	12	28	48
40 GBASE QSFP+ 端口密度	6	10	20
最大功耗	2 421 W	4 831 W	9 318 W

（8）H3C S12500 系列交换机

作为企业网络领域领先的网络厂商，H3C 公司对 SDN 领域极为关注，并积极投入研发。目前，H3C 能够从 SDN 设备、控制器、业务编排、应用与管理等提供全套的 SDN 解决方案。

H3C 坚持“融合、演进、可交付”的 SDN 解决方案路线，基于这样的理念，H3C 计划交付一个逐步发展的丰富的 SDN 产品与解决方案集。H3C 当前提供三大方案集：基于 Controller/Agent 的 SDN 全套网络交付、基于 Open API 的网络平台开放接口、基于 OAA 的自定义网络平台。在这三大方案集的基础上，构建一个标准化深度开放、用户应用可融合的 NPaaS（Network Platform as a Service，网络平台即服务）体系，该体系既具备 H3C 已有网络技术方案的优势，又能在各种层次融合与扩展用户自制化的网络应用。

目前，H3C 的交换机产品线中，S12500、S9800、S5120-HI、S5820V2、S5830V2 系列交换机均支持 OpenFlow v1.3 协议，并支持多控制器（EQUAL 模式、主备模式）、多表流水线、Group Table、Meter 等功能特性。S12500 系列交换机的主要性能参数见表 4-5。

表 4-5　H3C S12500 系列交换机主要性能参数

型号	S12504	S12508	S12518	S12510-X	S12516-X	S12516X-AF
交换性能	9 Tbit/s	20 Tbit/s	45 Tbit/s	35 Tbit/s	53 Tbit/s	53 Tbit/s
数据分组转发率	2 880 Mpps	5 760 Mpps	12 960 Mpps	12 000 Mpps	19 200 Mpps	19 200 Mpps
主控板插槽数量	2	2	2	2	2	2
业务板插槽数量	4	8	18	10	16	16
交换网板插槽数量	4	9	9	6	6	6
最大功耗	2 395 W	5 800 W	11 500 W	6 000 W	8 000 W	12 800 W

（9）博科 ICX7450 交换机

2014 年 11 月，博科公司推出了新型加强版校园交换机，旨在更好地支持移动、社交网络和企业中的云数据流量。博科将原有的 ICX7750 交换机进行改进升级，推出新型 ICX7450 交换机，并且保证所有的 ICX line 成员支持 OpenFlow v1.3。

ICX7750 是一个用于校园网聚合和核心层的 1U 10 GE/40 GE 交换机箱。

升级主要包括分布式机箱的弹性和堆叠能力，为增强的核心和聚合密度堆叠 12 个交换机，并且通过统一管理和软件定义网络的扩展来实现自动化网络配置。ICX7750 在单台设备上能够支持多达 32 个 40 GE 的端口或者 104 个 10 GE 的端口。在进行 960 G 的堆叠前提下，这款交换机提供多达 3 000 个 10 GE 或者 800 个 40 GE 的端口。新型 ICX7450 是一款机箱型交换机，并且还有 3 个分别为 1 G、10 G 或者 40 G 的以太网上行链路的扩展槽。对于密度高达 576 G 的以太网和 48 个 10 GE 端口，可以堆叠多达 12 个 ICX7450，堆叠带宽为 160 G。ICX7450 也通过 HDBaseT 标准为视频监控和视频会议设备、VDI 终端和高清显示屏等提供能源。ICX7450 系列交换机主要性能参数见表 4-6。

为了吸引、帮助 ICX 基础用户迁移到 SDN，博科公司在它的交换机上使用普遍兼容 OpenFlow v1.3 协议，并单独部署在混合式堆栈或者是分布式堆栈中。OpenFlow 在博科公司的混合端口模式中同时支持 OpenFlow 转发和一般数据分组转发。

2015 年年初，博科公司和无线局域网供应商 Aruba 达成联合开发协议，目前他们已经取得了里程碑式的进展，发布了多款新型增强版的校园网络产品。包括博科发布了 Advisor 12.3，Aruba 发布了 Airwave 8.0，以及博科发布了 FastIron 8.0.20，其在 Aruba 的 ClearPass CoA 支持下实现有线和无线策略执行一体化，以及单一虚拟化平台管理。

表 4-6 ICX7450 系列交换机主要性能参数

型号	ICX7450-24	ICX7450-48	ICX7450-48F	ICX7450-24P	ICX7450-48P
交换性能	288 Gbit/s	336 Gbit/s	336 Gbit/s	288 Gbit/s	336 Gbit/s
数据分组转发率	214 Mpps	250 Mpps	250 Mpps	214 Mpps	250 Mpps
最大功耗	2×250 W	2×250 W	2×250 W	2×1 000 W	2×1 000 W

4.3.2 基于 ASIC 芯片的 SDN 白盒交换机

提到 SDN 硬件交换机，就不得不提到白盒交换机（Whitebox Switch），也被称为白牌交换机、裸机交换机。“白盒”一词原本指没有品牌的电脑，这些白盒电脑的原始设计商（Original Design Manufacturer，ODM）如今也开始涉足网络设备市场，主要厂商有 Accton、Celestica、Quanta。他们希望在今后的网络设备市场上，用户可以像挑选 PC 一样挑选各厂商生产的网络设备。一旦网络设备软、硬件接口标准化了，ODM 厂商便可以购买芯片厂商生产的交换芯片，按客户的要求生产白盒交换机，用户自行安装网络操作系统和应用程序，由网络管理人员编程来控制设备转发行为，实现自营业务的灵活创新和快速部署。

上述思想与OCP（Open Computer Project，开放计算项目）的理念有很多相似的地方，OCP是2011年4月由Facebook发起并主导的硬件开源组织。过去几年，OCP在服务器和存储市场进行了一场开源革命，现在，他们将目光移向了网络设备市场。OCP的开源交换机项目主要是开源硬件，但也包括部分软件，他们试图定义一套标准化的硬件设计，各个设备厂商或ODM厂商基于这套标准生产硬件交换机，这样生产出来的交换机就是符合OCP标准的白盒交换机。此外，美国创业公司Cumulus研发出ONIE（Open Network Install Environment，相当于PC中的BIOS，但更智能）软件，只要软件商或设备商开发的交换机系统软件能够适配OCP硬件，就可以通过ONIE启动，这样一来，交换机的软件和硬件就彻底分离了。目前OCP针对的主要是数据中心TOR（Top of Rack）交换机，将来会扩展到汇聚层交换机。这一项目受到业界的广泛关注，越来越多的厂商以及开源组织加入其中。

白盒交换机没有软件是无法使用的，每台交换机都需要一个独立于硬件的网络操作系统。Linux OS可提供众多的优势（包括开源/免费工具，如GCC、Python的本地环境以及在板上编译自开发应用的能力），使得它成为白盒交换机理想的操作系统。另外，若想真正将白盒交换机部署到SDN中，还必须使其与SDN控制器交互，白盒交换机操作系统的一个关键特性就是能够连接SDN控制器（如Ryu、Floodlight等）。

由于SDN部署的灵活性和开放性以及其对硬件设备要求的降低，大量像Big Switch这样的SDN初创公司意识到SDN市场价值更多的是在控制器和操作系统等软件上，而不是在硬件设备上。因此，他们为客户提供解决方案时，使用的是来自ODM的白盒交换机，并在其上安装自研的支持SDN的网络操作系统和控制器等，让用户感受到白盒交换机和SDN组合带来的魅力。可以预见，白盒交换机将推动网络设备市场开放并向着PC市场的模式发展，SDN芯片厂商类似于PC市场的英特尔，提供商用交换机芯片，ODM厂商类似于联想这样的PC厂商，购买商用芯片并按照网络设备标准生产白盒交换机而客户则可以根据自己的组网需求自由选择硬件和软件。

以下对盛科、Pica8推出的基于ASIC芯片的SDN白盒交换机予以简要介绍。

（1）盛科V330/V350 V580白盒交换机

4.2 节中提到的芯片厂商盛科同时也是网络设备商，他们推出的白盒交换机基于自研的 ASIC 芯片，目前有两款支持 SDN 的白盒交换机——V330 和 V350。

V330 系列交换机于 2012 年 12 月推出，该交换机是基于盛科自主研发的 TransWarpTM 系列核心芯片和 ToR 硬件平台搭建，集成盛科 Open SDK 和 Open vSwitch。在与网络操作系统的接口上采用 OVS 协议栈，符合当前 OpenFlow 协议，能够与当前主流的控制器连接。V330 还支持 NVGRE、MPLS 和 MPLS L2VPN 等功能，使得 SDN 在数据中心和运营商网络的部署更具扩展性。

V350 交换机于 2013 年 4 月推出，并获得第一届 SDN Idol@ONS 的称号。V350 系列是基于盛科的 CTC5163 芯片和 N-Space 开放软件，采用创新的 N-Flow 技术，同样集成了 Open vSwitch 和盛科 SDK，提供 240 Gbit/s 线速转发能力，并且支持丰富的 OpenFlow 功能。V350 支持 OpenFlow v1.3，支持多级流表，支持 64 K 的精确匹配流表，通过模糊匹配和精确匹配的有机结合，可以充分发挥 OpenFlow 交换机的优势。V330 与 V350 交换机的主要性能参数见表 4-7。

表 4-7　盛科 V330/V350 主要性能参数

型号	V330-48T	V330-48S	V350-48T4X	V350-8T12X
机架单元	1RU	1RU	1RU	1RU
交换性能	176 Gbit/s	176 Gbit/s	176 Gbit/s	240 Gbit/s
端口	48 GE RJ45+4×10 GE SPF+	48 GE SPF+4×10 GE SPF+	48 GE RJ45+4×10 GE SPF+	8 GE RJ45+12×10 GE SPF+
交换模式	存储转发	存储转发	存储转发 / 直通转发	存储转发 / 直通转发
延迟	2.9 ms	2.9 ms	2.1 ms（存储转发）1.7 ms/64 B（直通转发）	2.1 ms（存储转发）1.7 ms/64 B（直通转发）
OpenFlow 版本	OpenFlow v1.3.2（兼容 OpenFlow v1.0）	OpenFlow v1.3.2（兼容 OpenFlow v1.0）	OpenFlow v1.3.2（兼容 OpenFlow v1.0）	OpenFlow v1.3.2（兼容 OpenFlow v1.0）
功耗	110 W	115 W	65 W	60 W

与其他 SDN 交换机相比，盛科的 V330/V350 有自己的特色：支持更多的流表编辑动作，比如可以修改报文的 IP 和 TCP/UDP 端口号；支持更快的流表下发速度，V350 最大可以达到 1 000 条 / 秒；支持更好的负载分担；基于自研芯片，产品自主可控；V350 支持更大的流表项。该系列交换机已经在国内外很

多商业网络中部署，为盛科积累了大量的 SDN 应用和部署经验。

2015 年 6 月，盛科又推出了自己全新的白盒交换机 V580。V580 不仅是一个高性价比的 OpenFlow 交换机，更是一个完全开放的 SDN 平台。盛科提供从核心芯片到系统软硬件的整体解决方案，以帮助 SDN 厂商减少产品上市时间和降低研发费用。V580 的平台开放性能够为 SDN 厂商提供差异化的定制方案，使其在与其他厂商竞争中处于优势。依托于盛科第四代高性能以太网交换机芯片CTC8096，V580提供了高达2.4 Tbit/s（20 × 40 GE + 4 × 100 GE）的转发能力，并具备完整的 OpenFlow 特性。V580 系列提供了 5 种交换平台：V580-20Q4Z、V580-48X2Q4Z、V580-48X6Q、V580-32X2Q、V580-32X。硬件平台兼容 x86 架构和 PowerPC 架构的 CPU 系统。

与此同时，盛科基于以上硬件 SDN 交换机，推出 Lantern 开源项目，这是业界首款基于硬件的 SDN 开源项目，该项目是一个开源的整体解决方案，集成了 Linux Debian 7.2 OS、Open vSwitch、芯片 SDK 以及适配层。该项目的所有源代码基于 Apache 2.0 许可，用户可以在 GitHub 中下载所有源代码，并直接对其进行编译分析，以便对 OpenFlow 进行深入的研究。

（2）Pica8 SDN 白盒交换机系列

Pica8 公司于 2009 年在美国注册，研发中心主要设在中国（北京），致力于提供开放式交换系统，以满足客户个性化以及多种应用环境的需求。Pica8 的主要客户群包括 Web 服务公司、全球运营商和研究实验室。

不同于 SDN 领域中众多专注于交换机硬件或者控制器软件的厂商，Pica8 独辟蹊径地针对交换机的操作系统进行研发，其面向开放网络的交换机操作系统名为 PicOS（曾名为 XorPlus），并以此为基础推出了系列交换机产品。之所以做出这样的选择，是因为在 Pica8 看来，交换机的操作系统与控制器一样，在 SDN 中也具有非常同样重要的地位。无论控制器如何进行配置和管理，交换机才是最终完成数据传递的载体，因此它必须对网络应用的运行提供必要的支持。同时，稳定的功能和优良的性能也是 SDN 对交换机提出的必需要求。另外，随着开源 SDN 项目 OpenDaylight 的提出，初创企业在控制器领域的空间被大大压缩，这也是 Pica8 选择在交换机操作系统领域进行深耕的原因之一。2013 年 10 月，Pica8 推出 PicOS 2.0，支持 3 种主要的网络编程环境，使得网络运维管理人员可以轻松地完成任务操作。在支持 SDN 方面，PicOS 2.0 提供可用于生产环境的 OpenFlow 用例并集成开放网络业务流程工具和开源控制器，通过 Open vSwitch v1.9 支持 OpenFlow v1.3，OVS 在其内作为一个进程为外部编程提供 OpenFlow 接口。

截至 2015 年 12 月，Pica8 支持 OpenFlow 协议的交换机产品主要有 P3290、P3295、P3297、P3920、P3922、P3930、P5101、P5401，这 8 款交换机的主要性能参数见表 4-8。

表 4-8 Pica8 支持 OpenFlow 交换机主要性能参数

型号	机架单元	交换性能	端口	时延	OpenFlow 版本
P3290	1RU	176 Gbit/s	4×GE（SFP）或 4×10 GE（SFP+）	1 ms	支持 OpenFlow v1.3、OVS v2.0、GRE 隧道
P3295	1RU	176 Gbit/s	4×GE（SFP）或 4×10 GE（SFP+）	1 ms	
P3920	1RU	1.28 Tbit/s	4×GE（SFP+）或 4×10 GE（SFP+）	1 ms	
P3297	1RU	176 Gbit/s	4×GE（SFP）或 4×10 GE（SFP+）	1 ms	支持 OpenFlow v1.3、OVS v2.0、GRE 隧道、基于 OVS 实现 MPLS
P3922	1RU	1.28 Tbit/s	16×10 GE（QSFP+ 到 SFP+）或 4×40 GE（QSFP+）	900 ns	
P3930	1RU	1.28 Tbit/s	16×10 GE（QSFP+ 到 SFP+）或 4×40 GECQSFP+）	900 ns	
P5101	1RU	1.44 Tbit/s	32×10 GE（QSFP+ 到 SFP+）或 8×40 GECQSFP+）	约 0.7 ms	
P5401	1RU	2.56 Tbit/s	NA	617 ns	

这 8 款交换机均为白盒交换机，目标用户是学术界以及拥有 IDC（Internet Data Center，互联网数据中心）机房的企业，皆为 1RU 机架高度，均搭载 PicOS 2.0，除了支持 OpenFlow v1.3 之外，也支持多项 L2 与 L3 的网络协议。此外，目前 Pica8 的交换机与业界众多开源 OpenFlow 控制器（如 Ryu、Floodlight、NOX、Trema、OpenDaylight 等）实现了互联互通。

4.3.3 基于 NP 的 SDN 交换机

作为国内较大的网络设备商，华为不仅一直紧随行业动向，在 SDN 领域也是高度重视，并积极投入研发力量。

2013 年 4 月，华为提出新的 SDN 数据平面技术 POF，即硬件转发设备对数据报文协议和处理转发流程没有感知，网络行为完全由控制平面负责定义。该技术作为对 ONF OpenFlow 协议的增强，拓展了目前 OpenFlow 的应用场景，为实现真正灵活的可编程软件定义网络奠定了基础[6]。此外，在交换芯片市场 ASIC 一家独大的情况下，华为另辟蹊径，推出了自研的以太网处理器芯片（ENP），并于 2013 年 8 月，发布了全球首个基于其自研的 ENP 芯片、以业务和用户体验为中心的敏捷网络架构及全球首款敏捷交换机 S12700，该交换机支持其提出的 POF 技术。

S12700 系列交换机是华为面向下一代园区网核心而专门设计开发的敏捷交换机，旨在满足云计算、BYOD（Bring Your Own Device）移动办公、物联网、多业务以及大数据等新应用对高可靠性、大带宽、大规模以太网的要求。该产品采用可编程架构，灵活快速地满足用户的定制需求，可以帮助用户平滑演进至 SDN。该产品基于华为公司自主研发的通用路由器操作系统平台 VRP，在提供高性能的二层和三层交换服务基础上，进一步融合了 MPLS VPN（Virtual Private Network，虚拟专用网络）、硬件 IPv6、桌面云、视频会议等多种网络业务，提供不间断升级、不间断转发、CSS2（Cascading Style Sheet，层叠样式表）交换网硬件集群主控 1＋*N* 备份、硬件 Eth-OAM/BFD（Operation Administration and Maintenance，操作管理维护 /Bidirectional Forwarding Detection，双向转发检测）、环网保护等多种高可靠技术，在提高用户生产效率的同时，保证了网络的最大正常运行时间，从而降低了客户的设备投资成本。目前，该系列交换机有 S12708、S12712 两种型号，主要性能参数见表 4-9。

表 4-9　华为 S12700 系列敏捷交换机主要性能参数

型号	S12708	S12712
交换性能	12.32 $Tbit \cdot s^{-1}$ /27.04 $Tbit \cdot s^{-1}$	17.44 $Tbit \cdot s^{-1}$/37.28 $Tbit \cdot s^{-1}$
分组转发率	6 240 Mpps/9 120 Mpps	9 120 Mpps/12 960 Mpps
主控板插槽数量	2	2
交换网板插槽数量	4	4
业务板插槽数量	8	12
最大功耗	6 600 W	6 600 W

2014 年 4 月，华为和北京电信合作完成了全球首个运营商 SDN 商用部署，将 SDN 成功应用于 IDC 网络，北京电信也同期发布了基于 SDN 的一系列 IDC 新业务，这次 SDN 部署中使用的交换机正是华为 S12700 系列敏捷交换机。

2015 年 11 月，华为敏捷交换机 S12700 正式通过全球 SDN 测试认证中心的 OpenFlow v1.3 一致性认证测试，成为全球首批通过该认证的框式产品。本次测试通过的还有 S6720-EI，S5720-EI 盒式交换机、华为 S 系列交换机已经成为通过 OpenFlow v1.3 一致性认证测试最多的交换机产品系列，代表着华为在

SDN 技术上的领先程度，以及正在 SDN 技术产业中扮演越来越重要的角色。

4.3.4　基于 NetFPGA 的 SDN 交换机

除了以上各大网络设备商推出的商用 SDN 硬件交换机之外，还有一类基于 NetFPGA 的交换机。NetFPGA 是斯坦福大学开发的基于 Linux 的开放性实验平台，能够很好地支持模块化设计，可以使得研究人员很方便地在其上搭建吉比特级的高性能网络系统模型。2008 年，斯坦福大学刚开始研究 OpenFlow 项目的时候，就是基于 NetFPGA 实现了硬件加速的线速 OpenFlow 交换机 [7]。

NetFPGA 是一款低功耗的开发平台，作为网络硬件教学和路由设计的工具，NetFPGA 可以很方便地帮助研究人员或者高校学生搭建一个高速的网络。且它把 FPGA 可配置的特性带入网络设备中，为更多的研究人员研究下一代网络提供了一个开放的平台。因此，越来越多的人开始关注 NetFPGA，并参与了基于 NetFPGA 的开源项目 [8]。

NetFPGA 平台包含了一个 Xilinx Virtex-2 Pro 50 的 FPGA，运行在 125 MHz 的时钟频率下，用于用户自定义逻辑的设计；还包含了 Xilinx Spartan-Ⅱ FPGA，运行 PCI（Peripheral Component Interconnect，外设互联）标准接口控制器的控制逻辑，用于与主处理器的通信；另有两个 2.25 MB 的外部 SDRAM 以及扩展的 64 MB 的 DDR SDRAM 作为数据存储介质。平台还提供了 4 个千兆以太网接口，以配合在 FPGA 中的 4 个千兆以太网控制器软核。NetFPGA 还包含了两个 SATA（Serial Advanced Technology Attachment，串行高级技术附件）连接器，使得在一个系统中的多个 NetFPGA 板直接交换数据，而不需通过 PCI 总线。

基于 NetFPGA 的 OpenFlow 交换机是用硬件来实现流表的，在参考系统中添加 OpenFlow 模块，到达 NetFPGA 并且匹配流表的数据分组以线速转发，而没有匹配项的数据分组（比如新的流）则上交给 OpenFlow 内核模块处理（有可能转发到控制器）。若 NetFPGA 硬件流表已满，内核模块便拒绝在流表中插入表项，该数据分组将交由软件来处理 [9]。

图 4-7 给出了基于 NetFPGA 的 OpenFlow 交换机内部结构。输出端口查找（Output Port Lookup）实现 OpenFlow 协议规定的功能，使用 SRAM 和 TCAM 来实现流表的线速查找，支持流表任意匹配字段的通配符查找和全字段的精确匹配查找。具体流程为：数据分组首先进入分组头解析（Header Parser）模块，这一模块从数据分组中解析出要匹配的 10 个标识域，产生待匹配的表头。表

头随后被送入通配符查找（Wildcard Lookup）模块和精确查找（Exact Match Lookup）模块，其中通配符查找使用 TCAM 完成，精确查找则使用两个散列函数来实现。查找结果均送往仲裁器（Arbiter），由其选择一个查找结果，通常情况下仲裁器会选择精确查找的结果。随后，分组编辑（Packet Editor）模块会根据仲裁结果将相应动作添加到数据分组头部，并将修改后的数据分组传送到输出队列（Output Queue）[10]。

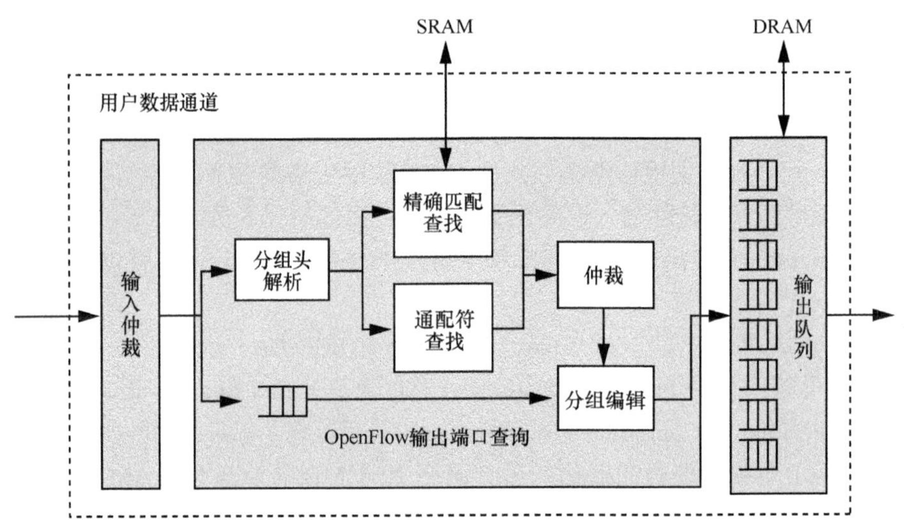

图 4-7　基于 NetFPGA 的 OpenFlow 交换机内部结构

为了实现基于 NetFPGA 的 OpenFlow 交换机，还需要安装一套开源的 OpenFlow 交换机管理软件，该软件是原有 OpenFlow 软件实现方式的扩展，该软件包可以从 OpenFlow 网站上下载，包括用户空间和内核模块。

用户空间通过 SSL 和控制器交互，OpenFlow 协议规定了交换机和控制器之间消息的格式，从交换机到控制器的消息有新的流到达、链路状态更新等，从控制器到交换机的消息有添加、删除流表项等，用户空间和内核模块间通过 IOCTL（操作系统中的输入输出控制）实现通信。

内核模块负责维护表项、处理数据分组和更新数据。默认情况下，OpenFlow 交换机内核模块仅在软件中创建流表，终端主机通过 NIC（Network Interface Card，网卡 / 网络适配器）来接收匹配数据分组。表项链接成一个链，数据分组和链上的表项依次匹配，直至匹配上其中一项。软件中的通配符查找通过线性查找表实现，精确查找表则是使用双向散列算法的散列表。

| 4.4　SDN 软件交换机 |

由于当前 OpenFlow 标准仍在不断完善，支持 OpenFlow 标准的硬件交换机较少，而相对于硬件交换机，OpenFlow 软件交换机成本更低、配置更为灵活，其性能基本可以满足中小规模实验网络的要求，因此 OpenFlow 软件交换机是当前进行创新研究、构建试验平台以及建设中小型 OpenFlow 网络的首选。

4.4.1　Open vSwitch

Open vSwitch 是由 Nicira、斯坦福大学、加州大学伯克利分校的研究人员共同提出的开源软件交换机，它遵循 Apache 2.0 开源代码版权协议，支持跨物理服务器分布式管理、扩展编程、大规模网络自动化和标准化接口，实现了和大多数商业闭源交换机功能类似的软件交换机。

Open vSwitch 基本部件分为 3 个部分：其一是 ovs-vswtichd 守护进程，慢速转发平面，位于用户空间，完成基本转发逻辑，包括地址学习、镜像配置、IEEE 802.1Q VLAN、LACP（Link Aggregation Control Protocol，链路汇聚控制协议）、外部物理端口绑定、基于源 MAC 和 TCP 负载均衡或主备方式，支持 OpenFlow 协议，可通过 sFlow、NetFlow 或 SPAN（Switched Port Analyzer，交换端口分析器）端口镜像方式保证网络可视性，配置后数据交由 ovsdb-server 进程存储和管理；其二是核心数据转发平面，即 openvswitch_mod.ko 模块，它位于内核空间，完成数据分组查询、修改、转发，隧道封装，维护底层转发表等功能；其三是控制平面，分布在不同物理机上的软件交换机通过 OpenFlow 控制集群组成分布式虚拟化交换机，还实现了不同租户虚拟机隔离功能。每个数据转发保持一个 OpenFlow 连接，没有在转发平面出现的数据流在第一次通过软件交换机时，都被转发到 OpenFlow 控制平台处理，OpenFlow 根据一至四层信息特征匹配，定义转发、丢弃、修改或排队策略，第二次数据转发时就直接由核心转发模块处理，加快了后续数据处理过程。

Open vSwitch 不但可以以独立软件方式在虚拟机管理器内部运行，比如 Xen、XenServer、KVM、Proxmox VE 和 VirtualBox 等虚拟机支撑平台，还可以部署在硬件上，作为交换芯片控制堆栈。Citrix 公司已把 Open vSwitch 作为

Xen Cloud Platform 平台缺省内置交换机。

2011 年 8 月，Open vSwitch 发布第一个版本 Open vSwitch v1.2.1，此后 4 年多的时间内共发布了多个版本。2015 年 9 月 21 日，Open vSwitch 发布最新版本 Open vSwitch v2.4.0，目前 Open vSwitch 支持的功能主要包括以下几个方面。

- 支持 NetFlow、sFlow(R)、IPFIX(IP Flow Information Export，IP 数据流信息输出)、SPAN 和 RSPAN(Remote Switched Port Analyzer，远程交换端口分析器——一种交换机的端口镜像技术)，监视虚拟机之间的通信。
- 支持 LACP(IEEE 802.1AX-2008)。
- 支持标准 IEEE 802.1Q VLAN Trunk。
- 支持 BFD 和 IEEE 802.1ag 链路监视。
- 支持 STP(IEEE 802.1D-1998) 和 RSTP(IEEE 802.1D-2004)。
- 支持细粒度 QoS 控制。
- 支持 HFSC 队列规则。
- 可按虚拟机接口分配流量，定制策略。
- 支持绑定网卡、基于源 MAC 地址负载均衡，支持主动备份和 L4 hashing。
- 支持 OpenFlow v1.0 以上的众多扩展。
- 支持 IPv6。
- 支持多种隧道协议（GRE、VxLAN、IPSec、基于 IPSec 的 GRE 和 VxLAN)。
- 支持与 C 和 Python 绑定的远程配置协议。
- 内核模式和用户空间模式可选。
- 支持拥有流缓存的多流表转发。
- 支持转发抽象层来简化移植到新的软件和硬件平台的过程。

4.4.2 Pantou

Pantou 是由斯坦福大学组织推动的一个基于 OpenWrt 实现 OpenFlow 的创新项目，它可以将商用无线路由器或无线接入点(AP)转换成 OpenFlow 交换机。OpenWrt 是一种基于 Linux 流行的无线路由器操作系统，主要组件有 Linux 内核、uClibc 和 BusyBox，所有组件都经过优化，适合存储空间和内存都有限的家用路由器。Pantou 基于 BackFire OpenWrt 版本（Linux 2.6.32）的用户空间实现，与 Open vSwitch 这样的内核空间实现相比，它的系统调用负载更重。此外，使用者还需要为设备的芯片组合（目前主要是博通和 Atheros）选择适合的镜像文件或者编译自己的镜像文件，并将镜像文件下载到设备上并确保工作正常。

4.4.3 Indigo

Indigo 开源项目是 Floodlight 项目内的子项目，Indigo 是基于 OpenFlow 的 SDN 软件交换机，它运行在硬件交换机上，并利用以太网交换机的硬件功能来线速运行 OpenFlow。Indigo 已实现 OpenFlow v1.0 所有必需的功能。Big Switch 于 2013 年 3 月推出的虚拟交换机 Switch Light 正是基于 Indigo2 来实现的（Indigo1 已经不再被支持）。Indigo2 有两个组成部分：Indigo2 Agent 和 LoxiGen。Indigo2 Agent 代表核心库，包括硬件抽象层（Hardware Abstraction Layer，HAL）和配置抽象层，其中硬件抽象层可以方便整合物理或虚拟交换机的转发和端口管理界面，配置抽象层可以支持在物理交换机的混合模式下运行 OpenFlow。LoxiGen 是一个编译器，以多种语言来生成 OpenFlow 的打包 / 解包库。目前，LoxiGen 支持 C 语言，对 Java 和 Python 的编程 / 脚本语言的支持还在开发中。Indigo 虚拟交换机（IVS）是一个轻量级的从底层向上构建的虚拟交换机，支持 OpenFlow 协议。Indigo 主要用于大规模网络虚拟化应用，并支持使用 OpenFlow 控制器的跨物理服务器分布，这与 VMware 的 vNetwork、思科的 Nexus 或 Open vSwitch 相似 [11]。

4.4.4 LINC

LINC（Link Is Not Closed）是全新的开源交换平台。目前 LINC 已经发展成为一个支持 OpenFlow 规范完整功能集的参考实现。最初开发 LINC 的目标是快速低成本地开发评估 OpenFlow v1.2、v1.3 以及 OF-CONFIG v1.1，以运行在 COTS（Commercial-Off-The-Shelf，商用现成品或技术）平台上。出于以上考虑，LINC 基于 Erlang 语言进行开发（Erlang 由爱立信开发，是一种运行于虚拟机的解释性语言）。

LINC 是纯软件的 OpenFlow 交换机，支持 OpenFlow v1.2、OpenFlow v1.3.1 以及 OF-CONFIG v1.1.1。图 4-8 显示了 LINC 的主要软件模块包括：OpenFlow 交换机、OpenFlow 协议模块和 OF-CONFIG 模块。该设计遵循了 Erlang 的 OTP（Open Telecom Platform，开放电信平台）原则。

OpenFlow 交换机的功能在 LINC 库实现，该功能组件接收 OF-CONFIG 的命令并在 OpenFlow Operational Context 中执行，它可以同时处理一个或多个 OpenFlow 逻辑交换机（由信道组件、可替代后端、逻辑交换机组成）。其中，信道组件是 OpenFlow 逻辑交换机和控制器之间的通信层，用来处理控制器的 TCP/TLS（Transport Layer Security，安全传输层协议）连接，并使用 OpenFlow 协议库来编解码 OpenFlow 协议消息。它从控制器接收消息，解析后传给后端，之后再将编码后的消息从 OpenFlow 交换机传给控制器。

可替换后端实现转发数据分组的实际逻辑，管理流表、组表、端口等，并回复来自控制器的 OpenFlow 协议消息。由于使用了一个通用 API（gen_Switch），LINC 的逻辑交换机可使用任何可用的后端，这使得交换机逻辑不依赖后端，可以处理交换机配置，管理信道组件和 OpenFlow 资源。

OF-CONFIG 协议处理是由 OF-CONFIG 库应用程序来实现的，用于处理、分析、验证、生成来自 OpenFlow 配置点的 OF-CONFIG 消息，并向应用程序（LINC）输出一组命令来配置 OpenFlow 交换机，例如，创建 OpenFlow 逻辑交换机的实例、将 OpenFlow 资源与特定 OpenFlow 逻辑交换机绑定等。

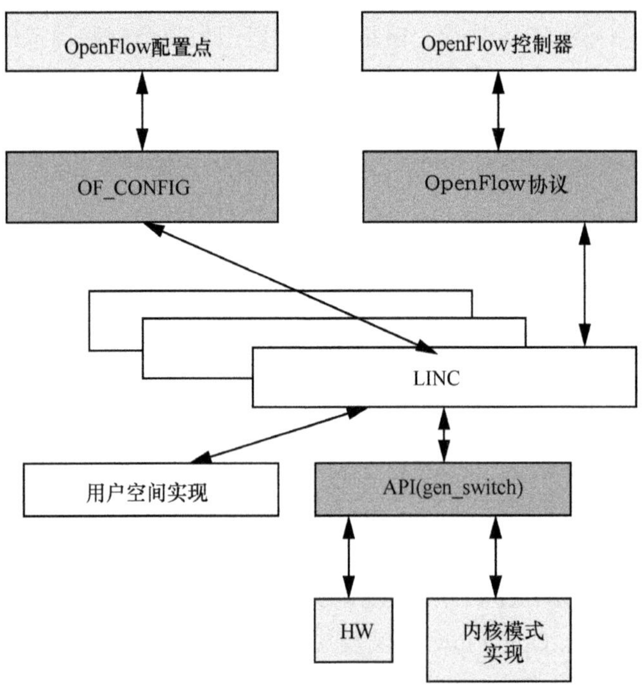

图 4-8　LINC 结构

4.4.5 OpenFlowClick

Click 是由美国麻省理工学院 Eddie Kohler 博士等人开发的一款优秀的软件工具，专门用于构建基于 Linux 操作系统的软件路由器。

Click 以模块化为核心思想，把路由器功能划分为若干粒度合适的模块，这些模块被称为元件（Element）。Click 的元件是由 C++ 编写完成，每个元件都是一个 C++ 类。当路由器初始化运行时，这些元件被实例化为 C++ 对象。Click 中提供了几百个符合 TCP/IP 标准的元件，实现了路由器功能的各个方面，包括从网络设备读取数据分组、数据分组分类、数据加密、数据验证、查询路由表、缓存数据分组、封装数据分组、向网络设备发送数据分组等。软件路由器开发人员可以根据需求选择不同的元件，再使用 Click 配置语言将这些元件连接起来，就可以实现定制功能的软件路由器。此外，如果 Click 中没有所需功能的元件，用户还可以按照规则使用 C++ 编写完成，这样使得定制和修改软件路由器的功能变得非常容易。

Click 允许研究者选择不同的元件创造自定义的数据分组处理流程，但是数据分组的处理流程是在初始化 Click 之前配置好的，不能动态地改变。OpenFlowClick 是在 Click 内部开发的一个 OpenFlow Element 组件，将 OpenFlow 跟 Click 结合起来，通过 OpenFlow 控制器控制不同特性的网络流量在 Click 中的处理顺序，这种控制是动态、可选择的。

传统的互联网处理网络流量通常是按照逐个分组处理或者逐流处理的方法，每一种方法提供给网络研究人员不同的控制方式。现在网络流量处理正在向既逐个分组处理也能逐流处理的方向发展。OpenFlowClick 就是一种可以同时对数据分组和数据流进行处理的软件。当网络流量以数据分组形式到达时，OpenFlowClick 可以通过控制器中的控制逻辑对数据分组进行处理；当网络流量以数据流形式到达时，OpenFlowClick 可以将数据流跟 OpenFlow 中的流表进行匹配，然后对具有相同流特性的数据流进行处理。因此，OpenFlowClick 具有数据分组处理过程中的灵活性和简易性特点。

4.4.6 OF13SoftSwitch

OF13SoftSwitch 项目由巴西的爱立信创新中心支持，并由与爱立信研究中心合作的 CPqD 进行维护。OF13SoftSwitch 是兼容 OpenFlow v1.3 的用户空间软件交换机，基于爱立信 TrafficLab 1.1SoftSwitch，并在其数据平面上做必要改变来支持 OpenFlow v1.3。OF1.3SoftSwitch 的封装包主要包括以下构件。

- 用于实现 OpenFlow v1.3 交换机的 ofdatapath；
- 用于连接交换机和控制器的安全通道 ofprotocol；
- 用于转换到 OpenFlow v1.3 的软件库 oflib；
- 通过控制台配置 OF1.3SoftSwitch 的命令行使用程序 dpctl。

安装和下载该软件交换机的说明和教程均可以在 GitHub 上找到。用户可以尝试 OF13SoftSwitch 的预配置版本，包括 OpenFlow v1.3 Software Switch、NOX 兼容版本、Wireshark 插件以及 OFTest。

4.4.7 P4 BMv2 与 P4 Runtime

BMv2 是 P4 软件交换机，P4 Runtime 是 P4 控制平面插件。P4 交换机中也有类似 OpenFlow 的流水线（Pipeline）的概念，一条流水线表示一组完整的数据处理流程，这一概念和传统交换机中的流水线是相似的。图 4-9 中的 VSS（The Very Simple Switch）架构，是 BMv2 规定的数据分组处理架构，即流水线架构。流水线在不同的软硬件平台上的具体实现是有差异的，具体的细节需要参考特定平台的硬件设计和程序开发手册，厂商也会提供一个称为 Architecture 的 P4 代码文件来描述流水线在自己产品中的对外接口，供开发者使用。图 4-9 中，在 P4 BMv2 软交换机中一条流水线由以下组件构成：解析器（Parser）/ 逆解析器（Deparser）、匹配—动作表（Match-Action Table）、元数据（Metadata）总线。

- 解析器：将分组数据转化成元数据。
- 逆解析器：将元数据转化成序列化的分组数据。
- 匹配—动作表：操作元数据。
- 元数据：在流水线内存储数据信息。

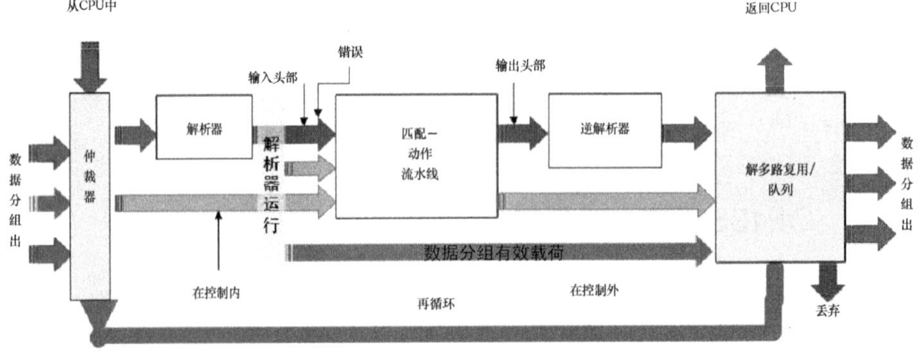

图 4-9　VSS 架构

P4 交换机中将流水线处理数据的过程进行抽象和重定义，数据处理单元对数据的处理抽象成匹配和执行匹配—动作表的过程，分组头的解析抽象成 P4 中的解析器，数据处理流程抽象成流控制。P4 中基础数据处理单元是不记录数据的，所以就需要引入一个元数据总线，用来存储一条流水线处理过程中需要记录的数据。P4 交换机的专用物理芯片 Tofino，最高支持 12 个数据处理单元，可以覆盖传统交换机的所有功能。

P4 Runtime，是 P4 API 工作组为 P4 语言和设备设计的一个通用控制接口，对接外部的控制器。Runtime，顾名思义就是控制正在运行中的设备。P4 Runtime 最先对接的控制器平台是 ONOS。ONOS 已经有了初步的 P4 Runtime 支持，可以进行简单的 Demo 开发。P4 Runtime 有两个亮点，一个是 API 不随着具体的 P4 程序而改变，另一个是可以在控制器上给设备下发新的 P4 程序，改变数据平面的功能。P4 Runtime 在设备中的实现，类似 Openflow 白盒设备，就是在软硬件转发平台上加入了一个控制功能的代理（Agent），类似 OpenFlow 代理。P4 Runtime 在与控制器的通信这块，使用的是 RPC 的思想，远程过程调用，借助 gRPC 这个库完成通信，而 gRPC 在 Socket 通信上是用 Protobuf 这个框架完成业务数据的序列化，对业务数据类型和 RPC 接口的描述就写在这个 p4runtime.proto 文件里面。这个文件跟 P4 程序是无关的，是 P4 Runtime 的完整描述，相当于 OpenFlow 协议原文中对协议报文的规定。

4.5 其他 SDN 业界相关进展

4.5.1 DPDK

为推动 SDN 和 NFV 领域技术创新和实践的步伐，英特尔在 2010 年启动了对 DPDK（Data Plane Development Kit，数据面开发套件）技术的开源化进程。DPDK 于当年 9 月通过 FreeBSD 开源许可协议正式发布源代码软件包，并于 2014 年 4 月正式成立了独立的开源社区平台，为开发者们提供支持。开源社区的参与者们大幅推进了 DPDK 的技术创新和快速演进，而今它已发展成为 SDN 和 NFV 的关键技术，可提供基于 Linux 的数据面库和优化的轮询中断模式驱动（Pull Model Driver，PMD）。与传统 Linux 内核软件转发相比，DPDK 能实现非常显著的网络数据面性能提升。根据英特尔官方提供的技术文档，利用 DPDK 处理一个分组只需要 80 个时钟周期。一个 3.6 GHz 的单核双线程至强，64 B 小分组，纯转发能力超过 90 Mpps，也就是每秒 9 000 万分组。

DPDK 应用程序运行在用户空间上，利用自身提供的数据平面库来收发数据分组，绕过了 Linux 内核协议栈对数据分组的处理过程。Linux 内核将 DPDK 应用程序看作一个普通的用户态进程，包括它的编译、连接和加载方式，和普通程序没有什么两样。DPDK 程序启动后只能有一个主线程，然后创建一些子线程并绑定到指定 CPU 核心上运行。

如图 4-10 所示，DPDK 核心组件由一系列库函数和驱动组成，为高性能数据分组处理提供基础操作。其中，内核态模块（Kernel Space）主要实现轮询模式的网卡驱动和接口，并提供 PCI 设备的初始化工作，用户态模块（User Space）则提供大量给用户直接调用的函数。EAL（Environment Abstraction Layer，环境抽象层）为应用提供了一个通用接口，隐藏了与底层库、与设备打交道的相关细节。EAL 实现了 DPDK 运行的初始化工作、基于大页表的内存分配、多核亲缘性设置、原子和锁操作，并将 PCI 设备地址映射到用户空间，方便应用程序访问。Buffer Manager API 通过预先从 EAL 上分配固定大小的多个内存对象，避免在运行过程中动态进行内存分配和回收来提高效率，常常用作数据分组 Buffer 来使用。Queue Manager API 以高效的方式实现了无锁的 FIFO 环形队列，适合于一个生产者多个消费者、一个消费者多个生产者模型来避免等待，并且支持批量无锁的操作。Flow Classification API 通过英特尔 SSE 基于多元组实现了高效的 Hash 算法，以便快速地将数据分组进行分类处理。该 API 一般用于路由查找过程中的最长前缀匹配中，安全产品中根据 Flow 五元组来标记不同用户的场景也可以使用。PMD 则实现了英特尔 1 GE、10 GE 和 40 GE 网卡下基于轮询收发分组的工作模式，大大加速网卡收发分组性能。

2015 年 4 月 21 日，DPDK 开源社区在中国的首次技术盛会——2015 中国 DPDK 开发者大会在北京隆重召开。与会者们围绕推动 DPDK 开源社区在中国的发展，及其最新技术的演进和在中国市场的实践等话题进行了深入的分享和讨论，旨在共同建立中国本地产业界在 SDN 与 NFV 创新上的领先地位，并加速网络通信行业对下一代数据面相关技术的应用和探索。在此次中国 DPDK 开发者大会上，多家公司宣布了基于 DPDK 的重要进展，分享了技术实践和当前的挑战，中国移动与中国电信提出了数据面关键技术的愿景，希望使用 DPDK 作为关键的数据面加速方案，并且分享了基于 DPDK 技术的虚拟化小基站网关与虚拟化智能管道项目。阿里巴巴、华为、中兴也在演讲中声明支持 DPDK 技术。

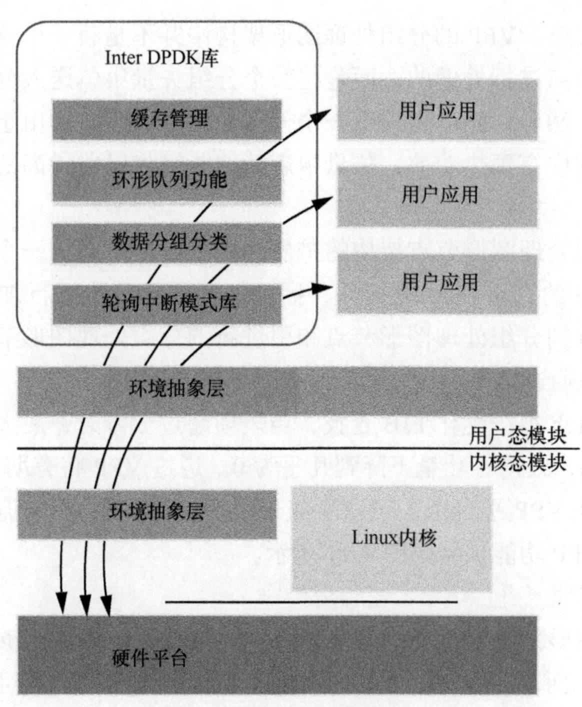

图 4-10　DPDK 的系统架构

4.5.2　FD.io

FD.io 旨在建立动态计算环境中的高性能 I/O 服务框架，2016 年 2 月 11 日 Linux 基金会宣布了一项开源项目 FD.io。为迎接下一个网络和存储软件的浪潮，FD.io 项目提供了一个 I/O 服务框架，同时宣布了其初始的软件版本，并且成立了一个验证测试实验室。FD.io 项目的架构类似于一个子系统的集合，提供了一个模块化、可扩展的用户空间 IO 服务框架，能支持高吞吐量、低延迟、高资源利用率的 I/O 服务。FD.io 秉承通用化设计，做到与硬件设备、操作系统内核、网络部署无关。FD.io 架构主要包含以下 4 个部分。

（1）矢量数据分组处理

矢量数据分组处理（Vector Packet Processing，VPP）技术是 FD.io 项目的最核心部分，VPP 的代码由思科公司贡献。VPP 利用高性能、基于硬件 I/O 的 DPDK，提供即开即用的 vSwitch/vRouter。VPP 初始版本同时也包含完整的创建、工具使用、调试、开发环境，和一个 OpenDaylight 管理代理。VPP 从网络 I/O 层读取最大的可用分组矢量（一排数据分组流），然后基于分组处理图形架构来处理分组矢量。VPP 的分组处理图形架构中并不是将一个一个分组送入到分组处理图形节点进行处理的，而是将整个分组矢量集体送入分组处理图形节点进行处理的，然后再整体送入下一个分组处理图形节点。由于分组矢量中第一个分组在处理中有预热功效，矢量中后续的分组将以非常高的性能通过处理图形节点。

VPP 的分组处理图形节点架构的扩展非常方便。可以从一个单独的源代码库建立一个独立的二进制 VPP 插件，插件从插件目录中进行加载。一个 VPP 插件可以重新排列分组处理图形节点和引进新的分组处理图形节点。这种方式使得新功能仅需通过插件引入，而无须改变核心基础代码。

Open vSwitch 很少优化 FIB 查找，当表项超过 2 万时，最大处理时延将飙升至超过 37 ms，致使吞吐量下降到几乎为 0。通过 VPP 将有助于改善 OVS 这一性能问题。在 VPP 平台上，可以生成一组功能等同于 OVS 但性能更高的虚拟交换设备。VPP 功能扩展如图 4-11 所示。

（2）硬件加速

分组处理图形架构支持动态加载硬件加速技术，使厂商能够在硬件上继续得以研发创新，而不影响 FD.io 的通用性。逻辑上，硬件加速可以想成是对某型分组处理图形节点做硬件替换，执行相同的功能但速度更快。硬件厂商只要在分组处理图形节点输入 / 输出端增添插件即可实现。通过这种方式，硬件加速器在可行时使用硬件加速，不可行时亦可继续使用原本图形节点。通过这种架构，能最大限度地为硬件加速提供创新空间。

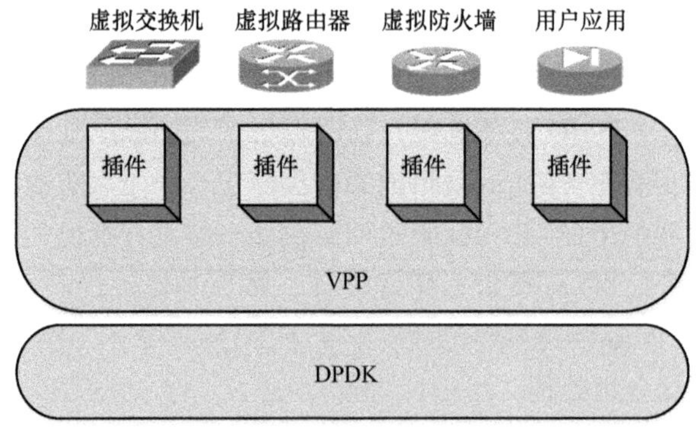

图 4-11　VPP 功能扩展

（3）可编程

VPP 技术还提供了非常高性能的底层 API，API 通过共享内存的消息总线工作。消息通过一种简单的 IDL（接口定义语言）在消息总线传递，并建立 C

语言客户端数据库和 Java 客户端数据库。也支持增添其他编程语言的绑定。这些客户端数据库使得用户很容易就能编写一些外部应用来控制 VPP。这种共享内存消息总线的方式可以实现非常高的性能，例如，可实现外部应用程序每秒钟对 75 万条路由路径进行编程控制。

此外，通过外部应用程序的管理代理和 SDN 协议，还可实现远程编程控制。例如，一个远程的 OpenDaylight 控制器，通过管理代理和 NETCONF/RESTCONF 协议，可实现将 YANG 模型对 VPP 功能暴露。因此，FD.io 对管理代理和上层 API 是透明的，用户可以通过管理代理实现他们任何需求。

（4）与其他系统集成

如果控制器支持 OpenStack 的 Neutron，即可将 OpenStack 与 VPP 集成。

FD.io 宣称成立的测试实验室名为 CPL（Continuous Performance Lab，连续性能实验室）。CPL 为代码功能和性能验证提供了一个开源、全部自动化测试的基础设施框架。在补丁审查之前将代码破损和性能退化进行标记，保护项目资源，以提高代码质量。CPL 为 FD.io 每个版本的性能、可扩展性和稳定性提供了保障。未来对 FD.io 的代码贡献将来自开源社区，目前 FD.io 的成员们期望在各个领域对 FD.io 进行拓展，例如防火墙、负载均衡、LISP、主机追踪、IDS、硬件加速器集成，还有一些其他用于网络和存储流量的关键 I/O 服务等。FD.io 与其他系统集成架构如图 4-12 所示。

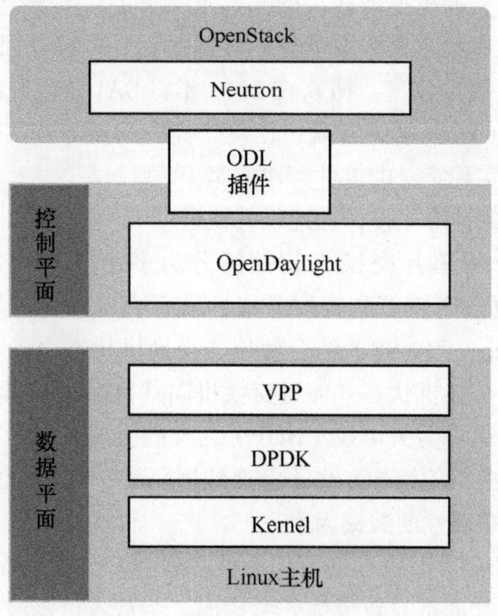

图 4-12　FD.io 与其他系统集成架构

4.5.3 SONiC

微软运行着全球最大的公有云之一，在构建和管理全球性、高性能、高可用性和安全网络方面有宝贵的经验。经验告诉我们，运行数个数据中心和数万台交换机，需要满足以下需求。

- 在网络的各层都使用最佳的交换机硬件；
- 在不影响最终用户使用的情况下部署新功能；
- 在几个小时内安全可靠地推出更新，而不再需要数月的周期；
- 利用云端深度遥测和全自动化解决故障；
- 让我们的网络控制应用能够使用统一的结构轻松控制网络中的所有硬件元素，以消除重复并减少故障。

为了满足这些需求，微软率先开发了开放式交换机软件（Software far Open Netuorking in the Cloud，SONiC），这是网络交换机操作和管理上的突破。微软将这一创新贡献给开源社区，使它能够在 SONiC GitHub 存储库上下载使用。SONiC 是一个独特的可扩展平台，拥有一个大型的且不断增长的硬件和软件合作伙伴生态系统，提供多个交换平台和各种软件组件。

（1）交换机抽象接口（SAI）加速硬件创新

SONiC 建立在交换机抽象接口的基础上，它定义了一个标准化的 API。网络硬件供应商可以通过它来开发创新的硬件平台，可以在保持与 ASIC 的编程接口一致的前提下提升速度，微软在 2015 年将 SAI 进行开源。这种方式使运营商能够在芯片、CPU、功率、端口密度、光、速度等方面快速创新，同时保持其在多个平台上实现统一的软件解决方案。

（2）带有容器的模块化设计加速软件演进

SONiC 是首个将单片交换机软件拆分为多个容器化组件的解决方案。SONiC 支持细粒度故障恢复和在线升级，且不会宕机。它与交换机状态服务（Switch State Serrice，SWSS）结合使用，交换机状态服务利用开源键值存储的优势来管理所有交换机状态并促进交换机向其目标状态服务转变。用户可以使用新代码（包括边界网关协议（BGP）之类的协议）升级有缺陷的容器，而不需要更换整个交换机的镜像，也不需要数据平面停机。这种性能是 SONiC 平台的可服务性和可扩展性的关键因素。

容器化使 SONiC 具有极高的可扩展性，SONiC 的核心是针对云网络场景，其中简化和规模化管理是需要最优先考虑的。运营人员以最小的工作量插入新组件、第三方、专有或开源软件，并根据其特定场景定制 SONiC。

（3）SONiC 架构简介

SONiC 定义了路由交换设备的容器化的控制平面的架构，定义中包含组件与接口。其中具体工作组件合称为 SSWS。二者通常不需要明显地区分。

如图 4-13 所示，SONiC 是架构在路由交换设备的 ASIC、Linux 内核、设备驱动之上，在各种协议应用和设备配置应用之下的一个接口层。

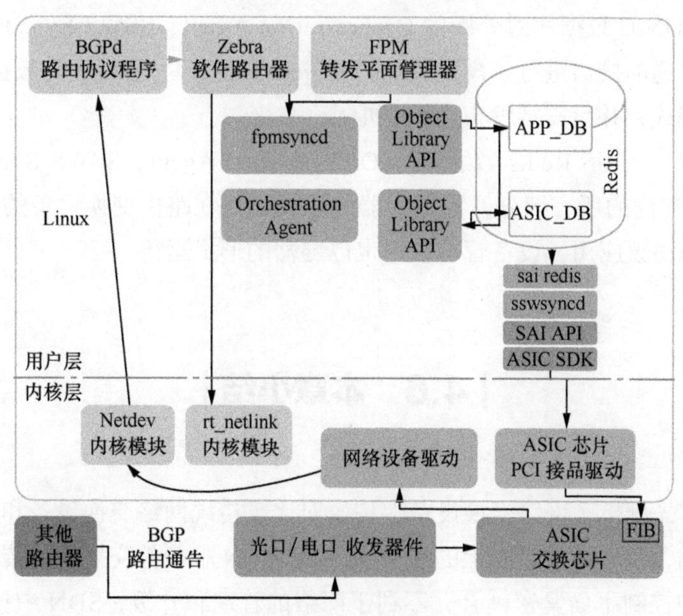

图 4-13　SONiC 架构

SONiC 向下通过 SAI 对接不同的硬件平台，硬件平台的厂商需要提供一个 SAI 的具体实现，这个 SAI 的实现通常也被称为 ASIC SDK，它向下可能会对接更为底层的位于 Linux 内核层的 ASIC 驱动。SAI 实现根据上层的要求，可以去操作设备中的 ASIC、传感器、光纤收发器等硬件。

SONiC 的核心是一个非关系型数据库，目前开源版本选用的是 Redis。这个数据库从逻辑上切分为两块，分别是 APP 数据库（APP_DB）和 ASIC 数据库（ASIC_DB）。APP_DB 是由上层的应用根据业务需要写入的数据。ASIC_DB 中的内容一方面是由 APP_DB 中的内容转换成的、直接对硬件进行操作的、符合 SAI 标准的配置数据；另一方面是由 SAI 实现主动上报的从硬件中获取的数据。

SONiC 中有 3 种关键组件：一是 Orchestration Agent 组件，负责上述

APP_DB 和 ASIC_DB 之间的信息转换工作；二是 SSWS Syncd，通过与 Redis 数据库对接，负责在 ASIC_DB 和 SAI 实现之间复制、传递数据；三是对接各个外围应用和设备功能的 syncd 组件。

SONiC 向上通过各种 syncd 组件对接各个应用，如通过 fpmsyncd 对接 BGP 路由应用。目前 SONiC 支持的 syncd 组件有 fpmsyncd、intfsyncd、neighsyncd、portsyncd、teamsyncd 等，不同组件操作数据库中逻辑上的不同数据表。

整个 SONiC 数据库对外围的 Orchestration Agent、SSWS Syncd、syncd 组件与自己互通的接口进行了规定，称为 Object Library。各组件与数据库的通信采用 C/S 模式，并且支持发布 / 订阅机制。

SONiC 中包括 Redis 数据库、Orchestration Agent、SSWS Syncd、各个 syncd 组件在内的所有部分，都以容器的形式运行在路由交换设备的控制平面。上层的路由协议应用、设备管理应用也以容器的形式运行。

| 4.6 本章小结 |

本章首先分析了网络交换设备架构，对比了传统网络交换设备和 SDN 交换设备的不同，并介绍了市面上的 SDN 芯片和 SDN 软硬件交换机。传统网络中，数据平面与控制平面紧密耦合，不利于网络的管理和升级，SDN 中控制平面从交换设备中剥离，控制器通过南向接口协议统一管控交换设备，而交换设备只负责高速转发数据分组。这一方面降低了设备的复杂度，便于对网络转发进行集中、灵活管控；另一方面也给交换设备和芯片的设计带来了新的挑战。传统的 ASIC 芯片不能满足 SDN 的需求，芯片提供商在 SDN 技术标准的推动下开始研发新的芯片技术并推出支持 SDN 的芯片产品。与此同时，SDN 给网络设备市场带来新的气象，网络设备市场多年以来形成的稳定格局逐渐被打破，传统设备商开始正视 SDN 带来的挑战并调整自己的战略，大量创新公司抓住技术变革的机遇推出 SDN 白盒交换设备。除此之外，数据平面开发套件 DPDK、高性能 I/O 服务框架 FD.io 等也在如火如荼地发展中。可以说，SDN 在对现有网络架构进行革新的同时，也给网络设备市场带来了重新洗牌的契机，使该领域的产业前景充满了各种可能性。

参考文献

[1] 雷葆华，王峰，王茜，等 . SDN 核心技术剖析和实战指导 [M]. 北京：电子工业出版社，2013.

[2] MCKEOWN N, ANDERSON T, BALAKRISHNAN H, et al. OpenFlow: enabling innovation in campus networks[J]. ACM SIGCOMM computer communication review, 2010, 38(2): 69-74.

[3] ANDREA B, BIRKE R, GIRAUDO L, et al. OpenFlow switching: data plane performance[C]// Communications (ICC), 2010 IEEE International Conference on, 2010:1-5.

[4] CHARALAMPOS R, SARRAR N, UHLIG S, et al. Oflops: an open framework for OpenFlow switch evaluation[M]. Passive and Active Measurement. Springer Berlin Heidelberg, 2012.

[5] LORENZO D C, DAN Y, KUMAR A, et al. PLUG: flexible lookup modules for rapid deployment of new protocols in high-speed routers[J]. ACM SIGCOMM computer communication review, 2010, 39(4): 207-218.

[6] SONG H. Protocol-oblivious forwarding: unleash the power of SDN through a future-proof forwarding plane[C]// Proceedings of the Second ACM SIGCOMM Workshop on Hot Topics in Software Defined Networking. ACM, 2013: 127-132.

[7] 左青云，陈鸣，赵广松，等 . 基于 OpenFlow 的 SDN 技术研究 [J]. 软件学报，2013, 5:15.

[8] NAOUS J, ERICKSON D, GOVINGTON G A, et al. Implementing an OpenFlow switch on the NetFPGA platform[C]// Proceedings of the 4th ACM/IEEE Symposium on Architectures for Networking and Communications Systems. ACM, 2008.

[9] 陆佳华，杨卫，周剑 . 零存整取 NETFPGA 开发指南 [M]. 北京：北京航空航天大学出版社，2009.

[10] NAOUS J, GIBB G, BOLOUKI S, et al. NetFPGA: reusable router architecture for experimental research[C]// Proceedings of the ACM

Workshop on Programmable Routers for Extensible Services of Tomorrow. ACM, 2008.

[11] AZODOLMOLKY S. Software defined networking with OpenFlow[M]. Packt Publishing Ltd, 2013.

第5章 SDN 控制平面

第4章对SDN数据平面进行了详细介绍，本章将着眼于SDN控制平面的关键技术。SDN控制平面主要由一个或者多个控制器组成，作为数据控制分离的SDN核心系统，控制器具有举足轻重的地位，它是连接底层交换设备与上层应用的桥梁。一方面，控制器通过南向接口协议对底层网络交换设备进行集中管理、状态监测、转发决策以处理和调度数据平面的流量；另一方面，控制器通过北向接口向上层应用开放多个层次的可编程能力，允许网络用户根据特定的应用场景灵活地制定各种网络策略。既然控制器在SDN中具有核心作用，那么它的体系架构是怎样的？评估一个控制器需要考虑哪些因素？各厂商又会推出什么样的控制器产品？这些都是控制平面需要关注的主要问题，下面将对控制器的体系架构进行简要分析，并对业界现有的开源和商用控制器进行逐一介绍。

5.1 SDN 控制器

控制器是 SDN 的重要组成部分，其设计与实现是 SDN 最为关键的技术环节之一，因此理解控制器的体系架构对于深入研究 SDN 技术是极其重要的。本节将首先对 SDN 控制器的体系架构进行深入剖析，并在此基础上给出 SDN 控制器的主要评估要素，希望能够使读者在整体上对 SDN 控制器有一个全面、深入的理解。

5.1.1 SDN 控制器体系架构

控制器连接了底层交换设备与上层业务应用，可以看作是 SDN 的整个大脑。正如第 2 章介绍，传统网络的数据平面与控制平面在物理上是紧密耦合的，而 SDN 中数据平面和控制平面相对分离，这种分离增加了实现的灵活性。控制器作为 SDN 的核心部分，与计算机操作系统的功能类似，它需要为网络开发人员提供一个灵活的开发平台，为用户提供一个便于操作使用的用户接口。因此，参考计算机操作系统的体系架构，将更加有助于对 SDN 控制器体系架构的理解与设计。

随着计算机技术的发展，计算机操作系统的体系架构主要经历了3个发展阶段：模块组合、层次化和微内核。下面将对3个阶段进行简要介绍。

在计算机发展早期，开发者出于简单的目的，常常基于模块组合架构来设计计算机操作系统。在这种体系架构下，整个操作系统将一些功能模块简单地组合在一起，以实现其整体功能。随着人们不断向操作系统中集成新的功能，模块化组合的体系架构逐渐暴露出很大的弊端，主要体现在由于其过于简单随意的组合，难以支撑繁多、复杂的功能，导致整体操作系统的可扩展性很差，同时管理员也很难对这种架构的系统进行维护。

为了解决模块组合架构存在的问题，人们提出了层次化的操作系统体系架构，即根据模块所实现功能的不同，对它们进行分类：最为基础的模块放在最底层；一些较为核心的模块作为第二层；其余模块根据分类情况依次向上叠加。层次化的体系架构中各模块都处于明确的层次，相比于模块组合架构，层次化架构对各模块的组织管理更加容易，系统的可扩展性也得到了显著的增强。但是，严格的层次化设计可能会约束模块的跨层调用，甚至会影响操作系统的运行效率，尤其当模块功能越来越多时，这种类似于塔式的体系架构就会越砌越高，这将使操作系统越来越庞大。

为了解决层次化架构存在的问题，微内核的操作系统体系架构应运而生，其基本思想是把操作系统中与硬件相关的部分作为硬件抽象层（HAL）提取出来，HAL通过开放API为更上层提供服务。基于这一点，微内核自身只保留了少数最为基础的功能，其他功能则都放到内核之外来实现，这样一来，内核不会随着功能增加而逐渐变大，彻底解决了传统体系架构中操作系统不够灵活、可扩展性差的问题。除了在实现上十分精炼，微内核体系架构还具有如下两个公认的优点：① 许多高层服务模块不纳入内核中，而是运行于内核之上，这样当高层模块发生更新时无须对内核重新进行编译；② 引入的硬件抽象层可以使得内核通过简单的处理就可以运行于不同架构的硬件之上。基于上述原因，微内核的体系架构在近几年来得到了广泛的认可。例如，美国卡耐基梅隆大学研制的Mac OS便属于微内核架构操作系统，当前广泛使用的Windows操作系统也采用了微内核的设计架构。

上述思想对于SDN控制器设计具有重要的借鉴意义，接下来我们据此对SDN控制器的体系架构进行分析。与计算机操作系统一样，控制器的设计目标是通过对底层网络进行完整的抽象，允许开发者根据业务需求设计出各式各样的网络应用。SDN控制器如果按照模块组合的架构实现，当控制器的功能逐渐增多时，系统的可扩展性差的问题必然会凸显出来，开发新的网络应用将会变得无比困难。因此，市面上大多数开源控制器的设计采用了类似于计算机操作系统的层次化体系架构，如图 5-1 所示。

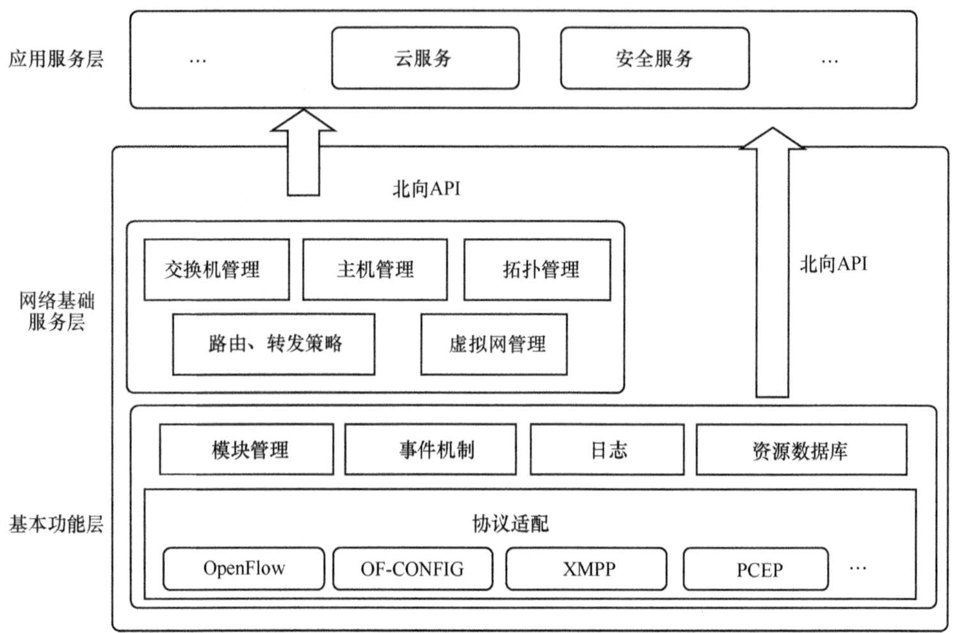

图 5-1　控制器层次化体系架构

从图 5-1 可以看到，在这种层次化的体系结构下，控制器功能被分为基本功能层与网络基础服务层两个层面，下面将对这两部分进行详细的分析。

（1）基本功能层

这一层主要提供控制器所需要的基本功能。一个通用的控制器应该能够方便地添加接口协议，这对于动态灵活地部署 SDN 非常重要，因此在这一层首先要完成的就是协议适配功能。总结起来，需要适配的协议主要包含两类：一类是用来跟底层交换设备进行信息交互的南向接口协议；另一类是用于控制平面分布式部署的东西向接口协议。协议适配层则主要有以下 3 个方面作用：一是网络的维护人员可以根据网络的实际情况，使用较合适的协议来优化整个 SDN；二是考虑到与传统网络的兼容性问题，可以借鉴使用现有网络协议作为南向、东西向接口协议，这样可以以最小的代价来升级和改造传统网络；三是通过协议适配功能，控制器能够完成对底层多种协议的适配，并向上层提供统一的 API，达到对上层屏蔽底层多种协议的目的。

协议适配工作完成后，控制器需要提供用于支撑上层应用开发的功能。这些功能主要包括以下 4 个方面内容。

- 模块管理：重点完成对控制器中各模块的管理。允许在不停止控制器运行的情况下加载新的应用模块，实现上层业务变化前后底层网络环境的无缝切换。
- 事件机制：该模块定义了事件处理相关的操作，包括创建事件、触发事件、事件处理等操作。事件作为消息的通知者，在模块之间划定了清晰的界限，提高了应用程序的可维护性和重用性。
- 任务日志：该模块提供了基本的日志功能。开发者可以用它来快速地调试自己的应用程序，网络管理人员可以用它来高效、便捷地维护 SDN。
- 资源数据库：这个数据库包含了底层各种网络资源的实时信息，主要包括交换机资源、主机资源、链路资源等，方便开发人员查询使用。

（2）网络基础服务层

对于一个完善的控制器体系架构来说，仅实现基本功能层是远远不够的。为使开发者能够专注于上层的业务逻辑，提高开发效率，需要在控制器中加入网络基础服务层，以提供基础的网络功能。网络基础服务层中的模块作为控制器实现的一部分，可以通过调用基本功能层的接口来实现设备管理、状态监测等一系列基本功能。这一层涵盖的模块可以有很多，取决于控制器的具体实现，下面介绍几个主要的功能模块。

- 交换机管理：控制器从资源数据库中得到底层交换机信息，并将这些信息以更加直观的方式提供给用户以及上层应用服务的开发者。
- 主机管理：与交换机管理模块的功能类似，重点负责提取网络中主机的信息。
- 拓扑管理：控制器从资源数据库中得到链路、交换机和主机的信息后，就会形成整个网络的拓扑结构图。
- 路由、转发策略：提供数据分组的转发策略，最简单的策略有根据二层 MAC 地址转发、根据 IP 地址转发数据分组。用户也可以在此基础上继续开发来实现自己的转发策略。
- 虚拟网划分：虚拟网划分可有效利用网络资源，实现网络资源价值的最大化。但出于安全性的考虑，SDN 控制器必须能够通过集中控制和自动配置的方式实现对虚拟网络的安全隔离。

在这两层的基础上，控制器通过向上层应用开发者提供各个层次的编程接口，以便向网络开发者调用从信令级到各种网络服务的 SDN 可编程能力，灵活便捷地完成对整个 SDN 的设计与管理。这种层次化的架构设计中，基础功能层提供了 SDN 控制器作为整个控制平面最为基本的功能，包括对底层硬件的抽象和对上层网络功能模块的管理，所有的网络应用都基于这一层提供的接口进行开发，网络基础服务层的可扩展性得以显著地增强，可为上层网络应用的开发、运行提供一个强大的通用的平台。

随着业务和各种信息化应用的快速增加，网络环境变得更加复杂，边界趋于模糊，多样的业务应用场景引入了新的安全威胁，并给网络管理带来了更多挑战。SDN 控制器需要协调一系列分布在各下级平台的相关资源，并且有时需要保持事件完整性，通常将这个过程称为编排（Orchestration）。此外，一个 SDN 应用程序可能会调用其他外部服务，也可能编排一些额外 SDN 控制器来实现它的目标。将 n 层的节点看作 Server，n-1 层的节点看作 Client。一个 Server 控制多个 Client 的情况都可以看作编排，例如，APP 可以编排多个控制器，SC（Super Controller，超级控制器）可以编排多个 DC（Domain Controller，域内控制器），DC 能够编排多个设备。目前 SDN 对编排还没有一个正式的定义，根据 ONF 的理解，SDN 业务编排暂时可以定义为一个以最优方式满足竞争性需求的资源分配的持续过程。这里的最优概念至少可以包括优先化用户 SLA 保障和一些要素，包括用户端点位置、地理或拓扑距离、延迟、聚合或细粒度的负载、经济开销、资源共享或亲和度。这里“持续”一词表示环境和服务需求随着时间推移不断在变化，所以编排是一个持续的、多维的优化反馈回路。

目前各工作组、运营商、设备商以及开源社区等有许多不同的业务编排思路。比如，国际互联网工程任务组（IETF）的 I2RS（Interface to the Routing System，路由系统接口）研究组主张在现有的网络层协议基础上增加插件（Plug-in），并在网络与应用层之间增加 SDN Orchestrator 进行能力开放的封装，而不是直接采用 OpenFlow 进行能力开放。SDN 与 NFV 的结合近年来也备受业界关注，多种功能的综合使业务编排变得更加重要。目前业务编排主要有两个发展思路。其一是创建独立的业务编排层，一个重要的开源来自华为公司和中国移动共同提出的 Open-Orchestrator（Open-O）项目，它可以向上为运营支撑系统（OSS 提供接口），向下为 VNF 管理器和 VIM 提供接口。Open-O 旨在建立一个网络服务目录和 VNF 目录。其二是以 MANO+OSS 为核心进行编排，NFV 管理和编排（MANO）由 ETSI ISG 在 NFV 框架中提出，主要集中处理 VNF 生命周期中特定的虚拟化管理业务。在此方案中，MANO 对接 OSS，虚拟设备、现网设备共同管理，SDN/Cloud 则作为 NFV 中的元件存在。

5.1.2 SDN 控制器评估要素

前文提到，通过在 SDN 控制器上开发网络应用，可提供灵活、个性化的

网络服务，控制器作为应用开发以及运行的平台，将直接影响到网络运行状态。近年来，随着 SDN 技术的不断发展和演进，学术界和工业界纷纷推出各式 SDN 控制器，令人难以抉择。本节详细讲述 SDN 控制器的十大评估要素[1]，便于网络管理人员根据需求进行合理的选择。

（1）对 OpenFlow 的支持

OpenFlow 作为最主流的 SDN 南向接口协议，也是 ONF 组织力推的标准化协议。支持 OpenFlow 协议可作为一款 SDN 控制器是否具有普适性的一个重要标准。OpenFlow 协议存在多个版本，本身也在不断完善中，故在选用控制器时需重点考量 OpenFlow 所支持的功能，包括支持可选功能和扩展功能。也需要了解网络供应商的路线图，能够支持 OpenFlow 的新版本。

（2）网络虚拟化

网络虚拟化是指多个逻辑网络共享底层网络基础设施，从而提高网络资源利用率，加速业务部署，以及提供业务 QoS 保障。SDN 控制器拥有全局网络视角，其集中式管控的优势可极大地简化资源的统一调配，能够动态地创建基于策略的虚拟网络，这些虚拟的网络能够形成逻辑的网络资源池，类似于服务器虚拟化的计算资源池。

（3）网络功能

在云服务提供商提供多租户网络服务时，出于安全考虑，租户希望其流量和数据与其他租户之间是互相独立的，因而 SDN 控制器在提供网络虚拟化能力的同时需要提供严格隔离性保障功能。同时，OpenFlow v1.0 协议提供基于流（12 元组）的匹配转发方式，便于对流的细粒度处理，作为 SDN 控制器可提供基于流的 QoS 保障功能。此外，SDN 控制器拥有全网拓扑视角，有能力发现源端到目的端的多条路径并提供多径转发功能，可打破 STP 的性能和可扩展性限制，相比于传统的 TRILL 和 SPB 方案，SDN 控制器可提供相同的能力而无需对网络进行任何改动。

（4）可扩展性

SDN 的集中式架构便于网络管理员根据需求，灵活地在控制器中添加、更改和删除相应的网络服务模块，使得对全网的管理就如同在一台网络设备中一样。因而 SDN 可扩展性的一个至关重要的指标是可支持 OpenFlow 交换机的数量。通常来说，一台 SDN 控制器应该能够支持至少 100 台交换机，当然对于不同的应用场景，这个数量并不是绝对的。此外，如何减少广播对网络带宽和流表规模的影响，也是评估 SDN 控制器可扩展性的一个重要因素。

（5）性能

SDN 控制器最重要的功能是将处理每一条流第一个数据分组的处理结

果，以流表项的方式写入交换机的流表中，便于后续报文的处理。因而，控制器对流的处理时延以及每秒处理新流的数目是评价控制器性能的最主要性能指标。

（6）网络可编程性

在传统网络环境中，对网络功能的更改需要依次在相关设备上进行配置，这不仅耗时费力还容易出错，且无法根据网络的动态变化实时调整，这种原始的静态网络编程特性使得网络性能难以得到保障。作为新兴的网络技术，SDN 的一个重要特性是拥有网络可编程能力，具体包括数据流的重定向、精确的报文过滤以及为网络应用提供友好的北向可编程接口。

（7）可靠性

可靠性是评价网络的一个十分重要的标准，SDN 控制器作为整个网络的控制中枢，其单点故障将可能引起整个网络的瘫痪。当前为提高 SDN 的可靠性，主流的做法是利用集群技术，为 SDN 控制器提供主从热备份机制，一旦检测的主 SDN 控制器出现故障，可立即切换到备份控制器。此外，相比于从 SDN 控制器自身提高可靠性，另一种做法是通过控制器计算源端到目的端的多条转发路径，并在组表中存储备份路径，当网络链路出现故障时，可自动切换到备份路径，从而提高网络可靠性。

（8）网络安全性

为提供网络安全性，控制器需要实现企业级身份验证和授权，同时为了使网络管理人员更加灵活地对网络进行控制，控制器需要具备对各种关键流量访问进行管控的能力，例如管理流量、控制流量等能力。此外，控制器自身作为网络攻击重点对象，需在控制平面中限制控制信令的速率以及提供报警机制。

（9）集中管理和可视化

SDN 的一个优势在于能够给网络管理人员提供物理网络和各虚拟网络的可视化信息，例如流量、拓扑等。另外，网络管理人员通常希望能够通过标准的协议与技术对 SDN 控制器进行监控，因此，在理想情况下，SDN 控制器需要通过 REST API 提供对网络信息访问的支持。

（10）控制器供应商

SDN 技术作为未来网络领域的一片蓝海，近些年来各大网络厂商争相进入。考虑到 SDN 市场的不稳定性和特殊性，在选择 SDN 控制器时除了参考上述技术层面上的指标外，还需关注供应商的财务和技术资源、当前正在进行的 SDN 研发和进展以及其专注在 SDN 市场的定位和竞争能力。

| 5.2 开源控制器 |

随着 SDN 技术的快速发展以及控制器在 SDN 中核心作用的突显，控制器软件正呈现百花齐放的发展形势，特别是开源社区在该领域贡献了很大的力量，目前已向业界提供了很多开源控制器。不同的控制器拥有各自的特点和优势，本节中选取已经被 SDN 业界广泛采用的几种典型控制器（NOX/POX、Ryu、Floodlight、OpenDaylight、ONOS 以及 OpenContrail）进行详细介绍，同时对其他开源控制器做简要介绍，以期为读者理解控制平面提供一个基本参考。在下册应用实践部分，将对 POX、Ryu、Floodlight、OpenDaylight 和 ONOS 几个主要控制器的代码进行详细剖析，并分享基于这些控制器的应用开发经验。

5.2.1 NOX/POX

NOX[2] 是全球第一个开源的 SDN 控制器，2008 年由 Nicira 公司主导开发。作为 SDN 控制器的先驱，它的出现在 SDN 发展进程中具有里程碑式的意义。NOX 在很大程度上推动了 OpenFlow 技术的发展，也是早期 SDN 领域众多研究项目的基础。NOX 底层模块由 C++ 实现，上层应用可以用 C++ 或 Python 编写。图 5-2 展示了其框架结构，可以看出，NOX 的核心组件提供了用于与 OpenFlow 交换机进行交互的 API 和辅助方法，包括连接处理器和事件引擎，同时还提供了如主机跟踪、路由计算、拓扑发现以及 Python 接口等在内、可选择的附加组件。

由于 NOX 代码量和复杂度较高，在一定程度上给网络研究人员对网络问题本身的研究带来了较大障碍，故在 2011 年，Nicira 公司重新推出了 NOX 的兄弟版控制器 POX。POX 完全采用 Python 编写，保持与 NOX 一致的事件处理机制和编程模式，由于 Python 本身简单易学，因此更加易于被研究人员接受，得到了广泛关注和应用。总结来看，POX 控制器主要包含如下技术特征：一是基于 Python 实现了 OpenFlow 接口；二是可以与 PyPy（PyPy 是 Python 的动态编译器）进行捆绑运行，易于部署；三是支持 Linux、Mac OS、Windows 等多种计算机操作系统，灵活易操作。

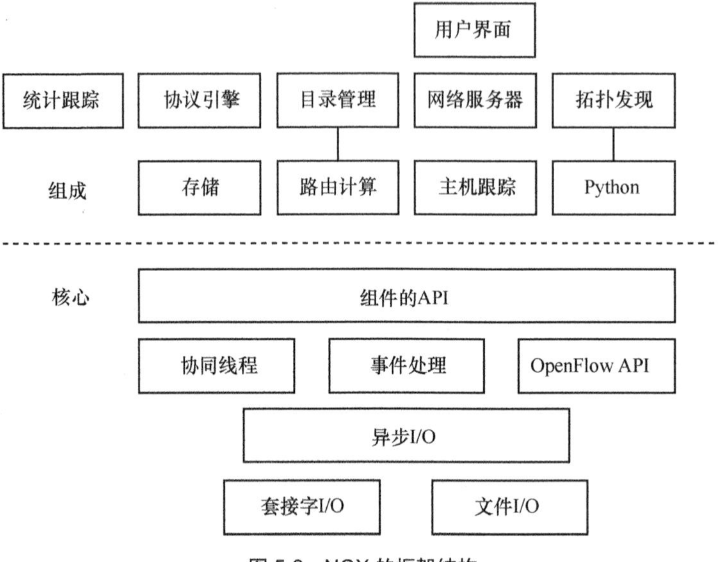

图 5-2　NOX 的框架结构

为了方便用户开发基于 POX 控制器的各种应用，POX 提供了相应的核心 API 和一系列组件。其中，核心 API 提供了对报文、地址的解析封装以及对于事件的操作等基本接口，通过这些基本的接口，可以方便开发者开发网络控制器的应用。在核心 API 的基础上，POX 控制器提供了一系列组件，表 5-1 详细说明了各组件的功能。

表 5-1　POX 控制器组件功能

组件类型及说明	组件名	功　能
基础组件	pox.core.object	POX API 的核心，主要用于完成组件的注册以及组件之间相关性和事件的管理
	pox.lib.addresses	主要用于完成对各类地址（IP 地址、Ethernet 地址等）的操作
	pox.lib.revent	定义了事件处理相关的操作，包括创建事件、触发事件、事件处理等操作
	pox.lib.packet	主要用于完成对于报文的封装、解析、处理等操作
与 OpenFlow 协议相关的组件	openflow.of_01	主要用来与 OpenFlow v1.0 交换机进行通信

续表

组件类型及说明	组件名	功 能
应用类组件	forwarding.hub	传统的 Hub 策略
	forwarding.l2_learning	传统的二层交换机策略
	forwarding.l3_learning	三层学习交换，其主要使用场景是处理 ARP 响应
	forwarding.l2_multi	根据整个网络的拓扑来完成二层分组的转发
	openflow.spanning_tree	实现了生成树策略
	web.webcore	POX 的 Web 服务组件
	messenger	基于 JSON 格式的信息与外部进程进行交互
	openflow.discovery	使用 LLDP 报文来发现整个网络的拓扑
	proto.dhcpd	实现了简单的 DHCP 服务器功能
	proto.dhcp_client	DHCP 客户端组件
	proto.arp_responder	完成查询、修改、增加 ARP 表的功能
	info.packet_dump	将 Packet-in 信息写入 log 文件中
	proto.dns_spy	监听 DNS 应答分组并存储结果
	log	POX 的日志模块

5.2.2 Ryu

Ryu 是由日本电报电话公司（NTT）主导开发的一个开源 SDN 控制器项目，其字面是日语中“Flow”的意思，旨在提供一个健壮又不失灵活性的 SDN 控制器。Ryu 使用 Python 开发，提供了完备、友好的 API，目标是使得网络运营者和应用商可以高效便捷地开发新的 SDN 管理和控制应用。当前，Ryu 提供了非常丰富的协议支持，如 OpenFlow 协议 v1.0/v1.2/v1.3/v1.4 等多个版本、OF-CONFIG 协议、NETCONF 协议以及 Nicira 公司产品中的一些扩展功能，同时它有着丰富的第三方工具，如防火墙 APP 等。

Ryu 的整体架构如图 5-3 所示，其中最上层的 Quantum 与 OF REST 分别为 OpenStack 和 Web 提供了编程接口，中间层是 Ryu 自行研发的应用组件，最下层是 Ryu 底层实现的基本组件。

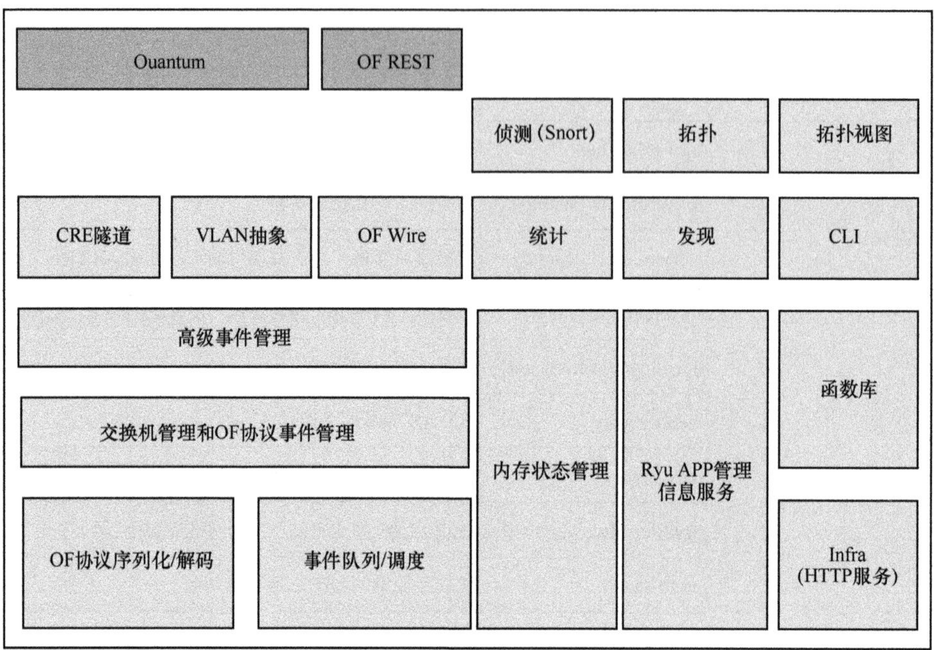

图 5-3　Ryu 整体架构

尤其需要说明的是，Ryu 基于组件的框架进行设计，这些组件都以 Python 模块的形式存在。组件是以一个或者多个线程形式存在的，这样可以便于提供一些接口用于控制组件状态和产生事件，事件中封装了具体的消息数据，由于事件会在多个组件中使用，因此事件对象是只读的。目前 Ryu 中包含的常用组件功能说明见表 5-2。

表 5-2　Ryu 控制器组件功能

组件类型及说明	组件名	功　能
基本组件	base.app_manager	提供了对其他组件的管理，被 ryu-manager 自动调用
基本组件	controller.dpset	管理 OpenFlow 交换机的组件，今后的版本中可能会被 Ryu/Topology 代替
	controller.ofp_handler	对控制器、交换机间握手、协商过程的处理
	controller.ofp_event	完成 OF 消息—事件的转化，提供北向接口 API
	controller.controller	控制器组件，管理与 OpenFlow 交换机连接的安全通道，接收 OF 消息，调用 ofp_event，并发布相应的事件，以触发订阅了该事件的组件的处理逻辑

续表

组件类型及说明	组件名	功　能
与 OpenFlow 协议相关的组件	Ofproto1x（x=0/1/2/3/4）	定义了相应协议版本的参数
	Ofproto1x_parser（x=0/1/2/3/4）	定义了相关协议版本消息的封装格式
基本应用类组件	app.simple_switch	传统的二层交换机策略
	app.simple_switch_stp	无广播环路的二层交换机策略
	app.simple_isolation	基于 MAC 的过滤策略
	app.simple_vlan	实现了基本的 VLAN
	app.gre_tunnel	实现了多种隧道策略
	topology	交换机与链路状态监测组件，用于拓扑图的构建
基于 REST API 的应用组件（用于 Web 可视化管理）	app.ofctl_rest	用于管理 OVS 中的流表
	app.rest_conf_switch	用于配置 OpenFlow 交换机
	app.rest_quantum	与 Quantum 的通信接口
	app.rest_router	路由策略
	app.rest_topology	用于对拓扑的管理
	app.rest_tunnel	隧道策略

5.2.3 Floodlight

Floodlight 是一款基于 Java 的开源 SDN 控制器，遵循 Apache 2.0 软件许可，支持 OpenFlow 协议。Floodlight 的日常开发与维护工作主要由开源社区支持，其中包括很多来自 Big Switch Networks 公司的工程师，同时 Floodlight 也是该公司商业控制器产品的核心部分。Floodlight 作为免费的开源控制器，提供了与商业版本相同的 API，使得开发者可以把 Floodlight 上的程序快速移植到商用版本的控制器上。

Floodlight 与 NOX、POX 等其他控制器类似，也使用了层次化架构来实现控制器的功能，同时提供了非常丰富的应用，可以直接在网络中部署数据转发、拓扑发现等基本功能。此外 Floodlight 还提供了友好的前端 Web 管理界面，用

户可以通过管理界面查看连接的交换机信息、主机信息以及实时网络拓扑信息。Floodlight 通过向 OpenFlow 交换机下发流表等方式来实现数据分组转发决策，以达到对交换设备集中控制的目的。

Floodlight 整体架构由控制器核心功能以及运行其上的应用组成，应用和控制器之间可以通过 Java 接口或 REST API 交互，整体架构如图 5-4 所示。

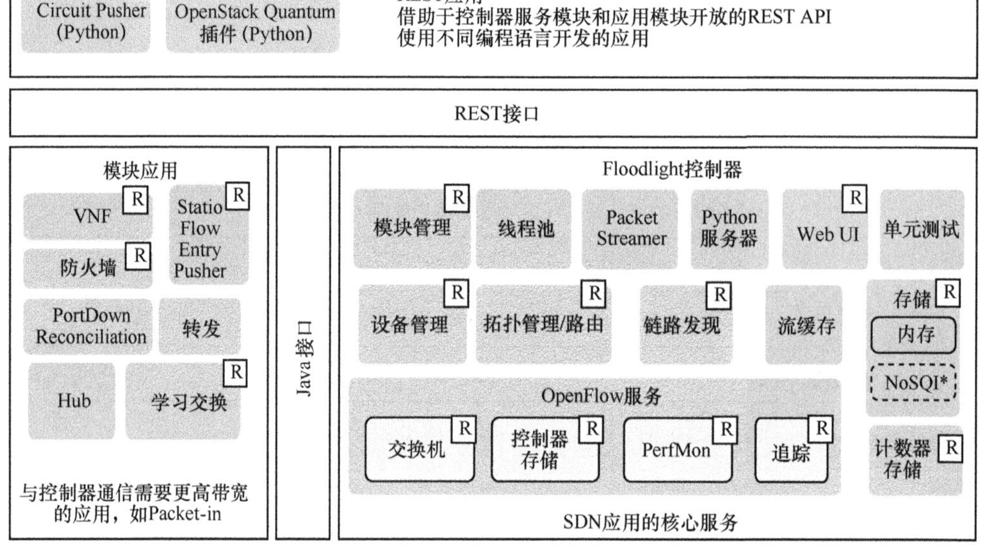

图 5-4　Floodlight 系统架构

Floodlight 使用模块框架实现控制器特性和应用，在功能上 Floodlight 可看作由控制器核心服务模块、普通应用模块和 REST 应用模块 3 个部分构成。核心服务模块为普通应用模块和 REST 应用模块提供 Java API 或 REST API 基础支撑服务；普通应用模块依赖于核心服务模块，并为 REST 应用模块提供服务；REST 应用模块依赖核心服务模块和普通应用模块提供的 REST API，这类应用只需调用 Floodlight 控制器提供的 REST API 就可以完成相应的功能，可使用任何编程语言进行灵活的开发，但受到 REST API 的限制，只能完成有限的功能。开发者可以使用系统提供的 API 创建应用，也可以添加自己开发的模块，并将 API 开放给其他开发者使用。这种模块化、分层次的部署方式实现了控制器的可扩展性。通过表 5-3 对 Floodlight 控制器各模块进行介绍。

表 5-3 Floodlight 控制器组件功能

组件类型	组件名	功能
主要核心服务模块	FloodlightProvider	处理控制器和交换机连接以及 OF 消息分发的模块
	DeviceManagerImpl	管理网络中的主机等终端设备
主要核心服务模块	LinkDiscoveryManager	负责管理网络中的链路，发现交换机之间的连接关系
	TopologyService	维护拓扑信息
	RestApiServer	提供 REST API 服务
	ThreadPool	为其他模块分配线程的线程池
	MemoryStorageSource	提供数据存储及变更通知服务
	Flow Cache	流缓存，用于控制器记录所有有效的流，当事件被一个不同模块监听或者随时查询交换机时，流缓存就会更新，这样可以整合不同模块对流的更新和检索
	Packet Streamer	提供数据分组流服务，使用此项服务可以让任何交换机、控制器和观察者之间有选择地交换数据
普通应用模块	Firewall	通过检测 Packet-in 行为使得流在 OpenFlow 交换机上强制执行 ACL
	LearningSwitch	实现了一个普通交换机的二层转发功能
	VirtualNetworkFilter	实现在一个二层的域中建立多个逻辑的二层网络
	Forwarding	实现两个设备之间的数据分组转发
	Port Down Reconciliation	实现在端口关闭的时候处理网络中的流
REST 应用模块	Circuit Pusher	用于创建 2 台设备之间的虚拟链路
	OpenStack Quantum	支持 FloodlightOpenStack 的 Quantum 插件，用来管理网络

5.2.4 OpenDaylight

OpenDaylight[6] 项目在 2013 年年初由 Linux 协会联合业内 18 家企业（包

括思科、Juniper、Broadcom 等多家传统网络的巨头公司）创立，旨在推出一个开源的通用 SDN 平台。OpenDaylight 项目的设计目标是降低网络运营的复杂度，扩展现有网络架构中硬件的生命期，同时还能够支持 SDN 新业务和新能力的创新。OpenDaylight 开源项目希望能够提供开放的北向 API，同时支持包括 OpenFlow 在内的多种南向接口协议，底层支持传统交换机和 OpenFlow 交换机。OpenDaylight 拥有一套模块化、可插拔且极为灵活的控制器，能够被部署在任何支持 Java 的平台上。目前，OpenDaylight 的基本版本已经实现了传统二、三层交换机的基本转发功能，并支持任意网络拓扑和最优路径转发。

OpenDaylight 使用模块化方式来实现控制器的功能和应用，其发布的第一个版本——Hydrogen 版本总体架构如图 5-5 所示。目前已发布了 Hydrogen（氢）、Helium（氦）、Lithium（锂）、Beryllium（铍）、Boron（硼）、C（碳）6 个版本，但都继承了最初的设计思想和设计目标。OpenDaylight 碳版本的发布增加了新的功能，以更好地支持城域以太网、有线运营商以及物联网（IoT）部署。碳版本进一步提升了平台的可扩展性和稳定性，支持多地多点部署，并增加了应用程序性能和容错能力的新功能。在 OpenDaylight 总体架构中，南向接口通过插件的方式来支持多种协议，包括 OpenFlow v1.0/v1.3、OVSDB、NETCONF、LISP（Locator ID Separation Protocol，位置标识分离协议）、BGP、PCEP、SNMP 等。服务抽象层（Service Abstraction Layer，SAL）一方面可以为模块和应用提供一致性的服务；另一方面支持多种南向协议，可以将来自上层的调用转换为适合底层网络设备的协议格式。在 SAL 之上，OpenDaylight 提供了网络服务的基本功能和拓展功能，基本网络服务功能主要包括拓扑管理、状态管理、交换机管理、主机监测以及最短路径转发等；拓展网络服务功能主要包括 DOVE（Distributed Overlay Virtual Ethernet，分布式覆盖虚拟以太网）管理、Affinity 服务（上层应用向控制器下发网络需求的 API）、流量重定向、LISP 服务、VTN（Virtual Tenant Network，虚拟租户网络）管理等。OpenDaylight 采用了 OSGI（Open Service Gateway Initiative，开放服务网关规范）体系结构，实现了众多网络功能的隔离，极大地增强了控制平面的可扩展性。

VTN：虚拟租户网络
DOVE：分布式覆盖虚拟以太网
DDoS：分布式拒绝服务
LISP：位置标识分离协议
OVSDB：Open vSwitch数据库协议
BGP：边界网络协议
PCEP：路径计算单元协议
SNMP：简单网络管理协议

管理GUI/GLI
VTN协调器
OpenStack Neutron
DDoS保护
网络应用编排与服务

OpenDaylight编程接口

基础网络服务功能
拓扑管理
统计管理
交换机管理
FRM
主机追踪
ARP处理
DOVE管理
Affinity服务
流量重定向
LISP服务
VTN管理
控制平台

服务提取层
（插件管理、能力抽象、流编程、清单）

OpenFlow 1.0 1.3
OVSDB
NETCONF
LISP
BGP
PCEP
SNMP
南向接口与协议插件

OpenFlow设备
Open vSwitches
附加的虚拟与物理设备
数据平面元件(虚拟交换机、物理设备接口)

图 5-5　OpenDaylight 的系统总体架构

表 5-4 简单介绍了 OpenDaylight 控制器几个主要模块的功能。

表 5-4　OpenDaylight 控制器模块功能

模块名	功　能
SAL	控制器模块化设计的核心，支持多种南向协议，屏蔽了协议间差异，为上层模块和应用提供一致性的服务
拓扑管理（Topology Manager）	负责管理节点、连接、主机等信息，负责拓扑计算
统计管理（Statistics Manager）	负责统计各种状态信息
主机追踪（Host Tracker）	负责追踪主机信息，记录主机的 IP 地址、MAC 地址、VLAN 以及连接交换机的节点和端口信息。该模块支持 ARP 请求发送及 ARP 消息监听，支持北向接口的主机创建、删除及查询

续表

模块名	功　能
FRM（Forwarding Rules Manager，转发规则管理）	负责管理流规则的增加、删除、更新、查询等操作，并在内存数据库中维护所有安装到网络节点的流规则信息，当流规则发生变化时负责维护规则的一致性
交换机管理（Switch Manager）	负责维护网络中节点、节点连接器、接入点属性、三层配置、Span 配置、节点配置、网络设备标识
ARP 处理器（ARP Handler）	负责处理 ARP 报文

SAL 是整个控制器模块化设计的核心，它为上层控制模块屏蔽了各种南向接口协议的差异。SAL 框架如图 5-6 所示，服务基于插件提供的特性来构建，上层服务请求被 SAL 映射到对应的插件，然后采用适合的南向接口协议与底层设备进行交互。各个插件之间相互独立并与 SAL 松耦合，SAL 支持上层不同的控制功能模块，包括拓扑服务（Topology Service）、数据分组服务（Data Packet Service）、流编程服务（Flow Programming Service）、统计服务（Statistics Service）、清单服务（Inventory Service）、资源服务（Resource Service）、连接服务（Connection Service）等。

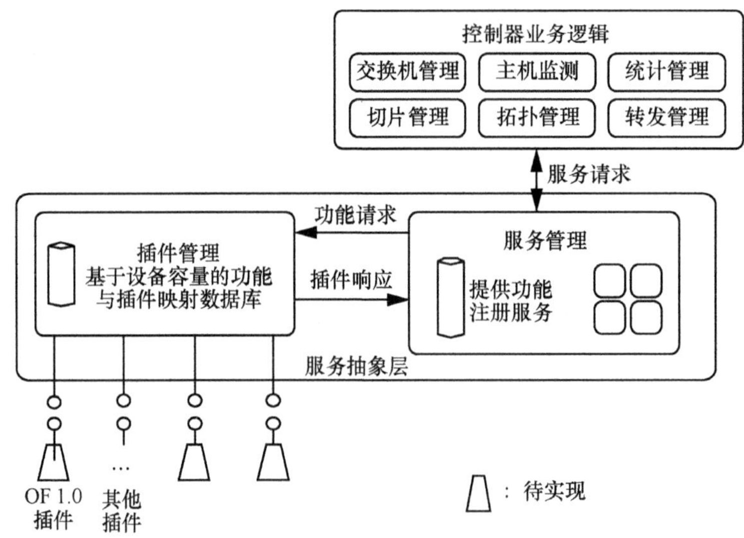

图 5-6　OpenDaylight 服务抽象层系统框架

5.2.5 ONOS

ONOS[3]是由On.Lab实验室于2014年12月主导开发的分布式开源控制器平台，其核心目标是打造一个满足运营商网络要求的开源控制器。2014年8月，On.Lab实验室在SIGCOMM 2014 HotSDN会议上发表了一篇名为“ONOS Towards an Open, Distributed SDN OS”的论文，论文中首次公开了ONOS作为一款具有高性能、分布式的SDN控制器的架构设计。ONOS的主要赞助商成员包括AT&T、华为、思科、英特尔等多家企业，其赞助商成员和OpenDaylight项目创立企业具有很高的重复率。

2015年年末，Ciena公司推出了ONOS首个商业版本Blue Planet ONOS，这是第一个由厂商推出的ONOS软件版本。在中国，ONOS也发展十分迅速。在此年ONOS发布的场景中（包括多层SDN控制（如IP与光协同）、SDN+IP网络互通、分段路由、NFaaS和IP RAN），华为是唯一参与贡献的设备厂家，贡献了IP与光协同场景，其他场景则由On.Lab提供。2015年4月，中国联通与ONOS开源组织签署战略合作意向书，成为国内首个加入ONOS组织的运营商。2015年12月，北京邮电大学未来网络理论与应用（FNL）实验室正式加入ONOS项目，成为加入ONOS项目的国内首个高校成员。

ONOS正在提升SDN和NFV敏捷性以满足关键任务的能力，通过对“增量型SDN”和“革命型SDN”功能的支持，ONOS已经能够应用于更加广泛的部署场景。革命型SDN利用白盒交换机，依靠ONOS实现实时网络控制。增量型SDN可实现传统网络系统的软件定义转变，其控制平面嵌入网络设备中。ONOS目前已经支持导入特定设备的netconf/yang模型，并且在分布式数据库中自动管理这些模型，并将这些配置动态同步到整个网络。

ONOS支持包括OpenFlow在内的多种南向协议，同时提供开放的北向API，其分布式核心架构采用了多种分布式技术，在版本迭代过程中分别采用了Zookeeper、Hazelcast和Raft。自论文发布至今，ONOS版本更新的主要目的是提高性能，从而满足论文中100万/秒流表项安装的要求。

ONOS采用Java进行开发，基于OSGi框架，使用Maven构建项目，支持新模块运行态加载和注销（模块的热插拔），其控制器架构和其他控制器架构类似，大致可分为南向协议层、适配层、南向接口层、分布式核心层、北向接口层和应用层，其整体架构围绕分布式核心展开，如图5-7所示。

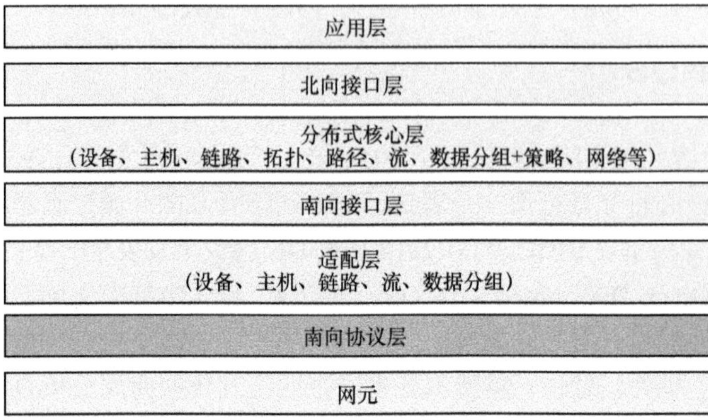

应用层

北向接口层

分布式核心层
（设备、主机、链路、拓扑、路径、流、数据分组+策略、网络等）

南向接口层

适配层
（设备、主机、链路、流、数据分组）

南向协议层

网元

图 5-7　ONOS 的系统架构示意

其中，南向接口层支持以插件形式加入新的南向接口协议，从而支持多南向协议，从而支持 SDN 控制器对 SDN 交换机和传统网络交换机的统一管理，实现网络的平滑过渡。分布式核心层可实现分布式控制器的信息同步，其性能满足运营商对网络拓展性、可靠性和高性能的要求，从而实现电信级别 SDN 控制平面。北向接口层为应用层提供了网络全局视图接口等众多灵活的编程接口，使得应用层可调用接口完成应用开发，实现对网络的控制、管理和业务配置，满足运营商对 SDN 控制器的要求。

另外，ONOS 系统架构中定义了服务和子系统两个基本概念。其中，服务（Service）是由多个组件形成的功能集，这些组件按照 ONOS 的架构层级创建一个垂直切片，而多个组件共同提供的服务就成为一个子系统（Subsystem）。ONOS 总共定义了设备、链路、主机、拓扑、路径服务、流表规则和数据报文 7 个子系统，各子系统之间相互独立，各自管理各自的事务，却又是一个有机的整体，ONOS 子系统划分如图 5-8 所示。

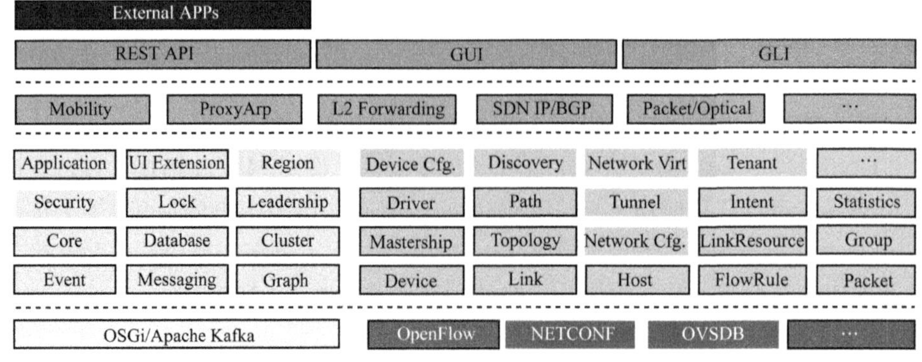

图 5-8　ONOS 的子系统划分

ONOS 各子系统具体的主要功能见表 5-5。

表 5-5 ONOS 控制器子系统功能

子系统名	功能
Device（设备）	管理底层基础设备
Link（链路）	管理设备链路信息
Host（主机）	管理终端主机以及其所处网络位置信息
Topology（拓扑）	管理时序性网络拓扑视图
PathService（路径服务）	根据最新的网络拓扑视图计算出基础设备间或终端主机之间的路径
FlowRule（流表规则）	管理基础设施匹配动作的流规则并提供流的度量方法
Packet（数据报文）	允许应用监听来自网络设备的数据分组并通过网络中的设备发送数据

5.2.6 OpenContrail

OpenContrail 是 Juniper 公司于 2013 年开发的、遵循 Apache 2.0 许可的 SDN 开源控制器，该控制器由 C++ 编写，提供了用于网络虚拟化的所有基本组件，其用户界面采用 Python 编写。OpenContrail 提供了一套扩展 API 来配置、收集、分析网络系统中的数据，能够与 KVM、Xen 两大虚拟机管理程序顺畅协作，同时也支持 OpenStack 及 CloudStack 等云平台组合应用。OpenContrail 可以应用在多种不同网络环境中，目前主要应用于以下两个网络场景：一是云计算网络场景，主要有企业和运营商的私有云以及云服务提供商的基础设施即服务（IaaS）和虚拟专用云（VPC）；二是在运营商网络中的网络功能虚拟化（NFV）场景，可以为运营商边缘网络（宽带固定接入、移动接入等）提供增值服务。

在 OpenContrail 系统中，数据模型扮演着十分重要的中心角色，一个数据模型通常包括设置的组件、性能和数据模型之间的关系。目前，OpenContrail 系统有两类数据模型：高层级服务数据模型和低层级技术数据模型。这两个数据模型都使用格式化数据模型语言（目前使用 XML 语法）。其中，高层级服务数据模型着重负责在抽象化的最高层描述网络所需要的状态，使用组件直接将服务对应到终端用户上，目前 OpenContrail 系统支持的高层级服务数据模型主要包括租户、虚拟网络、连接策略和安全策略，选择这些模型组件的上层业务环境主要是云计算网络（多租户网络）和 NFV；而低层级技术数据模型则重点描述在抽象层中底层的网络所需状态，整个系统架构如图 5-9 所示。

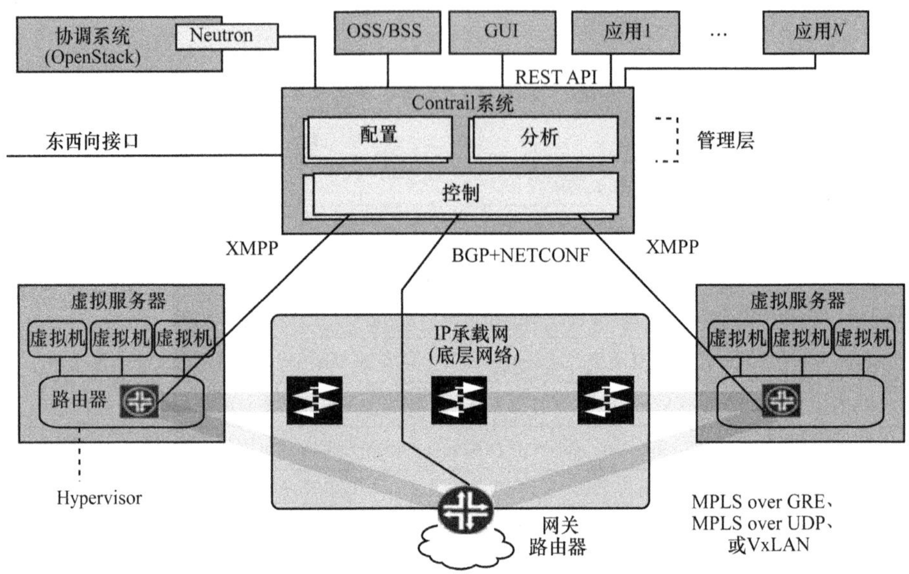

图 5-9　OpenContrail 系统架构

从图 5-9 可以看出，该系统主要由 SDN 控制器和 vRouter（虚拟路由器）两部分组成。其中，控制器通过北向接口与编排系统（Orchestration System）及上层业务通信，通过 XMPP 与虚拟路由器通信，通过 BGP、NETCONF 等南向协议与网关路由器和物理交换机通信，通过 BGP 与其他控制器对等通信（东西向接口）。

vRouter 是数据转发平面，运行在虚拟服务器的 Hypervisor，将通过软件方式部署在网络环境中，通过服务器到服务器之间的通道进行虚拟机之间的数据分组转发，从而在数据中心提供虚拟网络服务（以 Overlay 的方式提供虚拟主机之间的通信）。控制器主要包括 3 个组件：配置节点、控制节点和分析节点。

（1）配置节点

配置节点主要服务于上层的应用，一方面配置节点向上层应用提供北向 REST API，这些 API 可以用于配置系统、获取系统的运行状态信息；另一方面配置节点包含一个转换引擎（相当于编译器），将高层级服务数据模型的组件转换成相应的低层级数据层面组件，即高层级服务数据模型描述什么服务需要被部署，而低层级技术数据模型描述什么服务通过什么技术怎样被部署，配置节点使用 IF-MAP（Interface for Metadata Access Point，元数据接入点接口）协议发布低层级技术数据模型的内容给控制节点，图 5-10 展示了配置节点的内部结构。

（2）控制节点

控制节点实现了一个逻辑集中的控制平面，旨在维护一个短暂的网络状态，同时控制节点之间以及控制节点与网络基础设备之间进行交流通信，保证了网络状态的持续一致。控制节点实现了控制平面的部分逻辑集中，一些控制平面的功能依然会在网络中的物理和虚拟路由器上以分布式的方式部署。图 5-11 展示了控制节点的内部结构，可以看出，控制节点使用 IF-MAP 从配置节点接受配置状态，使用 IBGP 与其他控制节点交换路由信息，以保证所有的控制节点保存相同的网络状态，使用 XMPP 与计算节点上的虚拟路由器交换路由信息，同时也使用 XMPP 发送配置状态（例如路由实例和转发策略）。控制节点代理计算节点特定种类的流量，这些代理请求同样使用 XMPP 接收；控制节点使用 BGP 与网关节点（路由器和交换机）交换路由，使用 NETCONF 协议发送配置状态。

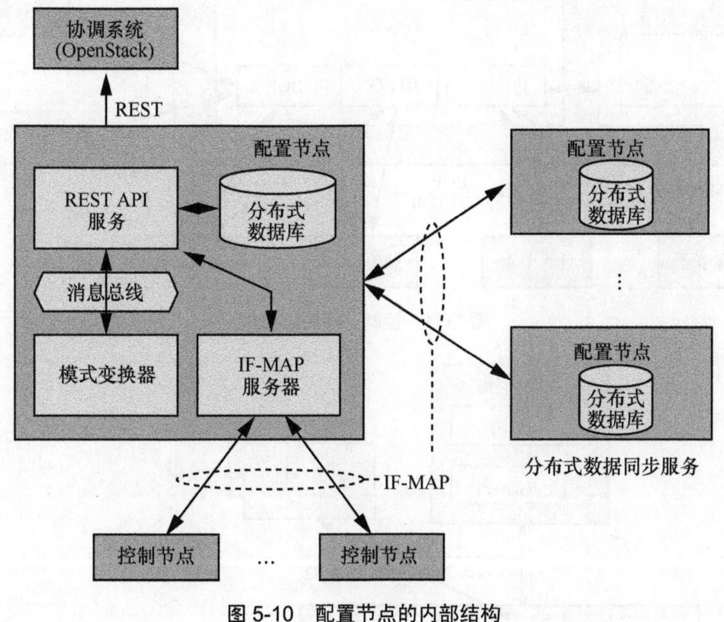

图 5-10 配置节点的内部结构

（3）分析节点

通过搜集、存储、关联和分析虚拟和物理网络环境中的信息（这些信息包括统计、日志、事件和错误），记录网络环境的实时状态和抽象化数据，并且以适当的形式呈现给上层应用使用。分析节点使用北向 REST API 与上层应用进行通信，使用分布式同步机制与其他分析节点同步，使用 Sandesh 协议来与控制节点和配置节点的组件通信。这里，Sandesh 协议是由 Juniper 开发的一种基于 XML 的协议，OpenContrail 的分析节点使用 Sandesh 来收集来自 vRouter、配置节点、控制节点等模块的信息。图 5-12 展示了分析节点的内部结构，可以看出，分析节点包含的组件包括：收集器，通过与控制节点和配置节点交换 Sandesh 信息来收集分析信息；NoSQL 数据库，存储收集的信息；规则引擎，当特定事件发生时自动收集运行状态；REST API 服务器，主要提供了用于查询分析数据库和检索操作状态的北向接口；查询引擎，执行接收到的北向 REST API 请求，这个引擎为潜在的大量分析数据提供灵活的访问能力。

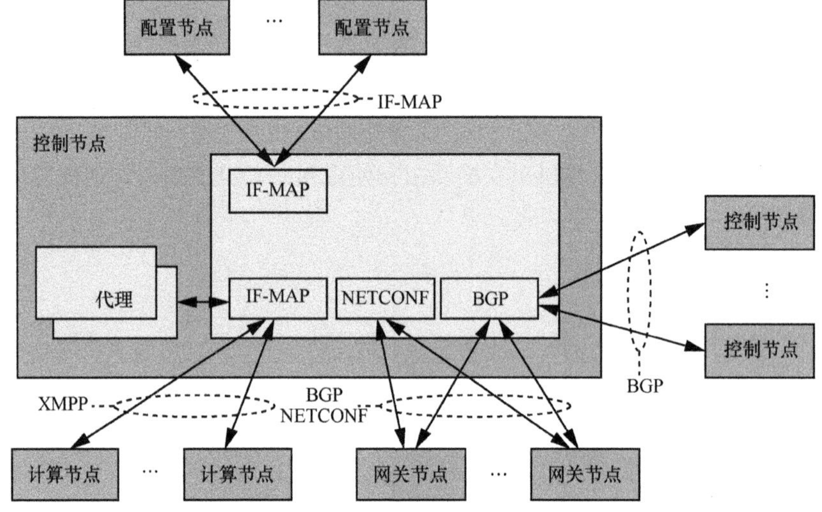

图 5-11　控制节点内部结构

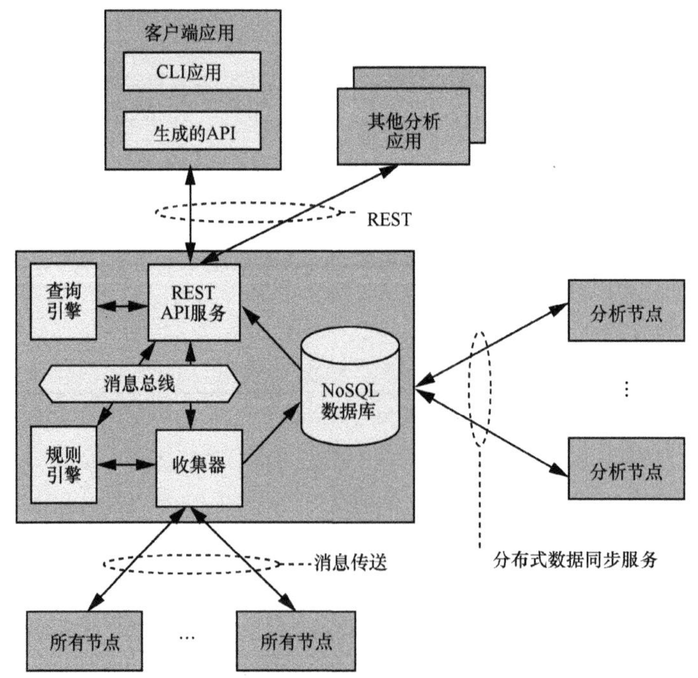

图 5-12　分析节点内部结构

5.2.7 其他开源控制器

上文对 SDN 业界广泛采用的控制器（NOX/POX、Ryu、Floodlight、OpenDaylight、ONOS 以及 OpenContrail）进行了详细的介绍，相信读者对这些典型控制器的系统架构以及各个控制器的组件功能都有了一定的了解，接下来我们对市场上其他一些开源控制器也做一个简要介绍。

Beacon 是 2010 年由斯坦福大学开发的基于 Java 的开源 OpenFlow 控制器，它采用模块化功能实现了基于事件和多线程操作的处理平台。由于 Beacon 控制器的敏捷性、跨平台性、模块化设计等特点，它现在已经被广泛应用于教学研究。值得一提的是，Beacon 控制器是 Floodlight 控制器的研发基础。

Trema 是由 NEC 公司开发的开源控制器，使用 C 语言和 Ruby 语言编写。NEC 公司试图将 Trema 打造成一个基于 OpenFlow 的可编程框架。Trema 控制器提供了丰富的应用和服务，包括拓扑发现、流管理、路由交换、OpenStack 插件等。目前 Trema 已经在斯坦福大学进行了应用，在斯坦福大学里的 OpenFlow 网络中，有 32 个 OpenFlow 交换机是由 Trema 进行控制。

Maestro[4] 是由美国莱斯大学基于 Java 开发的开源控制器，易于进行跨平台开发和部署，该控制器遵循 LGPL v2.1 许可。Maestro 控制器提供了丰富的接口，以方便模块化的网络控制应用访问、修改网络状态等，同时能够有效支持多线程操作，具有良好的可扩展性。

Mul 是由 Kulcloud 公司设计开发的开源控制器，它的内核采用基于 C 语言实现的多线程架构，为上层应用提供了多层次的北向接口。Mul 的设计目标是可靠、高效、模块化。C 语言保证了 Mul 控制器的高效，同时它提供的模块化应用插件可以为其他编程语言开发的应用提供高可靠性的服务。目前，Mul 控制器遵循 GPL v2 许可证。

SNAC 是在斯坦福大学 Clean-Slate 项目、GENI NSF 计划以及 Nicira 公司共同资助下，使用 Python/C++ 对 NOX 进行二次开发的开源 OpenFlow 控制器，它向用户提供基于 Web 的 GUI（图形用户界面），方便用户使用 Web 界面来控制和管理网络。SNAC 控制器遵循 GPL 许可，并且可以用于企业级的网络。

Jaxon 是日本筑波大学使用 Java 对 NOX 进行二次开发的 OpenFlow 控制器，它提供了将 Java 应用程序和 NOX 控制器相整合的接口。

NodeFlow 是思科公司使用 JavaScript 开发的基于 Node.js 的 OpenFlow 控制器，它是一个基于 Google V8 引擎的快速、轻量级、高效率的服务器端开发平台。

表 5-6 对以上这些开源 SDN 控制器进行了简要总结。

表 5-6　业界其他开源 SDN 控制器

控制器	开发语言	平台	开发团队	主要技术特点
Beacon	Java	Win/Mac/Linux	斯坦福大学	跨平台，易于开发和部署，采用模块化功能实现了基于事件和多线程操作的处理平台
Trema	Ruby/C	Linux	NEC	基于 OpenFlow 的可编程框架，为开发人员提供了丰富的应用和服务
Maestro	Java	Win/Mac/Linux	莱斯大学	跨平台，易于开发和部署，支持多线程操作，提供了丰富的接口以方便模块化的网络控制应用访问、修改网络状态等
Mul	C	Linux	Kulcloud	基于 C 语言实现的多线程架构，为上层应用提供了多层次的北向接口，提供的模块化应用插件可以为其他编程语言开发的应用提供高可靠性的服务
SNAC	Python/C++	Linux	Stanford、Nicira	基于 NOX 的 OpenFlow 控制器，向用户提供基于 Web 的 GUI
Jaxon	Java	Win/Mac/Linux	筑波大学	依赖于 NOX 控制器，提供了可将 Java 应用程序和 NOX 相整合的能力
NodeFlow	JavaScript	Win/Mac/Linux	思科	基于 Node.js 的 OpenFlow 控制器，是一个基于 Google V8 引擎快速、轻量级、高效率的服务器端开发平台

5.3　商用控制器

开源控制器在促进 SDN 技术发展和应用推广中起到了非常重要的作用，但是其受到的厂商、社区的支持和服务有限。为了更好地推动 SDN 技术的发展，一些厂商企业推出了针对具体应用场景、支持具体交换机并提供相应服务的商用控制器，这些控制器可以有针对性地解决现网中存在的某些具体问题，同时会得到企业更加专业的支持与维护，具有更好的稳定性与可靠性以及性能。为便于读者了解应用，本节将对目前市场上主要的商用控制器进行简要介绍。

5.3.1 Big Network Controller

Big Network Controller 是由 Big Switch 公司推出的商业 OpenFlow 控制器。Big Switch 公司成立于 2010 年，是最典型的 SDN 创业公司，也是全球 SDN 领域最具影响力的公司之一。该公司提出的 Open SDN 平台提供了一个 OpenFlow 的交换结构，可以在物理交换机和虚拟交换机上运行，并且包含数据中心网络虚拟化和网络监控等多种 SDN 创新应用。2012 年 2 月，Big Switch 在市场上发布了 Floodlight 这一开源版本的控制器。为了加快对 OpenFlow 软件定义网络的部署，Big Switch 于 2013 年 3 月推出了开源的“瘦”虚拟交换机 Switch Light，可在物理交换机和虚拟交换机上提供一致的数据平面编程抽象。

Big Network Controller 的架构如图 5-13 所示，它能够提供统一的网络智能控制，具有企业级的可扩展性和高可靠性，并能够提供统一抽象的北向接口，其具体特点描述如下。

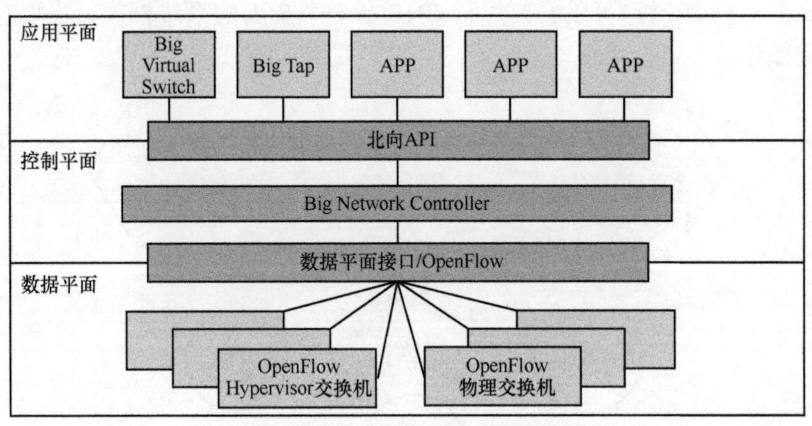

图 5-13　Big Network Controller 架构

- 抽象的统一网络智能控制：Big Network Controller 提供了一个统一的网络控制平台，在网络上提供全局可编程动态部署服务，其利用 OpenFlow 协议对数据平面进行抽象，并将网络控制逻辑和智能集中到一个公用的、高可靠性的服务器。
- 企业级可靠性和可扩展性：Big Network Controller 可以运行在集群的虚拟系统或物理服务器上，是一个具有分布式数据存储的集中控制系统，支持企业级的灵活性和可扩展性。为了达到高可靠性，可以通过集群配置来部署多个控制器节点，在主控制器出现问题的情况下，备份控制器会立即接管并计划新的连接，保留现有的数据流并重新建立网络，提供新的数据流动。

- 灵活和开源的网络应用平台：Big Network Controller 提供北向 API，可以在一个统一的网络结构抽象之上部署通用网络应用程序。这些 API 向应用程序开放网络状态和控制接口，使得应用程序能够动态、自动控制网络。如图 5-13 所示，Big Virtual Switch 和 Big Tap 就是其中基于北向 API 实现的典型应用案例，具体详细内容读者可参考官方网站。

5.3.2 XNC

为了积极应对软件定义网络给传统网络设备商所带来的冲击，思科公司于 2012 年 6 月推出了 ONE 战略。该开放网络环境集合了一组丰富的平台 API、控制器和代理以及底层的网络基础设施，用户可以借助于 ONE 提供的跨层网络可编程能力来灵活地管控网络。

如图 5-14 所示，可以看出思科 ONE 是一个全面的系统框架，主要包括 3 个组成部分。

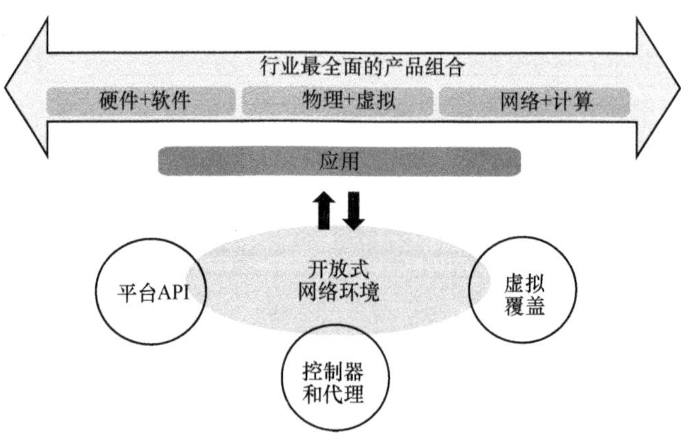

图 5-14　ONE 系统框架

- 平台 API：为开发人员提供编写软件应用程序的能力，应用程序通过 API 获取网络设备中的数据，在此基础上，可以对网络元素进行操作以达到管控网络的目的。思科 ONE 平台套件（OnePK）是一个供开发人员使用的工具套件，包含了大量支持思科 IOS、IOS-XR 和 X-OS 软件的平台 API。
- 控制器和代理：使用多种工具、技术和协议与底层网络基础设施进行通信，提取所需状态信息。

- 虚拟化的网络基础设施：对网络基础设施和服务资源提供高度抽象的虚拟化能力，使得物理网络与逻辑网络之间的区别越来越小。

思科推出的扩展网络控制器（eXtensible Network Controller，XNC）是一个典型的 SDN 控制器，它支持业界标准的 OpenFlow 协议，同时使用异构的、与平台无关的方式提供对思科以及第三方网络设备的可编程能力。表 5-7 和表 5-8 分别列出了 XNC 提供的核心功能和高级功能。

表 5-7 XNC 提供的核心功能

功能名	功能简介
多协议接口支持	不仅支持思科 OnePK，同时提供对 OpenFlow 协议的支持
提供可视化能力和可编程能力	包括网络拓扑发现、网络设备管理以及获取详细的网络统计数据等功能
SAL	SAL 可以通过 OpenFlow 或思科 OnePK 实现模块化的设备支持
对控制器访问的管理能力	上层应用可以通过 REST API 或其他北向编程 API 来管理访问控制器
安全功能	基于角色的访问控制可以与企业的认证、授权和计费（AAA）以及其他安全控制协议进行集成

表 5-8 XNC 提供的高级功能

功能名	功能简介
监听管理	用于网络挖掘的 SDN 应用实例
拓扑无关转发	允许管理员自定义网络中数据流的传输路径
虚拟网划分	通过网络切片的方式对网络进行逻辑分区
基于高可用性的集群	增强网络的可扩展性和容错能力

思科 XNC 通过北向接口为开发者和独立软件供应商提供了对网络的可编程能力。为了支持 ONF 提出的混合集成模式，思科 XNC 的控制平面采用了与传统控制协议共存的方式。在混合集成模式中，网络设备继续运行已有的网络控制协议（如 OSPF、IS-IS），思科 XNC 的控制平面则重点实现其他控制功能（如 OpenFlow 协议）。

网络设备中的 OpenFlow 代理广泛存在于思科的网络设备（如思科 Nexus 和 Catalyst 交换机等），会对控制器的 OpenFlow 请求做出响应。就使得网络的可编程性具有跨平台、跨数据中心、跨园区广域网的能力。

思科控制器的模块化设计使它能够快速支持新兴的 SDN 协议，例如 IETF 正在制定的接口路由系统（I2RS）协议。思科 XNC 对于多协议、多设备类型以及多厂商平台集成支持的特性，不仅为大型网络提供了一个集中的控制点，同时为 SDN 应用开发者提供了更大的灵活性。

5.3.3 SDN Contrail

SDN Contrail 控制器原来是 Contrail Systems 公司的产品，该公司是一家新兴的 SDN 创业公司，由来自 Google、思科、Juniper 和 Aruba 等公司的高管在 2012 年年初创建，于 2012 年 1 月 29 日启动正式运营。2012 年 12 月，该公司被 Juniper 公司以 1.76 亿美元的价格收购。Contrail 是 Juniper 推出的商业版本控制器，它是一款网络虚拟化及智能化解决方案，包括创建虚拟重叠网络所需要的所有元素，如 SDN 控制器、虚拟路由器以及分析引擎等。SDN Contrail 可以很方便地为服务提供商及企业用户创建及管理虚拟网络，可以实现物理网络与虚拟网络之间的无缝集成整合，从而向其客户提供简单、开放、灵活的解决方案服务。

Contrail 解决方案是 Juniper 和 IBM 合作的结果，其基本合作模式是：Juniper 提供 SDN 控制器及之下的部分，即底层的物理基础网络；IBM 提供 SDN 控制器以上的应用与管理部分，包括对 SDN 进行管理的配套软件，IBM 将基于 Smart Cloud 的产品同 Contrail 进行整合，从而共同推动 SDN 从下层到上层的整体解决方案。Contrail 解决方案的系统架构如图 5-15 所示。

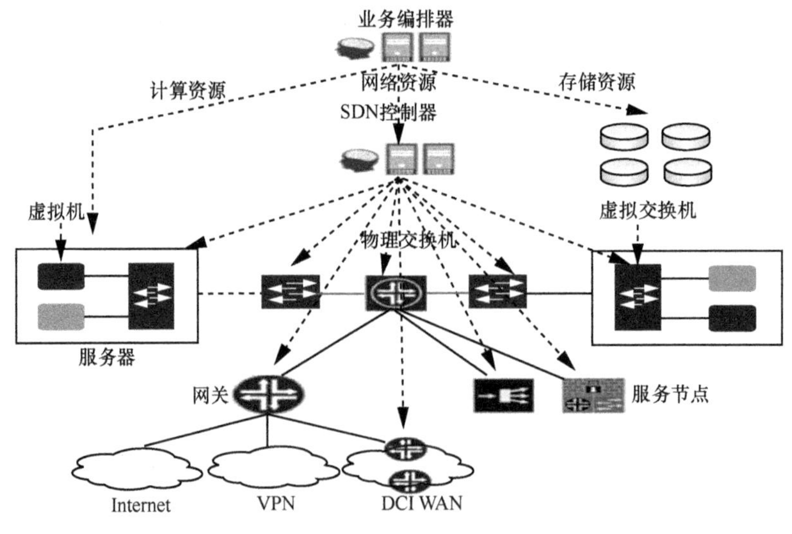

图 5-15　Contrail 解决方案架构

该公司还推出了一款开源版本的 SDN 控制器 OpenContrail（OpenContrail 已在前面进行了详细介绍）。需要说明的是，这两款产品建立在相同的代码架构基础之上，只是面向的群体和对象不同，开源版本面向开发者和实验性的企业客户，商业版本更注重生产环境的可靠性、全功能整合和服务。商业版本要为用户负责，提供更完善的技术支持与服务，而 OpenContrail 则没有提供服务与支持。

5.3.4 Agile Controller

2014 年，华为公司首次展示了面向未来的多业务融合、开放、兼容的敏捷控制器（Agile Controller），为企业新业务提供快速上线机制，让企业具备快速响应的能力，提升企业的运作效率。作为华为敏捷网络架构的“大脑”，Agile Controller 能够集中控制全网资源，面向用户和应用实现网络资源自动化与动态调配，以业务体验为中心重新定义网络，让网络更敏捷地为业务服务。在 Agile Controller 的智能控制下，网络将能够从以前手工配置，转变为用自然语言规划与自动部署，从传统单点边界防护转变为全网协同防护。

Agile Controller 借鉴了 OpenDaylight 开放平台的设计架构，支持 OSGi 框架和 REST API 接口能力，可提供网络服务、网络编排、服务管理等多种功能。同时，业务应用可以充分利用接口调用网络能力，并通过应用驱动实现全网资源的业务编排。

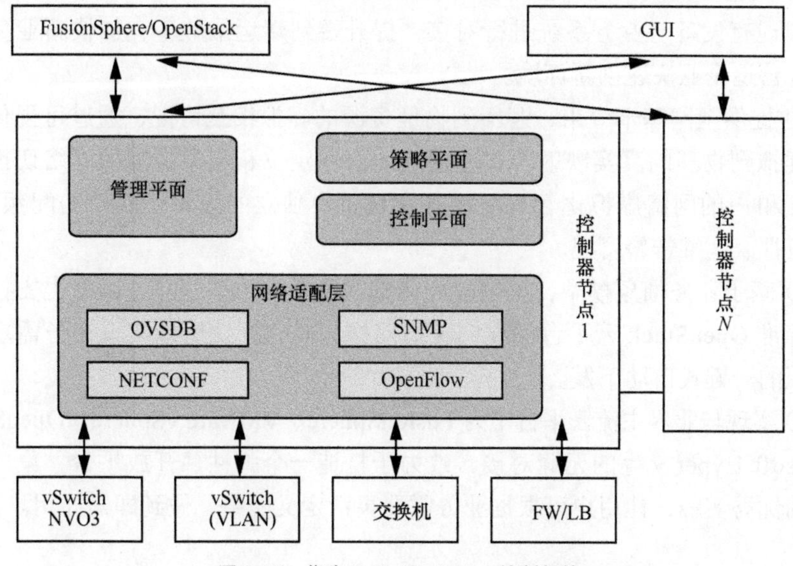

图 5-16　华为 Agile Controller 控制架构

华为 Agile Controller 通过控制平面、策略平面、管理平面的融合，实现 SDN 架构下的统一管理，让用户摆脱物理网络的各种约束，实现基于 SDN 的网络资源灵活调度，其系统架构中 3 个平面分工如下。

① 控制平面提供 Overlay 网络的控制能力，支持控制面上收和下沉两种不同的应用场景，以及对接云平台获取计算资源表项，对接设备服务器接入虚拟感知，并完成 ARP 代答、头端复制表管理等功能。

② 策略平面基于应用策略语言（EPG 模型）和逻辑网络语言进行网络业务自动编排，支持与主流云平台协同实现网络自动化方案，提供 EPG 模型构筑面向应用的网络编排能力，以及基于 Network/Subnet/Router/FwACL/SNAT/IPSec VPN 网络服务开放。

③ 管理平面通过物理网络和虚拟网络统一管理，实现物理和虚拟统拓扑的统一呈现，提供 Underlay 到 Overlay 网络运维和互视，以及基于租户的应用网络、逻辑网络、物理网络的运维和互视。

Agile Controller 基于业界 SDN 架构分层解耦能力，提供从应用到物理网络的自动映射、资源池化部署和可视化运维，协助客户构建以业务为中心的网络业务动态调度能力，同时支持与业界主流云平台的无缝对接，通过标准化的南北向开放以及高可靠集群负载分担和弹性扩展能力，使得客户可以根据自身业务发展，灵活部署和调度网络资源，其功能特点主要包括以下几个方面。

① 提供丰富的南北向接口，开放 API，实现转发面与控制面的可编程，可与客户现有设备与业务系统进行对接，提升端到端运维效率，加快新业务上线速度，营造企业快速创新环境。

② 提供全网基于应用、逻辑到物理资源的虚拟相互可视，通过可视化拓扑展示虚拟到物理的真实映射，实现网络的快速定位和流量故障的网络切换；提供基于租户的网络虚拟化管理视图，实现租户独立的虚拟化网络的配额可视、流量可视、运维告警可视。

③ 基于业务抽象模型，提供界面化的网络自助申请服务，同时也支持与第三方标准 OpenStack 云平台和北向接口对接，高效、快速地实现业务需求到网络资源的一键式自动下发。

④ 实现与业界主流云平台华为 FusionSphere、VMware vSphere、OpenStack、Microsoft Hyper-v 等的无缝对接，致力于打造一个弹性、开放平台，集成各个领域的优秀实践，让用户可根据业务需要灵活定义网络，做到即需即用。

5.3.5 ZENIC

ZENIC（ZTE Elastic Network Intelligent Controller，中兴弹性网络智能控制器）是中兴通讯推出的一款广义 SDN 控制器，它支持丰富的南向接口协议，对 OpenFlow 和非 OpenFlow 交换机进行统一控制，可提供本地 RPC 接口和 REST/RESTCONF 接口给应用进行编程，同时支持 OSPF/BGP 东西向接口协议和传统网络互通。

ZENIC 是一套完整的可编程产品平台，内置南向、北向、东西向接口协议支持、L2/L3 网络功能、VDC 业务功能，图 5-17 给出了 ZENIC 平台的主要功能模块，在此基础上，中兴通讯其他产品的二次开发还可以进一步增强控制器的功能和接口能力。

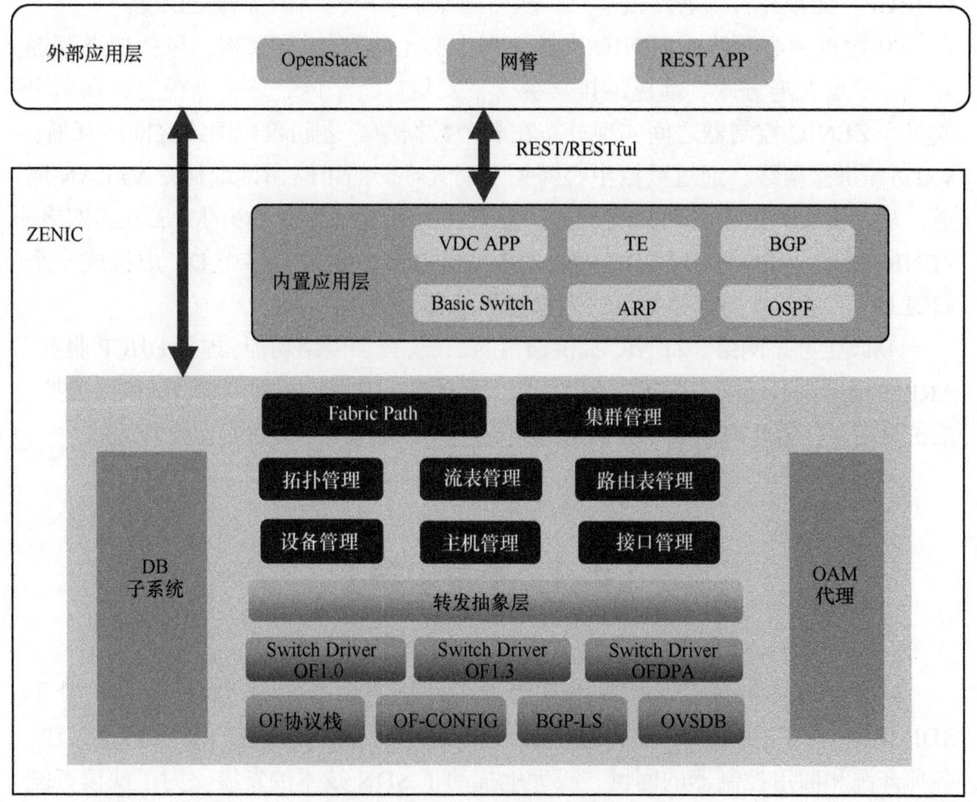

图 5-17 ZENIC 控制器的系统架构

ZENIC 目前可应用于数据中心内、数据中心间、企业网等多种应用场景，具体描述如下。

① 数据中心。基于 VxLAN 等方式的 Overlay 组网，ZENIC 基于 OpenFlow v1.3 及以后版本的标准 Tunnel-ID 控制器虚拟网络标识的封装，能够兼容多种 Overlay 网络技术。ZENIC 支持 Overlay 组网下的拓扑自动发现，提供 Neutron 插件实现和 OpenStack 的业务配置联动，从而真正实现 DC 场景下的完全零配置运行。

② 数据中心 Fabric 网络控制。ZENIC 支持对硬件交换机的控制，通过独有的多 Driver 即插即用机制支持多种硬件交换机的管理控制，从而实现对 Fabric 网络的控制。在 Fabric 网络控制方式下，ZENIC 支持快速的拓扑收敛计算、自动配置 BFD 策略以提升网络的可用性，支持 L2/L3 ECMP 功能、以及基于流的调度功能，最大化利用网络带宽。与外部网络互通时，内置完整支持 OSPF 协议 /BGP，无须外置部署路由节点，从而降低了客户网络的部署复杂度。

③ 数据中心互连。ZENIC 支持数据中心（DC）互连架构，包括如下互连方式：三层互连方式，通过编排器统一下发租户、子网、路由器配置，在两个或多个 ZENIC 控制器之间实现分布在多个数据中心之间租户网络之间的互通；VxLAN 拼接网络，通过数据中心网关上配置唯一的可路由地址建立 VxLAN 隧道，从而实现数据中心的二层互连；多个控制器组成的多 DC 的二层互连网络，ZENIC 通过 eVPN 和其他 DC 通告 DC 主机路由，实现将多个 DC 虚拟成一个超级 DC 网络，支持扁平编址、虚拟机热迁移。

④ 政企办公网络。ZENIC 提供通用的二层、三层网络功能，内置 DHCP 服务、ARP 广播抑制等功能、支持企业网组网所需的基本功能，并提供统一的网络监控、维护界面，使得客户无需专业的运维人员就可以实现网络的日常运维管理。

5.4 本章小结

SDN 技术方兴未艾，控制器作为上层网络应用开发、运行的平台，处于 SDN 架构中的关键位置。控制器的设计作为其核心技术也得到了业界广泛关注，各种开源和商用控制器的问世，极大地推动了 SDN 技术的发展。为了使读者能更为透彻地理解 SDN 控制器，本章首先对其体系架构进行了深入的剖析，在此基础上对目前市面上的开源和商业 SDN 控制器分别进行了较详细的介绍。正如个人计算机的普及离不开计算机操作系统一样，SDN 作为一种新型的技术能否真正落地，很大程度上取决于 SDN 控制器的设计。我们有理由相信，控制器技术的不断成熟，一定会极大地推动整个 SDN 产业链的发展与完善。

参考文献

[1] MONACO M, MICHEL O, KELLER E. Applying operating system principles to SDN controller design[C]// Proceedings of the Twelfth ACM Workshop on Hot Topics in Networks. ACM, 2013: 2.

[2] GUDE N, KOPONEN T, PETTIT J, et al. NOX: towards an operating system for networks[J]. ACM SIGCOMM computer communication review, 2008, 38(3): 105-110.

[3] BERDE P, GEROLA M, HART J, et al. ONOS: towards an open, distributed SDN OS[C]// Proceedings of the third workshop on Hot Topics in Software Defined Networking. ACM, 2014:1-6.

[4] 左青云 , 陈鸣 , 赵广松 , 等 . 基于 OpenFlow 的 SDN 技术研究 [J]. 软件学报 , 2013(3).

第6章 SDN应用案例

SDN的应用场景主要是由其技术特点所决定的，总结起来，其技术特点主要包括数据与控制相分离、控制逻辑集中以及网络可编程等特点。这些特点让SDN可以在许多场景中得到应用，例如在试验床中应用SDN正是利用了其控制平面逻辑集中与网络可编程性，这样就提高了创新性与灵活性，可以方便地让研究人员对未来网络的体系架构以及新型网络协议进行研究与测试；在电信运营商的网络中应用SDN主要利用了其数据与控制相分离的特点，从而可以使设备的硬件通用化、简单化，成本大幅降低，同时还使网络更易于管理，并可以增强管理的安全性；在企业网或数据中心网络中应用SDN则希望利用其控制逻辑集中的特点，使SDN控制器可以集中感知全局网络状态，并对其进行灵活动态的优化；而在互联网公司业务中部署SDN则体现了其网络可编程性和开放性的特点。可以看到，目前SDN技术已经拥有丰富的应用场景，随着技术的不断发展与成熟，应用领域还会不断拓宽。

| 6.1 SDN 在网络试验平台中的应用 |

实验平台在互联网的发展与演进过程中拥有着举足轻重的地位，从某种角度来说，互联网的始祖 ARPANet 最初也是一个试验网。随着网络规模的壮大，当前的主流互联网试验床一般采用方便实现的重叠网（Overlay）模式，这种模式在不改变现有网络架构的基础之上可以促进上层应用的创新。然而，相比于互联网上层应用和底层通信技术的快速发展，互联网的网络层和传输层基本架构并没有发生太大的变化，这种完全基于 TCP/IP 的传输层和网络层架构既促进了互联网的发展，也在某些方面逐渐成了瓶颈。为了推动互联网体系架构发展，尤其是网络转发层面的创新，构建新型虚拟化试验床得到了越来越高的呼声，并在世界各个国家和地区的科研机构支持下逐渐走向了实践。

在这样一个背景下，软件定义网络（SDN）技术出现了，SDN 具有的数据控制分离、向上抽象底层资源的特性可以使得网络设备的数控平面不再紧密耦合，从而让网络结构更加灵活，网络设备更容易集中管控。如果将 SDN 应用于试验床中，就可以很好地解决传统 Overlay 模式试验床难以影响网络转发层面的问题。目前，学术界关于使用 SDN 建设未来网络试验床的项目越来越多，并已在全球范围内形成了初步的建设成果。

本节将对各个国家和地区的高校、科研机构发起和建设的 SDN 试验床进行说明与分析，并对上述问题进行探讨。

6.1.1 GENI OpenFlow

GENI（Global Environment for Network Innovation，全球网络创新环境）计划是在美国国家科学基金 NSF 的支持下，2005 年由美国众多学术与研究机构共同提出的一项研究计划，其核心目标是构建一个独特的虚拟实验环境，供研究人员进行大规模的网络实验，力求演进出未来的网络体系架构，并在未来互联网技术和协议方面进行大量的探索，对全球未来网络的创新与改革做出重要贡献。

GENI 计划采用了螺旋演进的发展模式，当其螺旋式演进到第 3 阶段时引入了 OpenFlow 技术，同时将 OpenFlow 交换机部署到了校园网实验环境中，因此在第 3 阶段中提出了一种实验性的快速原型设计方案，可及时为实验者提供基础设施支持并鼓励研究者在 GENI 平台上进行创新性实验，这种设计方案也为 GENI 的技术与业务发展提供了方向。2012 年 GENI 启动了第 4 阶段的部署，其主要的任务是完成从快速部署原型到一个可以支持网络实验探索的“真正 GENI”的转变。现在的 GENI 实验平台可支持网络科学和工程领域的多项试验性研究，比如基于光的新型网络协议、数据分发技术、高速路由器、城域无线网、计算机集群以及传感器网络等。目前，GENI 基础设施已经覆盖美国大多数地区。

GENI 项目的一个重要特点是在设计之初就考虑到了不同试验床接入时可能遇到的兼容问题，并在 2008 年针对这一问题提出了 SFA（Slice-based Facility Architecture，基于切片的设施框架）[1]，该框架提供了一个最小接口，将属于不同管理者的多种试验床联合到一起，并给管理者分配其所需要的资源。2010 年，GENI 又根据新的发展目标修改了名字和内容，提出了一个更新版本的 SFA[2]，该版本对前一版本松散的草案进行了统一。新版 SFA 的提出使得网络切片划分变得简单，它不仅能允许研究人员在测试网络上进行实验，管理计算存储资源，并且能够动态地、精确地控制和扩展网络自身。

2008 年，OpenFlow 白皮书发布，将 OpenFlow 技术初步定位于如何在校园网构建试验平台快速进行网络创新，因为 OpenFlow 的特性十分适合试验床的构建。基于上述原因，GENI 在其 SFA 下构建 OpenFlow 试验床，作为其整体试验床的一个组成部分，并最终形成了一系列 GENI OpenFlow 基础设施。现阶段 GENI 已经借助 Internet 2 和 NLR（National Lambda Rail）构建了两个中尺度 OpenFlow 核心网络。

Internet 2 和 NLR 分别始建于 1996 年和 2003 年，均是覆盖全美范围的高速网络。它们的主要特点是以建设高速光纤链路为主，允许试验人员将自研的网络设备放置在节点位置上来测试网络领域的新技术。GENI OpenFlow 正是借助这个模式构建了 Internet 2 OpenFlow 和 NLR OpenFlow。

Internet 2 OpenFlow 是一个以高速光纤网络为基础设施的中尺度试验平台，它由 5 个节点（亚特兰大、洛杉矶、休斯敦、纽约、华盛顿）构成，在该实验环境下使用了小型企业交换机（HP ProCurve5406）和 10 GE WAN 接口，用于连接企业、校园级试验平台。NLR OpenFlow 同样由 5 个节点（亚特兰大、芝加哥、丹佛、西雅图、森尼韦尔）构成，覆盖了美国的 21 个州，延伸 19 000 多千米，由美国研究和教育机构共同管理。

由于在亚特兰大存在公共节点，Internet 2 OpenFlow 和 NLR OpenFlow 连接成了一个更大的中尺度核心网。同时，各个高校（如斯坦福大学、克莱姆森大学、印第安纳大学、普林斯顿大学、华盛顿大学等）的 OpenFlow 试验床也加入了这个核心网当中，进而形成了一个覆盖全美范围的 GENI OpenFlow 试验平台，如图 6-1 所示。

在 GENI OpenFlow 中，为了能够发挥 SDN 的优势，支持多个试验并行运行，初步划出了 3 个主干网 VLAN，分别是 VLAN 3715、VLAN 3716 和 VLAN 3717。其中，VLAN 3715 和 VLAN 3716 是两条无环的 VLAN 链路，这两条 VLAN 都与亚特兰大节点连接，可以在两个核心交换节点之间提供不同长度的路径。另外，VLAN 3717 是个自成环的 VLAN 链路。这些设置都是为了满足实验者对于网络环境的多种需求。

基于以上介绍的实验环境，研究者们在 GENI 平台中做了许多跨试验床的连通性测试，例如在 GENI 的 BBN、Utah 节点和中尺度 OpenFlow 平台之间的连通性测试实验，测试情况如图 6-2 所示。

在图 6-2 中可以看到，这些节点间共进行了 3 个实验，使用了 BBN、Utah 节点中的计算存储资源，同时也使用了 OpenFlow 试验网中的 VLAN 资源，并通过一个大二层的数据平面在各自的切片中交换信息。通过这些测试实验可以很好地证明在试验床中应用 OpenFlow 技术能够快速生成所需的网络环境，并能够灵活地保证各虚拟网络中端到端的连通性。

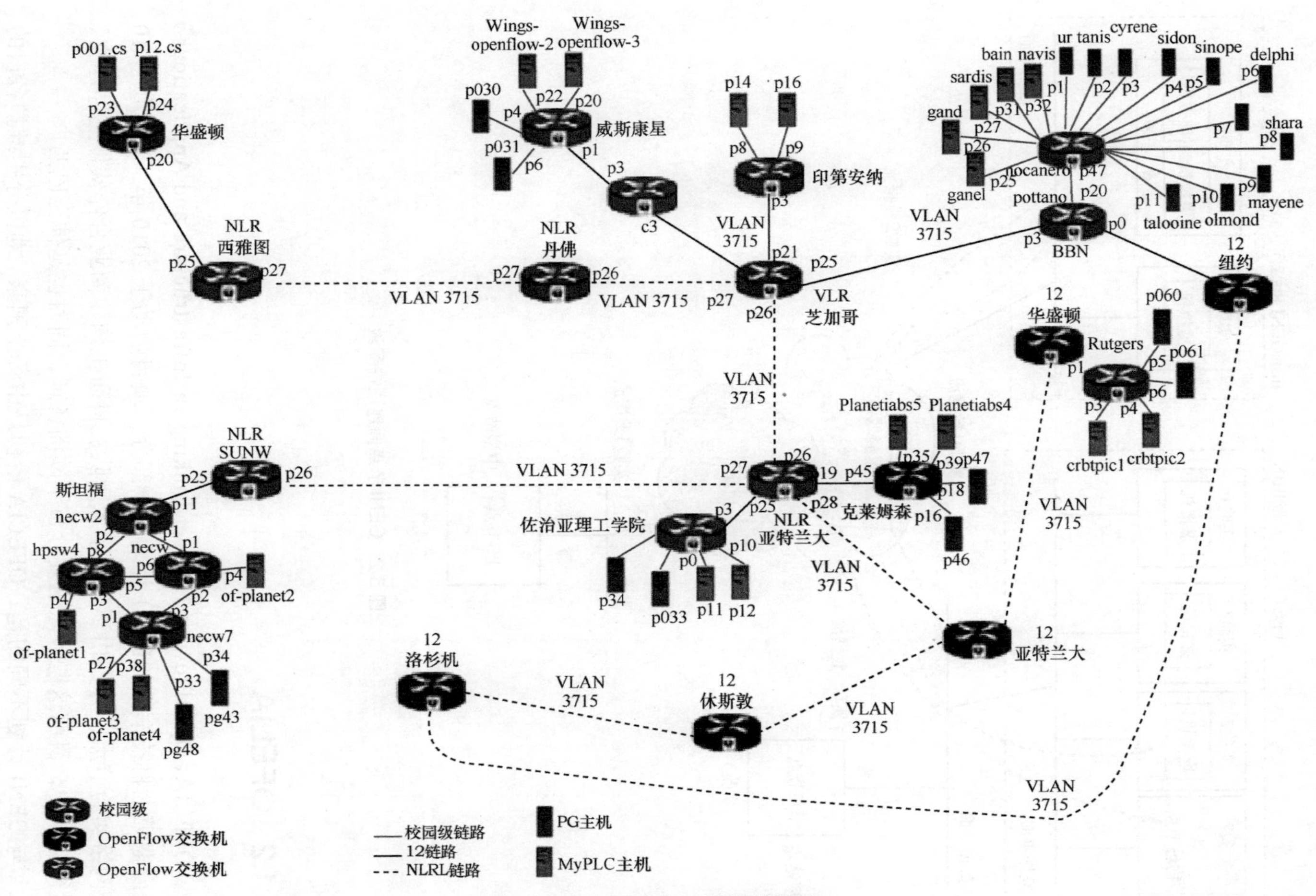

图 6-1 GENI OpenFlow 试验床部署概况

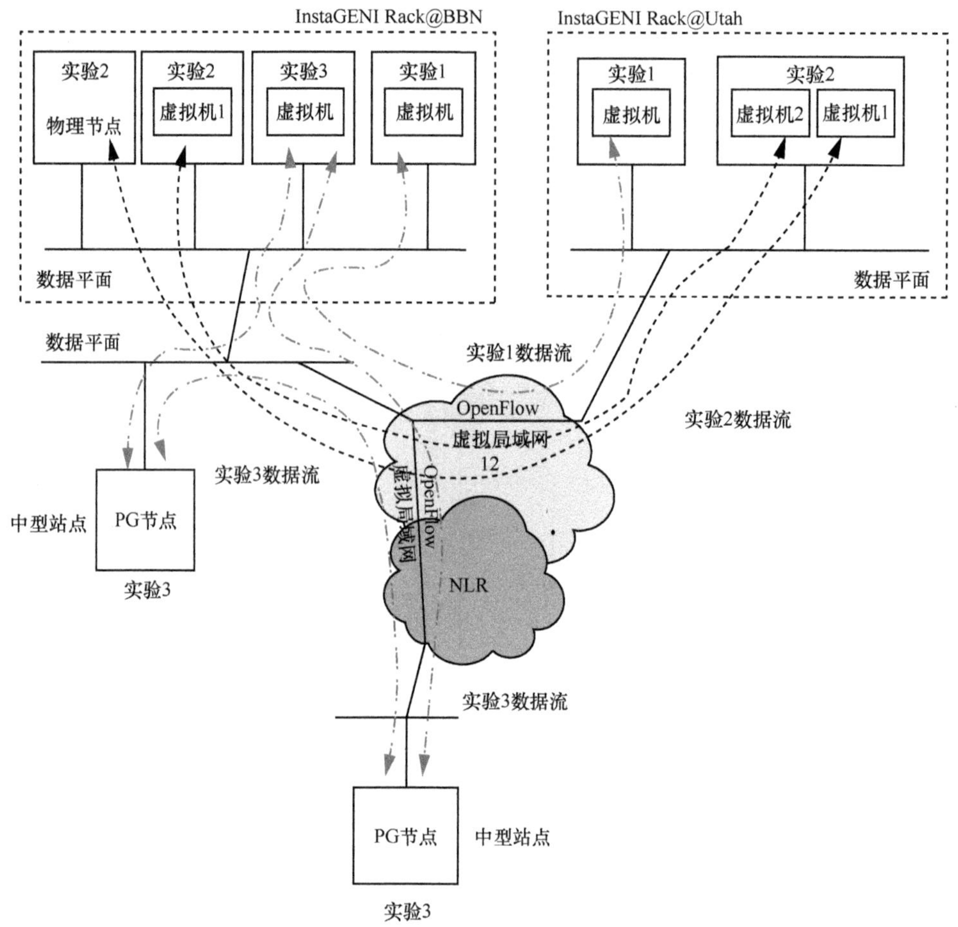

图 6-2　GENI 节点间连通性实验

6.1.2　OFELIA

OFELIA（OpenFlow in Europe: Linking in Infrastructure and Applications）是欧盟第七科技框架（FP7）计划的一部分，项目启动于 2010 年，现已包含 10 个网络实验节点，分别由不同的学术团队、科研机构和商业合作伙伴主导建立、运行与维护，目前这些节点主要分布于欧洲各国，同时也延伸至巴西。

与 GENI 计划不同的是，OFELIA 最初是由各个国家 / 地区分别维护各自的实验节点，然后扩展连接组成 OFELIA 项目，因此各实验节点都有各自不同的技术特点（见表 6-1），同时可以看到 SDN 技术在 OFELIA 的诸多节点中都得到了应用。例如，巴塞罗那节点（i2CAT）原有硬件为：5台具有SuperMicro 4 CPU和12 GB内存的服务器、5台24口的NEC OpenFlow交换机。在2011年5月，该节点进行了一次大的升级，添加了3台惠普E3500-48G-PoE+yl交换机，使得网络拓扑拥有最多360个1 GB的以太网铜线端口和最多16个10 GB的SFP光端口。新添加的交换机使得i2CAT节点中的OpenFlow交换机之间的网络拓扑呈现出稠密的网状结构，也因此能够允许进行例如路由和负载均衡等多领域的实验。

表6-1 OFELIA节点简介

节点	简要说明
柏林（TUB）	用OpenFlow交换机替换了部分校园网络中的原有交换机
根特（IBBT）	该节点拥有一个中心交换节点和大规模的仿真网络
苏黎世（ETH）	该节点与ONELab和GENI相连接
巴塞罗那（i2CAT）	该节点使用二层交换设备和光网络元件
布里斯托 (UNIVBRIS)	该节点拥有国家级的光网络交换节点，二层交换机和FPGA试验床
罗马和卡塔尼亚（CNIT）	这两个节点主要注重于信息中心网络（Information Centric Networking，ICN）的研究
特伦托（Create-Net）	拥有一个基于二层交换设备和NetFPGA的分布式城域节点，用户可以选择通过异构接入技术来接入这个节点
比萨（CNIT）	该节点主要应用NetFPGA和OpenSwitch技术，注重对云数据管理的研究
乌贝兰迪亚（UFU）	注重新型网络架构的探索，例如对现有异构网络的多播与移动性的研究

利用OpenFlow技术还可以在OFELIA平台上进行多种创新型实验。例如，使用OpenFlow的基本协议和API测试新型转发和路由协议的实验；利用虚拟化功能创建虚拟网络并且在二层及更高层测试虚拟化方案的实验；基于无线网络环境的大规模网络实验以及基于OpenFlow光网络的相关实验等。

OFELIA在将各节点连通的过程中也遇到了兼容性的问题，于是OFELIA在进行控制框架设计时参考了GENI的SFA架构，进而设计出了欧盟自己的控制框架——Expedient，如图6-3所示，使用该框架可以使得OFELIA具有如下功能：能够动态创建用户自定义的网络切片，部署现有的网络控制策略或测试未来网络协议架构；在同一个试验平台中允许多个网络切片并存或协同工作；可以动态创建虚拟机并生成网络业务流量；可以根据用户配置，将不同终端分配给不同的网络切片等特点。

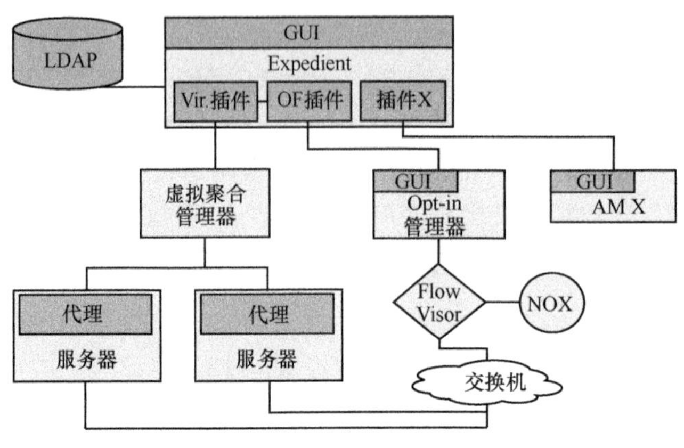

图 6-3　OFELIA 控制框架

OFELIA 项目利用 OpenFlow 技术构建了一个可以对更底层的网络创新性技术进行测试验证的试验床，目前已经取得了阶段性的成功，按照其规划，该项目未来还会吸收更多的创新思路和技术应用到试验床中。

6.1.3　RISE

2010 年，日本国家信息通信研究所（National Institute of Information and Communications Technology，NICT）启动了新一代网络（New Generation Network，NWGN）计划。NWGN 期望设计一套全新的网络架构，能够为大规模网络和多功能终端中的用户提供满足高标准用户需求的服务。为了更好地完成 NWGN 计划，NICT 组织了许多学术机构、产业界以及政府的科研人员加入进来，同时在该计划中设置了实验平台项目 JGN-X，快速反馈实验结果，以促进研究的可持续发展。随着 OpenFlow 技术的诞生，JGN-X 将建立一个 OpenFlow 试验床作为一个重要发展目标，并在 2012 年建成了 RISE（Research Infrastructure for Large-Scale Network Experiment，大规模的基础设施探索试验网络）[3]，该网络可为研究人员、学生、工程师和编程人员等提供高效、灵活的网络存储以及 Web、网络技术验证等服务，用户可以在 RISE 中构建并验证新型的网络解决方案。

RISE 提出了一种自主的基础单元架构，如图 6-4 所示，一个 RISE 的基础单元包含边缘 OpenFlow 交换机（E-OFS）、分布式 OpenFlow 交换机（D-OFS）和 JGN-X 核心交换机。E-OFS 则仅支持 OpenFlow，直接与终端用户相连，并且通过使用 VLAN 标签的方式区分用户组。D-OFS 与核心交换机之间是通过隧道连接起来的，负责提供 OpenFlow 网络和现有虚拟网络之间的物理连接，为了达到这种目的，研究人员在 D-OFS 上设置了支持 OpenFlow 和不支持 OpenFlow 的两种端口。如果在 OpenFlow 网络中通信，则选择第一种端口，在这种端口之间的数据分组的转发将变得可控，并可以获得网络视图；若与现有承载虚拟网互联则需要使用第二种端口，实验人员配置了 Q-in-Q 隧道来保证两种网络间的互通性。通过使用这种基础架构，就可以将 OpenFlow 网络和承载虚拟网络区分开。这种架构的优点可以总结为：减少了核心交换机与分布式交换机之间的物理链路，节约端口资源；更轻松地在现有网络架构上增加 OpenFlow 接入点；提供更灵活的逻辑配置，减少不必要的物理链路变化以节约成本。

RISE 致力于发展成一个全球性的 OpenFlow 试验床，目前该平台的各个节点已经覆盖了日本的多个城市，并已实现与美国的互联互通，另外也正在与欧盟的 OFELIA 对接，下一步将计划扩展至新加坡。

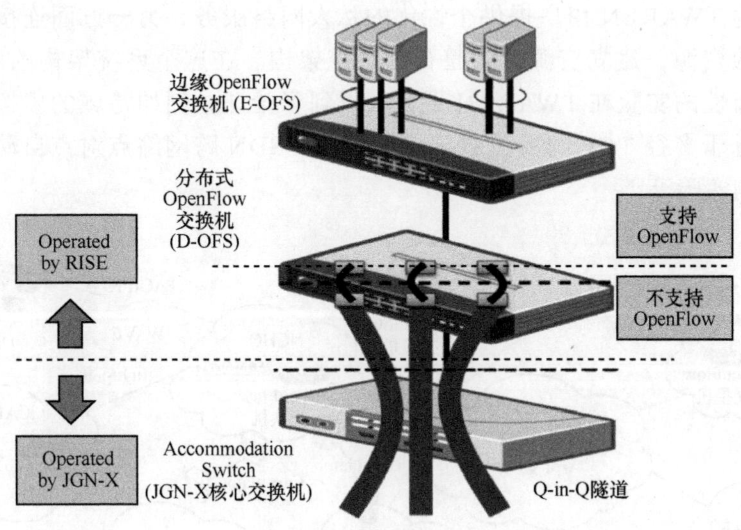

图 6-4 RISE 的基础单元架构

6.1.4 TWAREN

中国台湾早在 1992 年就由高速网络与计算中心主导建设台湾高品质学术与研究网络（Taiwan Advanced Research and Education Network，TWAREN），于2004年建设完成。2010年，台湾在原有试验床的基础上推出了自己的TWAREN OpenFlow试验床。该试验床的网络架构及设计理念参考了欧美的多个试验平台，并在此基础上进行了创新，具有较高的前瞻性与可扩展性，目前TWAREN OpenFlow Testbed已经成为台湾最主要的SDN实验环境，中国台湾成功大学和高雄应用科技大学率先参与其中，随后中国台湾科技大学、南昌大学、中国台湾交通大学和中国台湾中华电信研究院也参与到了试验平台的构建与运行中。从图6-5中可以看到，TWAREN试验床已经扩展至GENI当中的子项目——IGENI平台，并实现了与日本JGN-X的连接。

TWAREN设计了一个多层级全方位的网络架构，规划了3层不同用途的网络环境：生产网络（Production Network）、试验网络（Research Network）以及光网络（Optical Network）。生产网络供研究人员或单位进行科研资料的交换，与普通的传送网一样。试验网络和光网络为研究人员与网络管理者提供服务，在这两个层级之间可以进行新型通信协议的测试、网络设备更新版本的测试、新网络设备兼容性测试等。光网络利用先进的光通信技术一方面为TWAREN用户提供个性化的私人网络服务，另一方面连接分散各地的试验资源，建立资源有效整合的系统架构。在这个系统架构的基础上，许多创新性的实验在TWAREN平台上得到了验证，例如跨域的虚拟机迁移实验、基于多径TCP的海量数据传输实验、SDN跨网络点对点自动拓扑与流量监测实验等。

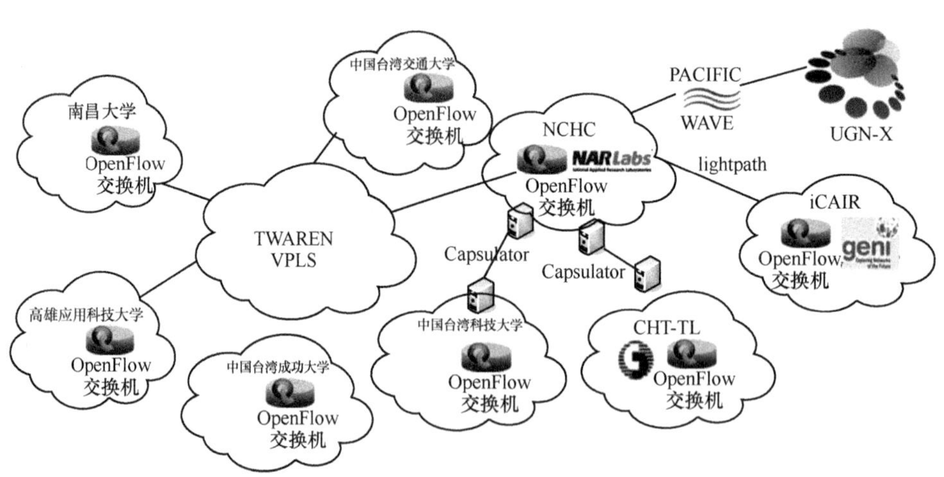

图6-5　TWAREN OpenFlow Testbed网络拓扑

TWAREN不仅将OpenFlow技术应用在试验床当中，还针对当前诸多

OpenFlow 系统只能被部署在一个域内的问题做出了改变与创新，提出了多域 OpenFlow 的管理系统，这是该试验床的一大亮点，具体实现方式如图 6-6 所示。

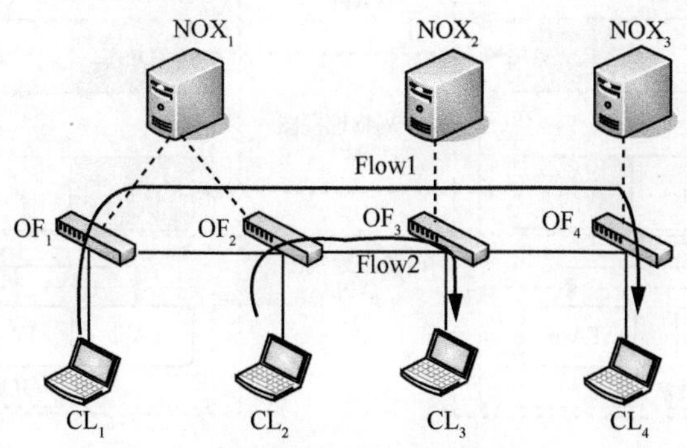

图 6-6 跨域 OpenFlow 拓扑管理

如图 6-6 所示，通常一个 OpenFlow 域内都有自己的控制器，管理着自己域内的拓扑和流量，同时该控制器也只知道与它相连的交换机的信息。为了实现控制器发现其他控制器对应域的设备信息，研究人员在数据链路层发现协议（Link Layer Discovery Protocol，LLDP）的数据分组中加入了一条附加条目，从而告知控制器与它相邻的节点信息，以实现对跨域的 OpenFlow 流量管理。

6.1.5 FINE

2013 年 4 月，国家高技术研究发展计划（“863” 计划）启动了“未来网络体系结构和创新环境”项目，该项目由清华大学牵头，汇集了中国科学院计算技术研究所、北京邮电大学、东南大学、北京大学等高校和国内网络设备厂商，项目提出构建未来网络体系结构创新环境（Future Network Innovation Environment，FINE）[4]，以支持未来网络体系结构和新协议创新。

FINE 的设计理念就是要体现出从传统网络体系设计方法向易于创新的网络体系设计方法进行转变。根据这种设计理念，并参考 SDN 的思想，FINE 的总体架构设计如图 6-7 所示，该平台包含 4 个层次，即开放设备、网络操作系统、虚拟化平台以及上层业务，这种分层可以更加灵活、方便地支持各种新型网络体系结构和网络业务的创新研究。

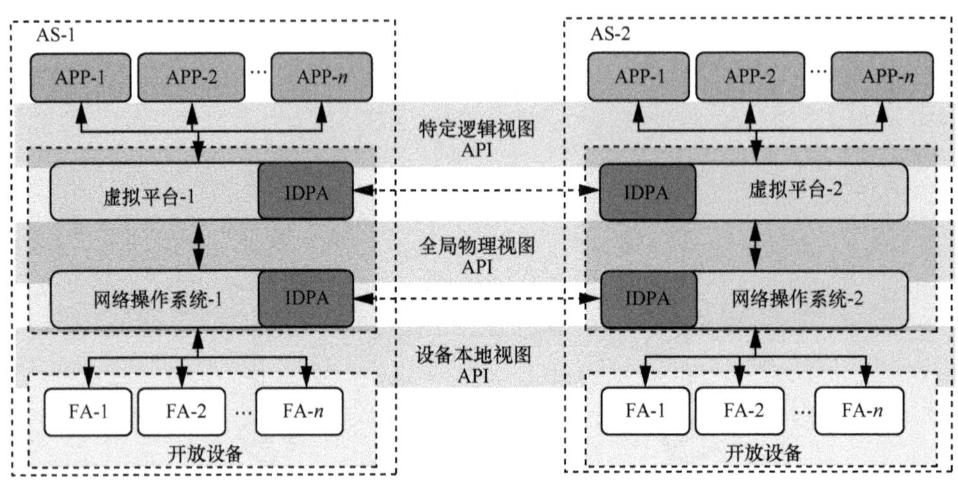

图 6-7　FINE 总体架构

FINE 总体架构的最下层是开放网络设备层，该层提供多种转发抽象技术，允许上层通过开放的接口对其转发行为进行控制，以更好地支持新体系和新协议的创新实现。在网络设备层之上是网络操作系统，它的作用是屏蔽转发平面的异构多样性，并为上层提供开放的 API。再上一层便是虚拟平台层，它作为网络操作系统与上层应用间的透明代理，提供网络资源的虚拟化切片和管控测试功能。FINE 架构中的最上层是新体系和新协议层，通过虚拟平台请求并管理用于试验的虚拟网络和底层相应的网络资源，利用网络操作系统提供的 API 能够快速实现网络体系和协议功能验证。

通过上面的介绍，读者将会对 FINE 的整体架构有了一个基本了解。该试验平台在构建的过程中也提出了多域管理的解决方案，即在对域间管理时，可以通过跨域协商抽象接口实现对邻居网络的通信链路、路由、资源和服务质量的协商。2014 年，清华大学的林萍萍、毕军在论文“East-West Bridge for SDN Network Peering”中提出了东西桥的概念[5]（参见第 3.5 节）。东西桥是为实现多域网络而设计的一个高性能的网络视图交换机制，它可以兼容不同的第三方控制器 / 网络操作系统和网络视图信息存储系统。东西桥机制主要包括控制器 / 网络操作系统的发现，定义在不同场景中的网络视图信息，对网络视图的信息存储、传输格式以及高性能的网络视图交换机制。为了在各种网络操作系统中实现东西桥机制，研究人员添加了网络虚拟化、东西桥和 LLDP 扩展这 3 个模块，通过 LLDP 扩展模块可以获得更多的 SDN 信息，如 OpenFlow 版本号、各个节点上的流表数目、链路状态、流表条目等，此模块可以通过 SSL 控制通道来调用 OpenFlow 交换机的功能或命令。

FINE 创新环境的运行机制将支持创新网络体系结构的整个生命周期，为新的网络体系结构和新的网络业务提供了“开发—调试—运行—测试”的完整闭环流程，使新体系和新协议能够在 FINE 创新环境中实现螺旋式的演进。

6.1.6 C-Lab

2012 年，北京邮电大学校内多个实验室联合设计、搭建了一套 SDN 试验平台——C-Lab（Cooperation Lab，合作实验室）。该试验平台的独特之处是采用了面向接入用户的设计理念，即重点关注试验网的校园覆盖能力，这样一方面可以为网络试验引入真实用户流量；另一方面也可以面向接入用户快速部署新型网络服务，从而促进 SDN 创新业务的快速落地，真正将 SDN 推向产业。为了实现这个目标，试验床没有局限在个别机房内部，而是覆盖了校内多个教学楼的多个实验室，骨干链路全部采用光纤互连，以保证可扩展性。目前 C-Lab 共构建了 30 余个交换节点、50 余个专用计算存储节点，初期平均每天有近 200 个接入用户使用该试验网进行网络检索、应用开发和试验。目前该试验网已经由小规模未来网络试验平台项目扩展为覆盖 8 个城市 12 个园区的试验床。另外，为了更好地支撑新网络技术的试验，北京邮电大学还在该试验床上开发了具有自主知识产权的 SDN 控制器、虚拟化管控平台以及试验平台整体控制框架。整个试验平台的网络拓扑如图 6-8 所示。

C-Lab 中的主要节点间采用了光纤直连以保证骨干网络的传输速度，在各个交换节点采用了 Open vSwitch 软件交换机与 H3C、盛科、神州数码、Pica8 等硬件交换机混合组网的模式，以满足不同实验室的需求，并且在各个节点做了数据平面的无线扩展，以方便校园网用户接入。

研究人员在设计 C-Lab 试验平台的控制框架的过程中，同样考虑到了跨域管理与分配资源的问题。与常见东西向协议的解决方案不同，C-Lab 提出了自己的分层管控模式，并自主研发了 CCF（C-Lab Control Framework，C-Lab 控制框架）平台，所有的虚拟实验网络都统一由 CCF 管理与调度，同时该实验团队还自主开发了 CNVP（C-Lab Network Virtualization Platform，C-Lab 网络虚拟化平台）对网络进行虚拟化，该平台会在下一节中做详细介绍。整体试验网络的管理控制框架如图 6-9 所示。

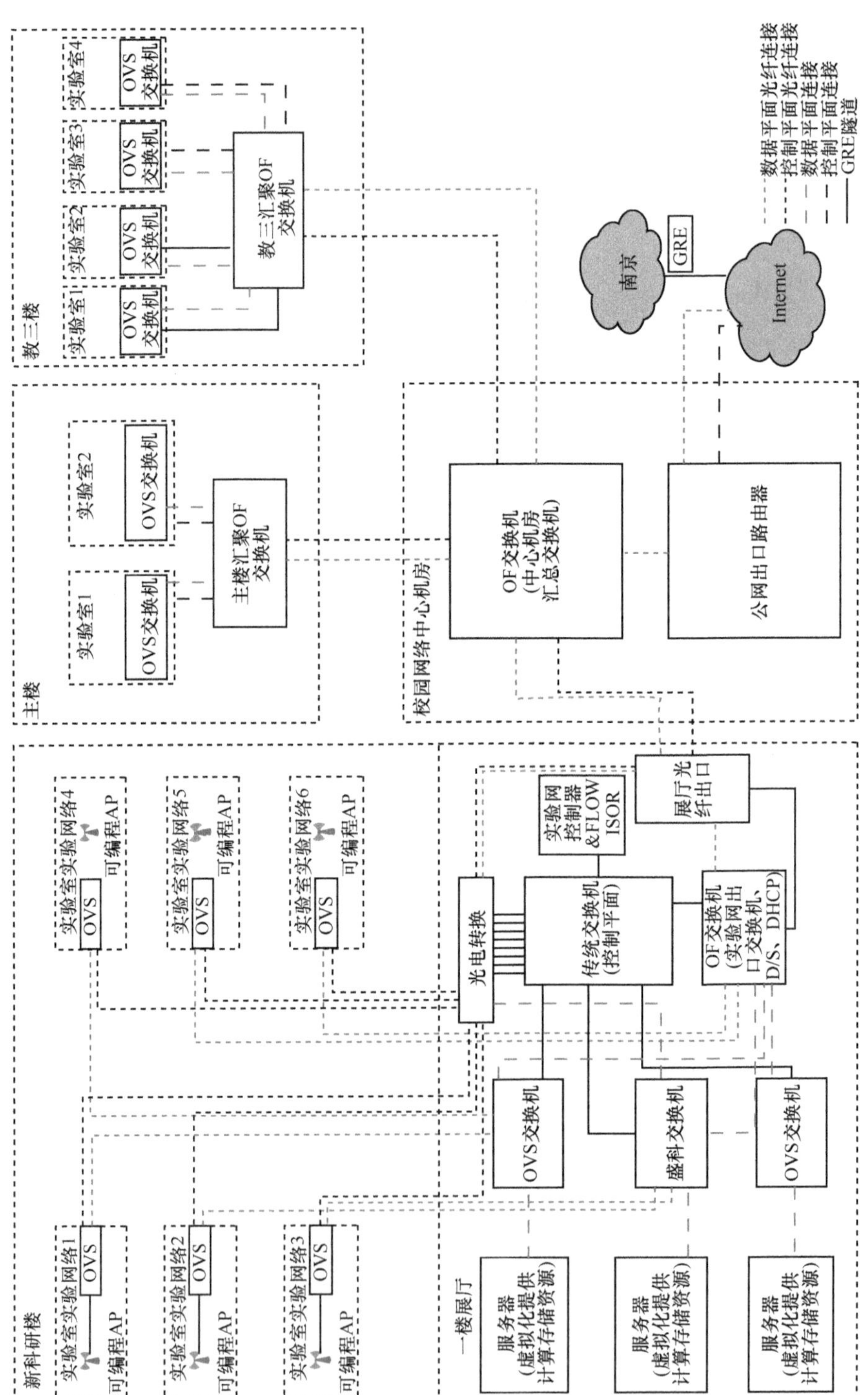

图 6-8 C-Lab 平台拓扑

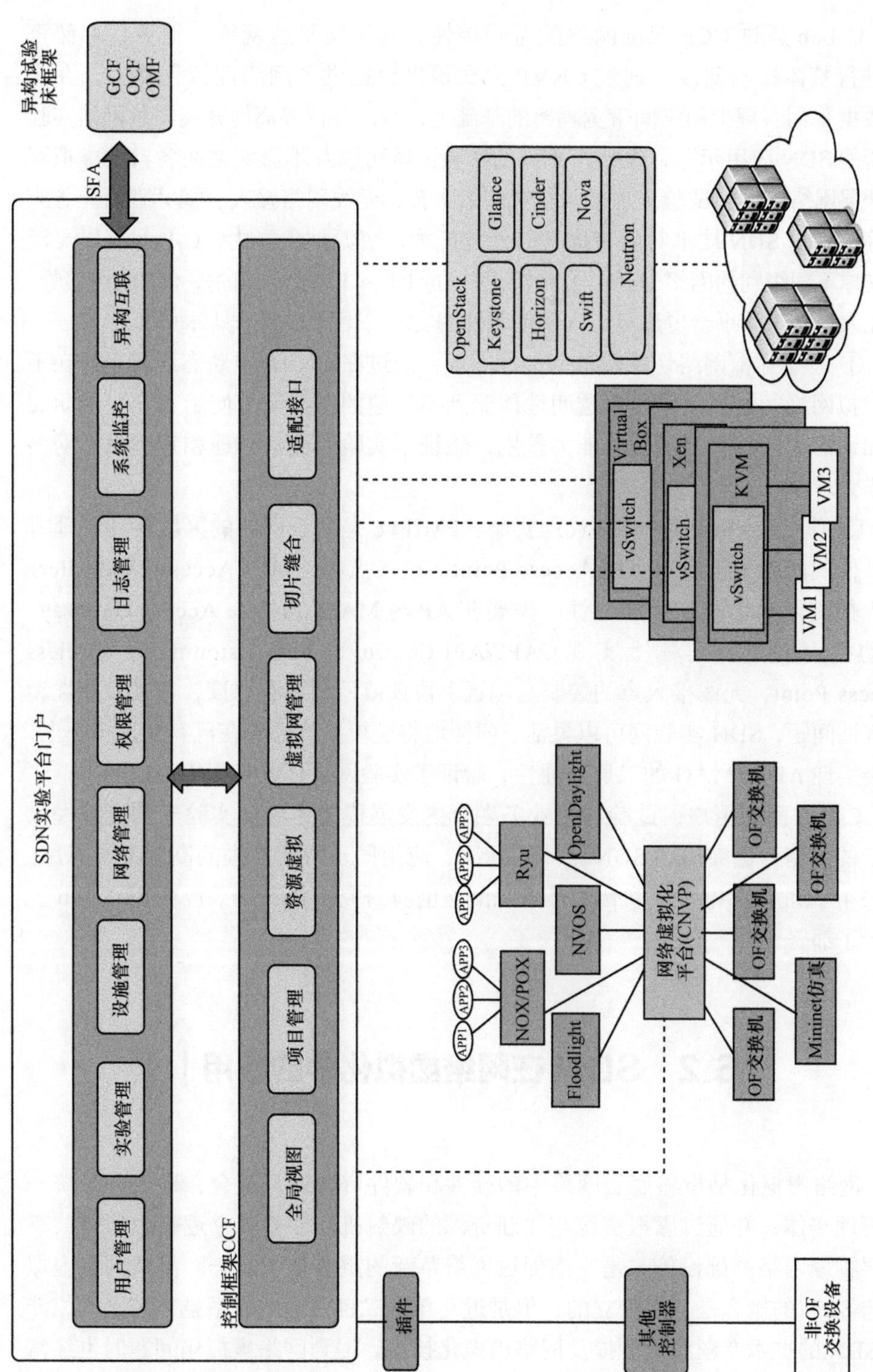

图6-9 C-Lab控制框架

C-Lab 通过 CCF 保证网络的可管控性，对试验平台网络、计算、存储资源进行整体控制调度：通过 CNVP 为试验平台提供了网络虚拟化能力，在实现数据平面各虚拟网络间带宽隔离的基础上，可以并行隔离地开展多种网络实验与新型 SDN 应用示范，例如，不同的实验团队可以互不影响地在各自的虚拟网内开展网络破坏性试验、承载网与光网络融合、无线网络接入、视频直播业务应用等。利用 SDN 技术对网络优秀的管控能力、资源抽象能力，C-Lab 可以灵活地支撑不同级别的网络创新实验需求，可支持 L1 ~ L5 多层面的技术与应用实验。研究人员基于该平台也进行了许多创新性的实验，下面举两个具体实例。

① 基于虚拟网络切换的透明加速实验：通过在 CNVP 中动态地将用户在不同虚拟网络间切换，使用户透明地体验到不加速的虚拟网与使用 Nginx 透明缓存加速的虚拟网之间的服务能力差别，验证了实验网灵活管理和定制虚拟网络的能力。

② 移动 IPv6（PMIPv6）代理实验：PMIPv6 是基于网络的区域移动管理方案，传统网络为了实现 AP（Access Point，接入点）与 AC（Access Controller，接入控制器）之间二层连通性，需要在 AP 与 MAG（Mobile Access Gateway，移动接入网关）实体上实现 CAPWAP（Control and Provisioning of Wireless Access Point，无线接入点的控制与配置）协议或厂商私有协议，带来复杂性和兼容性问题，SDN 实验网可以灵活、便捷地将逻辑拓扑部署在已有物理拓扑上，直接实现 AP 与 MAG 的二层连通性，验证了实验网灵活调度网络流的能力。

C-Lab 面向用户、试验与新业务融合的发展模式为网络实验床的发展提供了新的思路，也突出了 SDN 技术、标准、应用同步协调推进的高效发展思路。2015 年，北京邮电大学联合江苏未来网络创新研究院将实验平台在 SDNLab 上进行了部署。

6.2 SDN 在网络虚拟化中的应用

网络虚拟化是指将底层网络中的硬件和软件资源进行整合，形成一个统一的管理实体，并通过虚拟资源与物理资源的映射机制使得多个逻辑虚拟网共享底层物理网络基础设施，是当前促进网络革新的重要技术之一。虽然网络虚拟化与 SDN 的概念是互相独立的，但是近几年来二者之间的联系越来越紧密，涉及 SDN 的技术专题经常会提及网络虚拟化技术，提到网络虚拟化问题时也经常会联系到 SDN 的概念。那么 SDN 与网络虚拟化到底是什么关系？SDN 是如何实现虚拟网划分的？本节将对这些问题进行逐一回答。

6.2.1 基于 SDN 的网络虚拟化

在网络的发展历史中，网络虚拟化的概念对人们来说并不陌生。传统的网络虚拟化技术大致可分为 3 类：虚拟局域网（Virtual Local Area Network，VLAN）、虚拟私有网（Virtual Private Network，VPN）[6] 以及虚拟路由转发（Virtual Routing and Forwarding，VRF）。

当前，VLAN 技术广泛应用在以太网中来切分多个广播域，该技术通过配置交换机边缘端口属性（Access Mode）使得拥有相同 VLAN ID 号的边缘端口属于同一个 VLAN。同时，通过配置交换机内部端口属性（Truck Mode）使得多条虚拟链路可以复用同一条物理链路，从而使得属于不同 VLAN 的数据报文可以通过一条物理链路在多个交换机间传输。本质上，VLAN 是一种从物理端口的维度将网络资源进行切分的虚拟化技术。

VPN 通过隧道技术将位于不同地点的站点（站点之间可以是任意类型网络）进行互连。依据报文在何种网络协议层被封装，VPN 技术划分为一层 VPN、二层 VPN 和三层 VPN。本质上，VPN 属于网络虚拟化中的链路虚拟化技术。

VRF 通过在交换机 / 路由器中创建多个路由转发实例，每一个实例彼此将相互独立且拥有独立的控制转发逻辑。VRF 的实现方式有两种：一种利用软件的灵活性进行逻辑转发 [7]；另一种通过堆积硬件的方式，每一个转发实例采用独立的硬件芯片。相比于 VLAN 和 VPN，该技术可以实现更高层次的网络虚拟化，在 VINI 和 PlanetLab 试验床中得到广泛应用。

在传统网络中，由于每个路由器或交换机都运行各自的控制转发逻辑，因此对其进行虚拟化会涉及分布式的操作，比较复杂。而在 SDN 中，由于数据控制的分离，数据平面和控制平面之间出现了基于协议的连接，因此出现了一种简单的实现 SDN 虚拟切片的方法，即在数据控制平面的连接中进行虚拟化。FlowVisor 就是基于此模式对 SDN 进行网络虚拟化的一种技术，其核心思想是把网络流空间划分为多个分片，每个分片由一个 SDN 控制器进行管理，多个分片之间共享网络资源。

当前学术界对这个问题提出了多种设计思路，其区别主要体现在转换单元位置的不同上，即实现物理网络资源与虚拟网络资源映射位置的不同。图 6-10 展示了 5 种 SDN 虚拟化的设计思路 [8]。

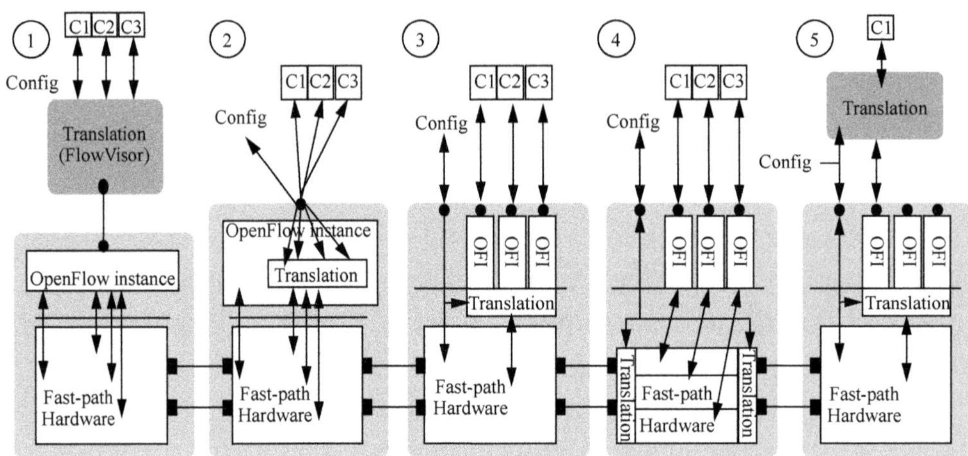

图 6-10　几种 SDN 虚拟化的设计思想

方案 1：转换单元部署到一个独立的硬件设备上，作为交换机和控制器之间的协议代理，根据虚拟网的配置信息把不同的网络流量交付给相应的控制器和交换机处理。

方案 2：转换单元在交换机中实现，每个交换机连接到多个控制器，并根据交换机上的配置信息把相应的流交付给对应的控制器处理。

方案 3：转换单元在交换机中实现，与方案 2（只包含一个 OpenFlow 实例）不同的是，每个交换机能够运行多个 OpenFlow 实例，每个实例连接到一个控制器上，转换单元根据配置信息把流交付给相应的 OpenFlow 实例。

方案 4：与上一步的不同点在于，交换机把数据转发平面也进行平行分割，转换单元需要识别不同的转发端口（虚拟端口或物理端口）与分割后的转发平面的对应。

方案 5：两个转换单元协作完成 SDN 的网络虚拟化，相当于方案 1 和方案 3 的综合，其中一个转换单元负责转发层面的虚拟化，另一个作为交换机与控制器的协议代理。

本书中仅讨论方案 1 的 SDN 虚拟化技术，因为这种虚拟化技术已经有实现案例并被广泛部署，尤其在实验床场景下得到了学术界和工业界的广泛关注。6.2.2 小节、6.2.3 小节及 6.2.4 小节介绍的 FlowVisor、OpenVirteX 和 CNVP 都是方案 1 虚拟化设计思想的实现与进一步改进。

与真实的物理网络类似，一个虚拟网络切片也是由虚拟节点和虚拟链路组成的。理想的情况下，SDN 网络虚拟化技术应该能够满足用户对虚拟网拓扑以及网络性能（包括带宽、试验、抖动等）的任意需求，网络虚拟化平台根据用户的需求进行最优的资源映射并自动地开通试验虚拟网络，需求变化时能够弹性地延展虚拟网络或者回收网络资源。虚拟网络开通后，用户将获得一些从分布式的物理设备中抽象出来的虚拟节点，虚拟节点间通过虚拟链路相连，不同的虚拟网络间要保证高度的隔离。从上述要求来看，我们总结出 SDN 网络虚拟化要素技术如下。

（1）流量识别与切片标识

SDN 网络虚拟化平台要对不同的试验进行隔离，基本的前提是需要识别不同试验用户的流量，并对其进行标识。流量的识别往往发生在接入设备上。接入设备识别出流量后，往往还需要对流量进行特定的标识，以便后续的传输设备进行特定的处理，为了并行地支持多个试验，不同切片网络流量的标识不能互相冲突。

（2）虚拟节点抽象

虚拟节点技术可以分为一虚多和多虚一两种模型。一虚多模型中，SDN 虚拟化平台应该能够生成并管理虚拟节点，并在虚拟节点和物理节点间做透明的映射。同时，SDN 虚拟化平台要保证不同虚拟节点间转发表的相互隔离。相反，在多虚一模型中，网络虚拟化平台需要对多台物理设备中的资源进行组合，向试验者呈现一个或多个虚拟设备。

（3）虚拟链路抽象

虚拟节点间的连接通过虚拟链路实现，虚拟链路可能是物理交换机内部的一个通路，可能与物理链路有着一一映射的关系，也可能由多条物理链路和多台物理设备共同模拟形成一条虚拟链路。SDN 试验床中，网络虚拟化平台面对着试验用户多样的试验拓扑需求，需要具备生成与物理拓扑完全解耦的逻辑拓扑的能力，虚拟链路技术对此至关重要。

除了以上基本的技术要素，随着 SDN 网络虚拟化技术的不断发展，可扩展性成了新的挑战。简单介绍几个优化可扩展性的实例，AutoSlice[9] 将底层 SDN 划分为多个不重叠的区域，每个区域由不同的控制器代理进行管理，管理模块统一协同各个控制器代理。FlowN[10] 利用数据库复制、同步技术来可扩展地对应虚拟网与物理网络的关系。HyperFlex[11] 则通过将网络虚拟化功能模块化，部署在不同网元上，形成一张具有网络虚拟化功能的控制网来提高系统的扩展性。

下面将具体地介绍典型的 SDN 网络虚拟化平台，从中窥探每一种平台对 SDN 网络虚拟化要素的技术实现，对比它们的优势与劣势，使得读者能更好地理解 SDN 在网络虚拟化中的应用及实现。

6.2.2 网络虚拟化平台 FlowVisor

6.2.2.1 FlowVisor 工作原理

FlowVisor 是由斯坦福大学于 2009 年设计研发的一套基于 OpenFlow 的网络虚拟化工具，它可以将物理网络划分成多个逻辑网络从而实现网络切片，能够令管理员通过定义流规则的方式来管理网络，而非传统形式通过调整路由器和交换机配置的方式。FlowVisor 也可以理解成一个特殊的控制器，部署在普通 OpenFlow 控制器和交换机之间，成为二者的透明代理。普通 OpenFlow 控制器与交换机之间通信的所有消息都将透过 FlowVisor 进行传送，因此，FlowVisor 能够根据虚拟网规则进行消息的拦截、修改、转发等操作，而普通 OpenFlow 控制器只能接收到其控制的虚拟网的流，并不知道这些流已经被 FlowVisor 进行了过滤操作。

类似于计算机操作系统能够使用指令集控制计算、存储资源，FlowVisor 使用 OpenFlow 协议控制底层的物理网络设备。从与控制器的关系上看，FlowVisor 可以连接到多个控制器，每个控制器控制一个网络切片。在使用 FlowVisor 实现对 SDN 的虚拟化切分过程中，可以部署多个 FlowVisor 来实现多级虚拟网络的管理，如图 6-11 所示。

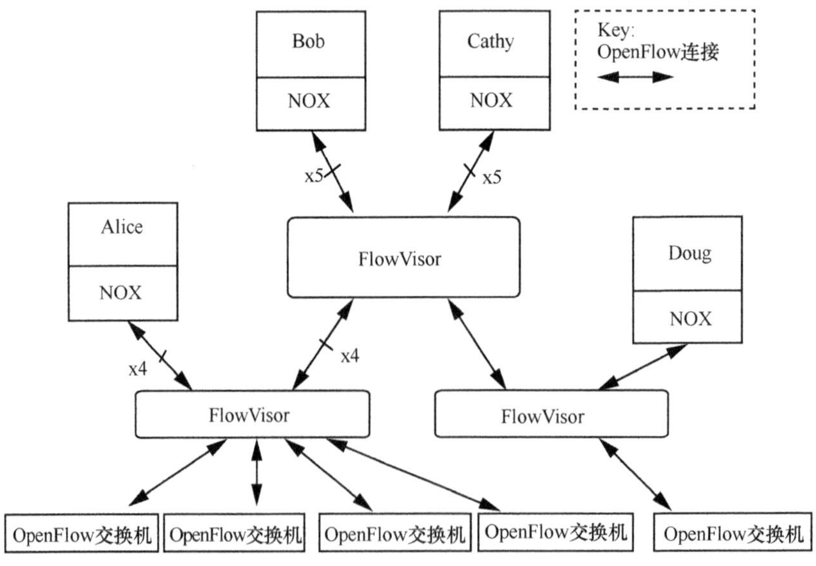

图 6-11　FlowVisor 组网示意

FlowVisor 在设计过程中遵循两个原则：一方面，FlowVisor 对控制器和交换机而言是透明的，它们都感知不到 FlowVisor 的存在；另一方面，虚拟网划分策略应该是灵活、模块化且可扩展的。另外，FlowVisor 在设计过程中希望对如下几个资源实现虚拟化。

- 带宽：每个虚拟网应该独占一部分链路带宽，这就需要对链路带宽进行切分。
- 拓扑：每个虚拟网要有自己的网络节点及其拓扑图。控制器通过 OpenFlow 协议发现虚拟网中的节点和拓扑，经 FlowVisor 的过滤，每个控制器看到的网络拓扑都是不同的。
- 流量：为了实现不同虚拟网的流量互不干扰，需要对流量进行抽象并管理，确保流量能够严格地隔离到一个特定切片。
- 平台 CPU：交换机和路由器包含的计算资源需要被划分，交换机对慢速路径的数据分组转发（如 Packet-in 消息、Flow-mod 消息等）、计数器更新、转发表更新需要消耗大量的 CPU 资源，如果没有适当的设备 CPU 划分，则可能影响其他虚拟网的正常工作。
- 流表：如果没有流表隔离机制，一个虚拟网的数据分组转发策略可能会影响到另一个虚拟网中数据分组的转发。

FlowVisor 在实现过程中采用基于流的虚拟化资源切分机制，可以在物理层、数据链路层、网络层以及传输层 4 个层面（L1 ~ L4）上提供物理端口号、源 / 终端 MAC 地址、以太网类型、VLAN ID 号、VLAN 优先级、源 / 终端 IP 地址、IP 数据分组优先级、传输层协议类型以及传输层源 / 终端端口号共 12 个维度的虚拟网划分和资源整合。作为底层物理资源的硬件抽象层，FlowVisor 使用 OpenFlow 协议控制下层物理网络，并为上层控制软件提供虚拟网操作接口。根据虚拟网流空间的配置信息，FlowVisor 能够将上行信令映射到对应的控制器中，并将下行信令进行过滤整合，然后下发给数据平面交换设备。FlowVisor 在支持多个相互隔离的虚拟网络并行运行的同时，允许每个虚拟网络拥有独立的控制逻辑。这给网络研究人员验证新的协议和想法带来了极大的方便，同时也提高了网络资源利用率，节约了网络部署和运营成本。

6.2.2.2　FlowVisor 系统架构

FlowVisor 主要由 FVClassifier、FVSlicer 和 FlowSpace 数据库 3 个部分组成。FVClassifier 用于维护与物理 OpenFlow 交换设备的连接，处理 I/O 请求并记录每个物理设备的端口、性能等信息，每个 FVClassifier 对应一个 OpenFlow 交换设备。FVSlicer 用于维护与控制器的连接，管理 OpenFlow 会话并对控制器下发的信令进行处理。当流从一个物理的 OpenFlow 交换设备到达 FlowSpace 数据库后，此模块能够根据数据库中的切片规则，把 OpenFlow 消息交给本切片内的 FVSlicer，再由 FVSlicer 发送给连接的控制器。

FlowVisor 的核心工作原理主要是对上行消息的映射和对下行信令的过滤。如图 6-12 所示，控制器和交换机与 FlowVisor 的所有联系都通过 Poll Loop（轮询）来交互。交换机交给控制器的数据分组通过 OFSwitch Acceptor 模块接收后，递交给对应的 FVClassifier 模块以对数据分组的来源进行分析；随后此数据分组进入 FVSlicer 模块，此模块能够与数据库交换，以实现数据分组与 FlowSpace 的比对；最终由 FVSlicer 模块决定此数据分组所属的虚拟网，并交给相应的控制器。同理，控制器下发给交换机的数据分组会通过相反的过程送达交换机。

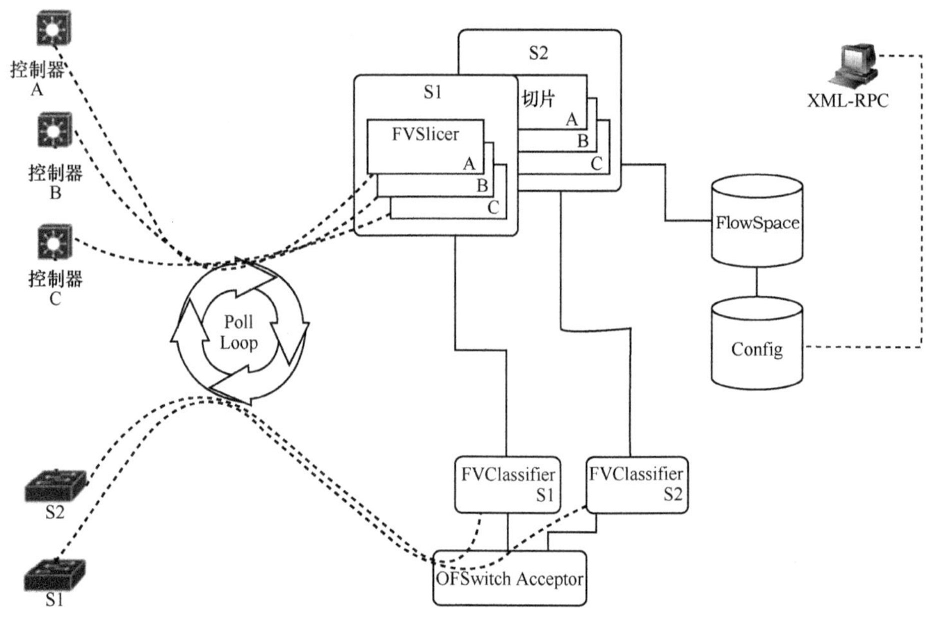

图 6-12　FlowVisor 工作原理

FlowVisor 网络的基本要素是网络切片，FlowSpace 作为 FlowVisor 划分和管理每个切片流空间的核心模块，其划分策略是灵活多样的。首先，每个 FlowSpace 都有相应的行为限定。

- 允许：符合此规则的流能够被相应虚拟网的控制器接收，并且匹配此规则的流条目能够被加入交换机流表中。
- 只读：符合此规则的流仅能被此虚拟网的控制器接收监控。

• 丢弃：符合此规则的流不能被控制器接收，控制器更不能向交换机中加入匹配此 FlowSpace 的流表。

其次，FlowSpace 的匹配范围涵盖了物理层、数据链路层、网络层和传输层的协议字段，以数据分组的 12 元组作为划分依据，按照流的思想将网络资源进行合理分配，以达到限定当前切片内数据流量类型的目的。一般来讲，对于某个特殊的应用，可以通过指定源 / 目的 IP 地址、源 / 目的 MAC 地址或者 TCP 端口信息来把数据分组划分到一个切片内。

6.2.2.3 FlowVisor 的优点及存在的问题

FlowVisor 作为第一个基于 OpenFlow 实现的网络虚拟化平台，为后续网络虚拟化平台的设计提供了许多借鉴。目前 FlowVisor 已经被应用部署在美国校园网络环境中，如斯坦福大学的 SDN 校园网络。此外，两个以科研为重点的大型网络（GENI 和 Internet 2）也在使用 FlowVisor，其优点主要包括以下几个方面。

① 提供了丰富的虚拟网划分能力。FlowVisor 能够从物理层（交换机端口）、数据链路层、网络层和传输层多个层面实现对 OpenFlow 网络的划分，并按照流的思想将网络资源进行合理匹配，从而达到网络切片按照数据流进行划分的目的。

② 使用方便易操作。FlowVisor 提供多条命令行，启动完成后能够使用命令行直接完成虚拟网的配置和流空间的配置，无需操作数据库即可完成 FlowVisor 管理虚拟网的所有功能。

③ 支持多级 FlowVisor 同时部署，能够实现在已创建的虚拟网上部署更高一层的虚拟网，实现对资源更加灵活的调度。

由于 FlowVisor 作为支持 OpenFlow 协议的第一个网络虚拟化平台，其设计过程中没有可以参考的范本，因此设计上仍有许多考虑不周全、不完善的地方。

① 虚拟网在设置流规则时，没有进行流规则的冲突检测机制。FlowVisor 虽然对虚拟网控制器下发的流表匹配项进行检查与修改，但是对 FlowSpace 的互斥性没有检查，这可能导致一个数据分组同时匹配多个虚拟网的 FlowSpace 的情况。

② 链路虚拟化支持不足。FlowVisor 现在只支持物理链路存在的情况，即交换设备之间有直连物理链路时才能够实现此链路的虚拟化，而当两个交换设备通过多个设备连接能够构成一条传输路径时，FlowVisor 不能把此路径虚拟化

为链路资源。

③ 仅完成了拓扑和流量的虚拟化，未能完成当初的所有设计目标，即没有实现对交换设备 CPU、带宽资源以及流表的虚拟化。

④ FlowVisor 的虚拟网隔离性能差，在广播条件下，一个切片的流量会进入另一个切片，尚未真正满足虚拟网隔离的原则。当用户在某个虚拟网进行破坏性实验时，很可能会干扰其他虚拟网用户。

6.2.3 网络虚拟化平台 OpenVirteX

6.2.3.1 OpenVirteX 工作原理

OpenVirteX 是美国斯坦福大学 On.Lab 团队在 FlowVisor 基础上进一步研发的一款 SDN 网络虚拟化平台，允许用户自主创建和管理虚拟 SDN（vSDN）。在基于 OpenVirteX 的虚拟 SDN 中，租户可自定义拓扑与网络编址方案，并运行自身网络操作系统（NOS）来控制 vSDN。OpenVirteX 平台通过作为 OpenFlow 控制器代理来实现网络虚拟化，位于网络和租户网络控制器之间，可提供地址虚拟化能力，以隔离租户流量；可提供拓扑虚拟化能力使得租户可以指定他们的拓扑结构，并且实现虚拟网络基础设施的按需分配。OpenVirteX 在逻辑上将 vSDN 从基础硬件设施中解耦出来，为诸如链路和交换机弹性恢复、网络快照及租户网络迁移等功能的实现提供了便利的环境。

OpenVirteX 具备以下 3 个特点：一是为试验提供彼此隔离的 vSDN，允许试验者自定义拓扑与网络编址方案；二是显式地为 vSDN 抽象出了虚拟节点，允许试验者直观地对虚拟节点进行管理；三是借助后端数据库对网络状态的实时记录，具备了对试验切片执行网络快照的能力。

OpenVirteX 网络虚拟化切片思路是在接入交换机上根据端口号和 MAC 地址识别主机所属的切片，流量经过接入交换机后，其源 MAC 地址将被 OpenVirteX 重写。重写后的源 MAC 地址的前 24 位为 OpenVirteX 从 IEEE 申请得到的保留 OUI，后 24 位将携带着切片网络的标识信息在数据平面传输。传输途中的虚拟节点则将根据数据分组的源 MAC 地址来识别切片的流量，并送给相应的切片控制器。目的主机所在的出口交换机上，源 MAC 地址将被回写为源主机的 MAC 地址，从而实现了用户流量进入、经过和离开 OpenVirteX 平台时，都能够保证切片隔离。

此外，在用户流量经过 OpenVirteX 平台时，虚拟化切片中的一条虚拟链路可能会映射为底层物理网络中的多条物理链路，需要 OpenVirteX 标记并维护这

个映射关系。OpenVirteX 是通过对目的 MAC 地址进行重写来标识虚拟链路以及该虚拟链路所承载的流量。具体重写规则如下：经过重写后的目的 MAC 地址的前 24 位为 OpenVirteX 从 IEEE 申请得到的保留 OUI，后 24 位将携带着 vLink ID 和 Flow ID 的信息在数据平面传输。这里的 Link ID 即该切片网络中虚拟链路的标识，而 Flow ID 不是对应着某一个流表，而是记录着该次通信的源主机和目的主机的 MAC 地址，以便在出口交换机上进行主机的 MAC 地址回写。接入交换机重写后，源 MAC 地址用来区分不同的切片流量，在传输过程中不会改变；目的 MAC 地址中的 vLink ID 用来标识流量传输到了哪一条虚拟链路上，每经过一个中继虚拟节点后改变一次，Flow ID 则标识了该流量的源主机、目的主机的 MAC 地址，以便在出口交换机处进行主机的 MAC 地址回写。

此外，OpenVirteX 使用了后端数据库，可以支持虚拟链路的 Fail-Over 机制。在实现虚拟链路时，OpenVirteX 可以备份一条次优的路径，当主用虚拟链路经过的物理节点或者物理链路失效时，OpenVirteX 自动地将该虚拟链路映射到备份路径上。当失效点恢复时，OpenVirteX 将重新切换回原来的最优路径。

相比于 FlowVisor 的 FlowSpace 机制，OpenVirteX 通过重写 MAC 地址解决了切片地址空间无法复用的问题。与此同时，OpenVirteX 开放了试验用户在内部切片使用 VLAN 的能力。另外，在接入 / 出口交换机上 OpenVirteX 还会重写 / 回写源 IP 地址和目的 IP 地址以支持 IP 地址重叠复用。

6.2.3.2 OpenVirteX 系统架构

OpenVirteX 是一个能够自定义创建基于 OpenFlow 协议的虚拟网络的网络虚拟化平台。这些虚拟网络可以有任意拓扑结构和编址方案，可为每一个租户的请求进行配置。这些请求由网络嵌入器调用 OpenVirteX 的 API 来监听。在图 6-13 中，首先，用户指定租户虚拟网络的编址方案、拓扑和链路，发送到网络嵌入器中，嵌入器会利用 OpenVirteX 的信息来生成一个虚拟到物理的映射；随后，这个映射会传递给 OpenVirteX，OpenVirteX 进而将在物理拓扑上实例化虚拟网络。

如图 6-13 所示，OpenVirteX 被分为以下几个主要部分。

① 面向物理网络的南向接口：用于建立和维持物理基础设施，管理 OpenVirteX 和数据路径（Datapath）之间的 OpenFlow 信道。

② 面对租户的北向接口：呈现由虚拟交换机和虚拟链路构成的虚拟网络，管理虚拟交换机和租户控制器之间的 OpenFlow 信道。

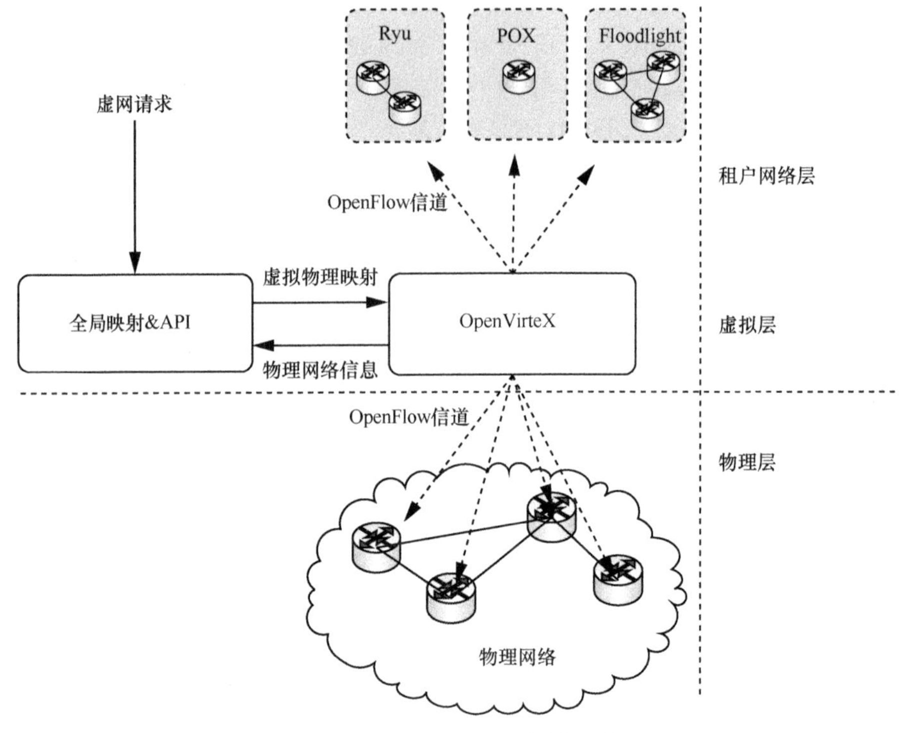

图 6-13 OpenVirteX 体系结构示意

③ 全局映射（Global Map）：完成虚拟网络和物理网络之间的相互映射，并且连接这两个网络。

④ API 服务器：监听 JSONRPC 调用系统配置和系统 / 网络状态信息。

在 OpenVirteX 内部，OpenVirteX 依赖于虚拟元素的松耦合，为实现这一目标，OpenVirteX 对所有的虚拟和物理元素进行建模，并且保持它们之间的映射关系，如图 6-14 所示。

全局映射在租户虚拟网络被创建时完成，虚拟网络和物理网络的信道管理在分离的 I/O 循环中完成。所有的虚拟网络元素至少被映射到一个物理元素上，映射本身并不指定虚拟化过程是如何实现的。而是对于每个 OpenFlow 消息，I/O 循环确保消息的传输跨越物理与虚拟区域，也就是必须调用虚拟化和去虚拟化的过程，另外，OpenVirteX 必须能够将消息送至正确的租户控制器。

OpenVirteX 物理平面和虚拟平面的这种默认解耦状态使在运行时期动态重配置虚拟网络成为可能，可通过 API 调用来操纵全局映射，并允许 OpenVirteX 即使是在租户不存在的情况下仍保留到网络的连接。

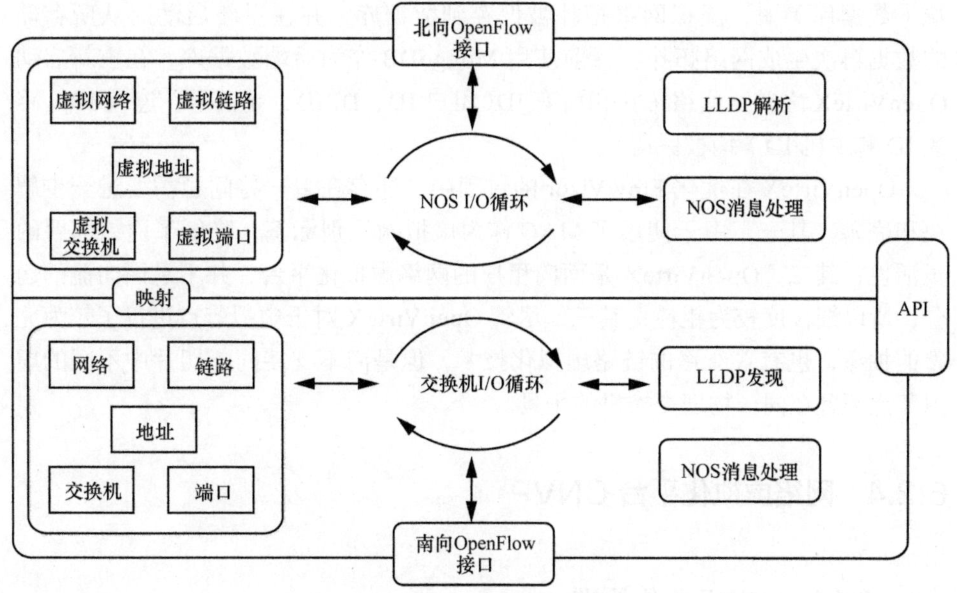

图 6-14　内部 OpenVirteX 架构

6.2.3.3　OpenVirteX 的优点及存在的问题

OpenVirteX 是在 FlowVisor 基础上进行设计的，拥有 FlowVisor 的大部分优点，这里不再赘述，主要强调 OpenVirteX 相对于 FlowVisor 的几个特性。

① OpenVirteX 的设计理念使得系统相当容易扩展。在 N:1 的键值映射的形式下，虚拟和物理是松耦合，这无疑增加了灵活性。

② 拓扑可定义：vSDN 拓扑不需要是基础设施的同构子图，虚拟链路可能包含多个连续跳数，并且虚拟交换机可以抽象部分或全部的网络。

③ 弹性恢复：虚拟链路或交换机可以映射到多个物理组件来提供冗余保障。OpenVirteX 试图通过允许某些组件进行到物理网络的冗余映射以减少基础设施故障对虚拟网络的影响。一个弹性虚拟链路在虚拟链路端点之间可能对应多条相应的物理路径，可利用拓扑中的冗余机制在虚拟交换机端口之间提供多径保证。

④ 动态 vSDN 重配置：租户网络的重新配置将减少被操纵的键值对。映射逻辑集中在全局映射中，键值对作为引用来使用而不是存储该组件表示。由于映射本身不存储任何网络状态，所以这些都可以在运行时改变。此外，利用这一特性，OpenVirteX 可以为不同运营商网络提供服务。

⑤ 可持续性：OpenVirteX 支持管理上配置的网络拓扑结构的持续性，每个网络和网络元件维持一个可保存属性的集合。当提供它可连接到的储存后

端（数据库）时，虚拟网络拓扑被保存到数据库，并在重新启动时从所存储的数据再次生成网络拓扑。目前使用 MongoDB 作为后端数据库，在重新启动 OpenVirteX 之前，网络拓扑和所有 ID（租户 ID、DPID、端口号、连接 ID、路线 ID 和主机 ID）均被保留。

OpenVirteX 在优化 FlowVisor 的过程中，还存在着一些问题需要进一步解决和完善。其一，由于使用了 MAC 作为虚拟网识别标签，降低了网络部署的灵活性；其二，OpenVirteX 是面向租户的网络虚拟化平台，并不是面向流的切分，所以细粒度较为粗糙；其三，尽管 OpenVirteX 对于虚拟节点进行了较为完整的抽象，也有着新颖的链路虚拟化技术，但是尚不支持同一切片中不同的虚拟节点部署在同一物理交换机的场景。

6.2.4 网络虚拟化平台 CNVP

6.2.4.1 CNVP 工作原理

在使用 FlowVisor 对 OpenFlow 网络进行虚拟网划分的过程中，北京邮电大学未来网络实验室（FNL）的研发者发现 FlowVisor 的虚拟网流量隔离不能满足自身的实验需求，于是动手开发了一个自己的 OpenFlow 网络虚拟化平台 CNVP。与 FlowVisor 相似，CNVP 也是部署在控制器与交换机之间作为二者的透明代理，能够对底层物理网络进行抽象，并根据不同网络层协议定义虚拟网络，实现对网络基础设施的共享复用。

CNVP 使用 VLAN 标签标识每个虚拟网，控制器向交换机添加流表信息时此消息被 CNVP 截获，CNVP 会根据虚拟网的配置信息，向即将下发给交换机的流条目增加写 VLAN 标签的行为，以标识此流所属的虚拟网。当属于一个虚拟网的数据分组到达此虚拟网的边缘交换机时，边缘交换机为此数据分组添加 VLAN 标签，并在数据分组离开虚拟网时去除标签。CNVP 利用 VLAN 标签识别每个虚拟网，从而实现各虚拟网的流量隔离。

CNVP 在设计过程中参考了 FlowVisor 的设计思路，并对其设计原则进行了如下补充。

① 对管理的多个虚拟网进行严格的流量隔离，即使在广播时各虚拟网的流量也是相互隔离的。

② 对用户配置的虚拟网流空间进行互斥性检查，确保不会出现一个数据分组能够被两个虚拟网同时处理的情况。

③ 除了能够对拓扑和流量进行虚拟化以外，还能够对网络带宽、流表、平

台 CPU 等资源进行虚拟化。网络带宽隔离方面，通过为虚拟网内的交换机配置端口队列来实现带宽隔离，从而为每个虚拟网分配独占的链路带宽资源。流表资源隔离方面，通过保存每个虚拟网下发的流表数来限制虚拟网的流表空间，以避免因为某个虚拟网的流表空间过大而导致其他虚拟网流表下发失败。平台 CPU 隔离方面，通过为每个虚拟网设定处理队列，制定相应的处理策略来实现对虚拟网计算能力的分配和调度。

按照上述思路，图 6-15 给出了 CNVP 网络虚拟化平台的功能设计框架，各功能模块的详细说明如下。

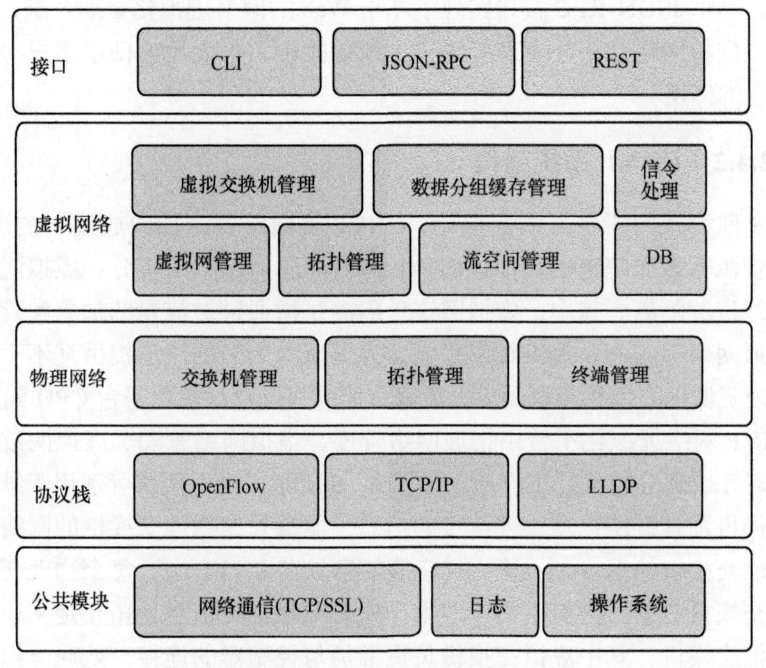

图 6-15　CNVP 功能模块划分

① 南向接口：CNVP 目前支持的南向接口仅有 OpenFlow 协议，具体版本包括 v1.0 和 v1.3 两种，未来将考虑扩展兼容多种南向协议。

② 物理网络管理：提供交换机管理、拓扑管理和终端管理的功能。交换机管理实现 CNVP 与 OpenFlow 通信、管理会话和端口的功能；拓扑管理通过定时发送 LLDP 探测分组探测网络中的链路状态；终端管理提供对网络边缘节点进行管理的功能。

③ 虚拟网络管理：提供虚拟网管理、虚拟网拓扑管理、流空间管理、虚拟交换机管理、数据分组缓存管理、信令处理和数据库管理的功能。虚拟网管理

提供对虚拟网基本信息进行管理的操作以及虚拟网的创建、删除、启动和停止功能；虚拟网拓扑管理提供对虚拟网拓扑的定义；流空间管理提供对流空间的配置和流空间冲突检测的功能；虚拟交换机管理提供与控制器交互的逻辑对象，维护与控制器之间的会话；数据分组缓存管理用于交换机和控制器之间通信时对负载数据的缓存处理，以降低控制器和交换机之间的网络流量；信令处理提供上行消息的虚拟网分发和下行信令的整形处理；数据库用于保存虚拟网信息、拓扑定义以及流空间定义等信息。

④ 接口：CNVP 目前可以提供 CLI、JSON-RPC 接口和 REST 接口 3 种类型接口，其中 JSON-RPC 接口实现了基于 Web 的网络虚拟化管理系统，可对物理网络、虚拟网络、拓扑管理等进行可视化操作，极大地方便了用户对网络虚拟化平台的使用。

6.2.4.2 CNVP 系统架构

为实现物理网络资源的虚拟化，CNVP 将网络资源抽象成统一的资源池，并提供资源管理和隔离的功能。CNVP 的资源隔离包括两部分：虚拟网流量隔离和物理资源隔离。其中，虚拟网流量隔离是指通过对流量的抽象和管理，为每个虚拟网内部的流量提供转发功能，为虚拟网之间的流量提供互不干扰的功能；物理资源隔离包括带宽隔离、流表资源隔离以及虚拟化平台 CPU 隔离。

CNVP 网络虚拟化平台由物理网络管理、虚拟网络管理、虚拟网数据库和信令处理几个部分组成，工作原理如图 6-16 所示。物理网络管理用于维护所有物理交换机及其链路以及物理终端的信息，能够处理物理交换机的网络请求并保存物理交换机的端口、性能、状态等信息。在 CNVP 中，每个物理交换机对应一个交换机对象。虚拟网络管理维护所有的虚拟网信息、拓扑定义、流空间以及虚拟交换机，其中虚拟交换机负责维护与控制器的连接，处理虚拟交换机与控制器之间的通信，并对控制器下发的信令进行处理。

CNVP 启动时，首先从虚拟网数据库中加载所有的虚拟网数据，包括虚拟网拓扑定义、流空间和虚拟网状态等信息，然后启动虚拟网，控制虚拟交换机向控制器发起会话。CNVP 整体架构采用事件通知的方式进行模块之间的交互。当物理交换机状态发生变化时，物理网络管理模块向虚拟网络管理模块发送事件通知，虚拟网络对接收的事件进行处理，并更新虚拟交换机的状态，使得物理交换机和虚拟交换机状态保持一致。

CNVP 的核心流程主要是 OpenFlow 协议的上行分发处理和下行整形处理。上行信令分发流程为：当数据流从物理交换机到达 CNVP 之后，数据流由 CNVP 中对应的物理交换机处理模块进行处理；此模块完成对该消息的处理后，提交给信令处理模块；信令处理模块根据虚拟网流空间的定义查找匹配的虚拟网，并把数据流分发到虚拟网对应的虚拟交换机，然后由虚拟交换机将数据流发送给所属控制器进行处理。下行信令整形处理流程为：控制器下发控制策略到 CNVP 的虚拟交换机模块，此模块接收处理后提交给信令处理模块进行整形处理；通过虚拟交换机模块和网络通信模块最终将整形后的控制策略下发给相应的物理交换机。

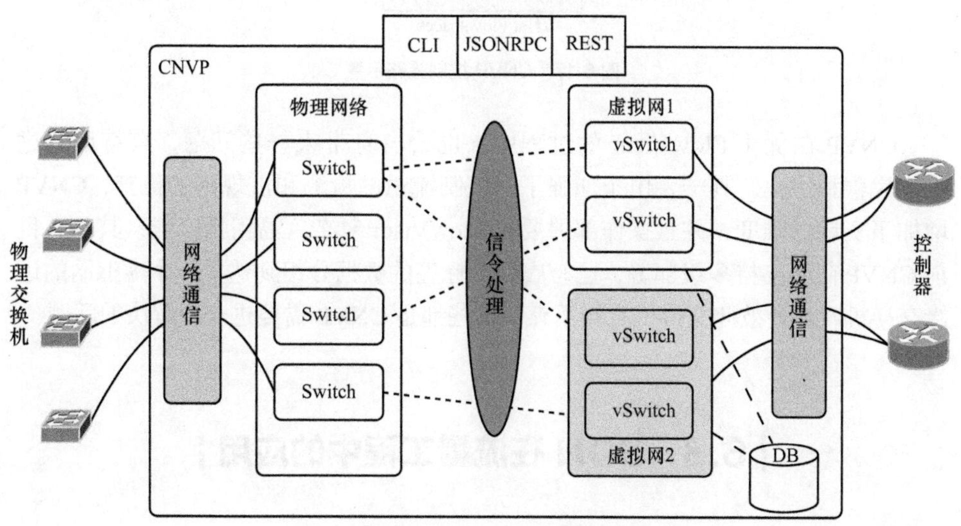

图 6-16　CNVP 工作原理

6.2.4.3　CNVP 的优点及存在的问题

CNVP 是参考 FlowVisor 进行设计的，拥有 FlowVisor 的大部分优点，这里不再赘述，主要强调 CNVP 相对于 FlowVisor 的几个特性。

① 提供流空间冲突检测功能，CNVP 在为虚拟网增加流空间之前，将新增的流空间与所有的其他流空间进行规则检测，只有流空间范围定义不重叠的规则才能被加入流表中。这种流空间的全局冲突检测，可以避免流空间重叠问题，杜绝同一流进入不同虚拟网的发生。

② 解决控制策略越界的问题，FlowVisor 对控制器下发的信息不进行检测，可能会发生某虚拟网内的控制器能够对其他虚拟网内的交换机流表进行修改的现象。CNVP 对所有通过该虚拟网的控制策略都进行检查，以限制控制策略可能出现的越界行为，如图 6-17 所示。

③ 提供流量隔离功能，CNVP 能够实现对其所管理的多个虚拟网进行严格的流量隔离，即使在广播时各虚拟网的流量也是高度隔离的。

④ 提供带宽、流表、CPU 隔离功能，CNVP 支持对带宽、流表和计算资源的虚拟化，能够在各个虚拟网间实现上述 3 个维度的隔离。

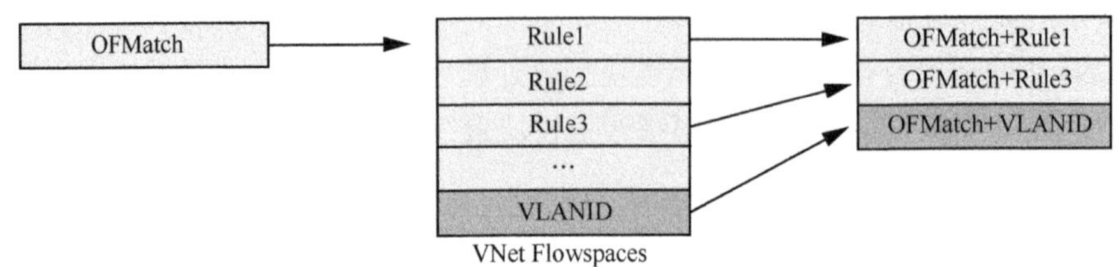

图 6-17　CNVP 控制策略示意

CNVP 在优化 FlowVisor 的过程中，也给自身带来一些问题，有待后续进一步完善和优化。其一，由于加强了对控制流量的检测和流规则的检查，CNVP 增加了实现的难度，并且操作部署要比 FlowVisor 复杂，易用性降低；其二，目前 CNVP 尚不支持多级部署，已有虚拟网标签的数据分组到达另一个虚拟网的边缘交换机时，会被此交换机直接丢弃，这些都是 CNVP 需要进一步解决的问题。

6.3　SDN 在流量工程中的应用

流量工程（Traffic Engineering，TE）的主要目标是将业务流映射到现有物理拓扑上。如果一个流量工程的应用能够实现一组正确的功能，它将使 ISP 在其路由域内对业务流的分布实现精准的控制。20 世纪 90 年代初期，这种映射的实现主要通过网络设备的路由配置实现，但当某条链路发生阻塞时则无法实时修改配置，只能通过预先提供过量带宽来保障性能。随着互联网的发展，网络规模越来越大，需求也更加灵活，因此，如何有效地实现动态流量工程成为一个重要研究方向，得到了 IETF 和一些大型互联网服务提供商的广泛关注，很多数据中心的研究人员也在探讨这一问题。

SDN 的提出为实现动态流量工程提供了一个可行的新思路。2013 年，Google 公司在 SIGCOMM 发表了一篇关于 Google B4 网络的文章[12]，其中详细描述了基于 SDN 实现数据中心间流量工程的方案和部署实现。B4 是第一个基于 SDN/OpenFlow 实现规模部署的生产性网络，在 SDN 技术的发展过程起到了重要的推动作用。本节将从背景情况、设计思路、实施方案及效果评估等方面，介绍和分析 SDN 在 Google B4 之中的作用，使读者能够更深入地了解这个 SDN 产业化应用案例的细节。

6.3.1 B4 概述

Google 公司一直致力于互联网搜索、云计算、广告技术等领域的创新，开发并提供了大量基于互联网的产品与服务，尤其提供了丰富的线上软件服务，如云硬盘、Gmail 电子邮件、YouTube 视频分享以及 Google+ 社交网络服务等。Google 多样化的产品与服务促使其在美国及世界各地建立了多个数据中心。截至 2013 年年底，Google 已在美国、智利、比利时、爱尔兰、芬兰、新加坡等地设有共 12 处数据中心，另外还有其他数据中心正筹建中。据统计，早在 2008 年，Google 在全世界的数据中心内就运营超过百万台的服务器，每天处理数以亿计的搜索请求以及约 24 PB 用户的数据。

为了向全球用户提供优质的搜索、视频、云计算、企业应用等业务，Google 将其网络分为数据中心内部网络（IDC Network）和骨干网（Backbone Network），其中骨干网按照流量方向进一步细分为两张广域网：第一个网络为面向 Internet 用户访问的网络，终端用户的请求与响应通过这个网络传递到数据中心和网络的边缘缓存节点；第二个网络就是 Google B4，它提供了数据中心间的网络连接，具体负责同步数据复制、交互服务系统的推送索引以及终端用户数据的可用性副本等工作，90% 以上的内部应用流量通过这个网络进行传递。

Google B4 面临的问题在于，网络流量不是恒定不变的，高峰期流量可达平均流量的 2 ~ 3 倍。因此，为了保证高峰期的带宽需求，必须购买 2 ~ 3 倍的带宽以及高端路由设备，这就导致数据中心间网络的成本大大提高，这是促使 Google 改造数据中心广域网流量工程的最大原因。除此之外，增加网络可见性及稳定性、简化管理、通过应用来控制网络等都是本次网络改造的动机。另外，与普通的广域网不同，Google B4 能够得以实现还因为其具有如下特征：B4 所运行的所有应用、服务器与网络边缘链路都是受 Google 控制的；流量最大的应用是数据中心间的数据副本，但它对带宽与延迟要求不高，为动态调度流量优先满足实时流量的带宽需求提供了可能性；数据中心数量有限，使得集中式的带宽控制成为可能。

SDN 技术的出现为 B4 的需求提供了潜在的解决方案，因此 Google 在部署 B4 时选择了 SDN 架构，使用了 SDN 的代表协议 OpenFlow 来管理交换机，并将支持基础路由协议与动态流量工程作为最先要实现的功能。其中，流量工程利用 SDN 灵活控制网络带宽的功能，可以在资源受限的情况下满足应用的需求；同时可以充分提升网络带宽利用率，大幅降低建网成本；还可以在网络设备发生故障或应用需求发生变化时，动态分配带宽，迅速灵活地做出响应。

截至 2013 年，部署 3 年的 Google B4 已经承载了超过 Google 公共（面向用户）网络的流量，并持续增长。基于上述的流量工程，B4 的平均链路利用率从 30% ~ 40% 提升到 70%，甚至在很多链路中能够接近 100%。它是第一个基于 SDN/OpenFlow 进行生产性部署的网络，具有非常大的影响，对 SDN 的推广有着良好的示范作用，也是截至 2014 年 ONF 官网上仅有的 3 个用户案例之一。

6.3.2 B4 设计思路

6.3.2.1 设计依据

B4 的流量工程主要是为了调度 Google 数据中心间流量，以提升链路利用效率，因此设计人员首先对需要调度的流量进行了分析与归类。在 B4 中有数以千计的应用，网络流量大致可以分为 3 种，具体描述如下。

① 用户数据复制：用于保证可用性和持久性的跨数据中心流量，包括视频、图片和文字等。

② 远程存储访问：用于分布式计算的流量。

③ 大规模数据同步：多个数据中心之间的状态同步。

这 3 类流量数据量依次增大，对延迟的敏感度依次降低，优先级也依次变低。基于上述流量分类，B4 网络在设计中需要考虑如下 4 个需求。

① 动态的带宽需求：数据中心的主要流量来自于跨站点的数据同步，这些应用需要大量带宽，并能适应带宽的周期性减少。

② 稳定的站点数量：B4 网络必须从多个维度来衡量，从数据中心部署的角度来看，广域网站点的数目有限且保持稳定。

③ 后端应用管控：Google 控制应用连接到 B4 的网络站点，因此 Google 可以强制指定相关应用的优先级并控制网络边缘的爆发性流量，而非通过过量供应带宽或复杂调度功能来实现管控。

④ 成本敏感：B4 的容量与增长率会导致过高的成本预算。如果使用传统的 30% ~ 40% 的链路利用率会导致网络基础设施建设异常昂贵。

基于上述因素，Google 在 B4 的设计过程中做出了 4 个设计决策，见表 6-2。

表 6-2　Google B4 设计决策

设计决策	原理 / 收益	挑战
B4 路由器使用商用交换机芯片	B4 应用更倾向于带宽而非容错。边缘应用控制不需要巨大的缓冲空间。有限的 B4 站点数目意味着转发表不会太大，能够以相对较低的路由器成本扩大网络容量	牺牲了硬件容错，深度缓冲以及大路由表的支撑
链路利用率趋于 100%	能够有效使用长距离传输线路。很多应用倾向于更高的带宽；其中最大的带宽开销在于动态适应可用带宽	当链路或交换机故障时分组丢失不可避免
集中的流量工程	使用多路径转发来均衡应用需求	没有已经在使用的成熟协议
软硬件分离	加快流量工程协议的开发迭代过程	打破传统的部署模式

SDN 数据控制分离、逻辑集中控制、网络设备可编程的架构能够良好地满足上述提出的设计决策，因此，Google 选定了 SDN 技术来构建 B4 网络，下面将介绍 Google B4 如何将 SDN 应用在数据中心间互联网络之中。

6.3.2.2　体系架构设计

B4 中的 SDN 架构逻辑上分为 3 层，即交换硬件层（Switch Hardware Layer）、站点控制层（Site Controller Layer）和全局控制层（Global Layer），如图 6-18 所示。下面两层由多个广域网站点组成，一个站点就相当于一个数据中心，每个站点有多个服务器集群。在每个站点内，交换硬件层通过使用自行设计的交换机对流量进行转发，并不运行复杂的控制程序。站点控制层（Site Controller Layer）由网络控制服务器（Network Control Server，NCS）组成，其上运行 OpenFlow 控制器（OpenFlow Controller，OFC）和网络控制应用（Network Control Application，NCA）。全局控制层（Global Controller Layer）则由一些逻辑上集中的应用（如 SDN 网关、全局流量工程服务器等）组成，从而能够通过站点的 NCA 来集中控制整个网络。

OpenFlow 控制器维护基于 NCA 指令和交换机事件的网络状态，并基于这种变化的网络状态向交换机下发流表。基于容错性的考虑，在站点的服务器集群中，每台服务器均运行一个控制器，一台交换机可连接多个控制器，但其中只有一个控制器是出于工作状态的。通过运行站点的 Paxos 实例程序进行选举，即选出工作状态的主（Master）控制器，值得一提的是，这种选举并不是基于控制器的，而是基于功能性的。也就是说对于控制功能 A 来说，选举控制器 1 作为主控制器，而对于控制功能 B 则可能选举其他控制器作为主控制器。

在 B4 的部署中，路由与 TE 作为独立的服务运行在 SDN 架构上，具体来说，在初始阶段部署标准的网络路由服务，并逐步将 TE 作为 Overlay 部署。这样的设计可以让 B4 在最初的建设中只关注构建 SDN 架构，再逐步升级功能。

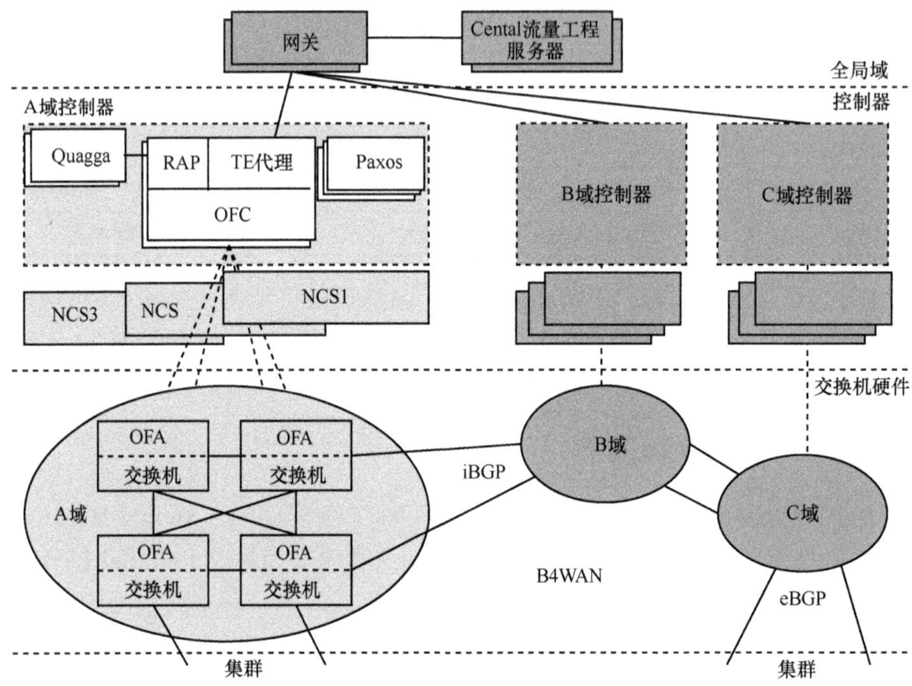

图 6-18　Google B4 整体架构

6.3.2.3　数据控制平面设计

在数据平面交换机设计的方面，Google 选择了自行设计交换机硬件，这是因为在开始部署 B4 时仍没有一个能够支持 SDN 部署的软硬件平台。出于对站点的带宽需求的考虑，Google 需要一种高阶（High-Radix）交换机，虽然部署数量更少，但需要却拥有更为强大的功能，这种高阶交换机在管理性和软件可扩展性方面具有更好的表现。

如图 6-19 所示，Google 定制的交换机是一个 128 口交换机，由 24 个 16 口 10 GE 的通用交换机芯片构成。底层的芯片是对外插线的，上层的芯片充当背板（BackPlane）。如果发往底层芯片的分组数据分组的目标 MAC 地址在同一块芯片上，就“内部解决”；如果不是，则发往上层的背板芯片，然后再发到目标地址所对应的底层芯片。

交换机上运行着用户态进程 OFA（OpenFlow Agent，OpenFlow 代理），连接到远程的 OFC（OpenFlow Controller，OpenFlow 控制器），接收 OpenFlow 命令，转发相应的数据分组和连接状态到 OFC。

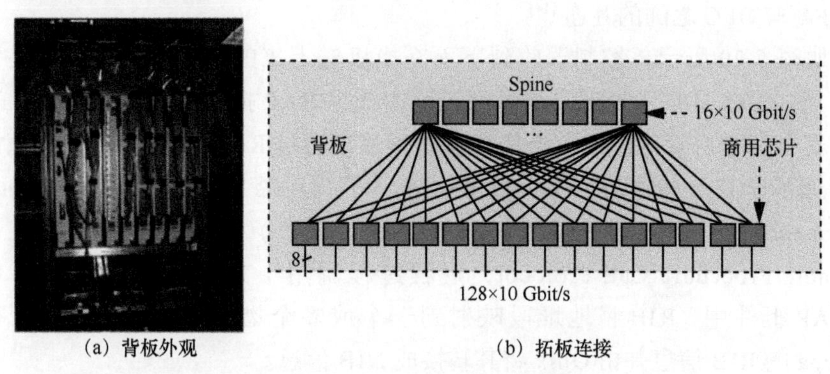

（a）背板外观　　（b）拓板连接

图 6-19　Google 的定制 SDN 交换机

关于控制平面的设计，B4 中的大多数功能运行于 NCS 上，NCS 与交换机共享专属的数据平面网络。Google B4 使用的 OpenFlow 控制器是由基于分布式的 Onix 控制器改造来的。NIB 包含当前网络的状态、Trunk 配置以及链路状态等信息。OFC 有多个热备份，OFA 保持与多个 OFC 相连接，但一次只与一个 OFC 通信（基于 Paxos 选举）。当启动或选出新的 OFC 时，OFC 从本地读取静态网络状态，再与交换机同步动态网络状态。关于 Onix 的具体信息见文献 [13]。

6.3.3　B4 核心网络功能

在介绍完 B4 的设计思路后，下面我们看看其需要实现的核心功能。B4 的核心网络功能主要就是处理不同站点（Site）之间的流量，其核心目标是如何保证这些站点之间流量的正确路由，同时在正确路由的基础上，如何能最大可能地提高链路的利用率。因此，下面研究 B4 的两个核心功能：域间路由使用传统的路由协议保证域间流量的正常转发；流量工程最大化地提高域间的链路利用率，并根据应用的不同带宽需求，动态调整隧道下发策略。

6.3.3.1　域间路由

域间路由用于 B4 站点之间的路由信息更新，其主要问题是如何与 OpenFlow 交换机相结合，从而实现混合网络的部署。Google 使用了 Quagga

（一种路由软件，用于实现多种路由协议）开源协议栈具体实现 BGP/ISIS 协议，并运行在 NCS 上。另外，Google 编写了一个路由代理（Routing Application Proxy，RAP）的 SDN 应用，以保证 Quagga 和 OpenFlow 交换机之间的交互以及 OFA 与 OFC 之间的互连[14]。

如图 6-20 所示，控制器收到下面交换机送上来的路由协议报文以及链路状态通知时本身并不处理，而是通过路由代理 RAP 把它送给 Quagga 协议栈。控制器会把它所管理的所有交换机端口信息都通过 RAP 告知 Quagga，该协议栈管理了所有这些端口。Quagga 协议栈计算出的路由信息，即 RIB（Routing Information Base，路由信息库），并使用 RAP 守护进程（RAPd）通过 PRC（Remote Procedure Call Protocol，远程过程调用）方式将 RIB 更新至 OFC 的 RAP 组件中。RIB 将地址段映射到一个或多个物理端口上，RAP 缓存了 Quagga 的 RIB 信息并由 Onix 将其转换成 NIB 信息。

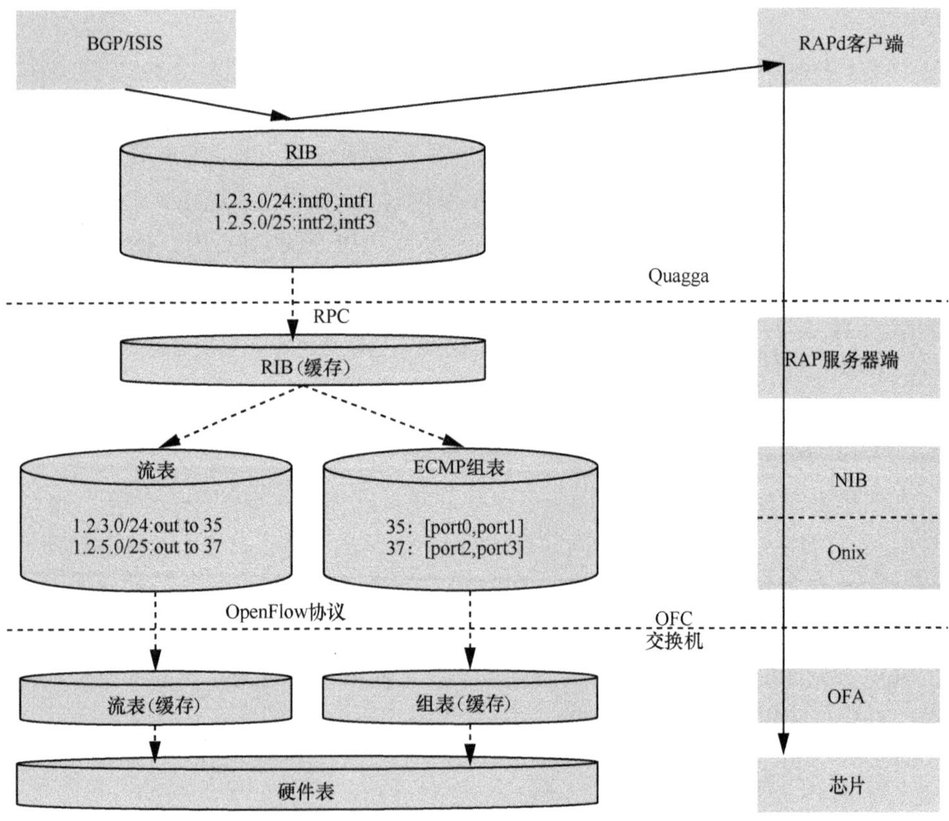

图 6-20　OFC 集中式路由

在OFC中，RIB被分解为Flow和ECMP Group两种不同的表。Flow表将不同的目的地址映射到不同的ECMP Group表中，然后由ECMP Group确定该数据分组的下一跳出口。BGP和ISIS运行在B4的数据平面上，但Quagga没有与数据平面相连接，因此为了处理路由信息，RAP必须代理Quagga和数据平面之间的路由数据分组。最终，RAP通知Quagga关于交换机的端口状态变化。一旦检测到端口状态发生改变，OFA向OFC发出OpenFlow消息，OFC更新本地NIB，复制给RAP，最终更新Quagga的路由信息。

6.3.3.2 流量工程

流量工程（TE）的主要目标是尽可能地通过使用多径在应用之间共享带宽。B4系统的目标是依据最大—最小公平分配（Max-Min Fairness）原则为应用分配带宽，也就是在公平的前提下满足尽可能多的带宽需求。下面将通过对集中式流量工程架构、带宽函数和TE优化算法等方面进行介绍，揭示Google B4网络是如何实现流量工程的。

（1）集中式的流量工程架构

Google B4的TE整体架构如图6-21所示，其中TE服务器基于如下元素进行操作。

- 网络拓扑：拓扑图将各个站点认为是图论中的顶点，站点到站点的连接被认为是边。SDN网关将所有站点和交换机的拓扑信息进行综合，并汇总至TE。TE由此计算站点之间的连接，生成简略拓扑，减小了TE优化算法的输入。
- Flow Group（FG）：由于网络中的应用数量过于庞大，因此以应用为单位进行TE操作不太现实。于是出于对可扩展性的考虑，B4定义了形如{源数据中心，目的数据中心，QoS}的元组流表项。
- Tunnel（T）：表示网络中的站点级路径，B4使用IP-in-IP的封装方式实现隧道。
- Tunnel Group（TG）：TG将FG映射到一组隧道并分配相应的权值。

全局的TE服务器通过SDN网关从各个数据中心的控制器收集链路信息，从而掌握路径信息。这些路径被以IP-in-IP隧道（在IP里边封装IP数据分组）的方式创建而不是TE最经常使用的MPLS隧道，通过网关到Onix控制器，最终下发到交换机中。当一个新的业务数据要开始传输时，应用程序会评估该应用所需要耗用的带宽，为其选择一条最优路径（例如，负载最轻但非最短路径，虽不丢失分组但延迟大），然后把这个应用对应的流，通过控制器安装到交换机中，并与选择的路径绑定在一起，从而整体上使链路带宽的利用率达到最优。

对于带宽的分配与路径的计算是Google B4的创新性的巨大体现。在理想的情况下，基于特定应用来分配带宽无疑是最优的，但这会造成流表项的数目太过巨大。因此，B4采用Flow Group来维护流表项。由于同一类应用程序拥有同样的QoS优先级，这样做就等同于将所有从一个数据中心发往另外一个数据中心的同类别数据汇聚成一条聚合流。在划分流之后，使用带宽函数计算出每条流所需要分配的带宽，带宽的分配遵循前面提到的最大—最小公平分配原则，即带宽分配有最大带宽和最小带宽使得每条流的带宽是处于动态平衡的，之后会详细介绍带宽函数的原理。

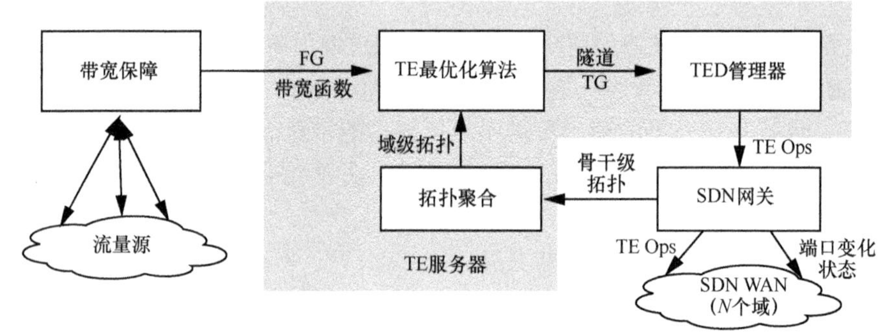

图6-21　Google B4的TE实现概况

图6-21中显示TE算法存在两个输入源，一个是控制器通过SDN网关报上来的拓扑和链路信息，另一个就是带宽函数的输出结果。TE服务器将计算出的流分别映射到各自的隧道，并将带宽分配信息通过SDN网关下发到控制器，并最终实现流量的动态调度。

（2）带宽函数

为了获得相对优先级，带宽函数（Bandwidth Function）需要与每个应用相关联，这个函数在给定应用流量相对优先级的情况下指定带宽分配，函数的斜率即指定应用相对优先级的静态权重，以图6-22(a)为例，程序APP1、APP2以及APP3分别有权重10、1和0.5，横坐标表示满意度，纵坐标表示付出的带宽，即优先级越高的APP满足起来越困难。据此，可以配置、测量带宽并提供给TE。

由于每个FG从一个站点到另一个站点有多个应用请求，因此，FG的带宽函数是每个应用带宽函数的分段线性组合而成。如图6-22(b)所示，带宽函数需要为APP1和APP2分配15 Gbit/s和5 Gbit/s的带宽，当分配带宽达到需求后，带宽不再随满意度增长，在图中表现为折线。APP1和APP2带宽需求的线性组合形成了FG1带宽函数；同样，APP3的10 Gbit/s带宽需求形成了FG2带宽函数。接下来，B4 使用贪婪算法完成了 FG1 和 FG2 到图 6-23 所示的基础设施网络的映射，优化目标是在保证满意度相同（即公平）的情况下，尽可能满足最多的带宽需求，具体算法本书不再介绍，请读者参考相应论文。

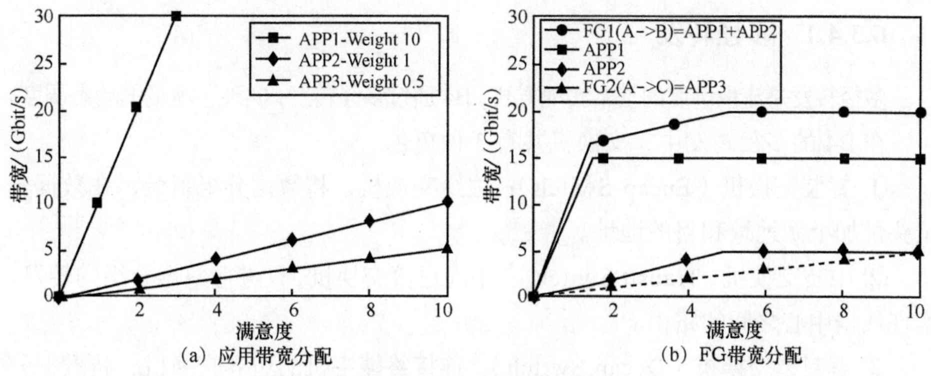

(a) 应用带宽分配　(b) FG带宽分配

图 6-22　带宽函数示例

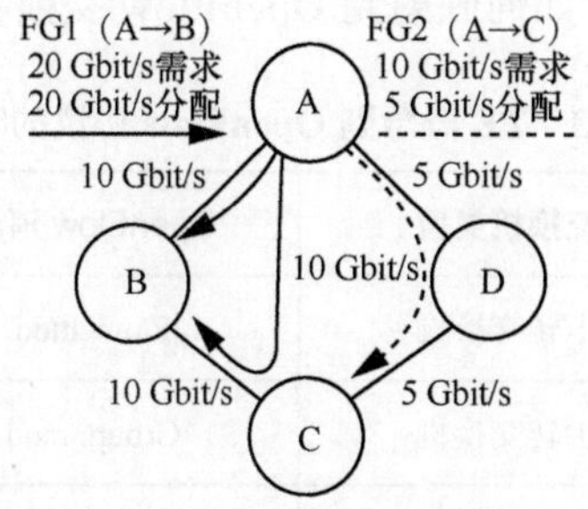

图 6-23　两个 FG 的带宽分配示例

6.3.4 基于 SDN 的流量工程实现

由前面小节可以看到，B4 网络在域间使用基于 BGP/ISIS 的传统路由机制的同时又做了流量工程。传统路由机制使用 Quagga 路由软件来计算域间路由，并通过 RAP 和 OFC 把 RIB 中的路由信息映射为底层交换机中的流表。同时整个 B4 流量工程架构使用基于应用定义的带宽函数（描述了带宽与应用优先级之间的线性关系）作为输入，根据具体的网络拓扑来计算具体应用所要使用的域间流量信息，从而生成具体的隧道和转发路径。

下面将结合具体的例子来介绍由 B4 Quagga 路由软件计算出的域间路由信息和 TE 下发的隧道是怎么工作的。下面首先来看看 B4 是怎么把应用的流量映射到指定隧道中，并完成多径转发，然后再来分析域间路由和流量工程是怎么同时工作而不引起冲突的，最后再来看看 B4 对保持不同站点 TE 状态一致性所做的工作 [15]。

6.3.4.1 多径转发

多径转发是流量调度的基本实现方式，B4 通过多径转发，实现了流量的动态调度。

在 B4 的多径转发中，交换机共有 3 种角色。

① 封装交换机（Encap Switch）：边缘交换机，将数据分组封装，在数据分组头部加上源地址和目的地址。

② 中转交换机（Transit Switch）：中间过渡交换机，只进行数据分组的转发，实现数据中心之间的路由。

③ 解封装交换机（Decap Switch）：连接终端主机的边界交换机，将数据分组解封装，送到终端目的地。

表 6-3 详细解释了 TE 如何映射到 OpenFlow 交换机的概念。

表 6-3 TE 概念到 OpenFlow 协议的映射

TE 架构	交换机类型	OpenFlow 消息	硬件表
T	中转交换机	Flow_mod	LPM 表
T	中转交换机	Group_mod	多路径表
T	解封装交换机	Flow_mod	解封装隧道表
TG	封装交换机	Group_mod	多路径表，隧道表封装
FG	封装交换机	Flow_mod	ACL 表

如图 6-24 所示，当封装交换机通过分组头散列值将流量切分成两条不同的路径，交换机将一个固定源 IP 地址（2.0.0.1）和每个隧道目的 IP 地址（3.0.0.1/4.0.0.1）封装到数据分组。其中，源地址 2.0.0.1、目的地址 4.0.0.1 的数据分组会沿着最短路径转发，与此同时，目的地址为 3.0.0.1 的数据分组会经由中间过渡站点转发。目的站点的交换机必须根据 TE 预先配置表信息来对数据分组解封装。之后，交换机再根据解封装后的数据分组头来转发和路由。由此，通过 OpenFlow 实现了网络中流量的多径转发。

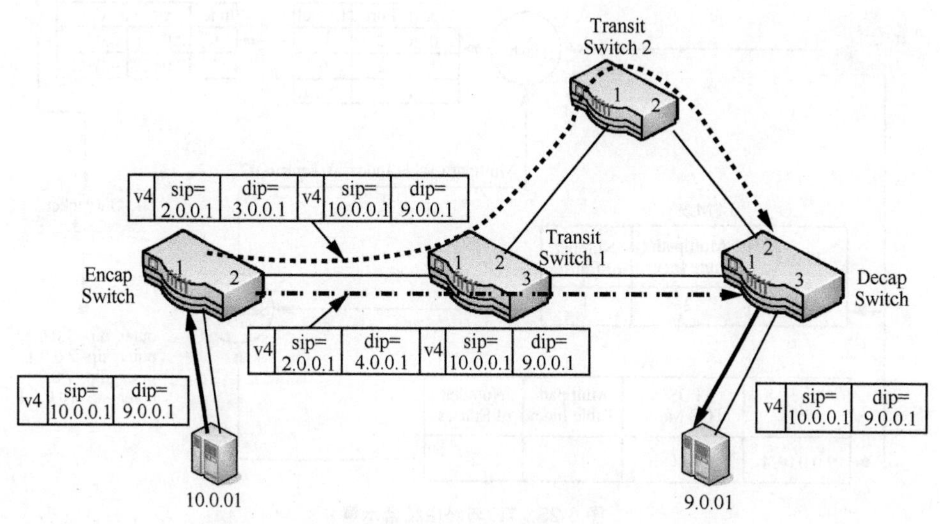

图 6-24 多径转发示例

6.3.4.2 TE 与路由结合

TE 与传统路由转发独立分离的架构是 B4 网络改造可以分阶段进行的重要原因。最初使用传统路由转发机制，后期 TE 网络流量路径规划完全靠 SDN/OpenFlow 来实现。另外这种分离的架构可以保证在 TE 服务器失效的情况下正常运转。通过交换机的多转发表，实现了对两种不同的路由服务同时存在的支持。交换机中有两张不同的转发表，最长前缀匹配（LPM）表是由最短路径的传统路由协议（BGP/ISIS）生成的路由转发表；访问控制列表（ACL）是 TE 使用的路由转发表，其优先级高于 LPM 表，即 TE 的优先级高于最短路径路由，这样可以保证 TE 正常工作。

以图 6-25 为例，当目的地址为 9.0.0.1 的数据分组到达交换机时，LPM 和 ACL 中都存在相应的表项。LPM 将该数据分组从 2 号端口直接输出（无需隧道）；ACL 则优先将数据分组按照多路径转发规则进行处理。因此，基于 ACL 优先于 LPM 的原则，数据分组根据 ACL 的转发规则，将数据分组从两条不同的隧道进行转发。这两条隧道都经由 2 号端口转发，只是以不同的源 / 目的地址封装。至此，通过 OpenFlow 的多转发表实现了 TE 与路由相结合，这也是先前提到的 B4 可以分阶段部署的重要原因。

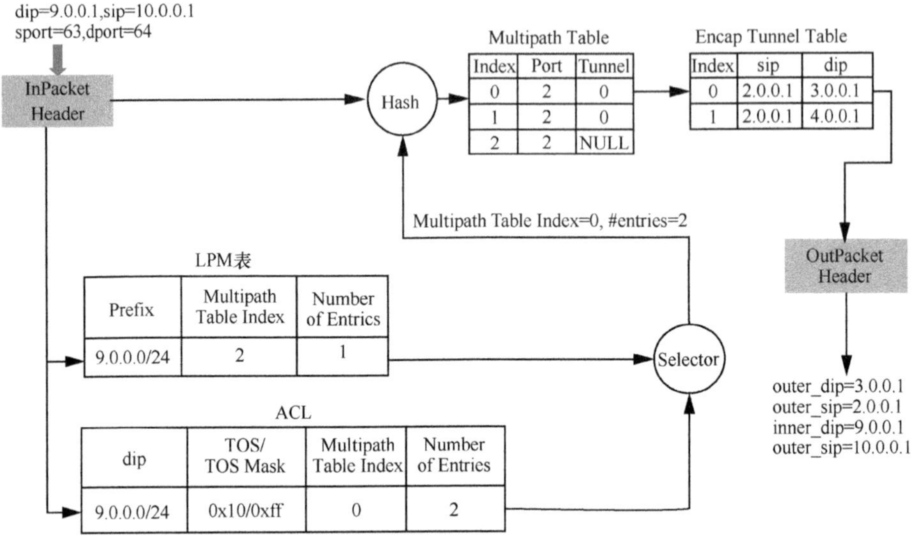

图 6-25　TE 与路由结合示意

6.3.4.3　跨站点 TE 状态同步

在 B4 中，TE 优化算法的输出结果保存到每个站点的 TE 数据库（TE Database，TED）中。每个 OFC 根据 TE 数据库向交换机设置相应的转发策略，这种抽象使得 TE 服务器从比如硬件表管理、散列以及可编程的交换机中解脱出来，这也是 SDN 架构带来的改变。

TED 维护了一个 Key-Value 的存储关系，用于存储全局的 Tunnel、Tunnel Group（TG）以及 Flow Group（FG）。TE 数据库的值通过 TE 算法来确定，需要用到 TG、FG 和 Tunnel 的输出。通过比较预期 TED 的状态和现有 TED 状态，针对一个不同点，生成一个 TE 的优化操作。一个 TE 的优化操作可以在一个 OFC 上增加 / 删除 / 修改一个 TED 的条目。OFC 在那个站点将 TE 操作转化为对所有设备的程序指令，OFC 在相应 TE 操作前，需要等待设备的 ACK 消息。在合适的时候，TE 服务器可能会同时对一个站点发送多个操作。

6.3.5　B4 的部署与成效

6.3.5.1　部署过程

Google 的部署分为 3 个阶段。第一阶段是 2010 年年初，这时仅引入 OpenFlow 交换机，其网络协议在控制器上面完成实现，外部来看仍然是传统网络交换机；

第二阶段完成于2011年，这个阶段增加了OpenFlow网络中的流量，开始引入控制器流量管理，B4网络开始向OpenFlow网络演变；第三个阶段完成于2012年年初，整个B4网络完全切换到了OpenFlow网络，TE网络流量路径规划完全靠SDN/OpenFlow来实现，网络流量因此得到了极大的优化。

图6-26展示了B4在最初部署阶段的流量增长和新功能上线情况。可以看出，截至2012年，B4的流量与最初部署相比已经翻倍。

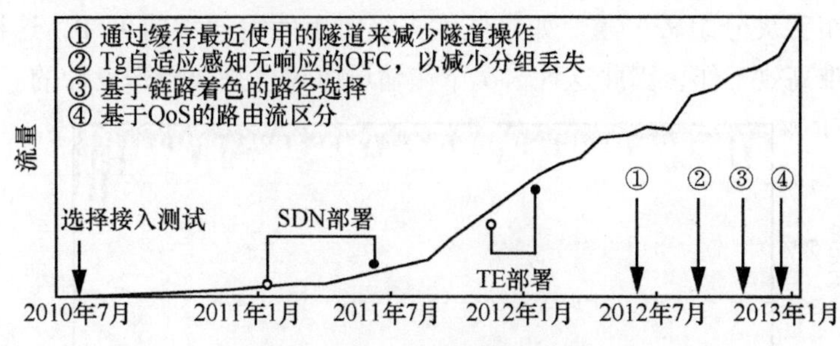

图6-26 B4网络流量演进情况

表6-4显示了B4网络的一些统计信息，例如，B4网络拓扑每天变化286次，拓扑中的添加/删除事件一天7次。使用拓扑聚合，即将两个数据中心之间原有可能的上百条链接聚合成一条容量很大的链路，可以明显降低路径振荡，同时减轻系统负载，但仍不可避免地发生链路的删除操作。由于广域网链路对端口振荡（反复变化）很敏感，因此使用中心化的流量管理机制能够更好适应网络链路动态变化的情况。

表6-4 B4网络统计信息

TE算法	日均运行次数	540
	平均运行时间	0.35
	最大运行时间	0.85
拓扑信息	站点数	16
	链路数（单向）	46
流信息	TG条目数	240
	FG条目数	2 700
	使用中的隧道数	350
	缓存的隧道数	1 150
拓扑变更	变更事件数	286件/天
	链路变更数	7次/天

6.3.5.2 优化效果

在使用 SDN 架构建设 B4 以后，网络的资源利用率得到了大幅提升。如图 6-27(a) 所示，B4 网络的带宽使用率平均可达 95%。图 6-27(b) 表示分组丢失率，其中深色直线部分（HIPRI-Dropped-Fraction）表示高优先级的数据分组几乎没有丢失分组，而离散点线部分（LOPRI-Dropped-Fraction）表示低优先级的数据分组丢失分组较严重。如果低优先级应用使用通常的 TCP，这样的分组丢失率很难高效工作，因此这种情况下传输层协议也是要特殊设计的。

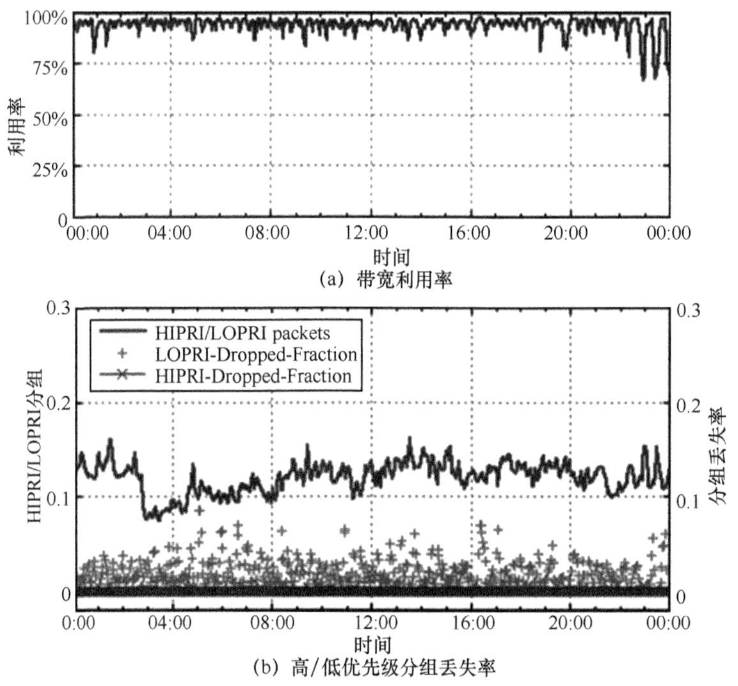

(a) 带宽利用率

(b) 高/低优先级分组丢失率

图 6-27 站点间的带宽利用率及分组丢失率

同时，B4 在错误恢复速度方面与原有网络相比有所提升。在数据中心内部，物理设备损坏和线路老化是不可避免的，因此错误的影响范围和恢复速度是至关重要的。表 6-5 是 B4 关于错误恢复的一些统计数据。

表 6-5 错误恢复时间

失败类型	中断时间 /ms
单条线路	4
封装交换机	10

续表

失败类型	中断时间 /ms
单条线路	4
临近封装交换机的中转交换机	3 300
OpenFlow 控制器	0
TE 服务器	0
开启 / 关闭 TE 功能	0

由表 6-5 可见，单条线路损坏只会中断连接 4 ms，因为受影响的两台交换机会立即更新 ECMP（Equal Cost Multi-path Routing，等价多路径路由）表；一个封装交换机损坏会使周边的交换机都更新 ECMP 表，比单条线路损坏多耗时一些。如果封装交换机临近的中转交换机出现错误，情况就变得复杂。由于封装交换机里有个封装路径表（Encap Tunnel Table），而封装路径表是中心维护的，出现故障后，临近的封装交换机需要通知 OFC，OFC 需要通知给全球的 TE 服务器，这个过程需要花费较长的时间，之后 TE 服务器会根据依赖顺序，逐一通知受到影响的封装交换机，修改其路径。这个操作需要花费的时间比较长，需要大概 100 ms，而整个错误则需要花费约 3 300 ms 才能恢复。

需要说明的是，OFC、TE 服务器的故障对链路没有影响，首先，他们使用的是 Paxos 分布式一致性协议；其次，OFC、TE 服务器都出现问题，只是导致了不能修改网络拓扑结构的问题，并不会影响已有的网络通信；而且考虑到 Google B4 可同时支持 TE 与传统路由转发机制，即使 TE 停止工作，整个网络也可以切换到传统的路由协议，不会造成网络的中断，这无疑是对网络可靠性提供了保障。

6.3.5.3　重大事故

Google 的 SDN 系统曾经出现过一次重大事故。事故的原因是一个新添加的交换机和原有交换机的 DPID 重复了。这两个 DPID 相同的交换机分别发送拓扑状态信息，其他交换机则收到 DPID 相同但拓扑完全不同的数据分组。这两个 DPID 相同的交换机都以为自己的观察信息是正确的，这就导致了网络拓扑混乱，出现了洪泛。网络阻塞了从 OFC 发给 OFA 的 TE 控制信令，造成了长达 400 MB 数据的等待队列。同时，由于控制信令无法及时发出，ISIS Hello 消息也因为长队列而阻塞了，交换机们都认为自己周围的交换机出现故障。但此时 TE 流量仍然正常运行，这是因为 TE 的优先级高于传统路由机制。网络拥塞也使得 TE 服务器无法建立新的隧道，这是由于 TE 服务器为每个事务（Session）中的有序操作分配递增的序列号。OpenFlow 控制器维护当前最大的事务序列号，拒绝任何比它小的事务序列号。由于网络的阻塞，TE 服务器在超时后不断重试这个操作，然后只有序列号较小的操作成功后才能进行下一个操作，建立新隧道的操作序列号明显大于之前被阻塞的操作。而每分钟统计会发生好几次的拓扑变化，结果任何一个网络拓扑变化或设备故障都会导致网络仍在使用已经不能用的隧道，这就造成了严重的问题。系统运维人员当时并不能立刻查到问题的根源，于是在这种情况下就重启了 OFC 控制器。不幸的是，这次重启触发了控制器中一个未发现的 Bug，导致了在低优先级流量很大的情况下 OFC 不能自启动。Google B4 网络在管理员关闭全部站点，禁用 TE 并从头部署启动 OFC 后才得以恢复正常。

从本次事故中，Google 得到了以下经验教训：OFC 与 OFA 之间通信的可扩展性和可靠性很重要；OFA 的硬件编程操作应该是异步并行的；应该加入更多系统监控措施，以尽可能早地发现故障前期的警告；当 TE 连接中断时，不应修改现有的路由表，这是一种失效安全保护的措施，保证这次故障中已经建立的隧道没有被破坏；TE 服务器需要处理 OFC 无响应的情况，如果有的 OFC 失效了，与其禁止所有新建隧道的操作，不如先让其中一部分运转起来。

综上所述，B4 是第一个公开的用于数据中心互联的 SDN 案例，它证明了即使是在 Google 这种规模的网络中，SDN 也完全可以发挥作用。在这个过程中，软件能力起到了决定性的作用，从应用到控制器，再到路由协议以及整个网络的模拟测试平台，都离不开 Google 强大的软件能力。它充分展示了 SDN 时代，软件对网络的巨大影响力以及它所带来的巨大价值。同时从这次实践也可以看到 OpenFlow 技术需要改进的地方，包括协议的不成熟，如何加入更多系统监控措施以发现故障的早期预警，对于大型网络流表项如何提高下发速度问题，这些将都还是 SDN 技术面临的挑战，有待进一步的研究和发展。

6.4 本章小结

可以看到，SDN 技术已经被应用到试验床、网络虚拟化、流量工程等具体实践当中。SDN 技术的出现使得基于试验床的创新性试验更加灵活，研究人员可以摆脱传统设备和传统协议结构的束缚，更加灵活地试验自己的协议，从而加速了网络创新。同时 SDN 在虚拟化技术中突出的表现，使得人们可以更加高效地复用底层的物理资源。与传统的虚拟化技术相比，SDN 的虚拟化更为灵活、便捷，为用户提供了细颗粒度的网络切片。当然 SDN 技术实践道路中最为突出的一个应用还是在 B4 网络的流量工程，使用 SDN 技术后，B4 网络的链路利用率达到了 90% 以上。相信随着人们对 SDN 技术不断深入的探索，未来 SDN 的应用范围将会更加广阔。

参考文献

[1] PETERSON L, SEVINC S, LEPREAU J, et al. Slice-based facility architecture[J]. Draft version, 2009, 1.

[2] PETERSON L, RICCI R, FALK A, et al. Slice-based federation architecture[J]. Ad hoc design document, 2010(8).

[3] KANAUMI Y, SAITO S, KAWAI E, et al. RISE: a wide-area hybrid openFlow network testbed[J]. IEICE transactions on communications, 2013, 96(1): 108-118.

[4] 毕军，胡虹雨，姚广，等. 软件定义网络与 FINE [J]. 中兴通讯技术，2013(10).

[5] LIN P, BI J, WANG Y. East-west bridge for SDN network peering[M]. Frontiers in Internet Technologies. Springer Berlin Heidelberg, 2013: 170-181.

[6] LANTZ B, HELLER B, MCKEOWN N. A network in a laptop: rapid prototyping for software-defined networks[C]// Proceedings of the 9th ACM SIGCOMM Workshop on Hot Topics in Networks. ACM, 2010: 19.

[7] SHERWOOD R, GIBB G, YAP K K, et al. FlowVisor: a network virtualization layer[J]. OpenFlow switch consortium, tech. rep, 2009.

[8] SKOLDSTROM P, YEDAVALLI K. Network virtualization and resource allocation in openflow-based wide area networks[C]// Communications (ICC), 2012 IEEE International Conference on IEEE, 2012: 6622-6626.

[9] BOZAKOV Z, PAPADIMITRIOU P. Towards a scalable software-defined network virtualization platform[C]//Network Operations and Management Symposium (NOMS), 2014 IEEE. IEEE, 2014: 1-8.

[10] DRUTSKOY D, KELLER E, REXFORD J. Scalable network virtualization in software-defined networks[J]. IEEE Internet computing, 2013, 17(2): 20-27.

[11] BLENK A, BASTA A, KELLERER W. HyperFlex: an SDN virtualization architecture with flexible hypervisor function allocation[C]//Integrated Network

Management (IM), 2015 IFIP/IEEE International Symposium on. IEEE, 2015: 397-405.

[12] JAIN S, KUMAR A, MANDAL S, et al. B4: experience with a globally-deployed software defined WAN[C]// Proceedings of the ACM SIGCOMM 2013 Conference on SIGCOMM. ACM, 2013: 3-14.

[13] TEEMU K. Onix: a distributed control platform for large-scale production networks[C]// OSDI, 2010.

[14] AL-SHABIBI A, DE LEENHEER M, GEROLA M, et al. OpenVirteX: a network hypervisor[J]. Open networking summit, 2014.

[15] AL-SHABIBI A, DE LEENHEER M, GEROLA M, et al. OpenVirteX: make your virtual SDNs programmable[C]// Proceedings of the Third Workshop on Hot Topics in Software Defined Networking. ACM, 2014:25-30.

第7章 SDN标准化与学术进展

通过前几章的介绍，不难发现SDN技术还在不断发展当中，而作为重要的技术标准化方向，SDN也日益受到国内外标准化组织的重视。ONF、IETF、ITU-T、ETSI等多个国际标准化组织已展开了SDN标准制定工作。但是由于SDN还处于发展阶段，标准尚未统一，各组织都希望自己主导的标准能够成为通用标准，在产业链上占有主导地位。与此同时，随着SDN在全球网络产业的急速升温，SDN在国内外高校及研究机构中也掀起了不小的波澜。众多科研院校纷纷开始将SDN作为重点研究的方向，作为新兴网络技术的SDN正悄然成为学术界的新宠。为了让读者对这两个方面的进展情况有所了解，本章将重点介绍各标准组织的SDN标准化情况和学术界在SDN领域的研究进展。

7.1 SDN 标准化进展

目前，开放网络基金会（Open Networking Foundation，ONF）、Internet 工程任务组（Internet Engineering Task Force，IETF）、国际电信联盟（ITU）、欧洲电信标准协会（European Telecommunications Standards Institute，ETSI）等多个标准化组织都在开展 SDN 相关技术标准的制定工作。这些标准化组织分别站在各自不同的出发点进行研究，其在 SDN 领域的标准化研究侧重点也各不相同。

7.1.1 开放网络基金会

2011 年，Google、德国电信、Yahoo 等几家公司联合发起成立了开放网络基金会，该组织主要致力于推动 SDN 的发展及 OpenFlow 技术标准化与商业化的规范制定。ONF 组织已成为目前最为活跃、最具影响力的 SDN 标准化组织。

ONF 组织由董事会成员及普通会员两部分组成。其中，董事会成员包

括最初发起的几家运营商、互联网及软件公司，主要有 Google、德国电信、日本 NTT、AT&T、中国联通、土耳其电信、Comcast、NEC、Facebook、Mircosoft、Verizon、Yahoo 以及高盛（2012 年加入，随着 SDN 技术得到广泛关注，资本市场也予以高度关注）等成员；普通会员则包括网络设备商、网络运营商、服务器虚拟化技术提供商、网络虚拟化技术提供商、测试仪表商等 100 多家厂商。目前 ONF 成员的数量正在快速增长，并在不同领域开展了 SDN 的技术研究和应用案例部署。

在 2016 年，ONF 宣布将与开放网络实验室（ON.Lab）合并，所产生的实体将保留 ONF 名称，目前，这两个非营利组织已经合并完成。

当前 ONF 由 13 个工作组和 3 个讨论组构成，工作组包括结构框架组、配置和管理组、协议升级组、转发抽象组、教育推广组、迁移组、北向接口组、光传输组、测试和互操作组、无线与移动组、运营商级 SDN 组、L4~L7 组以及安全组。讨论组主要包括：论坛组（讨论会议计划或者其他非技术问题）、日本组、技能验证组（讨论 SDN 测试、认证相关问题）。ONF 技术工作组和讨论组通过会议或邮件方式对 SDN 和 OpenFlow 相关的规范进行讨论，根据各工作组的研究成果，不定期地发布技术报告和白皮书。截至目前，ONF 组织主要的工作进展见表 7-1。

表 7-1　ONF 标准化进展情况

工作组 / 研究组	主要职责	进展情况
结构框架组（Architecture & Framework WG）	定义 ONF 的 SDN 范围、需求、组件、接口、外部交互框架等（包括北向 API）	2012 年 11 月发布框架草案，2012 年 12 月发布结构草案，2013 年完成上述文档的正式发布，2014 年发布了结构 1.0 版本，2015 年 6 月发布了框架范围和需求 1.0 版本，2016 年 2 月发布了结构 1.1 版本
配置和管理组（Configuration & Management WG）	制定 OpenFlow 网络设备的配置管理规范	已发布 OF-CONFIG v1.0、OF-CONFIG v1.1 和 OF-CONFIG v1.1.1（支持 OpenFlow v1.3.1），2013 年进一步增强了规范功能，2014 年发布 OpenFlow OF-CONFIG v1.2
协议升级组（Extensibility WG）	OpenFlow 协议的开发与维护	2009 年 12 月发布 OpenFlow v1.0，2012 年 9 月发布 OpenFlow v1.3.1，2013 年 8 月发布了 OpenFlow v1.4 版本，2014 年 12 月发布了 OpenFlow v1.5 版本。2015 年 4 月发布了 OpenFlow v1.3.5 版本、OpenFlow v1.4.1 版本和 v1.5.1 版本，2016 年 9 月提出了 OpenFlow v1.6 草案

续表

工作组 / 研究组	主要职责	进展情况
转发抽象组（Forwarding Abstraction WG）	研究采用建模语言对转发面进行抽象建模，解决转发行为描述到硬件平台映射问题	目前重点研究转发面 TTP（Table Typing Pattern）建模方法，2014 年 8 月发布了正式的 TTP 文档规范 1.0 版本
教育推广组（Market Education WG）	代表 ONF 参加行业活动，进行 OpenFlow/SDN 技术理念和效果的宣传以及实践经验的共享	2012 年 4 月发布了 ONF 白皮书。工作重点为明确在数据中心、电信 / 广域网、园区网、无线网络等领域的需求。2015 年 9 月为华为、中兴等 4 家公司的 5 款 SDN 交换机发布 OpenFlow v1.3 版本认证证书
迁移组（Migration WG）	研究传统网络向 OpenFlow 网络的迁移问题，如需求、用例等	2012 年 11 月成立，取代已关闭的 Hybrid WG，2013 年 10 月发表了迁移用例文档，2014 年 8 月发布了迁移工具和指标，2014 年 11 月发布了迁移建议和用例，2016 年 2 月发布了针对 SDN 迁移的 RFI 模板
北向接口组（Northbound Interface WG）	帮助开发具体要求、架构以及北向接口工作代码	ONF 响应产业对于 SDN 北向 API 标准化的需求，2013 年从讨论组转为工作组，希望借此确认所提议的 API 能够支持 SDN 控制器以提供适当的使用案例，并且能够被市场所接受，2015 年 3 月发布了针对实时媒体应用的 RESTAPI 设计规范，2016 年 10 月发布了面向意图的北向接口定义原则
光传输组（Optical Transport WG）	讨论研究 OpenFlow 应用于光传送技术的问题，主要研究内容包括用例、架构与框架、需求等	2013 年从讨论组转为工作组，具体工作范围和目标正在讨论过程中，后续将向 ONF 提出解决方案和协议扩展建议。目前已发布的标准有光传送网络用例、光传送网的 OpenFlow 需求分析等。在 2017 年 4 月，发布光传送网络协议扩展 1.0 版本
测试和互操作组（Testing & Interoperability WG）	OpenFlow 一致性测试方法的开发以及互通测试活动的组织	2012 年 3 月、10 月分别组织了两次 ONF 互通测试，2013 年继续开展 ONF 互通测试，目前正在基于前期测试情况制定一致性测试规范，已发布测试规程 1.0，2015 年 4 月发布了 OpenFlow 一致性测试规范 1.3.4 版本
无线与移动组（Wireless & Mobile WG）	为 ONF 在无线和移动领域收集扩展用例、确定体系结构和协议要求	讨论在无线和移动领域的基于 OpenFlow 或适用于 OpenFlow 的架构。2015 年 10 月发布无线传输 SDN 概念验证白皮书

续表

工作组 / 研究组	主要职责	进展情况
运营商级 SDN 组（Carrier Grade SDN WG）	讨论研究 SDN 环境在运营商的应用案例、部署等问题	2016 年 7 月发布了 SDN 运营商级框架，2016 年 10 月发布了 SDN 运营商级用例
安全组（SecurityWG）	讨论 OpenFlow 安全性问题、OF -CONFIG 配置协议以及 SDN 架构的安全能力	2015 年 4 月发布了支持 Open Flow v1.3.4 的 SDN 原则与实践 1.0 版本，2016 年 7 月发布了针对 SDN 架构的威胁分析和针对 SDN 控制器的安全功能需求
L4 ～ L7 服务组（L4 ～ L7 Services WG）	讨论如何使用 OpenFlow 实现 L4 ～ L7 的端到端网络服务	2016 年 6 月发布了 L4 ～ L7 服务功能和解决方案架构

自 2011 年成立至今，ONF 最主要的研究成果包括 SDN 白皮书、OpenFlow 标准协议和 OF-CONFIG 协议，其中 OpenFlow 协议与 OF-CONFIG 协议的演进过程如图 7-1 所示。目前最新版本为 OpenFlow v1.5.1 版和 OF-CONFIG v1.2 版，ONF 当前正在积极讨论制定下一代 OpenFlow v1.6 版本与 OF-CONFIG v2.0 版本。

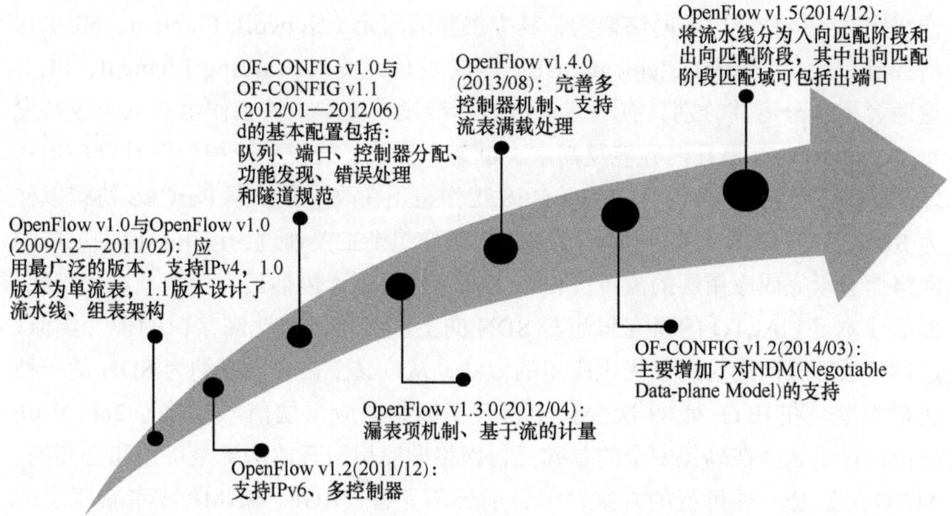

图 7-1　OpenFlow 和 OF-CONFIG 各版本的发展历程

7.1.2 互联网工程任务组

互联网工程任务组成立于 1985 年年底，是全球互联网领域最具权威的技术标准化组织，主要任务是负责互联网相关技术规范的研究和制定，当前绝大多数国际互联网技术标准均出自 IETF 组织。一直以来，IETF 标准组更多的是由网络设备厂商主导，代表的是传统厂商的利益。IETF 的组织架构由 3 个部分组成：互联网架构委员会（IAB）、互联网工程指导委员会（IESG）以及涵盖了 8 个主要网络领域的工作组，其中包括 Internet、路由、传输、安全以及应用领域等。IETF 标准制定的具体工作由工作组承担，大部分通过所设立的邮件组完成，同时每年会召开 3 次大型的面对面会议。总体来说，IETF 有两种文件，一种是 Internet 草案（Draft），这种文件没有任何特殊限制，任何人都可以提交，但其只能作为进行标准化工作的起点；另一种为 RFC（Request For Comment），即正式的、可以永久存档的、按顺序编号的标准文件，RFC 被批准出台以后，它的内容不会再做改变。

IETF 早期有两个与 SDN 技术思想类似的研究项目工作组，分别是转发与控制分离组（Forwarding and Control Element Separation，ForCES）和应用层流量优化工作组（Application-Layer Traffic Optimization，ALTO）。ForCES 工作组定义了一种开放的网络架构，其中主要的网元（Network Element，NE）包括控制单元（Control Element，CE）与转发单元（Forwarding Element，FE），这两者相互分离并分别具有一套开放的标准设计模型。该工作组成立至今共发布了 9 篇 RFC 文稿，内容涉及需求、框架、协议、转发单元模型以及管理信息库（MIB）等多个领域。目前 ForCES 工作组正在改进和扩展 ForCES 协议以作为 SDN 南向接口协议的一种。而 ALTO 工作组则主要通过为应用层提供更多的网络信息以完成应用层的流量优化，主要考虑的因素包括最大带宽、最少跨域、最低成本等。ALTO 的研究思想与 SDN 向上层应用开放北向接口的理念类似，这种开放部分网络信息以优化应用的做法，从广义上讲也可以纳为 SDN 的一种实现类型。在 IETF 第 83 次会议上召开了网络向应用层信息开放（i2aix）BoF 会议，讨论认为在确保安全的基础上，网络向应用层开放信息是可行和必要的。ALTO 虽然是一种可行的方案，但目前还不完善，BGP、SNMP 或者新制定的协议未来都有可能成为候选方案。

在 IETF 第 84 次会议上，正式提出了 IRS（Interface to the Routing System，路由系统接口）的概念，并提议成立 SDN 研究组。在 IETF 第 85 次会议上召开的 IRS BoF 会议上，关于 IRS 问题的描述、需求、应用场景和架构模型等方

向的草案文稿已超过 10 篇，会议讨论同意成立 IRS 工作组，并将研究组命名为 I2RS。I2RS 主张在现有的网络层协议基础上增加插件，并在网络与应用层之间增加 SDN 业务编排层（SDN Orchestrator）以进行能力开放的封装，而不是直接采用 OpenFlow 进行能力开放，目的是尽量保留和重用现有的各种路由协议和 IP 网络技术，详细内容可参见第 3 章 SDN 南向接口协议一节中的相关介绍。

在 IETF 第 86 次与第 87 次会议上召开的 SDN 研究组与 I2RS 工作组会议中，进一步讨论了 I2RS 与 SDN 的关系、SDN 的框架与应用场景以及 SDN 应用与控制器之间的安全需求问题。在第 87 次会议上 I2RS 工作组还提交了 3 篇草案，分别为“An Architecture for the Interface to the Routing System”“Interface to the Routing System Problem Statement” 以及 “Routing Information Base Info Model”。

在 IETF 第 88 次会议上召开的 ForCES 工作组会议中，讨论了基于 ForCES 的 I2RS 架构，会议重点研究了该架构是否适用于控制端到端的 MPLS 会话，以及 ForCES CE 代理能否成为传统 SDN 控制器不可或缺的一部分。I2RS 工作组会议延续了前几次会议讨论的内容，进一步对协议内容、架构模型等问题进行了讨论，同时提出了研究 I2RS 故障排查机制的需求。SDN 研究组会议则重点讨论了 SDN 实现 IPv6 过渡的相关问题，提出可以把 IPv6 作为 SDN 上的一个应用，设计了 SDN-IPv6 架构。

在 IETF 第 89 次会议上，I2RS 工作组重点讨论分析了 I2RS 的安全性以及采用 I2RS 模型的相关用例。SDN 研究组主要讨论的问题包括混合 SDN 部署所面临的挑战、SDN 在企业网中的部署以及分布式 SDN 控制器可提供的灵活服务等问题。在 IETF 第 90 次会议上，ForCES 工作组讨论了基于 ForCES 的 SDN/NFV 架构的概念验证。I2RS 工作组重点讨论总结了部分 I2RS 模型的相关用例，并对拓扑、IPSE（Interface to Packet Switching Element，分组交换单元接口）等数据模型进行讨论。SDN 研究组的主要研究问题包括 SDN 北向接口、SDN 流量工程、OpenFlow 硬件抽象层设计等。在 IETF 第 91 次会议上，SDN 研究组重点讨论了如何利用 SDN 低耗地扩展云数据中心规模，以及 SDN 网络动态负载均衡带来的系统风险等问题。

在 IETF 第 92 次与第 93 次会议上，I2RS 工作组延续前几次会议的内容，继续对 I2RS 架构模型问题进行了讨论。在第 92 次会议上，SDN 研究组讨论了 SDN 在移动场景中的一些应用，并提出了 SDN 控制器的功能需求。在第 93 次会议上，SDN 研究组主要讨论了 SDN 的安全与运维、SDN 与 NFV 的联合部署遇到的困难等问题。

在 IETF 第 94 次会议上， I2RS 工作组首先对 IR2S 的数据模型和拓扑模型进行了补充，接着讨论了 I2RS 协议需求，并提出数据协议和拓扑协议的简单示例。SDN 研究组主要讨论了 SDN 与 NFV 等结合的分层架构，给出了在数据中心部署 SDN 和 VNF（虚拟网络功能）的实例。研究组还讨论了如何运用 SDN 改善现有的网络策略，如流量测量、路由计算等，以提高网络的稳定性、可扩展性和可预测性。

在 IETF 第 95 次会议上，SDN 研究组进一步深入讨论了 SDN 与 NFV 等结合的分层架构，接着讨论了 SDN 与 NFV 在云数据中心中的混合部署以及 PCE 集中控制器的角色，还有 DevOps 对 SDN 基础设施的影响。I2RS 工作组研究了针对 RIB 及拓扑的 YANG 模型，并给出了 I2RS 进一步的协议实例以及 RIB 路由实例。

在 IETF 第 96 次会议上，I2RS 工作组首先陈述了 I2RS 系统面临的问题，然后提出了 I2RS 架构以及其可溯源性框架和信息模型，继而讨论了 YANG 数据存储的订阅发布模式。SDN 研究组讨论了网络运营商在商业化 SDN 环境下所面临的挑战，以及基于 PCE 集中控制下的 SDN 架构和用例，并对 SDN 控制器的性能做出了评估。

在 IETF 第 97 次与第 98 次会议上，SDN 研究组讨论了可编程数据平面上的动态网络探针以及网络人工智能架构，接着讨论了大数据下的网络诊断和错误预测，并讨论了与 SDN 安全相关的信任模式、架构强化和基础设施部署等问题。I2RS 工作组针对 YANG-NETCONFIG-RESTCONF、FB-RIB 提出了修改方案，并给出了 I2RS 拓扑模型，并提出了下一代 BNG 控制分离模型。网络管理研究组（Network Management Research Group，NMRG）给出了管理大范围 SDN 基础设施的参考模型。互联网领域工作组（Internet Area Working Group，intarea）提出了一种 SDN 多播框架。

2017 年 7 月，在 IETF 第 99 次会议上，NMRG 研究组讨论了关于 SDN 控制器在网络中的放置问题，提出了基于 MLG 的 SDN 环境表示参考模型和 SDN 自动管理架构。I2RS 工作组进一步更新了网络拓扑模型的草案和 BNG 控制分离信息模型。PCE 工作组研究讨论了 PCECC（PCE as Central Controller）。除此之外，还有一些其他的工作组会议涉及了 SDN 相关内容，其中，XMPP（Extensible Messaging and Presence Protocol，可扩展消息处理现场协议）工作组提出通过 XML 流传输网络状态与路由信息，可作为南向接口协议实现 SDN 数据控制分离；身份位置分离协议（Locator/ID Separation Protocol，LISP）工作组针对 LISP 在 SDN 虚拟化中的应用进行了讨论；网络编码研究组（Network Coding Research Group，NCRG）分析了虚拟化技术和 SDN 在新兴网络编码中的影响。此外，NETCONF、CDNi 等工作组的研究内容也涉及了 SDN 相关技术理念；基础方法工作组（Benchmarking Methodology，BMWG）主要进行 SDN 控制器基准方法和术语相关标准制定。IETF 中与 SDN 相关的工作组及其主要研究方向总结见表 7-2。

表 7-2 IETF 中与 SDN 相关的主要工作组

工作组 / 研究组	主要研究方向
I2RS	核心思想是在目前传统网络设备的路由及转发系统基础上开放新的接口来与外部控制层通信，外部控制层通过设备反馈的事件、拓扑变化、流量统计等信息来动态地下发路由状态、策略等到各个设备上去。选择使用 IETF 现有的管理协议 NETCONF 和 YANG 来实现路由系统的开放。目前已完成了用例和架构标准的开发，正在定义信息模型、数据模型
SFC	主要职责是定义如何将多个业务功能通过业务功能链串联起来形成不同的业务功能组合，满足不同的需求和部署场景。目前各项工作还处在初期，只有需求和架构相对稳定
ALTO	主要通过为应用层提供更多的网络信息，完成应用层的流量优化，用于判断的参数包括最大带宽、最少跨域、最低成本。已发布 4 篇 RFC，包括需求、协议、服务器发现等内容，正在定义 ALTO 部署、信息模型、数据模型等
ForCES	主要定义设备内部转发控制分离的需求、框架、协议、转发单元模型、MIB 等。已经发布了 15 个 RFC（其中 4 个已被废除），协议定义基本完善
PCE	PCE 工作组中涉及 SDN 主要是有状态的 PCE 技术，该技术是一种基于 MPLS 的路径集中计算技术，在传统 MPLS-TE 的输入外增加标签交换路径信息，使得网络整体流量模型最优。目前该技术在 PCE 工作组基本稳定
SPRING	MPLS 和 IPv6 的源路由相关标准定义，在网络中实现分段路由能力。各项工作处于初期，用例、技术方案目前相对稳定

7.1.3 国际电信联盟

国际电信联盟标准化组织（ITU Telecommunication Standardization Sector，ITU-T）是国际电信联盟管理下的专门制定远程通信相关国际标准的组织，创建于 1993 年。由于 ITU 是联合国下属的组织，因此相比其他的组织提出的类似标准规范，由 ITU-T 提出的国际标准更为正式一些。ITU-T 由多个研究组组成，被称为 SG（Study Group）。目前存在的研究组包括 SG2、SG3、SG5、SG9、SG11、SG12、SG13、SG15、SG16、SG17，研究组下设不同的课题组，以进行分类的标准研究，被称为问题（Question），不同的问题按顺序编号，称为 Q1、Q2、Q3 等。

ITU-T 分别在 SG13、SG11 和 SG15 组开展了 SDN 的标准研究工作。2012 年 2 月下一代网络（Next Generation Network，NGN）研究组 SG13 首先启动了对 Y.FNsdn-fm 和 Y.FNsdn 两个项目的研究，分别对应 SDN 需求研究和框架研究，并初步提出了在电信网络中实现 SDN 架构的思路。后经与 ONF 组织协商，ITU-T 进一步明确了 SDN 在电信运营商中的应用场景以及相关架构的研究方向。在 2012 年 11 月举行的 Q21 中间会议上，重点讨论了项目 Y.FNsdn。在 2017—2020 年周期内 SG13 研究组将原有的 19 个问题重组为 13 个问题，相关的研究体系如图 7-2 所示。与 SDN 研究相关的组包括：Q1 主要研究未来网络中的创新服务场景、部署模型和迁移问题；Q14 负责 SDN 通用功能及功能实体的标准制订，并研究在未来网络中应用 SDN 的需求；Q2 课题组重点研究 SDN 和 NFV 对 NGN 的革新；Q5 主要研究了在发展中国家应用未来和创新网络相关问题；Q6、Q7 分别研究与 SDN 相关的 QoS、安全实现方案；Q17、Q18、Q19 侧重研究云计算网络中 SDN 的应用场景和功能需求；Q20 侧重研究网络需求与功能架构；Q21 课题组重点研究包括 SDN、网络切片、编排等的网络软件化问题；Q22 主要研究未来网络和 IMT-2020 中的新技术。

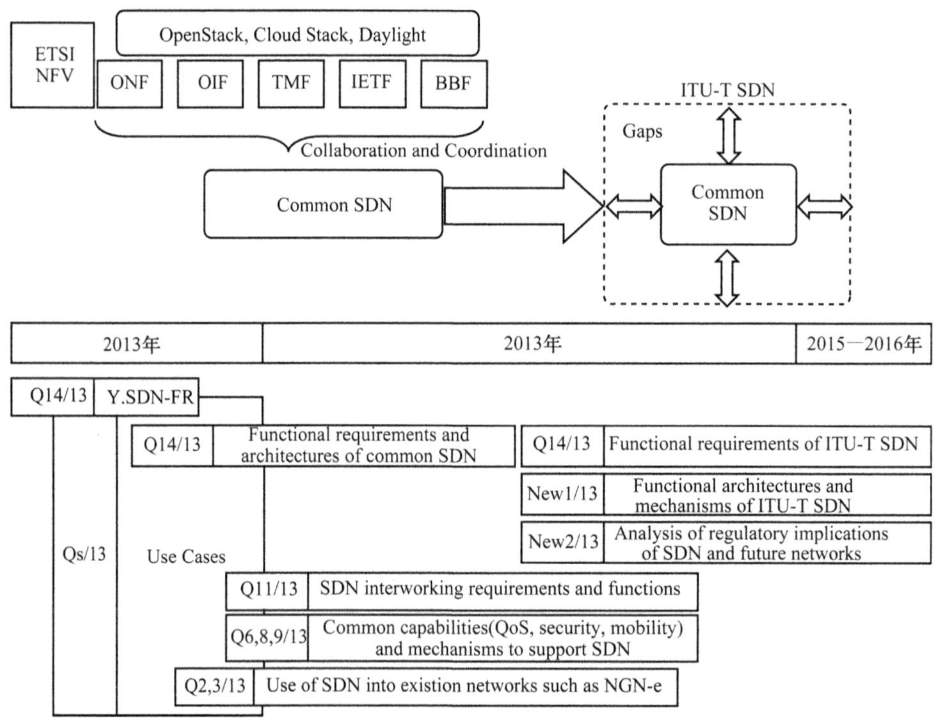

图 7-2　ITU-T SG13 在 SDN 领域的标准研究体系

与此同时，由中国电信等运营商主导的 SG13 Q2 课题组完成了智能型网络与 SDN 技术结合的 S-NICE（Software Defined Network Intelligence Capabilities Enhancement，软件定义的智能型通信网络）标准研究立项工作，推动了 NGN 中 SDN 体系标准的制定，也为在通信网络中引入 SDN 技术奠定了基础。引入 SDN 技术后，智能型通信网络架构可以为用户提供灵活的工作机制，根据用户的需要动态配置相应网络资源；可以结合网络功能、网络性能、用户终端、业务感知等因素，优化流量传送机制，提升网络资源利用率；可以开放资源服务能力，为内容和应用提供商按需提供资源保证能力，提升用户的业务体验。由于 SDN 技术的引入，可以更好地满足智能型通信网络的应用需求，具体体现在以下方面。

- 支持网络拓扑、状态的集中管理，支持基于资源抽象的转发策略制定，与智能管道承载控制功能定位相同；
- 支持可编程的应用开放能力，与智能管道架构向用户和应用开放管道能力需求一致；
- 支持资源的高效利用，可根据业务需求和维护管理需求灵活配置，以优化智能管道的资源调度。

SG11 研究组与 SG13 研究组共同开展了 NGN 相关信令和协议方面的研究。基于 SG13 研究组的研究进展，SG11 研究组确定了以下几个方向的研究议题：软件定义的宽带接入网（SBAN）应用场景及信令需求（Q.SBAN）、SDN 的信令架构（Q.Supplement-SDN）、基于宽带网关的灵活网络业务组合信令需求（Q.SBNG），跨层优化的接口和信令需求（Q.CSO），支持 IPv6 的标准化智能可编程接口应用场景及信令需求（Q.IPv6UIP）。SG11 研究的通信网络 SDN 架构中的信令将与 ONF 制定的 OpenFlow 和 OF-CONFIG 协议兼容，并在此基础上基于通信网络的需求进行协议扩展或者定义不同层面的协议标准。SG15 也于 2013 年 2 月的 Q12/Q14 中间会议上开始研究 SDN 对传送网架构的影响，并根据会议提交的多篇文稿制定了 SDN 在传送网方面的主要研究问题，这些研究点将会是 SG15 Q12/Q14 后续 SDN 研究的重点。SG17 负责所有 ITU-T 研究组中与安全相关的问题，并且经常与其他开源组织或 ICT 产业联盟进行合作，目前 Q2/Q6 正在研究关于 SDN 架构和应用方面的安全问题。

2013 年 6 月，ITU-T 成立了 SDN 联合协调活动组（Joint Coordination Activity on SDN，JCA-SDN）以协调相关工作。JCA-SDN 第一次会议于 2013 年 11 月召开，会议进一步明确了 JCA-SDN 的工作内容为协调 ITU-T SDN 的标准化工作和相关技术专题，同时负责接触研究其他 SDN 标准组织，从而服务于 ITU-T SDN 标准化项目。会议明确了 SDN 作为新一代网络技术发展的重要方向，可以使网络运营商更好地建立和管理新的虚拟网络资源。随着 SG13 研究组成为 SDN 领域的领导研究组，JCA-SDN 将会更多地协助 SG13 完成其领导工作，即从整体上规划和维护 SDN 领域的研究方向，通过协调其他 SDN 相关的研究组以维持 SDN 研究内容的整体一致性。从 2015 年 6 月开始，JCA-SDN 直接向 SG13 汇报其研究进展。在 2016 年 4 月的 SG13 主会期间，JCA-SDN 活动组确定了下一研究阶段内的工作。

7.1.4 欧洲电信标准化协会

欧洲电信标准化协会是由欧洲共同体委员会 1988 年批准建立的一个非营利性电信标准化组织，其标准化领域主要是电信业，并涉及与其他组织合作的信息及广播技术领域。ETSI 现有来自欧洲和其他地区共 55 个国家的 688 名成员，其中包括制造商、网络运营商、政府、服务提供商、研究实体以及用户等 ICT 领域内的重要成员。ETSI 作为一个被（欧洲标准化协会 CEN）和欧洲邮电主管部门会议（CEPT）认可的电信标准协会，其制定的推荐性标准常被欧洲共同体作为欧洲法规的技术基础而采用，并被要求执行。

2012 年 11 月，ETSI 发起成立了一个新的网络功能虚拟化标准工作组（Network Functions Virtualization Industry Specification Group，NFV ISG），着重从电信运营商角度提出对 SDN 的需求，以推进电信网络的 SDN 技术发展与标准化工作，目前已有超过 220 家网络运营商、电信设备供应商、IT 设备供应商以及技术供应商参与。NFV 旨在研究标准 IT 虚拟化技术，使得各种网络设备类型能够融入符合行业标准的大量服务器、交换机和存储设备中，便于管理维护以及业务快速部署，以降低运营商的 IT 成本。

NFV 中开展具体研究工作的工作组为：虚拟化架构（Architecture of the Virtualization Infrastructure）、管理和业务编排（Management & Orchestration）、软件架构（Software Architecture）、可靠性和可用性（Reliability & Availability）。此外，性能和便携性（Performance & Portability）与安全性（Security）这两个专家小组主要负责为其他工作组提供相关专业知识和指导意见，NFV 的主要目标有以下几个。

- 减少设备的成本和能耗，降低运营商的 CAPEX（Capital Expenditure，资本性支出）和 OPEX（Operating Expense，运营成本）；
- 减少新网络业务部署时间；
- 提高新业务的投资利润率；
- 向虚拟应用市场和纯软件研发成员开放；

• 为开展创新业务的试验部署提供一种低风险的手段。

NFV 的研究和标准化工作分为两个阶段：第一阶段截至 2014 年年底，主要是侧重 NFV 架构与需求的研究，这一阶段的主要工作成果是网络功能虚拟化白皮书，包括对 NFV 的定义、应用场景、基本功能、发展优势以及与 SDN 等技术的关系等内容进行了描述；第二阶段从 2015 年年底开始，将更加注重 NFV 的应用与部署。具体的进展情况如下。

2013 年 10 月，ETSI 发布了 5 个 NFV 规范，其中包括 NFV 应用场景、需求、总体架构和术语定义等，通过一系列的规范制定，旨在整个行业中形成对 NFV 统一的理解，通过对相关行业的整合，促进开发一个开放的生态系统。这些规范清晰地定义了已被业界认可的 NFV 框架和相关术语，以引导整个行业朝着全面、深层次的 NFV 互操作解决方案的方向发展。该系列规范的发布便于网络运营商和 NFV 解决方案提供商合作，ICT 行业在 NFV ISG 的框架下，通过一致性规范和通用的软硬件体系结构以支持网络功能虚拟化。图 7-3 表明了 NFV ISG 2013—2014 年的进展，可以看到 PoC（Proof of Concept，概念验证）是 NFV ISG 2014 年的重点工作，通过向产业界征集意见以获取能够满足 NFV 需求的产品或者原型。NFV ISG 也会在之后的工作中产出一些标准规范和分析文档，为产业界提供一些发展指引。2014 年，在之前 5 个 NFV 规范的基础上，ISG 小组又完成了 11 个新规范的制定，主要内容包括更新的总体架构、底层资源的描述、MANO、安全问题等，标志着 ETSI NFV 一期工作的完成。

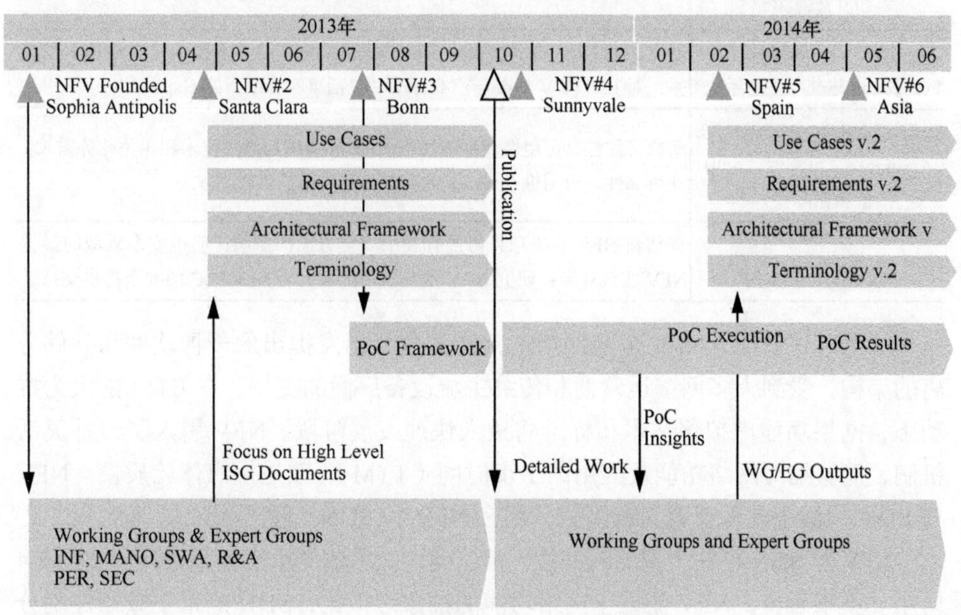

图 7-3　NFV ISG 2013—2014 年进展

2014 年 12 月，在 NFV ISG 小组第八次工作会议上，ISG 工作组与 200 多个成员组织共同开启了 ETSI NFV 的二期工作，工作的主要内容包括如下。

- 建立开放的 NFV 生态系统；
- 明确一期工作中的参考点和要求；
- 进一步扩大行业参与以加快 NFV 部署；
- 研究 NFV 与 SDN 等其他开源项目的关系。

不难看出，ETSI NFV 一期工作重点在于 NFV 架构与需求的研究，而二期工作将更加注重 NFV 的应用与部署，其研究的关键领域包括：稳定性、开放性、可维护性；与其他实体的互操作性；接口详细定义；安全问题等方面的内容。在此基础之上，对 ETSI NFV ISG 的部分工作组也进行了重组，其主要职责见表 7-3。

表 7-3　ETSI NFV ISG 主要工作组

工作组 / 研究组	主要职责
IFA（Interfaces & Architecture，接口和结构）	保持互操作一致性，提供一套信息 / 数据模型、信息流以及协议；改进体系结构及维护规范
TST（Testing, Experimentation & Open Source，测试、实验和开放源码）	推进 NFV 测试规范和测试方法，协调 NFV 解决方案的实验和展示；发布 PoC 案例的研究结果，向开源项目及社区反馈相关需求及实现经验；基于 NFV ISG 互操作性规范，维护 PoC 框架，扩展测试活动
EVE（Evolution & Ecosystem，进化与生态系统）	研究新的 NFV 用例及相关的技术特性、NFV 与其他技术（如 SDN）的关系；对 ISG NFV 标准与产业标准（包括事实标准）的 Gap Analysis
REL（Reliability Availability & Assurance，可靠性、可用性和保障性）	研究可靠性、可用性及保障性在 NFV 环境中的增强技术和相关业务需求；在可靠性、可用性及 SLAs 的实现机制方面提供指导
SEC（Security，安全性）	评估新 NFV 小组项目可能存在的安全方面的影响；明确安全领域的最佳 NFV 实践环境；研究 NFV 安全增强技术，为 NFV PoC 的安全提供支持

综上可以看出，NFV 是从网络运营商的角度出发提出的一种软件和硬件分离的架构，受到大多网络运营商和传统主流设备厂商的支持。在 ETSI 的大力推动下，网络功能虚拟化技术和标准将进入快速发展阶段。NFV 引入了一种灵活机制，能够缩短网络功能及应用的上市时间（TTM），改进用户体验质量。NFV 与 SDN 的概念既有重叠又有区分，那么 NFV 和 SDN 究竟是什么关系呢？

NFV 与 SDN 存在一定的互补性，但这两种技术的侧重点各不相同，如图 7-4 所示。不难看出，NFV 侧重于网络功能的抽象虚拟化，SDN 侧重于数据控制分离与可编程性。NFV 则侧重于对 L4 ~ L7 中计算密集型的网络服务进行虚拟化，而 SDN 侧重于对 L2 ~ L3 中 I/O 密集型的网络连接进行虚拟化。

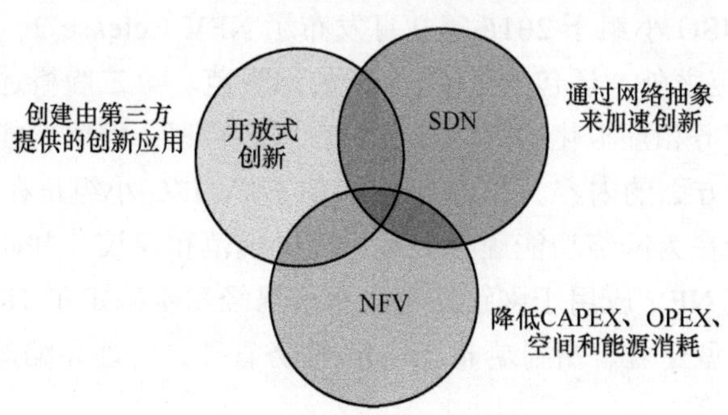

图 7-4　NFV 与 SDN 的关系

因此，我们认为 SDN 和 NFV 二者本质上是相互独立的，彼此间并没有依赖关系，但通过将两者的概念与技术相互融合，可以形成巨大的价值。例如，依赖于现有的数据中心技术，NFV 可以基于非 SDN 的机制而实现。但是，如果 NFV 逐渐向 SDN 数控分离的思想靠拢，那么就能使现有的部署性能进一步增强并简化互操作性，以降低 IT 运维成本。NFV 可以为 SDN 软件应用的运行提供基础设施的支持，未来 NFV 与 SDN 的目标将紧密地联系在一起。

随着 NFV 近几年的快速发展，ONF 也愈加关注 SDN 与 NFV 之间的联系。例如，在 NFV 中，不同的 VNF（虚拟网络功能）之间需要进行连接，而部署 SDN 就是保障 VNFs 之间连接性的最好方式。为了进一步研究 SDN 与 NFV 之间的联系，ONF 结构框架工作组与 ETSI NFV ISG 工作组于 2015 年 6 月进行会面，交换了双方对 SDN 和 NFV 的看法和发展意见。随后，ONF 结构框架工作组发布 TR-518 文档，从更广的角度介绍了 SDN 与 NFV 之间的联系。文档中指出，SDN 主要负责接收服务请求、分配必要资源和隔离不同服务，SDN 控制的资源中有可能包含 VNF 或 NFV 网络服务，而这些 NFV 服务之间的连接可通过 SDN 方式实现。SDN 和 NFV 在网络的很多层面都有这样的应用，尽管它们关注的重点不同，但是可以互相提供服务以更好地完成各自的工作。

2015 年 11 月，ETSI NFV ISG 小组第 12 次会议在美国泽西市召开，会议的一项重要结果就是完成了《SDN 在 NFV 体系架构下的应用报告》。该研究项目历时 12 个月，结合 ETSI NFV 关于 SDN 和 NFV 的 14 个概念验证结果，分析了 SDN 在 NFV 体系架构下的具体用例，进一步促进了与 ONF 等其他 SDN 标准化组织的合作。会议还指出，2016 年 ISG 小组的主要工作是为 VNF 开发者提供指导、建立公共信息模型和寻找优秀 NFV 使用实例，而 NFV 技术方面则会更加关注安全管理问题、测试程序以及 NFV 与其他技术的结合。

ETSI NFV ISG 小组于 2016 年 9 月发布了 NFV Release 2，除了已经发布的许多 NFV 规范之外，还包含了 11 个新的组规范。第二版概述了虚拟化资源的管理、网络服务和虚拟化网络功能的生命周期管理、网络功能管理和虚拟化资源容量管理等方面的内容。2017 年，ETSI NFV ISG 小组正在进行 Release 3 的相关工作，旨在为网络功能虚拟化运行提供规范和建议，并研究如何提供增强的安全性并将 NFV 应用于网络切片。目前已经初步确定了 18 项新增工作内容，包括信息模型建立、端到端 multi-site 服务管理、管理和编排层的额外注意事项、加速技术等。

7.1.5 中国通信标准化协会

为抓住 SDN 发展带来的 ICT 融合机遇、应对相关挑战，中国通信标准化协会（CCSA）积极组织国内运营商、设备商、高校及科研院所等相关单位开展 SDN 相关标准的研究工作，为国内的 SDN 研究和应用提供指导和服务。

（1)IP 与多媒体通信技术工作委员会（TC1）

基于前期 SDN 研究分析报告的工作，CCSA TC1 工作组在 2013 年年初成立了以软件定义为核心特征的未来数据网络（FDN）特别工作组（SWG3），重点研究基于 SDN 技术的未来数据网络场景需求、架构和协议标准。2013 年 4 月，TC1 第 23 次全会上召开的 SWG3 会议主要从 ONF 制定的 OpenFlow 协议、IETF 与 SDN 相关工作组制定的协议以及 FDN 协议需求 3 个方面入手，研究分析了 ONF 目前完成的 OpenFlow 协议和 OF-CONFIG 协议的主要内容和关键技术点，并介绍了 IETF 涉及 SDN 工作组的工作进展情况，对现有协议的优缺点进行了分析比较，提出了在未来制定 FDN 通信协议时需要考虑的问题。截至 2016 年 12 月，SWG3 组已经召开了 20 次会议，期间讨论的标准研究项目包括以下 3 个方面。

① 行业标准“FDN 的应用场景和需求”，该标准项目已经起草行业标准一份，在第 4 次会议上提交了送审稿。该标准主要对 FDN 的应用场景进行了研究，涉及的应用场景包括数据中心、城域网、核心网、企业网、骨干网以及 IPv6 过渡等。基于这些应用场景，运营商与设备商针对各个具体应用场景的技术，进一步设立了“基于 FDN 的通用业务编排技术要求”“基于 SDN 的 CDN 应用场景与技术要求”“基于 FDN 的宽带客户网关设备技术要求”和“基于 FDN 的宽带网络接入服务器技术要求”等项目。截至第 13 次会议，已提交送审稿的相关

研究项目还包括“基于 FDN 的数据中心网络技术要求”“基于 FDN 的宽带客户网络应用场景及需求”“基于 FDN 的宽带多业务网络虚拟化技术要求”“基于 FDN 的数据中心存储网络技术要求”和“基于 FDN 的网络业务链技术要求”。在之后的 6 次会议上，SWG3 组又陆续提交了“基于 FDN 的流量调度系统技术要求”“基于 FDN 的层次化业务功能链技术要求”“基于 FDN 的编排器与虚拟网络功能管理器（VNFM）间接口的技术要求”“基于 FDN 的业务链 OAM 技术要求”“未来分组数据网总技术要求”等若干相关研究项目。

② 研究课题“FDN 的功能体系架构”，该项目目前正在推进中，在第 5 次会议上提交了 FDN 体系架构文稿，从安全性、传统网络互通、东西向接口协议、北向接口等方面对 FDN 提出了架构需求。SWG3 小组第 14 次会议正式提出了 FDN 体系架构。

③ 研究课题“FDN 通信协议框架”，该项目当前处于跟踪国际 SDN 标准化组织的协议进展阶段，并讨论将这些协议应用到 FDN 的可能性及需要解决的问题。SWG3 小组第 16 次会议进行了 SDN 网络模型及标准化进展的相关讨论。

（2）网络与交换技术工作委员会（TC3）

2013 年，CCSA TC3 工作组也在 WG1 工作下成立了软件化智能型通信网络子工作组（SVN），该子工作组开展了对基于 SDN 的智能型通信网络、网络虚拟化、未来网络 3 个方面的研究和标准化工作。目前，该工作组已召开了 13 次会议，期间讨论的标准项目包括以下 3 个方面。

① 研究课题“核心网控制面平台虚拟化技术研究”，该项目主要研究如何在核心网中引入虚拟化技术，包括控制网元虚拟化的场景、核心网虚拟化的架构模型以及关键技术，从而实现网络资源统一调度、网络规模灵活调整，降低运营商采购成本，便于新业务开发。SVN 子工作组第 11 次会议研究了核心网网元虚拟化安全性问题，第 13 次会议进行了 IMS 网络功能虚拟化服务质量的研究。

② 行业标准“基于 SDN 的智能型通信网络总体技术要求”，该标准主要规定了基于 SDN 的智能型通信网络的总体要求、网络架构模型、功能模块描述和接口描述（如图 7-5 所示），目前该标准已经完成。在此基础上，工作组将行业标准“基于 SDN 的智能感知系统架构和技术要求”纳入整个体系，在此基础上提出了基于 SDN 的智能感知系统架构，并从感知策略与分析平台、感知信息采集设备、接口等方面提出技术要求。SVN 子工作组第 13 次会议进行了基于 SDN 的智能型通信网络及业务编排器的标准项目研究。

③ 行业标准“核心网网络功能虚拟化总体技术要求”，该标准主要规定了网络虚拟化功能模块技术要求、接口功能技术要求、性能要求、可靠性要求和

硬件要求，并对网络管理和编排流程进行了较为详细的描述。具体地，SVN子工作组第 11 次会议讨论了核心网网元虚拟化对性能加速技术以及电信级 Hypervisor 的需求。

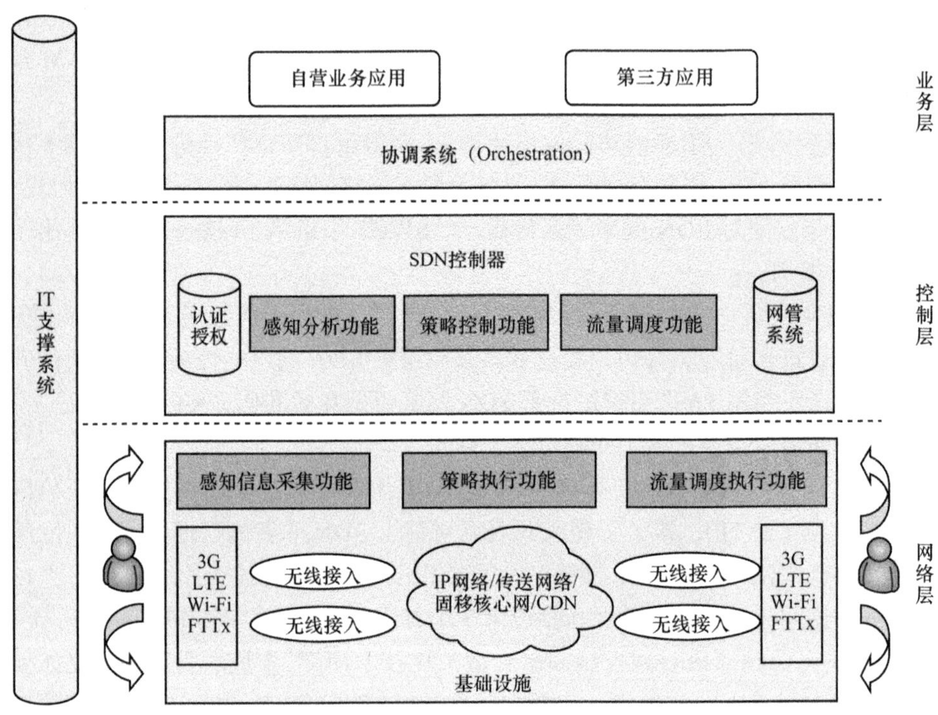

图 7-5　基于 SDN 的智能型通信网络架构模型

（3）其他工作组

此外，通信标准化协会网络管理与营运支撑技术工作委员会（TC7）业务平台与应用工作组（WG2）于 2013 年 7 月的第 34 次会议通过了研究课题“软件定义网络（SDN）管理研究”的立项建议，重点研究 SDN 管理架构、SDN 管理功能需求、SDN 管理接口功能需求、SDN 管理接口信息模型等方面，该项目于 2014 年 12 月的第 38 次会议上提交送审稿。

2014 年 2 月无线通信委员会（TC5）的 WG9-SWG1 工作组第 14 次会议讨论了移动网络需求及架构研究项目，从移动互联网用户、业务以及流量发展对移动网络架构演进的需求出发，分析了虚拟化、SDN 等技术对移动网架构和技术发展的影响，以实现移动网络高效的建设、扩容及运营，实现新网络能力的灵活和快速部署。

2017年7月无线通信委员会（TC5）的WG5工作组与网络与信息安全委员会（TC8）的WG1工作组第2次联合会议讨论了SDN安全监测要求及安全能力要求研究项目。之后，TC8的WG1工作组持续的针对这两项内容进行了深入的研究。

7.2 SDN学术进展

近几年关于SDN的研究在网络领域中占据着极其重要的地位，互联网领域中的诸多顶级国际会议如SIGCOMM、OSDI、NSDI以及CoNEXT上均发表了大量关于SDN的研究论文。从2012年开始，SIGCOMM还为SDN专门设定了一个专题HotSDN，2013年SIGCOMM大会涉及SDN的论文几乎占据总量的一半，2014年HotSDN的文章数量达到50篇以上，2015年SIGCOMM大会的首个讨论主题就是SDN，其覆盖领域涉及了SDN的各个方面。2016年及2017年学术界关于SDN控制平面的讨论热度逐渐降低，数据平面的关注度逐渐上升，抽象语言也层出不穷。近些年，学术界的研究方向主要包括控制平面可扩展性，数据平面设计，抽象语言和接口，测试、调试和设备管理，校园网、企业网、边缘网络、数据中心网络和广域网中的应用以及基于SDN的网络虚拟化技术等。本章将对SDN学术领域的重点研究方向进行综述。

7.2.1 控制平面可扩展性

控制平面可扩展性是SDN研究的热点之一，SDN集中式管控在带来网络全局视角、可编程以及灵活性的同时，其可扩展性一直是SDN技术上的难点。2010年Minlan Yu提出了DIFANE[1]系统的构想，主张通过结合主动和被动下发流表两种方式将流量保持在数据平面，从而减小控制器负载。在交换机内部，由于存在多种不同的流表规则，所以需要根据优先级进行先后处理：缓存规则的优先级最高，因为它直接管理数据的转发；权威交换机中的权威规则优先级次之，它控制自己域内的转发规则；分区规则优先级最低，仅在前面两种规则都不存在时才将数据分组转发给域内的权威交换机。在DIFANE系统中，由于权威交换机能够管理普通交换机的流建立请求，所以控制器仅需要管理整个网络的区域划分和权威交换机的流触发规则。

2011年Andrew等人考虑到当前的OpenFlow交换机的流建立过程和统

计信息收集过程将会消耗大量数据平面和控制平面之间信道的带宽，提出了DevoFlow[2]的设计方案。DevoFlow采取了两种方式来减小OpenFlow交换机和控制器的信息交互：规则复制和局部操作。规则复制方式在包含通配符的流表项中的操作字段上增加了CLONE标志，如果该标志清零，则匹配该流表项的报文按正常情况处理；如果该标志被置位，则直接根据匹配报文建立精确匹配的微流（相当于一条特定的端到端连接）。局部操作方式包括多路径支持和快速重路由：多路径支持是指为OpenFlow交换机中可复制的通配符流表项提供多个可能的输出端口；快速重路由则是指给OpenFlow交换机指定了一条到多条备用路径，从而在链路失效时立即转用备用路径，而不是转发给控制器。

以上学术研究的出发点均是希望通过减小控制器的处理开销来解决控制器单点性能瓶颈的问题，可是仅仅减小控制器的处理开销无法从根源上解决控制器单点性能瓶颈。分布式控制平面的设计思想是未来SDN面向较大规模网络部署的必经之路。为了解决单台控制器瓶颈，Tootoonchinan Amin在2010年提出多控制器的一种解决方案——HyperFlow[3]，其工作原理已在第3章东西向接口协议小节中有所介绍。HyperFlow主要通过部署多台控制器来管理OpenFlow交换机，每台控制器在同步全网络视图的同时，只需要管理特定区域中的OpenFlow交换机。HyperFlow是基于为广域网设计的分布式文件系统WheelFS而设计的，网络事件在不同控制器之间以文件的更新形式来实现。

另一个著名的分布式SDN控制系统是由Koponen等人在2010年提出的Onix[4]。使用Onix可以使网络更稳定，对失效路径的反应更快以及更加便于管理等。Onix采用分区管理的模式，随着网络规模的扩大，数据平面必须由不同的控制器进行分区管理，Onix通过不同的实例管理每个域。有趣的是，Onix不是简单地固定交换机和控制器之间的管控关系，而是基于应用来区分，简单来说就是通过Paxos算法根据功能将交换机请求交由不同的控制器进行处理。Onix形成一个分层的拓扑结构，每个Onix实例需要维护本分区的路由决策；分区间的路由决策则由Onix实例构成的集群共同决策。在网络规模增大、网络事件更新频繁的情况下，顶层的控制逻辑将无法完全匹配网络事件的更新速度，为此，Onix实例需要知道本域内的拓扑情况，而将其余的Onix实例管理的网络看作一个聚合的逻辑节点。从上面的两点设计可以看出，Onix采用分区方式管理域内网络，同时采用聚合的方式管理域间网络，要想让管控平面具有可扩展性，首先需要保证控制逻辑的一致性，Onix采用网络信息库（Network Information Base，NIB）的方式维护网络全局的状态，其设计关键就在于维护NIB的分发机制，从而保证整个网络状态信息的一致性。Onix提供两种方式来实现NIB的更新分发机制：带复制的事务性数据库模式和DHT模式。前者

的主要目标是提供一种可靠的分发机制，适用于网络事件更新缓慢、对稳定性和一致性要求较高的网络；后者则通过通用API、软状态触发器和坐标机制等DHT实现机理，构建快速响应的分布式拓扑结构，适用于网络事件更新频繁、对网络可用性要求较高的网络。目前，Google在其全球数据中心B4中部署的就是Onix控制器。从其的应用场景来看，每一个Onix实例能够管理多达64台OpenFlow交换机，由5个Onix实例组成的集群已经通过了测试。以每台OpenFlow交换机能够连接48台服务器来看，Onix能够应用于主机数量达到数万量级的较大规模网络。Onix为基于OpenFlow的SDN提出了一种通用的扩展方法，即通过多控制器分域进行管控，这也是未来SDN面向大规模网络部署可扩展性研究的主要方向。

限制分布式控制的一个关键问题是由交换机与控制器之间的静态映射导致的各控制器之间负载分配不均。为解决这一问题，在2013年8月的SIGCOMM上，Advait等提出了一种弹性的分布式控制器架构——ElastiCon[5]。其中，控制器资源池随着流量状况动态地增加或减少，与此同时，负载在控制器之间也是可动态转移的。Advait提出一个满足这种负载转移并且符合OpenFlow标准的交换机迁移协议。此外，在OpenFlow网络中控制器应用难以完全支持服务器应用的各种高可用性模式。近期的OpenFlow研究工作大部分都采用静态副本配置或依赖控制器开发人员以实现高可用性。而Dan Williams在此次SIGCOMM中提出了一种新的解决方案RuleBricks[6]以解决高可用性的问题，该方案可灵活地在现有OpenFlow策略中植入高可用性支持。RuleBricks引入了3种基本操作，分别为Drop、Insert和Reduce，通过这3种基本操作，可以方便地添加不同流量分配策略和备份策略，以达到高可用性的要求。

涉及控制平面可扩展性的另一个研究方向是控制器的部署问题。控制信息以及控制器在网络中的位置将影响到控制逻辑能否有效部署到转发设备当中，尤其在流量激增、实时响应要求较高的情况下，响应延迟较长，控制逻辑的一致性将更加难以保证。研究控制器的部署位置问题，主要针对的是SDN部署在广域网的情况。2012年Heller对控制器的部署问题进行了深入研究[7]，引入平均延迟和最坏情况延迟两个指标来分析Internet 2上OpenFlow控制器的部署位置问题。实际上，控制器的部署位置在控制器数量确定的情况下属于NP难问题，但就目前数据平面转发设备不多的现状而言，根据不同的延迟指标计算出最优的部署位置是能够实现的。

OpenFlow等协议提供开放、厂商中立、控制数据平面分离的接口，这允许了网络硬件和软件的独立发展，更促进了免费开源的网络操作系统的发展。2014年一家名为开放网络实验室（Open Network Laboratory，ON.Lab）的非营利性组织发表了关于面向服务提供商和企业骨干网的开源 SDN 网络操作系统（Open Network Operation System，ONOS）的文章[8]，提出了解决大型网络中高吞吐量、低延迟、高可用性等需求的方案。ONOS 采用分布式架构，能够为应用程序提供全局网络视图，主要通过两个重要原型的开发逐渐发展演变。第一个原型主要致力于创建全局网络视图、提供扩展性和容错能力。根据开源 SDN 控制器 Floodlight 开发，使用了 Floodlight 中的部分模块，包括交换机管理、I/O 回环、链路发现、模块管理和 REST API 等；应用 Titan 和 Cassandra 技术保证数据的完整性，使用 Zookeeper 监测和反馈系统状态。2013 年 4 月，ON.Lab 在 ONS 大会上演示了 ONOS 原型系统 1，可以控制几百个虚拟交换机，使用网络视图下发端到端的流，动态添加交换机和 ONOS 实例到集群，针对 ONOS 实例宕机的故障恢复以及针对链路响应失败重新添加路由等，但也同时出现了数据模型不合适、性能较差等问题。原型 2 则集中关注提高 ONOS 的性能，在原型 1 的基础上改变了网络视图架构，添加了事件通知架构，并且进行了基础网络状态改变、网络事件响应、路径部署 3 个方面的性能评估。在网络事件延迟方面有了较高的提升，但吞吐量还没有达到要求。2014 年 3 月，论文作者将 ONOS 的原型 2 部署在 Internet 2 上运行展示。2014 年 12 月 5 日，ONOS 正式版发布。ONOS 的开源化是一项里程碑式的进展，有力地推动了开源 SDN 操作系统的快速发展。

由于运营商网络对网络的可用性和可管理性要求严苛，加之网络节点物理分布广泛，网络节点规模过大，导致现有 SDN 架构无法直接应用到运营商网络中。Renaud Hartert 等人对此进行了深入研究，提出了一种将连接和优化任务分离的二层架构以及 DEFO 控制器[9]。在底层的连接层，仍然采用现有的路由协议，如 IS-IS。在优化层面由系统管理员制定一系列最优化目标函数，由 DEFO 控制器根据段路由技术（Segment Routing）把目标函数翻译成中间路由点，然后根据前面的优化节点改写底层的连接层路由，为那些有特定需求的流制定专门的路由策略，从而增强 SDN 的可扩展性和顽健性，推动 SDN 在运营商网络部署。

7.2.2 交换机 / 数据平面设计

当前，采用 OpenFlow 交换机实现 SDN 数据平面转发已成为主流。然而在实际应用过程中存在如下几个问题：特定的应用有可能导致交换机流表迅速膨胀，这对交换机中流表规模提出了相当高的要求；灵活的掩码匹配对于设备的内存、CPU、功耗都带来极大挑战；OpenFlow v1.1 协议提出的多级流表架构

在一定程度上减少了流表空间，但是在这种设计将彻底颠覆传统芯片的架构。

在 2013 年 SIGCOMM 大会上，来自微软的研究人员的研究成果《Forwarding Metamorphosis: Fast Programmable Match-Action Processing in Hardware for SDN》[10] 可能对数据平面转发引起翻天覆地的变化。在 SDN 的网络架构下数据分组通过交换机时，研究人员提供 3 种灵活的机制：灵活的解析器，用于解析数据分组中的一些特定字段，从而实现转发过程的微调；灵活的表格，构建灵活记忆的转发表格；灵活的动作，构建任意类型的数据分组。使用 SDN 技术改变了传统的“智能终端、傻瓜网络”的格局，如何实现网络的智能化有可能成为未来 SDN 的发展方向。

此外，目前 TCAM 为 OpenFlow 交换机提供了高速处理数据分组的能力，但是如今的商用交换机仅支持几千到几万个流表规则，无法支持任意大小流表的存储。2014 年，Naga Katta 等人提出了一种软 / 硬件混合交换的设计 [11]，利用缓存来提供大规模的规则流表，并且尽可能减小开销。设计中不需要缓存相互独立的规则，也不对规则进行合并压缩，通过拼接规则依赖来缓存少数规则，达到大规模规则流表的存储。由此产生的另一个问题是如何处理规则之间的依赖，将流的数据分组进行合适的转发。Yan Bo 等人针对这个问题提出了一种通配符规则缓存系统——CAB[12]。CAB 的思路是将规则域空间分割成多个称为 Bucket 的逻辑结构进行匹配。CAB 解决了小存储开销的规则依赖问题，并且在流安装请求数量、控制带宽占用以及平均流安装时间方面具有很好的性能。另外，Kanak Agarwal 等人针对转发平面可扩展性进行了研究 [13]。他们提出使用目的 MAC 地址作为不透明转发标签，能够允许 SDN 控制器利用大规模的 MAC 转发表来管理过剩的细粒度路径，称其为 Shadow MAC 模型。在此模型下，SDN 控制器能够在网络边缘安装 MAC 重写规则，用来指导流量智能地选择转发路径。

考虑到 SDN 数据平面的状态转发问题，OpenFlow 的“匹配—动作”范式使得所有状态的维持都高度依赖于 SDN 控制器，对支持高级网络应用造成了限制，也导致了扩展性和性能两方面的问题。2015 年 ICNP 大会上，Shuyong Zhu、Jun Bi 等人提出了一种 SDN 状态数据平面结构——SDPA[14]，引入“匹配—状态—动作”范式。在这种范式中增加了状态域和状态操作指令，并在 SDN 交换机中相应地开发了协作处理单元 FP，为数据平面提供状态处理的能力。基于这种范式，状态处理由 SDN 应用完成，状态信息由 SDN 数据平面维护，使数据平面能够高效地支持状态处理，不需要发送所有分组给控制器来进行状态信息维护，SDPA 结构有效改善了 SDN 网络中的转发效率，同时需要进行状态转发的应用能够产生可控的处理开销。

在 2016 年 SIGCOMM 会议上，爱立信研究院的 ESwitch 提出了一种新的将 OpenFlow pipeline 编译到 x86 机器码的虚拟交换机架构。Open vSwitch 使用的是一种基于流缓存的策略，需要在快速通道中做大量的分类操作，对于缓存未命中的数据分组存在查询速度慢的问题，这也给拒绝服务攻击打开了方便之门。ESwitch 的解决方案是让交换机内的流表自动定制化。尽管用户指定的 OpenFlow 转发规则在一张功能复杂的大表里，但 ESwitch 可以自动将这张大表拆分为若干张功能简单的小表，每张小表只负责特定的匹配功能，整个数据平面的转发性能提升了数倍至数百倍。除此之外，Princeton 大学在会议上也提出了一种用于表示有状态数据平面算法的语言——SNAP。SNAP 注重于整个网络的编程，将全网抽象为一个大型虚拟交换机（One Big Switch），扩展了 NetKAT 语言中任意数据分组可读写状态变量的本地片段。SNAP 编译器使用基于 FDDs 的中间表示和混合整数线性规划生成数据平面，并在最小化拥塞下将状态分发到全网。

7.2.3 SDN 编程语言

最近几年，随着 SDN 研究的深入，高度抽象的网络可编程语言已成为学术界的研究热点。其中，普林斯顿大学和康奈尔大学分别在 2011 年和 2013 年提出的 Frenetic[15] 和 Pyretic[16] 是两个比较典型的代表，这两个语言都是高级语言，旨在隐藏 SDN 编程的复杂性，在以下 3 个层面简化编程语言：检测网络流量；编写分组转发策略；一致性策略更新。以 Frenetic 为例，若用户需要统计除了 IP 地址为 1.2.3.4 的 Web 流量时，仅需要构建两条不同优先级的规则：IP 地址为 1.2.3.4，且端口号为 80 的流设置为高优先级；而匹配其他 IP 地址且端口号为 80 的流设置为低优先级。按照 Frenetic 的编程范式，低优先级流写成“srcip != 1.2.3.4 & srcport = 80”即可，而把复杂的实现细节留给后台的应用程序。当前版本的 Frenetic 仅实现上述 3 种功能上的抽象，后续还需考虑网络可编程性抽象、流量隔离、检测和管理终端主机、处理网络故障以及虚拟化拓扑等情形。

Voellmy 在 2013 年提出的 Maple 可以使网络编程人员利用通用的编程语言设计集中式网络管理策略，使得 SDN 的编程从低级汇编语言时代前进到了高级语言时代。2013 年 Andrew D Ferguson 提出了 Participatory Networking 的概念，指出控制平面需要为用户、应用或终端提供方便灵活的 API，利用这些 API，用户能够获知网络的当前状态和未来状态，从而对网络配置进行修改，以实现对网络的最佳利用。网络配置的变化常常是导致网络中断、网络安全性降低的一个重要原因，即使配置前和配置后网络能够正常运转，但是网络设备在更新

配置的过程中往往出现错误运转。2012 年 Mark Reiblatt 提出了分组级别和流级别的一致性更新问题，力图解决网络状态转变过程中的非正常状态 [17]。同一时期，Christopher Monsanto 提出对数据分组进行复杂操作的构想，即一个数据分组被一个模块处理后能够被后续其他模块处理，每个模块所处理的都是经过抽象的拓扑，并且每个数据分组与一种高等级的元数据相关联。

随后，Arjun Guha、Mark Reitblatt 等人的研究在网络可靠性建设方面迈出了一大步 [18]。他们针对 SDN 的状况检测和分析提出了 Machine-Verified SDN 控制器，并且建立了一套正式的 OpenFlow 模型对 OpenFlow 协议的细节进行了明确规定，在此基础上构建了一套可验证网络的高级网络编程语言（基于 NetCore）的编译和运行系统，旨在快速有效地定位并解决网络中的问题。

OpenFlow 还面临着更迭协议过程中灵活性和可编程方面问题，2013 年华为提出了基于 OpenFlow 的增强协议——协议无感知转发（POF）协议 [19]，很大程度上提高了 SDN 的可编程能力。该协议的主要思想是转发硬件设备对数据报文协议和处理转发流程没有感知能力，网络行为完全由控制平面负责定义，而且还可以实现基于自定义协议的网络服务。在 POF 协议中，控制器可以定义数据的偏移和长度，识别已有协议类型和新的协议类型，并且可以控制所有协议报文的业务逻辑和转发规则。在部署新协议时，网络管理员只需要下发一些报文转发操作指令到支持 POF 的交换机上即可。在 SDN 发展的道路上，POF 为南向协议的扩展性、网络可编程性提供了新思路，使得 SDN 可以应用于更多的网络场景中。

2014 年的 SIGCOMM 会议上 Nick Mckeon 教授等人发表了题为“P4: Programming Protocol-Independent Packet Processors”的论文，并正式提出了 P4 语言。 P4 是为了解决 OpenFlow 的可扩展性问题而提出的一种数据平面编程语言。P4 是一种声明式的编程语言，它允许网络使用者自定义数据平面设备能够处理的数据报文格式。P4 试图彻底让网络摆脱对已有协议的依赖，而使用革命性的自定义数据报文解析的方式，全面实现网络的可编程化。P4 用于描述数据平面行为，不用于实现数据平面，从而保持目标无关性。P4 所描述的分组处理逻辑可以在任意支持 P4 的硬件设备上运行，例如固定功能的 ASIC、FPGA、通用 CPU 等。

P4 的提出在学术界引起了很大的轰动，在之后的几年中，学术界针对其应用场景、语言规范、目标设备等方面进行了深入研究。

在 2015 年 9 月，P4 联盟提出了一种基于 P4 的带内网络遥测（In-band Network Telemetry，INT）技术，可以实现数据平面驱动的网络状态收集和报告框架，在 2016 年及 2017 年又陆续进行了更新。2016 年 CoNext 上 Yuliang

Li 等人提出了 LossRadar，一种基于 P4 语言的数据分组粒度的网络监控系统。在 2017 年 SIGCOMM 上 Mark Handley 等人利用 P4 实现了 NDP，一种新型的数据中心传输架构。这种架构在大多数情况下都可以达到接近理想的传输完成时间。

2016 年 NSDI 会议上 Srinivas Narayana 等人提出一种路径信息查询系统。系统包括路经信息查询语言和运行时系统。并经过更进一步的研究，在 2017 年 SIGCOMM 会议上提出了可编译到 P4 和其他数据平面编程语言的网络性能查询语言 Marple。Marple 可以在占用极少交换机硬件资源的前提下执行复杂的交换机查询功能。Rui Miao 等人提出了一种基于 P4 的四层负载均衡器 SilkRoad，它将传统的负载均衡功能实现在了交换机上，在资源池更新时可以保证连接一致性，同时可维持百万数量级的连接。

在 2016 年 SIGCOMM 会议上，Muhammad Shahbaz 等人提出了 PISCES，一种从 OVS 派生出的高效 P4 软件交换机。在保证性能相近的前提下，PISCES 可以用相对于 OVS 1/40 的代码实现相同功能。在 2017 年 SIGCOMM 会议上，思科等公司的研究人员提出了 dRMT，一种新型可编程交换机架构。它用一组能够以任意顺序执行匹配—动作操作的处理器来代替原有 RMT 中的流水线阶段，用集中式的内存池代替原本内存和计算资源绑定的结构。dMRT 使用更少的处理器就可以达到线速处理，并且在无法达到线速处理的情况下，也不会出现性能骤降的结果。

7.2.4 测试、调试及管理

SDN 作为一种新兴的网络体系架构，如何高效地检测 SDN 故障是其生态系统中的关键一环。随着 SDN 规模的扩展，控制平面必然是分布式部署的，网络事件的异步性将导致控制器之间同步信息存在一定的延迟，控制逻辑可能存在不一致。为解决这个问题，Canini 于 2012 年提出了 NICE 模型 [20]，该模型通过检测整个系统的状态空间（包括控制器、交换机和主机），利用事件处理者的符号执行维持系统一致性的校验，同时提供事件交叉机制以发现潜在的网络应用的 Bug。此外，在交换机流表中，还可能存在流条目冲突的情形，即两条流条目的匹配空间有重合，可以同时匹配同一个数据分组，这种情形在有多控制器，如利用 FlowVisor[21] 虚拟化平台（参考 6.2.2 小节）的情况下极易发生。针对这个问题，2010 年 Al-Share 设计了 FlowChecker 模型 [22]，FlowChecker 将网络配置规则以及数据分组转发规则转化成布尔表达式来观测网络的变化，使用二元决策图技术来对网络状态进行建模，使用 CTL（Computation Tree Logic，计算树逻辑）语言进行某些特性的查询以及提取某些统计信息，FlowChecker 可以用于实时查找 SDN 中的配置错误。

2012 年 Maciej Kuzniar 提出了一种 SOFT 方案，用于测试多个 OpenFlow 交换机共同运行时是否会互相影响，即单个交换机独立运行时对一种输入分组的执行结果是否与多个交换机共同运行时的结果一致。同一时期，Ahmed Khurshid 提出了 Veriflow 模型，通过在每个转发规则被插入时对网络变量进行检查，能够实时监测配置文件和数据平面状态的错误。网络中众多协议和机制的协作也会一定程度上导致网络故障，Peyman Kazemian 等人针对多协议协调问题提出了首部空间分析（Header Space Analysis，HSA）[23]，通过静态地检查网络发现某一类型的故障，并使用整个头部域作为转发的依据来避免协议冲突问题。随后，这个团队于 2013 年提出了基于 HSA 的实时网络策略检测工具——NetPlumber[24]，在继承 HSA 的优点之外，维护规则依赖视图，快速增量地检测状态改变的合法性，还能够扩展到传统网络的策略检测中。Minlan Yu 于 2013 年提出对数据平面和控制平面区分处理的流量测量方案——OpenSketch，该方案对数据平面使用散列、过滤、计算分阶段技术，支持多个测量工作同时进行；对于控制平面提供一个测量库实现自动配置用于测量的资源。2014 年 Ryan Neckett 等人提出了一种使用声明语言支持动态变化环境下验证和调试 SDN 的机制 [25]。声明由描述网络路径特征的正则表达式组成，涵盖了网络中的主机、交换机以及其他网络实体所发送数据分组的类别等信息。为了能够动态地在声明的集合中添加或删除网元信息，该机制提出了采用增量数据结构的方式，避免由于环境的改变导致整个数据平面重新验证。SDN 的故障排除需要结构化的方法，具体来说需要灵活的按需包追踪工具。Hui Zhang 等人提出了称为 Pathlet Tracer 的一个 2 层路径追踪应用 [26]。Pathlet Tracer 会记录 2 层路径的 ID，并安装到交换机中一套流表，用来为每个通过交换机的分组安装路径 ID。为了能够高效地利用 ID 占用位，Pathlet Tracer 使用了一个编码算法，使得 k 比特位能够追踪超过 $2k$ 个路径。这不仅方便故障的定位，而且提高了故障定位的效率。

除了网络本身和用户可能造成的非理想情况外，恶意管理员的外部因素也会影响网络的性能。2014 年 Stephanos Matsumoto 等人指出了这个问题，并且提出一种应对恶意管理操作的控制器 Fleet[27]。对于单个配置，管理员轮流提出路由配置，所有管理员共同投票决定是否通过；对于多配置，为每个管理员创建一个路由配置，根据一套已有的判断度量随机为流选择路由配置所对应的交换策略，从而保证恶意管理操作无法影响其他网络。此外针对 SDN 中设置防火墙带来的挑战，Hongxin Hu 等人做了相应的研究 [28]。提出了 FlowGuard 框架，为基于 OpenFlow 的动态网络中准确探测网络安全隐患、解决防火墙攻击提供了解决方案。FlowGuard 能够在网络状态发生更新时通过检查网络流量路径空间来探测防火墙攻击，并且能够进行自动实时的攻击检测和处理。

2015 年，Chaithan Prakash 等人对网络策略的部署问题提出了解决方案——PGA[29]。现有的网络策略抽象和框架不支持自然表达以及自动组合高级策略，当来自不同用户的网络策略被同时下发到网络中时，会产生网络策略冲突现象。PGA 是一种自动部署、可以由许多不同独立的网络策略组成的图形化部署策略，可以让网络策略得到独立、简单的部署，同时也能够检测策略之间的冲突。Stefano Vissicchio 等人指出现代化的集中控制器的路由功能提供了巨大的灵活性，但是牺牲了分布式协议的顽健性，因此他们提出一种融合了集中控制与分布式实现的 Fibbing 方法，通过插入虚假路由的方法，在分布式的路由器上依据混合了真实和故意插入的虚假的拓扑信息来进行路由的计算，这样能够支持灵活的负载均衡、流量工程以及备份路由功能[30]。

7.2.5　数据中心应用

关于 SDN 如何应用于数据中心和云计算环境，2009 年 Tavakoli 首次提出将 OpenFlow 技术引入数据中心网络，并采用 NOX 控制器实现了两种比较典型的数据中心网络——PortLand 和 VL2 的高效寻址和路由机制。2010 年 Heller B 提出的 Ripcord[31] 同样实现了这两种数据中心的路由引擎原型系统，并支持网络动态管理，增加了网络健康度监控和自动报警功能。此外，如何降低运营成本是一个重要的研究课题，如果可以根据工作负荷按需分配并动态规划资源，不仅可以提高资源的利用率，还可以达到节能环保的目的。随着 Heller 研究的深入，2013 年提出的 ElasticTree[32] 创新性地使用 SDN，在不影响性能的前提下，根据网络负载动态规划路由，从而可以在网络负载不高的情况下选择性地关闭或者挂起部分网络设备，使其进入节电模式以达到节能环保、降低运营成本的目的。

在 SIGCOMM 2013 大会上，来自微软研究院的研究人员认为当前数据中心网络经常进行虚拟机迁移、负载均衡机制动态变化、交换机固件升级、交换机故障恢复以及新交换机接入等更新操作，这些变化必须被小心翼翼地操作部署，以避免影响数据中心内部运行的各种业务，其中最大的挑战是同步这些变化带来的链路负载过大或拥塞。SDN 架构的出现给解决这个问题带来契机，2013 年，由 Liu Hongqiang 提出的 zUpdate[33] 采用一种系统的方式进行更新，能够减轻网络计划的需求度，以保证在软件更新时保持数据中心网络平稳运行。随着移

动互联网和云计算技术的发展，越来越多的计算和数据被移动到云上。对于在线服务供应商来说，数据中心之间的通信也变得越来越重要，当前数据中心之间的通信带宽十分昂贵且需求量巨大，传统网络本身不能智能地适应具有变化需求的全球行为。2013 年 B4 从数据中心广域网流量负载均衡的角度出发 [34-35]，利用 SDN 控制器监测全球范围内的通信量，并使交换机智能适应网络行为以满足其他数据中心服务器的流量需求。

2014 年 Ryan Hand 等人考虑数据中心快速扩建（安装新设备）和虚拟化的普及，与企业已经部署的传统网络之间的差距，提出了 ClosedFlow 的整合技术，利用 SDN 技术控制已有的专用设备，模仿 OpenFlow 中的细粒度控制行为，从而帮助企业将传统的网络平滑演进到 SDN，减小了企业面临大量更换网络设备的巨大压力 [36]。数据中心中存在多条冗余路径，而传统的 ECMP 方式实现多径传输存在路径冲突的问题。而在 SDN 之中，由于控制器具有全局的视图，控制器可以动态为数据流计算路径。2010 年发表的文献 [37] 中提出了一种利用 SDN 控制器进行流调度的方法。Hedera 利用控制器每隔一定时间，对网络之中的边缘交换机进行监控，当检测到吞吐量较大的长流的时候，就利用控制器根据当前网络的状态实时计算出相对空闲的路径给此长流传输，这样可以有效防止路径冲突问题。此外，在数据中心之中带宽的保障一直是一个难题，在文献 [38] 中提出了一种基于实时应用的带宽保障服务——ElasticSwitch。它可以在保障最小带宽的前提下，如果网络之中存在空闲带宽，它将多余的带宽动态分配给未完成的任务，以加速任务的完成。

在 2016 年 NSDI 会议上，英特尔实验室等研究机构提出了一种新型键值存储系统设计，称为 SwitchKV。SwitchKV 将高性能缓存节点与性能受限的后端节点结合以应对不可预测的查询请求。缓存节点负责频繁查询的服务请求，所以不会存在单个后端节点过载的情况。与之前的设计相比，SwitchKV 应用 SDN 技术实现了内容感知的交换设备，可以深度优化路由策略。可编程交换机通过分析编码在数据分组头部中的缓存关键字，将查询服务请求线速转发到合适的节点上。新的混合高速缓存策略以较低的开销保持缓存和交换机转发规则的更新，并确保在快速变化的查询工作负载下，系统负载总是保持平衡状态。根据英特尔实验室等研究机构的评估结果表明，与传统系统设计相比，SwitchKV 可以实现高达 5 倍的吞吐量和 1/3 的时延。

7.2.6　校园网应用

SDN 除了在数据中心网络中大有可为，在校园网的功能管理和安全上也有不少应用。早在2009年，Handigol提出的Plug-n-Serve[39]系统在斯坦福大学的计算机系大楼部署。它设计了一种新型的面向无结构网络的负载均衡算法，向系统中动态添加和移除计算资源，增加了请求的传输率，改变了每个请求的CPU和网络负载，最终实现了网络的负载均衡。随后，2010年Yap提出的OpenRoads[40]在斯坦福大学的计算机系和电机工程系大楼部署，利用OpenFlow和SNMP在异构无线网络（如Wi-Fi/WiMAX等）中实现了网络虚拟划分和移动管理，简化了网络管控的方法。同一时期，Nayak设计的Resonance[41]是佐治亚理工大学的研究者在校园内部署的一整套OpenFlow网络动态接入控制系统，通过在高层部署安全策略和分布式监控推断系统，实现了更细粒度的分布式安全接入功能。校园网络一个重要的功能是支持网络创新实验的运行，在同一张物理校园网上同时部署多个创新实验是SDN的一大优势。OpenFlow的网络虚拟化平台FlowVisor能够把同一张物理网络划分成多个虚拟切片，各个切片流量隔离但物理设备不隔离，每个虚拟网络的控制器都有自己的拓扑视图，实现物理网络的最大最优化利用。

7.2.7 Peering应用

在互联网中，我们将不同网络之间的互通和路由数据交换称为对等操作（Peering）。边缘架构设计应支持全球用户群体间低时延的互通，是防御DoS和相关攻击的第一道也是最重要的防线，设计完善的边缘架构也可以减少骨干网络向中心位置数据中心的扩展。然而，目前对等边缘的灵活性、可用性和成本效益越来越受到交换设备的限制，即使利用全球流量视图和跨层优化也很难增加新功能。同时，当前架构下BGP规则无法完成细粒度的覆盖，如果要达到这种要求，则需要设备商从软件或硬件上进行修改，然而最简单的修改可能也需要耗费一年的时间。基于目前这种情况，在2017年4月召开的ONS会议上，Google提出了一种基于SDN的新型对等边缘架构——Espresso。Espresso将大部分网络控制功能从对等设备中抽离，只保留了简单的数据转发功能；将数据分组处理过程软件化，通过运行在大范围服务器基础架构上的软件包处理器实现数据分组处理操作；将早已存在的全球流量工程系统（Traffic Engineering，TE）整合到Espresso中；以及将BGP转移到服务器的用户栈中，从而实现细粒度划分和更加强大的计算能力。到目前为止，Espresso已经投入使用了两年，占Google总流量的22%以上。

目前，内容提供商在全球网络中建立了大量的PoP（Points of Presence，存在点），每个PoP与上百个网络连接。理论上，这种连接可以使内容提供商为

用户提供更好的体验，然而内容提供商却没有足够的能力处理首选对等路径上的高峰流量。究其原因，是 BGP 容量无感知及性能无感知的特性制约了其在这种场景下的性能。具体来说，容量无感知是指一条链路的能力可能不足以处理 BGP 分配到这条链路上的所有流量。需求的快速增长会很快超出现有连接的能力，突发的流量或者连接失效也可能造成需求的大幅度变化。在这种场景下，容量无感知的 BGP 无法根据实际情况进行路由调整，这会导致服务质量的急剧下降。而性能无感知是指由于 BGP 选路策略所依赖的属性不总是和性能相关导致的最佳路径选择失误。在任意一个 PoP 中，根据 BGP 选出的最优路径进行转发往往达不到最优性能。为了解决 BGP 这两方面的问题，Facebook 提出了 Edge Fabric，一种基于 SDN 的出口流量优化路由系统，它可以使边缘网络更加快速、高效、灵活地进行数据传输。Edge Fabric 从对等路由器中接收 BGP 路由，并监控网络状态来决定流量分配。Edge Fabric 通过将流量分配规则（使用 BGP）注入路由器中覆盖原有的 BGP 规则从而实现新的路由选择。Facebook 通过收集将一小部分流量路由到备用路径的测量数据来检测 Edge Fabric 的性能。通过 4 个 PoP 中收集的数据分析，结果表明：当选用原有 BGP 路由的备选方案时，5% 的位置可以观察到 20 多毫秒的延时降低。截至 2017 年，Edge Fabric 已经在 Facebook 网络中运行 4 年多了。

7.2.8 其他

除了上述领域外，众多研究者还从多个不同角度对 SDN 技术展开了研究，下面仅介绍几个具有代表性的成果。

Gibb 于 2009 年实现了一个高速网络的原型系统 OpenPipes[42]。它可以通过硬件和软件两种方式来实现系统的功能模块，并通过 OpenFlow 技术实现功能模块在网络运行时的动态划分。之前，Erickson 提出通过 OpenFlow 来控制移动用户和虚拟机之间的连接，并根据移动用户的位置进行重路由和移动管理，使得这些移动用户的数据分组可以保持 IP 地址不变并保证始终通过最短路径传输，改变了传统移动 IP 的路由策略。随后，在 2010 年 Tootoonchian 提出了 OpenTM[43]，利用 OpenFlow 控制器中的路由信息分析了从不同交换机获取流统计数据的网络负载问题，从而构建整个网络的流量矩阵。2011 年 Mattos D 提出的 OMNI[44] 在 NOX 上实现了多个应用程序，提供了收集数据和配置 OpenFlow 网络的 API，并开发出 Web 界面对 OpenFlow 网络进行管理。

同一时期，Dely 首次将 OpenFlow 技术应用到无线 Mesh 网络中 [45]，并解决了移动管理和客户 IP 地址迁移的相关问题。Egilmez 同期提出的一种基于

OpenFlow 技术[46]、支持 QoS 的可扩展流媒体应用优化框架，为视频数据流提供了非最短路径的动态重路由功能。同时，Mortier 将 OpenFlow 应用于家庭网络管理中[47]，实现了新型的流测量和管理接口。Sharafat 提出在 OpenFlow 交换机和 NOX 上实现了 MPLS 流量工程和基于 MPLS 的 VPN 功能[48]。Hesham Mekky 等人于 2014 年提出了一个扩展的 SDN 架构[49]，在交换机的流表之上增加了一个应用流表层，将数据分组处理的决策扩展到了 2 ~ 4 层之外，该架构下能够保证多数处理都在数据平面完成，对数据分组向控制器的发送做了限制。

在云计算环境中，网络功能（Middleboxes）受到越来越多的关注，但 PaaS 还是缺乏对 Middleboxes 服务的足够支持。Hani Jamjoom 提出在 PaaS 中一种新的网络功能抽象方式——Middlepipes[50]，不同于现有对 Middleboxes 在网络层复杂的配置操作，Middlepipes 为用户提供了应用层的视角，可以直接在应用中写入各种过滤规则完成忽略数据分组、请求与数据源的细节等操作。Middlepipes 能够连接起来合作调节应用与服务之间的流量，并且还能够产生到应用的回调信息。由于现有的中间件并没有专门的路由协议支持，所以当数据分组需要通过中间件组件时，需要由网络管理员进行专门配置，因此，2013 年由 Ying Zhang 等人发表了针对中间件路由策略的文章[51]。由于 OpenFlow 的出现，针对特定流量的配置变得更加容易。这样就可以由网络的使用者直接写入本应用需要的中间件服务，然后由网络之中的控制器根据已经写入的服务需求，自动地将流量导向各个中间件接受服务。对于许多网络管理应用程序来说，想要体现 SDN 的优势的关键在于解决复杂的最优化问题。但最优化问题往往需要专业知识的支撑、大量人力投入、超强的计算能力或精心设计的启发式算法来解决。针对这些问题，Victor Heorhiadi 等人在 2016 年 NSDI 会议上提出了一个快速解决 SDN 应用中最优化问题的平台，SOL（SDN Optimization Layer，SPN 优化层）。SOL 作为中间层，位于 SDN 应用程序与实际控制平面之间。如果应用开发者想在应用中解决一个最优化问题，则可以通过 SOL 接口将最优化需求传递到 SOL 中，然后 SOL 将根据最优化需求生成可部署到 SDN 控制平面的配置命令，解决这个最优化问题。相对原有的最优化问题解决过程，SOL 不仅大大简化了解决流程，而且具有很强的通用性和高效性。

7.3 本章小结

本章主要介绍了 SDN 在技术标准化与学术方面的进展，作为一种革新的

网络架构，推动其技术标准化具有重大意义，目前多个标准组织都在积极开展SDN技术相关标准的制订工作。ONF根据SDN的研究成果不定期发布技术报告、技术白皮书以及相关的标准规范制定和维护；IETF聚焦于在现有网络架构下通过分解功能模块、开发I2RS协议并尽可能继承现有的路由、信令和管理等协议，实现网络能力的开放；ITU-T和ETSI的NFV组织着重针对SDN在电信运营商的应用场景、对象以及相关架构等方向进行研究；CCSA积极组织国内运营商、设备商、高校及科研院所等相关单位开展SDN相关标准的研究工作，为国内的SDN研究和应用提供指导和服务。另一方面，围绕SDN技术的研究在学术界也取得了较大突破，诸多顶级国际会议如SIGCOMM、OSDI、NSDI以及CoNEXT均有关于SDN的研究论文，研究人员对SDN技术关注的焦点主要包括控制平面可扩展性，数据平面设计，抽象语言和接口，测试、调试和设备管理，校园网、企业网、数据中心网络、边缘网络和广域网中应用以及基于SDN的网络虚拟化技术。标准化组织与学术界的大力推动使SDN技术得以更好地发展与推广。

参考文献

[1] YU M, REXFORD J, FREEDMAN M J, et al. Scalable flow-based networking with DIFANE[J]. ACM SIGCOMM computer communication review41, 2011(4): 351-362.

[2] CURTIS A R, MOGUL J C, TOURRILHES J, et al. DevoFlow: scaling flow management for high-performance networks[J]. ACM SIGCOMM computer communication review, ACM, 2011, 41(4).

[3] AMIN T, GANJALI Y. HyperFlow: a distributed control plane for OpenFlow[C]// Proceedings of the 2010 Internet Network Management Conference on Research on Enterprise Networking. USENIX Association, 2010.

[4] TEEMU K, CASADO M, GUDE N, et al. Onix: a distributed control platform for large-scale production networks[J]. OSDI, 2010(10): 351-364.

[5] DIXIT A A, HAO F, MUKHERJEE S, et al. Elasticon: an elastic distributed SDN controller[C]// Proceedings of the Tenth ACM/IEEE Symposium on Architectures for Networking and Communications Systems. ACM, 2014:

17-28.

[6] WILLIAMS D, JAMJOOM H. Cementing high availability in OpenFlow with rule bricks[C]// Proceedings of the Second ACM SIGCOMM Workshop on Hot Topics in Software Defined Networking. ACM, 2013: 139-144.

[7] BRANDON H, SHERWOOD R, MCKEOWN N. The controller placement problem[C]// Proceedings of the First Workshop on Hot Topics in Software Defined Networks. ACM, 2012.

[8] BERDE P, GEROLA M, HART J, et al. ONOS: towards an open, distributed SDN OS[C]// Proceedings of the Third Workshop on Hot Topics in Software Defined Networking. ACM, 2014.

[9] HARTERT R, VISSICCHIO S, SCHAUS P, et al. A declarative and expressive approach to control forwarding paths in carrier-grade networks[J]. ACM SIGCOMM computer communication review, 2015, 45(5):15-28.

[10] BOSSHART P, GIBB G, KIM H S, et al. Forwarding metamorphosis: fast programmable match-action processing in hardware for SDN[C]// Proceedings of the ACM SIGCOMM 2013 Conference on SIGCOMM. ACM, 2013.

[11] KATTA N, ALIPOURFARD O, REXFORD J, et al. Infinite CacheFlow in software-defined networking[C]// Proceedings of the Third Workshop on Hot Topics in Software Defined Networking. ACM, 2014.

[12] YAN B, XU Y, XING H Y, et al. CAB: a reactive wildcard rule caching system for software-defined networks[C]// Proceedings of the Third Workshop on Hot Topics in Software Defined Networking. ACM, 2014.

[13] AGARWAL K, DIXON C, ROZNER E, et al. Shadow MACs: scalable label-switching for commodity ethernet[C]// Proceedings of the Third Workshop on Hot Topics in Software Defined Networking. ACM, 2014:157-162.

[14] ZHU S Y, BI J, SUN C, et al. SDPA：enhancing stateful forwarding for software- defined networking[C]// IEEE 23th International Conference on Network Protocols, 2015.

[15] FOSTER N, HARRISON R, FREEDMAN M J, et al. Frenetic: a network programming language[J]. ACM SIGPLAN notices 46, 2011(9): 279-291.

[16] CHRISTOPHER M, REICH J, FOSTER N, et al. Composing software defined networks[C]// NSDI, 2013.

[17] VOELLMY A, WANG J, YANG Y R, et al. Maple: simplifying SDN programming using algorithmic policies[C]// Proceedings of the ACM SIGCOMM 2013 Conference on SIGCOMM. ACM, 2013.

[18] GUHA A, REITBLATT M, FOSTER N. Machine-verified network controllers[J]. ACM, 2013, 48(6):483-494.

[19] SONG H. Protocol-oblivious forwarding: unleash the power of SDN through a future-proof forwarding plane[C]// Proceedings of the Second ACM SIGCOMM Workshop on Hot Topics in Software Defined Networking. ACM, 2013:127-132.

[20] CANINI M, VENZANO D, PERESINI P, et al. A NICE way to test OpenFlow applications[C]// NSDI, 2012.

[21] SHERWOOD R, GIBB G, YAP K K, et al. FlowVisor: a network virtualization layer[J]. OpenFlowswitch consortium, tech. rep.,2009.

[22] EHAB A, AL-HAJ S. FlowChecker: configuration analysis and verification of federated OpenFlow infrastructures[C]// Proceedings of the 3rd ACM Workshop on Assurable and Usable Security Configuration. ACM, 2010.

[23] KAZEMIAN P, VARGHESE G, MCKEOWN N. Header space analysis: static checking for networks[C]// Proceedings of the 9th USENIX Conference on Networked Systems Design and Implementation. USENIX Association, 2012:9.

[24] KAZEMIAN P, CHANG M, ZENG H, et al. Real time network policy checking using header space analysis[J]. Usenix NSDI, 2013:99-112.

[25] BECKETT R, ZOU X K, ZHANG S, et al. An assertion language for debugging SDN applications[J]. cs.princeton.edu, 2014:91-96.

[26] ZHANG H, LUMEZANU C, RHEE J, et al. Enabling layer 2 pathlet tracing through context encoding in software-defined networking[C]// Proceedings of the Third Workshop on Hot Topics in Software Defined Networking. ACM, 2014.

[27] MATSUMOTO S, HITZ S, PERRIG A. Fleet: defending SDNs from malicious administrators[C]// Proceedings of the Third Workshop on Hot Topics in Software Defined Networking. ACM, 2014:103-108.

[28] HU H, HAN W, AHN G J, et al. FLOWGUARD: building robust firewalls for software-defined networks[C]// Proceedings of the Third Workshop on Hot Topics in Software Defined Networking. ACM, 2014:1-3.

[29] PRAKASH C, LEE J, TURNER Y, et al. PGA: using graphs to express and automatically reconcile network policies[J]. ACM SIGCOMM computer communication review, 2015.

[30] VISSICCHIO S, TILMANS O, VANBEVER L, et al. Central control over distributed routing[J]. ACM SIGCOMM computer communication review, 2015, 45(5):43-56.

[31] HELLER B, ERICKSON D, MCKEOWN N. Ripcord: a modular platform for data center networking[C]// Proc. of ACM SIGCOMM 2010 (Demo). New Delhi: ACM Press, 2010: 457-458.

[32] HELLER B, SEETHARAMAN S, MAHADEVAN P, et al. ElasticTree: saving energy in data center networks[C]// NSDI, 2015, 51(11):249-264.

[33] LIU H H, WU X, ZHANG M, et al. zUpdate: updating data center networks with zero loss[C]// Proceedings of the ACM SIGCOMM 2013 Conference on SIGCOMM. ACM, 2013.

[34] HONG C Y, KANDULA S, MAHAJAN R, et al. Achieving high utilization with software-driven WAN[C]// Proceedings of the ACM SIGCOMM 2013 Conference on SIGCOMM. ACM, 2013.

[35] JAIN S, KUMAR A, MANDAL S, et al. B4: experience with a globally-deployed software defined WAN[C]// Proceedings of the ACM SIGCOMM 2013 Conference on SIGCOMM. ACM, 2013.

[36] HAND R, KELLER E. ClosedFlow: OpenFlow-like control over proprietary devices[C]// Third Workshop on Hot Topics in Software Defined Networking. ACM, 2014:7-12.

[37] AL-FARES M, RADHAKRISHNAN S, RAGHAVAN B, et al. Hedera: dynamic flow scheduling for data center networks[C]// Usenix NSDI, 2010: 19.

[38] POPA L, YALAGANDULA P, BANERJEE S, et al. ElasticSwitch: practical work-conserving bandwidth guarantees for cloud computing[C]// Proceedings of the ACM SIGCOMM Conference, 2013.

[39] HANDIGOL N, SEETHARAMAN S, FLAJSLIK M, et al. Plug-n-Serve: load-balancing web traffic using OpenFlow[J]. ACM SIGCOMM demo, 2009.

[40] YAP K K, KOBAYASHI M, SHERWOOD R, et al. OpenRoads: empowering research in mobile networks[J]. ACM SIGCOMM computer communication review 40, 2010(1): 125-126.

[41] NAYAK A K, REIMERS A, FEAMSTER N, et al. Resonance: dynamic access control for enterprise networks[C]// Proceedings of the 1st ACM Workshop on Research on Enterprise Networking. ACM, 2009.

[42] GIBB G, UNDERHILL D, COVINGTON A, et al. OpenPipes: prototyping high- speed networking systems[C]// Proc. ACM SIGCOMM Conference (Demo), Barcelona, Spain, 2009.

[43] AMIN T, GHOBADI M, GANJALI Y. OpenTM: traffic matrix estimator for OpenFlow networks[M]. Passive and Active Measurement. Springer Berlin Heidelberg, 2010.

[44] MATTOS D M F, FERNANDES N C, DA COSTA V T, et al. Omni: OpenFlow management infrastructure[C]// Network of the Future (NOF), 2011 International Conference on the. IEEE, 2011: 52-56.

[45] PETER D, KASSLER A, BAYER N. OpenFlow for wireless mesh networks[C]// Computer Communications and Networks (ICCCN), 2011 Proceedings of 20th International Conference on. IEEE, 2011.

[46] EGILMEZ H E, GORKEMLI B, TEKALP A M, et al. Scalable video streaming over OpenFlow networks: an optimization framework for QoS routing[C]// Image Processing (ICIP), 2011 18th IEEE International Conference on. IEEE, 2011.

[47] MORTIER R, BEDWELL B, GLOVER K, et al. Supporting novel home network management interfaces with OpenFlow and NOX[J]. ACM SIGCOMM computer communication review. ACM, 2011, 41(4).

[48] SHARAFAT A R, DAS S, PARULKAR G, et al. MPLS-TE and MPLS VPNS with OpenFlow[J]. ACM SIGCOMM computer communication review. ACM, 2011, 41(4).

[49] MEKKY H, HAO F, MUKHERJEE S, et al. Application-aware data plane processing in SDN[C]// Third Workshop on Hot Topics in Software Defined Networking. ACM, 2014.

[50] JAMJOOM H, WILLIAMS D, SHARMA U. Don' t call them middleboxes, call them middlepipes[C]// Proceedings of the Third Workshop on Hot Topics in Software Defined Networking. ACM, 2014: 19-24.

[51] ZHANG Y, BEHESHTI N, BELIVEAU L, et al. StEERING: a software-defined networking for inline service chaining[C]// IEEE 21rd International Conference on Network Protocols, 2013.

缩略语

英文缩写	英文释义	中文释义
AA	Active Application	主动应用
ACI	Application Centric Infrastructure	应用中心基础设施
ACL	Access Control List	访问控制列表
API	Application Programming Interface	应用编程接口
ALTO	Application-Layer Traffic Optimization	应用层流量优化工作组
AMD	Advanced Micro Devices	超威半导体公司
ARP	Address Resolution Protocol	地址解析协议
ARPANet	Advanced Research Projects Agency Network	计算机网络开发计划
AS	Authentication System	自治系统
ASIC	Application Specific Integrated Circuit	专用集成电路
ATM	Asynchronous Transfer Mode	异步传输模式
AT&T	American Telephone & Telegraph	美国电话电报公司
AWS	Amazon Web Services	亚马逊 Web 服务
BFD	Bidirectional Forwarding Detection	双向转发检测
BGP	Border Gateway Protocol	边界网关协议
BUM	Broadcast, Unicast and Multicast	广播、单播和多播
BYOD	Bring Your Own Device	携带自己的设备办公
CANARIE	Canadian Network for the Advancement of Research Industry and Education	加拿大科研、工业和教育促进网络

续表

英文缩写	英文释义	中文释义
CAPEX	Capital Expenditure	资本性支出
CCSA	China Communications Standards Association	中国通信标准化协会
CDPI	SDN Control to Data-Plane Interface	SDN 控制数据平面接口
CE	Control Element	控制单元
CEM	CE Manager	网络单元管理者
CERN	European Organization for Nuclear Research	欧洲粒子物理研究所
COTS	Commercial-Off-The-Shelf	商用现成品或技术
CSS	Cascading Style Sheet	层叠样式表
DARPA	Defense Advanced Research Projects Agency	高级防御研究计划局
DC	Domain Controller	域内控制器
DHT	Distributed Hash Table	分布式散列表
DNS	Domain Name System	域名系统
DOVE	Distributed Overlay Virtual Ethernet	分布式覆盖虚拟以太网
DPDK	Data Plane Development Kit	数据面开发套件
DSCP	Differential Services Code Point	差别化业务编码点
EAL	Environment Abstraction Layer	环境抽象层
EE	Execution Environment	执行环境
ENP	Ethernet Network Processor	以太网络处理器
ETSI	European Telecommunications Standards Institute	欧洲电信标准化协会
EVPN	Ethernet Virtual Private Network	以太网虚拟专用网
EWBridge	East-West Bridge	东西桥
FE	Forwarding Element	转发单元
FEM	FE Manager	转发单元管理者
FIB	Forwarding Information Base	转发信息库
FIFO	First Input First Output	先入先出队列
FPGA	Field-Programmable Gate Array	现场可编程门阵列
ForCES	Forwarding and Control Element Separation	转发控制元素分离
GENI	Global Environment Networking Innovations	全球网络创新环境
GUI	Graphical User Interface	图形用户界面
GRE	Generic Routing Encapsulation	通用路由封装
HP	Hewlett-Packard Development Company	美国惠普公司

续表

英文缩写	英文释义	中文释义
HTML	HyperText Markup Language	超文本标记语言
HTTP	HyperText Transfer Protocol	超文本传送协议
I2RS	Interface to Routing System	接口到路由系统
IBM	International Business Machines Corporation	国际商业机器公司
ICMP	Internet Control Message Protocol	国际控制报文协议
IDC	Internet Data Center	互联网数据中心
IEEE	Institute of Electrical and Electronic Engineering	电气和电子工程师学会
IETF	Internet Engineering Task Force	互联网工程任务组
I/O	Input/Output	输入 / 输出
IP	Internet Protocol	网际协议
IPFIX	IP Flow Information Export	IP 数据流信息输出
IPRAN	Internet Protocol Radio Access Network	无线接入网 IP 化
IPSec	Internet Protocol Security	网际协议安全性
IPv4	Internet Protocol Version 4	网际协议第四版
IPv6	Internet Protocol Version 6	网际协议第六版
IR	Intermediate Representation	中间表示
IRS	Interface to the Routing System	路由系统接口
IS-IS	Intermediate System to Intermediate System	中间系统到中间系统
ISO	International Organization for Standardization	国际标准化组织
ISP	Internet Service Provider	互联网服务提供商
IT	Internet Technology	互联网技术
ITU-T	ITU Telecommunication Standardization Sector	国际电信联盟标准化组织
JCA-SDN	Joint Coordination Activity on SDN	SDN 联合协调活动组
LACP	Link Aggregation Control Protocol	链路汇聚控制协议
LISP	Locator ID Separation Protocol	位置标识分离协议
LLDP	Link Layer Discovery Protocol	链路层发现协议
MAC	Medium Access Control	媒体接入控制
MPLS	Multi-Protocol Label Switching	多协议标签交换
NAT	Network Address Translation	网络地址转换协议
NBI	Northbound Interfaces	北向接口
NBI-WG	Northbound Interface Working Group	SDN 北向接口工作小组

续表

英文缩写	英文释义	中文释义
NCP	Network Control Point	网络控制点
NDDI	Network Development and Deployment Initiative	网络开发与部署行动计划
NDM	Negotiable Data-plane Model	可协商的数据平面模型
NE	Network Element	网元
NETCONF	Network Configuration Protocol	网络配置协议
NetFPGA	Network Field-Programmable Gate Array	网络现场可编程门阵列
NFV	Network Function Virtualization	网络功能虚拟化
NIC	Network Interface Card	网卡 / 网络适配器
NGN	Next Generation Network	下一代网络
NP	Network Processor	网络处理器
NPaaS	Network Platform as a Service	网络平台即面向服务
NSF	National Science Foundation	美国国家自然科学基金会
NTT	Nippon Telegraph and Telephone Public Corporation	日本电报电话公司
NVGRE	Network Virtualization Using Generic Routing Encapsulation	使用通用路由封装的网络虚拟化
OAM	Operation Administration and Maintenance	操作管理维护
ODM	Original Design Manufacturer	原始设计商
OF-CONFIG	OpenFlow Configuration and Management Protocol	OpenFlow 配置管理协议
ONE	Open Network Environment	开放网络环境
ONF	Open Networking Foundation	开放网络基金会
ONP	Open Network Platform	开放网络平台
OPEX	Operating Expense	运营成本
OS	Operating System	操作系统
OS3E	Open Science, Scholarship and Services Exchange	开放科学、学问与服务交流
OSGi	Open Service Gateway Initiative	开放服务网关规范
OSI	Open System Interconnection	开放式系统互连
OSPF	Open Shortest Path First	开放最短通路优先
OTP	Open Telecom Platform	开放电信平台
OVSDB	Open vSwtich Database	Open vSwitch 数据库
P4	Programming Protocol-Independent Packet Processor	与协议无关的数据分组处理编程语言

续表

英文缩写	英文释义	中文释义
PaaS	Platform as a Service	平台即服务
PBB	Provider Backbone Bridge	运营商骨干桥接技术
PC	Personal Computer	个人电脑
PCC	Path Computation Client	路径计算客户端
PCE	Path Computation Element	路径计算元素
PCEP	Path Computation Element Communication Protocol	路径计算元素通信协议
PMD	Pull Model Driver	轮询中断模式驱动
POF	Protocol Oblivious Forwarding	协议无关转发
POSIX	Portable Operating System Interface	可移植性操作系统接口
PTN	Packet Transport Network	分组传送网
QoE	Quality of Experience	体验质量
QoS	Quality of Service	服务质量
RCP	Routing Control Platform	路由控制平台
REST	Representational State Transfer	表征状态转移
RFC	Request For Comments	请求评议文档
RIB	Routing Information Base	路由信息库
RR	Route Reflection	路由反射
RSPAN	Remote Switched Port Analyzer	远程交换端口分析器
SAL	Service Abstraction Layer	服务抽象层
SC	Super Controller	超级控制器
SDK	Software Development Kit	软件开发工具包
SDN	Software Defined Networking	软件定义网络
SerDes	Serializer/Deserializer	串行器 / 解串器
SIGCOMM	Special Interest Group on Data Communication	美国计算机协会数据通信专业组
S-NICE	Software Defined Network Intelligence Capabilities Enhancement	软件定义的智能型通信网络
SPAN	Switched Port Analyzer	交换端口分析器
SPB	Shortest Path Bridging	最短路径桥接
STP	Spanning Tree Protocol	生成树协议
TCAM	Ternary Content Addressable Memory	三态内容寻址存储器
TCP	Transmission Control Protocol	传输控制协议

续表

英文缩写	英文释义	中文释义
TI	Texas Instruments	德州仪器
TLS	Transport Layer Security	安全传输层协议
TLV	Type, Length and Value	类型、长度和值域
ToS	Type of Service	服务类型
TRILL	Transparent Interconnection of Lots of Links	多链接透明互联
UDP	User Datagram Protocol	用户数据报协议
UI	User Interface	用户界面
URN	Universal Resource Name	统一资源名称
UUID	Universally Unique Identifier	通用唯一标识符
VLAN	Virtual LAN	虚拟局域网
VPN	Virtual Private Network	虚拟专用网络
VPP	Vector Packet Processing	矢量数据分组处理
VTN	Virtual Tenant Network	虚拟租户网络
VxLAN	Virtual eXtensible LAN	虚拟可扩展 LAN
WWW	World Wide Web	万维网
XML	eXtensible Markup Language	可扩展标记语言
XMPP	Extensible Messaging and Presence Protocol	可扩展通信和表示协议

名词索引

学术中国 · 院士系列
未来网络创新技术研究系列

软件定义网络核心原理与应用实践（第三版）下册

SDN Core Principles and Application Practice (3rd edition) Volume 2

黄韬　刘江　魏亮　张娇　杨帆　刘韵洁　著

人 民 邮 电 出 版 社
北 京

《国之重器出版工程》
编 辑 委 员 会

专家委员会委员（按姓氏笔画排列）：

于　全　中国工程院院士
王　越　中国科学院院士、中国工程院院士
王小谟　中国工程院院士
王少萍　“长江学者奖励计划”特聘教授
王建民　清华大学软件学院院长
王哲荣　中国工程院院士
尤肖虎　“长江学者奖励计划”特聘教授
邓玉林　国际宇航科学院院士
邓宗全　中国工程院院士
甘晓华　中国工程院院士
叶培建　人民科学家、中国科学院院士
朱英富　中国工程院院士
朵英贤　中国工程院院士
邬贺铨　中国工程院院士
刘大响　中国工程院院士
刘辛军　“长江学者奖励计划”特聘教授
刘怡昕　中国工程院院士
刘韵洁　中国工程院院士
孙逢春　中国工程院院士
苏东林　中国工程院院士
苏彦庆　“长江学者奖励计划”特聘教授
苏哲子　中国工程院院士
李寿平　国际宇航科学院院士

李伯虎　中国工程院院士

李应红　中国科学院院士

李春明　中国兵器工业集团首席专家

李莹辉　国际宇航科学院院士

李得天　国际宇航科学院院士

李新亚　国家制造强国建设战略咨询委员会委员、中国机械工业联合会副会长

杨绍卿　中国工程院院士

杨德森　中国工程院院士

吴伟仁　中国工程院院士

宋爱国　国家杰出青年科学基金获得者

张　彦　电气电子工程师学会会士、英国工程技术学会会士

张宏科　北京交通大学下一代互联网互联设备国家工程实验室主任

陆　军　中国工程院院士

陆建勋　中国工程院院士

陆燕荪　国家制造强国建设战略咨询委员会委员、原机械工业部副部长

陈　谋　国家杰出青年科学基金获得者

陈一坚　中国工程院院士

陈懋章　中国工程院院士

金东寒　中国工程院院士

周立伟　中国工程院院士

郑纬民	中国工程院院士
郑建华	中国科学院院士
屈贤明	国家制造强国建设战略咨询委员会委员、工业和信息化部智能制造专家咨询委员会副主任
项昌乐	中国工程院院士
赵沁平	中国工程院院士
郝　跃	中国科学院院士
柳百成	中国工程院院士
段海滨	“长江学者奖励计划”特聘教授
侯增广	国家杰出青年科学基金获得者
闻雪友	中国工程院院士
姜会林	中国工程院院士
徐德民	中国工程院院士
唐长红	中国工程院院士
黄　维	中国科学院院士
黄卫东	“长江学者奖励计划”特聘教授
黄先祥	中国工程院院士
康　锐	“长江学者奖励计划”特聘教授
董景辰	工业和信息化部智能制造专家咨询委员会委员
焦宗夏	“长江学者奖励计划”特聘教授
谭春林	航天系统开发总师

前言

软件定义网络（Software Defined Networking，SDN）正在成为行业注目的焦点，越来越多的业界专家相信它将推动传统网络的发展与变革。但是，究竟什么是SDN？为什么需要SDN？它将对现有网络架构产生何种影响？这些问题的背后，是大家对网络技术发展的思考与期许。

当前正在运行的互联网体系架构已经有超过40年的历史，随着网络规模的急剧膨胀和业务类型的不断丰富，互联网的结构和功能也日趋复杂，网络管控难度日渐增加，网络新功能难以快速部署。这促使人们重新思考网络体系架构的设计，而此时SDN的提出与兴起为未来网络的发展提供了一个新的可行方向。

SDN之所以是一种革新性的技术，是因为它打破了传统网络架构的设计理念，一方面实现了控制平面与数据平面相分离；另一方面开放了网络可编程能力，从而提高了网络的灵活性和可管控性。此外，SDN运营建立在开放软件的基础上，可以显著降低业务部署和维护成本。

本套书期望对当前SDN的概念定义、核心原理、关键技术和部署应用几方面进行较为全面的介绍，具体包含核心原理和应用实践上下两册。本册属于应用实践部分，重点介绍了SDN应用实践相关的软件，并分享SDN的实践经验，期望通过实践案例使读者对SDN有一个更加深入的认识。本册重新整理了代码部分，修订了之前版本中出现的一些问题。具体章节内容介绍如下。

第1章和第2章分别讲解了开源SDN交换机Open vSwitch和SDN仿真工具Mininet的功能原理、代码解析以及安装配置等相关内容，并通过具体实践案例使读者可以参考这两章内容快速构建SDN仿真环境。

第3～9章介绍了目前广泛使用的SDN开源控制器NOX/POX、Ryu、Floodlight、OpenDaylight以及ONOS。对各控制器进行了代码解读和分析，并通过模拟网络环境搭建、虚拟网络设备部署、实际业务研发等具体应用场景，介绍了

SDN 开源控制器的基本使用与开发方法。

第 10 章和第 11 章分别介绍了网络虚拟化工具 FlowVisor 和 OpenVirteX。从代码、模块、结构及其安装使用方法对 FlowVisor 和 OpenVirteX 进行解析，并列举了相关实际应用的例子加深读者对这两个网络虚拟化工具的理解。

第 12 章介绍了 5 个常用的扩展实验工具，分别是功能测试工具 OFTest、性能测试工具 Cbench、拓扑生成工具 VND、报文分析工具 Wireshark 以及流量监控工具 sFlow，读者通过掌握这些工具能更好地研究 SDN 技术。

为便于读者检索，本书在附录中给出了 SDN 相关缩略语和名词索引。

本书参与撰写和审校的人员包括：北京邮电大学的汪硕、张晨、李呈、丁健、王健、胡文博、俞淑妍、张健男、谢俊峰、肖海洋、杨潇、顾莹、于洁、张丽、刘娟、张歌、胡晓露、张然、辛远铭、吴理炫、耿直、李婕妤、吴畏虹、邹贵今、王彬、尹弼柏、周正强、陈进、李倩、田家翼、王领、张泽阳，以及江苏省未来网络研究院的檀朝红、张婉蒙、王统柱、徐锟、吴正东、程智炜、周陆宁、陈俊霞、张小雅等。在此对大家表示衷心感谢。

感谢相关企业给予的大力支持与帮助，特别感谢中国联通研究院张云勇院长、房秉毅博士，盛科公司孙剑勇总经理、张卫峰总监，杨勇涛经理在本书编写过程中提出的诸多宝贵建议。

最后，感谢人民邮电出版社的大力支持和高效工作，使本书能尽早与读者见面。

本书内容是作者所在团队科研过程中一些实际经验的总结，希望能够对读者有所帮助。由于作者水平有限，同时 SDN 技术仍处于快速发展之中，因此书中难免会存在不少疏漏，真诚地期盼读者批评指正。

作　者

目 录

第1章 Open vSwitch 应用实践

数据平面交换设备是SDN系统的重要组成部分之一，目前，SDN的基础设施层可采用商用硬件交换设备，也可使用软件实现的交换设备。二者的主要差异体现在转发性能上，基于软件实现的交换设备能否大规模应用于商用系统成为很多用户普遍担心的问题。然而，随着通用处理器性能的提升，软件交换设备的转发性能也逐步增强，因此业界也开始积极尝试采用基于软件实现的可编程网络设备来构建软件定义网络。

Open vSwitch作为一款开源的OpenFlow软件交换机，基于与平台无关的C代码实现，容易移植到其他环境，既能够作为虚拟机管理平台的软件交换机，也可以作为交换芯片的控制堆栈，因此得到了广泛关注。本章将详细地对OVS的核心原理及使用方法进行介绍，并给出应用OVS进行SDN组网的实例。

1.1 OVS 系统架构

OVS 功能全面，可以实现大规模网络的自动化配置、管理、维护，且支持大量现有标准管理接口和协议，利用其作为 SDN 的基础设施层转发设备，可大幅降低部署成本，还可以提高网络的灵活性以及可扩展性[1-2]。

OVS 架构分为内核空间、用户空间、配置管理层 3 个部分[1]，如图 1-1 所示。其中，内核空间包含了流表（Flow Table）和一个或多个 Datapath 模块，其中 Datapath 模块类似于网桥，主要负责对数据分组进行操作[3]，另外，内核空间中维护的流表规定了针对数据分组应该进行的操作，Datapath 通过关联流表与其协同完成分组处理过程。用户空间中运行着 OVS 的守护进程（Open vSwitch Daemon，vswitchd）和数据库（Open vSwitch Database，ovsdb），它们是 OVS 的核心功能模块，vswitchd 类似于 OVS 的心脏，它维持着 OVS 的生命周期，而 ovsdb 就像 OVS 的大脑，它存储着 OVS 的配置信息和数据流信息，vswitchd 和 ovsdb 协调工作确保 OVS 健康的运行状态。配置管理层包括 ovs-dpctl、ovs-ofctl、ovs-appctl、ovs-vsctl 和 ovsdb-tool 等，主要用于和 vswitchd、ovsdb 之间进行交互操作以及 OVS 的安装配置和部署。

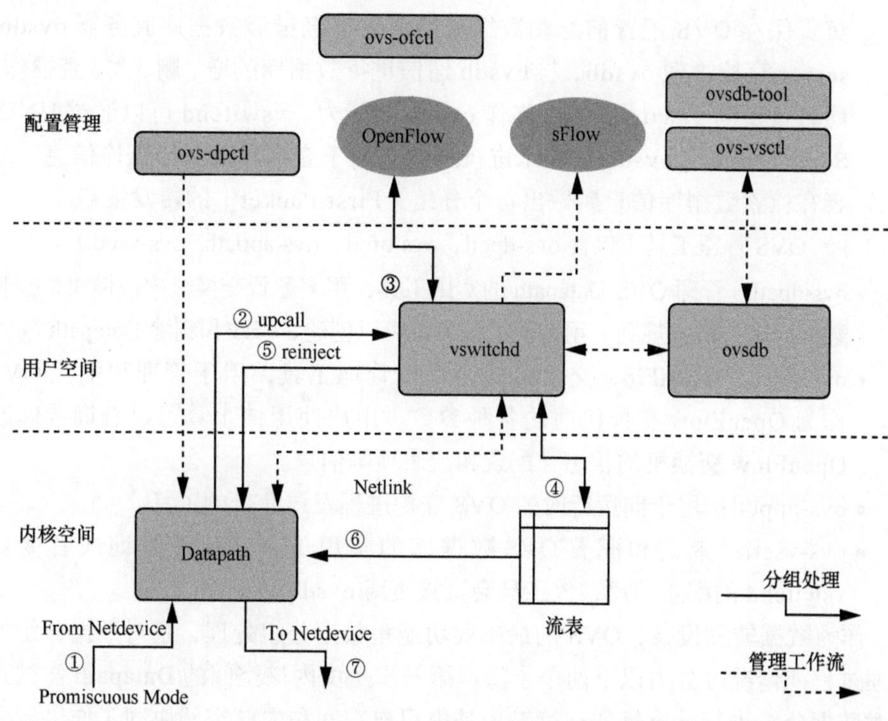

图 1-1　OVS 系统架构

下面对 OVS 架构中内核空间、用户空间以及配置管理工具 3 个部分的各个模块进行简要介绍。

（1） OVS 内核空间（包含 Datapath 和流表）

- Datapath：主要负责实际的数据分组处理，它同时与 vswitchd 和流表保持关联，使 OVS 上层可以对数据分组处理进行控制。
- 流表：流表中存储着分组处理的依据——流表项，它指导 Datapath 做出正确的分组处理判断，同时还与 vswitchd 上下关联，是 OVS 上层对底层分组处理过程进行管理的接口。

（2） OVS 用户空间（包含 vswitchd 和 ovsdb）

- vswitchd：OVS 的守护进程，属于核心模块，负责检索和更新数据库信息，并根据数据库中的配置信息维护和管理 OVS。vswitchd 可以配置一系列特性：基于 MAC 地址学习的二层交换、支持 IEEE 802.1Q VLAN、端口镜像、sFlow 监测、连接 OpenFlow 控制器等。vswitchd 也可以通过 Netlink 协议与内核模块 Datapath 直接通信。
- ovsdb：一个轻量级的 OVS 数据库，用于管理 OVS 的配置信息，主要负责保存 OVS 配置信息和数据流信息等。轻量级数据库服务器 ovsdb-server 直接管理 ovsdb，与 ovsdb 通信进行数据库的增、删、改、查操作。同时负责向 vswitchd 提供操作 ovsdb 的能力。vswitchd 可以通过 UNIX Socket 机制与 ovsdb-server 进行通信，用于查询和更新数据库信息，或者在检索数据库信息后做出首个分组（First Packet）的转发策略。

（3）OVS 管理工具（包含 ovs-dpctl、ovs-ofctl、ovs-appctl、ovs-vsctl）

- ovs-dpctl：管理 OVS Datapath 的实用工具，用来配置交换机内核模块，控制数据分组的转发规则。用户使用该工具可以创建、修改和删除 Datapath。
- ovs-ofctl：OpenFlow 交换机的命令行管理工具，用于管理和配置 OVS 作为 OpenFlow 交换机时的各种参数。用户使用该工具可以查询或修改 OpenFlow 交换机的状态、配置和流表项等信息。
- ovs-appctl：用于向运行时的 OVS 守护进程发送命令的工具。
- ovs-vsctl：查询和配置 OVS 数据库的实用工具，用于查询或者变更 vswitchd 的配置信息，该工具会直接更新 ovsdb 数据库。

作为数据转发设备，OVS 的最主要功能是数据分组处理，它对数据分组的处理过程视情况可分为以下两个步骤：第一步是由内核空间的 Datapath 尝试直接对数据分组进行转发操作；第二步是由用户空间和内核空间协同工作进行分组处理。以一个最简单的过程为例，当数据分组到达 OVS 后，首先将数据分组头信息与 OVS 内核空间中流表的表项进行匹配，查找与之对应的表项。如果查找到匹配的表项则根据表项中的规定进行分组处理，如果流表中没有匹配表项则需要由用户空间完成整个分组处理过程，也就是说，到达 OVS 的数据分组仅在第一步处理不了的情况下才会进行到第二步处理流程。

OVS 对数据分组处理的第一步流程如图 1-2（a）所示，当数据分组到达内核空间时，内核模块提取数据分组关键信息查找流表存储的流表项并转发数据分组。OVS 的内核模块支持多个 Datapath，每个 Datapath 可以有多个 vport（为便于理解可将 Datapath 类比为普通的网桥，将 vport 类比为网桥下的端口），当数据分组到达 Datapath 时，Datapath 通过匹配流表的表项，按照匹配成功的表项中指定的规则进行数据分组转发，将数据分组转发到另一个 vport。当数据分组到达 vport 时，内核模块再一次提取数据分组的关键信息并查询流表，若存在匹配的流表项，则执行流表项中的对应操作。

如果流表中查找不到与数据分组对应的表项，OVS 就无法在第一步中完成分组处理，此时，OVS 将执行第二步操作，第二步的分组处理流程如图 1-2（b）所示。当数据分组到达 OVS Datapath 时，流表中没有可匹配的流表项，导致无法处理该数据分组，从而将数据分组送到用户空间的处理队列进行决策。在用户空间中，vswitchd 检索 ovsdb 获取数据分组的相关信息，制定数据分组的转发策略并通知内核模块。同时，vswitchd 会设置流表项用于后续相同类型数据分组的处理。当第一个到达的数据分组成功转发后，内核模块更新流表项，这样后续接收的该类数据分组都执行同样的转发动作，避免每个数据分组都交给用户空间处理而降低效率。

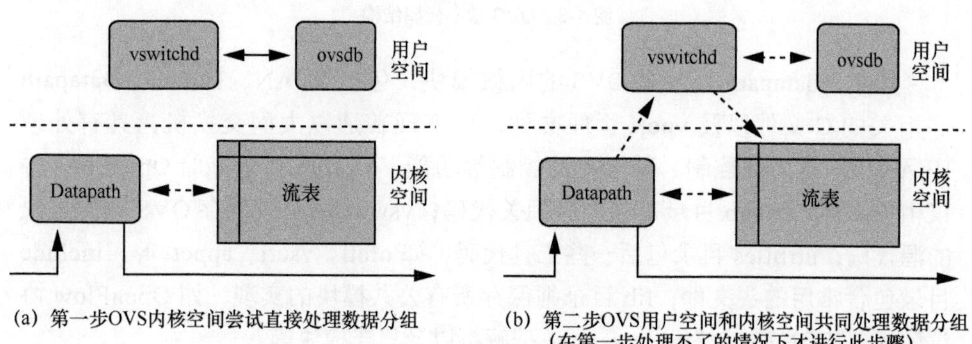

(a) 第一步OVS内核空间尝试直接处理数据分组

(b) 第二步OVS用户空间和内核空间共同处理数据分组（在第一步处理不了的情况下才进行此步骤）

图 1-2　OVS 中数据分组的转发机制

以上两步分组处理步骤的显著差别在于 OVS 的用户空间是否参与分组处理过程，其本质在于若当前流表过期或者流表未匹配，则需要由第二步来更新流表中的表项，使流表内容始终处于最新版本。相较之下，同时由内核空间和用户空间参与的第二步分组处理速率明显慢于仅有内核空间参与的第一步分组处理速率。需要指出的是这种经由用户空间带来的额外分组处理时延代价仅存在于数据流的第一个分组的处理过程中，因为由第二步完成第一个分组的处理后，流表得到了更新，该数据流此后到达的数据分组便可以在第一步中完成分组处理。

1.2　OVS 代码解读

1.2.1　代码结构

OVS 系统由多个组件构成，核心代码结构如图 1-3 所示。

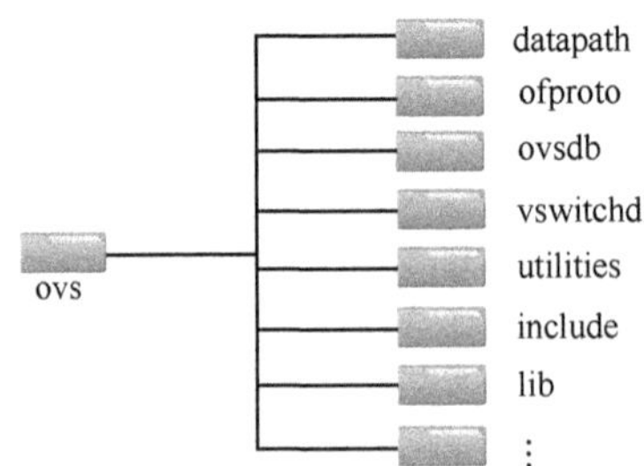

图 1-3　OVS 核心代码结构

其中，datapath 目录是 OVS 的内核模块，包括 VLAN、Tunnel、Datapath 等相关的 C 文件以及 vport 管理文件，可实现普通以太网交换机，具有处理 VLAN、网络访问控制、基于流的控制等功能；ofproto 目录存储 OpenFlow 协议相关文件；ovsdb 目录是数据库相关代码；vswitchd 目录保存 OVS 守护进程的源代码；utilities 目录包括一些工具代码，如 ofctl、vsctl、appctl 等；include 目录包含常用的头文件；lib 目录则保存所有公共模块的实现，如 OpenFlow 协议解析、JSON 数据解析、ovsdb 数据解析以及日志模块等。

1.2.2　代码解析

OVS 由多个模块构成，若详解每个模块则篇幅过长。下面以 vswitchd 和 ovsdb 两个核心模块为例进行详细介绍，其余模块读者可以按此方法逐个解析。

1.2.2.1　vswitchd

前面已经介绍 vswitchd 的主要功能，在此将主要介绍 vswitchd 的内部模块组成、核心流程以及 OpenFlow 协议的数据结构。

（1）内部模块组成

vswitchd 的模块组成如图 1-4 所示。

其中，ovs-vswitchd 模块负责和 ovsdb-server 交互，启动时从数据库获取配置信息，并将配置信息下发给 ofproto 模块。当配置数据库发生变化时，vswitchd 也会实时感知并同步更新。ofproto 模块是一个处理 OpenFlow 协议的库，负责与控制器交互，并通过调用 dpif 等下层组件和交换机的硬件及软件交互。而 ofproto-dpif、dpif 是实现 ofproto 具体功能的下层支撑库，用来和底层的硬件和软件转发模块对接。netdev 是一个网络设备适配层，对网络设备的硬件接口和逻辑接口进行各种操作，如获取接口信息或者设置接口状态等，

netdev 对网络设备的具体操作由 netdev-provider 提供。

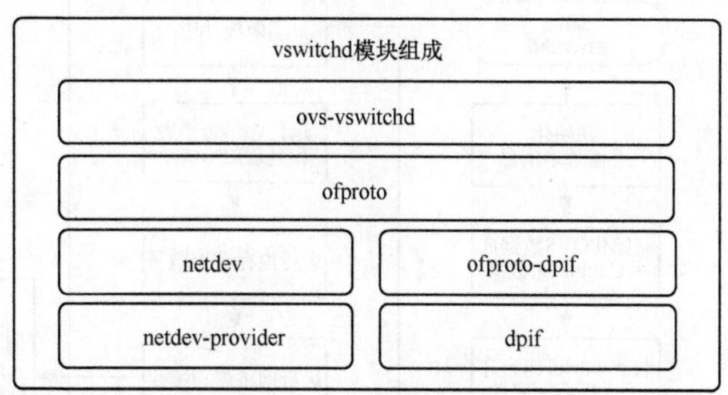

图 1-4　vswitchd 模块架构

由于 vswitchd 运行于用户态（用户空间），而 Datapath 运行于内核态（内核空间）。当 Datapath 无法匹配到流表项的报文时，会送给 vswitchd 的 ofproto-dpif 模块进行模糊匹配转发；如果还是无法匹配到，则由 ofproto 产生 Packet-in 事件到控制器，由控制器生成合适的流表项并下发给内核中的流表，然后进行相应的转发操作。

（2）vswitchd 的核心流程

vswitchd 是用户空间的守护进程，其核心是执行 ofproto 的逻辑，即创建网桥，并处理 OpenFlow 消息和 Netlink 消息。OVS 是遵从 OpenFlow 交换机规范实现的，以二层分组转发为例，传统交换机（包括 Linux 网桥的实现）通过查找 CAM（内容可寻址存储器）表，找到目的 MAC 地址对应的端口进行数据分组转发；而 OVS 的实现则是根据数据分组的 SKB（Socket Buffer，存储报文内容的缓存）查找是否有对应的流表项。如果有，说明这个 SKB 不是流的第一个分组，那么可以在流表项条目的动作表（Action）里找到转发的端口。这里要说明的是，SDN 的思想就是所有分组都需要对应一个流表项，基于流表项给出分组的 Action，传统的 Action 无非就是转发、接收或者丢弃，而在 SDN 中，Action 包含更多的定义，诸如修改 SKB 的内容、改变分组的路径、克隆多份并发到不同路径等。

如果 SKB 没有对应的流表项，说明这是流表项的第一个分组，需要为这个分组创建一个新的流表项，vswitchd 会在一个循环里反复检查是否有 ofproto 的请求，有可能是 ovs-ofctl 传过来的，也可能是 Datapath 通过 Netlink 发送的 upcall 请求，大部分情况下，都是 Flow Miss（指内核匹配流表项失败）导致的创建流表项的请求，这时 vswitchd 会基于 OpenFlow 规范创建流表项和 Action。vswitchd 启动流程如图 1-5 所示。

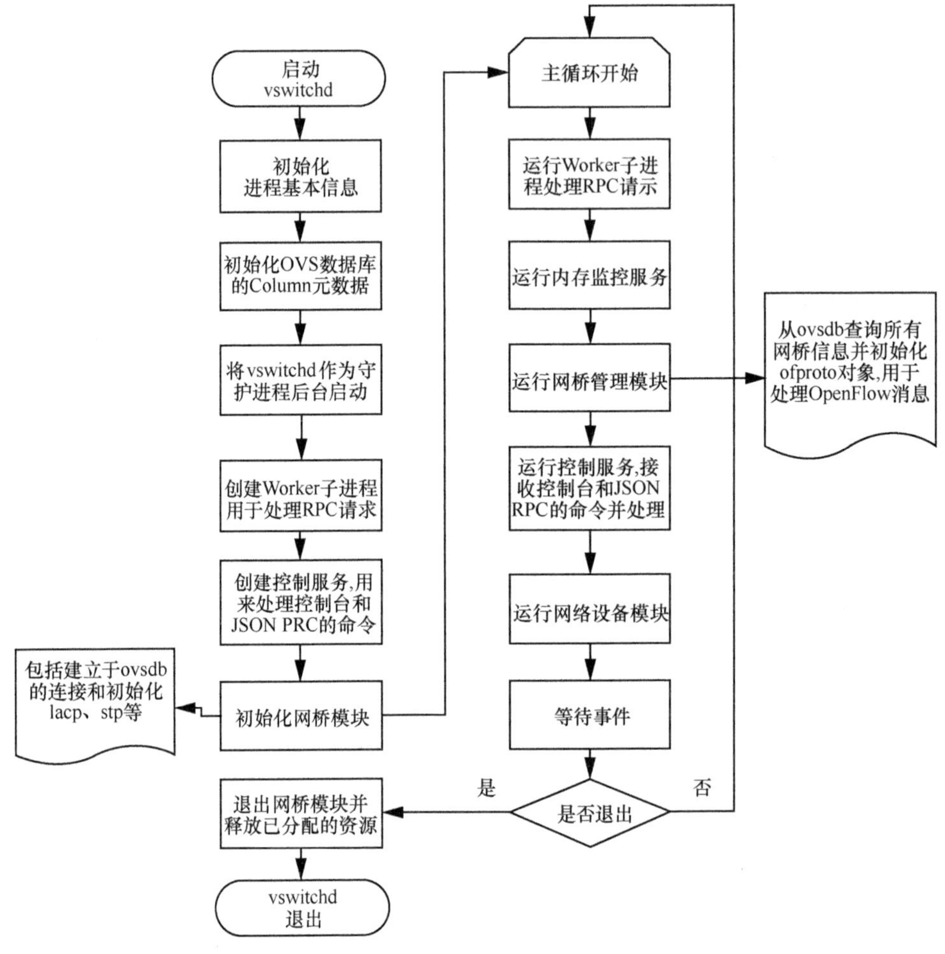

图 1-5　vswitchd 启动过程

ofproto.c 是实现 OpenFlow 协议的主文件，里面包括对控制器发送给 ofswitch 的各种消息处理。handle_openflow 是一个协议处理入口函数，其主要功能是分发控制器发送的 OpenFlow 消息给具体的处理函数，其中除了会处理标准的 OpenFlow 消息外，还会处理 Nicira 公司定义的一些扩展消息。

connmgr.c 是实现对 ofswitch 和控制器交互连接的管理，包括如下重要处理：connmgr_send_packet_in() 负责向控制器发送 Packet-in 消息；connmgr_send_flow_ removed() 负责发送 Flow-removed 消息；connmgr_send_port_status() 负责发送端口状态变化消息。在 ofproto.c 中的函数处理控制器发给交换机的消息时，如果需要响应则调用 connmgr.c 中的函数进行回应。

由于 OVS 是一个二层交换机模型，所有分组开始都是从某个端口接收进来，先基于 SKB 生成键值（Key），然后基于键值查找流表项，如果无法找到匹配的流表项，通过 Netlink 把一个存储有报文信息的结构发到 vswitchd 里去处理。vswitchd 会处理上述的 Netlink 请求，对于流表里无法匹配的情况，会调用 handle_miss_upcalls 函数，构建合适的流表项，并确定报文处理的方式，如转发到某个端口或者丢弃等，报文处理流程如图 1-6 所示。

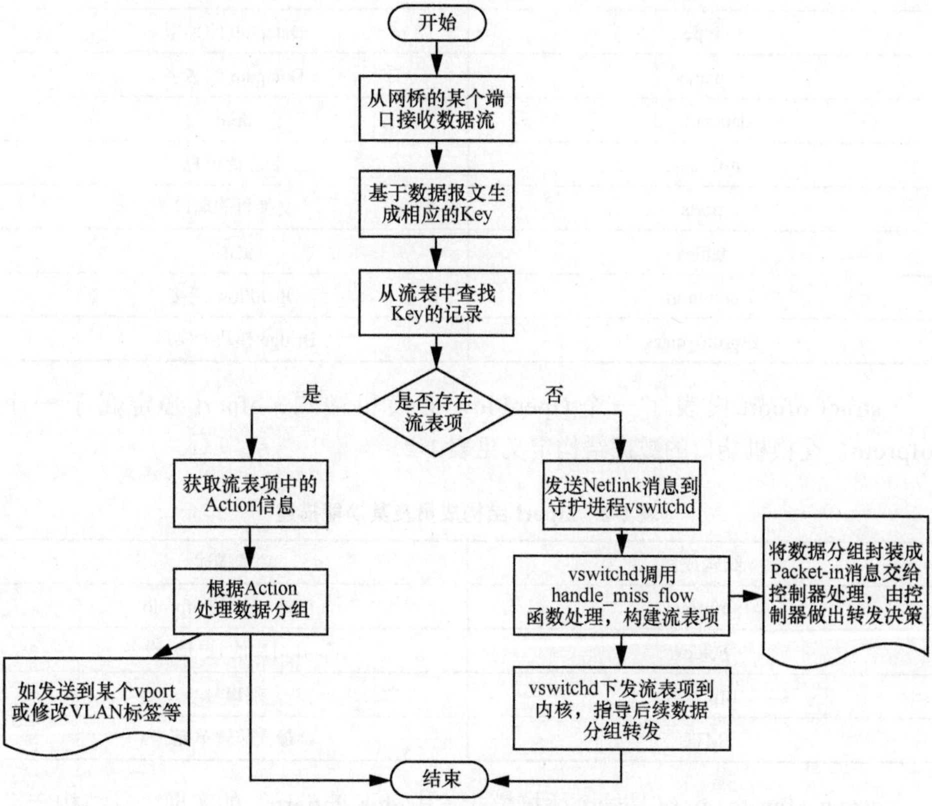

图 1-6　OVS 数据报文处理流程

在图 1-6 中，内核中的交换机基于键值查找流表，并根据匹配结果进行不同的处理。如果能够匹配到合适的流表项，则根据流表项中的 Action 信息，进行报文的后续处理；如果无法匹配到流条目，则说明交换机不知道如何对报文进行处理，于是将报文信息封装为 Netlink 消息并发送给用户态的 vswitchd，由 vswitchd 来构建合适的流条目下发给内核流表，指导数据流后续报文的转发行为。

（3）OpenFlow 协议的数据结构

OVS 源代码中 ofproto 文件是与 OpenFlow 协议相关的主要文件，它定义了针对 OpenFlow 协议的处理方法，其核心数据结构 struct ofproto 代表了一个 OpenFlow 交换机的模型，见表 1-1。

表 1-1　ofproto 结构成员及其功能描述

结构成员	功能描述
type	Datapath 的类型
name	Datapath 的名字
datapath_id	dpid
mfr_desc	制造商信息
ports	交换机的端口
tables	流表
connmgr	OpenFlow 连接
ofproto_class	Bridge 模块的实现

struct ofport 代表了一个 OpenFlow 交换机端口，ofport 必定属于一个 ofproto。交换机端口的数据结构定义见表 1-2。

表 1-2　ofport 结构成员及其功能描述

结构成员	功能描述
ofproto	ofport 属于的 ofproto
netdev	ofport 对应的 netdev 设备
ofp_port	端口号
MTU	最大传输单元

struct ofproto_class 是一个桥接模式（Bridge Pattern）的实现，其结构定义见表 1-3。

表 1-3　ofproto class 结构成员及其功能描述列表

结构成员	功能描述
int（*construct）（ofproto）	ofproto class 的构造函数
void（*destruct）（ofproto）	ofproto class 的析构函数
int（*run）（ofproto）	运行 ofproto 必须的周期性行为

在上述数据结构定义中，ofproto 结构表示 OpenFlow 交换机，ofport 结构表示 OpenFlow 交换机的端口，rule 结构表示 OpenFlow 交换机的流表。ofproto-dpif 结构是对 ofproto 结构的一个具体实现，其对应 ofproto_class 结构的实现为 ofproto_dpif_class。ofport_dpif 结构是对 ofport 的一个具体实现，rule_dpif 结构是对规则的一个具体实现。

1.2.2.2 ovsdb

ovsdb 用于维护交换机的各种配置信息，按特定的结构组织整合在一起并存储在硬盘中，以永久保存。当 OVS 被重新启动时，ovsdb 不会因此而丢失 OVS 原有配置。OVS 守护进程在重启后会从 ovsdb 读入并恢复 OVS 的原有配置，从而保证 OVS 重启后无需重新配置。

此外，网络维护人员还可以通过查询 ovsdb 进行网络排错。ovsdb 将 OVS 的全部配置信息有条理地组织在一起，这使得排错操作变得非常便捷。网络维护人员既可利用 ovs-vsctl 提供的一系列命令查询 ovsdb 中的配置信息来排错，也可以利用 ovsdb-tool 命令（ovsdb-tool show-log-m）查询数据库的修改日志来排错，从而大大提高了网络维护的效率。

ovsdb 中各表之间的关系如图 1-7 所示。其中，每个节点表示一个表；属于 Root Set 的表用双边框标出；从节点上引出的箭头指向该表所关联的其他表；箭头上标记了属性的名字，属性后跟的符号（？、*、+）表示该表可接多少该属性：“？”表示可接一个或不接，“*”表示可接多个或不接，“+”表示可接一个或多个。

ovsdb 包含 3 级结构，分别是表（Table）、记录（Record）、属性（Column）。其中，表包含记录，记录包含属性，这样的分级结构使数据库中的信息组织形式更加有条理，便于组织和检索。例如，在 ovsdb 中守护进程能进行操作的最上层表是 Open_vSwitch 表，其必须包含一个确切的记录。只有当这些记录能够由 Open_vSwitch 表直接或间接可达时，在其他表中的记录才有意义。除了少数几个在特殊的 Root Set 表中的记录，其他不能够由 Open_vSwitch 表可达的记录会自动从数据库中删除。大部分表都包含两种特殊的属性：other_config 和 external_ids。在任何地方出现的这两种属性都有相同的书写格式和功能，下面详细进行介绍与分析。

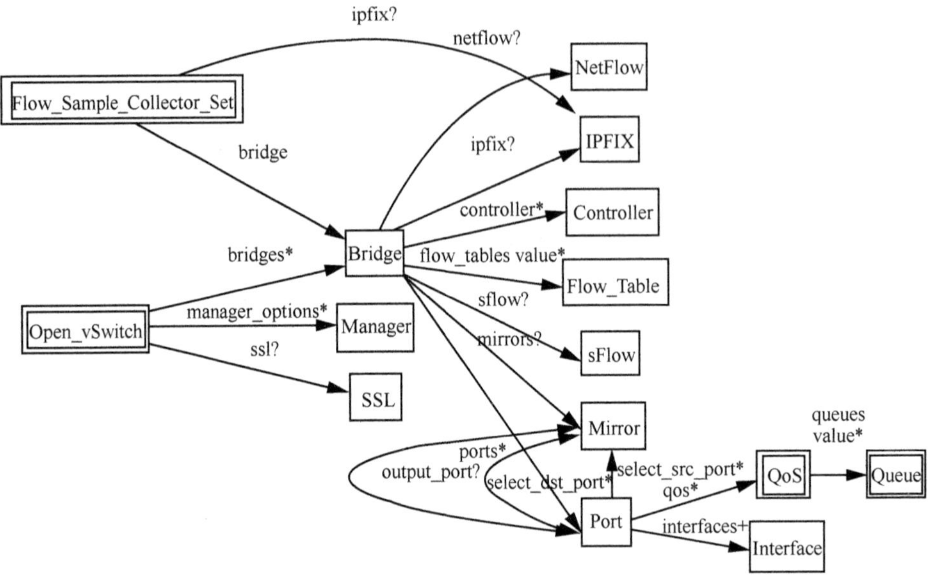

图 1-7　ovsdb 中各表之间关系

（1）表

表是指数据库的数据表，Open vSwicth 预定义了 15 个数据表，见表 1-4。

表 1-4　OVS 预定义数据表

数据表名称	数据表说明
Open_vSwitch	OVS 配置，一个 Open vSwitch 中可以包含一个或多个网桥（Bridge）
Bridge	网桥配置，一个网桥可以包含一个或多个端口（Port）
Port	端口配置，一个端口可以包含一个或多个接口（Interface）
Interface	包含在端口下的物理网络设备
Flow_Table	OpenFlow 流表配置
QoS	服务质量配置
Queue	QoS 输出队列
Mirror	端口镜像
Controller	OpenFlow 控制器配置，一个网桥可以指定 0 个或多个控制器，如果某个网桥没有指定控制器，则这个网桥功能与普通二层交换机相同
Manager	ovsdb 管理（配置与 ovsdb 客户端的连接，主要是配置 ovsdb-server，而不是 ovs-vswitchd。OVS 数据库服务器可以启动和维护到远程客户端的主动连接，并监听数据库连接）

续表

数据表名称	数据表说明
NetFlow	NetFlow 配置（一种网络流量测量功能）
SSL	SSL 配置
sFlow	sFlow 配置（sFlow 是一种远程监控交换机的协议）
IPFIX	IPFIX 配置（IPFIX 是网络流量监控标准，一种输出流详细信息的协议）
Flow_Sample_Collector_Set	Flow Sample Collector Set 配置（表示一组收集数据分组抽样信息的 IPFIX collectors）

（2）记录

在每个数据表中，可以包含多条记录。用户可以对数据表中的记录进行添加、修改和删除操作。例如，在 Open_vSwitch 表中，每条记录关联一个网桥，在网桥表中，每条记录则表示该网桥的一个端口信息；在流表中，每条记录则代表某个网桥的一条流表项。

（3）属性

在每个记录中，可以包含多条属性。每个属性表示一条记录的配置项，属性目前仅支持整型（Integer）、实数型（Real）、布尔型（Boolean）以及字符串（String）4 种类型。

1.3 OVS 安装使用

OVS 目前可以运行在任何基于 Linux 的虚拟化平台（内核 2.6.32 或者更高的版本）上，包括 KVM、VirtualBox、Xen 等，而且由于其大部分代码是用与平台无关的 C 语言编写的，所以很容易移植到其他环境。安装 OVS 有两种方法：一种是二进制文件安装，如 apt-get 方法；另外一种是源码安装，源码安装可以让初学者更好地认识 OVS，因此推荐使用后者。下面以 Ubuntu 12.04 系统下构建安装 Open vSwitch 2.4.0 为例，介绍如何在通用的 Linux 或者 FreeBSD 主机上构建和安装 OVS。

1.3.1 软件安装

在安装 OVS 软件前，需要做一些安装前的准备，包括安装 OVS 指定的依赖环境等。

（1）OVS 依赖环境的安装

从源码安装 OVS 时，需要安装所需的依赖环境，包括构建依赖和安装依赖。由于 OVS 可构建运行于操作系统的用户态和内核态，所以构建时需要指定构建模式。目前 OVS 支持的构建模式有用户模式和内核模式两大类，这两种构建模式所需的依赖环境也不相同。

用户模式构建 OVS 时需要安装 GNU Make、GNU GCC、pkg-config 和 libssl。为确保构建能够顺利完成，GNU GCC 需要 4.1 及以上版本；pkg-config 需要 0.22 及以上版本。libssl 库主要用于 OVS 和控制器之间建立 SSL 安全连接，若 OVS 不需要建立安全连接，可以不安装 libssl，但为确保 OpenFlow 连接的安全性，建议默认安装 libssl 库。libssl 安装成功之后，OVS 构建时会自动对 libssl 进行链接。

内核模式构建 OVS 时需要在用户模式的依赖环境基础上增加两个依赖条件：一是需要可支持编译的 Linux 内核版本，具体可参阅 Linux 官方网站上支持的版本列表；二是需要使用构建 OVS 时所采用的 GCC 版本来构建 Linux 内核，即构建 Linux 内核和构建 OVS 的 GCC 版本需要相同。如果不编译安装内核模块，则只能使用用户模式，这种模式下 OVS 会比内核模式少一些功能。

构建和安装 OVS 所需的其他可选依赖介绍如下。

- 对于 OVS 的高级用户来说，可能需要调整构建过程或配置数据库模式等自定义需求，此时建议安装 Autoconf-2.63 及以上版本、Automake-1.10 及以上版本、libtool-2.4 及以上版本和 Python-2.x（$x \geqslant 4$，在此使用 Python 2.7）。
- 如果需要修改和运行 ovsdbmonitor 工具，则需要安装 Python 2.x（$x \geqslant 4$）、Python Twisted Conch、Python JSON、Python Zope Interface Module、PySide or PyQt4 以及 pyuic4 from PyQt4 等。
- 如果需要运行单元测试，则需要安装 Perl，建议版本 5.10.1。
- 如果需要修改 vswitchd 数据库构架，则需要安装“dot”和 Perl（建议版本 5.10.1）以及 Python-2.x（$x \geqslant 4$）。
- 如果需要大幅度修改 OVS，为获得更多的调试信息，需要安装 sparse-0.4.4 及以上版本、clang-3.4 及以上版本。
- 在 Linux 环境下，若需要支持 TAP 设备，还需要确保 /dev/net/tun 存在。

（2）OVS 的构建与安装

按照上述步骤完成 OVS 的依赖环境之后，可通过下面的步骤构建和安装 OVS。

第 1 步：获取源码，OVS 目前的最新版本是 2.8.1，在此以 2.8.1 版本为例进行说明，获取 OVS 2.8.1 发布版本可以使用如下命令。

```
# wget http://openvswitch.org/releases/openvswitch-2.8.1.tar.gz
```

第 2 步：解压。

```
# tar zxvf openvswitch-2.8.1.tar.gz
# cd openvswitch-2.8.1
```

第 3 步：配置，按照下面的步骤来构建和安装 OVS。首先如果代码是从 OVS GIT 树上下载的，则在代码的第一层目录执行 boot.sh 脚本。

```
# ./boot.sh
```

在代码包的第一层目录，通过运行 configure 脚本来配置代码包的编译环境。通常可以直接调用不带任何参数命令进行默认配置。

```
# ./configure
```

默认所有的文件都会安装在 /usr/local 目录下，如果想安装在指定目录下，可以添加如下参数（以安装在 /usr/ 和 /var/ 目录为例）。

```
# ./configure --prefix=/usr --localstatedir=/var
```

默认情况下，静态库被构建和链接，如果想使用共享库的话，操作如下。

```
./configure --enable-shared
```

若需要使用特定的 C 编译器来编译 OVS 用户程序，可以在 configure 命令行上指定编译器及版本。

```
# ./configure CC=gcc-4.2
```

也可以在 configure 命令行指定 clang 编译。

```
# ./configure CC=clang
```

可以将安装的软件创建指定目录存放，操作如下。

```
# mkdir _gcc && (cd _gcc && ../configure CC=gcc)
```

或者使用如下命令。

```
# mkdir _clang && (cd _clang && ../configure CC=clang)
```

若需要构建 Linux 内核模块，操作如下。

```
# ./configure --with-linux=/lib/modules/'uname -r'/build
```

其他 configure 的选项使用方法，请使用 --help 选择查看：./configure --help。

第 4 步：构建 OVS，在代码包的第一层目录下运行 make。

```
# make
```

考虑到运行测试套件，可以在执行 make 后参阅说明目录下的“Running the Testsuite”。

第 5 步：如果不是 root 用户，使用 su 命令切换到 root 用户模式。

```
# su
```

第6步：运行“make install”安装OVS到系统中，默认安装在/usr/local目录。

```
# make install
```

第7步：安装OVS，加载Open vSwitch模块。

```
# make modules_install
# /sbin/modprobe openvswitch
```

第8步：OVS安装成功之后，可使用ovsdb-tool来初始化配置数据库。

```
# ovsdb-tool create /usr/local/etc/openvswitch/conf.db vswitchd/vswitch.ovsschema
```

以上就是构建和安装OVS的主要步骤。需要说明的是，当OVS从某些低版本升级到高版本时，主要是升级它的数据库，而不需要对所有模块进行升级，具体操作可以参考OVS的官网文档，这里不再赘述。

1.3.2 使用说明

OVS安装完成后，相关设备还不能被称作一台交换机，在它发挥交换机功能之前，还需要手动创建ovsdb并对其进行初始化。另外，仅创建了ovsdb的OVS还是一台没有生命的交换机，还需要开启OVS的主进程vswitchd，才能完成OVS的启动。完成以上步骤后，安装OVS的设备才可以成为一台名副其实的交换机。

OVS的启动和停止可参考如下步骤。

第1步：在启动ovs-vswitchd之前，需要用下面的命令设置环境变量。

```
# export PATH=$PATH:/usr/local/share/openvswitch/scripts
```

第2步：启动OVS。

```
# ovs-ctl start
```

第5步：若用户需要停止OVS，可使用如下命令。

```
# ovs-ctl stop
```

鉴于OVS常用的命令主要是ovs-vsctl和ovs-ofctl这两个工具，下面给出这它们的常用命令功能描述。

（1）ovs-vsctl

该工具是一个查询和配置OVS数据库的实用工具，用于查询或者变更vswitchd的配置信息，通过它可以直接更新ovsdb。ovs-vsctl命令格式为ovs-vsctl [命令] [选项]，具体常用命令见表1-5。

表 1-5 ovs-vsctl 常用命令

命令	含义
init	初始化数据库（前提是数据分组为空）
show	打印数据库信息摘要
emer-reset	将 OVS 配置复位为空状态
add-br BRIDGE	添加新的网桥
del-br BRIDGE	删除网桥
list-br	打印网桥摘要信息
list-ports BRIDGE	打印网桥中所有端口摘要信息
add-port BRIDGE PORT	向网桥中添加端口
del-port [BRIDGE] PORT	删除网桥上的端口
get-controller BRIDGE	获取网桥的控制器信息
del-controller BRIDGE	删除网桥的控制器信息
set-controller BRIDGE TARGET…	向网桥添加控制器

（2） ovs-ofctl

该工具是 OpenFlow 交换机的命令行管理工具，用于管理 OVS 作为 OpenFlow 交换机时的各种参数，用户可以通过 ovs-ofctl 查询或修改 OpenFlow 交换机的状态、配置和流表项等信息。ovs-ofctl 命令格式为 ovs-ofctl [命令] [选项]，常用命令见表 1-6。

表 1-6 ovs-ofctl 常用命令及选项

命令	含义
show SWITCH	输出 OpenFlow 信息
dump-ports SWITCH [PORT]	输出端口统计信息
dump-ports-desc SWITCH	输出端口描述信息
dump-flows SWITCH	输出交换机中所有的流表项
dump-flows SWITCH FLOW	输出交换机中匹配的流表项
add-flow SWITCH FLOW	向交换机添加流表项
add-flows SWITCH FILE	从文件中向交换机添加流表项
mod-flows SWITCH FLOW	修改交换机的流表项
del-flows SWITCH [FLOW]	删除交换机的流表项

说明：若需要设置允许的 OpenFlow 版本（默认为 v1.0）可以使用选项 -O 或 --protocols 进行设置；若需要查看命令的帮助信息，可以使用选项 -h 或 --help 进行

查看；若需要查看版本信息，可以使用选项 -v 或 --version 进行查看。

1.4 OVS 应用实例

1.4.1 实例介绍

从 OpenFlow 协议的角度讲，控制平面的建设分为带内（In-Band）和带外（Out-of-Band）两种模式，在组建大型网络时，为了保证控制平面的稳定性，一般采用 Out-of-Band 模式，通常的做法是物理分离的专用网络。然而，在实际 SDN 的部署过程中，由于地理位置以及成本等因素的限制，某些交换机之间可能只有一条物理链路。在这种情况下，需要对 Out-of-Band 模式进行一些调整，使部分物理链路可以同时承载两条逻辑链路（数据平面、控制平面），并且相互隔离。

本节将介绍如何基于 OVS 部署一个共享物理链路、Out-of-Band 组网的 SDN，具体拓扑如图 1-8 所示。图中 OVS01 与 OVS02 之间只有一条物理链路，OVS01 的控制平面端口需要通过该链路连接至控制器，主机 A 也需要通过该链路与主机 B 进行数据平面通信，因此需要 OVS 对流量进行 VLAN 划分和 QoS 保障，以保证数据平面不影响控制平面。

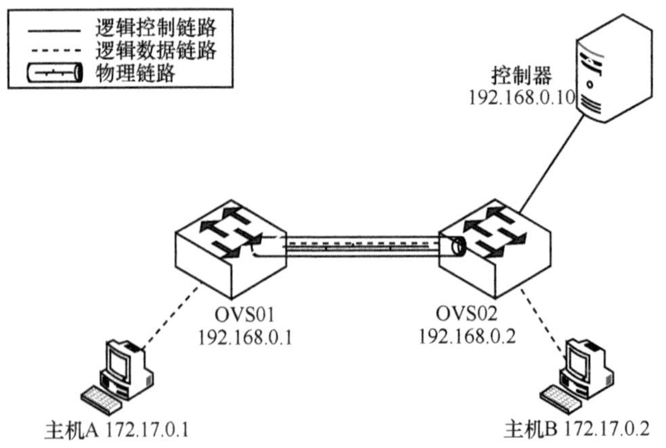

图 1-8　OVS 组网拓扑

1.4.2 实例开发

与传统的网络转发设备一样，OVS 需要在进行配置后才能实现相应的功能。下面列举了对上述 OVS01 的配置，其他的 OVS 配置类似。

待配置的 OVS 安装在一台有 8 个以太网口的服务器上，需要将其中的 eth0、eth1 分配给控制平面使用，eth2 ~ eth6 分配给数据平面使用，eth7 为数据平面与控制平面共享的物理链路接口。OVS 通过 TCP 端口连接到 IP 地址为 192.168.0.10 的控制器。在完成以上基本配置后，还需基于端口设置队列和 QoS，保障数据平面与控制平面的最低带宽。

如图 1-9 所示，OVS01 内部划分为 3 个网桥，其中 br0 为数据平面网桥，br1 为控制平面网桥，br2 为普通网桥。Patch 为 OVS 内部虚拟接口，br0 与 br2、br1 与 br2 通过 Patch 接口建立内部连接。

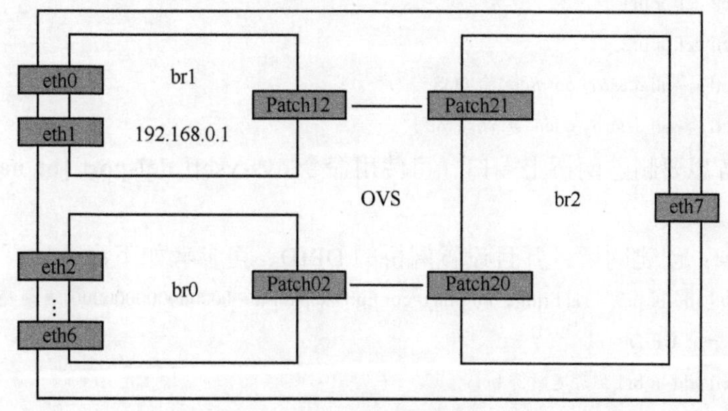

图 1-9 OVS 配置示意

在 br2 内通过使用 VLAN 实现控制平面和数据平面的数据分流和隔离的具体方法是：给 Patch21 端口的数据流打上 VLAN 标签，将控制平面数据流隔离在 VLAN 999 内，而 Patch20 端口的数据流不打 VLAN 标签，这样通过区分数据流是否带有 VLAN 标签来区分处理两个平面的数据流量，实现了数据平面与控制平面的隔离。按照这种方法配置 OVS 后，控制平面流量经 br1 通过 Patch 接口进入 br2 并打上 VLAN 999 的标签通过 eth7 送到相邻 OVS。br2 接收到数据分组如果是带 VLAN ID=999 的数据分组就从 Patch21 转发出去，如果是无 VLAN 标签的数据分组就从 Patch20 转发出去。最终，当同样配置的两台 OVS 级联时，两台 OVS 中的控制平面数据分组不会进入数据平面中，而数据平面中的数据分组也不会进入控制平面中，而两台 OVS 间的物理链路实现了控制平面与数据平面复用。

当 OVS 中控制平面与数据平面流量复用同一物理链路时，存在如何对两种数据流量进行带宽分配管理的问题。这里通过在 OVS 上配置 QoS 策略来对复用链路上的两类数据流量进行带宽分配管理。可采用的方法是：基于端口 eth7 创建 QoS 和队列（Queue），并设置各队列的优先级和最低保障带宽，为数据平面和控制平面提供最低保证带宽的 QoS。

在实际配置 OVS 时，在命令行一行一行输入配置命令耗时费力，为方便配置 OVS 可以编写统一的 Shell 脚本，然后直接在 OVS 上运行配置脚本完成相应的配置工作。

第 1 步：删除 OVS 配置，当用户需要删除 OVS 上的网桥、QoS、队列时，可以参考下面命令。

```
# ovs-vsctl del-br br0 # 删除网桥
# ovs-vsctl del-br br1
# ovs-vsctl del-br br2
# ovs-vsctl -- --all destroy qos # 删除 QoS
# ovs-vsctl -- --all destroy queue # 删除队列
```

注：若想要删除网桥上端口，可使用命令 ovs-vsctl del-port [br name] [port name]。

第 2 步：创建网桥，并且设置网桥的 DPID，可参考如下命令。

```
# ovs-vsctl add-br br0 -- set bridge br0 other_config:Datapath-id= 0000000000000001 # 新建网桥 br0，并为 br0 配置一个 DPID
# ovs-vsctl add-br br1 # 新建网桥 br1
# ovs-vsctl add-br br2 # 新建网桥 br2
```

第 3 步：配置网桥，包括在网桥上添加物理端口、在网桥上设置控制器、设置网桥的 IP 地址、设置网桥支持的 OpenFlow 协议版本，可参考下面命令。

```
# ovs-vsctl add-port br0 eth2 # 为网桥 br0 添加物理以太网口 eth2
# ovs-vsctl add-port br0 eth3 # 为网桥 br0 添加物理以太网口 eth3
# ovs-vsctl add-port br0 eth4 # 为网桥 br0 添加物理以太网口 eth4
# ovs-vsctl add-port br0 eth5 # 为网桥 br0 添加物理以太网口 eth5
# ovs-vsctl add-port br0 eth6 # 为网桥 br0 添加物理以太网口 eth6
# ovs-vsctl set-controller br0 tcp:192.168.0.10:6633 # 连接控制器，网桥 br0 与 IP 为 192.168.0.10 的控制器通过 TCP 的 6633 端口建立连接
# ovs-vsctl set bridge br0 fail_mode=secure # 指定 br0 以 secure 模式连接控制器
# ovs–vsctl set bridge br0 protocols=OpenFlow10,OpenFlow12，OpenFlow13 # 设置支持 OpenFlow
```

```
版本号 # ovs-vsctl add-port br1 eth0 # 为网桥 br1 添加物理以太网口 eth0
    # ovs-vsctl add-port br1 eth1 # 为网桥 br1 添加物理以太网口 eth1
    # ifconfig br1 192.168.0.1 #设定网桥 IP 地址

    # ovs-vsctl add-port br2 eth7 # 为网桥 br2 添加物理以太网口 eth7
```

第 4 步：连接网桥，OVS 支持多个网桥之间的内部连接，连接时需要创建虚拟端口 Patch。以下命令实现图 1-9 的配置，其他网桥的连接可参考此命令。

```
    # ovs-vsctl add-port br0 patch02 -- set interface patch02 type=patch options:peer=patch20 # 为网桥 br0
添加 patch 类型的 Interface: patch02，并设置对端 patch interface: patch20
    # ovs-vsctl add-port br1 patch12 -- set interface patch12 type=patch options:peer=patch21 # 为网桥 br1
添加 patch 类型的 Interface: patch12，并设置对端 patch interface: patch21
    # ovs-vsctl add-port br2 patch21 -- set interface patch21 type=patch options:peer=patch12 # 为网桥 br2
添加 patch 类型的 Interface: patch21，并设置对端 patch interface: patch12
    # ovs-vsctl add-port br2 patch20 -- set interface patch20 type=patch options:peer=patch02 # 为网桥 br2
添加 patch 类型的 Interface: patch20，并设置对端 patch interface: patch02
```

第 5 步：设置基于端口的 QoS，OVS 支持基于端口设置 QoS，下面命令是在 eth7 处添加 linux-htb（类似令牌桶算法）类型的 QoS 和队列，并设置最大速率和优先级。

```
    # ovs-vsctl set port eth7 qos=@newqos -- --id=@newqos create qos type= linux-htb queues=100=@q0,101=@q1\
 other_config:max-rate='ovs-vsctl get interface eth7 link-speed'\
-- --id=@q0 create queue other_config:priority=100 other_config:min- rate= 10000000 \
-- --id=@q1 create queue other_config:priority=10 other_config:min- rate= 10000000
```

第 6 步：设置流表，下面命令主要实现在网桥上删除和添加流表命令，并设置流表的优先级和队列号，其他类似的操作可参考此命令。

```
    # ovs-ofctl del-flows br2 # 删除网桥 br2 下的流表
    # ovs-ofctl add-flow br2 in_port='ovs-vsctl get interface patch20 ofport',\
    priority=60000,\
    actions=enqueue:'ovs-vsctl get interface eth7 ofport':100
    # 给网桥 br2 添加流表: " 流表优先级为 60000，针对从端口 patch20 进入的数据分组，执行动作——
入队，端口号 eth7，队列号 100 "
    # ovs-ofctl add-flow br2 in_port='ovs-vsctl get interface patch21 ofport',\
    priority=61000,\
    actions=mod_vlan_vid:999,enqueue:'ovs-vsctl get interface eth7 ofport': 101
    # 给网桥 br2 添加流表: " 流表优先级为 61000，针对从端口 patch21 进入的数据分组，执行动作——
改变数据分组的 VLAN id=999，然后入队，端口号分别 eth7 队列号 101 "
    # ovs-ofctl add-flow br2 in_port='ovs-vsctl get interface eth7 ofport',\
```

```
priority=60000,\
actions=output:'ovs-vsctl get interface patch20 ofport'
# 给网桥 br2 添加流表："流表优先级为 60000，针对从端口 eth7 进入的数据分组，执行动作——经由 patch20 端口转发出去"
# ovs-ofctl add-flow br2 in_port='ovs-vsctl get interface eth7 ofport',\
dl_vlan=999,priority=61000,\
actions=strip_vlan,output:'ovs-vsctl get interface patch21 ofport'
# 给网桥 br2 添加流表："流表优先级为 61000，针对从端口 eth7 进入 VLAN id=999 的数据分组，执行动作——去掉数据分组的 VLAN 标签，然后经由 patch21 端口转发出去"
```

第 7 步：启动以太网端口。

```
# ifconfig eth0 up # 开启以太网口 eth0
# ifconfig eth1 up # 开启以太网口 eth1
...
# ifconfig eth7 up # 开启以太网口 eth7
```

如上文所述，实现数据控制平面的隔离需要根据数据分组的 VLAN 标签对其进行分类，并以此为基础提供有差别的 QoS 保障。采用的方法是在转发端口设置两个不同优先级的队列，并为每一个队列设置最小保证带宽，针对来自不同端口的数据分组各自进行排队，保障不同数据流的带宽。这样，通过设置不同的队列优先级，保证只有在处理完优先级较高的队列后才会处理优先级较低的队列。同时，基于流表实现了对不同类型数据流差别化的流表匹配策略，优先级高的流规则先于优先级较低的流规则进行匹配，匹配后的动作也先于优先级低的流规则执行。

1.4.3 实验结果

完成上述 OVS 部署后，还不能说 SDN 部署成功了，还需要确保 SDN 实验环境是否能进行正常工作。因此，需要分两步验证上述配置的正确性。

（1）控制平面的连通性

ovs-vsctl 命令可以查询 OpenFlow 交换机与控制器的连接情况，在 OVS01 上输入如下命令。

```
# ovs-vsctl show
```

其输出结果中，有以下部分。

```
Bridge " br0 "
        Controller " tcp:192.168.0.10:6633 "
            is_connected: true
```

```
        fail_mode: secure
        Port "  br0 "
            Interface "  br0 "
                type: internal
        ...
```

其中，“is_connected: true”表明 OVS 交换机已经连接至控制器。

（2）数据平面的连通性

在控制器端加载转发模块，控制平面连通后，可以使用 ping 命令在主机 A 的终端上测试其连通性。

```
# ping 172.17.0.2 –c 10
```

输出结果如下。

```
PING 172.17.0.2 (172.17.0.2) 56(84) bytes of data.
64 bytes from 172.17.0.2: icmp_req=1 ttl=64 time=24.8 ms
64 bytes from 172.17.0.2: icmp_req=2 ttl=64 time=0.414 ms
64 bytes from 172.17.0.2: icmp_req=3 ttl=64 time=0.100 ms
64 bytes from 172.17.0.2: icmp_req=4 ttl=64 time=0.101 ms
64 bytes from 172.17.0.2: icmp_req=5 ttl=64 time=0.100 ms

--- 172.17.0.2 ping statistics ---
5 packets transmitted, 5 received, 0% packet loss, time 4001ms
rtt min/avg/max/mdev = 0.100/5.104/24.809/9.853 ms rtt min/avg/max/mdev = 0.086/0.434/3.412/0.992 ms
```

上述结果证明，数据平面可以正常连通。

有兴趣的读者可以根据此拓扑做些更复杂的实验，比如修改控制器下发流表的策略，从而实现对数据分组进行路径控制等实验。

1.5 本章小结

数据平面交换设备是 SDN 系统的重要组成部分，基于软件实现的开源 OVS 交换机功能全面、扩展性好，支持传统转发和基于 OpenFlow 协议的 SDN 转发两种方式，并能够与通用的网络虚拟化软件之间进行良好的协作。本章首先介绍 OVS 的功能、总体架构和数据分组的转发原理，通过解析守护进程和数据库模块来详细阐述 OVS 的工作流程，让读者从整体上对 OVS 有一定了解。然后，介绍如何通过源码方式进行构建和安装 OVS。最后，根据一个实际部署的校园网络案例引出在不同场景下如何使用 OVS 以及相关命令和配置方法，希望借此帮助读者对 OVS 形成更为全面、深刻的理解。作为一款开源的软件交换机，相信随着后续的发展，OVS 的功能将会更加丰富，扩展性会更强，支持的虚拟化平台也会更加多样化。

参考文献

[1] PFAFF B, PETTIT J, KOPONEN T, et al. The design and implementation of open vswitch[C]// 12th USENIX Symposium on Networked Systems Design and Implementation (NSDI 15), 2015:117-130.

[2] GORJA P, KURAPATI R. Extending Open vSwitch to L4-L7 service aware OpenFlow switch[C]// Advance Computing Conference (IACC), 2014 IEEE International, 2014:343-347.

[3] PFAFF B, DAVIE B. The open vswitch database management protocol[J]. Heise Zeitschriften Verlag, 2013.

第2章 Mininet应用实践

通常来讲，为了测试或验证自己的想法，可以直接利用 Open vSwitch 很方便地搭建一个真正的 SDN 环境，然而当网络规模较大时，这样做代价太大且费时费力，这时就需要一个强大的网络仿真工具。

传统的网络仿真平台（如 NS2、OPNET）或多或少存在着某些缺陷，难以准确地模拟网络实际状态且不具备交互特性，使得基于这些平台开发的代码不能直接部署到真实网络中。斯坦福大学 Nick McKeown 研究小组基于 Linux Container 架构，开发了 Mininet 这一轻量级的进程虚拟化网络仿真工具。Mininet 最重要的一个特点是，它的所有代码几乎可以无缝迁移到真实的硬件环境，方便为网络添加新的功能并进行相关测试。本章将详细地对 Mininet 的原理及使用进行介绍，帮助读者理解和掌握这套强大的仿真工具，以便搭建自己的 OpenFlow 环境。

| 2.1　Mininet 系统架构 |

Mininet[1] 是一个可以在有限资源的普通电脑上快速建立大规模 SDN 原型系统的网络仿真工具。该系统由虚拟的终端节点（End-Host）、OpenFlow 交换机、控制器（也支持远程控制器）组成，这使得它可以模拟真实网络，可对各种想法或网络协议等进行开发验证。目前 Mininet 已经作为官方的演示平台对各个版本的 OpenFlow 协议进行演示和测试。

Mininet 是基于 Linux Container 这一内核虚拟化技术开发出的虚拟化平台，其实现虚拟化主要是用到了 Linux 内核的 Network Namespace 资源隔离机制。Linux 的 Network Namespace 机制可以让每个 Namespace 拥有独立的网络设备、网络协议栈和端口等。Mininet 正是利用了 Linux 这种 Network Namespace 机制，才可以在一个台电脑上创建多台虚拟主机。此外，Mininet 建立的网络拓扑的交换节点可以是 Open vSwitch、Linux Bridge 等软件交换机，交换节点之间的链路采用 Linux 的 VETH（Virtual Ethernet，虚拟以太网）对机制实现，控制器可以部署在网络可达的任意地方。因此，Mininet 可以定制任意灵活的 SDN 拓扑，为实验用户提供快捷可靠的实验环境。

Mininet 架构按 Datapath 的运行权限不同，分为 Kernel Datapath 和 Userspace Datapath 两种。其中，Kernel Datapath 把分组转发的逻辑编译进入 Linux 内核，效率非常高；Userspace Datapath 把分组转发逻辑实现为一个应用程序（叫作 ofdatapath），效率虽不及 Kernel Datapath，但更为灵活，更容易重新编译[1]。

Mininet 的 Kernel Datapath 架构如图 2-1 所示，控制器和交换机的网络接口都在 Root 命名空间中，每个主机都在自己独立的命名空间里，这也就表明每个主机在自己的命名空间中都会有自己独立的虚拟网卡 eth0。控制器就是一个用户进程，它会在 Loopback 上预留的 6633 端口监听来自交换机安全信道的连接。每个交换机对应几个网络接口，比如 s0-eth0、s0-eth1 以及一个 ofprotocol 进程，它负责管理和维护同一控制器之间的安全信道。

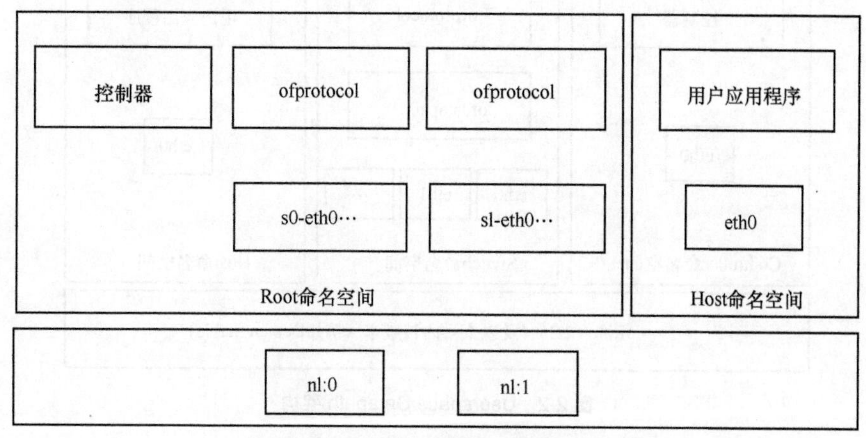

图 2-1　Kernel Datapath 架构

Mininet 的 Userspace Datapath 架构如图 2-2 所示，与 Kernel Datapath 架构不同，网络的每个节点都拥有自己独立的 Namespace。因为分组转发逻辑的实现是在用户空间，所以多出了一个进程（叫作 ofdatapath）。另外，Mininet 除了支持 Kernel Datapath 和 Userspace Datapath 这两种架构以外，还支持 OVS 交换机。OVS 充分利用内核的高效处理能力，它的性能和 Kernel Datapath 相差无几。

Mininet 作为一个轻量级的软件定义网络的研发与测试平台得到了学术界的广泛关注，其主要特性包括以下 4 个方面。

- 灵活性。可通过软件的方式简单、迅速地创建一个用户自定义的网络拓扑，缩短开发测试周期，支持系统级的还原测试，且提供 Python API，简单易用。
- 可移植性。Mininet 支持 OpenFlow、OVS 等软件定义网络部件，在 Mininet 上运行的代码可以轻松移植到支持 OpenFlow 的硬件设备上。
- 可扩展性。在一台电脑上模拟的网络规模可以轻松扩展到成百上千个节点。
- 真实性。模拟真实网络环境，运行实际的网络协议栈，实时管理和配置网络，可以运行真实的程序，在 Linux 上运行的程序基本上都可以在 Mininet 上运行，如 Wireshark。

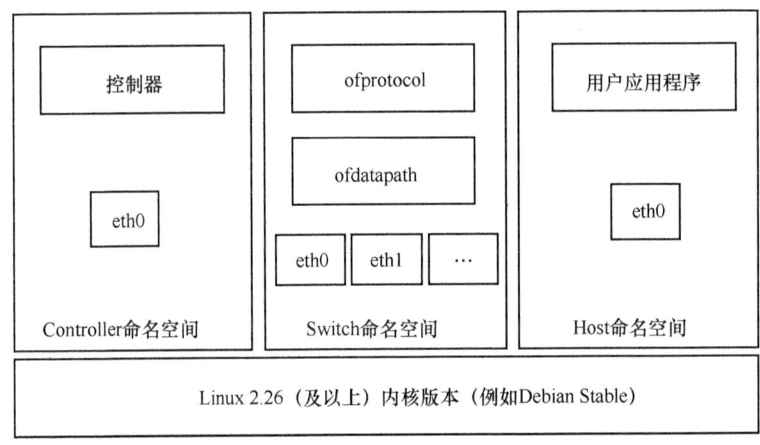

图 2-2　Userspace Datapath 架构

2.2　Mininet 代码解读

Mininet 仿真工具主要基于 Python 语言，其代码主要可以分为两大部分：运行文件和库文件。在库文件中，Mininet 对网络中元素进行抽象和实现，例如，定义主机类来表示网络中的一台主机，然后运行文件则基于这些库完成模拟过程。

2.2.1 代码结构

Mininet 源代码中共有 bin、custom、debian、doc、examples、mininet、util 这 7 个子目录以及 mnexec.c、setup.py 等文件，目录结构如图 2-3 所示，以下对其中重要的文件予以介绍。

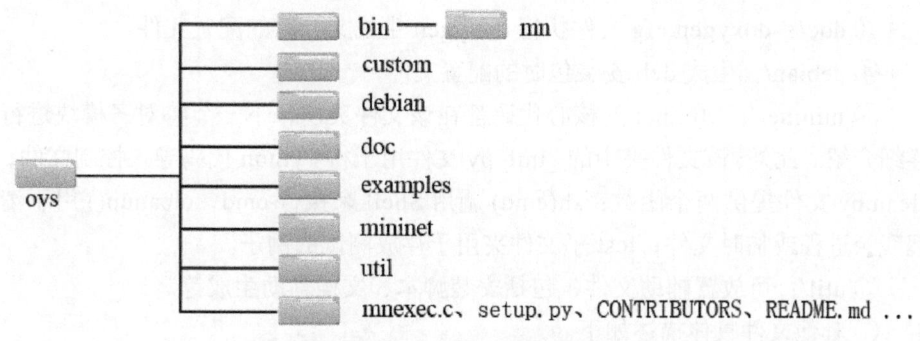

图 2-3 Mininet 代码结构

① bin/：该文件夹下的 mn 文件是 Mininet 的运行文件，应用 Python 程序编写的文件，定义了 MininetRunner 类，Mininet 安装后执行 mn 时即调用本程序，为整个测试创建基础平台。该文件代码的主要结构如图 2-4 所示。

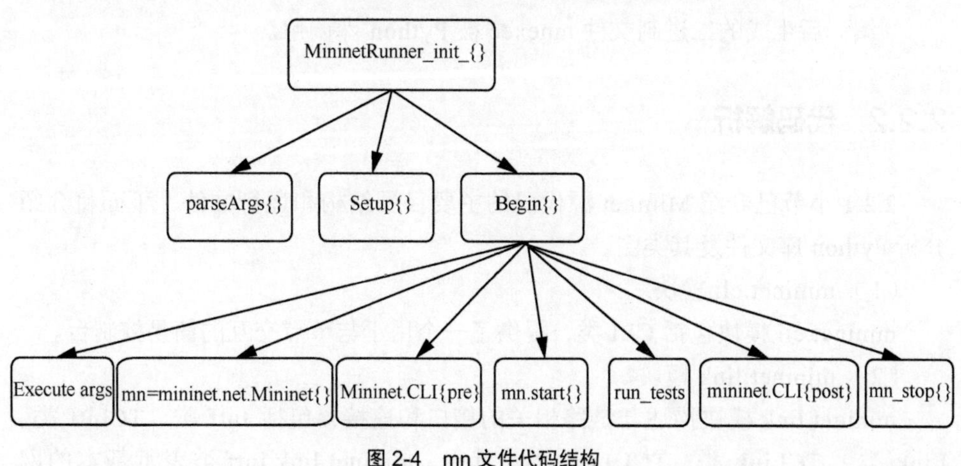

图 2-4 mn 文件代码结构

Mininet 运行文件 mn 执行过程中函数调用如下：首先，应用 parseArgs() 解析命令行传递的参数；然后通过 setup() 调用 Mininet.net.init() 来校验运行环境配置；再调用 begin() 执行给定参数，完成包括创建拓扑、地址分配等操作；接着调用 Mininet.net.Mininet() 创建网络平台 mn；应用 Mininet.cli.CLI() 函数创建 CLI（Command Line Interface，命令行界面）对象；并通过调用 mn.start() 启动网络实例；启动网络实例后，执行指定的测试命令，默认为 cli，即调用 CLI(mn) 进入交互环境；执行结束后调用 mn.stop() 退出应用的网络实例。

② custom/：可以放置用户自定义的 Python 文件，比如自定义的拓扑等。

③ doc/：doxygen.cfg 文件执行 doxygen 生成文档时的配置文件。

④ debian/：生成 deb 安装包时的配置文件。

⑤ mininet/：Mininet 的核心代码都在该文件夹内，下一节将对各模块进行详细介绍。此外，该文件夹中的 _init_py 文件用于将 Python 代码导入控制文件；clean.py 文件提供两个函数：sh(cmd) 调用 Shell 来执行 cmd，cleanup() 用于清理残余进程或临时文件；test 子文件夹用于存放测试的例子。

⑥ util/：可放置辅助文件，包括安装脚本、文档辅助生成等。

⑦ 其他文件具体描述如下。

- INSTALL：安装说明。
- setup.py：安装 Python 包时的配置文件，在 Makefile 中调用。
- CONTRIBUTORS：作者信息。
- README.md：说明文件。
- mnexec.c：执行一些快速命令，比如关闭文件描述等，该文件是 C 程序，编译后生成的二进制文件 mnexec 被 Python 库调用。

2.2.2 代码解析

2.2.1 小节已介绍 Mininet 源代码的主要目录结构和运行文件，下面将介绍分析 Python 库文件及其类图。

（1） mininet.cli 模块

mininet.cli 模块包括 CLI 类，提供了一个用于与节点交互的简易控制台。

（2） mininet.link 模块

mininet.link 模块描述与链路相关的接口和连接，包括 Intf 类、TCIntf 类、Link 类、 TCLink 类、TCULink 类。其中，mininet.link.Intf 类表示基本的网络接口，比如 h1-eth0 表示 host1 上的 eth0 接口，属性包括所在的节点、名称、所连接链路、MAC/IP 信息等。构造时会传入属性，并绑定到对应节点的端口上。该类所支持的方法包括配置 MAC/IP 等方法，大都是通过 ifconfig 命令在对应节点上调用 cmd() 方法来实现。此外，还提供了 config() 方法来一次性配置所有的属性。

mininet.link.TCIntf 类通过 Linux 下的 TC（Traffic Control，流量控制）工具限制带宽、延迟、分组丢失率、最大排队长度等。

mininet.link.Link 类表示基本的一条链路，最基本的链路在 Mininet 中其实就是一对虚拟以太网（veth）接口对。创建链路时，需要在两个节点上分别生成两个端口，利用节点和端口，获取对应的两个网络接口的名称，例如 s1-eth0 和 h1-eth0，然后调用 util.py 中的 makeIntfPair() 方法，最终调用系统中的 IP Link 命令来创造一对 veth 接口对。

mininet.link.TCLink 类表示通过参数配置的 TC 接口之间的链路，该类的公共成员函数及其功能与 mininet.link.Link 类相似。

mininet.link. TCULink 类表示用户模式下 TCLink 的相关参数。

（3）mininet.net 模块

mininet.net 模块主要包括 Mininet 和 MininetWithControlNet 两个类。mininet.net.Mininet 类模拟一个 Mininet 中的网络，包括拓扑、交换机、主机、控制器、链路、接口等。其中最主要的部分是 build() 函数，根据拓扑创建网络，依次执行配置网络 Namespace，配置主机的 MAC/IP 等信息，检查是否启动 Xterm，是否自动配置静态 ARP 等。

mininet.net.MininetWithControlNet 类继承自 mininet.net.Mininet 类，主要用于在使用 Userspace Datapath 时模拟一个控制器网络，即连接 Userspace 交换机和控制器。

（4）mininet.log 模块

mininet.log 模块下主要的类为 MininetLogger 类、Singleton 类和 Stream HandlerNo-Newline 类，实现日志记录等功能。

（5）mininet.node 模块

mininet.node 模块表示网络中的基本元素，因此非常重要，该模块的类图如图 2-5 所示。

由图 2-5 可知，mininet.node.Node 类表示一个基本的虚拟网络节点。在实现上其实就是网络名字空间中的一个 Shell 进程，可以通过各种管道进行通信。该类是模块中其他类的根本，其他类都是直接或间接继承。节点包括名称、是否存在网络名字空间、接口、端口等可用的属性。

mininet.node.Host 类是主机基类，表示一个主机节点。mininet.node. CPULimited-Host 类继承自 Host 类，通过 cgroup 工具对 CPU 资源进行限制。

mininet.node.Controller 类是控制器基类，表示一个控制器节点，包括 IP 地址、端口等属性。mininet.node.OVSController 类表示一个 Open vSwitch 自带的控制器。

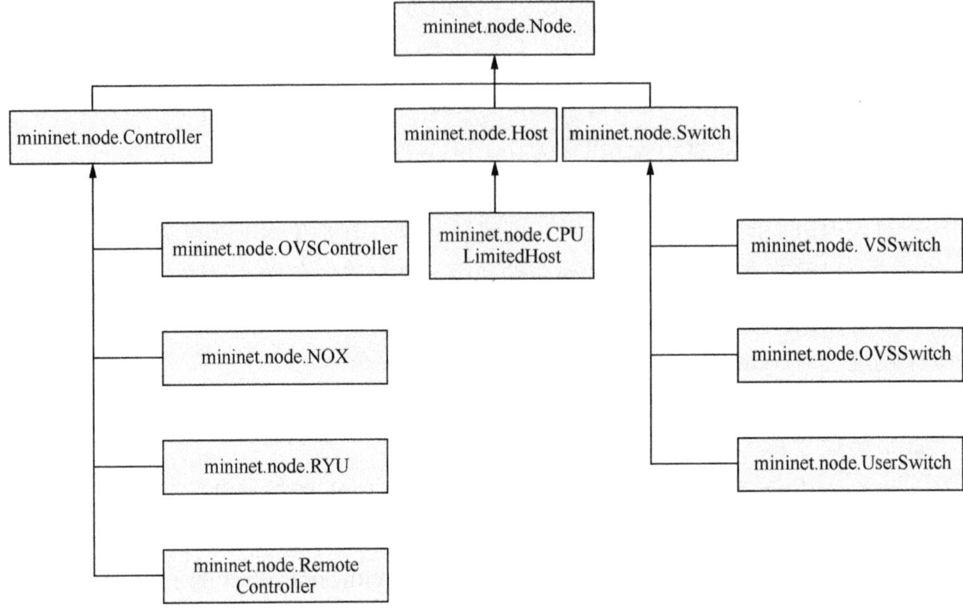

图 2-5　mininet.node 模块的类图

mininet.node.RYU 类表示一个 RYU 控制器（需要系统中实现安装了 RYU）。mininet.node.NOX 类表示一个 NOX 控制器（需要系统中实现安装了 NOX）。mininet hode. RemoteController 类表示一个在 Mininet 控制外的控制器，即用户自己额外运行的控制器。

mininet.node.Switch 类表示一个交换机的基类，运行在 Root Namespace，主要包括 dpid、listenport 等属性。mininet.node.IVSSwitch 类表示一个 IVS（Indigo Virtual Switch），其中 IVS 需要预先在系统中安装。mininet.node. OVSLegacyKernelSwitch 类表示一个传统的 Open vSwitch 内核态交换机，基于 ovs-openflowd 进行操作。mininet.node.OVSSwitch 类表示一个 Open vSwitch 交换机，基于 ovs-vsctl 进行操作。mininet.node.UserSwitch 类表示一个用户态的 OpenFlow 交换机。

（6）mininet.topo 模块

mininet.topo 模块维护网络拓扑相关的信息。mininet.topo.MultiGraph 类表示一个图结构，代替 networkx.Graph（networkx 是一个第三方的图论与复杂网络建模工具）来维护节点和链路信息。mininet.topo.Topo 类是拓扑基类，所有的拓扑类均是继承 Topo 类实现，默认的拓扑图被 Multigraph 类维护，此外还包括节点、连接等信息。mininet.topo.Topo 模块的类图如图 2-6 所示。

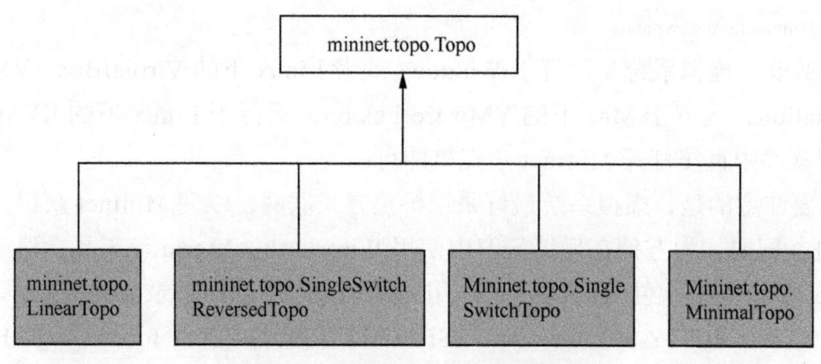

图 2-6 mininet.topo.Topo 模块的类图

mininet.topo.LinearTopo 类表示一个交换机依次连接的线型拓扑，每个交换机上挂载相等个数的主机。mininet.topo.SingleSwitchTopo 类表示星型拓扑，单个交换机上挂载若干主机，主机序号按照从小到大的顺序依次挂载到交换机的各个端口上。mininet.topo.SingleSwitchReversedTopo 类同样是星型拓扑，它与 SingleSwitchTopo 类的区别在于，其主机序号按照从大到小的顺序依次挂载到交换机的各个端口上。mininet.topo.MinimalTopo 类表示一个交换机和两个主机的简单拓扑。

2.3 Mininet 安装使用

2.3.1 软件安装

如上文所述，Mininet 是一个轻量级的网络虚拟化平台，它对安装环境没有太高要求，研究者在单机环境上即可安装使用。Mininet 主要有 3 种安装方法，下面将主要介绍 Mininet 的安装与启动。

（1）Mininet 的 VM 安装

目前最常见使用的版本是 Mininet2.2.2、Mininet2.2.1、Mininet2.1.0。

Mininet VM 安装是安装 Mininet 最简单的方法，Mininet 官方网站提供配置好相关环境的基于 Debian Lenny 的虚拟机镜像文件，压缩包大小约为 600 MB，解压后大小约为 2.1 GB。以下是安装步骤。

下载并解压 Mininet VM 镜像，官方网站可以直接下载，路径如下。

```
http://mininet.org/download/
```

下载安装虚拟系统（运行于 Windows 或者 Linux 下的 VirtualBox、VMware Workstation，运行于 Mac 下的 VMware Fusion，运行于 Linux 下的 KVM 等），在虚拟软件中直接打开 Mininet 虚拟机即可。

需要注意的是，虚拟系统最好采用桥接方式联网，以使 Mininet 获得独立的 IP 地址。同时，为方便在后续研究中使用 Wireshark、Xterm 等工具，建议启动 Mininet 前先安装软件 Xming，并使用 PuTTY 软件 SSH 登录 Mininet。具体步骤为：单击“PuTTY->Connection->SSH->X11”，选择“X11 forwarding->Enable X11 forwaring”，单击“Session”，在“Host Name”中键入 Mininet 的 IP 地址，即可 SSH 登录 Mininet。

（2）本地安装 Mininet 源代码

为了支持最新版本的 Open vSwitch，本地源码安装 Mininet 时要求研究者需要在较新版本的 Ubuntu 系统中进行安装。在 Ubuntu 14.04 或更高版本的环境下，首先需要获取 Mininet 源代码。

```
# git clone git://github.com/mininet/mininet
```

获取 Mininet 源代码后即可安装 Mininet，以下命令将安装 Mininet VM 中的所有工具，包括 Open vSwitch、Wireshark 抓包工具和 POX，默认情况下这些工具安装在用户的主目录（root 目录）下。

```
# mininet/util/install.sh –a
```

以下命令默认安装 Mininet、User Switch 和 Open vSwitch。

```
# mininet/util/install.sh –nfv
```

将以下命令用在上述命令之前（即 install.sh –s mydir –a/nfv），可以将 Mininet 安装在指定的目录下，而不是默认主目录。

```
# mininet/util/install.sh -s mydir
```

如果想了解更多工具安装的内容，可使用如下代码。

```
# install.sh –h
```

（3）安装 Mininet 文件包

如果更新过 Ubuntu 或者 Mininet，在安装前可以运行以下命令以确保删除 Mininet、Open vSwitch 以前版本的痕迹，否则将影响新版本的安装。

```
# rm -rf /usr/local/bin/mn /usr/local/bin/mnexec \
> /usr/local/lib/python*/*/*mininet*
> /usr/local/bin/ovs-*
> /usr/local/sbin/ovs-*
```

对于不同的 Ubuntu 版本，安装 Mininet 文件包的命令有所区别，具体如下。

```
Mininet 2.2.2 on Ubuntu 16.04: sudo apt-get install mininet
Mininet 2.1.0 on Ubuntu 14.10: sudo apt-get install mininet
Mininet 2.1.0 on Ubuntu 14.04: sudo apt-get install mininet
Mininet 2.0.0 on Ubuntu 12.04: sudo apt-get install mininet/precise- backports
```

Mininet 安装完成后，验证 openvswitch-controller 是否在运行，如果正在运行，应将其停止，以确保 Mininet 在启动时可以指定自己的控制器。

```
# service openvswitch-testcontroller stop
# update-rc.d openvswitch-testcontroller disable
```

Mininet 安装完成后，即可使用 Mininet 创建模拟的 SDN 实验网络。为检验网络搭建后是否可以进行正常通信，一般的做法是使用 ping 命令在两个主机之间进行 ping 操作，同样，在 Mininet 中可以使用如下命令直接检验 Mininet 是否安装成功。

```
# sudo mn --test pingall
```

Mininet 安装成功后，运用 Mininet 的操作十分简单，只需要用如下命令即可启动 Mininet。

```
# sudo mn
```

执行上述命令后，会创建默认的一个小型测试网络。

经过短暂时间的等待即可进入以“mininet>”引导的命令行界面。进入“mininet>”命令行界面后，默认拓扑即创建成功，即将拥有一个一台控制节点（Controller）、一台交换机（Switch）和两台主机（Host）的网络。

除此之外，Mininet 也可以通过参数设定或者自定义脚本创建不同的网络拓扑，具体详情请参阅下一节。

2.3.2 使用说明

Mininet 除了创建默认的网络拓扑之外，还提供了丰富的参数设定方式用来设定网络拓扑、交换机、控制器、MAC 地址、链路属性等，以满足使用者在仿真过程中多样性的需求。

（1）设置网络拓扑

--topo 用于指定 OpenFlow 的网络拓扑。Mininet 已经为大多数应用实现了 5 种类型的 OpenFlow 网络拓扑，分别为 Tree、Single、Reversed、Linear 和 Minimal。缺省情况下，创建的是 Minimal 拓扑，该拓扑为一个交换机与两个主机相连；--topo single，*n* 则表示 1 个 OpenFlow 交换机下挂连接 *n* 个主机；Reversed 与 Single 类型相似，区别在于 Single 的主机编号和相连的交换机端口编号同序，而 Reversed 的主机编号和相连的交换机端口编号反序；--topo linear，*n* 则表示将创建 *n* 个 OpenFlow 交换机，且每个交换机只连接一个主机，并且所有交换机连接成直线；--topo tree，depth=*n*，fanout=*m* 则表示创建一个树型拓扑，深度是 *n*，扇出是 *m*，例如，当 depth=2，fanout=8 时，将创建 9 个交换机连接 64 个主机（每个交换机连接 8 个设备，设备中包括交换机及主机）。

--custom：在上述已有拓扑的基础上，Mininet 支持自定义拓扑，使用一个简单的 Python API 即可，例如导入自定义的 mytopo。

```
# sudo mn --custom ~/mininet/custom/topo-2sw-2host.py --topo mytopo -- test pingall
```

（2）设置交换机

--switch：Mininet 支持 4 类交换机，分别是 UserSwitch、OVS 交换机、OVSLegacyKernelSwitch 和 IVS 交换机。其中，运行在内核空间交换机的性能和吞吐量要高于用户空间交换机，可以通过运行 iperf 命令测试链路的 TCP 带宽速率来验证。

```
# sudo mn --switch ovsk --test iperf
```

此外，在 switch 属性中添加 protocols 参数时可以指定 OpenFlow 协议版本，例如 OpenFlow v1.0 和 OpenFlow v1.3 的指定。

```
# sudo mn --topo single,3  --controller remote,ip=[controller IP] -- switch ovsk, protocols=OpenFlow10
# sudo mn --topo single,3  --controller remote,ip=[controller IP]-- switch ovsk, protocols=OpenFlow13
```

使用以下指令查看不同 OpenFlow 版本的 OVS 交换机信息。

```
# ovs-ofctl -O OpenFlow10 show s1
# ovs-ofctl -O OpenFlow13 show s1
```

（3）设置控制器

--controller：通过参数设置的控制器可以是 Mininet 默认的控制器（NOX）或者虚拟机之外的远端控制器，如 Floodlight、POX 等，指定远端控制器的方法如下。

```
# sudo mn --controller=remote,ip=[controller IP],port=[controllerlistening port]
```

（4）配置 MAC 地址

--mac：设置 MAC 地址的作用是增强设备 MAC 地址的易读性，即将交换机和主机的 MAC 地址设置为一个较小的、唯一的、易读的 ID，以便在后续工作中减少对设备识别的难度。

```
# sudo mn –mac
```

（5）设置链路属性

--link：链路属性可以是默认 Link 及 TCLink。将链路类型指定为 TC 后，可以进一步指定具体参数。具体参数命令显示如下。

```
# sudo mn --link tc, bw=[bandwidth], delay=[delay time], loss=[loss rate], max_que_size=[queue size]
```

bw 表示链路带宽，用 Mbit/s 表示单位；延迟 delay 以字符串形式表示，如 "5 ms"、"100 μs"、"1 s"；loss 表示数据分组丢失率的百分比，用 0 ~ 100 的一个百分数表示；max_queue_size 表示最大排队长度，使用数据分组的数量表示。

创建 Mininet 拓扑成功后，一般可用 nodes、dump、net 等基本命令查看拓扑的节点、链路及网络等。为了方便使用及了解 Mininet 中所有的可用 CLI 命令，可在“mininet>”引导的命令行界面使用 help 命令进行查看。

```
mininet> help
```

显示的 help 帮助信息将显示 Mininet 中可用的 CLI 命令。

```
Documented commands (type help <topic>):
========================================
EOF    exit   intfs     link    noecho       pingpair      quit    time
dpctl  gterm  iperf     net     pingall      pingpairfull  sh      xterm
dump   help   iperfudp  nodes   pingallfull  py            source

You may also send a command to a node using:
<node> command {args}
For example:
mininet> h1 ifconfig
The interpreter automatically substitutes IP addresses
for node names when a node is the first arg, so commands
like
mininet> h2 ping h3
should work.
Some character-oriented interactive commands require
noecho:
mininet> noecho h2 vi foo.py
However, starting up an xterm/gterm is generally better:
mininet> xterm h2
```

以上显示了 Mininet 的 CLI 命令，且 help 默认列出所有的命令文档，通过后面加命令名可以获得介绍该命令的详细用法，Mininet 命令的功能见表 2-1。

表 2-1　用 CLI 命令列表

常用 CLI 命令	功能
dump	打印节点信息
gterm	给定节点上开启 gnome-terminal

续表

常用 CLI 命令	功能
xterm	给定节点上开启 Xterm
intfs	列出所有的网络接口
iperf	两个节点之间进行简单的 iperf TCP 测试
iperfudp	两个节点之间使用 UDP 进行带宽测试
net	显示网络连接情况
noecho	运行交互式窗口，关闭回应（Echoing）
pingpair	在前两个主机之间互 ping 测试
source	从外部文件中读入命令
dpctl	在所有交换机上用 dptcl 执行相关命令，本地为 TCP 127.0.0.1:6634
link	禁用或启用两个节点之间的链路
nodes	列出所有的节点信息
pingall	所有 Host 节点之间互 ping
py	执行 Python 表达式
sh	运行外部 Shell 命令
quit/exit	退出

| 2.4　Mininet 应用实例 |

本节将介绍使用 Mininet 设计模拟一个多数据中心网络，在 Mininet 环境中使用 OpenFlow 交换机和 POX 控制器测试基于不同数据中心的网络应用仿真。基于 Mininet 构建的仿真测试床提供有用的信息来评估该多数据中心网络应用的设计和指标，从而为真实数据中心网络应用的开发提供有益的参考。

2.4.1　实例介绍

本节利用 Mininet 模拟基于不同数据中心的网络拓扑，使用基于树型拓扑类创建弹性的树状网络，展现一个多层次的树型拓扑结构固有的容错能力。假设每层具有不同的级别，具体分为核心层、汇聚层、边缘层，每一层都只含有

交换机。因此，一个简单的交换机 / 主机层网络可以由核心交换机、汇聚交换机、边缘交换机以及主机组成，也可以根据扇出大小来配置不同的数据中心网络拓扑。在该拓扑中，一个或多个核心交换机构成根；汇聚交换机的一层或多层位于树的中间；终端主机连接至顶端交换机，形成了树的叶子（边缘）。在此基础上，研究者可以通过添加额外的交换机和链路来构成更复杂的树型拓扑（如下文将要进行模拟实验的拓扑，如图 2-7 所示），这种更加复杂的拓扑更符合真实网络的需求。

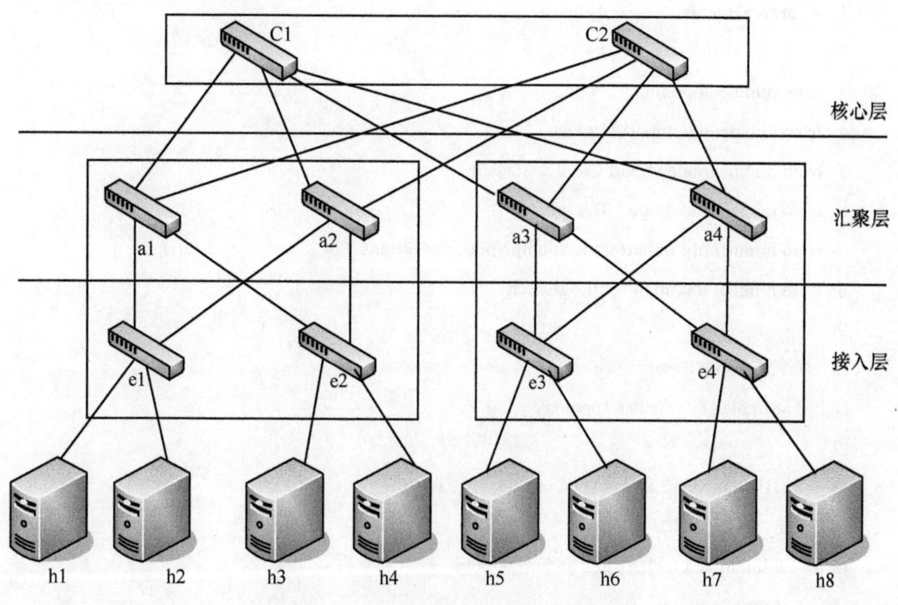

图 2-7　基于两个数据中心的网络拓扑

基于上述描述，在该实例中创建了一个简单的基于两个数据中心的网络拓扑。当拓扑创建完成后，本实例的主要目的是实现交换机下挂主机间的连通。实现过程如下：主机间发送消息上报给交换机，交换机对收到的报文信息进行分析判断，如果交换机中存在与此消息相对应的流表，则交换机直接下发流表，将报文消息转发给目的主机；如果交换机中没有与此消息相对应的流表，交换机将此发送消息给控制器，控制器根据消息分析关键字段内容，进行流表下发决策，交换机再将消息发送给目的主机，实现主机间通信的目的。除此之外，本实例还对两个数据中心网络拓扑下的通信性能带宽进行了测试，包括对相同机架的主机间、相同汇聚交换机下不同机架的主机间、相同核心交换机不同汇聚交换机下的主机间进行测试。

2.4.2 实例开发

从以上内容可知，Mininet 可通过脚本的方式创建自定义的网络拓扑，且可通过提供的参数指定远程控制器。在此实验中，使用自定义方式编写脚本创建基于两个数据中心的网络拓扑，且使用已准备的 POX 控制器进行远程控制。

应用 Mininet 创建基于不同数据中心的网络拓扑设计的脚本代码如下。

```
# FatTreeTopo.py

from mininet.topo import Topo
from mininet.net import Mininet
from mininet.node import CPULimitedHost
from mininet.link import TCLink
from mininet.util import irange,dumpNodeConnections
from mininet.log import setLogLevel

class MyTopo(Topo):
    "  Simple Data Center Topology "

    "  l1:core ovs, l2:aggregation ovs, l3: edge ovs "
    def __init__(self):
        # Initialize topology and default options
        Topo.__init__(self)

    # change L1's value to generate differant topology
    L1 = 2
    L2 = L1 * 2
    L3 = L2
    c = []
    a = []
    e = []

    # add core ovs
    for i in range(L1):
        sw = self.addSwitch('c{}'.format(i + 1))
```

```
    c.append(sw)

# add aggregation ovs
for i in range(L2):
    sw = self.addSwitch('a{}'.format( L1 + i + 1))
    a.append(sw)

# add edge ovs
for i in range(L3):
    sw = self.addSwitch('e{}'.format( L1 + L2 + i + 1))
    e.append(sw)

# add links between core and aggregation ovs
for i in range(L1):
    sw1 = c[i]
    for sw2 in a[i/2::L1/2]:
        # self.addLink(sw2, sw1, bw=10, delay='5ms', loss=10, max_queue_size=1000, use_htb=True)
        self.addLink(sw2, sw1)

# add links between aggregation and edge ovs
for i in range(0, L2, 2):
    for sw1 in a[i:i+2]:
        for sw2 in e[i:i+2]:
            # self.addLink(sw2, sw1, bw=10, delay='5ms', loss=10, max_queue_size=1000, use_htb=True)
            self.addLink(sw2, sw1)

#add hosts and its links with edge ovs
count = 1
for sw1 in e:
    for i in range(2):
        host = self.addHost('h{}'.format(count))
        self.addLink(sw1, host)
        count += 1

topos = { 'mytopo': ( lambda: MyTopo() ) }
```

上述代码拓扑创建了图 2-7 中的 2 个核心交换机、4 个汇聚交换机、4 个边缘交换机，每个边缘交换机分别下挂 2 个虚拟主机，并给所有的交换机添加了逻辑链路。上述代码中为了提高带宽的利用率、调整流量需求达到均衡的效果，每个核心交换机均与 4 个汇聚交换机相连，每个汇聚交换机分别下挂两个边缘交换机，与上文相对应的，每个边缘交换机分别连接它所属的父交换机。

除此之外，在以上 Mininet 创建网络拓扑的代码中，可以通过改变代码中定义的 L1 变量来设置核心交换机的数量，并通过添加额外的交换机和链路来构成更复杂的数据中心网络拓扑。随着边缘交换机的增加，主机个数也随之增加，利用 Mininet 的易用性和扩展性，可以创建基于多种数据中心场景下的网络拓扑，达到更好更全面的实验效果。

拓扑创建代码完成后，可以在 Mininet 命令行操作界面通过 ping 操作和 iperf 命令进一步验证主机间的连通性以及对带宽性能分析，也可以通过应用 Mininet 的操作命令编写测试脚本实现全自动化测试连通性及带宽性能验证，代码如下。

```
def simpleTest():
    " Create and test a simple network "
    topo = MyTopo()
    net = Mininet(topo, controller=RemoteController, host= CPULimitedHost, link=TCLink)
    net.addController( 'c0', controller=RemoteController, ip='192. 168.5.104', port=6633 )
    net.start()
    print " Dumping host connections "
    dumpNodeConnections(net.hosts)
    print " Testing network connectivity "
    net.pingAll()
    print " Testing bandwidth between h1 with h2, h3, h5 "
    h1, h2 = net.get('h1', 'h2')
    net.iperf((h1, h2))
    h1, h3 = net.get('h1', 'h3')
    net.iperf((h1, h3))
    h1, h5 = net.get('h1', 'h5')
    net.iperf((h1, h5))
    net.stop()


if __name__ == '__main__':
```

```
85  # Tell mininet to print useful information
86  setLogLevel('info')
87  simpleTest()
```

测试连通性及带宽性能的代码中，第 68 行表示使用 POX 控制器作为远程控制（保证网络连通性），其 IP 地址为 192.168.5.104，监听端口为 6633。第 73 行 net.pingAll() 函数表示调用拓扑中所有的主机进行自动化连通性验证，第 76 行 net.iperf() 函数则表示将进行指定特定主机间的性能带宽质量测试。启动连接控制器、交换机与主机后显示各设备间的链路信息，并进行主机间的连通性测试，并分别对相同机架、不同机架、不同汇聚交换机下的主机间性能进行带宽测试，测试结果将在下一节显示。

2.4.3 实验结果

2.4.2 小节介绍了用 Mininet 模拟创建基于不同数据中心的网络拓扑，本小节将通过 Mininet 命令控制台进行手动输入命令创建拓扑与通过实例开发中的测试脚本对主机间的连通性及带宽性能进行验证。创建拓扑命令与测试结果如下。

① 首先通过 Mininet 手动操作命令创建拓扑。

```
# sudo mn --custom ~/mininet/custom/FatTree.py --topo mytopo --controller= remote,ip=192.168.5.104,port=6633
```

② 同一交换机内部的主机间连通性及通信带宽测试：h1 和 h2 之间进行 ping 操作，经验证主机间能够 ping 通。当操作 iperf h1 h2 命令时，h1 和 h2 的带宽性能测试结果为：测试 TCP 带宽发送数据的速率为 998 Mbit/s，接收数据的速率为 998 Mbit/s。

③ 相同汇聚交换机下不同机架的主机间测试：h1 和 h3 之间进行 ping 操作，经验证，两主机间能够通信。h1 和 h3 的带宽性能测试结果为：测试 TCP 带宽发送数据的速率为 697 Mbit/s，接收数据的速率为 697 Mbit/s。

④ 相同核心交换机不同汇聚交换机下的主机间测试：h1 和 h5 之间进行 ping 操作，经验证，两主机间能够通信。h1 和 h5 的带宽性能测试结果为：测试 TCP 带宽发送数据的速率为 552 Mbit/s，接收数据的速率为 552 Mbit/s。

⑤ 所有主机的连通性验证及带宽测试：应用 Mininet 的连通性测试脚本，对所有核心交换机所连接的主机进行连通性测试，经验证所有主机间都是相互连通的。为测试主机 h1 和 h2、h3、h4、h5 之间的网络带宽，可以使用 iperf 进行测试，经测试主机间的带宽见表 2-2。

表 2-2　主机间性能带宽测试结果

速率主机	发送速率 /（Mbit/s）	接收速率 /（Mbit/s）
（相同机架）h1 ～ h2	998	998
（相同汇聚不同机架）h1 ～ h3	697	697
（相同核心不同汇聚）h1 ～ h5	552	552

2.5　本章小结

Mininet 采用轻量级的虚拟化技术，使得研究者只需在自己的 PC 上即可搭建一个用户自定义拓扑的 SDN，用户可以基于这一工具方便灵活地创新设计进行测试、验证，而一旦验证成功，结果几乎可以不做修改就能轻松部署到真实的硬件环境中。本章首先通过介绍 Mininet 基本原理给读者一个感性的认识，再从 Mininet 的安装使用、源码分析以及开发实例等方面指导读者一步步深入了解 Mininet 的核心。可以说，Mininet 为 SDN 的学习和研究提供了最实用的仿真工具，大大缩短了 SDN 应用的开发测试周期，为推动 SDN 技术的研究发展和成果落地起到了重要作用。

参考文献

[1] LANTZ B, BRANDON H, MCKEOWN N. A network in a laptop: rapid prototyping for software-defined networks[C]// Proceedings of the 9th ACM SIGCOMM Workshop on Hot Topics in Networks. ACM, 2010.

第3章 POX应用实践

NOX是由Nicira公司主导开发的业界首款基于OpenFlow的开源SDN控制器，是早期SDN领域众多研究项目的基础。NOX主要是基于C++（早期版本为C++和Python）开发的，虽然实现起来十分高效，但是其庞大的代码量与高复杂度对于开发者而言不够友好。为此，NOX团队从早期版本中分离出Python部分，并在此基础上又实现了一款完全使用Python开发的控制器POX。POX能够运行在Windows、Mac OS、Linux等多种平台上，使得SDN应用开发变得更加迅捷。因此，POX是开发者入门SDN控制器的一个不错选择。本章将首先对POX代码进行整体解读，然后对其安装配置进行简要说明，最后介绍基于POX控制器开发的项目实例，以使读者能够对POX快速上手。

| 3.1 POX 代码解读 |

3.1.1 代码结构

本节主要对 POX[1] 代码的结构原理和核心组件进行简要分析介绍，POX 的代码目录结构如图 3-1 所示，图中的每个文件夹可以看作一个模块，文件夹下的后缀名为 py 的文件可以看作组件。POX 代码中的 forwarding 组件包提供数据转发功能；host_tracker 组件包用于追踪网络主机；openflow 组件包为 OpenFlow 协议栈的封装代码，实现了 OpenFlow 消息的封包 / 解包；messenger 组件包负责完成 POX 与外部进程的交互工作；web 组件包存放 Web 服务资源及配置文件；log 组件包存放日志信息；topology 负责管理拓扑信息；lib 存放其他的库文件。

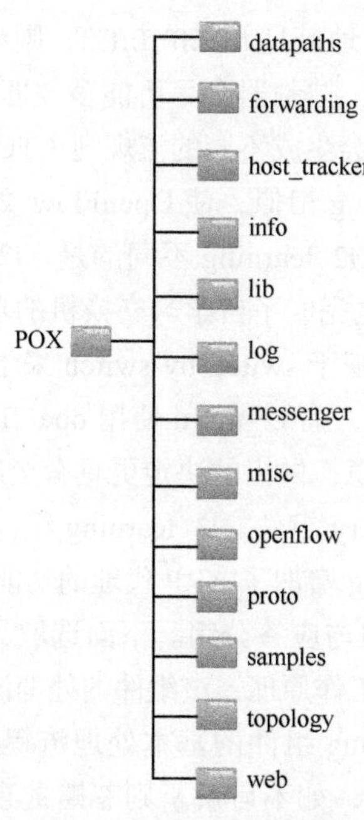

图 3-1 POX 代码目录结构

3.1.2 代码解析

3.1.2.1 功能组件

POX 控制器提供了一系列组件构成其核心功能及应用。下文将对 POX 控制器中常用组件进行介绍。

（1）转发（Forwarding）组件包

转发组件包包含的主要组件有 hub、l2_learning、l2_pairs、l3_learning、l2_multi 等。hub 组件使得 OpenFlow 交换机的行为如同 Hub 一样，即无论接收到何种类型的数据分组，均将其从其他端口泛洪出去。

l2_learning 组件使得 OpenFlow 交换机的行为如同一个二层的具有自学习功能的交换机。该组件的实质是在控制器中以散列的方式为每个 OpenFlow 交换机建立一张 MAC 地址转发表，当控制器接收到来自 OpenFlow 交换机的 Packet-in 消息时，先根据源端 MAC 地址（dl_src）和接收该数据分组的交换机端口（in_port）更新散列表中与该交换机相关的 MAC 地址转发表，再根据终端 MAC 地址查询是否有对应的转发端口，若有则向交换机的流表中添加一条从该端口转发出去的流规则，若没有或者终端 MAC 地址是 ff:ff:ff:ff:ff:ff，则将该数据分组泛洪。值得注意的是，在生成流表规则时，控制器会尽可能多地匹配数据分组中的字段信息，因此不同的 TCP 连接也可能会生成不同的流规则（TCP 端口号不一样）。

l2_pairs 组件与 l2_learning 相似，使 OpenFlow 交换机作为一个二层的具有自学习功能的交换机，但与 l2_learning 不同的是，l2_pairs 只根据 MAC 地址来建立流规则。l2_multi 组件也完成了自学习交换机的功能，但它与 l2_learning 有很大的不同：l2_learning 是基于 switch-by-switch 来学习，交换机中只有与该交换机直接相连的设备的信息，而 l2_multi 使用 openflow.discovery 组件来获取整个网络的拓扑和主机位置信息，做出的决定更具有全局观，因此添加这个组件时要同时添加 openflow.discovery 组件。l3_learning 组件虽然不具备完全意义的路由器功能，但相比 l2_learning 增加了 ARP 代理的功能，可以利用 POX 的报文来检测、构造 ARP 的请求分组与应答分组。下面选取具有代表性的 l3_learning 组件来解析转发组件包的主要工作原理，该组件的处理流程如图 3-2 所示。

如图 3-2 所示，l3_learning 组件的基本处理流程如下。① 监听到相应事件后判断数据分组是否可解析，如不可解析则忽略此事件，如果可解析则判断交换机是否存在于 arpTable 中。② 如果不存在，则将该交换机与虚拟网关配对加入 arpTable 中，然后判断数据分组是否是 LLDP 分组。③ 如果是 LLDP 分组，则结束流程，否则判断是否是 IPv4。④ 如果是 IPv4，则查找与该数据分组源 IP 地址相关的未发送数据分组。如果存在，则发送数据分组，然后将源 IP 地址、MAC 地址及端口记录到 arpTable 中，之后进一步判断 arpTable 中是否已经学习到目标 IP 地址。若是，则发送 flow_mod 消息，否则就再判断是否需要发送 ARP 探测分组。如果需要，则先缓存数据分组再发送 ARP 探测分组并终止流程。如果不需要，则直接终止流程。⑤ 如果不是 IPv4 而是 ARP 数据分组，则将源 IP 地址、MAC 地址及端口记录到 arpTable 中，然后判断数据分组是否为 arp. REQUEST 且 arpTable 学习到目标 IP 地址。如果是，则发送 ARP 响应消息，否则进行泛洪处理。

（2）OpenFlow 组件包

OpenFlow 组件包代表性的组件包括 Discovery、spanning_tree、of_01、Keepalive 等。Discovery 组件通过给 OpenFlow 发送 LLDP 报文来发现整个网络的拓扑。当一个链路连接或者断开，该组件会触发相应的事件。spanning_tree 使用 Discovery 组件来建立一个生成树的网络拓扑，泛洪时只有在生成树上的端口会收到泛洪报文，这样可以解决环路中的报文无限循环的问题。调用该组件最安全的方式是 openflow.spanning_tree --no-flood --hold-down。其中，--no-flood 参数指当一个交换机接入网络，不会泛洪报文给所有端口；--hold-down 参数指只有在完成一个完整的发现过程后，才允许改变泛洪控制。of_01 主要用来与 OpenFlow v1.0 交换机进行通信，该模块一般会默认启动（除非在命令行中使用了 --no-openflow 选项）。Keepalive 通过周期性地发送 ECHO 请求保活交换机连接。下面重点介绍 Discovery 和 of_01 组件的工作流程。Discovery 组件主要是对 Packet-in 消息进行处理，而 of_01 主要是监听交换机通信及数据分组分发处理。

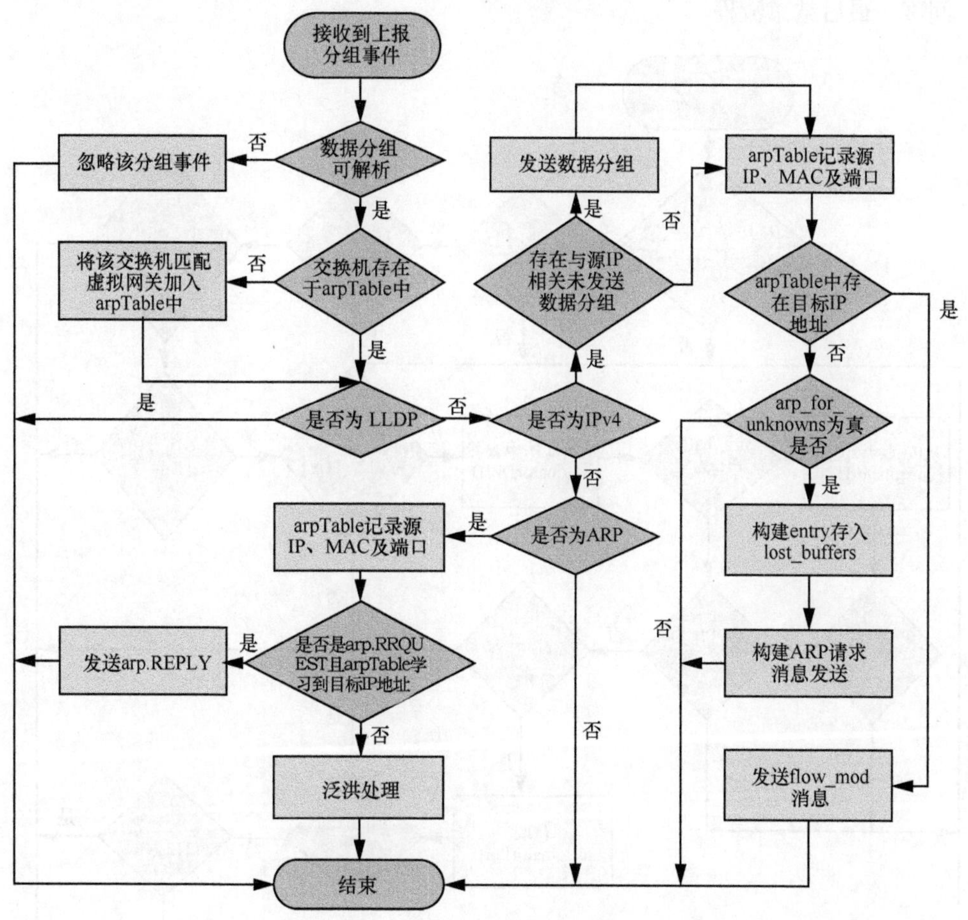

图 3-2 l3_learning 组件处理流程

从图 3-3 可以看出，该组件收到数据分组后判断其是否为 LLDP_TYPE 或 NDP_MULTICAST。如果是，则解析为 LLDP 分组，否则，终止流程。如果解析成功，则判断 TLV 数量是否小于 3。如果小于 3，则终止流程，反之，则分别判断 TLV 前 3 个元素的 tlv_type 值是否分别为 CHASSIS_ID_TLV、PORT_ID_TLV、TTL_TLV。如果 3 个值中有任何一个不对应，则结束流程，如果都对应，则从 TLV 第 3 个元素查找发送者的 DPID。如果找不到，则进一步从 tlvs[0] 中查找，如果仍未找到则终止流程。如果找到 DPID，则判断该交换机是否为已知交换机，若是则获取端口。如果端口不为空，再判断 LLDP 是否为本交换机端口产生。是则结束流程，否则构建 Link。如果该 Link 为未学习过的链路，就构建 LinkEvent 事件以通知相应 Handler 处理，否则更新 Link 时间戳。最后结束流程。

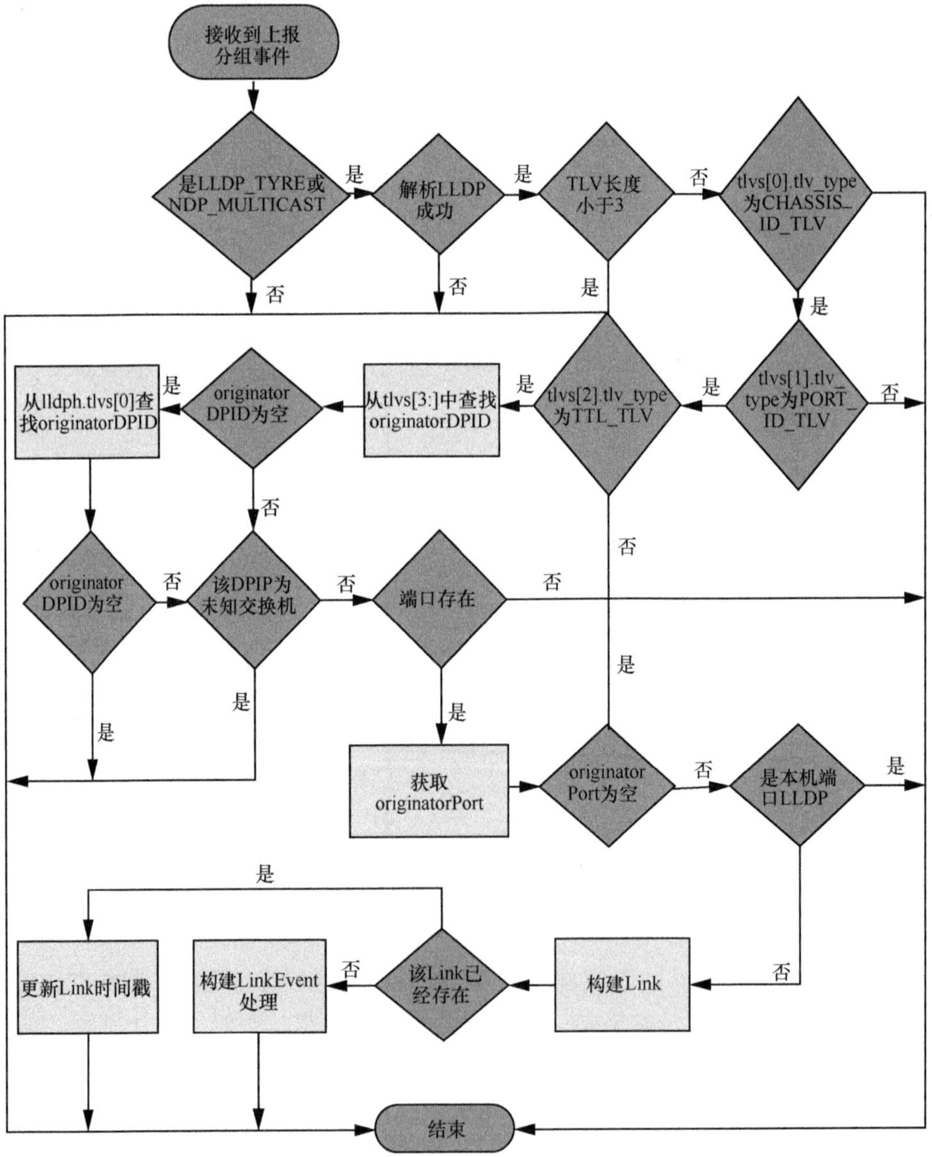

图 3-3 discovery 组件处理流程

从图 3-4 可以看出，of_01 组件在线程启动后会创建 Socket 对象，然后绑定 IP 地址及端口，并设置连接数，设置完成后进入监听处理状态；然后判断 Core 模块是否仍在运行，否就结束流程，是则获取 rlist、wlist 及 elist；之后遍历 elist 中连接，针对具体情况做抛出异常或关闭连接处理；再遍历 rlist，如果 rlist 中连接为服务端 Listener，则等待交换机连接请求，并缓存获取的连接请求，如果 rlist 中连接不是服务端 Listener，则读取数据并做进一步处理。

（3）host_tracker 组件包

host_tracker 组件包中只包含 host_tracker 组件，该组件用于追踪网络主机，通过解析 Packet-in 消息来学习主机位置及 MAC/IP 地址信息，并周期发送 ARP 报文来探测主机信息是否改变，当发生变化时该组件会发起 HostEvent 事件。

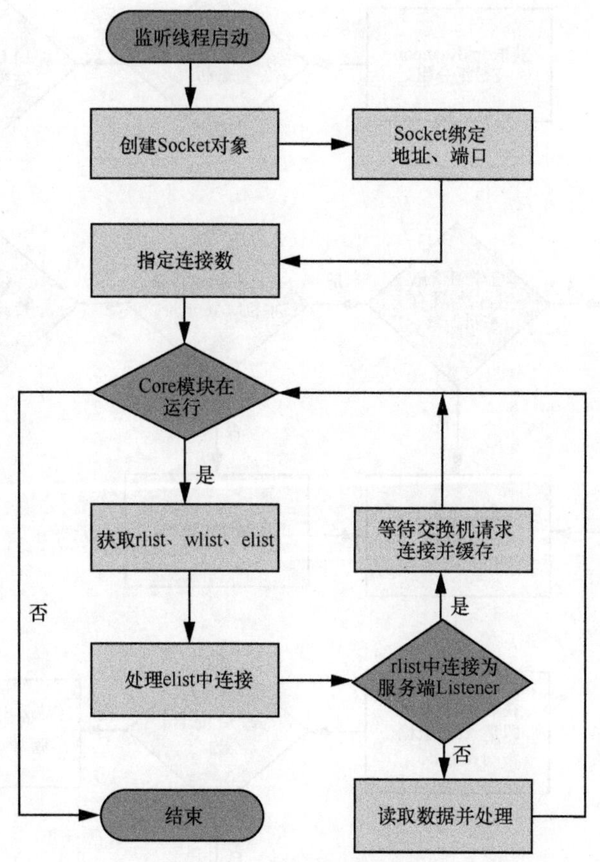

图 3-4　of_01 组件处理流程

从图 3-5 可以看出，该组件监听到 Packet-in 事件后，首先获取交换机的 dpid、inport 及数据分组，然后判断数据分组是否可解析；如不可解析，则结束流程，反之，则判断是否为 LLDP 类型数据分组；是，则结束流程，如果不是，进一步判断入口是否是边缘端口；不是则结束流程，是则检查该主机信息是否已被学习；如果已经学习再判断主机信息是否变化，如果发生变化则发起 HostEvent 事件通知其他组件主机发生变化；如果该主机未曾被学习过，则发起 HostEvent 事件通知有新主机接入；之后更新该主机的时间戳信息，然后获取源 IP 地址；如果源 IP 地址不为空，则新增或更新该 IP 地址信息然后终止流程，如果为空则直接终止流程。

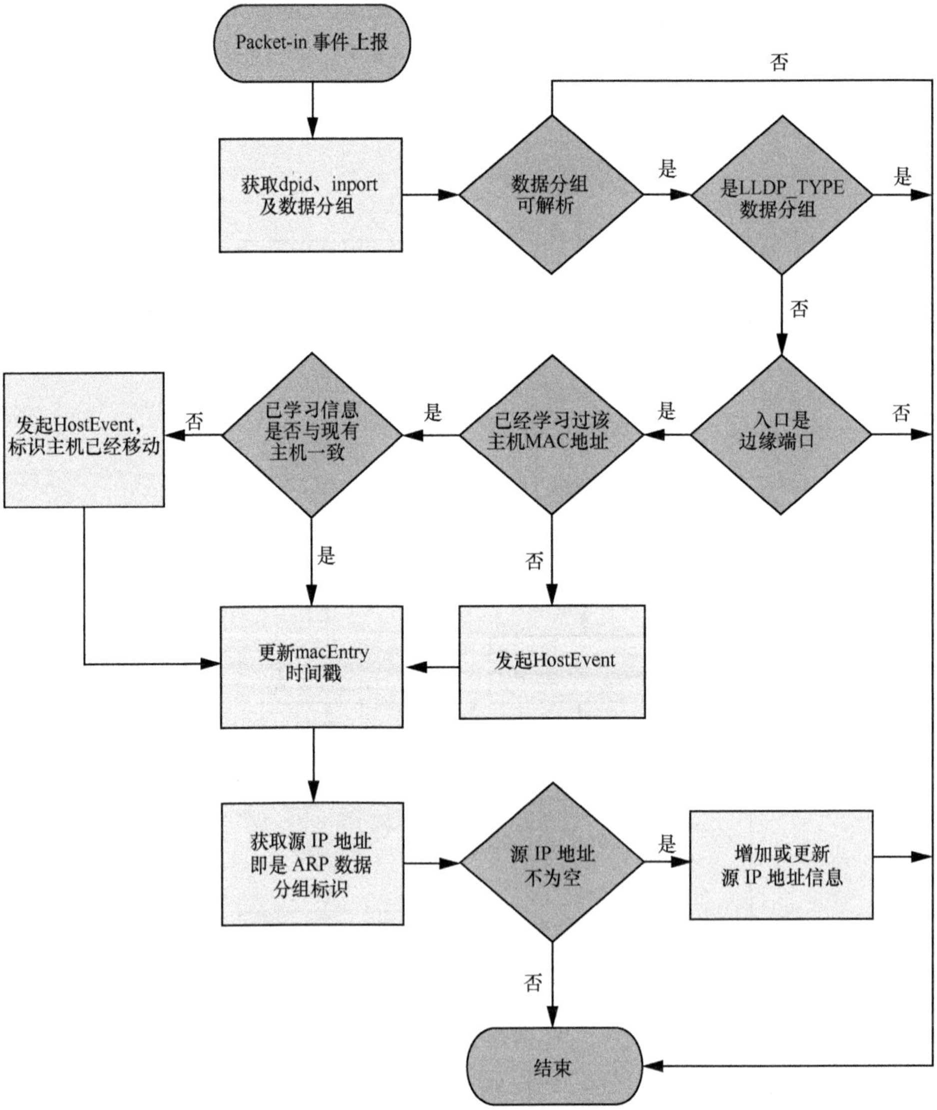

图 3-5　host_tracker 组件处理流程

（4）messenger 组件包

messenger 组件包中的 messenger 组件提供了一个接口，使 POX 可以通过双向的 JSON-based 信息与外部进程进行交互。这个模块本身只是一个 API，实际的通信是由 TCP 或 HTTP Transports 模块完成。messenger 组件包中的另一组件 log_service 用于控制器与远程日志进行交互。

（5）proto 组件包

proto 组件包包含的主要组件有 dhcpd、arp_responder、dns_spy 等。dhcpd 组件实现了简单的 DHCP 服务器功能，一般将它与其他组件结合起来使用。arp_responder 组件使得可以通过交互式的方式来查询、修改、增加 ARP 表；dns_spy 组件会监听 DNS 应答包并存储结果。

dhcpd 组件默认的 IP 地址为 192.168.0.254，地址池的地址范围为 192.168.0.1 到 192.168.0.253，并且默认的网关和 DNS 服务器的 IP 地址为 192.168.0.254，表 3-1 列出了 dhcpd 组件的配置选项。

表 3-1　dhcpd 组件配置选项

选项	含义
network	分配地址的子网，例如 192.168.0.0/24 或者 10.0.0.0/255.0.0.0
first	子网中使用的第一个地址
last	子网中使用的最后一个地址
count	地址池中的地址数
ip	DHCP 服务器使用的 IP 地址
router	Router 的地址，默认为 IP 的设置值，None 表示服务器不指定该地址
dns	DNS 服务器的地址，默认是 router 的地址，None 表示服务器不指定该地址

加载 dhcpd 组件的方式有以下两种。

- proto.dhcpd--network=10.1.1.0/24--ip=10.1.1.1--first=10--last=None--router= None -- dns =4.2.2.1；
- proto.dhcpd:default to serve 192.168.0.100-199。

（6）misc 组件包

misc 组件包涉及的主要组件有 full_payload、mac_blocker、nat、ip_loadbalancer 等。full_payload 组件可以重新配置交换机以发送完整的数据分组到控制器，而默认情况下，当数据分组没有找到对应规则表时只发送 128 B 的数据分组给控制器；mac_blocker 通常与其他传递组件同时使用，如 l2_learning、l2_pairs，可通过图形界面对 MAC 地址做出限制；nat 是网络地址转换组件；ip_loadbalancer 组件可以起到简单的 IP 负载均衡作用。

用户可以登录官方网站了解 POX 组件包的详细信息以及对源码进行进一步分析。如果用户需要扩展自己的组件应用，一般放在 ext 文件夹下，POX 运行时会搜索该路径进行组件加载。

3.1.2.2 常用接口

另外，POX 提供了一系列的 API 来帮助开发者开发网络控制器的应用，下面介绍一些常用的接口。

（1）POX core 对象

POX 有一个 core 对象，它是许多 POX API 的中心点，这个 core 对象的主要作用是提供组件之间的集合点。通常情况下，除非使用 import 声明在一个组件中引入另一个组件，一般的组件都是将自己注册进入 core 对象中。这种设计的一个重要优点是组件之间的依赖关系不是硬编码，具有相同接口的不同组件之间可以很容易地互换。POX 的许多组件都需要访问 core 对象，可以使用下面的方式来引入 core 对象。

```
# from POX.core import core
```

（2）注册组件

组件可以在 core 对象上注册 API-providing 对象。注册组件有以下两种方式：core.register() 和 core.registerNew()。后者是前者的再封装，可以保证组件只被注册一次。core.register() 接收两个参数，第一个参数是注册组件的名字，第二个参数是要注册到 core 中的对象。core.registerNew() 函数通常只需要传入一个参数，即想要实例化的类，如果该类的 _init_() 方法有参数，可以把它们作为附加参数传给 registerNew() 方法。core.register() 函数中传入的是特定的对象，而 core.registerNew() 函数传入的是一个类。可以使用 core.hasComponent() 方法来查看某个组件是否已经在 core 中注册。

（3）地址组件

IP、Ethernet 地址在 POX 中分别被定义为 POX.lib.addresses 组件中的 IPAddr 与 EthAddr 类。当需要使用 IP 地址或者以太网地址时，可以使用下面的方式来引入相应的类。

```
# from POX.lib.addresses import IPAddr, EthAddr
```

（4）事件系统

POX 中的事件处理机制符合触发 / 监听模式。事件源触发事件，事件监听者可以监听触发的事件。当事件发生时，事件监听者会调用相应的事件处理函数来响应事件。POX 中的所有事件均是 revent.Event 子类的实例化。触发事件的类（即事件源）继承自 revent.EventMixin，并且需要在类变量 _eventMixin_Events 中声明要触发的事件名。

- 事件处理：事件处理者通常是一个可以被调用的函数或方法，可以使用 addListenerByName() 函数或者 addListener() 函数来为事件添加监听者。通常情况下，如果事件监听者是一个类中的方法，并且需要监听同一个事件源的多个事件，可以使用 addListeners() 方法。如果想要在一个类中监听来自多个事件源的事件，可以使用 Prefix 参数。

```
# master_chef.addListeners(self, prefix= " master " )
# backup_chef.addListeners(self, prefix= " secondary " )
```

- 创建事件：正如上文提到的，事件是 revent.Event 的子类，因此创建一个事件就是创建一个 Event 类的子类。在事件类的初始化函数中，要调用父类的 _init_() 方法或添加代码 super(MyEvent, self)_init_()。
- 触发事件：触发事件是通过 raiseEventsNoErrors() 或 raiseEvents() 两个函数完成的，raiseEventsNoErrors() 函数会调用 raiseEvents() 函数。事件发布时建议使用 raiseEventsNoErrors() 函数，因为该函数可以处理在发布事件时出现的异常情况。

（5）报文库

在 POX 中，大多数的应用都需要和报文进行交互。例如，你可能需要构造报文，并将它们发送给交换机，或者你想要接收来自交换机的 Asychronous 消息。为了简化操作，POX 有一个专门用于解析、构造报文的库，这个库目前已经支持很多不同类型的报文。大部分的报文都包括报文头和负载，负载通常是其他类型的报文。例如，以太帧后面经常包含 IPv4 报文（IPv4 后面经常包含 TCP 报文）。目前 POX 支持的报文主要有以下类型：Ethernet、ARP、IPv4、ICMP、TCP、UDP、DHCP、DNS、LLDP、VLAN 等。所有报文的定义类都可以在 POX/lib/packet 中找到，加载报文库的方式如下。

```
# import POX.lib.packet as pkt
```

3.1.2.3 OpenFlow 协议模块

（1）OpenFlow 事件

大部分与 OpenFlow 协议相关的事件直接由交换机发送的信息来触发。一般情况下，OpenFlow 相关的事件包含下面 3 个属性，见表 3-2。

表 3-2　OpenFlow 相关事件属性

属性	类型	描述
connection	Connection	与相关的交换机的连接（即哪个交换机发送了与事件相关的消息）
dpid	long	相关联的交换机的 Datapath ID（可以使用 dpid_to_str 来改变格式）
ofp	ofp_headersubclass	发起事件的 OpenFlow 消息对象

下面主要介绍 OpenFlow 模块和拓扑模块提供的一些事件类型。

① ConnectionUp 事件类的定义如下。

```
class ConnectionUp (Event):
    def _init_ (self, connection, ofp):
            Event._init_(self)
            self.connection = connection
            self.dpid = connection.dpid
            self.ofp = ofp
```

当控制器与 OpenFlow 交换机之间建立连接时，该事件将会被触发。这个事件的属性见表 3-3。

表 3-3　ConnectionUp 事件属性

属性	类型	备注
connection	Connection	这个对象主要用于跟交换机之间的通信。例如，可以使用它来发送 OpenFlow 命令，或者可以使用这个 Connection 对象来监听事件源来处理交换机发送来的信息
dpid	integer/long	与交换机相关的 DPID，可以使用 util.dpidToStr() 函数来显示它
ofp	ofp_switch_features	包含交换机的信息，例如支持的操作类型以及端口信息

② ConnectionDown 事件类的定义如下。

```
class ConnectionDown (Event):
    def _init_ (self, connection, ofp):
            Event._init_(self)
            self.connection = connection
            self.dpid = connection.dpid
```

当控制器与 OpenFlow 交换机之间的连接断开时，会触发 ConnectionDown 事件。

③ PortStatus 事件类的定义如下。

```
class PortStatus (Event):
```

```
    def _init_ (self, connection, ofp):
            Event._init_(self)
            self.connection = connection
            self.dpid = connection.dpid
            self.ofp = ofp
            self.modified = ofp.reason == of.OFPPR_MODIFY
            self.added = ofp.reason == of.OFPPR_ADD
            self.deleted = ofp.reason == of.OFPPR_DELETE
            self.port = ofp.desc.port_no
```

④ PacketIn 事件类的定义如下。

```
class PacketIn (Event):
    def _init_ (self, connection, ofp):
            Event._init_(self)
            self.connection = connection
            self.ofp = ofp
            self.port = ofp.in_port
            self.data = ofp.data
            self._parsed = None
            self.dpid = connection.dpid
```

（2）OpenFlow 消息

OpenFlow 消息主要用于完成交换机与控制器之间的通信，OpenFlow 规范对消息进行了定义。POX 控制器包含与 OF 协议中的元素相对应的类和常量，这些都在 POX/openflow/libopenflow_01.py 中被定义，大多数类和常量的名字与 OpenFlow 规范是一致的，下面简要介绍一下 POX 中常用的 OpenFlow 接口。

① ofp_packet_out：这个消息主要用来引导交换机发送或丢弃一个报文，ofp_packet_out 类的属性见表 3-4。

表 3-4　ofp_packet_out 类的属性

属性	类型	默认值	说明
buffer_id	int/None	None	报文在交换机的缓存器的 ID 号，如果不需要通过缓存 ID 号来转发消息，可以给其赋值 None
in_port	int	OFPP_NONE	报文进入交换机的端口号
actions	list of ofp_action_XXXX	[ ]	如果只有单一的条目，则可以使用 Action 参数
data	bytes / ethernet /ofp_packet_in	''	需要发送的数据部分，如果是通过 buffer_id 来发送，可以给其赋值 None

② ofp_flow_mod 消息类的定义如下。

```
class ofp_flow_mod (ofp_header):
    def _init_ (self, **kw):
        ofp_header._init_(self)
        self.header_type = OFPT_FLOW_MOD
        if 'match' in kw:
            self.match = None
        else:
            self.match = ofp_match()
        self.cookie = 0
        self.command = OFPFC_ADD
        self.idle_timeout = OFP_FLOW_PERMANENT
        self.hard_timeout = OFP_FLOW_PERMANENT
        self.priority = OFP_DEFAULT_PRIORITY
        self.buffer_id = None
        self.out_port = OFPP_NONE
        self.flags = 0
        self.actions = []
```

（3）匹配结构

OpenFlow 定义了一个匹配结构（ofp_match）来创建流表中的匹配规则，开发人员可以根据自己的需要，或者根据报文创建匹配规则。匹配规则在 POX/openflow/libopenflow_01.py 的 ofp_match 类中定义，它的属性来源于 OpenFlow 规范，ofp_match 类的属性见表 3-5。

表 3-5　ofp_match 类的属性

属性	含义
in_port	数据分组到达交换机的端口号
dl_src	以太网源地址
dl_dst	以太网目的地址
dl_vlan	VLAN ID
dl_vlan_pcp	VLAN 优先级
dl_type	以太网类型 / 长度
nw_tos	IP TOS/DS
nw_proto	IP 协议（如 6 =TCP）或低 8 位 ARP 操作码 I
nw_src	源 IP 地址
nw_dst	目的 IP 地址

续表

属性	含义
tp_src	TCP/UDP 源端口
tp_dst	TCP/UDP 目的端口

（4）OpenFlow 动作

① Output：该操作主要用来将报文从物理端口或虚拟端口转发出去，其中物理端口的端口号要小于 0xFF00。类的定义结构如下。

```
class ofp_action_output (object):
    def _init_ (self, **kw):
            self.port = None # Purposely bad -- require specification ② Set Ethernet source or destination address
```

② Set Ethernet source or destination address：该操作主要用来改变报文的源或者目的 MAC（Ethernet）地址。类的定义结构如下。

```
class ofp_action_dl_addr (object):
    @classmethod
    def set_dst (cls, dl_addr = None):
            return cls(OFPAT_SET_DL_DST, dl_addr)
    @classmethod
    def set_src (cls, dl_addr = None):
            return cls(OFPAT_SET_DL_SRC, dl_addr)
    def _init_ (self, type = None, dl_addr = None):
            self.type = type
            self.dl_addr = EMPTY_ETH
```

相比于创建对象，直接使用上面两个类方法（set_dst 与 set_src）要方便许多。例如，要在流表中创建一个操作来重写目的 MAC 地址，可以使用下面的方式。

```
action = ofp_action_dl_addr.set_dst(EthAddr( " 01:02:03:04:05:06 " ))
```

③ Set VLAN ID：如果一个报文没有 VLAN 头，使用这个类可以为这个报文设置 VLAN ID，并且优先级为 0。如果报文已经有了 VLAN 值，可以使用它来修改 VLAN ID。类的定义结构如下。

```
class ofp_action_vlan_vid (object):
    def _init_ (self, **kw):
            self.vlan_vid = 0
```

④ Set IP source or destination address：这个操作主要用来改变报文的源或者目的 IP 地址。类的定义结构如下。

```
class ofp_action_nw_addr (object):
```

```
@classmethod
def set_dst (cls, nw_addr = None):
        return cls(OFPAT_SET_NW_DST, nw_addr)
@classmethod
def set_src (cls, nw_addr = None):
        return cls(OFPAT_SET_NW_SRC, nw_addr)
def _init_ (self, type = None, nw_addr = None):
        self.type = type
        if nw_addr is not None:
                self.nw_addr = IPAddr(nw_addr)
        else:
                self.nw_addr = IPAddr(0)
```

和上文所说的 MAC 地址类似，可以直接使用 set_src() 和 set_dst() 两个类方法来修改 IP 地址。

```
# action = ofp_action_nw_addr.set_dst(IPAddr( "  192.168.1.14 "  ))
```

3.2 POX 安装配置

3.2.1 软件安装

第 1 步：安装，POX 基于 Python 2.7 的环境运行，官方版本的 POX 可以运行在 Windows、Mac OS 以及 Linux 操作系统中。POX 源码已在 GitHub 发布，可将 POX 的源码下载到本地机器进行安装使用，具体操作命令如下。

```
# cd pox
```

第 2 步：选择对应的分支，启动 POX 控制器的命令如下。

```
# git checkout betta
# ./pox.py openflow.of_01  forwarding.l2_learning
```

pox.py 是程序的入口，需要 openflow.of_01 组件解释后面的参数，forwarding.l2_learning 是 POX 提供的组件。POX 默认开启 6633 监听端口，在 Linux Ubuntu 平台下，控制器启动后的界面如图 3-6 所示。

启动命令中的可选参数主要包括 verbose、no-cli、no-openflow，具体描述信息见表 3-6，其他参数可以借助命令 ./pox.py --help 查看。

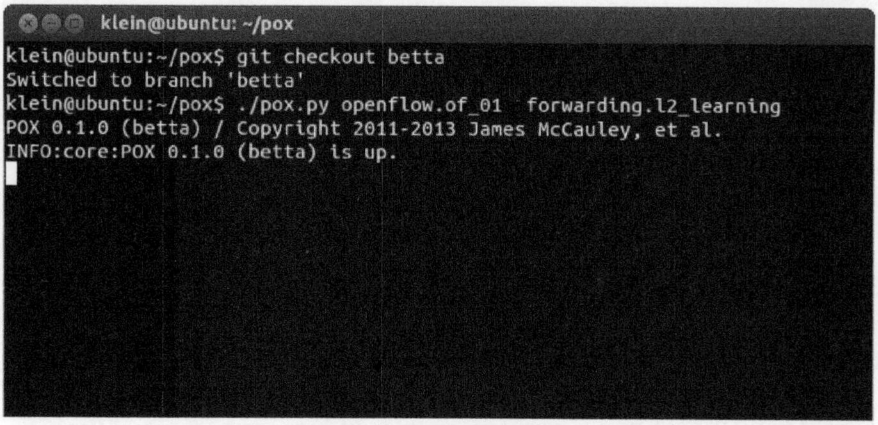

```
klein@ubuntu: ~/pox
klein@ubuntu:~/pox$ git checkout betta
Switched to branch 'betta'
klein@ubuntu:~/pox$ ./pox.py openflow.of_01  forwarding.l2_learning
POX 0.1.0 (betta) / Copyright 2011-2013 James McCauley, et al.
INFO:core:POX 0.1.0 (betta) is up.
```

图 3-6　POX 正常启动界面

表 3-6　启动 POX 命令可选参数

选项	含义
--verbose	显示额外的信息（主要用于对 POX 启动的调试）
--no-cli	不启动交互的 Shell（在 Betta 版本中已不再使用）
--no-openflow	不自动监听 OpenFlow 连接

3.2.2　系统配置

本节主要介绍 POX 的两个配置：一是何如修改 POX 监听端口，二是如何配置 POX 的可视化 Web 界面。

（1）修改 POX 监听端口

POX 的监听端口默认是 6633，修改监听端口的方式有以下两种。

- 临时修改方法：每次启动 POX 时指定监听端口，如果指定的端口为 6636，则在命令行后添加如下命令。

```
# openflow.of_01 --port=6636
```

- 修改控制器的默认端口方法：修改 /pox/openflow/of_01.py 文件，如果指定的端口为 6636，则将文件中所有的 port=6633 改为 port=6636。

（2）配置 POX 的 Web 界面

通过 POXDesk 等工具可以使 POX 控制器可以支持 GUI，本节介绍如何配置 POX 的 GUI，具体操作如下。

第 1 步：获取 POXDesk，进入 POX 主目录下面的 ext 目录后，下载 POXDesk

软件包。

```
# cd ./pox/ext
# git clone https://github.com/MurphyMc/poxdesk
```

第 2 步：获取 qooxdoo，下载 qooxdoo 代码压缩包，然后把解压后文件夹名字改成 qx。

```
# cd poxdesk
# wget http://downloads.sourceforge.net/qooxdoo/qooxdoo-2.0.2-sdk.zip --no-check-certificate
# unzip qooxdoo-2.0.2-sdk.zip
# mv qooxdoo-2.0.2-sdk qx
```

第 3 步：初始化 POXDesk，进入 POXDesk 目录，执行命令 ./generate.py，然后再进入 POX 主目录。

```
# cd poxdesk
# ./generate.py
# cd ../../..
```

第 4 步：启动 POX 控制器。

```
# ./pox.py samples.pretty_log web messenger messenger.log_service messenger.ajax_transport openflow.of_service openflow.discovery poxdesk forwarding.l2_learning poxdesk.tinytopo
```

第 5 步：访问 Web，从页面左下角按钮可以分别打开 topology_viewer 与 table_viewer 部件，在所连节数据平面 mininet 仿真环境中输入 pingall 指令，可以看到如图 3-7 所示的 POX Web 访问界面（该 Web 服务的默认监听端口是 8000）。

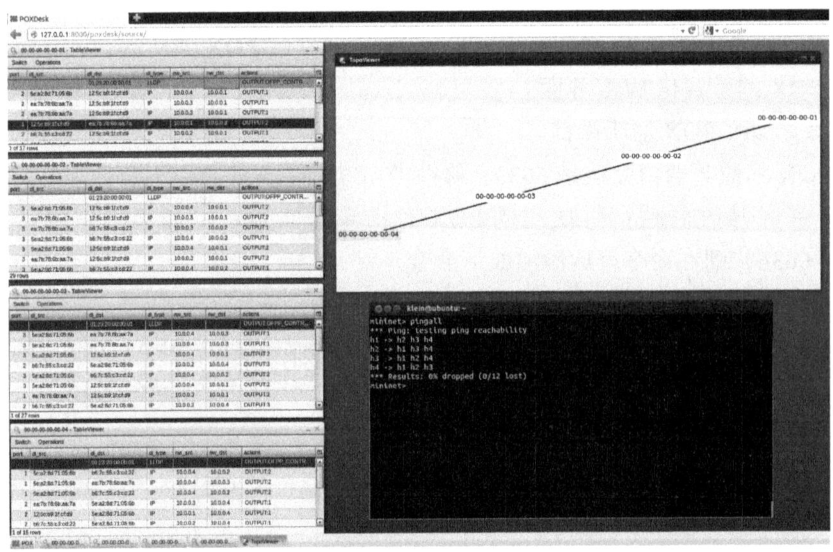

图 3-7　POX 的 GUI 界面

3.3 POX应用实例

本节将介绍基于POX控制器开发的一个实例，基于软件定义网络技术和内容缓存技术实现一个HTTP网页加速系统。利用软件定义网络的网络虚拟化技术将同一张物理网络划分成多个虚拟网，并为不同虚拟网部署不同的网络策略来构建可灵活定义的网络。通过为每个虚拟网指定不同的控制器达到给不同虚拟网设置不同控制转发策略的目的，并修改POX的源代码实现具体的加速控制策略。

3.3.1 实例介绍

本实例利用软件定义网络对网络流量灵活控制的特点，将用户产生的HTTP请求发往局域网内部的内容缓存服务器，内容缓存服务器会查看自己的缓存中是否存在用户所请求的信息。如果有，则向用户返回所请求的数据，因为缓存服务器距离用户很近，所以访问速度会比访问原服务器快。如果内容缓存中没有用户所请求的内容，缓存服务器会代理用户去原始服务器请求内容。当内容返回后，缓存服务器会响应用户请求并将此内容缓存下来。当其他用户再次请求相同网页时，缓存服务器会直接响应用户请求，从而提高HTTP网页访问速度。

实例需要设置一个虚拟网的控制策略为HTTP流量加速，另外一个虚拟网的控制策略为普通网络转发策略，这样两台机器同时访问同一个网站的速度就会出现差异，使用加速的虚拟网控制策略的机器显示网页较快，同时亦可切换两个虚拟网的网络控制策略。

加速对比实验的网络拓扑如图3-8所示，通过FlowVisor工具切分两个拓扑结构完全相同的虚拟网Slice 1、Slice 2，每个虚拟网都包含4个OVS交换机。控制器C1控制Slice 1，控制器C2控制Slice 2，通过控制器的控制策略，Slice 1以NAT方式连接外部公网，Slice 2通过Nginx服务器访问外网。为简化实验，本次试验网络中不运行生成树协议（STP），因此生成网络拓扑时，不构成一个环状网络（OVS1-OVS3、OVS3-OVS4之间没有物理连接）。

当控制器C2收到iPad发送的HTTP请求时，通过修改目的IP地址将该HTTP请求导向Nginx服务器，由Nginx服务器返回请求的网页内容。若该内容已缓存在Nginx服务器中，则直接返回，若未缓存，则Nginx服务器会向公网请求该网页内容并返回。而控制器 C1 则没有复杂的控制策略。

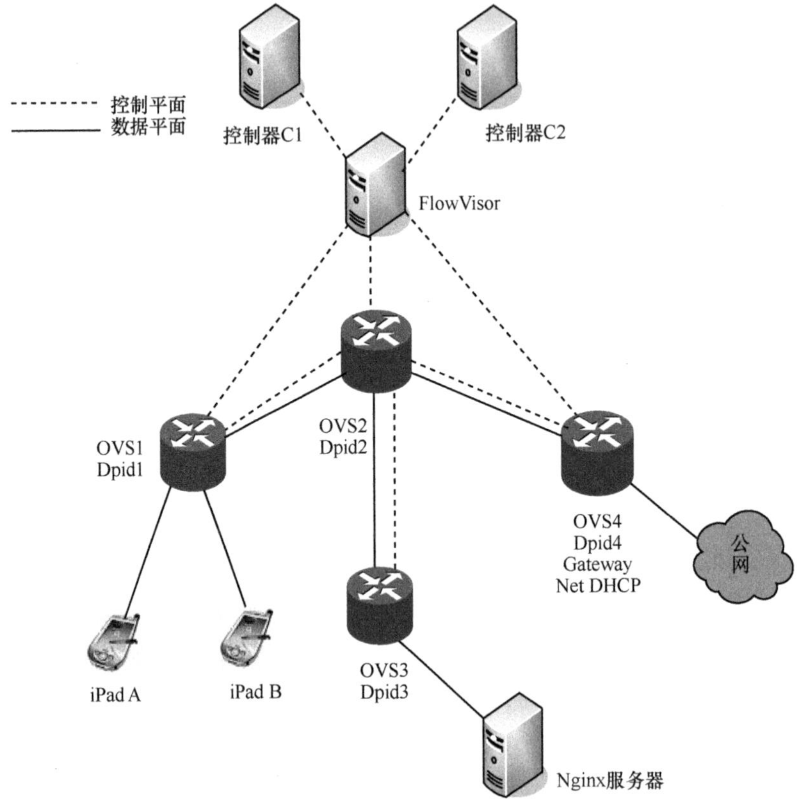

图 3-8　加速对比实验的网络拓扑

3.3.2　实例开发

在 POX 代码解读部分提到：用户自己开发的组件应用一般放在 ext 文件夹下，因此首先要在 ext 文件夹下新建 controller.py 文件，文件中的代码分析如下所述。

（1）引入需要的文件

```
from POX.core import core
import POX.openflow.libopenflow_01 as of
from POX.lib.revent import *
from POX.lib.util import dpid_to_str
from POX.lib.util import str_to_bool
```

```
from POX.lib.addresses import IPaddr,EthAddr
from POX.lib.packet.ipv4 import ipv4
from POX.lib.packet.tcp import tcp
import time
```

（2）创建日志对象

```
log = core.getLogger()
```

（3）配置有特殊行为的交换机的 DPID 号、MAC 地址以及 IP 地址

```
# We don't want to flood immediately when a switch connects.
FLOOD_DELAY = 5
special_sw=1
special_cache=9
CACHE_IP=IPAddr('172.17.0.10')
CACHE_MAC=EthAddr('00:22:19:12:37:1b')
```

（4）创建 LearningSwitch 类

LearningSwitch 类主要完成二层交换机功能。当交换机接收到一个数据分组，将会把报文从目的地址对应的端口转发出去。在这个类中创建了一张散列表，主要存储 MAC 地址与端口的映射关系。一个报文传入交换机时，会根据端口和源 MAC 地址更新映射表。当交换机转发一个报文时，会首先查看映射表。如果目的地址在映射表中，则将报文从对应的端口转发出去，否则将该报文进行泛洪处理。整个处理流程如图 3-9 所示。

```
class LearningSwitch (EventMixin):

def __init__ (self, connection, transparent):
# Switch we'll be adding L2 learning switch capabilities to
self.connection = connection
self.transparent = transparent

# Our table
self.macToPort = {}

# We want to hear PacketIn messages, so we listen
self.listenTo(connection)

def _handle_PacketIn (self, event):
packet = event.parse()
inport = event.port
```

```
dpid = event.connection.dpid

def flood ():
""" Floods the packet """
if event.ofp.buffer_id == -1:
log.warning("Not flooding unbuffered packet on %s",
dpidToStr(event.dpid))
return
msg = of.ofp_packet_out()
if time.time() - self.connection.connect_time > FLOOD_DELAY:
# Only flood if we've been connected for a little while...
#log.debug("%i: flood %s -> %s", event.dpid, packet.src, packet.dst)
msg.actions.append(of.ofp_action_output(port = of.OFPP_FLOOD))
else:
pass
msg.buffer_id = event.ofp.buffer_id
msg.in_port = event.port
self.connection.send(msg)

def drop (duration = None):
"""
Drops this packet and optionally installs a flow to continue
dropping similar ones for a while
"""
if duration is not None:
if not isinstance(duration, tuple):
duration = (duration,duration)
msg = of.ofp_flow_mod()
msg.match = of.ofp_match.from_packet(packet)
msg.idle_timeout = duration[0]
msg.hard_timeout = duration[1]
msg.buffer_id = event.ofp.buffer_id
self.connection.send(msg)
elif event.ofp.buffer_id != -1:
msg = of.ofp_packet_out()
msg.buffer_id = event.ofp.buffer_id
```

```
msg.in_port = event.port
        self.connection.send(msg)
```

对报文处理过程的代码实现如下所示。

```
#1）使用源地址和端口更新地址 / 端口表
self.macToPort[packet.src] = event.port
#2）判断目的地址是 Bridge Filtered 地址，或是 Ethertpe LLDP
if not self.transparent:
if packet.type == packet.LLDP_TYPE or packet.dst.isBridgeFiltered():
drop()
return
#3）判断目的地址是否是多播地址
if packet.dst.isMulticast():
flood()
else:
#4）查看目的地址所对应的端口是否在地址 / 端口映射表中
if packet.dst not in self.macToPort:
log.debug("Port for %s unknown -- flooding" % (packet.dst,))
flood() # 4a
else:
port = self.macToPort[packet.dst]
#5）比较输出端口、输入端口是否一样
if port == event.port:
log.warning("Same port for packet from %s -> %s on %s.  Drop." %
(packet.src, packet.dst, port), dpidToStr(event.dpid))
drop(10)
return
# 6）创建流表项以使该报文从正确的端口转发出去
log.debug("installing flow for %s.%i -> %s.%i" %
(packet.src, event.port, packet.dst, port))
msg = of.ofp_flow_mod()
msg.match = of.ofp_match.from_packet(packet)
msg.idle_timeout = 10
msg.hard_timeout = 30
msg.actions.append(of.ofp_action_output(port = port))
msg.buffer_id = event.ofp.buffer_id
self.connection.send(msg)
```

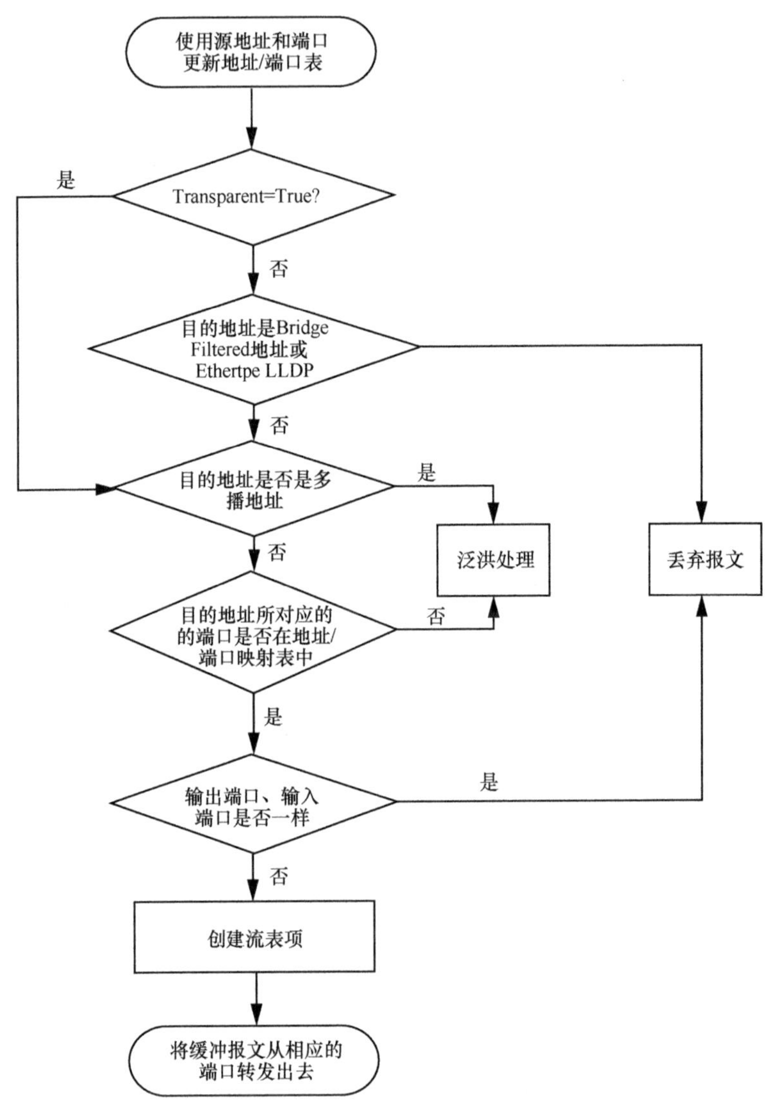

图 3-9　LearningSwitch 类对报文的处理流程

（5）创建 LearningSwitch1 类

LearningSwitch1 类主要完成对 HTTP 报文的特殊处理。当控制器接收到 HTTP 请求报文时，会对报文的目的地址（包括 MAC 地址、IP 地址）进行重写，使其指向 Nginx 服务器，利用 Nginx 服务器的代理缓存功能返回 HTTP 应答报文；控制器在接收到 HTTP 应答报文后，需要将 HTTP 应答报文中的源地址（包括 MAC 地址、IP 地址）重写为 HTTP 请求报文中的目的地址，因此在这个类中，初始化了一张主要用来存放 HTTP 请求报文中源端口、源 IP 地址与目的 IP 地址、目的 MAC 地址之间对应关系的散列表，正是利用这张表来完成对 HTTP 应答报文的修改操作。

```
class LearningSwitch1 (EventMixin):
  # 初始化函数
  def __init__ (self, connection, transparent):
    # Switch we'll be adding L2 learning switch capabilities to
    self.connection = connection
    self.transparent = transparent130
```

初始化两张散列表，其中，macToPort 记录了 MAC 地址与物理端口之间的映射关系，dst_ip 记录了 HTTP 请求报文中的源地址信息与目的地址信息之间的映射关系。

```
    # Our table
    self.macToPort = {}
    self.dst_ip={}
    # We want to hear PacketIn messages, so we listen
    self.listenTo(connection)

  def _handle_PacketIn (self, event):
    """
    Handles packet in messages from the switch to implement above algorithm.
    """

    packet = event.parse()
    inport = event.port
    dpid = event.connection.dpid

    def flood ():
      """ Floods the packet """
      if event.ofp.buffer_id == -1:
        log.warning("Not flooding unbuffered packet on %s",
                    dpidToStr(event.dpid))
        return
      msg = of.ofp_packet_out()
      if time.time() - self.connection.connect_time > FLOOD_DELAY:
        # Only flood if we've been connected for a little while...
```

```
      #log.debug("%i: flood %s -> %s", event.dpid, packet.src, packet.dst)
      msg.actions.append(of.ofp_action_output(port = of.OFPP_FLOOD))
    else:
      pass
      #log.info("Holding down flood for %s", dpidToStr(event.dpid))
    msg.buffer_id = event.ofp.buffer_id
    msg.in_port = event.port
    self.connection.send(msg)

  def drop (duration = None):
    """
    Drops this packet and optionally installs a flow to continue
    dropping similar ones for a while
    """
    if duration is not None:
      if not isinstance(duration, tuple):
        duration = (duration,duration)
      msg = of.ofp_flow_mod()
      msg.match = of.ofp_match.from_packet(packet)
      msg.idle_timeout = duration[0]
      msg.hard_timeout = duration[1]
      msg.buffer_id = event.ofp.buffer_id
      self.connection.send(msg)
    elif event.ofp.buffer_id != -1:
      msg = of.ofp_packet_out()
      msg.buffer_id = event.ofp.buffer_id
      msg.in_port = event.port
      self.connection.send(msg)

  self.macToPort[packet.src] = event.port
  if not self.transparent:
    if packet.type == packet.LLDP_TYPE or packet.dst.isBridgeFiltered(): # 2
      drop()
      return
```

原始 HTTP 请求报文如果是终端发送的，则先保存报文中目的地址信息，然后修改报文的目的地址以使其指向 Nginx 服务器；如果原始 HTTP 请求报文是 Nginx 服务器发送的，则不进行任何特殊操作，按正常的处理流程进行处理。

如果 HTTP 应答报文是 Nginx 发送给终端的，通过查找映射表修改地址信息；如果 HTTP 应答报文是网站发送给 Nginx 的，则不进行特殊的操作，按正常的处理流程进行操作。

```
  if hasattr(packet.next,'next') and isinstance(packet.next.next, tcp) and packet.next.next.dstport==80:
self.dst_ip[(packet.src,packet.next.next.srcport)]=(inport,packet.next.dstip,packet.dst)
    log.debug("%i %i this is a http request packet" , dpid,inport)
    msg = of.ofp_flow_mod()
    msg.match = of.ofp_match.from_packet(packet)
    msg.actions.append(of.ofp_action_nw_addr.set_dst(CACHE_IP))
    msg.actions.append(of.ofp_action_dl_addr.set_dst(CACHE_MAC))
    msg.actions.append(of.ofp_action_output(port = special_cache))
    msg.idle_timeout = 10
    msg.hard_timeout = 30
    msg.buffer_id = event.ofp.buffer_id
    self.connection.send(msg)
    return
  elif hasattr(packet.next,'next') and isinstance(packet.next.next, tcp) and packet.next.next.srcport==80:
    log.debug("%i %i this is a http answer packet" , dpid,inport)
    if (packet.dst,packet.next.next.dstport) in self.dst_ip:
      msg = of.ofp_flow_mod()
      msg.match = of.ofp_match.from_packet(packet)
      msg.actions.append(of.ofp_action_nw_addr.set_src\
      (self.dst_ip[(packet.dst,packet.next.next.dstport)][1]))
      msg.actions.append(of.ofp_action_dl_addr.set_src\
      (self.dst_ip[(packet.dst,packet.next.next.dstport)][2]))
      msg.actions.append(of.ofp_action_output (port =\
      self.dst_ip[(packet.dst,packet.next.next.dstport)][0]))
      msg.idle_timeout = 10
      msg.hard_timeout = 30
      msg.buffer_id = event.ofp.buffer_id
      self.connection.send(msg)
      return
  else:
   if packet.dst.isMulticast():
```

```
      flood()
    else:
      if packet.dst not in self.macToPort:
        log.debug("Port for %s unknown -- flooding" % (packet.dst,))
        flood()
      else:
        port = self.macToPort[packet.dst]
        if port == event.port:
          log.warning("Same port for packet from %s -> %s on %s.  Drop." %
                  (packet.src, packet.dst, port), dpidToStr(event.dpid))
          drop(10)
          return

        log.debug("installing flow for %s.%i -> %s.%i" %
              (packet.src, event.port, packet.dst, port))
        msg = of.ofp_flow_mod()
        msg.match = of.ofp_match.from_packet(packet)
        msg.idle_timeout = 10
        msg.hard_timeout = 30
        msg.actions.append(of.ofp_action_output(port = port))
        msg.buffer_id = event.ofp.buffer_id
        #msg.data = event.ofp # 6a
        self.connection.send(msg)
```

l2_learning 类的主要作用是等待 OpenFlow 交换机的连接，如果有交换机接入，则创建相应的 Learning Switch 对象。

```
class l2_learning (EventMixin):
  #Waits for OpenFlow switches to connect and makes them learning switches.
  def_init_ (self, transparent):
    self.listenTo(core.openflow)
    self.transparent = transparent

  def _handle_ConnectionUp (self, event):
    log.debug("Connection %s" % (event.connection,))
    if event.dpid==1:
      LearningSwitch1(event.connection, self.transparent)
    else:
      LearningSwitch(event.connection, self.transparent)
```

```

def launch (transparent=False):
  """Starts an L2 learning switch. """
  core.registerNew(l2_learning, str_to_bool(transparent))
```

3.3.3 实验结果

本次加速实验中由于 POX 控制器及 FlowVisor 分别安装于不同的机器上，不需要修改各进程的监听端口，且 POX 控制器 C1 加载 l2_learning 模块，而 C2 加载 Controller 模块。若实验中 POX 控制器与 FlowVisor 安装在同一台机器上，为防止控制器与 FlowVisor 监听端口发生冲突，需要修改 POX 控制器的监听端口或者 FlowVisor 的监听端口，具体的监听端口修改方式参考 3.2 节的系统配置部分。

FlowVisor 灵活的虚拟网划分能力，可以为不同终端提供灵活的网络加速服务。

（1）场景 1：iPad A 正常、iPad B 加速

通过 FlowVisor 将 iPad A 划分给 Slice 1，iPad B 划分给 Slice 2。当第一次使用 iPad A、iPad B 浏览网页时，访问的速度基本一样（Nginx 服务器中没有缓存请求数据，需要向外网请求所需的网页资源），清除 iPad A 与 iPad B 的浏览器缓存后，对相同的网页进行第二次访问，iPad B 的访问时间明显少于 iPad A，因为请求的网页资源已经缓存在虚拟网 Slice 2 中的 Nginx 服务器，当 iPad B 再次请求该网页资源时，Nginx 服务器会直接返回本地缓存中的数据，这就大大减少了 iPad B 的访问时间。

（2）场景 2：iPad A 加速、iPad B 正常

需要特别注意的是，在进行本次试验之前需要清除 Nginx 服务器中的缓存数据。通过 FlowVisor 将 iPad A 划分给 Slice 2、iPad B 划分给 Slice 1。当第一次使用 iPad A、iPad B 浏览网页时，访问的速度基本一样，清除 iPad A 与 iPad B 的浏览器缓存后，对相同的网页进行第二次访问，iPad A 的访问时间明显少于 iPad B。

3.4 本章小结

NOX 控制器作为全球第一款基于 OpenFlow 协议的开源 SDN 控制器，它首次将 SDN 的理念从纯学术高度落到实地，这对 SDN 的快速发展具有里程碑

式的意义。POX 作为 NOX 的兄弟控制器，因为使用 Python，所以学习起来比 NOX 更为容易。本章首先对 POX 控制器的代码结构进行了简要介绍，让读者从整体上了解 POX，随后对控制器主要模块的功能特点及流程原理进行了详细分析，之后给出了 POX 安装与配置的详细说明，最后通过实际案例分析（可以灵活地为用户提供可定义的网络加速服务），以期让读者了解如何根据控制器提供的网络全局拓扑信息感知以及集中式的网络编程能力来开发上层网络应用。希望通过本章的介绍，读者能够对 POX 控制器有一个更加全面、深刻的理解和认识。

参考文献

[1] GUDE N, KOPONEN T, PETTIT J, et al. NOX: towards an operating system for networks[J]. ACM SIGCOMM Computer Communication Review 38, 2008(3): 105-110.

第4章 Ryu 应用实践

Ryu是由日本电报电话公司主导开发的开源SDN控制器，它在为用户提供灵活编程网络控制接口的同时，能够轻松地在逻辑上集中控制数千OpenFlow交换机，目前支持OpenFlow v1.0，v1.2，v1.3，v1.4，v1.5和Nicira Extensions。作为构建SDN应用的平台，Ryu基于Python进行开发，所以对于新手来说简单、易用。

值得注意的是，Ryu可以与OpenStack实现无缝对接。在云时代的大背景下，网络资源的池化与按需调度是大势所趋。为了推进SDN与云计算管理平台的整合，OpenStack的Neutron模块内置了Ryu插件，通过REST API与Ryu控制器进行交互，使得网络资源与计算、存储资源一样能够统一打包成云端的服务方便地提供给用户。目前，Ryu已经有一些应用于云平台的成功商业案例。

| 4.1　Ryu 代码解读 |

4.1.1　代码结构

用 Python 开发的 Ryu 控制器运行时性能虽然无法与以 C++ 实现的 SDN 控制器（如 NOX）相比，且全局解释器锁（Global Interpreter Lock，GIL）的存在导致其无法充分利用多核 CPU，但 Python 简单易学、能够快速上手，拥有诸多动态语言的高级特性以及丰富的开源类库，这些都促成了 Python 成为 Ryu 的选择。Ryu 控制器的整体架构清晰明了，而且控制器本身也自带很多编写好的 APP。

Ryu 的源码结构如图 4-1 所示，cmd 目录下的代码是 Ryu 框架的入口程序，它会调用 Ryu 核心组件的初始化程序，而组件的初始化是在 base 目录下进行的，同时 base 目录还包含了 Ryu 组件中基类 RyuApp 的定义，Ryu 的其他组件分布在其他不同的目录中，例如，app 目录下包括 GRE Tunnel、REST API 等组件，topology 目录是有关拓扑的组件，控制器也作为一个组件存在于 controller 目录中。OpenFlow 的协议解析模块在 ofproto 目录下，services 目录下是一些基于 Ryu 框架开发的应用服务，目前有 VRRP（虚拟路由器冗余协议）、BGP（边界网关协议）、OVSDB（开放虚拟交换机数据库）、Zebra（TCP/IP 路由协议守护进程的 API），而 contrib 目录下则是第三方贡献的代码，tests 目录下是测试代码。lib 目录下是一些基本的网络相关的库，提供了一些有用的库以便开发者能够更轻松地开发出自己的网络应用程序，比如用来帮助解析和生成不同协议的数据分组的 Packet 库、用于提供与 OVSDB 交互的功能 OVS 库、与 NETCONF 定义相关的 NETCONF 库等。

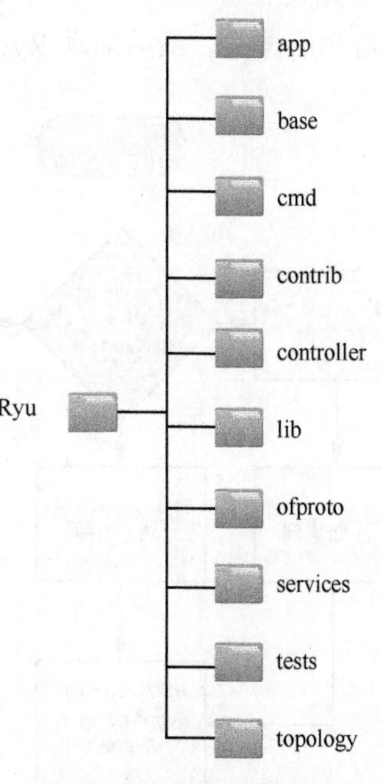

图 4-1 Ryu 代码目录结构

4.1.2 代码解析

Ryu 是基于组件的框架，这些组件都以 Python 模块的形式存在，模块中包含一个 RyuApp 类的子类，组件中可以定义针对特定事件进行处理的函数。目前 Ryu 中包含的组件类型及功能可基本分为基础核心组件（Base 包组件、Controller 包组件）、协议类组件、基础应用组件、REST 应用组件。其中，基础核心组件提供组件加载、底层通信以及事件派发等基础核心功能，协议组件主要定义不同协议消息格式、版本参数等，基础应用组件提供诸如交换机转发策略、隧道策略等基础应用，REST 应用组件提供 REST 服务访问功能。下面针对具体组件做进一步分析。

（1）Base 组件包

该组件包只包含模块管理器（app_manager）单个组件，它是 Ryu 应用组件的管理中枢，具有加载 Ryu 应用组件、为组件提供上下文（Context）及传递组件间消息的作用。app_manager 中定义的 RyuApp 类是 Ryu 应用组件的基础类，Ryu 应用组件需要定义继承该类的子类。该组件的主要流程是组件加载流程，如图 4-2 所示。

app_manager 从模块列表中读取组件模块并导入，然后获取组件模块中的 RyuApp 派生类，再获取该派生类上下文类并缓存到上下文字典中。如果上下文字典中存在 RyuApp 派生类且依赖其他服务类，则将此依赖服务类加入到组件列表中等待解析加载。如果该模块中的 RyuApp 派生类本身也依赖其他服务类且该服务类不存在于上下文字典中，则同样将其加入到组件列表。待组件列表解析完成后将上下文字典中 RyuApp 派生类实例化注册并缓存，再进一步实例化应用字典类，最后启动 RyuApp 派生类应用。

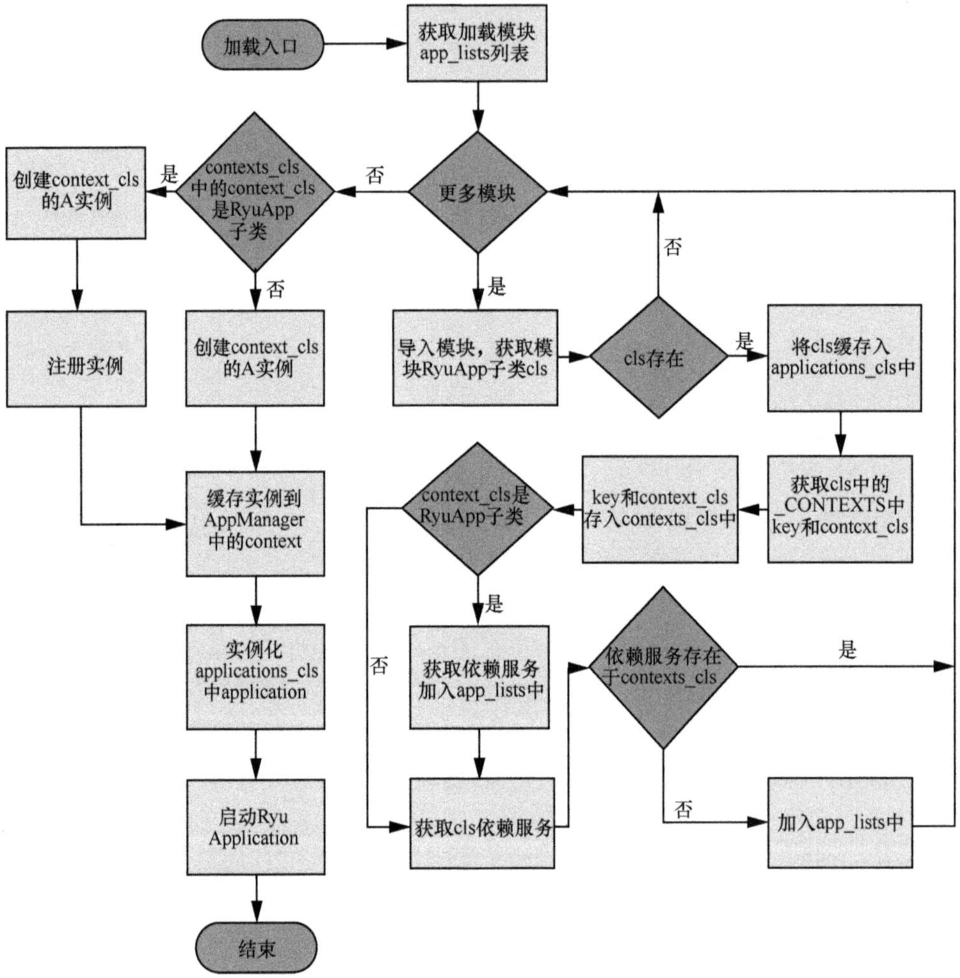

加载入口
获取加载模块 app_lists列表
更多模块
否
是
contexts_cls中的context_cls是RyuApp子类
是
否
创建context_cls的A实例
注册实例
创建context_cls的A实例
缓存实例到AppManager中的context
实例化applications_cls中application
启动Ryu Application
结束
导入模块，获取模块RyuApp子类cls
cls存在
否
是
将cls缓存入applications_cls中
获取cls中的_CONTEXTS中key和context_cls
key和context_cls存入contexts_cls中
context_cls是RyuApp子类
是
否
获取依赖服务加入app_lists中
获取cls依赖服务
依赖服务存在于contexts_cls
是
否
加入app_lists中

图 4-2　Base 组件加载流程

（2）Controller 组件包

Controller 组件包主要包括 Controller、ofp_handler、ofp_event 等组件。Controller 是 Ryu 控制器的主要组件，管理与 OpenFlow 交换机连接的安全通道，接收、发送 OpenFlow 消息，发布事件以及触发订阅组件处理；ofp_handler 负责管理控制器、交换机间握手、协商过程的处理；ofp_event 则主要负责完成 OpenFlow 消息—事件的转化。Controller 组件主要由 OpenFlowController 和 Datapath 两类构成，其中，OpenFlowController 负责监听与 Ryu 连接的 OpenFlow 网络中的事件，一旦有事件发生，会创建一个 Datapath 对象负责接收来自该事件的连接和数据，并将这些事件的数据分组进行解析，封装成 Ryu 的事件对象，然后派发给对这些事件感兴趣的组件。Controller 与 ofp_handler 和 ofp_event 协同运作完成连接管理、事件收发等一系列功能，它们之间的数据交互及事件派发处理流程如图 4-3 所示。

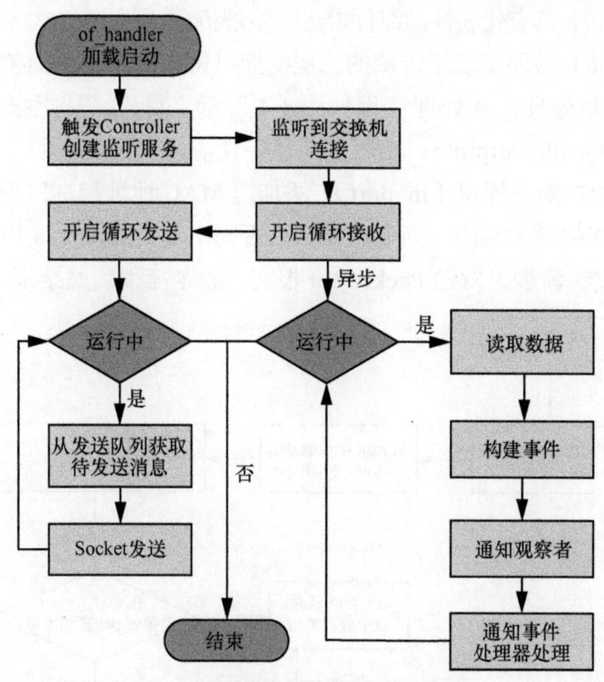

图 4-3　数据交互及事件派发基本流程

从图 4-3 中可以看出，of_handler 组件被加载启动后会触发 Controller 创建监听服务，当监听到交换机连接后启动针对该连接的接收和发送进程。接收进程读取数据分组后构建相应事件，而后通知观察者和订阅组件处理该事件，如此周而复始；发送进程获取发送队列中待发送消息，通过 Socket 发往交换机，该过程同样不断重复，直到系统停止运行时结束。

（3）ofproto 组件包

ofproto 组件包定义了与 OF 协议相关的组件，主要用于协议消息的封装 / 解析。ofproto1x.py（*x*=0,1,2,3,4,5）定义了相应协议版本的参数；ofproto1*x*_parser.py（*x*=0,1,2,3,4,5）定义了相关协议版本消息的封装格式。

（4）APP 组件包

APP 组件包主要存放 Ryu 控制器的应用组件，包括基础应用组件和 REST 应用组件。REST 应用组件主要提供 REST 服务，这类组件功能并不复杂，本节不进行重点讲述；基础应用组件主要包括 simple_switch、simple_switch_igmp、 simple_switch_lacp、simple_switch_snort、simple_switch_stp 等。其中，simple_switch 组件实现了传统的二层交换机策略；simple_switch_igmp 实现了互联网组管理协议窥探策略；simple_switch_stp 实现了使用无广播环路（使用 STP）的二层交换机策略；simple_switch_lacp 实现了链路汇聚控制协议策略。APP 组件包组件较多，这里仅选取 simple_switch 具有代表性的组件做进一步解析。

simple_switch 组件实现了传统的二层交换机策略，该组件的核心处理流程是对 Packet-in 消息处理，其处理流程如图 4-4 所示。首先，从上报事件中获取消息（msg）、Datapath、ofproto；然后从消息中获取以太类型、源、目的地址等信息；接着获取端口网络标识（in_port），添加源 MAC 地址和端口映射关系；如果目的地址已经在映射关系中，则取出端口，否则出端口为洪泛端口，设置流表的 actions，然后安装流表，发送 Packet-out 报文，整个流程到此结束。

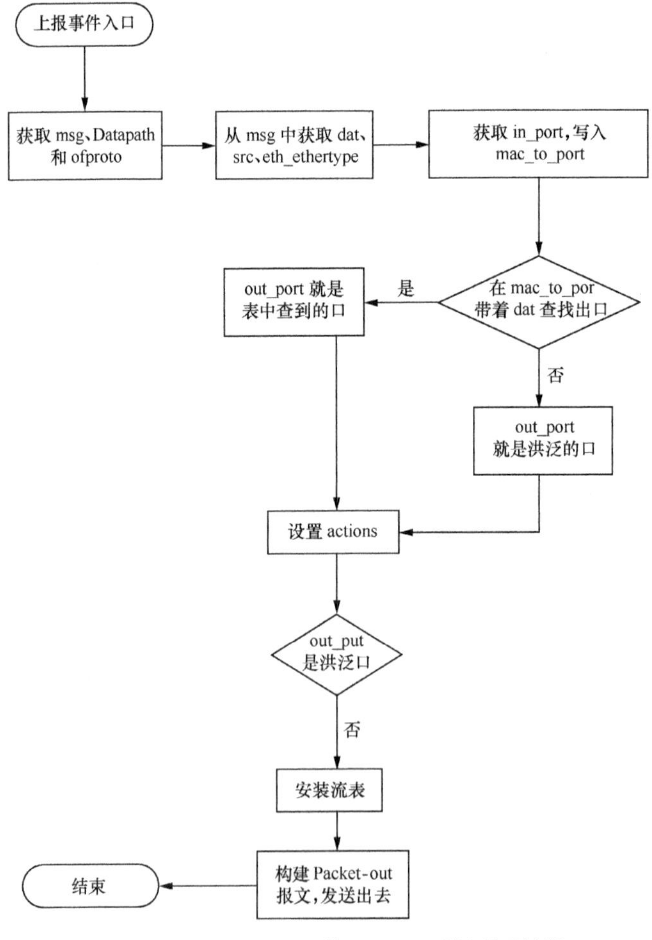

图 4-4 simple_switch 组件 Packet-in 消息处理流程

| 4.2 Ryu 安装配置 |

4.2.1 软件安装

Ryu 官网提供两种安装方法：一是通过 pip install ryu 命令进行安装，执行此命令后 pip 会自动下载 Ryu 并安装；二是使用源码安装（推荐使用），操作如下。

第 1 步：安装必要插件。

```
# apt-get install python-pip python-dev build-essential
# pip install --upgrade pip
# apt-get install python-eventlet
# apt-get install python-routes
# apt-get install python-webob
# apt-get install python-paramiko
```

第 2 步：安装 Ryu，采用获取源码方式。

```
# git clone git://github.com/osrg/ryu.git
# cd ryu
# python ./setup.py install
```

第 3 步：启动 Ryu。

```
# cd ryu
# ryu-manager --verbose
```

使用 ryu-manager --verbose 命令启动 Ryu。这是启动 Ryu 最简单的方法，其中，--verbose 表示显示额外的信息，主要用于启动的调试。ryu-manager 的具体使用方法可以通过运行 ryu-manager --help 命令查看帮助。

4.2.2 GUI 配置

Ryu 控制器提供了图形用户界面（Graphical User Interface，GUI），但是目前 Ryu 的主版本仓库不包含 GUI 部分的模块代码，因此需要另行下载。本节介绍如何配置 Ryu 的 GUI。

第 1 步：安装依赖包，如下。

```
# pip install Flask
```

```
# pip install gevent-websocket
```

第 2 步：获取 GUI 代码。下载 ryu-gui-patch-v3-rebase 软件压缩包，解压后，把里面的 ryu/gui 目录复制到安装 Ryu 的源码目录：source_path/ryu/。

第 3 步：启动 Ryu。进入源码目录 ryu/app，执行下面命令。

```
#ryu-manager --verbose --observe-links ryu.topology.switches ryu.app.rest_topology ryu.app.ofctl_rest ryu.app.
simple_switch
```

此命令启动了消息处理模块 simple_switch.py、交换机模块 switches.py、拓扑接口 rest_topology.py、控制协议 ofctl_rest.py。

第 4 步：启动 GUI 界面。进入 ryu/gui 目录，执行如下命令。

```
# python controller.py
```

第 5 步：操作 GUI 管理界面。使用浏览器（推荐 Google 或 Firefox）访问，默认端口是 8000，可以在 ./gui 目录下的 controller.py 中修改。在弹出框，输入控制器 IP 地址，端口默认是 8080，如图 4-5 所示。

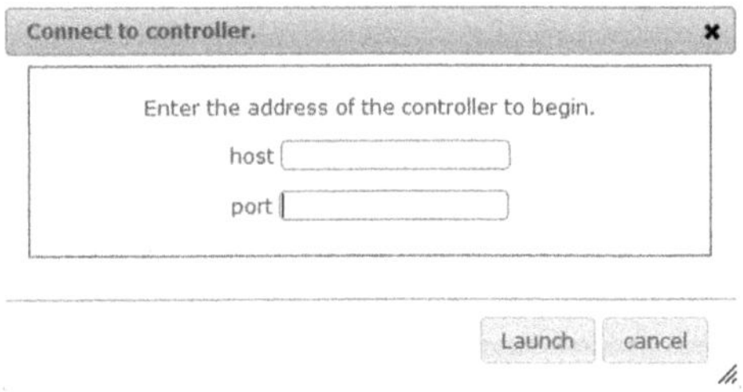

Connect to controller.

Enter the address of the controller to begin.

host

port

Launch cancel

图 4-5　连接控制器

输入正确的 IP 和地址，选择“Launch”按钮，出现如图 4-6 所示的界面，此时登录到 Ryu 的控制器管理界面，可以很方便地查看相关状态信息，有兴趣的读者可以继续做深入研究。

图 4-6　Ryu 图形界面

| 4.3 Ryu 应用实例 |

Ryu 是一款开源 SDN 控制器，网络管理员可以利用其提供的 API 开发各种各样的 SDN 应用组件。本节将以数据中心中虚拟机迁移场景为例，介绍如何使用 Ryu 提供的 API 进行应用组件的开发。本节会涉及各种 OpenFlow 消息，其数据结构的定义在 ofproto_v_1x_parser 中即可找到。另外，一些内容涉及 Python 的语法，请读者自行参考有关材料。

4.3.1 实例介绍

传统网络中，虚拟机迁移的同时，为了保证迁移后虚拟机在目的网络中的服务质量（QoS）不改变，需要网络管理员手动对迁移前后的网络环境重新进行配置，使得服务质量策略跟随虚拟机一起变化。首先繁杂的手动配置将导致迁移过程耗时过长并容易出现错误，其次基于上述方案的虚拟机迁移会导致正在运行的业务和服务中断，从而影响用户的体验。本实例利用 Ryu 作为控制器，实现 SDN 中服务质量策略的自动跟随，能够在虚拟机迁移的同时将 QoS 策略一同迁移至新的位置，动态保证虚拟机的网络配置得到完整保留，使管理员可以从复杂的人工配置中解脱出来，实验场景如图 4-7 和图 4-8 所示。

图 4-7 中待迁移的虚拟机 IP 地址为 172.17.0.10，MAC 地址为 00:00:00:00:00:10。用 Iperf 服务器来测试网络带宽，并以此检验 QoS 策略跟随实验效果。

由于 OVS 支持手动配置端口上的队列，所以在此转发机制的基础上，保证 QoS 只需通过流表将特定的流引入相应的队列即可。本实例使用 Mininet 环境进行模拟仿真，Mininet 配置如下。

```
#!/usr/bin/python

"""
Script created by VND - Visual Network Description

```

```
Modified by LvLng@Future Network Lab of BUPT
" " "
from mininet.net import Mininet
from mininet.node import RemoteController, OVSKernelSwitch
from mininet.cli import CLI
from mininet.log import setLogLevel
import time
import os


def topology(remoteip, ofversion):
    "  Create a network. "
    net = Mininet(controller=RemoteController, switch=OVSKernel Switch)

    print "  *** Creating nodes "
    h1 = net.addHost('h1', mac='00:00:00:00:00:01', ip='172.17.0.1/ 16')
    h2 = net.addHost('h2', mac='00:00:00:00:00:02', ip='172.17.0.2/ 16')
    server = net.addHost('server', mac='00:00:00:00:00:ff', ip='172. 17.0.255/16')
    s1 = net.addSwitch('s1', protocols=ofversion)
    s2 = net.addSwitch('s2', protocols=ofversion)
    s3 = net.addSwitch('s3', protocols=ofversion)
    ryu = net.addController('ryu controller', controller= RemoteContro ller, ip=remoteip, port=6633)
    vm = net.addHost('vm', mac='00:00:00:00:00:10', ip='172.17.0.10/ 16')

    print "  *** Creating links "
    #switchLinkOpts = dict(bw=10, delay='1ms')
    #hostLinkOpts = dict(bw=100)

    net.addLink(h1, s1, 0, 0)
    net.addLink(h2, s2, 0, 0)
    net.addLink(server, s3, 0, 0)
    net.addLink(s1, s3, 1, 1)
    net.addLink(s2, s3, 1, 2)
    net.addLink(vm, s1, 0, 2)

    print "  *** Removing former QoS & Queue "
    os.popen( "  ovs-vsctl --all destroy qos "  )
```

```
os.popen( " ovs-vsctl --all destroy queue " )

print " *** Building network "
net.build()
s1.start([ryu])
s2.start([ryu])
s3.start([ryu])

print " *** Adding Queue to each port "
#High Speed 1Gpbs, Low Speed 100Mbps, Queue id=2 -->20Mbps
highspeedPort = ['s1-eth0','s2-eth0','s1-eth2', 's3-eth0']
lowdspeedPort = ['s1-eth1', 's2-eth1', 's3-eth1', 's3-eth2']
options = " "
for port in highspeedPort:
 options += " -- set port %s qos=@defaultqos " % port
queuecmd = " sudo ovs-vsctl %s -- --id=@defaultqos create qos type=linux-htb
other-config:max-rate=1000 " \
         " queues=2=@q2 " \
        " -- --id=@q2 create queue other-config:max-rate=20 other-config:min-rate=20 " % options
print os.popen(queuecmd).read()
options = " "
for port in lowdspeedPort:
 options += " -- set port %s qos=@defaultqos " % port
queuecmd = " sudo ovs-vsctl %s -- --id=@defaultqos create qos type=linux-htb
other-config:max-rate=100 " \
         " queues=2=@q2 " \
        " -- --id=@q2 create queue other-config:max-rate=20 other-config:min-rate=20 " % options
print os.popen(queuecmd).read()

print " *** Starting network "
ryu.start()

print " \n*** Stage 1: VM connected to s1 "
print " *** Type 'exit' to Stage 2 "
CLI(net)
print " ***Migrating VM "
s1.detach('s1-eth2')
```

```
78      time.sleep(2)
79      s2.attach('s1-eth2')
80      print "  \n*** Stage 2: VM connected to s2 "
81      CLI(net)
82
83      print "  *** Stopping network "
84      net.stop()
85
86
87  if __name__ == '__main__':
88      setLogLevel('info')
89      topology('10.108.144.150', 'OpenFlow13')
90
```

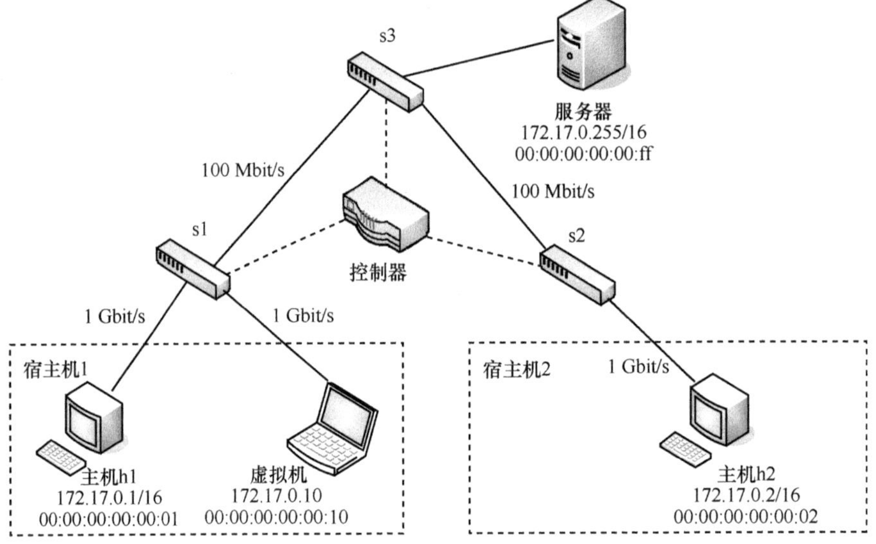

图 4-7　虚拟机迁移前

本段代码最开始的简单版本是利用一种拓扑生产工具 VND 创建（VND 的详细介绍请读者参考 8.3 节），在此基础上结合上文给出的 Mininet 修改以及场景描述进行了修改。

第 21 ~ 28 行，创建场景中的各个设备，包括：交换机 s1、s2、s3，主机 h1、h2、server，控制器 Ryu 和需要迁移的虚拟机 VM。其中代码中 protocols 字段用于指定 OpenFlow 版本（详见 2.3.3 小节）。

第 34 ~ 39 行，创建各设备之间的网络连接，addLink 函数中后两个参数可以指定各设备的端口。

第 42 ~ 43 行，在实际向系统添加各设备构造网络之前，删除之前的所有 QoS 和队列。

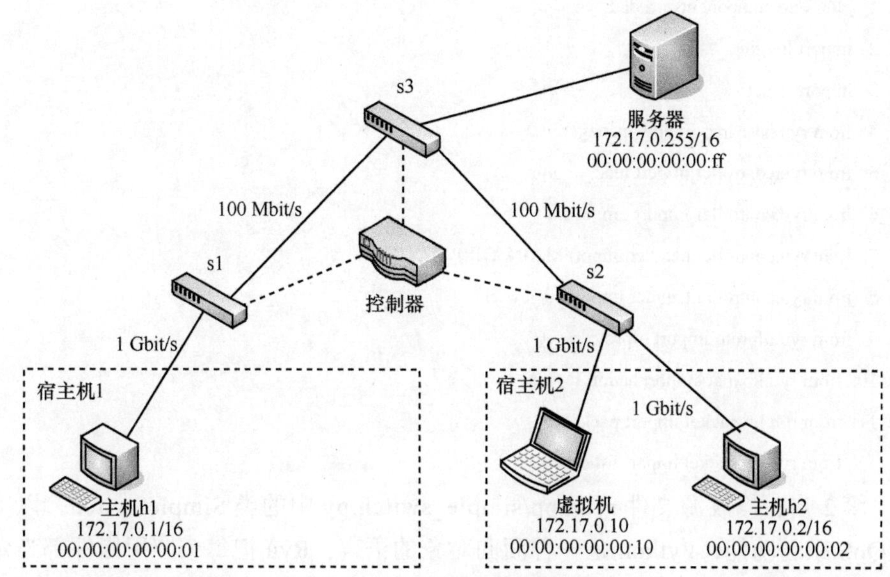

图 4-8　虚拟机迁移后

第 53 ~ 69 行，向网络中的所有交换机端口添加 QoS 队列。需要说明的是，在 Mininet 中，一般使用 TCLink 类来表示限制速率、时延等链路。但是使用 TCLink 会在该链路两端端口创建 QoS 队列失败，因此本段代码使用默认的 QoS 队列对速度进行限制。

第 76 ~ 79 行，模拟了 VM 从 s1 向 s2 迁移的过程。由于 Mininet 本身没有提供对 CLI 的二次开发的接口，因此需要暂时退出 CLI，进而执行迁移过程。OVSSwitch 类本身提供 Detach 和 Attach 方法，用于将指定端口从交换机中删除或添加到交换机中。由于交换机在 Mininet 中由 OVS 网桥实现，因此调用上述函数就可以将指定端口从 OVS 网桥中删除或添加到 OVS 网桥中。本段代码中将与 VM 连接的另一端端口从 s1 断开，添加到 s2 中，从而实现了虚拟机迁移的行为模拟。

4.3.2　实例开发

本实例开发将基于 Ryu 控制器现有框架主要实现支持服务质量保证的

交换机、流表的增加和删除、端口状态的处理函数等功能。下面将讲述基于 OpenFlow v1.0 协议的代码实现过程，具体步骤如下所述。

第 1 步：引入相关的类库。

```
1  #libs and components needed
2  import logging
3  import struct
4  from ryu.base import app_manager
5  from ryu.controller import mac_to_port
6  from ryu.controller import ofp_event
7  from ryu.controller.handler import MAIN_DISPATCHER
8  from ryu.controller.handler import set_ev_cls
9  from ryu.ofproto import ofproto_v1_0
10  from ryu.lib.mac import haddr_to_bin
11  from ryu.lib.packet import packet
12  from ryu.lib.packet import Ethernet
```

第 2 步：修改源文件 ryu/app/simple_switch.py 中的类 SimpleSwitch，以支持 QoS 跟随功能，Python 是一种面向对象的语言，Ryu 把每个应用组件都当做是类 app_manager.RyuApp 的一个子类，通过 ryu-manager 实例化这些 RyuApp 的子类后，就开启了控制平面相应的组件。第 14 行中的 OFP_VERSIONS 是一个列表，为 RyuApp 提供 OpenFlow 版本信息，它将与 hello 消息中给出的交换机所支持的版本先比对，共同协商出通信所使用的协议版本号。__init__() 是 Python 中类的初始化函数，其中 mac_to_port 是二层的 MAC 学习表，qos_list 是 QoS 主机的 MAC 列表，qid 是在交换机上已经配置好的 QoS 队列 id，qos_switch_port 记录了 QoS 主机与其连接的 OVS 端口的对应关系；todelete 是标志位，用来在迁移后清除这种对应关系；qos_flow 记录了所有与 QoS 主机相关的表项。

```
13 class L2SwitchWithQos(app_manager.RyuApp):
14   OFP_VERSIONS = [ofproto_v1_0.OFP_VERSION]
15   def __init__(self, *args, **kwargs):
16    super(SimpleSwitch, self). __init__(*args, **kwargs)
17    self.mac_to_port = {}
18    self.qos_list = ['00:00:00:00:00:10']
19    self.qid = 1
20    self.qoshost_switch_port = {}
```

```
21    self.qos_flow = {}
22    self.todelete = None
```

第3步：由于下流表是控制器中最常用的一个动作，这里将Flow_mod消息的封装单独定义成类的一个方法add_flow，在下流表时只要调用这个方法并给出参数即可，包括匹配域match字段和动作集action字段。为了适应网络拓扑的变化，流表的生存时间idle_time、hard_time分别设为5 s和0 s(无限)。同样地，remove_flow用于在虚拟机迁移时删除之前下发的流表。

```
23   def add_flow(self, datapath, match, actions):
24    ofproto = datapath.ofproto
25    mod = datapath.ofproto_parser.OFPFlowMod(
26       datapath=datapath, match=match, cookie=0,
27       command=ofproto.OFPFC_ADD, idle_timeout=5, hard_timeout=0,
28       priority=ofproto.OFP_DEFAULT_PRIORITY,
29       flags=ofproto.OFPFF_SEND_FLOW_REM, actions=actions)
30    datapath.send_msg(mod)
31    def remove_flow(self, datapath, match):
32    ofproto = datapath.ofproto
33    parser = datapath.ofproto_parser
34    mod=parser.OFPFlowMod(datapath=datapath,
      command=ofproto.OFPFC_DELETE, out_group=ofproto.OFPG_ANY,
      out_port=ofproto.OFPP_ANY, match=match)
35    datapath.send_msg(mod)
```

第4步：通过函数_packet_in_handler来实现类L2SwitchWithQoS的主体逻辑，当底层收到交换机上交的Packet-in消息时就会触发类中的_packet_in_handler函数。其中，msg.datapath是类ryu.controller.controller.Datapath的一个实例，描述了与控制器连接的一个交换机，dpid为其唯一的64位标识，inport为数据分组进入交换机的端口，src、dst分别为源、目的MAC地址。函数_packet_in_handler主要用于MAC地址的学习，并将其作为参数用于流表的下发。第49行中的logger是Python库logging中定义的日志对象，用来打印出一些调试信息。第59行中的if-else分支用于根据源主机的MAC地址下发流表。如果源MAC地址存在于QoS服务列表中，那么将处理得到的源、目的MAC地址和入端口作为流表项的匹配字段，并通过动作OFPActionEnqueue将相应流的数据分组入队，动作中需指明出口out_port以及该出口上的队列标识qid。如果在QoS列表中没有源主机的MAC地址，匹配字段仅包含目的MAC地址和入端口，并指定动作为直接转发

OFPActionOutput，转发端口为 out_port。

```
@set_ev_cls(ofp_event.EventOFPPacketIn, MAIN_DISPATCHER)
def _packet_in_handler(self, ev):
 msg = ev.msg
 datapath = msg.datapath
 dpid = datapath.id
 ofproto = datapath.ofproto
 pkt = packet.Packet(msg.data)
 eth = pkt.get_protocol(ethernet.ethernet)
 dst = eth.dst
 src = eth.src
 inport = msg.in_port
 self.mac_to_port.setdefault(dpid, {})
 self.qos_flow.setdefault(datapath, {})
 self.logger.info( "  packet in %s %s %s %s "  , dpid, src, dst, msg.in_port)
 self.mac_to_port[dpid][src] = msg.in_port
 if src in self.qos_list:
    if src not in self.qoshost_switch_port:
        self.qoshost_switch_port[src] = (dpid, in_port)
 if dst in self.mac_to_port[dpid]:
    out_port = self.mac_to_port[dpid][dst]
 else:
    out_port = ofproto.OFPP_FLOOD
 # install a flow to avoid packet_in next time
 if out_port != ofproto.OFPP_FLOOD:
    self.logger.info('flow mod---->src:%s,dst:%s', src, dst)
    if src in self.qos_list:
 match=datapath.ofproto_parser.OFPMatch(in_port=inport,
 dl_src=haddr_to_bin(src),dl_dst=haddr_to_bin(dst))
        actions = [datapath.ofproto_parser.OFPActionEnqueue (out_port, self.qid)]
        self.qos_flow[datapath].setdefault(src, [])
        self.qos_flow[datapath][src].append((match, actions))
        self.add_flow(datapath, match, actions)
    else:
        match=datapath.ofproto_parser.OFPMatch(in_port=inport, dl_dst=haddr_to_bin(dst))
```

```
            actions = [datapath.ofproto_parser.OFPActionOutput (out_port)]
            self.qos_flow[datapath].setdefault(dst, [])
              self.qos_flow[datapath][dst].append((match, actions))
            self.add_flow(datapath, match, actions)
    action=[datapath.ofproto_parser.OFPActionOutput(out_port)]
    out = datapath.ofproto_parser.OFPPacketOut(
       datapath=datapath, buffer_id=msg.buffer_id, in_port=msg. in_port,
       actions=action)
    datapath.send_msg(out)
```

第 5 步：函数 _port_status_handler 用于处理异步消息 port-status，以监控交换机的端口状态。当 QoS 虚拟机迁移后，需要清除迁移前下发的流表，否则仍会按照其进行错误的转发。同时，控制器中记录的 mac_to_port 也需要做出相应的更新处理，从而保证 MAC 地址表的正确性。

```
    @set_ev_cls(ofp_event.EventOFPPortStatus, MAIN_DISPATCHER)
    def _port_status_handler(self, ev):
    msg = ev.msg
    reason = msg.reason
    port_no = msg.desc.port_no
    ofproto = msg.datapath.ofproto
    if reason == ofproto.OFPPR_ADD:
            self.logger.info( " port added %s " , port_no)
    elif reason == ofproto.OFPPR_DELETE:
            self.logger.info( " port deleted %s " , port_no)
            for qoshost in self.qoshost_switch_port:
            if self.qoshost_switch_port[qoshost] == (dpid, port_no):
            self.todelete = qoshost
            for dpid in self.mac_to_port:
            if qoshost in self.mac_to_port[dpid]:
    self.mac_to_port[dpid].pop(qoshost)
            for datapath in self.qos_flow:
            match = parser.OFPMatch(eth_dst=qoshost)
            self.remove_flow(datapath, match)
            match = parser.OFPMatch(eth_src=qoshost)
            self.remove_flow(datapath, match)
            if self.todelete != None:
```

```
                self.qoshost_switch_port.pop(self.todelete)
                        self.todelete = None
                        elif reason == ofproto.OFPPR_MODIFY:
                        self.logger.info( "  port modified %s "  , port_no)
                        else:
                        self.logger.info( "  Illeagal port state %s %s "  , port_no, reason)
```

下面给出基于 OpenFlow v1.3 协议的代码实现，其中与 v1.0 中相同的部分不再赘述，仅讲解有变动的地方，完整代码如下。

```
from ryu.base import app_manager
from ryu.controller import ofp_event
from ryu.controller.handler import CONFIG_DISPATCHER,MAIN_DISPATCHER
from ryu.controller.handler import set_ev_cls
from ryu.ofproto import ofproto_v1_3
from ryu.lib.packet import packet
from ryu.lib.packet import ethernet

class L2SwitchWithQos_v13(app_manager.RyuApp):
  OFP_VERSIONS = [ofproto_v1_3.OFP_VERSION]
  def __init__(self, *args, **kwargs):
   super(SimpleSwitch13, self).__init__(*args, **kwargs)
   self.mac_to_port = {}
   self.qos_list = ['00:00:00:00:00:10']
   self.qid = 1
   self.qoshost_switch_port = {}
   self.qos_flow = {}
   self.todelete = None
  @set_ev_cls(ofp_event.EventOFPSwitchFeatures, CONFIG_DISPATCH ER)   ……………….(1)
  def switch_features_handler(self, ev):
   datapath = ev.msg.datapath
   ofproto = datapath.ofproto
   parser = datapath.ofproto_parser
   match = parser.OFPMatch()
   actions = [parser.OFPActionOutput(ofproto.OFPP_CONTROLLER,
   ofproto.OFPCML_NO_BUFFER)]  ………………(2)
   self.add_flow(datapath, 0, match, actions)
  def add_flow(self, datapath, priority, match, actions):
```

```
ofproto = datapath.ofproto
   parser = datapath.ofproto_parser
inst = [parser.OFPInstructionActions(ofproto.OFPIT_APPLY_ ACTIONS, actions)] ………(3)
mod = parser.OFPFlowMod(datapath=datapath, idle_timeout=5, hard_timeout=0, priority=priority, match= match, instructions=inst)
datapath.send_msg(mod)
def remove_flow(self, datapath, match):
ofproto = datapath.ofproto
parser = datapath.ofproto_parser
mod = parser.OFPFlowMod(datapath=datapath, command=ofproto. OFPFC_DELETE,out_group=ofproto.OFPG_ANY,out_port=ofproto.OFPP_ANY,match=match)
datapath.send_msg(mod)
@set_ev_cls(ofp_event.EventOFPPacketIn, MAIN_DISPATCHER)
def _packet_in_handler(self, ev):
msg = ev.msg
datapath = msg.datapath
ofproto = datapath.ofproto
parser = datapath.ofproto_parser
in_port = msg.match['in_port']
pkt = packet.Packet(msg.data)
eth = pkt.get_protocols(ethernet.ethernet)[0]
dst = eth.dst
src = eth.src
dpid = datapath.id
self.mac_to_port.setdefault(dpid, {})
self.qos_flow.setdefault(datapath, {})
self.logger.info( "  packet in %s %s %s %s " , dpid, src, dst, in_port)
# learn a mac address to avoid FLOOD next time.
self.mac_to_port[dpid][src] = in_port
if src in self.qos_list:
   if src not in self.qoshost_switch_port:
       self.qoshost_switch_port[src] = (dpid, in_port)
if dst in self.mac_to_port[dpid]:
   out_port = self.mac_to_port[dpid][dst]
else:
   out_port = ofproto.OFPP_FLOOD
actions = [parser.OFPActionOutput(out_port)]
```

```
match = parser.OFPMatch(in_port=in_port, eth_src=src, eth_dst= dst)
# install a flow to avoid packet_in next time
if out_port != ofproto.OFPP_FLOOD:
  if src in self.qos_list:
     self.logger.info( " !!!!!! " )
     actions.insert(0,parser.OFPActionSetQueue(2))
     self.qos_flow[datapath].setdefault(src, [])
      self.qos_flow[datapath][src].append((match, actions))
  else:
     if dst in self.qos_list:
       self.qos_flow[datapath].setdefault(dst, [])
       self.qos_flow[datapath][dst].append((match,actions))
  #self.logger.info( " %s " , datapath)
  self.add_flow(datapath, 1, match, actions)
  data = None
if msg.buffer_id == ofproto.OFP_NO_BUFFER:
  data = msg.data
    out = parser.OFPPacketOut(datapath=datapath, buffer_id=msg. buffer_id,
               in_port=in_port, actions=actions, data=data)
datapath.send_msg(out)
@set_ev_cls(ofp_event.EventOFPPortStatus, MAIN_DISPATCHER)
def _port_status_handler(self, ev):
msg = ev.msg
parser = msg.datapath.ofproto_parser
  reason = msg.reason
  port_no = msg.desc.port_no
  dpid = msg.datapath.id
  ofproto = msg.datapath.ofproto
  if reason == ofproto.OFPPR_ADD:
    self.logger.info( " port %s added to switch %s " , port_no, dpid)
  elif reason == ofproto.OFPPR_DELETE:
     self.logger.info( " port %s of switch %s is deleted " , port_no, dpid)
     self.logger.info( " qoshost_switch_port:%s " , self.qoshost_ switch_port)
    for qoshost in self.qoshost_switch_port:
      if self.qoshost_switch_port[qoshost] == (dpid, port_no):
        self.todelete = qoshost
         for dpid in self.mac_to_port:
```

```
101                         if qoshost in self.mac_to_port[dpid]:
102                             self.mac_to_port[dpid].pop(qoshost)
103                     for datapath in self.qos_flow:
104                         self.logger.info("%s", self.mac_to_port[dpid])
105                         #self.logger.info("%s", datapath)
106                         match = parser.OFPMatch(eth_dst=qoshost)
107                         self.remove_flow(datapath, match)
108                         match = parser.OFPMatch(eth_src=qoshost)
109                         self.remove_flow(datapath, match)
110             if self.todelete != None:
111                 self.qoshost_switch_port.pop(self.todelete)
112                 self.todelete = None
113         elif reason == ofproto.OFPPR_MODIFY:
114             self.logger.info("port %s of switch %s is modified", port_no, dpid)
115         else:
116             self.logger.info("Illeagal port state %s %s", port_no, reason)
```

第 20 行中定义了 switch_features_handler 函数，这是因为在 OpenFlow v1.3 中提出了漏表（Table Miss）项的概念，与其他流表项的结构一样，只是附在每张表的后面以处理失配的数据分组，于是 OpenFlow 协议规定其具有最低的优先级。控制器在与交换机互通 features 消息时，需要通过 switch_features_handler 函数向交换机下发漏表项。漏表项的匹配域各字段的值均为通配符 ANY，因此在 26 行初始化时匹配域 OFPMatch 不用指定任何参数。失配时，通过匹配漏表项将数据分组发送到保留端口 OFPP_CONTROLLER，即交给控制器进行处理。第 31 行中 instructions 表示流表项中需要给出指令集，具体对指令集的分析参见 3.1.2 小节中相关内容的介绍。第 69 行是关于入队的处理，OpenFlow v1.3 中相应动作为 OFPActionSetQueue，这里对 QoS 主机下发的流表项添加该动作，指定队列标识即可。注意，与 OpenFlow v1.3 中入队动作 OFPActionEnqueue 不同的是，OFPActionSetQueue 不指定转发端口，因此后面还需要有一个转发的动作 OFPActionOutput。

4.3.3　实验结果

基于 Mininet 2.2.2 测试环境，搭建如图 4-7 和图 4-8 所示的虚拟机迁移网络策略同步跟随的测试场景，控制器控制 s1、s2、s3 这 3 个交换机，s1-s3、s2-s3 链路带宽为 100 Mbit/s，宿主机 h1 连接交换机 s1，宿主机 h2 连接交换机

s2。测试中虚拟机对网络资源的需求为 20 Mbit/s 的 QoS 保障，具体步骤描述如下。

第 1 步：由 h1、h2 分别向服务器端发起 Iperf 请求，使 s1-s3、s2-s3 的链路达到最大负载。

第 2 步：由 VM 向服务器端发起 Iperf 请求，由于采用带宽共享模式，将会与 h1 共同竞争 s1-s3 的链路带宽。

第 3 步：发出虚拟机迁移指令，使 VM 由宿主机 h1 迁移至宿主机 h2 上，此时 VM 仍然在向服务器发起 Iperf 请求，并与 h2 共同竞争 s2-s3 的带宽。

测试结果如图 4-9 所示，在虚拟机迁移前，VM 发起 Iperf 请求后，h1 的速率由 96 Mbit/s 下降至 78 Mbit/s，VM 则保持在 20 Mbit/s。这个结果是可以预测的，因为 VM 和宿主机 h1 共享着 100 Mbit/s 的带宽，此消彼长。在虚拟机迁移后，h1 速率恢复，而 h2 速率从 95 Mbit/s 下降至 76 Mbit/s，VM 速率基本保持不变，这是因为 VM 迁移至 s2 后，不再和 h1 共享带宽，因而 h1 恢复了独享的 100 Mbit/s，速率开始提升，而此时 h2 却和之前的 h1 情况类似，与 VM 共享 100 Mbit/s 的带宽，VM 在迁移时短暂地与外界中断连接，之后速率迅速维持在 20 Mbit/s 左右，顺利完成了实时迁移。

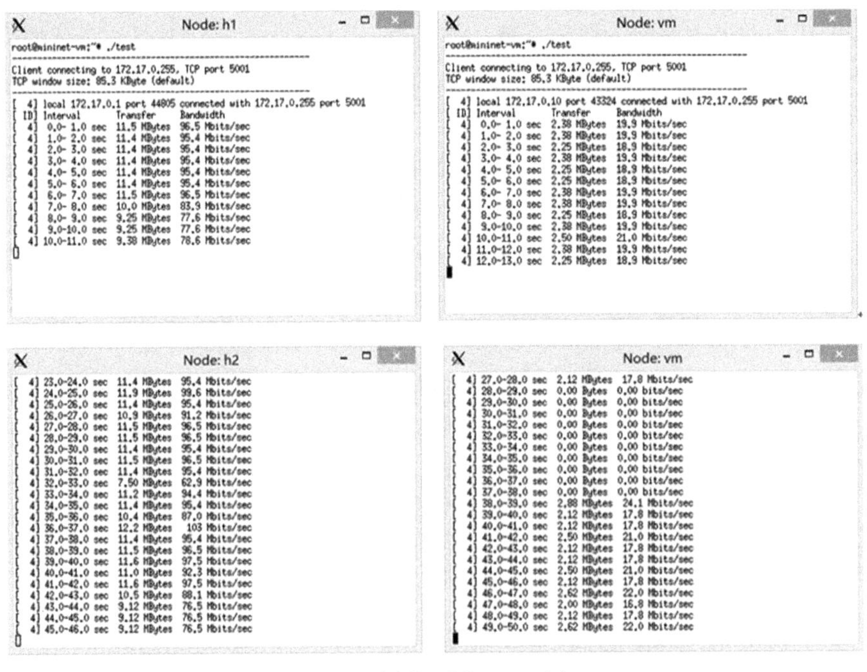

图 4-9　虚拟机迁移 Iperf 测试

4.4 本章小结

Ryu 作为首个支持 OpenFlow v1.3 协议的开源控制器，有效地支撑了研究开发人员对 OpenFlow 协议更高特性的需求。本章首先介绍了 Ryu 的实现原理和部分技术细节，然后针对 Ryu 的代码进行了详细的分析，同时展示了基于组件的框架处理流程，并着重对与 OpenStack 集成的 GRE 模块进行了阐述，简要说明了 Ryu 提供的库文件。接着介绍了不同方式的 Ryu 安装以及 GUI 配置，最后通过实例（数据中心网络虚拟机迁移的策略跟随实验）讲述了如何使用 Ryu 提供的 API 进行应用组件的开发。

第5章 Floodlight 应用实践

本章介绍一种全新的控制器 Floodlight，它是由 Big Switch Network 公司主导的、基于 Java 开发的 SDN 控制器，旨在为企业提供 SDN 应用解决方案，因此其核心代码都通过了专业化测试，具有丰富的功能集以及较高的性能和可靠性。

Floodlight 提供了 OpenFlow v1.0 协议的支持，在其官网上有相当完备的参考资料。而且 Floodlight 提供了功能强大的 REST 接口，这些都为 SDN 的设计与管理提供了相当多的便捷。此外，Floodlight 还集成了对 OpenStack 的支持，在云计算领域中取得较多的应用案例。从某种程度上说，Floodlight 的出现推动了 SDN 的企业级应用发展进程。那么 Floodlight 具有哪些功能特点，基于它如何进行扩展开发呢？

| 5.1 Floodlight 代码解读 |

5.1.1 代码结构

Floodlight 代码主要由 floodlightcontroller 和 openflow 两个目录组成，其中，floodlightcontroller 代码目录集中存放 Floodlight 业务代码，如 core 负责提供模块加载、底层通信、消息派发等功能，devicemanager 负责网络设备的追踪与管理，forwarding 依据 firewall 决策执行事件转发操作，linkdiscovery 用于链路监听与管理，topology 负责管理拓扑信息。openflow 目录为 OpenFlow 协议栈的封装代码，主要负责实现 OpenFlow 消息的封包 / 解包，protocol 用于标准的 OpenFlow 协议封装解析，vendor 为厂商扩展数据，util 为工具类。Floodlight 核心代码目录结构如图 5-1 所示。

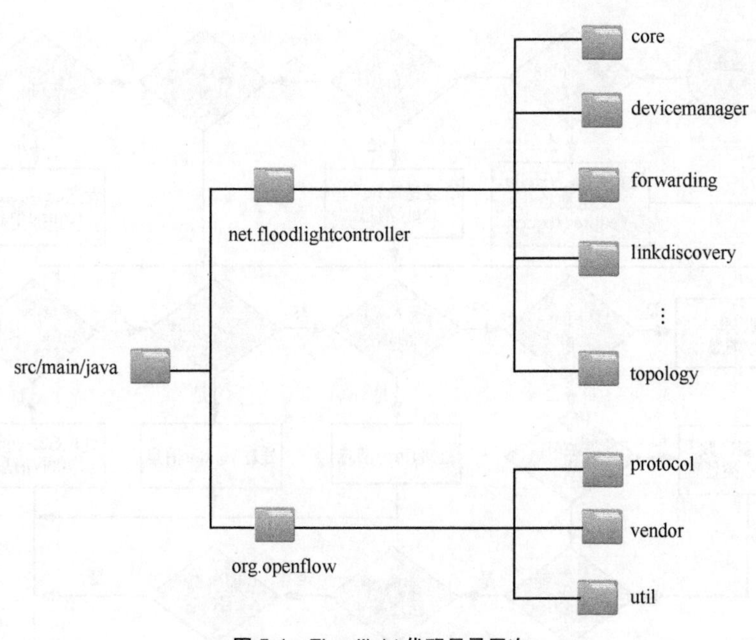

图5-1 Floodlight代码目录层次

5.1.2 代码解析

Floodlight系统由核心服务模块、Java应用模块和REST应用模块3个部分构成，其中核心服务模块实现了核心的网络服务，并为控制器的应用程序提供Java接口和REST接口；Java应用模块基于核心服务模块构建自身的应用，以解决不同的用户需求，REST应用模块通过对接上述两类模块的REST API，可以高度扩展应用。Floodlight目前主要包括事件管理、拓扑管理、链路发现、设备管理、转发等模块，本节选择具有代表性的几个重点模块，对功能特点及工作原理加以详细解析。

（1）事件管理（FloodlightProvider）模块

事件管理模块负责管理控制器与交换机之间的连接、把OpenFlow消息转化为其他模块可以监听的事件，分派事件给各监听模块处理，并根据模块处理结果控制消息流程。该模块主要功能由Controller类提供，Floodlight系统启动时，Controller类启动Netty监听服务，监听6633端口的OpenFlow消息，再调用OFChannelHandler类的processOFMessage方法开启OpenFlow消息处理及事件分发，该方法的处理流程如图5-2所示。

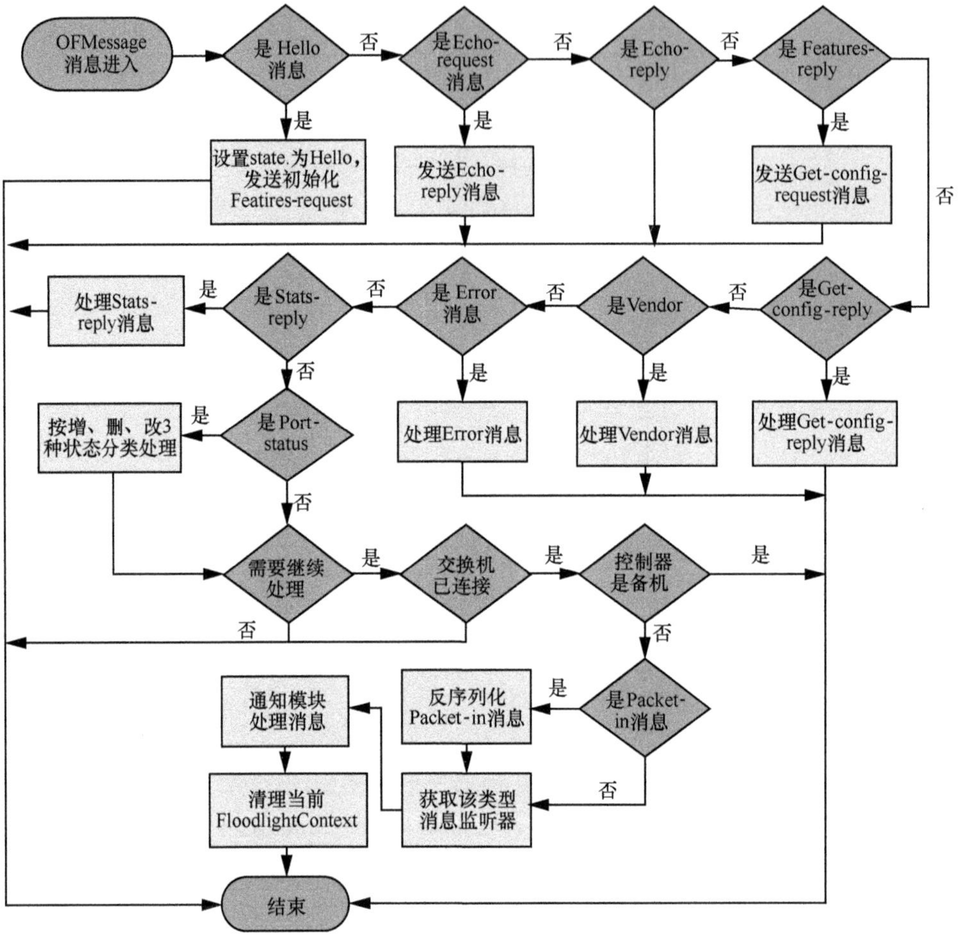

图 5-2　事件管理模块处理流程

如图 5-2 所示，OFMessage 消息进入 processOFMessage 方法后，先判断消息类型，如果是 Hello 消息，则发送 Features-request 消息；如果是 Echo-request 消息，则响应 Echo-reply 消息；如果是 Echo-reply 则结束流程；如果是 Features-reply 消息，则发送 Set-config-request 或 Get-config-request 消息；如果是 Vendor 消息，则调用方法处理该消息或抛弃；如果是 Error 消息或 Stats-reply 消息，则调用相应方法处理；如果是 Port-status 消息，则按增、删、改 3 种状态分类处理；如果需要继续处理，则判断交换机是否处于未连接状态，是则结束流程，如果处于连接状态再判断是否是握手准备状态以及控制器是否是备用控制器，如果不是准备状态或控制器是备用设备，则结束流程；否则，判断是否是 Packet-in 消息，是则解析报文，否则略过；在获取对应事件之后，再获取该类型消息事件的监听器，通知相关模块处理消息事件；最后清理 Floodlight 上下文缓存。

（2）拓扑管理（TopologyManager）模块

拓扑管理模块通过链路检测服务获取链路信息并计算出网络拓扑，并为 OpenFlow 交换机进行分域。这里需要引入一个很重要的概念叫作 OpenFlow 域，OpenFlow 域是指同一个 Floodlight 实例相连的一组交换机组成的网络域，OpenFlow 域之间可以用二层的非 OpenFlow 交换机相连，例如，对于 OFSwit 1—OFSwitch 2—Traditional Switch—OFSwitch 3 网络部署，将会被看成两个 OpenFlow 域，第一个由 OFSwitch 1 和 OFSwitch 2 组成，第二个由 OFSwitch 3 组成。拓扑管理模块会将当前所有的拓扑信息都存储在一个拓扑实例中，任何拓扑变化都会建立一个新的拓扑实例，并且通知监听者拓扑发生变化。如果其他模块需要监听拓扑变更，需要实现 ITopologyListener 接口。该模块的核心流程是网络拓扑关系计算、更新操作，其处理流程如图 5-3 所示。

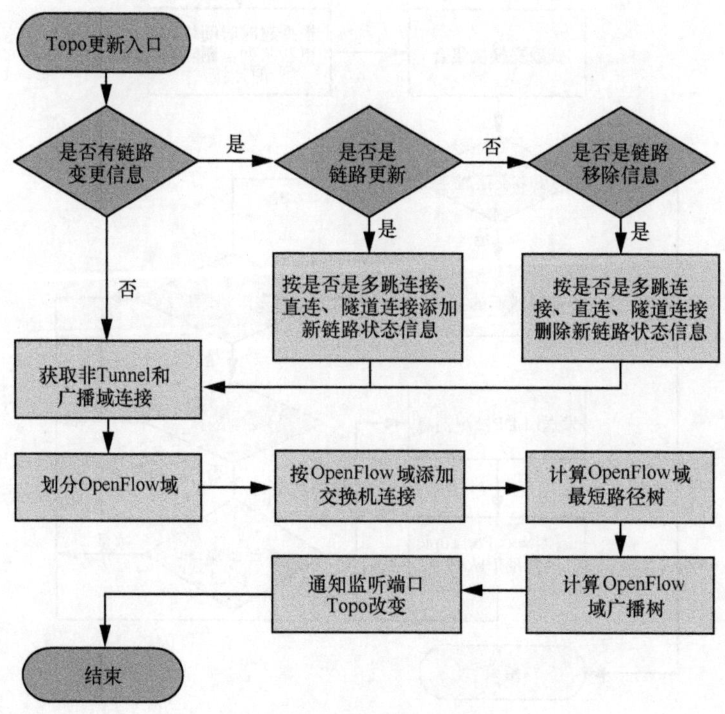

图 5-3　拓扑管理模块处理流程

该流程首先判断链路是否有更新，如果有，则判断是链路增加还是删除并执行相应操作，如果没有，则获取 OpenFlow 连接信息（排除 Tunnel 和广播域连接），然后开始重新计算拓扑；计算步骤是先通过 Tarjan 算法对 OpenFlow 交换机进行 OpenFlow 域划分，然后添加链接到 OpenFlow 域中，使用 Dijkstra 算法计算最短路径，再计算 OpenFlow 域广播树，最后通知监听模块拓扑发生变化。

（3）链路发现（LinkDiscovery）模块

链路发现模块使用链路层发现协议（LLDP）和私有广播包（BDDP）进行链路探测。如果 LLDP 分组从一个端口发出去，另外一个端口收到了相同的 LLDP 分组，说明这两个端口是直连的，就会建立一个直连链路；如果一个 BDDP 分组从一个端口发送，在其他的端口接收到该分组，说明在两个交换机之间有控制器无法控制的二层交换机，就会建立一个广播链路。该模块的链路探测主要由 discoverLinks 方法实现，探测流程如图 5-4 所示。

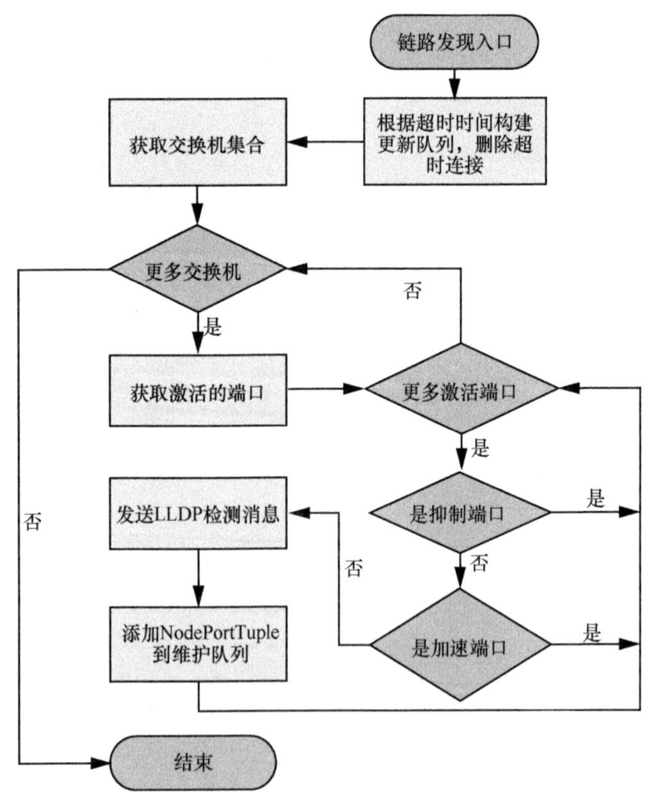

图 5-4　链路发现模块处理流程

本流程首先检测连接的有效时间，如果已过有效期则清理超时连接（重新探测这条链路）；获取交换机集合，开始遍历操作；如果集合未遍历完成，则取一个交换机信息，查询其激活端口列表，如果列表不为空则开启内部遍历操作；取一条激活端口信息，判断该端口是否是抑制端口，是则重取一条端口信息重复上步操作，否则，再判断是否是加速端口（能够开启并不会产生环路的端口）；如果是加速端口，则重取一条端口信息重复上述流程，反之，则发送LLDP检测消息，并添加到维护队列；然后执行下轮循环操作，直到遍历完成，结束流程。

（4）设备管理（DeviceManager）模块

设备管理模块从Packet-in请求中得知获取设备信息，通过实体分类器将设备进行分类，并建立索引，默认的实体分类器使用MAC地址和VLAN ID标识一个设备。设备管理器也可以获取其他属性，如IP地址、最后一次被观察到的时间戳，甚至还可以获得该设备上次接入交换机的DPID及端口。设备管理器同时负责维护的另外一个重要信息是设备的附着点（接入OF域的接入点），该模块主要处理流程如图5-5所示。

Packet-in消息进入该流程后，从上下文（FloodlightContext）中获取以太实例，构建源实体（srcEntity）。源实体代表了设备某一段时间的状态，记录了它的IP地址，挂载的交换机端口等信息。一个设备可以有多个实体，当设备IP地址、挂载的交换机端口改变后会产生新的实体，并保留老实体的记录。通过源实体信息从主索引（primaryIndex）中获取设备（Device）主键（deviceKey），设备主键是由设备的MAC+IP唯一标识的，一个设备主键中可以对应多个设备实体（因为主机的IP地址等改变产生了不同的实体记录）；如果设备主键为空，则从实体分类器中查找设备主键，如果仍未找到设备主键，则创建设备主键，构建该新设备对象，添加到设备集，并更新索引和设备更新列表；如果找到设备主键，则通过设备主键查找对应设备，判断该设备是否包含该实体（Entity）信息，如果是，则更新附着点，否则，构建新设备对象替换旧对象，再更新附着点、设备集及索引；如果有待删除队列，则构建设备删除更新加入变更列表，通知监听模块有设备变更发生；获取目标地址设备信息，结束流程。

（5）转发模块

转发模块主要负责两台设备之间的数据分组转发，其中IDeviceService接口实现了将发送设备和接收设备进行分类。另外，Floodlight可工作在包含OpenFlow交换机和非OpenFlow交换机的混合网络中。为了适配这种设计，转发模块会为发送设备和接收设备找出包含所有设备附着点的 OpenFlow 区域，同时会沿着最短路径配置流。如果在一个 OpenFlow 域上收到一个 Packet-in 消息，而这个区域内没有该设备的安装点，这个数据分组将会被泛洪。转发模块在 Floodlight 中是默认启用的，不需要任何其他配置就可以加载，其工作流程如图 5-6 所示。

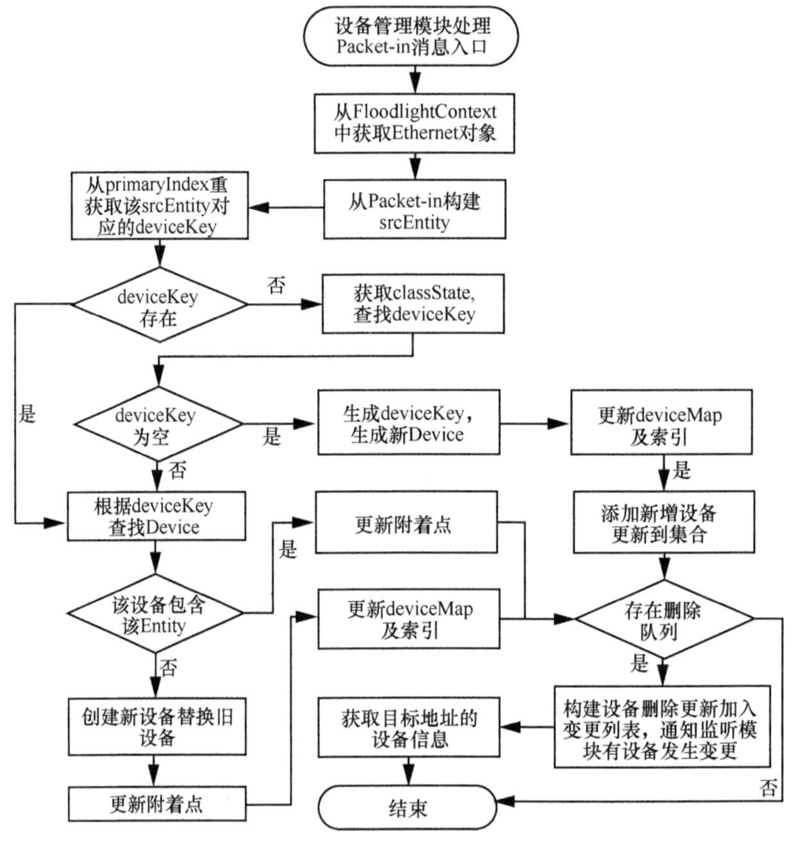

图 5-5　设备管理模块处理流程

如图 5-6 所示，转发模块根据防火墙（Firewall）获取 Packet-in 数据分组的转发策略。若转发策略为空并且数据分组（eth）为空，则需要调用 doFlood 方法进行泛洪；若转发策略为 Forward，则需要调用 doForwardFlow 方法转发；若转发策略为多播则进行泛洪；若转发策略为 Drop，则丢弃该数据分组。进入 doForwardFlow 方法要分别获取源设备和目的设备的变量值，若目的设备为空，则直接丢弃数据分组；若目的设备不为空，并且和源设备在同一个广播域，则获取路由信息，再对转发策略进行判断，如果不为空，则根据转发策略设置流表匹配域并写入流表。

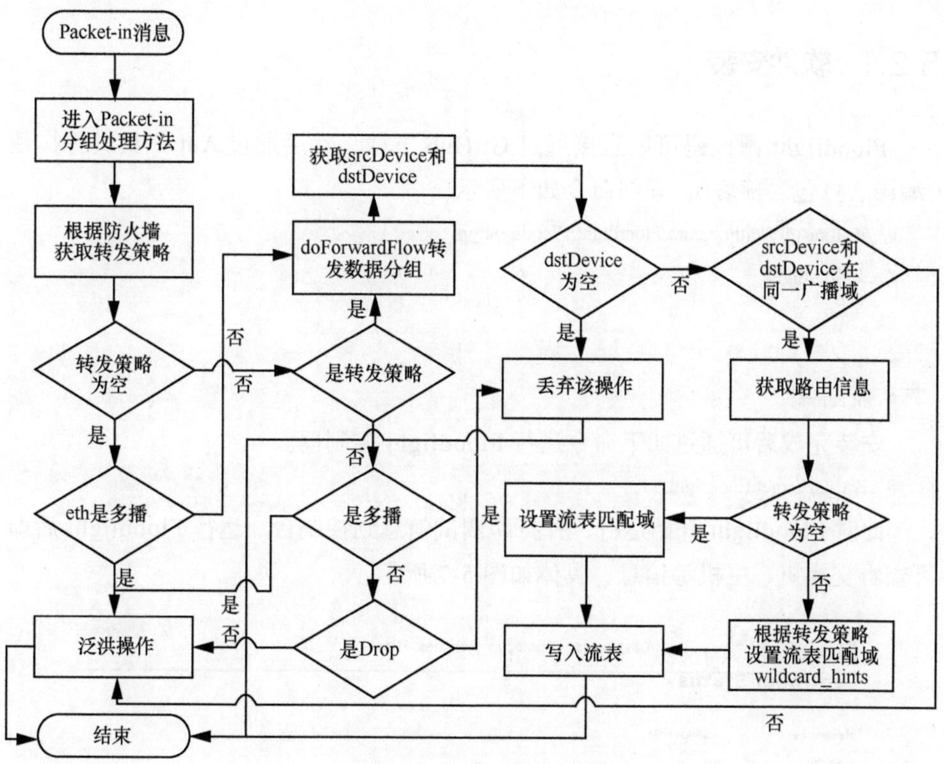

图 5-6　Forwarding 模块流程

5.2　Floodlight 安装配置

Floodlight 基于 Java 开发，需要运行标准的 JDK 和项目构建工具 Ant，Eclipse 可以选择安装。本书安装的操作系统环境为 Ubuntu 12.04（建议 10.04 及以上版本），JDK、Ant、Eclipse 的安装命令如下所示。

```
# sudo apt-get install build-essential ant python-dev
# sudo add-apt-repository ppa:webupd8team/java
# sudo apt-get update
# sudo apt-get install oracle-java8-installer
```

在 Eclipse 官网能够直接进行 Eclipse Oxygen 版本的下载，下载完成之后运行 Eclipse 文件夹下的 eclipse 文件即可打开 Eclipse。

5.2.1 软件安装

Floodlight 源代码可以直接通过 GitHub 下载，然后通过 Ant 工具进行构建（编译、打包、部署），详细命令如下所示。

```
# git clone git://github.com/Floodlight/Floodlight.git
# cd Floodlight
#
# ant
# ant eclipse
```

安装完成后可通过如下命令运行 Floodlight 控制器。

```
# java -jar target/floodlight.jar
```

此时 Floodlight 开始运行，并打印调试信息到控制台。运行 Floodlight 后即可查看交换机、主机等信息，具体如图 5-7 所示。

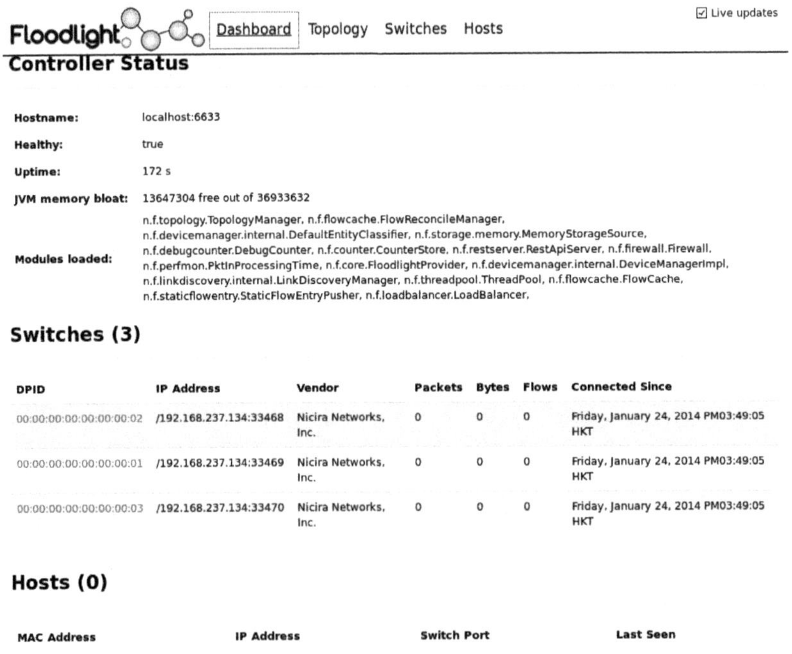

Floodlight Dashboard Topology Switches Hosts ☑ Live updates

Controller Status

Hostname:	localhost:6633
Healthy:	true
Uptime:	172 s
JVM memory bloat:	13647304 free out of 36933632
Modules loaded:	n.f.topology.TopologyManager, n.f.flowcache.FlowReconcileManager, n.f.devicemanager.internal.DefaultEntityClassifier, n.f.storage.memory.MemoryStorageSource, n.f.debugcounter.DebugCounter, n.f.counter.CounterStore, n.f.restserver.RestApiServer, n.f.firewall.Firewall, n.f.perfmon.PktInProcessingTime, n.f.core.FloodlightProvider, n.f.devicemanager.internal.DeviceManagerImpl, n.f.linkdiscovery.internal.LinkDiscoveryManager, n.f.threadpool.ThreadPool, n.f.flowcache.FlowCache, n.f.staticflowentry.StaticFlowEntryPusher, n.f.loadbalancer.LoadBalancer,

Switches (3)

DPID	IP Address	Vendor	Packets	Bytes	Flows	Connected Since
00:00:00:00:00:00:00:02	/192.168.237.134:33468	Nicira Networks, Inc.	0	0	0	Friday, January 24, 2014 PM03:49:05 HKT
00:00:00:00:00:00:00:01	/192.168.237.134:33469	Nicira Networks, Inc.	0	0	0	Friday, January 24, 2014 PM03:49:05 HKT
00:00:00:00:00:00:00:03	/192.168.237.134:33470	Nicira Networks, Inc.	0	0	0	Friday, January 24, 2014 PM03:49:05 HKT

Hosts (0)

MAC Address	IP Address	Switch Port	Last Seen

图 5-7　Floodlight 控制器 Web 界面示意

5.2.2 参数配置

在Floodlight默认运行方式下，配置文件路径为Floodlight/src/main/resources/Floodlightdefault.properties。在这个配置文件中可以查看Floodlight加载了哪些子模块以及控制器的侦听端口、Web端口。一个默认的参数配置文件如以下代码所示。

其中，Floodlight.modules配置需要加载的模块，RestApiServer.port配置REST监听端口，FloodlightProvider.openflowport为控制器监听交换机连接的端口，其默认端口号为6653，其他为转发模块超时参数配置。上述配置都可以修改，但修改后需重启Floodlight方能生效。

```
# Floodlight.modules = net.Floodlightcontroller.storage.memory.MemoryStorageSource,\
# net.Floodlightcontroller.core.FloodlightProvider,\
# net.Floodlightcontroller.threadpool.ThreadPool,\
# net.Floodlightcontroller.devicemanager.internal.DeviceManagerImpl,\
# net.Floodlightcontroller.devicemanager.internal.DefaultEntityClassifier,\
# net.Floodlightcontroller.staticflowentry.StaticFlowEntryPusher,\
#   ...
# net.Floodlightcontroller.restserver.RestApiServer.port = 8080
# net.Floodlightcontroller.core.FloodlightProvider.openflowport =6633
# net.Floodlightcontroller.jython.JythonDebugInterface.port = 6655
# net.Floodlightcontroller.forwarding.Forwarding.idletimeout = 5
# net.Floodlightcontroller.forwarding.Forwarding.hardtimeout = 0
```

5.3 Floodlight应用实例

5.3.1 实例介绍

Floodlight应用开发需要遵循相关的模块定义规范。首先需要继承特定模块接口，依据业务需要实现相应的消息监听接口。一般情况下还会定义服务接口，供其他模块或外部应用调用。Floodlight 对外服务接口一般以 REST API 形式提供。新建的模块如需提供对外 REST API 服务，需要将自身服务封装为 REST 资源发布。

Floodlight 下的实例中 cli.py 脚本使用了 Floodlight 的 REST API，并提供了一组基于 Python 的 REST 服务调用命令。该脚本是一个命令行工具，用户可以通过它调用 Floodlight REST 服务查看交换机、主机、链路以及拓扑等重要信息。

由于 Packet-in 消息是 Floodlight 诸多模块的处理重点，因此统计 Packet-in 消息在某一段时间的处理量可以在一定程度上反映系统处理性能，本节将以开发 Packet-in 消息统计及实现其 REST 查询服务为实例，讲述 Floodlight 扩展应用的基本开发步骤，该实例的基本业务逻辑如图 5-8 所示。

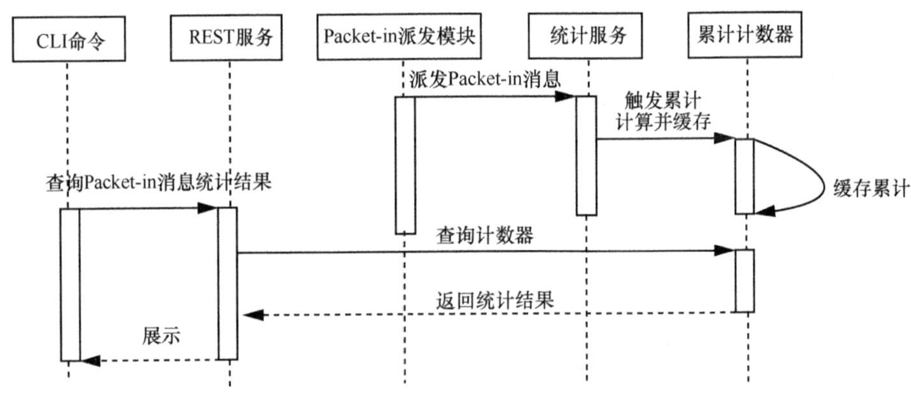

图 5-8　Packet-in 消息统计及 REST 查询服务时序

该开发实例可分为三大部分：第一部分开发基于 Floodlight Java API 的 Packet-in 消息统计模块，用来统计交换机收到的 Packet-in 消息个数；第二部分为其添加 REST API 并封装为 REST 资源；第三部分修改 cli.py 脚本来使用新添加的 REST API，并增加命令帮助与命令参数。本实例逻辑简明易懂，步骤完整清晰，通过此实例读者可以比较清晰地了解 Floodlight 模块、服务、监听以及 REST API 的完整开发流程。

5.3.2　实例开发

Floodlight 中开发新模块首先需要继承 IFloodlightModule 接口，并实现相应的业务逻辑，如果需要将该模块资源以 REST API 形式发布出去，还需要定义基于该模块的资源包装类，并在 REST 服务中注册该资源。此外，还需要在 net.

Floodlight.core.module.IFloodlightModule 和 Floodlightdefault.properties 文件中增加该模块名配置。Packet-in 统计查询功能开发涉及模块、监听器、服务以及 REST API 开发，还涉及 Python 脚本的修改，基本开发步骤归纳如下。

① 使用 Eclipse 开发工具建立 Floodlight 源码 Java 工程。首先需要将 Floodlight 工程导入 Eclipse，完成导入之后，能够在 Eclipse 的 Package Explorer 界面查看所有的 package。

② 在工程中 src/main/java 下新建 package，命名为 net.floodlightcontroller.statics，之后的新建文件都将基于此 package。新建服务接口 IPktinHistoryService，并定义方法 getPacket_InCount，该方法用于查询统计结果。

```
public interface IPktinHistoryService extends IFloodlightService {
    public Long getPacket_InCount();
}
```

③ 在工程中新建类，命名为 PktinHistory，并且添加 IOFMessageListener、IPktinHistoryService、IFloodlightModule 接口。其中，IOFMessageListener 接口用于监听 Packet-in 消息，并记录消息数量的递增情况，IPktinHistoryService 接口是业务查询接口，用于提供 Packet-in 数据分组统计结果查询服务，IFloodlightModule 接口标识该类是一个 Floodlight 模块，继承该接口的类会在 Floodlight 启动过程中以模块形式加载，该类的实现逻辑如下所示。

```
public class PktinHistory implements IOFMessageListener, IFloodlight Module,
            IPktinHistoryService {
    protected static Logger log = LoggerFactory.getLogger (PktinHistory.class);
    protected IFloodlightProviderService FloodlightProvider;
    protected IRestApiService restApi;
    private AtomicLong PACKET_IN_COUNT = new AtomicLong();
    public String getName() {
            return " PktinHistory " ;
    }
    public Long getPacket-InCount() {
            return PACKET_IN_COUNT.get();
    }
    public Collection<Class<? extends IFloodlightService>> getModuleServices() {
            Collection<Class<? extends IFloodlightService>> l =
            new ArrayList<Class<? extends IFloodlightService>>();
            l.add(IPktinHistoryService.class);
            return l;
```

```
}
public Map<Class<? extends IFloodlightService>, IFloodlightService> getServiceImpls() {
            Map<Class<? extends IFloodlightService>, IFloodlightService> m =
            new HashMap<Class<? extends IFloodlightService>, IFloodlightService>();
    m.put(IPktinHistoryService.class, this);
    return m;
}
public Collection<Class<? extends IFloodlightService>> getModuleDependencies() {
            Collection<Class<? extends IFloodlightService>> l =
            new ArrayList<Class<? extends IFloodlightService>>();
            l.add(IFloodlightProviderService.class);
            l.add(IRestApiService.class);
            return l;
}
public void init(FloodlightModuleContext context)
                        throws FloodlightModuleException {
            FloodlightProvider = context
                                    .getServiceImpl(IFloodlightProviderService.class);
            restApi = context.getServiceImpl(IRestApiService.class);
}
public void startUp(FloodlightModuleContext context) {
            FloodlightProvider.addOFMessageListener(OFType.PACKET_IN, this);
}
public Command receive(
                        IOFSwitch sw, OFMessage msg, FloodlightContext cntx) {
            long count = PACKET_IN_COUNT.incrementAndGet();
            log.info( "  The total count of Packet-In Messsages are "  + count);
            return Command.CONTINUE;
}
```

④ 完成模块定义后，需要定义 REST 服务资源类，将该类命名为 PktInHistory Resource，Superclass 设置为 ServerResource（ServerResource 是 Java 轻量级 REST 框架 Restlet 的抽象类），并实现业务逻辑。该步主要功能是将 Packet-in 统计接口包装为 REST 资源便于后续资源绑定。

```
public class PktInHistoryResource extends ServerResource {
 @Get( "  json  " )
 public HashMap<String, String> retrieve() {
```

```
                IPktinHistoryService pihr = (IPktinHistoryService) getContext()
                                    .getAttributes().get(
IPktinHistoryService.class.getCanonicalName());
            Long count = pihr.getPacket_InCount();
            HashMap<String, String> resp = new HashMap<String, String>();
            resp.put( " Total " , Long.toString(count));
            return resp;
}
}
```

⑤ 接着定义 PktInHistoryWebRoutable 类，添加接口 RestletRoutable，然后将第④步定义的 PktInHistory Resource 资源与访问路径绑定。该类中定义的路径包括外部获取该 REST 资源的基本路径和相对路径。

```
 public class PktInHistoryWebRoutable implements RestletRoutable {
public Restlet getRestlet(Context context) {
            Router router = new Router(context);
    router.attach( " /pktinhistory/json " , PktInHistoryResource. class);
    return router;
}
            public String basePath() {
            return " /wm/statics " ;
                }
   }
```

⑥ 资源绑定相应路径后需要在 REST 服务中发布，因此还需要在 PktInHistory 的 startUp 方法中注册 PktInHistoryWebRoutable，表明有新的资源加入 REST 服务。

```
public void startUp(FloodlightModuleContext context) {
   FloodlightProvider.addOFMessageListener(OFType.PACKET_IN, this);
   restApi.addRestletRoutable(new PktInHistoryWebRoutable());
}
```

⑦ 完成上述源码后还需要在配置文件中指定新增模块名，该配置文件为 src/main/resources/META-INF/services/net.Floodlight.core.module.IFloodlightModule，这里就是在文件结尾处添加 net.Floodlightcontroller.statics.PktinHistory 模块配置信息。该配置文件是 Floodlight 模块加载系统中加载模块类的依据，用于告知控制器要加载哪些模块。

⑧ 除上述配置外，还需要在 src/main/resources/Floodlightdefault.properties 中的 Floodlight.modules 配置参数后追加新增模块名（net.Floodlight.controller.

statics. PktinHistory），以表明该配置启动时必须加载。

⑨ 最后修改 example\example 下的 cli.py 文件，增加 Packet-in 消息统计查询命令，代码修改如下：usage_desc 中增加 pktin_cnt 描述，lookupPath 函数中添加消息统计分支。

```
def lookupPath(cmd):
……
……
elif args.cmd == 'pktin_cnt':
    path = '/wm/statics/pktinhistory/json'
```

5.3.3 实验结果

选择 floodlight 工程，在执行界面选择 Run Configuration。选择 Java Application，添加 Name 为 floodlightrun，Project 选择为 floodlight，Main class 选择为 net.floodlight.core.main，单击“Run”执行。测试用的交换机和主机可用 Mininet 模拟，如使用如下命令能创建 10 个交换机和主机。

```
# sudo mn --mac --controller=remote,ip= 192.168.5.103，port=6633--switch ovsk --topo linear,10
```

其中，IP 为 Floodlight 的网络地址，Port 为 Floodlight 的监听端口。交换机和控制器建立连接之后，在 Mininet 中执行主机 ping 操作，如主机 h1 ping h2、h2 ping h3 等，以触发 Packet-in 消息上报。最后，在 Floodlight 服务端的 example 目录下，执行 ./cli.py pktin_cnt 命令，命令行会显示如下类似结果。

```
{
  " Total " : " 108 "
}
```

这个结果表示从 Floodlight 启动到当前，已经统计到 108 个 Packet-in 消息。该命令的使用原理是 cli.py 作为客户端调用 REST API，REST API 再调用模块内部服务接口获取统计信息，然后以 JSON 格式返回统计结果。此外，该脚本还为用户提供帮助命令，通过 ./cli.py –help 命令可以查看 Packet-in 消息统计查询的命令参数为 pktin_cnt。显示如下。

```
host [debug]
link [tunnellinks]
port <blocked |broadcast>
memory
switch
switchclusters
```

```
counter [DPID] <name>
switch_stats [DPID] <port |queue |flow |aggregate |desc |table |features |host>
pktin_cnt
```

5.4　本章小结

Floodlight 作为目前广泛应用的一款开源控制器，包含了 SDN 控制器的大多数核心功能。本章首先阐述了 Floodlight 的层次结构及其应用功能特点，让读者从整体上了解 Floodlight 的概貌，随后对控制模块、拓扑模块、链路发现模块等功能特点及流程原理进行了详细分析。在此基础上，介绍了 Floodlight 在 Ubuntu 12.04 系统下的安装及配置过程。最后通过 Packet-in 消息统计查询功能开发，系统讲述了 Floodlight REST API 完整开发流程，借此帮助读者对 Floodlight 控制器形成更为全面、深刻的理解。Floodlight 和商业版控制器 Big Network Controller 的 API 完全兼容，因此基于 Floodlight 编写的应用程序可以直接应用于 BigSwitch 商业版本的控制器。

第6章 OpenDaylight 应用实践（一）

当今网络结构正在发生天翻地覆的变化。一方面，随着工业互联网、物联网的发展，网络规模也由几十亿级别激增至上百亿级别。网络互连指数级的爆发给现有网络结构带来了极大的挑战。另一方面，随着全球互联网、云计算的快速发展，以及互联网向传统行业的快速渗透，将会有越来越多的企业需要建设自己数据中心，从而掀起一波全球各地数据中心建设的高潮。随着企业数据中心网络的大规模建设，也将涌现出更多的对现有网络管理的各种需求。OpenDaylight 项目（简称 ODL 项目）就是在这一背景下产生、发展起来的。自 2013 年成立以来，该项目引起了业界越来越多的关注和参与。我国也有越来越多的厂商参与其中，包括三大电信运营商以及华为、中兴、华三等众多设备厂家。可以说 OpenDaylight 是目前 SDN 控制器项目关注度最高、发展最好的几个控制器项目之一。

| 6.1 OpenDaylight 项目 |

6.1.1 项目介绍

OpenDaylight 是一款多协议异构网络中构建的高可用、模块化、可扩展、支持弹性伸缩的多协议控制器框架。它为 SDN 开发人员提供了一个模型驱动的抽象平台（MD-SAL），平台屏蔽了各种硬件设备和南向协议的差异，这样能让 SDN 开发人员在编写网络业务应用程序时能够更专注于网络业务本身。OpenDaylight 采用 Java 开发，现在已成为获得行业支持的开源平台，能够被部署在任何支持 Java 的平台上。它致力于推动 SDN 和 NFV 的部署演进，旨在解决一个 IT 领域最严峻的挑战，即简化网络管理。

OpenDaylight 项目于 2013 年 4 月 9 日宣告成立，由 Linux 基金会（Linux Foundation）支持，初期成员包括思科、Juniper、Broadcom 等 18 家厂商。经过将近几年的发展，越来越多的厂商加入该项目。到 2017 年 11 月，OpenDaylight 的成员厂商数量已经

突破50个。中兴、华为、华三、联想、中国电信、中国移动、中国联通、腾讯、阿里巴巴等我国企业都在社区中积极贡献着自己的力量。

通过回顾 OpenDaylight 版本的历史来看项目演进过程。如图 6-1 所示，截至目前，OpenDaylight 共发布了 Hydrogen（氢）、Helium（氦）、Lithium（锂）、Beryllium（铍）、Boron（硼）、Carbon（碳）、Nitrogen（氮）7 个版本。

（1）Hydrogen 版本

OpenDaylight 项目于 2014 年 2 月发布了第一个版本 Hydrogen。该版本平台框架的程序代码超过了百万行，并发行了基础版、虚拟化版和服务提供商版 3 种版本来满足各层面用户的需求。

基本版目标用户是那些正在进行概念验证或者正在对物理和虚拟环境进行测试的组织机构，因此提供了一系列的基础组件，其中包括基于 OSGi 的多协议 SDN 控制器、OpenFlow 插件和 OpenFlow 库、一个开放的 vSwitch 数据库配置、基于 Java 的 NETCONF 和 YANG 的工具集。

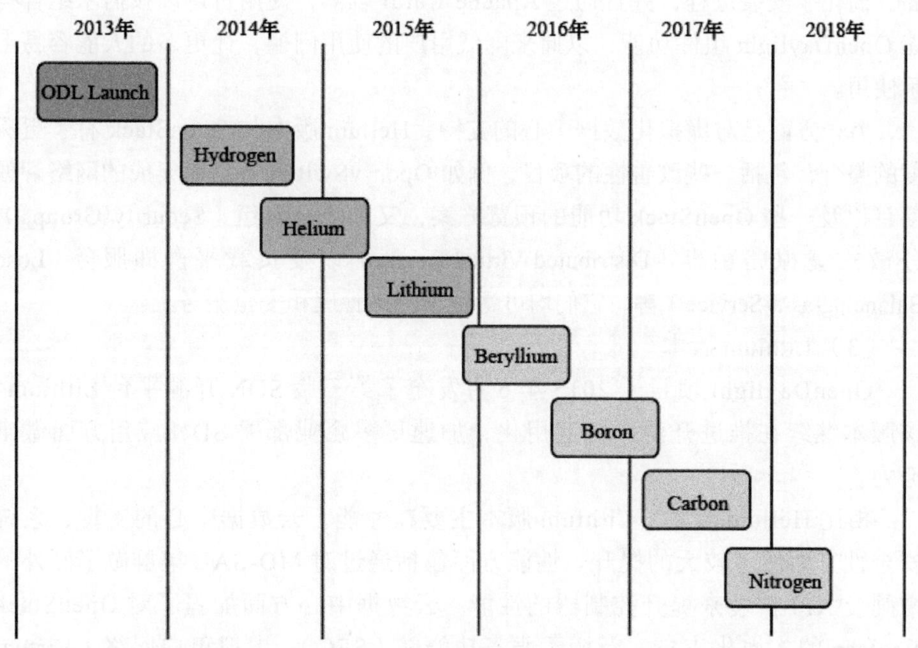

图 6-1 OpenDaylight 版本时间轴

虚拟化版的目标用户是虚拟化数据中心，该版本包含了基本版当中的所有内容，也包括建立工作负载联系和确定服务水平等级的应用程序接口（API）、用于检测 DDoS 的工具，以及针对多租户使用 OpenFlow 网络虚拟化方案的特性。

服务提供商版的目标用户是供应商和运营商，旨在为服务供应商和运营商们管理现有网络，或向 SDN 和 NFV 方向发展提供可利用的开源平台。因此，服务提供商版支持基础版功能的基础上，还支持一般服务提供商网络中常见的协议，以及用于网络安全和管理的应用程序等。

（2）Helium 版本

OpenDaylight 项目于 2014 年 9 月发布了第二版开源平台 Helium。新版本的发布主要是为了加速更多企业部署 SDN 应用，让 OpenDaylight 平台快速落地。为了达成这一目的，Helium 版本较 Hydrogen 版本主要有两方面的重要改变。

一方面是平台框架使用友好度的提升优化。Helium 版本平台框架提供给开发者一个更方便测试和管理 SDN 生产环境的平台，例如，加入了新的使用者界面，简化了安装过程，并且通过 Apache Karaf 容器，使用者可以按需求组合构建 OpenDaylight 组件功能，以此来降低用户的使用门槛，让更多的人能容易上手使用。

另一方面是对虚拟化数据中心的支持。Helium 版本与 OpenStack 有了更深度的整合，包括一些改善性的项目，例如 Open vSwitch 数据库集成的网络管理项目以及一些 OpenStack 功能的预览方案，又如安全群组（Security Groups）、分散式虚拟路由器（Distributed Virtual Router）以及负载平衡即服务（Load Balancing-as-a-Service）等，它们均可运用于网络管理和安全服务上。

（3）Lithium 版本

OpenDaylight 项目于 2015 年 6 月发布了第三版 SDN 开源平台 Lithium。该版本继续在推进开源平台商用化，加速更多企业部署 SDN 应用方面做出努力。

相比 Helium 版本，Lithium 版本主要在性能、云数据中心的支持、系统安全性方面做了较大的提升。性能方面包括通过对 MD-SAL 集群做了额外的增强及 API 扩展来提升控制器的性能。云数据中心方面加强了对 OpenStack Neutron 的本地化支持，新增了服务功能链（SFC）、虚拟租户网络（Virtual Tenant Network，VTN）和基于群的策略（GBP）等特性。安全性包括增强的安全和自动化特性，可以简化 OpenDaylight 以及广泛分布的网络设备间的安全通信。

从 Hydrogen 到 Helium 再到 Lithium，从 OpenDaylight 版本功能演进的过程可以看出，OpenDaylight 一直在致力于推进 SDN 和 NFV 技术的落地，并把技术落地的重点放在了数据中心领域上。OpenDaylight 期望在数据中心领域有了实际的应用场景后，也有利于向运营商网络等其他领域推广，进而进一步在物联网、安全等应用场景中更多地推动 OpenDaylight 的应用。

（4）Beryllium 版本

OpenDaylight 项目于 2016 年 2 月发布了第四版 SDN 开源平台 Beryllium。Beryllium 版本继续利用 MD-SAL 架构，提供 SDN 开源的平台。在 OpenDaylight 已经十分丰富的南向插件中，Beryllium 版本又增添了 OF-CONFIG 协议。此外，Beryllium 版本还引进了 NeXtUI 这个组件，它提供了高性能和多功能的网络集中拓扑，能够汇总所有网络节点的信息，可以使得网络拓扑之上的路由路径、流量以及网络状态更直观地可视化。Beryllium 版本还支持多种策略和意图（Intent），在铍版本中支持网络抽象层的项目有 ALTO、GBP、NEMO 和 NIC，将在后面具体介绍。

（5）Boron 版本

OpenDaylight 项目于 2016 年 9 月发布了第五版 SDN 开源平台 Boron。Boron 版本在对 Cloud 和 NFV 的支持上有了很大程度的提升，对于 Cloud 的支持主要是在统一的开发框架内对 OpenStack 的支持进行了重构，从而提高了集群、HA 的灵活性和性能。对 VNF 的提升包括对 OpenFlow 和 NETCONF 的优化，还有 VTEP 支持和 DPDK 的优化。OPNFV 作为 ODL 平台重要的下游用户，驱动了大量电信级需求和 ODL 新功能的产生。SFC 已经成为了 NFV 部署的关键功能，ODL 和 OPNFV 合作的 SFC-focused 项目也有了关键性的提升，包括 POT（Proof of Transit）验证服务链，增强了对 FD.io 服务链鉴别和最新版本 OVS 的支持。与此同时，Boron 版本对多种南向接口的支持进行了提升，包括 OpenFlow、BGP 和 BGP-VPN，并且讲述了如何有效地进行使用。

（6）Carbon 版本

OpenDaylight 项目于 2017 年 5 月发布了第六版 SDN 开源平台 Carbon。作为 Opendaylight 新一代版本，Carbon 版本进一步提升了 Opendaylight 的可扩展性和稳定性，同时支持多地多点部署，并增加了应用程序性能和容错能力的新功能。在南向协议中，OpenFlow 和 Netconf 在可扩展性和性能方面等都得到了很大的提升。

Carbon 版本通过为 NFV 管理提供一个综合架构来简化服务功能链。Carbon

版本支持有线电视运营商所需的一系列 PCMM 规范以及其他功能，同时提高了运营商使用软件应用程序和服务编排人员在物理和虚拟网络中配置连接服务的能力，特别是由 MEF Forum 定义的运营商级以太网服务。

Carbon 进一步增强了 ODL Neutron 插件的功能，以及支持 OpenStack 中的 L3VPN 的实现。该插件还提供与 OpenStack Keystone v3 的集成以及 FD.io 的 VPP 和 OVS-DPDK 的南向支持。

（7）Nitrogen 版本

OpenDaylight 项目于 2017 年 9 月发布了第七版 SDN 开源平台 Nitrogen。Nitrogen 版本相对于上一个版本 Carbon，最明显的变化就是 Nitrogen 对于 Karaf 4 的实现，OpenDaylight 组件使得用户能够选择其 SDN 控制器支持的协议和服务。具备了这个功能之后，OpenDaylight 显著提高了组件包之间的相互依赖关系的管理，从用户角度看，这个功能能够让用户快速配置、启动和部署新特性，OpenDaylight 依赖于与 Karaf 部分相互作用的第三方特性的同时增加了安全性，加速部署的依赖映射也使得跟踪、隔离和发现故障和错误变得更加容易。

除了 Karaf 4，OpenDaylight 还做了大量的工作改进可扩展性和增强集群能力的健壮性。此外，组成 OpenDaylight 的各个组件都有了小幅提升并且增加了 Bug 修复功能。

6.1.2 系统架构

从官方给出的 OpenDaylight 功能视图中，可以非常清楚地看到总体功能，如图 6-2 所示。从底层设备到上层应用，OpenDaylight 划分了 3 个功能层，即数据平面元件层、南向接口及协议插件层、控制器平台服务层，具体阐述如下。

（1）数据平面元件层

该层主要包含了 SDN 中的物理设备和虚拟化设备。在这些设备上实现了指定的南向协议（如 OpenFlow、NETCONF、SNMP 等）之后，就可以被 OpenDaylight 控制器所管理。

（2）南向接口及协议插件层

该层主要是各种南向接口及协议插件的实现，如 OpenFlow 协议插件、OVSDB 插件、NETCONF 插件、SNMP 插件等。这些插件将以非常方便的方式安装在 OpenDaylight 的控制器中，用于和底层虚拟及物理设备进行交互。

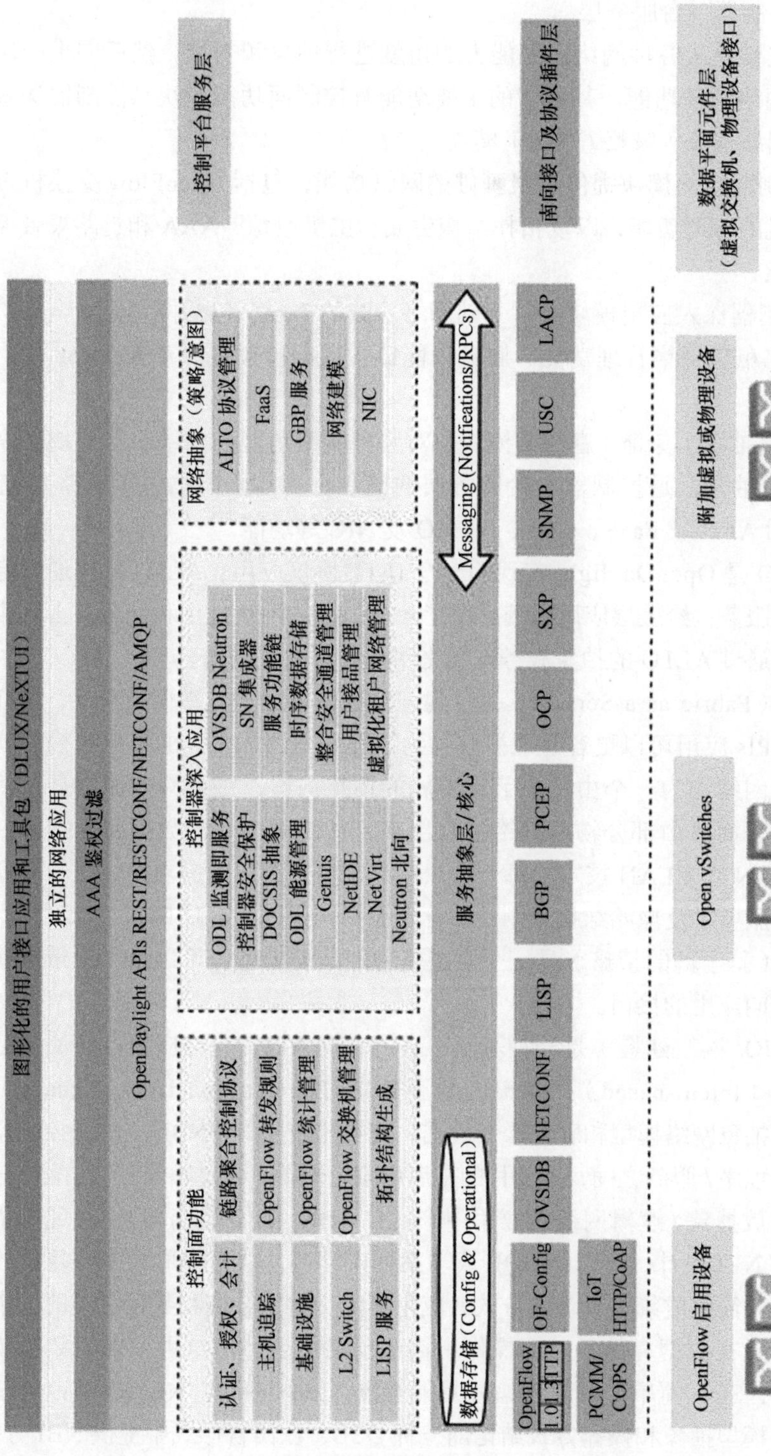

图 6-2　OpenDaylight 功能视图（Carbon 版本）

（3）控制器平台服务层

该层主要是从各种网络服务能力的角度进行抽象和封装，然后向上一层提供基础的网络管理功能。其包含的主要功能有控制面功能模块、控制器深入应用模块、网络抽象（策略 / 意图）模块。

① 控制面功能模块提供了最基础的网络功能，包括 OpenFlow 交换机其他二层交换机的管理功能，以及拓扑结构生成、主机追踪、AAA 和链路聚合控制协议等功能。

② 控制器深入应用模块是对基础网络功能的扩展，包括控制器安全保护功能、虚拟化租户网络管理功能、服务功能链、数据持久化以及 Neutron 北向接口等功能。

③ 网络抽象（策略 / 意图）模块是对基础网络功能和网络服务模块更高一层次的业务抽象，是控制器平台服务层的核心。目前网络抽象（策略 / 意图）模块已包括 ALTO、FaaS、GBP、NEMO 及 NIC 等功能。

- ALTO 是 OpenDaylight 实现的一个 IETF 协议应用，ALTO 协议通过定义抽象服务，给上层应用系统提供了一个简单的网络视图和服务，上层应用可用通过 ALTO 的抽象服务来优化网络资源的利用率。
- FaaS（Fabric as a Service）是创建一个物理层之上的常见抽象层，这样北向 APIs 应用可以更容易地被映射到物理网络上。常见的抽象层模型模拟物理网络作为一个由抽象节点组成的拓扑构造，每个构造通常是在相同控制平面上由部分物理网络抽象出来，并使用相似的数据路径技术，如 VxLAN 或 VLAN 技术。每一个抽象构造根据用户的需求提供了一系列的统一服务以及原始结构来创建和管理逻辑网络的生命周期。
- GBP（基于群的策略）是一个意图驱动的策略模型，可以给用户带来简化的面向应用的接口。
- NEMO（网络建模）是一种基于事务的北向 API，允许应用程序使用基于意图（Intent-based）的策略，基于 DSL（Domain Specific Language）接口来抽象网络模型和表现操作模式。其中北向接口（NBI），位于控制器和应用程序 / 服务之间，主要目的是启用应用创新，通过抽象网络功能 / 信息和开放抽象 / 逻辑网络到应用中来优化 SDN 生态系统。若要实现一个新颖的 NBI 设计，可以从 SQL 成功案列中学习，从语言形式中将复杂的数据操作简化成统一直观的方式。应用不定义数据存储和数据操作的根本机制，只在数据存储和数据操作中描述预期然后得出结果。作为数据域的 DSL，SQL 简单而且直观，并且能够嵌入到程序中。NEMO 语言是基于网络模型抽象和操作方式结论的一种 DSL，在语言形式中提供 NBI 方法，

代替很多抽象 APIs，使网络用户 / 应用以直观的方式描述网络资源、服务、逻辑操作等需求，可以通过一种语言引擎执行。

- NIC（网络适配器）主要是使 OpenDaylight 控制器能够基于应用描述的意图来管理网络服务和网络资源。不同于当前 SDN 的接口，基于意图的接口的核心设计理念就是“不要告诉我该怎么做，告诉我你想要什么”，NIC 的引入使得用户接口更加简单，而这个实现的技术核心就是将用户描述意图抽象生成相关策略的语义，来代替目前类似于 OpenFlow 的流规则。基于意图的接口将根据用户描述的意图来编排服务和网络，以及编排如 OpenStack Neutron、SFC、GBP 这些面向 SDN 业务的应用为用户提供服务。NIC 是一种泛型协议，这样使得 OpenFlow、OVSDB、NETCONF、SNMP 等众多协议都可以被应用在 NIC 中。

Carbon 版本除了上述 3 个功能层之外，还提供了独立的网络应用和图形化的用户接口应用和工具包。

独立的网络应用与服务层主要基于控制器平台服务层提供的北向接口来实现对特定业务场景下的网络进行管理。该层是面向实际网络应用的，由于实际网络业务场景非常多，因此今后这一层的应用也将非常多。

图形化的用户接口应用和工具包给出了如 DLUX 和 NeXTUI 两个典型的应用。

- DLUX：DLUX 是一个基于 AngularJS 框架的直观的图形化用户界面。用户通过 DLUX 可以对 SDN 的拓扑进行可视化管理，以及展示被控制器管理的网元相关信息，DLUX 还提供了 YANG 的可视化维护工具。
- NeXTUI：NeXTUI 提供网络中心拓扑的 UI 组件，显示大的复杂网络拓扑，汇总网络节点、流量、路劲、tunnel、group 等可视化效果，包括不同的布局算法、图像叠加以及用户友好的预设置交互，提高了性能并丰富了 UI 的功能，能够与 DLUX 共同构建 ODL Apps。

综上所述，OpenDaylight 划分了 3 个业务功能层和独立的网络应用功能，并实现了各层之间的交互和适配，其最终的目的就是实现屏蔽底层设备的差异性，使上层网络应用能够透明地管理这些物理和虚拟设备。各层之间交互主要有以下 3 类。

（1）数据平面元件层与南向接口及协议插件层的交互

数据平面元件层通过具体的协议来完成和南向接口及协议插件层进行交互。例如，通过 OpenFlow 协议与支持 OpenFlow 的交换机进行交互，或者通过 OVSDB 协议与支持 OVSDB 的交换机进行交互以及通过 SNMP 协议和设备交互。该层次的交互最终完成了底层设备接入 OpenDaylight 控制器，并被控制器所管理的相关细节实现。

（2）南向接口及协议插件层与控制器平台服务层的交互

两个业务功能层通过中间适配层，即服务抽象层（Service Abstraction Layer，SAL）进行交互。服务抽象层提供了 MD-SAL 的实现方式，即通过 YANG 模型进行的模型驱动调用方式。MD-SAL 更具灵活性和扩展性，支持包括基于事件的异步调用方式和基于远端过程调用（Remote Procedure Call，RPC）的同步调用方式。另外，MD-SAL 中还提供了数据存储功能，用于存储设备的配置和运行状态数据。该层次的交互主要通过增加了 MD-SAL 这个中间适配层，实现了北向接口与南向接口的解耦，并能够保证南北向接口能够独立发展、互不影响。

（3）控制器平台服务层与网络应用及服务层的交互

控制器平台服务层将控制器的业务逻辑封装成了 REST 风格的北向接口，供网络应用及服务层调用。网络应用及服务层经过安全认证后，就可以通过这些北向接口和控制平台服务层进行交互。通过这种方式最终实现了网络应用及服务层对数据平面元件层的物理、虚拟设备的管理。

OpenDaylight 中的数据平面元件层包括了各种物理和虚拟设备厂商的设备，这一层的实现更多地要依靠业界各种设备厂商的支持。而上面的网络应用及服务层的功能因为面向的是具体网络应用，所以也需要更多上层网络应用的厂商来支持。OpenDaylight 项目的网络应用服务层和数据平面元件层可以说是对外界充分开放的，也是迫切需要业界众多厂商共同努力来丰富这两个功能层的内容。正如前文介绍的，目前 OpenDaylight 成员超过 50 多个，这些成员厂商所做的工作，多数也是集中于网络应用服务层和数据平面元件层。OpenDaylight 项目组本身则是专注于控制器平台服务层、南向接口及协议插件层以及服务抽象框架功能的设计和开发，专注于提供一套基础功能全面稳定、高度抽象可扩展、屏蔽差异化的框架，最终实现网络应用服务层可以简单透明地管理数据平面元件层的设备，这也是 OpenDaylight 项目成立的初衷，即简化网络管理。

6.1.3 关键技术

从上面的简要介绍不难看出，OpenDaylight 包含的功能很多，作为一个从事 OpenDaylight 开发的初学者应该从何入手？又需要掌握哪些关键技术才能胜任基于 OpenDaylight 的开发任务？

下面就重点介绍 OpenDaylight 所涉及的关键技术，希望能对从事相关开发的读者有所帮助。图 6-3 显示的是 OpenDaylight 主要使用的工具和技术，图中的 JVM 是运行 Java 应用程序的虚拟机，具有很好的跨平台性。

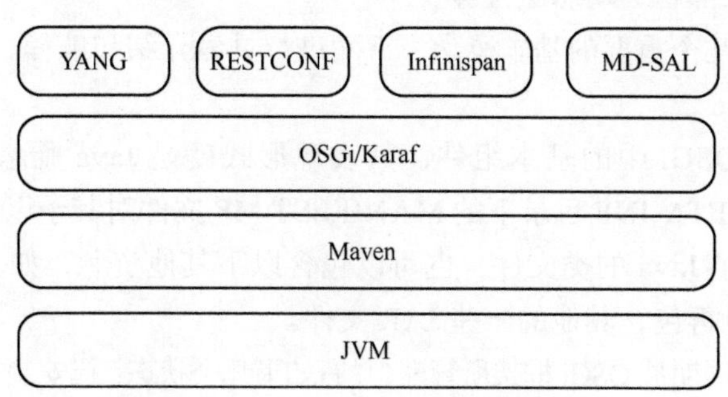

图 6-3 OpenDaylight 采用的主要技术和工具

Maven 是一个跨平台的项目管理工具，主要服务于基于 Java 平台的项目构建、依赖管理和项目信息管理。Maven 的项目构建能力和依赖管理能力都非常强大，能够帮助对 OpenDaylight 项目进行自动化构建过程，从清理、编译、测试到生成报告，再到打包和部署。Maven 提供了中央仓库，管理着 OpenDaylight 项目中所有依赖库和第三方的开源类库，通过 Maven 的依赖管理可以避免依赖包版本不一致、版本冲突、依赖臃肿的问题。

OSGi 是一个框架规范，方便项目中的各个模块灵活地部署安装，Karaf 是一个基于 OSGi 的运行环境。YANG 模型是一种数据建模语言，用来建模由 NETCONF 协议、NETCONF 远端过程调用、NETCONF 通知操作的配置数据和状态数据。RESTCONF 是一个和应用服务交互的接口规范。MD-SAL 则是 OpenDayligth 用于对控制器平台服务层与南向接口和协议插件层之间实现交互并解耦，使两个功能层之间松耦合地进行交互。下面将详细介绍 OSGi、YANG、RESTCONF 及 MD-SAL。

6.1.3.1 OSGi

OpenDaylight 的功能组件有很多，在实际的使用场景中全部安装组件将会很庞大，而且很多功能也不一定能用得上，因此，OpenDaylight 利用 OSGi 框架和 Karaf 容器来解决这一问题，其核心目标是所有的功能组件都作为一种即插即用的插件存在，用户可以根据实际需求来灵活定制属于自己的控制器平台。

OSGi 可以说是一个框架体系规范，遵从这个规范，开发人员能够构建动态化、模块化的 Java 系统。OpenDaylight 项目遵从 OSGi 体系开发后，各个模块化的应用程序就可以像搭积木一样完成自由搭建。而 Karaf 是一个基于 OSGi 的运行环境，Karaf 提供了一个轻量级的容器，可以部署各种基于 OSGi 的组件和应用程序，此外，Karaf 还提供了很多特性用于帮助开发者和用户更加灵活地部署应用，例如热部署、动态配置等。

OSGi 中有几个重要的基本概念，下面进行具体介绍和解释。

（1）Bundle

Bundle 是 OSGi 中的基本组件，其表现形式就是 Java 概念中传统的 JAR 包，同时通过 META-INF 目录下的 MANIFEST.MF 文件对其予以进一步的定义。Bundle 中包含了 Java 的类文件，也可以包含以下其他资源，如 HTML、图片、文件等，也可以再包含其他的一些 JAR 文件。

Bunlde 生命周期被 OSGi 框架所管理，具有如下几个状态：已安装（INSTALLED）、已解析（RESOLVED）、已卸载（UNINSTALLED）、启动中（STARTING）、激活（ACTIVE）、停止中（STOPPING）。状态直接的转换关系如图 6-4 所示，Bundle 可以被动态地安装、启动、停止和卸载。

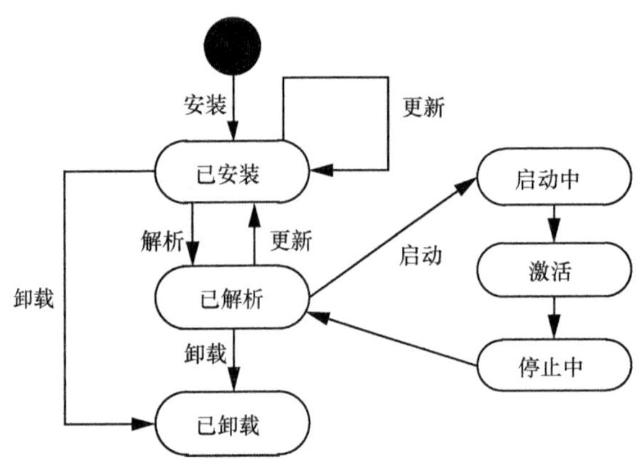

图 6-4　Bundle 生命周期状态转移

在 OSGi 中，每个 Bundle 都有自己独立的 ClassLoader，因此每个 Bunlde 内部的类是相互隔离的。如果要将一个 Bundle 用到另一个 Bundled 类，有两种方式可以实现：一种方式是需要通过分组的导出（Export）和导入（Import）来进行，即提供类的 Bunlde 对外导出自己的一个或多个分组，而使用方的 Bunlde 则根据自己的需要导入一个或多个分组，通过这种方式可以很好地完成 Bundle 之间的交互与隔离；另一种方式就需要通过服务来完成，一个 Bundle 可以作为服务的提供方对外提供服务，使用者可以查找到提供的服务，并使用这个服务。而提供和使用服务又存在两种方式：一种是通过 Bundle 的上下文（BundleContext）来提供和查找，一种是使用声明式服务（Declarative 服务，

DS）来实现。

（2）服务

一个 OSGi Service 就是注册在 OSGi 框架中的一个 Java 对象。在注册时可以设置这个服务的属性，而在查找服务时可以根据属性进行过滤。Bundle 可以通过 Bundle 的上下文去注册和查找，这种注册和查找服务的方式是在 Bundle 代码中实现的。如果需要通过配置来发布一个对外服务，就还需要了解组件（Component）、SOCM、DS 等基本知识。

（3）组件、SOCM 及 DS

OSGi 的组件和服务从定义上看差不多，任何一个普通的 Java 对象都可以通过配置文件中的定义而变成一个组件。组件对外提供了服务并可以使用其他组件提供的服务，它的生命周期也被 OSGi 框架所管理。

在面向服务的组件模型（Service-Oriented Component Model，SOCM）中组件是服务的载体，提供对外使用的服务并使用外部的服务，而组件存在于 Bundle 之中，并且整个系统由多个 Bundle 组成。在实际复杂的系统中会有多个 Bundle，每个 Bundle 中都会暴露出很多组件。开发设计人员会根据系统中具体的业务将系统分解，划分成子模块构建 Bundle，而 Bundle 内部会有一个或多个组件，每个组件提供独立的服务。这是一种面向服务组件化的设计方式。

有了组件之后就可以通过声明式服务（Declarative Service，DS）进行配置将这些组件组装起来。DS 是 OSGi 框架的一个服务标准，是 OSGi R4 的一个重大改进。在 DS 出现之前，基于 OSGi 的系统都是通过 BundleActivator 来注册服务，并根据 BundleContext 来获取服务。而引入 DS 之后，就可以在 Bundle 中定义组件，通过配置的方式发布服务、获取服务。

6.1.3.2 YANG 模型

YANG 语言是一种用来建模由 NETCONF 协议、NETCONF 远端过程调用（Remote Procedure Call，RPC）、NETCONF 通知（Notification）操作的配置数据和状态数据的数据建模语言。一个 YANG 模块定义了 NETCONF 协议操作所涉及的层次化数据，包含配置、状态、RPC、通知等。它是 NETCONF 客户端和服务器端所有数据交互的完整描述。

YANG 模型通过树形结构的节点定义描述了数据模型的层级嵌套结构以及各属性的数据类型。每个节点都有一个名字或者是一个值或者是个子节点的集合。YANG 对节点及节点间的交互提供了一个简单清晰的描述。YANG 通过模块和子模块来构建数据模型，一个模块可以导入来自其他模块的数据，同时还包含子模块的数据，可以通过在一个模块中增加另外一个模块的数据节点来扩展这种层次性。YANG 模型的不同模块之间通过 Module 进行划分。各个 Module 描述各自部分的数据模型，而不同 Module 之间可以互相引用。每个 Module 有一个独立的命名空间（NameSpace）以避免命名冲突，为了使用方便还有一个前缀（Prefix）。通过导入外部模块，则可以在本地模块中使用该模块中定义的数据结构或数据类型，导入时会给外部模块一个前缀，引用该模块中的内容时引用名称前要加前缀。

在 YANG 语言的协议规范 RFC 6020 中定义了大量的概念和语法，其中主要的声明包括如下。

- Module Statement：模块声明定义了模块的名字，属于该模块的所有声明。模块声明的参数是模块的名字，随后跟着包含具体模块信息的子声明块。
- Typedef Statement：通过 typedef 申明从基本类型定义派生类型，一个基本类型可以是内置类型或者是派生类型。
- Container Statement：容器节点通过子树的形式来组合相关节点，一个容器只能包含子节点或者空值。一个容器可以包含任何类型任意数目的子节点（叶子、列表、容器、叶子列表）。
- Leaf Statement：叶子节点包含整型或者字符串型等简单数据，它有一个特定类型的数值且没有孩子节点。
- Leaf-list Statement：叶子列表是一个叶子节点的序列，每个叶子包含一个特定类型的数值。它描述了一组相同类型的叶子节点，类似 C 语言中的数组。
- List Statement：一个列表定义了列条目的序列，每个条目就是一个结构或者记录，被关键叶子节点唯一标识。一个列表可以定义多个关键叶子节点，同时包含任何类型任意数量的子节点。List 描述了一组节点的集合，类似于 C 语言中的结构体。
- Choice Statement：定义的节点结构是不完全确定的。它包含多个 Case 子节点代表不同的分支，每个分支包含一定数量的孩子节点。分别定义了该节点的一种可能的结构。最终节点的结构是且仅能是所有分支中的一种。
- Grouping Statement：使用 Grouping 来定义一个需要在多处使用的数据结构。Grouping 的定义并没有真正产生节点，只有通过 Uses 引用某个 Grouping 时才会在节点树中创建新的节点。
- Uses Statement：Uses 声明可以将 Grouping 内部定义的数据结构复制到 Uses 处。
- RPC Statement：用来定义一个 RPC 操作，可能包含 Input 和 Output 子节点，分别是该 RPC 操作所需要的输入和输出数据结构。

- Notification Statement：用来定义一个通知，通过 YANG 的数据定义声明可以定义通知的内容。
- Augment Statement：YANG 语言允许一个 Schema 树中的模块或子模块添加到另一个模块或子模块当中。这样很容易在标准的数据模型中添加厂商的参数。Augment 声明定义了新的节点在数据模型中的位置。

OpenDaylight 用 YANG 模型来描述控制器框架中组件模型中的结构信息、组件模型对外暴露的同步和异步调用方法。这种方式使控制器框架更抽象，更符合模型驱动的思想。OpenDaylight 通过 YANG 工具可以将 YANG 语言描述的模型转换成 Java 代码，实现模型对象与 Java 对象之间的转换。为了适应 Java 和控制器的一些使用场景，OpenDaylight 对标准的 YANG 做了一些扩展和调整。感兴趣的读者可以研究官方 Wiki，这里不再赘述。

6.1.3.3 RESTCONF

OpenDaylight 中的北向接口采用 RESTCONF 协议方式提供。RESTCONF 是基于 REST 模式、用于网络配置与管理的协议，目的在于为 Web 应用提供一个获取配置数据、状态数据、通知事件的标准机制。RESTCONF 以 HTTP 作为传输协议，可用于访问 YANG 语言定义的数据结构及使用 NETCONF 定义的数据存储，其中数据存储可以通过文件系统、数据库、Flash 存储或者它们互相结合来实现。

NETCONF 协议定义了配置数据存储和一系列的创建、获取、更新、删除（CRUD）操作，YANG 语言定义了数据存储内容、操作数据、自定义协议操作以及通知事件的语法和语义。RESTCONF 接口可用于访问数据存储中分层的数据，可以被用来创建对 NETCONF 数据存储的 CRUD 操作，包含 YANG 定义的数据。RESTCONF 没有要取代 NETCONF 的意思，而是提供一种额外的简易接口，遵循 RESTful 原则并且与面向资源的设备抽象兼容，提供了数据模型驱动的 API。RESTCONF 整合了 HTTP 上 RESTful API 的简单性和结构驱动可预测性与自动化的优势。

RESTCONF 协议工作在 YANG 的数据建模语言定义的概念上的数据存储。服务器列出它支持的每个 YANG 模块和顶层 API 资源类型中的“/.well-known/restconf/modules/module”资源，并使用基于 RFC 6020 中定义的 YANG 模块支持的 URI 格式的结构体，通过定义的一系列 URI 来访问 RESTCONF 资源。服务器所支持的 YANG 组件集决定了附加数据模型的特定操作和服务器中可用的顶级数据节点资源。

具体来说，与其他 REST 协议类似，一个 RESTCONF 操作是由 HTTP 方法和被请求资源的 URI 构成。RESTCONF 消息被放置在 HTTP 消息体中，消息可以使用 XML 或 JSON 格式，在请求的 Content-Type Header 处指明是 XML

格式还是 JSON 格式。如果消息是从客户端（Client）发出的，那么必须要指明这个域（默认是 XML）。对于响应，其输出格式则是由请求消息中 Accept Header 指定的（如果没有指定则与请求的编码格式保持一致）。两种消息格式分别对应 YANG 模块的 XML-YANG 和 JSON-YANG。当数据库创建一个新资源时，会返回一个 Location 头，该头用于标识这个资源的路径。后续对该资源的所有操作，都需要通过这个路径来进行。除了 PATCH 方法可以操作多个数据存储外，RESTCONF 的每个操作都只能限定一个对象。在 RESTCONF 协议中，操作的对象实际上是层次化的资源，每个资源都代表设备内的一个可管理部件。资源的最高层是 API，其对应的 URI 为 /restconf。

RESTCONF 的操作格式如图 6-5 所示，其中方法（Method）为 GET、PUT 等 HTTP 方法名，入口（Entry）为 RESTCONF 固定的 /restconf，资源（Resource）为标识资源的表达式，查询（Query）为此 RESTCONF 消息携带的参数（以键值对的形式出现），最后一项 Fragment 在 RESTCONF 中不使用。

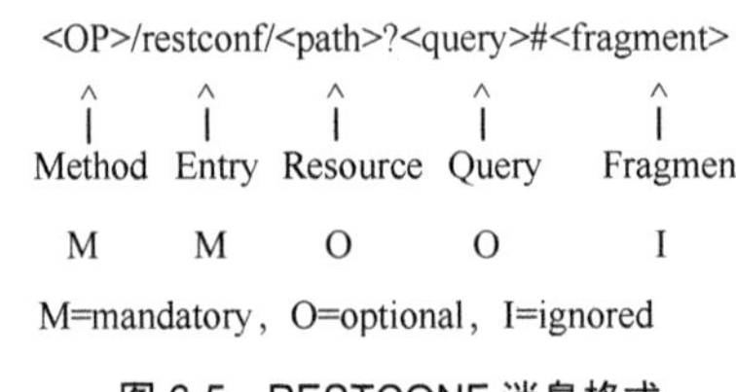

图 6-5 RESTCONF 消息格式

6.1.3.4 MD-SAL

OpenDaylight 采用了模型驱动的服务抽象层（Model-Driven Service Abstraction Layer，MD-SAL）作为控制器平台服务层和南向接口及协议插件层的中间适配层，以实现北向接口与南向接口的解耦，保证南北向接口独立发展，互不影响。

前面提到的 YANG、RESCONF 都是 OpenDaylight 为了解决中间适配的问题而在 MD-SAL 中使用的技术手段。MD-SAL 通过 YANG 来为控制器的组件定义数据结构及 API，并通过 YANG 工具将 YANG 定义的接口转换成 RESCONF 接口供外部调用。最后 MD-SAL 主要的工作就是 Provider（数据提供者，一般是南向插件）和 Consumer（数据消费者，一般是北向插件）之间的连通性工作。Provider 和 Consumer 均向 MD-SAL 注册，Provider 在提供数据后会产生通知，Consumer 可以向 MD-SAL 订阅数据，在收到数据发生变化的通知后，其可以从 MD-SAL 的数据存储（Data Store）部分获取数据。

MD-SAL 适配层的技术细节如图 6-6 所示。由于北向插件 NB-Plugin 2 所提供的北向接口与南向插件 SB-Plugin 1、SB-Plugin 2 所提供的 API 不同，就需要通

过位于 SAL 中的 Adaptation Plugin 来访问南向插件 SB-Plugin 1、SB-Plugin 2 的 API，该插件主要完成服务（Service）YANG 模型数据向设备（Device）YANG 模型的数据转换。SAL 中的请求路由器层（Requesting Routing）则完成北向插件（NB-Plugin）与南向插件（SB-Plugin）的消息传递。

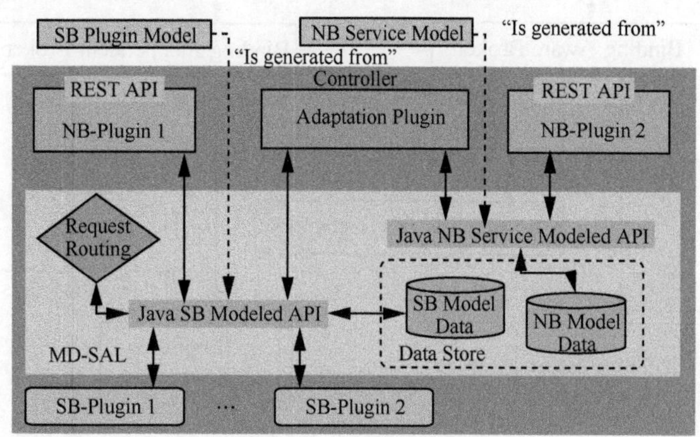

图 6-6　MD-SAL 架构示意

MD-SAL 内部实现的抽象架构如图 6-7 所示，当中主要有 Consumer、Provider、Brokers 这 3 种角色。这 3 种角色依据其访问数据存储（Data Store）的不同方式，又分为与实现语言无关和语言相关两大类，具体根据角色与类别相组合可以得到以下子系统。

MD-SAL 架构的主要构件包括以下几个方面。

（1）Provider

- Binding Independent Providers：与实现语言无关的数据提供者。
- Binding Aware Providers：与实现语言（如 Java）相关的数据提供者。

（2）Consumer

- Binding Independent Consumers：与实现语言无关的数据消费者。
- Binding Aware Consumers：与实现语言（如 Java）相关的数据消费者。

（3）Broker

- Binding Independent Broker：MD-SAL 的核心部分，实现在提供者和消费者之间路由 RPC、Notification、Data Change 等消息。
- Binding Aware Broker：提供与实现语言（如 Java）有关的访问数据存储的 API。

另外，还有 3 个附属的子系统。

- BI Data Repository：存储 YANG 模型所定义的配置和临时性数据。
- Binding Schema Repository：配置 Java-YANG 之间关系和转换规则的库。
- Binding Generator：实现由 YANG 自动生成对应 Java API 的函数库。

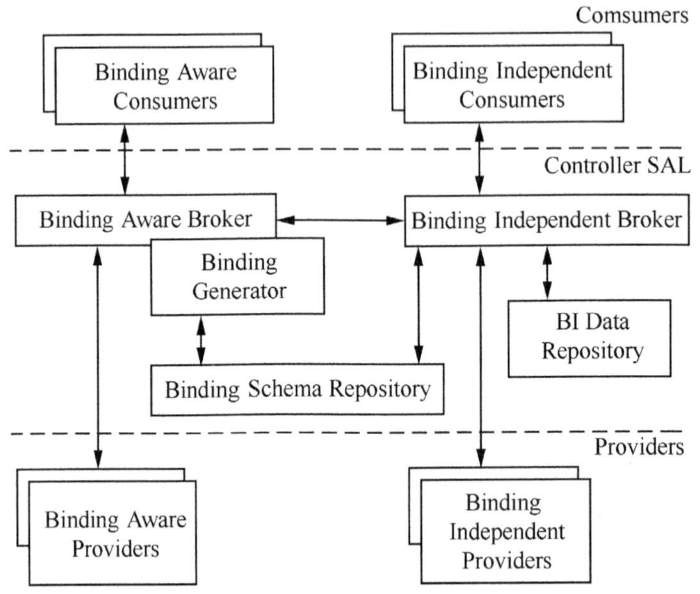

图 6-7　MD-SAL 架构角色关系

MD-SAL 本身不提供任何的模型，所有的模型都是由对应的插件（Plugin）来提供，MD-SAL 只是提供了相应的注册机制以及插件之间的连接机制。在 MD-SAL 中的所有插件，包括定制的协议、应用、适配层及其他都有相同的生命周期，这个生命周期主要分为两大阶段：设计阶段和运行阶段。

（1）设计阶段生命周期

设计阶段各个插件主要需要完成如下的事情。

① 设计者确定待设计的插件需要消费哪些数据，依据此来设计对应的 YANG 模型，再利用 YANG 工具来生成对应的 Java API。

② 设计者确定待设计的插件准备提供哪些数据和服务，依据此来设计对应的 YANG 模型，再利用 YANG 工具来生成对应的 Java API。

③ 针对自动生成的 Java API，定制实现设计者所需要的功能。与其他辅助的 Java 代码一起打包成 OSGi 对应的 Bundle。

图 6-8 简单列出了整个流程。

① 借助 YANG 工具，即可基于设计者定义的 YANG 模型生成 Java API。

② 借助 Maven Build 工具，生成 API 的 OSGi Bundle。

③ 借助 Maven Build 工具，生成 Plugin 的 OSGi Bundle。

④ 将这些 Bundle 集成到控制器中，即可由这些插件动态提供相应的功能。

当这些 Bundle 被动态集成到控制器中时，插件在运行阶段就被激活了，它就可以通过 MD-SAL 与其他的插件进行交互，操作数据存储中基于各类 YANG 模型定义的数据。

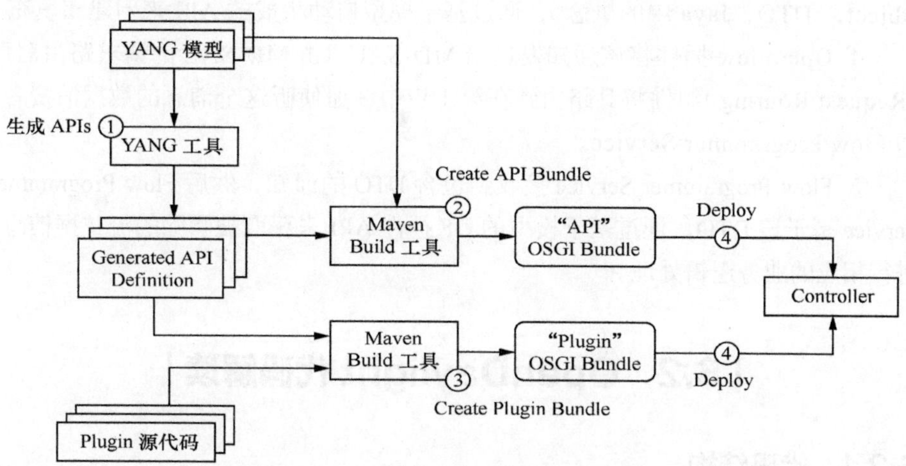

图 6-8　MD-SAL Plugin 设计阶段生命周期示意

（2）运行阶段生命周期

运行阶段的工作流程如图 6-9 所示。

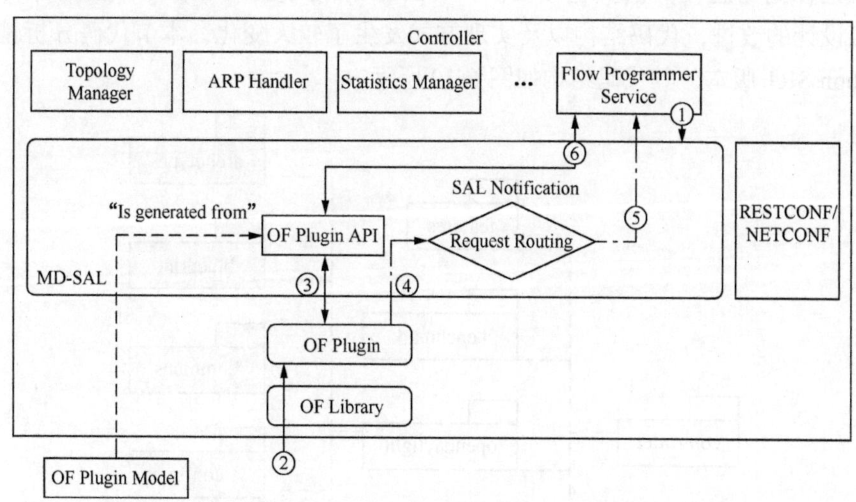

图 6-9　MD-SAL Plugin 运行阶段生命周期示意

① Flow Programmer Service 向 MD-SAL 注册，并侦听 Flow Deleted 类型的通知，该注册过程在 OpenDaylight 控制器和这个插件启动时就已完成。

② OpenFlow 数据分组到达 OpenFlow 插件。该分组是通过控制器与交换机的 TCP/TLS 连接，并由 OpenFlow 库函数接收并传递给 OpenFlow 插件。

③ OpenFlow 插件解析这个数据分组，由解析得到的数据分组创建一个 Flow Deleted 通知，该通知是一个不可改变数据传输对象（Data Transfer Object，DTO，Java 中的概念），通过基于模型自动生成的 API 来创建和填充。

④ OpenFlow 插件将该通知发送给 MD-SAL，由 MD-SAL 的请求路由器层（Request Routing）组件将其路由到在第①步中注册侦听这个消息的数据消费者，即 Flow Programmer Service。

⑤ Flow Programmer Service 接收到包含 DTO 的通知，然后 Flow Programmer Service 基于该 DTO，通过基于模型的 OF 插件 API 来获取被删除的流数据信息，进行相应的业务逻辑处理。

| 6.2 OpenDaylight 代码解读 |

6.2.1 代码结构

OpenDaylight 由众多的子项目组成，涉及的代码较多，本章在分析 OpenDaylight 代码的过程中，首先重点关注 OpenDaylight 的 Controller 项目中的代码，由此可以延伸到与之相关的其他项目。自 OpenDaylight 引入 YANG 模型对服务抽象层设计的改进，代码结构以及实现方式发生了较大变化，本节代码分析基于 Carbon SR1 版本，其代码结构如图 6-10 所示。

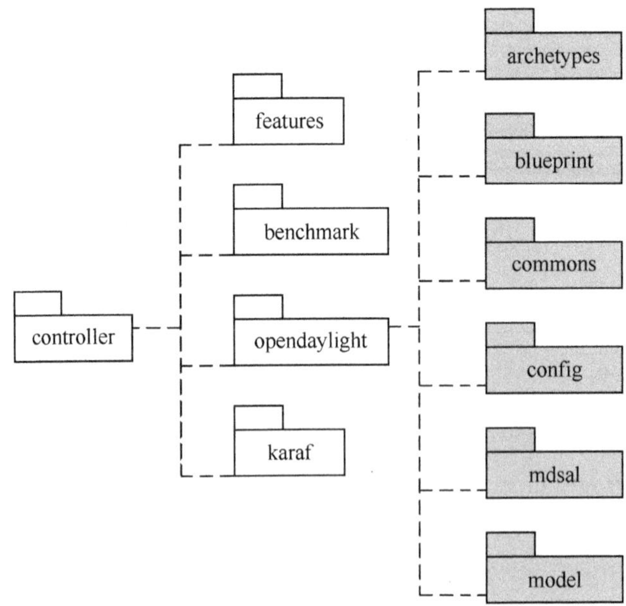

图 6-10 OpenDaylight 控制器 Carbon SR1 版本源代码目录结构

6.2.2 代码解析

图 6-11 是 OpenDaylight 控制器的系统架构，直观地反映了 OpenDaylight 代码内在结构的依据以及模块功能和依赖关系，本节解析代码的基本思路是基于该架构进行剖析，以便对 OpenDaylight 控制器的实现有整体了解。

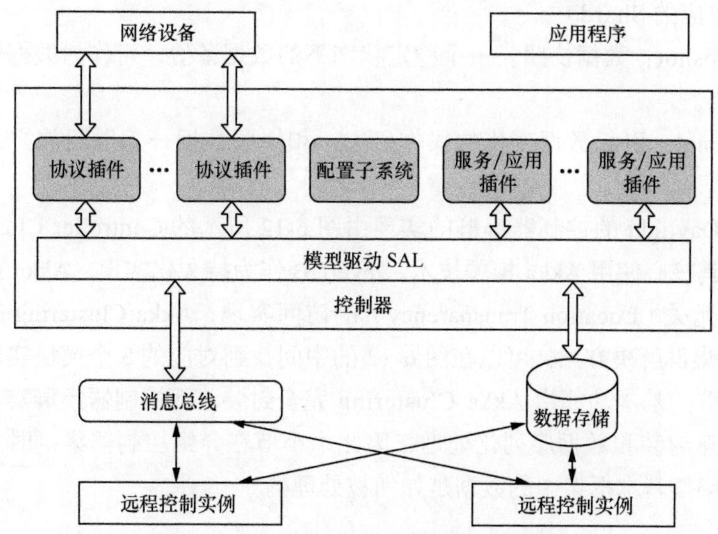

图 6-11 OpenDaylight 控制器的系统架构

从图中可以知道，控制器核心框架的组成部分包括集群的实现方式、数据和消息的处理、基于 MD-SAL 的应用和相关配置。实践过程中，通常比较关注控制器的高可用性（HA）实现、业务数据表示和存储、基于 MD-SAL 的应用开发，因此，后面将会从控制器集群（Controller Clustering）、数据存储以及 MD-SAL 应用 Toaster 这 3 个方面对 OpenDaylight 源代码进行分析。

（1）控制器集群

对于控制器来说，集群不是一项功能，而是控制器必需的基础框架，作为其他模块正常工作的重要保障，集群使得控制器不再成为一个单点故障点，这就需要控制器有灾难恢复机制和保障控制器实例之间数据一致性。在控制器集群中，控制器实例以主 / 从（Leader/Followers）的角色来相互协调，如果主控制器实例出现故障，如失去连接或宕机，则需要从剩下活动的实例中选举出一个主实例来接管服务；控制器实例在提供服务的过程中，产生的数据更新会在实例间进行同步；当有新的控制器实例加入集群时，比如之前失效现在又复活的实例，它会从主控制节点同步最新操作日志并和快照数据进行数据恢复。在代码实现中，对数据的定义引用了传统的分布式数据模型的定义，比如分组、备份、快照、日志等，代码中定义的相关概念可以通过 IDE 类型的代码检索工具找到对应的实现。

- Shard：数据分组。在控制器中，数据可以按照模块建立树形的数据分组。
- Replicate：主控制器生成的数据拷贝。数据拷贝最后同步到其他实例合并到对应的 Shard 中。
- Snapshot：数据快照。一个稳定状态下的数据备份，可作为数据恢复的检查点。
- Journal：引起数据变化的操作日志，和快照数据一起以回放方式恢复数据。

OpenDaylight 的控制器集群的实现由图 6-12 所示的 Controller Clustering 模块完成，其核心使用 Akka 相关技术，levelDB 作为持久化实现，Akka Remoting 作为位置无关（Location Transparency）的访问实现，Akka Clustering 提供了基于 Raft 的集群解决方案，可以在图 6-12 的中间找到对应的 3 个模块实现。由于控制器集群的基本功能由 Akka Clustering 完全封装，而控制器集群实际上在其上做了消息封装和数据序列化处理，因此本小节在介绍控制器集群时主要还是关注基于集群基本框架中的数据是如何被处理的。

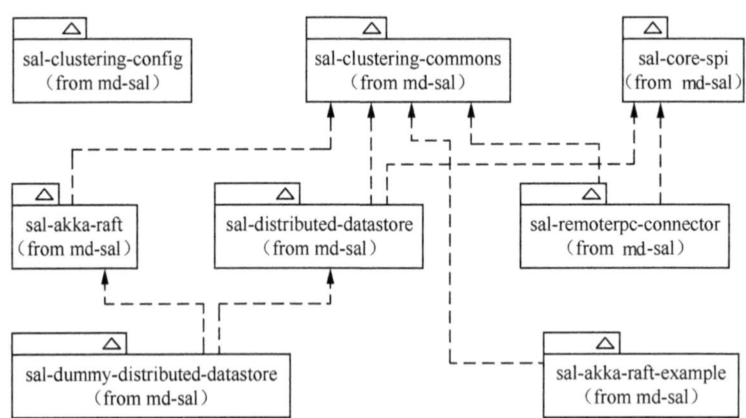

图 6-12 Controller Clustering 模块依赖

相关模块实现的主要功能如下。

- sal-clustering-config：集群配置相关。定义机器实例名称、物理地址、端口以及构成 Shard 的模块名称等相关配置。

- sal-clustering-commons：提供了数据存储相关的接口、消息处理机制和数据序列化相关的实现。
- sal-core-spi：存储服务接口定义，提供数据存储实现的核心类。
- sal-akka-raft：基于 Akka 相关组件实现了 Raft 算法。
- sal-distributed-datastore：分布式数据存储实现、并行 DOM 数据代理以及 DOMStore 相关 API。
- sal-remoterpc-connector：远程方法调用的实现，以及基于 Gossip 的状态复制。
- sal-dummy-distributed-database：Dummy 分布式数据实例。
- sal-akka-raft-example：基于 akka-raft 实现的实例。

在集群模式下，上层应用和底层设备与控制器实例间的数据交互是透明的，集群中实例为应用和设备提供一致的数据视图和数据操作，是由控制器模块 sal-distributed-datastore 中的 DistributedDataStore 来完成的，DistributedDataStore 实现了 DOMStore 以取代 InMemoryDataStore 来进行分布式数据同步。图 6-13 为实现的相关类图，代码中涉及的一些概念说明如下。

- Transaction 表示数据操作，集群中任何操作，如读、写、删除都是在 Transaction 中进行。
- Actor 和 ActorSystem：Actor 是 akka-raft 中的一个概念，是数据的一个封装；ActorSystem 可以认为是由服务和 Actor 组成的一个系统，代码中可以理解为整个集群环境是一个 ActorSystem。
- TransactionProxy 则是拥有 Transaction 引用的 Actor 集合，当有消费 Actor 来执行远程的 Transaction 时，数据提交会被调用。

从实现细节来看，在设计上模块职责很清晰，由图 6-13 可以知道，客户端只需要与 DistributedDataStore 交互即可，数据提交则由 Proxy 来管理，数据的存储由 ShardManager 来管理，维护集群中模块对应的 Shard，不同的 Shard 会定义不同的数据提交策略，比如提交频次、数据分布等策略。而数据的一致性可以通过 Raft 算法保证。

OpenDaylight 之所以要实现自己的分布式数据存储框架，主要是因为控制器在生产环境下对性能要求高，另外还需要考虑特殊的业务场景，以保障系统业务能在各种异常情况下正常运行，OpenDaylight 为了优化 Transaction 提交，控制器需要区分当前的 Transaction 是本地还是远端，并在提交数据前，遵循以下约束。

- 控制器实例中所有的恢复任务必须已经完成，因为存在某个控制器实例是从失败的状态刚加入到集群中的，存在数据不一致的情况。

- 提交时需要知道所有 Shard 的 Leader，以保证完整的数据视图。
- ShardManager 需要监听 MemberStatusUp、LeaderStateChanged、ShardRoleChanged 等消息，因为可能因角色变化导致数据提交失败。
- 等待准备的过程有超时限制，并且等待过程对子系统有阻塞。

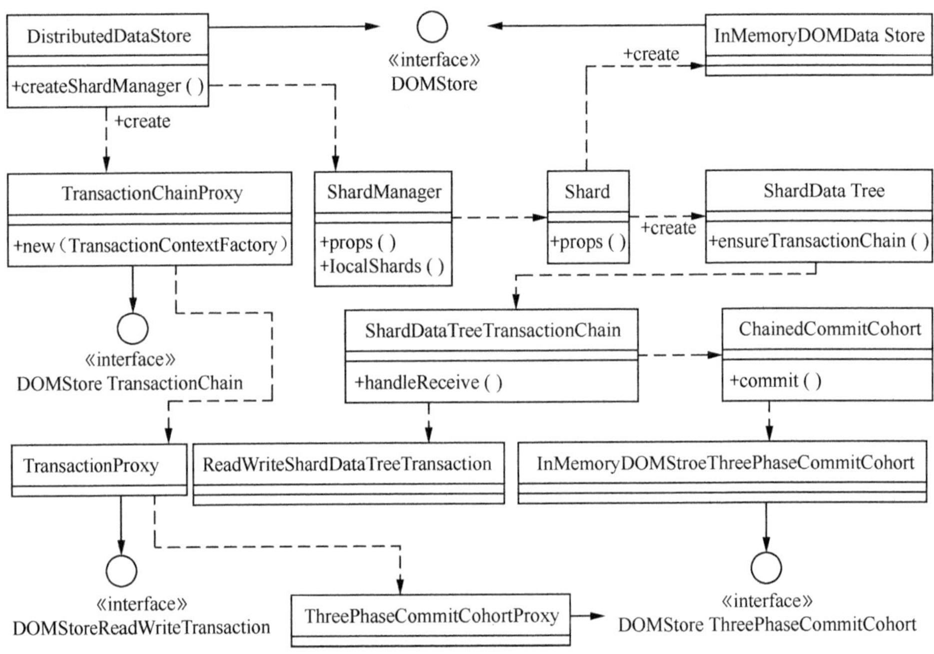

图 6-13　OpenDaylight 的集群 Transaction 实现类图

当具备提交条件后，控制器实例会创建 TransactionProxy，并获得当前 Shard 数据状态进行提交。图 6-14 描述了创建一个 TransactionProxy 的交互图，可以结合图 6-13 类的依赖关系进行关联，当客户端对数据进行提交时，首先获得 ShardManager 以生成 ActorContext，包含了 Shard 相关信息，由类图可知，Shard 作为 Actor 封装了应用的 InMemory*（InMemory* 是指用 IDE 的类型搜索功能可以搜索到的相关对象）相关数据，Shard 也可以根据请求命令生成相应的 Transaction（如读、写、删除）和需要执行到对应的 Shard 的备份节点上，即代码中所说的 Cohort。由 ActorContext 获得 TransactionContextFactory 并由它返回 TransactionChainProxy，有了 TransactionProxy，则可以在集群中执行 Transaction 的提交。

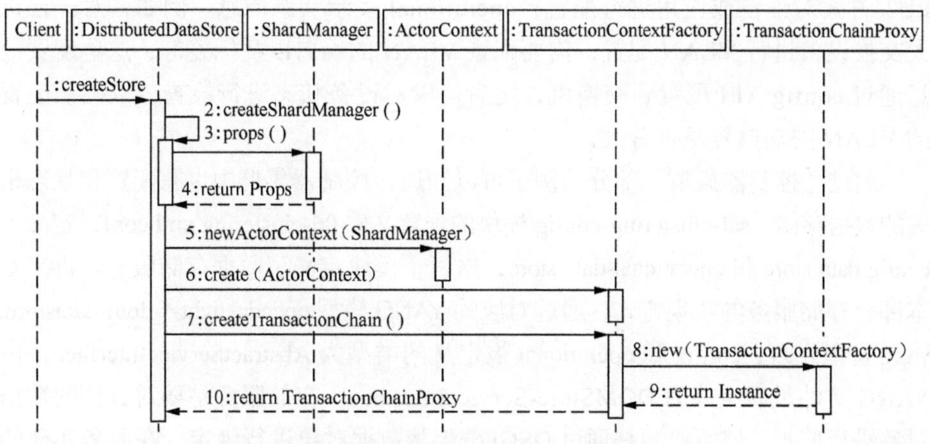

图 6-14　创建 TransactionPorxy 的过程

控制器是整个 SDN 的控制中枢，在分布式集群环境下，大部分应用场景对分布式控制器中的数据一致性要求非常高，OpenDaylight 控制器中的 Transaction 提交过程是由 Raft 算法实现 Paxos 的三阶段提交来保证数据的一致性。

需要说明的是，Paxos 依据 CAP 理论牺牲了可用性（Availability）而获得了一致性（Consistency）和分区容错性（Partition Tolerance），是一种强一致性的实现方式，对网络环境要求较高。另外，当节点数的规模为 $2n+1$ 的集群中至少要有 $n+1$ 个活的节点时，Transaction 才能被正常地提交。

本节主要对控制器集群代码中的相关概念进行解释，并从实现细节和场景交互流程进行了简单剖析，而实际的运行控制器集群模式需要更详细地配置，可以参考 OpenDaylight 官方 Wiki 中的“Running and Testing an OpenDaylight Cluster”进行实践操作。

（2）MD-SAL Datastore

“控制器集群”部分主要侧重于数据在分布式集群场景下的数据同步实现和流程，了解 OpenDaylight 如何利用 Raft 实现数据的强一致性，对控制器分布式集群框架的服务有所了解。本部分将了解与 MD-SAL Datastore 相关的代码，理解 MD-SAL 如何配置应用和显示状态，以及数据模型与存储的关系。

在 OpenDaylight 中，基于 MD-SAL 的应用将数据存储（DataStore）分为两种类型：一种称之为配置，在控制器中以 config:configuration 模块来定义；另一种类型称作状态，在控制器中以 config:stats 模块来定义。应用为了区分配置和状态，通常以 REST API 来区分，OpenDaylight 中常用来区分这两种类型的关键词为 config 和 operational，从字面意思可以知道，config 表示配置，以

PUT 方式对设备或应用进行配置；operational 表示状态信息。例如，对一台以太交换设备进行 VLAN 配置，需要配置 VLAN 的端口以及标签等，这些配置信息通过 config API 配置到交换机，之后可以对设备状态进行检查，以确认配置的 VLAN 的端口号是否有效。

通过“控制器集群”部分的例子可以知道，控制器集群中也有配置和状态相关的数据存储。sal-clustering-config 模块的配置文件 05-clustering.xml.conf，定义了 config-data-store 和 operational-data-store，这两个模块定义了数据存储服务。再来看本部分存储服务的实现方式，通过对应的 YANG 模型 opendaylight-*-dom-datastore.yang 可以发现，config 和 operational 被定义的类型为 AbstractServiceInterface，由 YANG 文件最后生成为 DOMStore-ServiceInterface。存储服务是要对具体的数据对象进行监听，监听机制是通过 OSGi 框架将数据对象进行绑定，在服务实现的代码中，通过 Java 的 Anotation 注入方式绑定数据对象为 DOMStore，换句话说，控制器集群需要监听的数据为 DOMStore。

图 6-15 是控制器数据存储的类图，config 和 operational 都分别对应 InMemory DOMDataStore 和 DistributedDataStore 的数据存储的 Provider。在集群环境下，对应的 Provider 是 Distributed*DataStoreProviderModel。在应用运行过程中，模块通过 REST 的路径，获得对应的服务 Provider，比如当前请求为 config，则可以根据服务类生成 DataStoreContext，应用则根据当前的 DataStoreContext 来获得 ShardManager，再根据图 6-13 结合它与 DistributedDataStore 的关系，则当前的数据提交服务就是针对 config 模块所做的数据操作。

由此可知，控制器的模块存储实现实际上是 DistributedDataStore 和 InMemoryDOMStore。从代码中可以发现，operational 和 config 以服务的方式提供对数据操作的方式相同，都是对数据对象 DOMStore 类型的数据进行绑定，而 config 和 operational 服务的区别只是在初始化 Module 的类型时，生成一个 ShardManagerIdentifier 标签，通过标签类型来区分业务逻辑。

上面讲到了存储是以模型类型区分的，一个 YANG 文件代表一个模型，而模型内定义的对象，才是业务需要的数据对象。正如 DOMStore 接口描述所说，DOM 数据存储为 YANG 模型数据提供了树形数据存储，这些数据都以 NormalizedNode 的方式呈现，并以 Transaction 的方式进行操作。在 YANG 模型文件内，数据通常以 container 关键字定义，下面给出的实例是测试资源中 odl-datastore-test-notification.yang 部分内容。

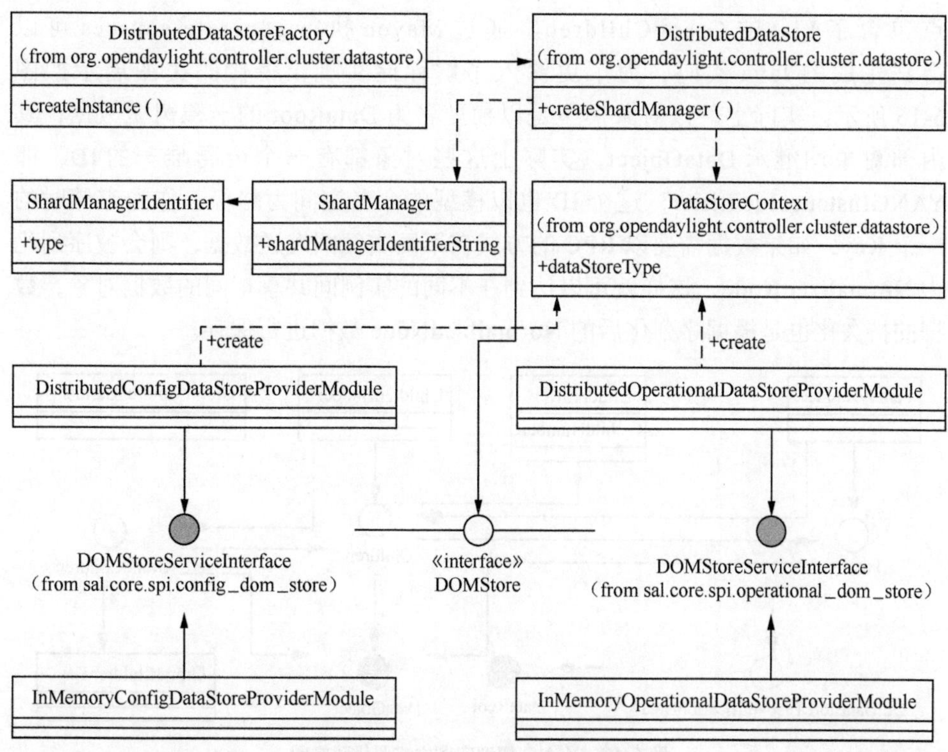

图 6-15　Controller DataStore 类图

```
container family {
list children {
key child-number;
leaf child-number {
type uint16;
}
list grand-children {
   key grand-child-number;
   leaf grand-child-number {
      type uint16;
   }
}
}
}
```

YANG 模型描述了一个父子数据类型的嵌套方式，定义的 Family 节点为根节点，并定义了一对多关系的 Children 节点。同样，其中 Children 节点包含了 List 的 GrandChildren。通过 Maven 执行 generate-sources 可以得到生成的 Java 代码，为了更深入了解存储实现，将代码类图展示如图 6-16 所示。实际上，该对象模型是以模型名为 DataRoot 的一棵树型数据，其内部对象均继承 DataObject，实际上这些对象都有一个全局唯一的 ID，即 YANGInstanceIdentifier，这个 ID 也以模型的命名空间为路径，作为存储时的一个 Key，如果数据需要以 RPC 的方式在不同实例间发送数据，则会被序列化为 NormalizedNode，这样就可以达到在不同的实例间共享相同的数据对象，数据的持久化也是根据序列化后的 NormalizedNode 数据进行保存。

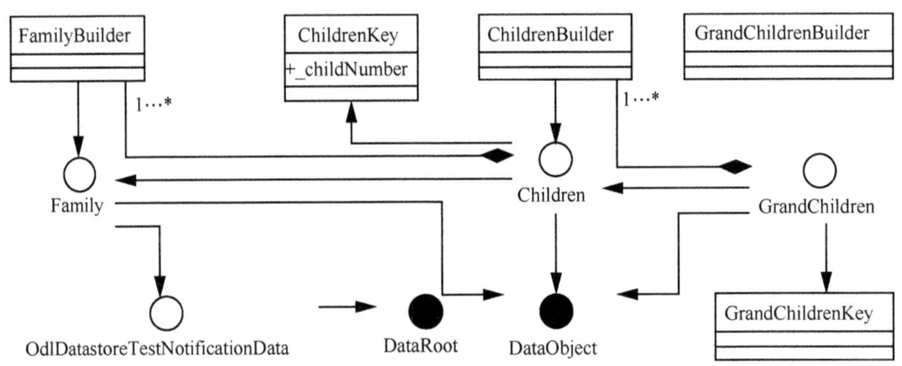

图 6-16　YANG 模型实例生成源代码类图

通过本节的代码分析可以知道，在 OpenDaylight 中，MD-SAL 的模块可以通过相关配置来定义模块存储类型，在 DOMStore 树型存储方式中，各个模块实际上是树的根，是 DataRoot 子类的实现，而内部定义的数据类型均继承于 DataObject，在以模块命名空间下通过唯一 ID，以 NormalizedNode 的形式存储。

（3）MD-SAL 实例 Toaster 源码分析

Toaster 是 OpenDaylight Wiki 示例，例子中详细讲解了如何通过 MD-SAL 框架进行开发南向及北向接口插件。这个实例主要帮助大家熟悉 MD-SAL 开发流程，以及如何与 OSGi 进行集成。Toaster 可以认为是控制器的一个内部应用，通过学习它，可以理解 OpenDaylight 控制器基于 MD-SAL 设计的核心思想。

和其他的 MD-SAL 应用一样，Toaster 应用一般由以下几个模块组成：应用模型模块、应用服务模块、应用提供模块、应用配置模块、应用组建模块、集成测试模块。在实际开发过程中，有些模块是可选的。另外，OpenDaylight 提供了通过 Maven Archetype 方式生成基础的模块工程，方便快速开发。Toaster 应用的模块构成及依赖关系如图 6-17 所示。

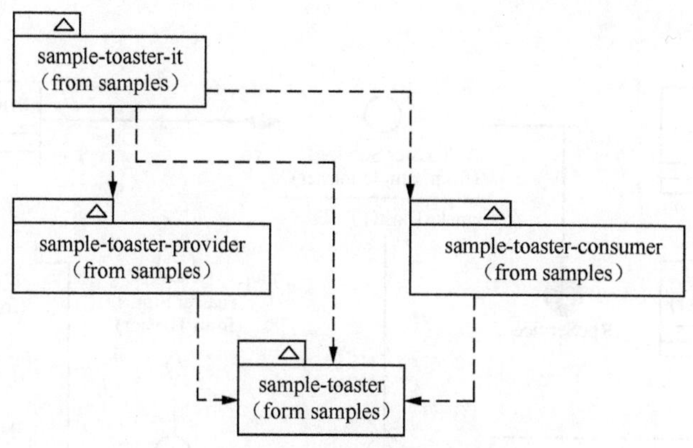

图 6-17　Toaster 应用模块以及依赖关系

模块说明如下。

- sample-toaster：模型模块，定义数据类型、消息通知、远程服务以及由YANG 文件生成的 Java 代码，如数据对象、消息注册和监听服务接口、远程调用接口等。
- sample-toaster-provider：一种数据供应服务，生产服务所需要的数据。
- sample-toaster-consumer：一种数据消费服务，由 Provider 提供数据消费。
- sample-toaster-it：集成测试模块，对依赖的服务进行集成测试。

首先，来看相对简单独立的模块 sample-toaster，它是模型中最基础的模块，其他模块都会依赖它的 YANG 文件生成的 Java 代码来完成相应的服务。图 6-18 是 toaster.yang 文件生成的源码类图，图中黑色部分是属于 YANG 工具中的接口类。通过下面的类图可以清楚地知道，Toaster 应用的功能是讲述这样一个故事：为了实现基于 Toaster 提供餐点服务，定义了餐点类型，并定义设备需要监听服务请求，根据约定的原材料来生成 ToastType，并提供服务状态信息和服务配置信息。有了这个模型之后，不同面包制造商依赖该模型制造出不同的面包，提供 restockToaster 服务。另外，餐点服务（如 KitchenServiceImpl）购买生产 WheatBread 的供货渠道集成早餐服务，不必担心供货商生产的 ToastType 差异，这就是 MD-SAL 的设计理念。

在实际工程领域实践过程中，一般先用 UML 来建立模型，用类图来表示实现细节。由于 UML 是软件工程领域的统一建模模型语言，易面向应用分析和设计，之后参考 UML 的模型来构建 YANG 模型，这种转换很容易实现，也更容易理解。在转换过程中，只需要把握 YANG 中的关键点即可。结合图 6-18，图中接口表示 YANG 工具的基础接口，也就是需要理解的关键部分，下面再结合 toaster.yang 进一步分析。

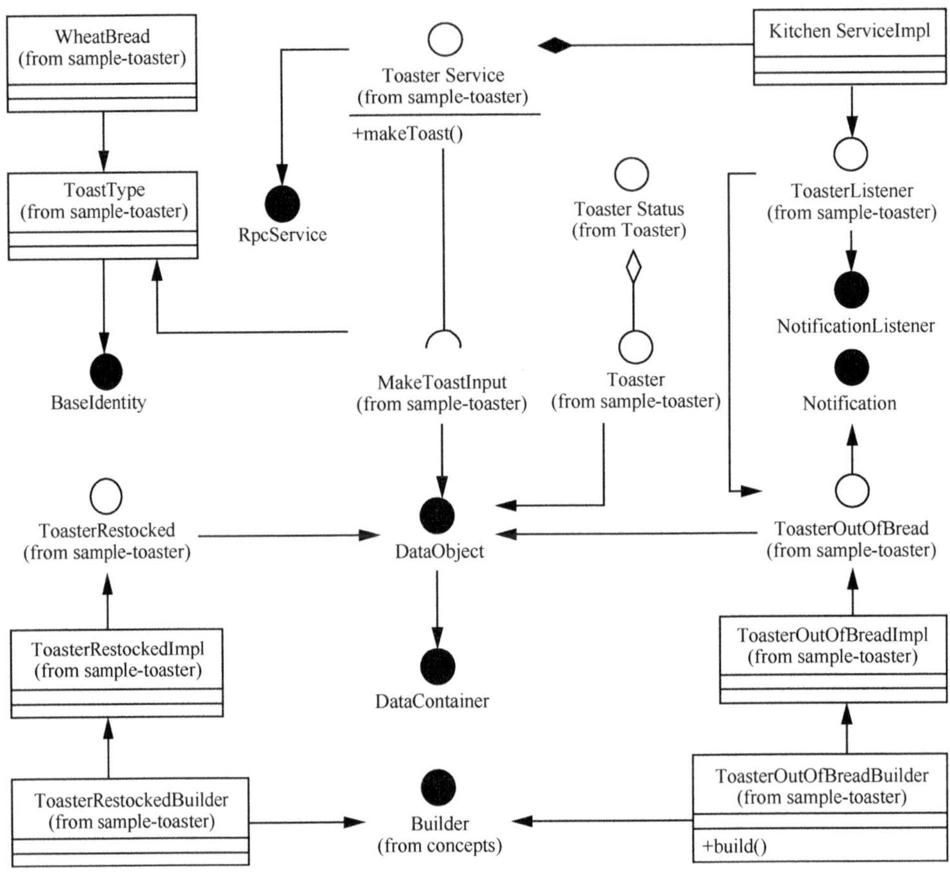

图 6-18　sample-toaster 模块相关的类图

- BaseIdentity：定义全局唯一的抽象类，在 YANG 中由 identity 定义，如果类存在集成关系，可以用 YANG 定义的 base 关键字继承。
- RpcService：这和 Java 中的概念一致，生成为 ModuleService 的一个方法调用。YANG 文件中用关键字 RPC 定义了方法调用服务，并定义了 input 和 output 的类型，input 则为输入的参数类型，output 则为返回的参数类型。
- Notification：和 Java 中的概念一致，也是一种消息数据，所以也继承 DataObject。另外，接受消息的 ModuleListener 中会有对应的监听来处理消息，如 ToasterListener。在 YANG 中以 notification 关键字定义消息。
- Builder：数据生成器（如消息数据）是以 Builder 的方式生成。
- DataContainer：这些数据都是由 YANG 中关键字 Container 部分定义出

来的，继承对象 DataObject，YANG 中有很多默认的数据类型，如 string 等类型。

然后再来分析 toaster-consumer 模块，它提供了服务实现部分：一部分代码是实现代码；另一部分则是 YANG 生成的服务接口。YANG 生成的代码分成两部分：yang-gen-sal 和 yang-gen-config。前者是自身服务定义代码，后者是引用 config 模块生成的依赖接口。kitchen-serivce-impl.yang 引用了 config 的两个 module，即 Configuration 和 State，也就是“控制器集群”部分提到的 config 和 operational。图 6-19 是 YANG 文件引用的 Configuration 和 State 部分生成的代码。

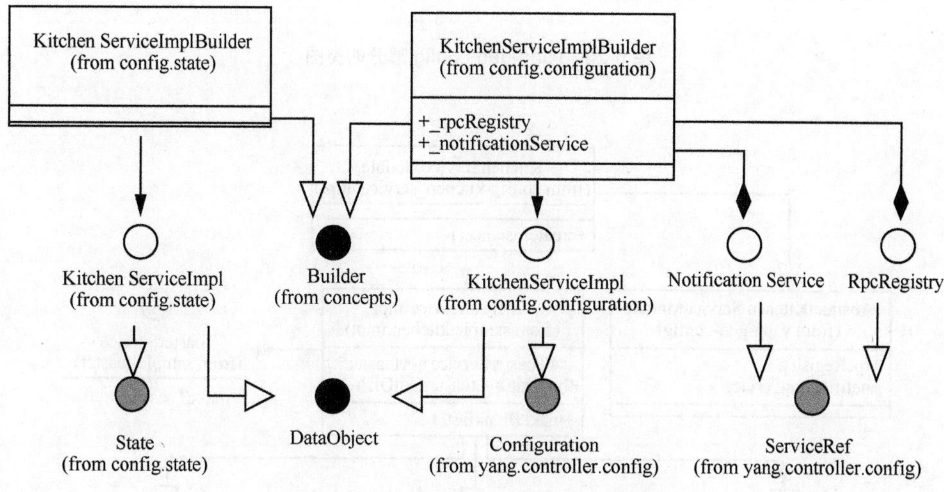

图 6-19 Configuration 和 State 相关类图

由于 State 和 Configuration 都引用并定义了 kitchen-service-impl，因此，生成代码都有各自的 KitchenServiceImpl 和 Builder，在 YANG 文件中通过 case 关键字引用。另外，Configuration 中需要配置 RPC 服务配置和 notification 服务配置。以 RPC 举例，其类型引用 ServiceRef，服务在配置模块中进行配置。消息和通知与 KitchenService 模块的关联关系，体现在 YANG 生成的 yang-gen-config 包中代码上，图 6-20 是对应的类图。

toaster-consumer 的 KitchenService 服务接口定义在 kitchen-service.yang 中，指定了类型为 service-type 和接口，该接口被 Kitchen ServiceServiceInterface 通过 Java 代码的 Annotation 方式赋值给 osgiRegistrationType，成为 OSGi 组件中的服务接口，由 KitchenServiceImpl 实现。图 6-21 是服务实现类图，该服务也需要进行配置，相关配置信息能在 sample-toaster-config 模块配置文件 Service 节点找到。

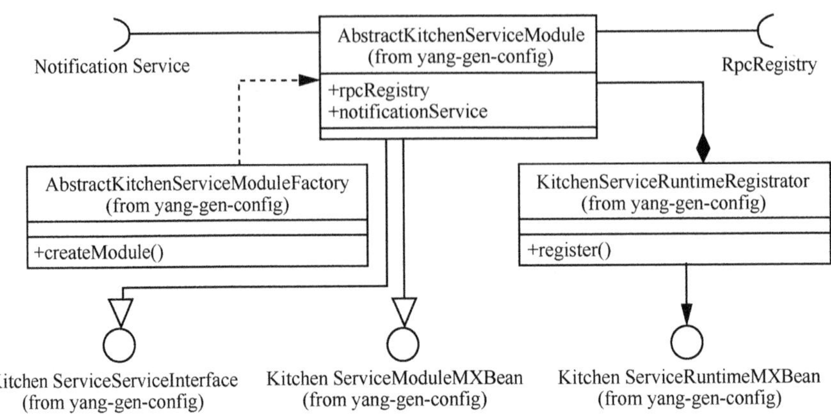

图 6-20　yang-gen-config 部分的类图

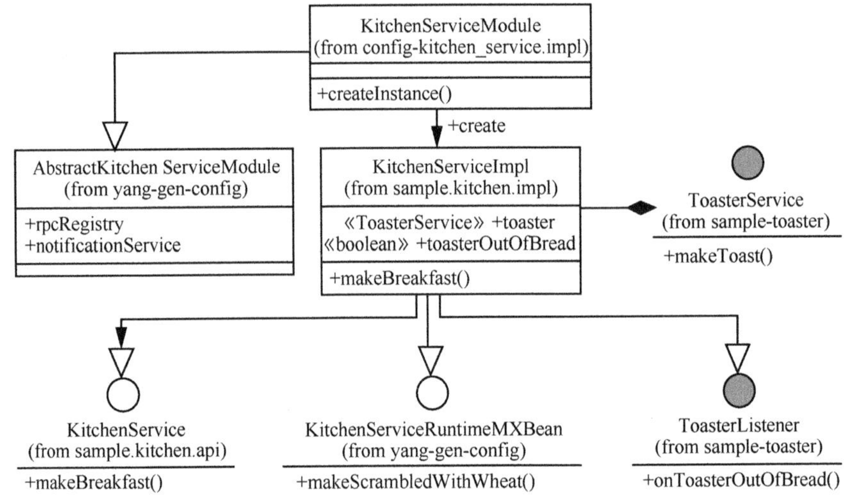

图 6-21　KitchenService 实现类图

sample-toaster-provider 模块的实现方式与 sample-toaster-consumer 类似，此处不再复述。sample-toaster-it 提供了模块的集成测试，方便开发和配置项检验。

可以看出，YANG 是很强大的数据模型语言，结构简单，可读性强，可以通过代码生成工具生成其他编程语言，关于它的更多介绍可以参考 RFC 6020。为了规避编程语言实现细节，用 UML 来对代码进行分析，通过 YANG 生成的代码和 UML 的类图关系，深入地理解 YANG 模型在 MD-SAL 中的应用价值。

总之，OpenDaylight 项目融合了 OSGi、分布式集群、YANG、NETCONF 等众多技术，相关子项目涉及网络相关知识，本节只是简单地从几个侧面对源代码进行分析，希望能对了解 OpenDaylight 的代码实现提供帮助。

6.3 OpenDaylight 安装配置

6.3.1 软件安装

OpenDaylight 安装有多种方法，可以下载源码编译安装，也可以直接下载编译好的 OpenDaylight 安装包进行安装。读者可以根据需要选择合适的安装方法，本节主要介绍如何通过下载编译好的 OpenDaylight 安装包进行安装部署。

Java 的跨平台特性使得 OpenDaylight 可以运行在 Linux/Mac/UNIX/Window 系统中，以 Linux(Ubuntu14.04)64 位系统为例，介绍 OpenDaylight 安装配置。截至目前，OpenDaylight 最新版本 Carbon SR1 支持 JDK 1.8 并向下兼容，若使用 OpenDaylight 之前版本，可选择使用 JDK 1.7 进行部署。安装步骤如下所示。

第 1 步：安装 JDK 依赖。

在 Oracle 官网下载 JDK 1.8+。

以 JDK 1.8.0_77 版本为例，下载 jdk-8u77-linux-x64.tar.gz 并解压。

```
tar -xzvf jdk-8u77-linux-x64.tar.gz
```

也可以把解压后的文件移动到常用的安装目录。

```
mv jdk1.8.0_77/ /usr/local
```

接下来，配置环境变量。在 /etc/profile 文件中加入相应的配置。

```
vi /etc/profile

#java environment
export JAVA_HOME=/usr/local/jdk1.8.0_77
export PATH=$JAVA_HOME/bin:  $PATH
export CLASSPATH=.:  $JAVA_HOME/lib/dt.jar:  $JAVA_HOME/lib/tools.jar

source /etc/profile # 使配置生效
```

验证 JDK 是否安装成功，执行 java-version 命令，如出现如下结果则表明安装成功。

```
java version "1.8.0_77"
Java(TM) SE Runtime Environment (build 1.8.0_77-b03)
Java HotSpot(TM) 64-Bit Server VM (build 25.77-b03, mixed mode)
```

第 2 步：在 OpenDaylight 官网下载 Carbon SR1。

下载 distribution-karaf-0.6.1-Carbon. tar.gz，并解压该文件。

```
tar-xzvf distibution-karaf-0.6.1-Carbon.tar.gz
```

第 3 步：运行 OpenDaylight。

```
cd /distribution-karaf-0.6.1-Carbon.tar.gz/bin/
./karaf
```

通过 Karaf 命令，进入 OpenDaylight 的操作界面，运行结果如图 6-22 所示。

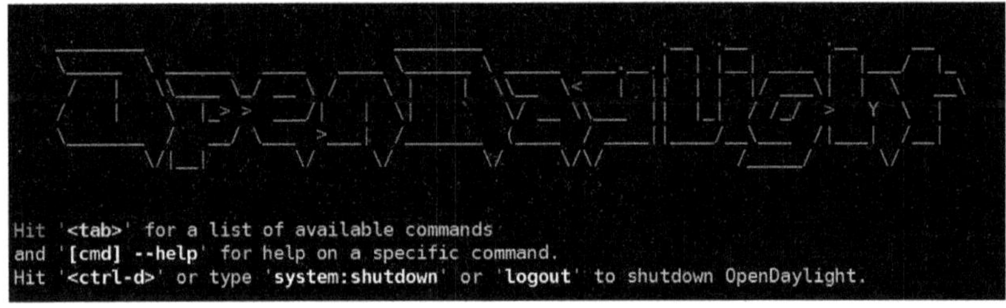

图 6-22　OpenDaylight 操作界面展示

第 4 步：安装功能组件。

安装支持 REST API 的功能。

```
feature:  install odl-restconf
```

安装 L2 交换机和 OpenFlow 功能。

```
feature:  install odl-l2switch-switch
feature:  install odl-OpenFlowplugin-all
```

安装 DLUX 功能。

```
feature:  install odl-dlux-all
feature:  install odl-mdsal-all
```

注意：有时会出现无法登录进入 OpenDaylight 主界面（提示：Unable to Login）的问题。一种原因可能是控制器所在机器的内存不足，需要扩大机器的内存。此原因排除外，出现问题的解决方法是通过 logout 退出 Karaf 平台，进入上级目录，删除 data 目录（rm-rf data）进入 bin 目录（cd bin）执行 ./karaf clean，再次重复上面的组件安装，并依次操作。

以上安装的是较为常用的功能组件，可以根据自己的需求安装，通过 feature:list 命令可以列出所有的功能组件，也可以通过 feature:list-i 查看已经安装的功能组件，其他命令可以查看 OpenDaylight 用户手册。

第 5 步：登录 DLUX 界面进行操作。

OpenDaylight 的 Web 页面如图 6-23 所示。

图 6-23 OpenDaylight 登录界面展示

使用“admin”作为用户名和密码登录，即可进入主界面，如图 6-24 所示。

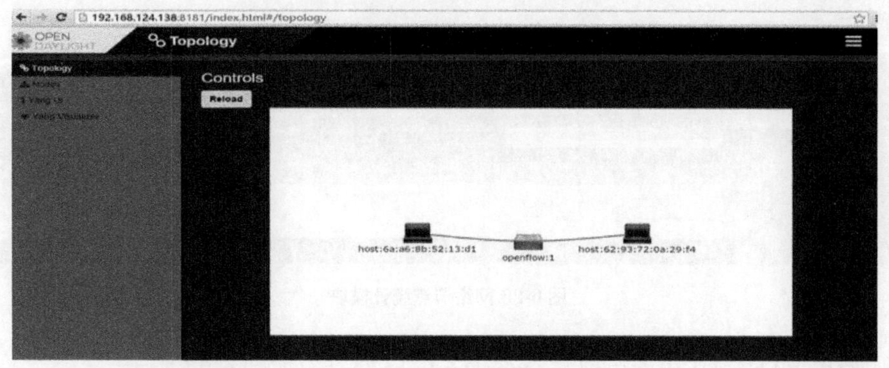

图 6-24 OpenDaylight Web 界面展示

OpenDaylight Web 界面中左侧应用导航栏，展示已安装的应用模块，用户可以很直观地查看网络拓扑、主机、流表等信息，通过 YANG UI 还可以与 OpenDaylight 进行交互。

选择左侧的“Topology”，可以在右边查看网络拓扑的图形化显示，在图 6-25 中，灰色方框表示交换机，黑色代表可用主机，连线表示节点之间的连接情况。利用鼠标在主机、链路或者交换机上悬浮，可显示源和目的端口以及主机 IP 等信息，且使用滚轮可以放大和缩小图标。

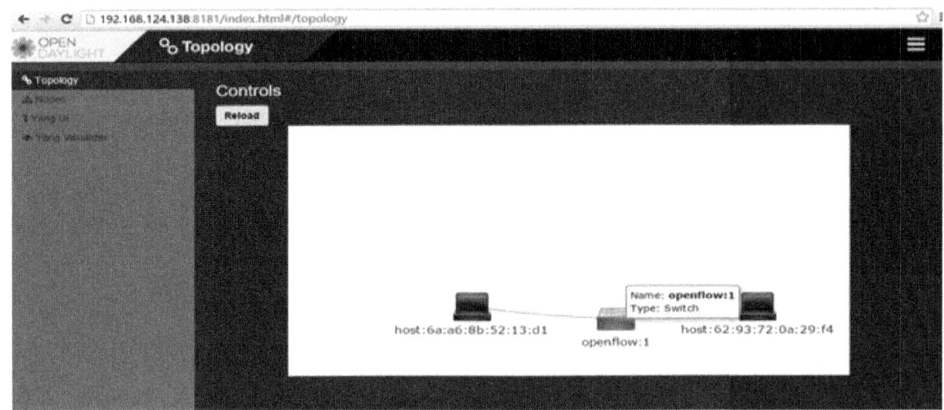

图 6-25　拓扑展示模块

选择左侧的“Nodes”，可以查看网络中的所有节点、节点连接器和统计的列表信息，如图 6-26 所示。在显示的 Nodes 界面进入到某一节点的“Node Connectors”中可查看详细信息，如端口 ID、端口名称、每个交换机的端口、MAC 地址等。“Flows”查看具体节点的流表统计信息，如表 ID、匹配包、活跃状态等。

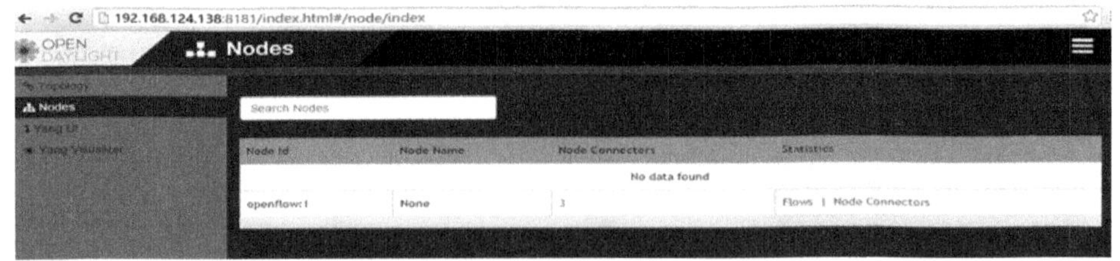

图 6-26 网络节点统计模块

使用 YANG UI 界面可以与 OpenDaylight 交互，如图 6-27 所示。

至此，已经完整地介绍了 OpenDaylight 的安装过程以及 DLUX 界面的使用。有兴趣的读者也可以选择用源码编译的方式安装 OpenDaylight，这种方式除了需要安装 JVM 依赖，还需要安装 Maven 构建工具，然后通过 Maven 工具来编译源码安装 OpenDaylight。

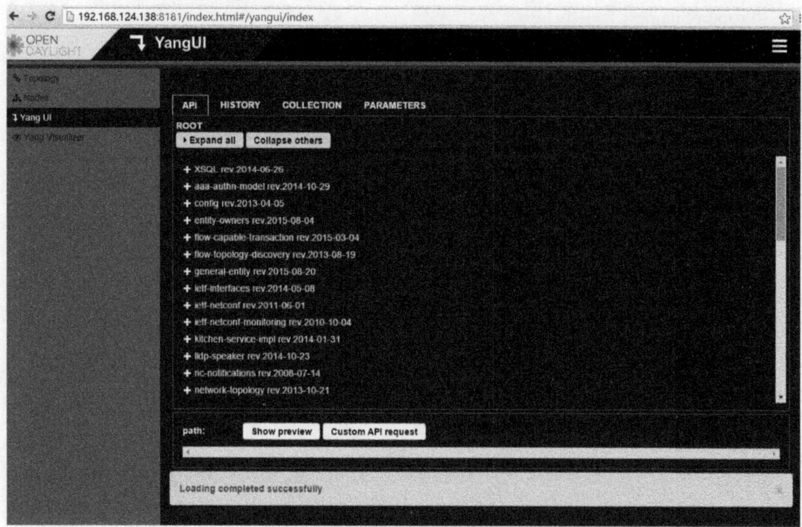

图 6-27 YANG UI 界面

6.3.2 系统配置

OpenDaylight 安装完成后，它的一些配置文件就保存在 OpenDaylight/configuration 目录下。通过这些配置文件可以查看 OpenDaylight 运行时加载的模块以及控制器监听的端口、Web 端口等。

（1）配置 TCP 监听端口

OpenDaylight 控制器的默认监听端口是 6633，可以通过修改 OpenDaylight/etc 目录下的 custom.properties 文件修改监听端口，配置参数如下所示。

```
Open Flow related system parameters
TCP port on which the controller is listening (default 6633)
of.listenPort=6633
```

（2）配置 Web 服务端口

从氦版本开始的 OpenDaylight 默认 Web 端口是 8181，这个端口也可以手动修改，只需要修改 OpenDaylight/etc 目录下的 jetty.xml 文件，配置参数如下所示。

```
<Call name= " addConnector " >
  <Arg>
    <New class= " org.eclipse.jetty.server.nio.SelectChannelConnector " >
      <Set name= " host " >
```

```
            <Property name= " jetty.host " />
        </Set>
        <Set name= " port " >
            <Property name= " jetty.port " default= " 8888 " />
        </Set>
        <Set name= " maxIdleTime " >300000</Set>
        <Set name= " Acceptors " >2</Set>
        <Set name= " statsOn " >false</Set>
        <Set name= " confidentialPort " >8543</Set>
        <Set name= " lowResourcesConnections " >20000</Set>
        <Set name= " lowResourcesMaxIdleTime " >5000</Set>
      </New>
    </Arg>
  </Call>
```

（3）配置 Java 环境

有时配置好了 Java 环境，但是在启动 Karaf 时却提示找不到 Java_HOME，这是因为 Karaf 启动需要 Root 权限，而之前的 Java 配置针对的是普通用户，Root 用户相关配置还没有设置 Java 环境。这里提供一种简单的解决办法：在 OpenDaylight 的 /bin 目录下找到 setenv 文件，在文件中添加 Java 环境配置即可。OpenDaylight 本地环境变量如图 6-28 所示。

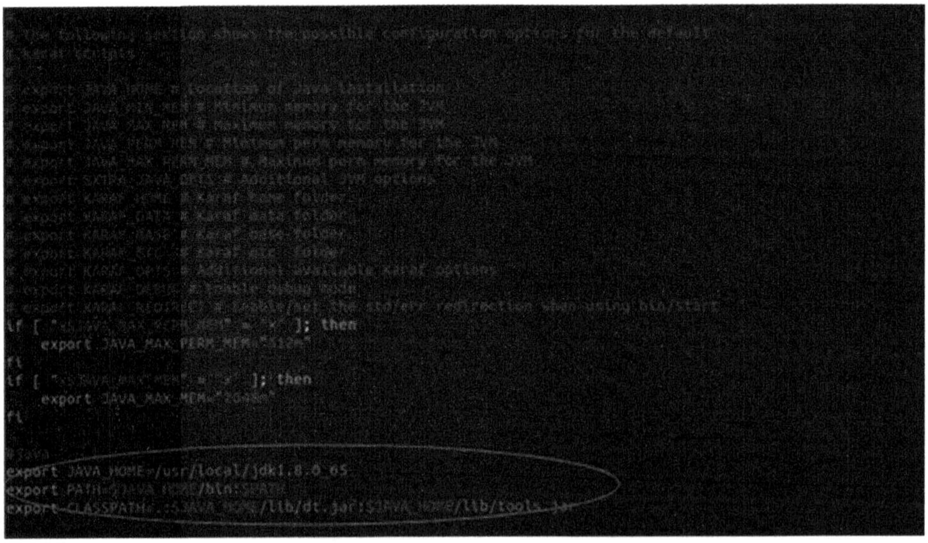

图 6-28 OpenDaylight 本地环境变量

| 6.4 本章小结 |

OpenDaylight 是一款优秀的开源控制器，由众多知名国际厂商主导推动，具有全面的网络资源管控功能，并提供对云计算和网络功能虚拟化的支持。自从 OpenDaylight 引入 YANG 模型来优化服务抽象层后，极大地提升了控制器的扩展能力，并且基于 OpenDaylight 控制器构建的生态系统逐渐庞大，与之相关的子项目达几十个。本章首先介绍了 OpenDaylight 的工程概况、设计架构和工作原理，随后对其涉及的核心技术进行介绍，最后介绍了 OpenDaylight 项目的代码解析，帮助读者理解控制器的设计方式、学习 YANG 和 MD-SAL 以及二次开发的技巧。希望借此使读者对 OpenDaylight 控制器形成一个更为全面、深刻的理解，为后续使用开发提供技术支撑。

第7章 OpenDaylight 应用实践（二）

OpenDaylight 架构设计精妙，以 YANG 模型为核心的模型驱动架构满足了众多应用场景的扩展性需求。OpenDaylight 子项目纷繁复杂，这其中包括 L2Switch、OVSDB、BGPCEP、SFC 等明星项目。掌握 OpenDaylight 项目的开发技巧是件极具挑战的事情，需要运用庖丁解牛的方式由浅入深逐步学习实践。

本章将首先介绍 L2Switch 子项目的功能实现，并基于 Mininet 环境进行试验验证，以方便读者了解基础的二 / 三层通信机理。在此基础上，选取代表性的子项目 OVSDB 来阐述代码架构和二次开发技巧，详细描述进行隧道管理和流表下发的过程。最后，详细介绍基于 OVSDB 实现 OpenDaylight 与 OpenStack 结合的原理和流程，便于用户了解如何基于 SDN 实现云环境中精细化网络管理和控制。

| 7.1 基于 OpenDaylight 的二层转发应用 |

7.1.1 项目介绍

OpenDaylight 的 L2Switch 是一种以软件方式实现的智能二层转发控制层，以 MD-SAL 方式实现，并作为 OpenDaylight 内部应用与南向服务以及其他组件相互调用，实现了主机的地址信息自学习以及对主机地址的跟踪等服务，以优化数据分组的控制转发。

L2Switch 遵循 MD-SAL 设计模式对服务进行抽象，实现了二层交换设备的转发控制功能，如 ARP 包处理、主机跟踪、广播转发、环路去除等。图 7-1 展示了 L2Switch 的各模块以及服务调用关系，L2Switch 提供的路径计算服务、流读 / 写服务、地址跟踪服务、STP 服务都依赖于对数据分组抽象的分组处理服务，数据分组处理服务通过和南向插件交互，获得网络中交换设备流表的变化以及一些存储相关服务，来实现整个业务逻辑。

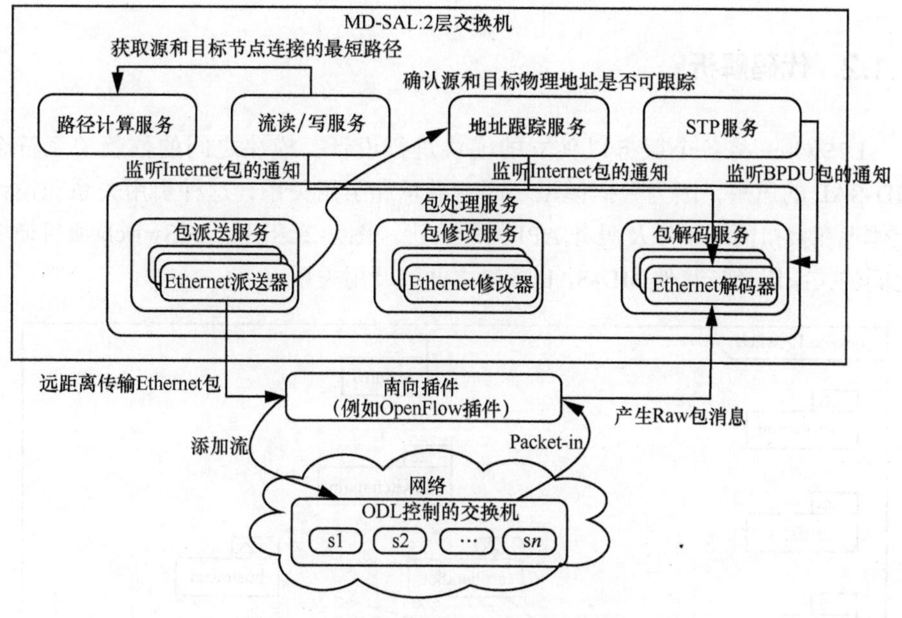

图 7-1 L2Switch 模块以及服务调用关系

L2Switch 模块的核心服务如下所示。

- 数据分组处理服务（Packet Handler Service）：是处理网络数据分组的抽象服务，包括数据分组的转发服务、数据分组更改服务、数据分组解码服务，当对应的服务被注册 / 激活时，则对数据分组做相应的处理。
- 路径计算服务（Path Computation Service）：提供图算法工具计算最短路径、最优路径，以优化网络拓扑数据。
- 流读 / 写服务（Flow Read/Writer Service）：当最优路径提交后负责对路径中的中间交换设备进行编排下发合适的流，也在路径中端口关闭或整个交换设备关闭状态下对一些流进行跟踪。
- 地址追踪服务（Address Tracker Service）：处理 IP 地址和 MAC 地址的映射关系，以及 MAC 地址和交换设备端口的映射关系，也可以通过扩展该服务以实现 VLAN、虚拟隧道接口（Virtual Tunnel Interfaces）等地址元组的管理。
- STP 服务（STP Service）：为 OpenDaylight 所控制的交换设备提供生成树协议服务，当 OpenDaylight 处在一个混合网络中时，这也是有必要的服务，如 OpenDaylight 控制的交换设备与没有控制器控制的交换设备之间交互时。

7.1.2 代码解析

L2Switch 将各个服务以独立的模块进行设计，模块之间的依赖关系符合 MD-SAL 的思想，因为数据模型之间有继承和引用关系，这种引用关系在设计上体现在接口的继承以及服务 API 的组合上。图 7-2 给出了 L2Switch 项目模块之间的关系以及与其他 MD-SAL 模块之间的调用关系。

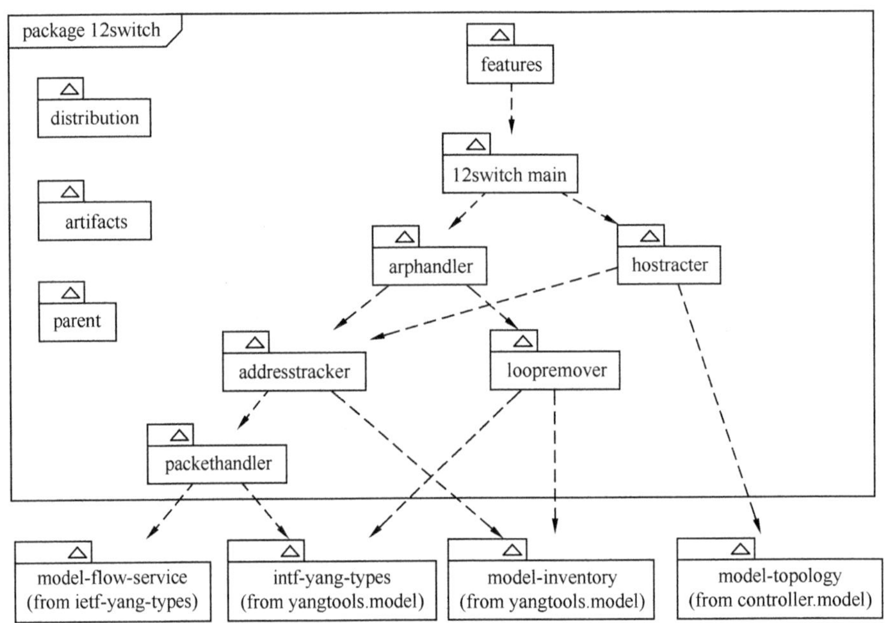

图 7-2　L2Switch 包结构以及模型依赖关系

L2Switch 各代码包的功能定位如下。

- distribution 包是用来构建 Karaf 应用的，最终将 L2Switch 打包成一个可执行的应用，成为 OpenDaylight 的内部应用。
- parent 包是项目模块的组织者，包括与 L2Switch 之外的组件引用关系的连接，如应用 OpenDaylight 的整个基础框架、model、yangtools、service 等。
- artifacts 包负责 L2Switch 项目的 jar 包版本管理，对整个项目依赖的 jar 版本进行统一管理。

- feature 则是代表 L2Switch 功能的集合，实际上是依据 OSGi 的开发方式，对所有被定义的模块组件在运行启动过程中构建的依赖关系说明。组件中定义的依赖关系用 XML 描述，如 features 目录下的 features-l2switch 目录下的 pom.xml 部分依赖描述如下。

```
    <!—外部配置依赖 -->
<dependency>
        <groupId>org.opendaylight.openflowplugin</groupId>
        <artifactId>features-openflowplugin</artifactId>
        <classifier>features</classifier>
        <type>xml</type>
    </dependency>
    <!—内部配置依赖 -->
<dependency>
        <groupId>org.opendaylight.controller</groupId>
        <artifactId>features-mdsal</artifactId>
        <classifier>features</classifier>
        <type>xml</type>
    </dependency>
```

- l2switch main 根据网络流量下发流表到对应的交换设备。
- hosttracker 记录网络中主机的地址信息。
- arphandler 负责处理 ARP 数据分组的业务实现，依赖于 packethandler 包中的模型和实现。
- loopremover 定义了生成树（Spanning Tree）的功能，将一些有环的链路标记为丢弃（Discarding）状态，然后丢弃（Drop）相应的流表。
- packethandler 实现了数据分组的处理逻辑以及对包进行适当的转发。

L2Switch 作为二层转发的抽象层，包含了很多服务，如前面提到的 LLDP 服务是发生在交换设备与控制器建立连接时的服务，使得 L2Switch 具有获得交换设备拓扑的能力，另外还包括 STP 服务，其包含在 loopremover-impl 模块中。由于 L2Switch 在设计上，模块间耦合度低，模块设计相对独立，理解起来比较简单。在代码分析中，以 arphandler 模块为例来解读 L2Switch 在处理 ARP 请求的实现方式。

基于 MD-SAL 的设计思路是通过 YANG 模型对数据服务和存储进行抽象，如数据对象类型、RPC 调用、存储方式等，然后通过组件（Bundle）工具生成的抽象类，通过业务类的继承，最终实现服务接口的逻辑以及数据的存储等，

L2Switch 同样按照这种实现方式进行实现。图 7-3 是 arphandler-model 的实现类图，Packet 作为数据模型的基类，在 L2Switch 中有特定数据分组类型的实现，如 ArpPacket、RawPacket、EthernetPacket。获得 ARP 数据分组变更服务的监听是通过 ArpPacketListener 接口实现的，以获得南向接口提供的数据分组变更服务，数据分组的转发、泛洪等处理是通过 PacketDispatcher 类实现的，InventoryReader 则提供数据的服务。

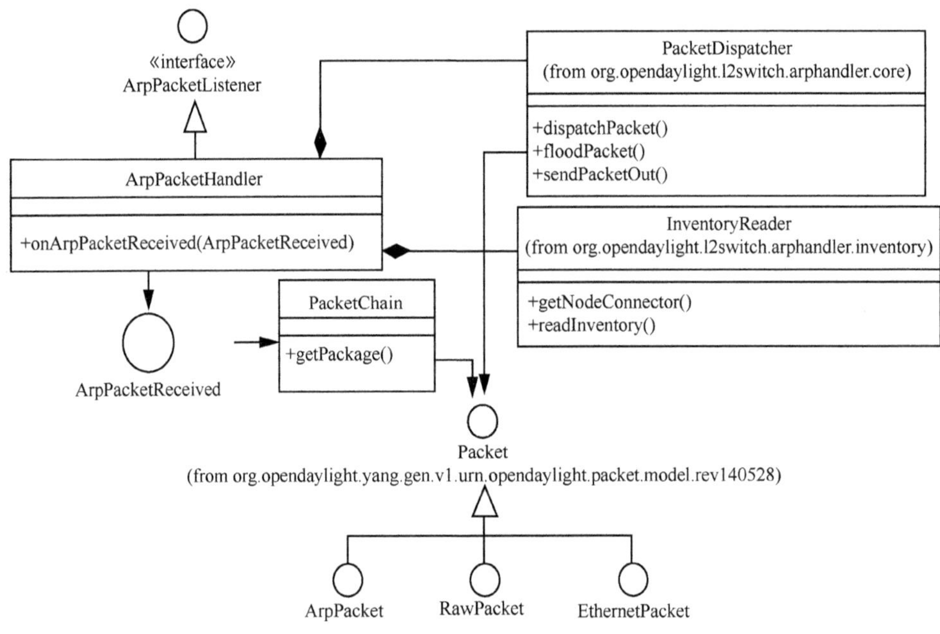

图 7-3　arphandler-impl 实现类图

这其中 arphandler-impl 涉及的主要类见表 7-1。

表 7-1　arphandler-impl 主要类的描述

类 / 接口	描述
ArpPacketHandler	接收 ARP 并处理数据分组
PacketDispatcher	转发数据分组
InventoryReader	维护每个交换设备的节点连接
PacketChain	数据分组容器，通过遍历获得抽象的数据分组
ArpPacketRecived	数据分组监听返回值，包含数据对象
Packet	数据分组基本抽象

L2Switch 处理 ARP 包的整个流程如图 7-4 所示。ArpPacketHandler 接收到 ArpPacketRecieved 包的响应，获得 PacketChain 中的数据分组，按照类型进行组装，然后进行转发处理的请求。在 PacketDispatcher 中包含了 PacketProcessing 和 InventoryReader 服务，当需要转发的包目标地址不能在 Inventory 定义存储中找到时，就调用 floodPacket 将包转发给所有的外部端口，发送的方式是调用 PacketProcessingService 的 sendPacketOut 服务；否则，如果目的地址存在，则直接调用 sendPacketOut。

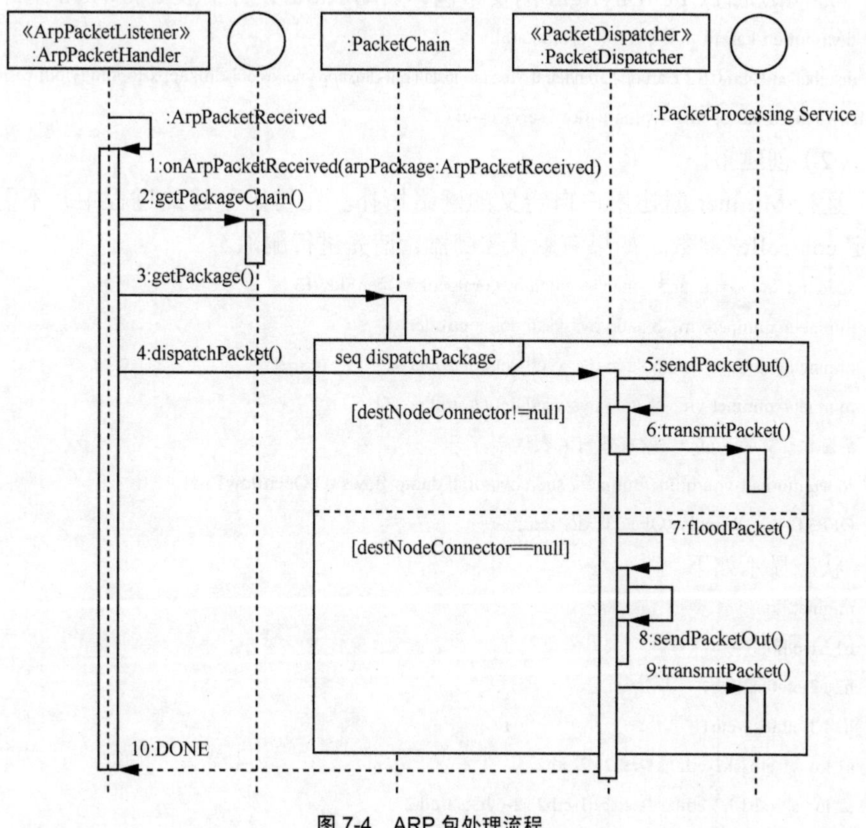

图 7-4 ARP 包处理流程

通过对 arphandler-model 部分的代码分析可以看出，L2Switch 的 MD-SAL 设计简单，而且逻辑清晰，模块之间的耦合低。通过学习该模块，可以更直观地理解 L2Switch 的功能以及特性。在实际操作过程中还需要进行相关的配置，比如泛洪流优先级、超时时间等配置，可以参考发布包目录 [distribution-karaf]/etc/opendaylight/ karaf/54-arphandler.xml 配置定义部分。

7.1.3 实例开发

为了更好地演示验证 L2Switch 的功能，本节将利用 Mininet 来构建实验环境，用模拟的虚拟机在 Mininet 构建的网络拓扑中通过与之相连的 OpenDaylight 的 L2Switch 实现互通。

（1）环境准备

获得最新的 OpenDaylight 的发布包，启动 Karaf，并安装 L2Switch 组件。

```
distribution-karaf-0.6.2-Carbon# ./bin/karaf
distribution-karaf-0.6.2-Carbon# ./bin/karaf >feature:install odl-dluxapps-nodes odl-dluxapps-topology odl-restconf odl-l2switch-all odl-openflowplugin-flow-services-ui
```

（2）创建拓扑

运行 Mininet 创建用户自定义的网络拓扑。在初始创建的过程中，不需要指定 controller 参数，如果有默认控制器，请先进行删除。

```
sudo mn --topo=linear,3 --mac --switch ovs,protocols=OpenFlow13
mininet@mininet-vm:~$ sudo ovs-vsctl del-controller s1
mininet@mininet-vm:~$ sudo ovs-vsctl del-controller s2
mininet@mininet-vm:~$ sudo ovs-vsctl del-controller s3
# 查看当前的 bridge，没有任何流表信息
root@mininet-vm:/home/mininet# sudo ovs-ofctl dump-flows -O Openflow13 s1
OFPST_FLOW reply (OF1.3) (xid=0x2):
```

状态显示如下。

```
mininet> net
h1 h1-eth0:s1-eth1
h2 h2-eth0:s2-eth1
h3 h3-eth0:s3-eth1
s1 lo:  s1-eth1:h1-eth0 s1-eth2:s2-eth2
s2 lo:  s2-eth1:h2-eth0 s2-eth2:s1-eth2 s2-eth3:s3-eth2
s3 lo:  s3-eth1:h3-eth0 s3-eth2:s2-eth3
```

（3）验证功能

在没有控制器的连接情况下，测试主机之间的连接状态如下，通过 tcpdump 能够获得当前状态数据分组，可以发现主机间是无法连通的。

```
# 测试主机连通性
mininet> pingall
*** Ping: testing ping reachability
```

```
h1 -> X X
h2 -> X X
h3 -> X X
*** Results: 100% dropped (0/6 received)

# 获得当前 ARP 包状态
mininet@mininet-vm:~$ sudo tcpdump -i s1-eth1 -s0 -n arp
tcpdump: WARNING: s1-eth1: no IPv4 address assigned
tcpdump: verbose output suppressed, use -v or -vv for full protocol decode
listening on s1-eth1, link-type EN10MB (Ethernet), capture size 65535 bytes
09:39:12.027058 ARP, Request who-has 10.0.0.2 tell 10.0.0.1, length 28
09:39:13.024262 ARP, Request who-has 10.0.0.2 tell 10.0.0.1, length 28
09:39:14.024005 ARP, Request who-has 10.0.0.2 tell 10.0.0.1, length 28
09:39:15.030147 ARP, Request who-has 10.0.0.3 tell 10.0.0.1, length 28s2-eth3:s3-eth2
```

然后将虚拟交换设备连接到控制器，再次检查状态。本实验环境中控制器的 IP 是 192.168.23.131，Mininet 所在的物理机 IP 是 192.168.23.128，通过 tcpdump 可以观察到整个流程。

```
# 添加控制器
root@mininet-vm:/home/mininet# ovs-vsctl set-controller s1 tcp:192.168. 23.131:6633
root@mininet-vm:/home/mininet# ovs-vsctl set-controller s2 tcp:192.168. 23.131:6633
root@mininet-vm:/home/mininet# ovs-vsctl set-controller s3 tcp:192.168. 23.131:6633

# 链接后可以查看到从控制器中获得的相关流表
root@mininet-vm:/home/mininet# sudo ovs-ofctl dump-flows -O Openflow13 s1
OFPST_FLOW reply (OF1.3) (xid=0x2):
cookie=0x0, duration=15.587s, table=0, n_packets=0, n_bytes=0, priority= 100,tcp,nw_src=10.0.0.3,tp_src
=80 actions=output:3
cookie=0x0, duration=15.589s, table=0, n_packets=0, n_bytes=0, priority= 100,tcp,nw_src=10.0.0.4,tp_src
=8080 actions=output:4
table=0, n_packets=0, n_bytes=0, priority=2,in_port=1 actions=output: 2,CONTROLLER:65535
table=0, n_packets=0, n_bytes=0, priority=2,in_port=2 actions=output:1
table=0, n_packets=0, n_bytes=0, priority=100,tcp,nw_dst=10.0.0.4, tp_dst=8080 actions=output:2
table=0, n_packets=0, n_bytes=0, priority=100,tcp,nw_dst=10.0.0.3, tp_dst=80 actions=output:1
table=0, n_packets=3, n_bytes=255, priority=100,dl_type=0x88cc actions= CONTROLLER:65535
table=0, n_packets=0, n_bytes=0, priority=0 actions=drop
```

```
# 添加过程中获得的 tcpdump 如下
root@mininet-vm:/home/mininet# tcpdump -i s1-eth1 -s0 -n
tcpdump: WARNING: s1-eth1: no IPv4 address assigned
tcpdump: verbose output suppressed, use -v or -vv for full protocol decode
listening on s1-eth1, link-type EN10MB (Ethernet), capture size 65535 bytes
10:07:43.293959 LLDP, length 71: openflow:1
10:07:47.192927 LLDP, length 71: openflow:1

root@controller-vm> tcpdump -i eth0 src 192.168.23.129 and ! port 22
10:21:50.264661 IP 192.168.23.129.35459 > 192.168.23.131.6633: Flags [S], seq 3486720801, win 29200,
options [mss 1460,sackOK,TS val 4060087 ecr 0,nop,wscale 9], length 0
10:21:50.265266 IP 192.168.23.129.35459 > 192.168.23.131.6633: Flags [.], ack 3458074435, win 58, options
[nop,nop,TS val 4060087 ecr 4242600], length 0
10:21:50.265408 IP 192.168.23.129.35459 > 192.168.23.131.6633: Flags [P.], seq 0:16, ack 1, win 58, options [nop,
nop,TS val 4060087 ecr 4242600], length 16: OpenFlow
            version unknown (0x04), type 0x00, length 16, xid 0x0000009a
```

当虚拟交换机与控制器连接后，执行 pingall 命令，就可以发现所有的 Host 均可以相互通信，并且可从相应的 tcpdump 包中得到更多信息。

```
mininet> pingall
*** Ping: testing ping reachability
h1 -> h2 h3
h2 -> h1 h3
h3 -> h1 h2
*** Results: 0% dropped (6/6 received)

root@mininet-vm:/home/mininet# tcpdump -i s1-eth1 -s0 -n
10:08:13.454587 IP 10.0.0.1 > 10.0.0.2: ICMP echo request, id 6677, seq 1, length 64
10:08:13.454847 IP 10.0.0.2 > 10.0.0.1: ICMP echo reply, id 6677, seq 1, length 64
10:08:18.468538 ARP, Request who-has 10.0.0.1 tell 10.0.0.2, length 28
10:08:18.468552 ARP, Reply 10.0.0.1 is-at 00:00:00:00:00:01, length 28
```

从实验的过程可以知道，对于控制器来说，在 OVS 连接到控制器之前，并不知道交换设备的任何信息。一旦交换机 s1 连接到控制器，就可以通过 RESTCONF API 获得 s1-eth1 的相关信息，这些信息是控制器通过 LLDP 获得的网络中交换设备的拓扑信息，然后会将交换设备的地址信息以及端口信息缓存在 Inventory 模块定义的数据存储中。

```
# OpenDaylight 获得交换机的相关信息
{
    "node-connector": [
        {
            "id": "openflow:1:1",
            "opendaylight-port-statistics:flow-capable-node-connector-statistics": {
                "transmit-drops": 0,
                "receive-frame-error": 0,
                "receive-drops": 0,
                "receive-crc-error": 0,
                "bytes": {
                    "transmitted": 17463,
                    "received": 3062
                },
                "duration": {
                    "nanosecond": 802000000,
                    "second": 1090
                },
                "receive-errors": 0,
                "transmit-errors": 0,
                "receive-over-run-error": 0,
                "collision-count": 0,
                "packets": {
                    "transmitted": 207,
                    "received": 43
                }
            },
            "flow-node-inventory:state": {
                "link-down": false,
                "live": true,
                "blocked": false
            },
            "flow-node-inventory:maximum-speed": 0,
            "flow-node-inventory:reason": "update",
            "flow-node-inventory:configuration": "",
            "flow-node-inventory:supported": "",
```

```
            "flow-node-inventory:hardware-address": "0e:40:9d:93:38:71",
            "flow-node-inventory:current-speed": 10000000,
            "flow-node-inventory:name": "s1-eth1",
            "flow-node-inventory:peer-features": "",
            "flow-node-inventory:port-number": 1,
            "flow-node-inventory:advertised-features": "",
            "flow-node-inventory:current-feature": "ten-gb-fd copper",
            "address-tracker:addresses": [
              {
                "id": 3,
                "first-seen": 1512624254290,
                "mac": "00:00:00:00:00:01",
                "last-seen": 1512624254290,
                "ip": "10.0.0.1"
              }
            ]
          }
        ]
      }
```

当执行 pingall 之后，再次通过 API 查看信息，就可以获得交换机 s1 下挂的宿主机信息。根据前面代码分析的过程可以知道，设备信息是通过 L2Switch 的自学习功能获得的。

```
# OpenDaylight 获得主机的相关信息
<node-connector
    xmlns= "  urn:opendaylight:inventory  "  >
    <id>openflow:1:1</id>
    <name xmlns= "  urn:opendaylight:flow:inventory  "  >s1-eth1</name>
...
    <addresses
      xmlns= "  urn:opendaylight:address-tracker  "  >
      <id>0</id>
      <mac>00:00:00:00:00:01</mac>
      <last-seen>1453863071385</last-seen>
      <ip>10.0.0.1</ip>
      <first-seen>1453863071385</first-seen>
    </addresses>
      </node-connector>
```

| 7.2 基于 OpenDaylight 的 OVSDB 应用 |

7.2.1 项目介绍

在虚拟交换机领域，Open vSwitch（OVS）作为非官方的标准已获得产业界的高度关注。一般来说，控制器及应用可以通过 OpenFlow 和 OVSDB 两种南向协议方式与 OVS 交换机进行交互，其中通过 OpenFlow 来引导数据分组流的转发，通过 OVSDB 可以进行端口和隧道的增加、更新以及删除，这些隧道和端口提供流转发的管道。因此，OVS 作为一个重要的事实标准，对 OpenDaylight 系统高效地支持 OVSDB 也变得非常重要。

OpenDaylight 的 OVSDB 子项目实现了 OVSDB 管理协议（RFC 7047），该协议允许控制器进行虚拟交换机的南向配置。OVSDB 协议包含一个 OVSDB 库和各种插件用法，在 Beryllium 之前的版本该协议使用 JSON/RPC 调用的方式来操作内置 OVSDB 的物理或虚拟交换机，而在 Beryllium 之后北向 RPC 调用全部删除，只留下了南向接口。

7.2.2 代码解析

1. 代码结构

OpenDaylight 的 OVSDB 子项目的核心代码结构如图 7-5 所示。

- library：参考 RFC 7047 实现，作为 ovsdb 协议的抽象，包装了很多处理 OVSDB 协议细节类，该模块不依赖于 OpenDaylight 的任何组件，能独立地应用于非 OSGi 环境。
- hwvtepsouthbound：主要包含 hw_vtep 的南向插件。
- southbound：主要包括从 OVSDB 协议到 MD_SAL 和 Vice-versa 转化的插件。
- resource: 包含一些常用的资源，如脚本，测试用例以及开发工具等。
- utils: OVSDB 的常见的应用。

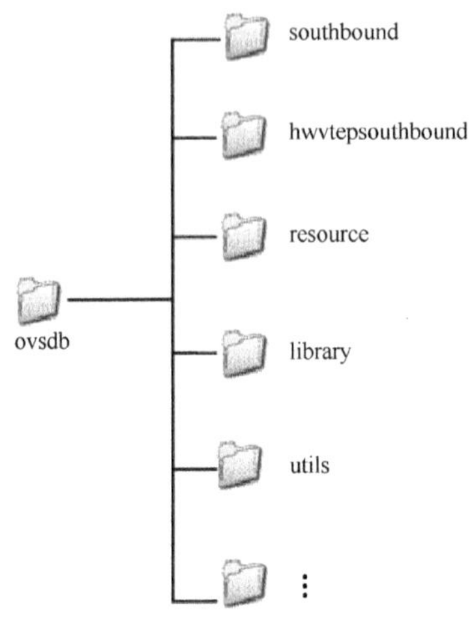

图 7-5　核心代码结构

2. 模块解析

OVSDB 子项目主要包含 Southbound 模块、Hwvtepsouthbound 模块、Schema 模块和 Library 模块，其中北向 Southbound 模块可供一些北向的应用调用，为其提供南向写库的路径，Library 通过 OVSDB 协议与外部通信，进行 OVSDB 的管理，具体系统架构如图 7-6 所示。下面将对各模块进行阐述，并详细分析其功能及实现细节。

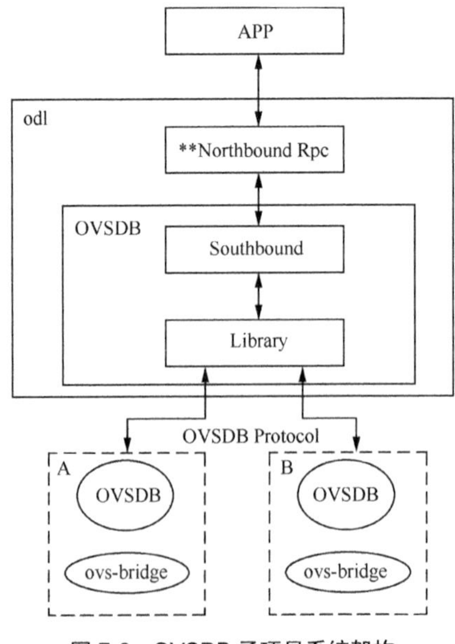

图 7-6　OVSDB 子项目系统架构

（1）Southbound 模块

Southbound 模块中主要流程是类 OvsdbDataTreeChangeListener 通过监听 CONFGURATION 下的 /NetworkTopology/Topology/Node 数据树来判断 ODL 控制器是否要主动连接设备、更新连接、更新数据或者断开连接等。

Southbound 模块主要包含两个 yang 文件，包含 overlay.yang 和 ovsdb.yang。其中，overlay.yang 主要是创建 vxlan tunnel 的一些信息；ovsdb.yang 中主要是创建 ovs bridge、node 和 port 信息。

以 ovsdb.yang 为代表，该 yang 提供 OVSDB 的 REST API 接口，用于创建、更新和删除 OVSDB 表中的记录。创建 OVSDB Row 时，Body 请求体中的 JSON 格式与 OVSDB JSON-PRC 消息相同，本开发实例相关的 REST API 接口见表 7-2。

表 7-2 REST API 接口及相关信息

URL	方法	描述	请求 Body 体

topology/ovsdb:1	GET	获取 topology	{
			"topology": [
			{
			"topology-id": "ovsdb:1"
			}
			]
			}

topology/ovsdb:1/node/ovsdb:%2F%2FHOST1%2Fbridge%2Fbrtest	POST	创建一个网桥	{
			"network-topology:node": [
			{
			"node-id":
			"ovsdb://HOST1/bridge/brtest",
			"ovsdb:bridge-name": "brtest",
			"ovsdb:controller-entry": [
			{
			"target":
			"tcp:<controller-ip>:6653"
			}
			],
			"ovsdb:managed-by":

续表

URL	方法	描述	请求 Body 体
topology/ovsdb:1/node/ovsdb:%2F%2FHOST1%2Fbridge%2Fbrtest	POST	创建一个网桥	"/network-topology:network-topology/network-topology:topology[network-topology:topology-id='ovsdb:1']/network-topology:node[network-topology:node-id='ovsdb://HOST1']" }] } }] }
	DELETE	删除一个网桥	NA
/topology/ovsdb:1/node/ovsdb:%2F%2FHOST1%2Fbridge%2Fbrtest	GET	读取一个网桥	

topology/node	POST	创建一个节点	{
			"network-topology:node": [
			{
			"node-id":"ovsdb://host1",
			"connection-info": {
			"ovsdb:remote-port":
			"6640",
			"ovsdb:remote-ip":
			"<ovs-host-ip>"
			}
			}
			]
			}

topology/ovsdb:1/node/ovsdb:%2F%2FHOST1	DELETE	删除一个节点	NA
	GET	读取一个节点	NA
topology/ovsdb:1/node/ovsdb:%2F%2FHOST1%2Fbridge%2Fbrtest/termination-point/testport/	POST	创建一个端口	{ "network-topology:termination-point": [{ "ovsdb:options": [{ "ovsdb:option": "remote_ip",

续表

URL	方法	描述	请求 Body 体

topology/ovsdb:1/node/ovsdb:%2F%2FHOST1%2Fbridge%2Fbrtest/termination-point/testport/	POST	创建一个端口	"ovsdb:value" : "10.10.14.11"
			}
			],
			"ovsdb:name": "testport",
			"ovsdb:interface-type": "ovsdb:interface-type-vxlan",
			"tp-id": "testport",
			"vlan-tag": "1",
			"trunks": [
			{
			"trunk": "5"
			}
			],
			"vlan-mode":"access"
			}
			]
			}

topology/ovsdb:1/node/ovsdb:%2F%2FHOST1%2Fbridge%2Fbrtest2/termination-point/testport/	DELETE	删除一个端口	NA
	GET	读取一个端口	

（2）Library 模块

模块 Library 主要包含 message、notation、impl、jsonrpc 和 schema 等程序包，其中 jsonrpc 主要提供兼容 rpc1.0 的解码器，能够从 TCP 流解码 JSON 消息；notation 主要包含 OVSDB MAP、ResultSet 等定义以及 JSON 串行化；schema 提供 OVSDB 数据库模式的表示。下面对创建 Port 涉及的两个主要类和接口进行介绍。

- 类 OvsdbClientImpl：该类使用 OVSDB 协议以异步的方式与设备进行交互，因此大部分操作返回 Future Object，该对象表示最终的响应数据。
- 接口 OvsdbRPC：该接口定义了 RFC 7047 规定的 RPC 方法，见表 7-3。

表 7-3 OvsdbRPC 的方法汇总

方法	描述
get_schema	获取描述 <db-name> 的 <database-schema>

续表

方法	描述
list_dbs	获取 databases
transact	在特定的 database 中以特定的顺序执行一系列的操作
cancel	指示数据库服务器取消 transact 请求
monitor_cancel	取消之前的 monitor 请求
lock/steal/unlock	在 database 中执行相关锁操作

结合 OVSDB 子项目源代码以及上述分析，创建一个 node 的核心逻辑流程如图 7-7 所示。

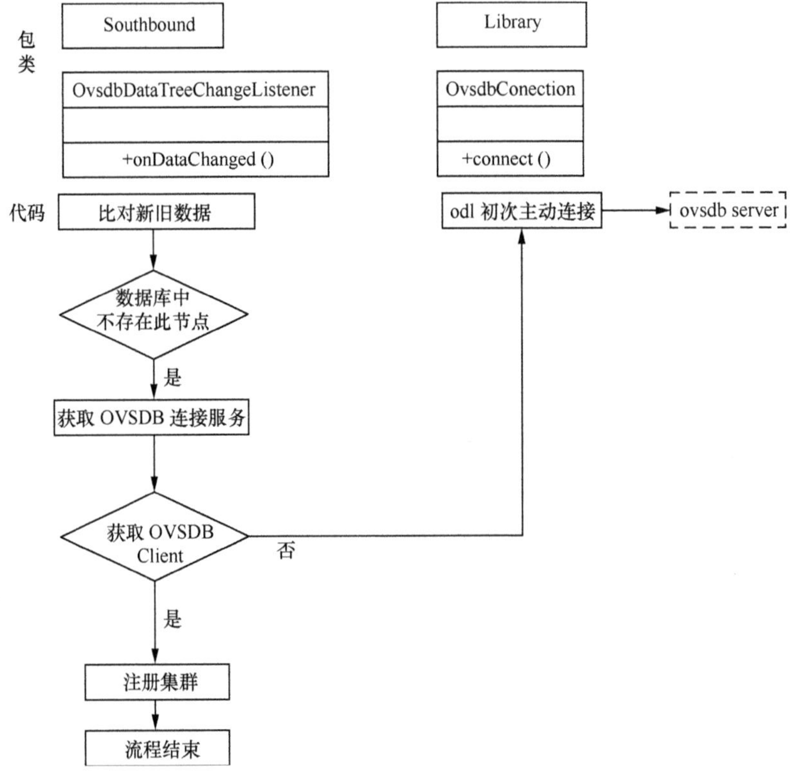

图 7-7　Node 创建的核心逻辑流程

7.2.3 实例开发

本实例基于 OVSDB 管理隧道，并通过基于 OpenDaylight 的 REST API/RESTCONF 调用来实现两台服务器 server 1 与 server 2 之间的虚拟机互通，即实现 VM_RED1 与 VM_RED2、VM_BLUE1 与 VM_BLUE2 两两连通。场景参考自 David Mahler 视频，整个系统逻辑组网如图 7-8 所示。

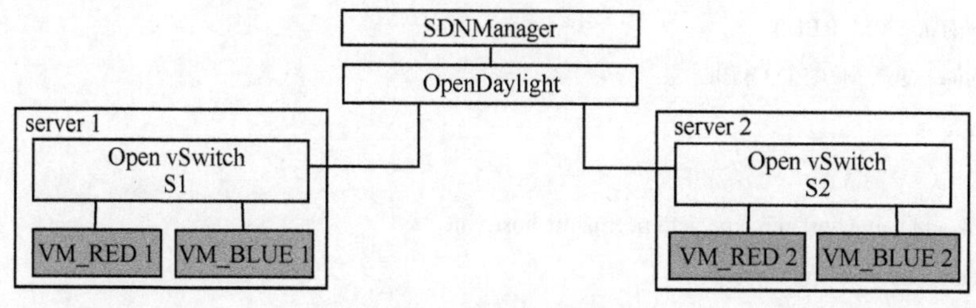

图 7-8　系统逻辑组网

（1）环境准备

实验环境所需按照的软件和库包括 JDK、OpenDaylight、Open vSwitch 等。

硬件包括两台装有 Open vSwitch 2.8.2 的服务器 (server 1:172.171.13.54, server 2:172.171.7.150)，同时 server 1 装有 OpenDaylight(版本：Carbon SR2)，具体部署步骤如下。

第 1 步：OpenDaylight 下载安装，为保证 OpenDaylight 正常运行，需要安装 JDK。OpenDaylight Carbon 版本支持 JDK8，低于该版本的请使用 JDK7，运行 OpenDaylight，并安装 feature。

```
feature:install odl-ovsdb-southbound-impl-ui
feature:install odl-openflowplugin-flow-services-ui
```

第 2 步：分别在 server 1 和 server 2 安装 Open vSwitch。

第 3 步：使用命名空间分别在服务器下创建主机 VM_RED1。其中 server 1 具体命令如下。

```
ip netns add VM_RED1
ip netns exec VM_RED1 bash
ifconfig -a
exit
ip link add name host-nic type veth peer name host-vnic
ip link set host-vnic netns host
ip netns exec VM_RED1 bash
```

```
ifconfig -a
ip link set host-vnic name vxlan_port
ip addr add 10.0.0.1/24 dev vxlan_port
ip link set vxlan_port up
ip link set lo up
exit
ip link set host-nic up
```

类似地，server 2 的命名空间配置如下。

```
ip netns add VM_RED2
ip netns exec VM_RED2 bash
ifconfig -a
exit
ip link add name host-nic type veth peer name host-vnic
ip link set host-vnic netns host
ip netns exec VM_RED2 bash
ifconfig -a
ip link set host-vnic name vxlan_port
ip addr add 10.0.0.2/24 dev vxlan_port
ip link set vxlan_port up
ip link set lo up
exit
ip link set host-nic up
```

备注：VM_BLUE 1 与 VM_BLUE 2 创建方式类似。

第 4 步：建立 OVS-Manager 连接。

分别在 server 1 和 server 2 上执行如下命令，连接到 OpenDaylight 控制器上。

```
ovs-vsctl set-manager tcp:172.171.13.54:6640
```

这样，OpenDaylight 控制器监听固定端口，Open vSwitch 登记注册端口是 6640。建立连接到控制器后，在服务器上可以查看其配置。

server 1：

```
root@server1: ~:# ovs-vsctl show
d4edb86a-5df0-40ca-935e-3cd121e5bb4c
    Manager "tcp:172.171.13.54:6640"
      is_connected: true
    ovs_version: "2.8.2"
```

server 2：

```
root@server2: ~:# ovs-vsctl show
```

```
c9f76c6f-f195-4ff3-808e-ddab62ef4e2b
    Manager "tcp:172.171.13.54:6640"
      is_connected: true
    ovs_version: "2.8.2"
```

从上面我们可以获得：

Open vSwitch s1 的 uuid:d4edb86a-5df0-40ca-935e-3cd121e5bb4c,

Open vSwitch s2 的 uuid:c9f76c6f-f195-4ff3-808e-ddab62ef4e2b

（2）创建隧道

第 1 步：分别在 server 1 上创建 name 为 s1 的网桥、在 server 2 上创建 name 为 s2 的网桥。通过 openflow 通道连接 Opendaylight 控制器（创建网桥会默认创建一个与网桥名相同的端口）。

创建网桥的 HTTP Body 的数据如下所示。

```
{
   "network-topology:node": [
     {
      "node-id": "ovsdb://uuid/d4edb86a-5df0-40ca-935e-3cd121e5bb4c/bridge/s1",
      "ovsdb:bridge-name": "s1",
      "ovsdb:protocol-entry": [
        {
         "protocol": "ovsdb:ovsdb-bridge-protocol-openflow-13"
        }
      ],
      "ovsdb:managed-by": "/network-topology:network-topology/network-topology:topology[network-topology:
        topology-id='ovsdb:1']/network-topology:node[network-topology:node-id='ovsdb://uuid/d4edb86a-5df0-40ca-
935e-3cd121e5bb4c']"
     }
   ]
}
```

我们在 server 1 上可以查看其配置。

```
root@server1: ~:# ovs-vsctl show
d4edb86a-5df0-40ca-935e-3cd121e5bb4c
    Manager "tcp:172.171.13.54:6640"
      is_connected: true
    Bridge "s1"
      Controller "tcp:172.171.13.54:6653"
      Port "s1"
```

```
        Interface "s1"
            type: internal
    ovs_version: "2.8.2
```

创建网桥的 HTTP Body 的数据如下所示。


```
    "network-topology:node": [
        {
         "node-id": "ovsdb://uuid/c9f76c6f-f195-4ff3-808e-ddab62ef4e2b/bridge/s1",
            "ovsdb:bridge-name": "s1",
            "ovsdb:controller-entry": [
             {
              "target": "tcp:172.171.13.54:6653"
             }
            ],
            "ovsdb:managed-by": "/network-topology:network-topology/network-topology:topology[network-topology:
topology-id='ovsdb:1']/network-topology:node[network-topology:node-id='ovsdb://uuid/c9f76c6f-f195-4ff3-808e-ddab62ef4e2b']"
        }
    ]
}
```


我们在 server 2 上可以查看其配置。

```
root@server2 ~:# ovs-vsctl show
c9f76c6f-f195-4ff3-808e-ddab62ef4e2b
    Manager "tcp:172.171.13.54:6640"
        is_connected: true
    Bridge "s1"
        Controller "tcp:172.171.13.54:6653"
        Port "s1"
            Interface "s1"
                type: internal
    ovs_version: "2.8.2
```

第 2 步：分别在 Open vSwitch s1 和 s2 创建名为 vxlan_port 的端口。创建端口的 HTTP Body 的数据如下所示。


```
{
    "network-topology:termination-point": [
     {
      "ovsdb:options": [
       {
```

```
        "ovsdb:option": "remote_ip",
        "ovsdb:value" : "172.171.7.150"
      },
      {
        "ovsdb:option": "in_key",
        "ovsdb:value" : "flow"
      },
      {
        "ovsdb:option": "in_key",
        "ovsdb:value" : "flow"
      },
      {
        "ovsdb:option": "out_key",
        "ovsdb:value" : "flow"
      },
      {
        "ovsdb:option": "local_ip",
        "ovsdb:value" : "172.171.13.54"
      }
    ],

    "ovsdb:name": "vxlan_port",
    "ovsdb:interface-type": "ovsdb:interface-type-vxlan",
    "tp-id": "vxlan_port"
  }
 ]
}
```

查看 Open vSwitch s1 上的配置。

```
root@server1: ~:# ovs-vsctl show
d4edb86a-5df0-40ca-935e-3cd121e5bb4c
    Manager "tcp:172.171.13.54:6640"
      is_connected: true
    Bridge "s1"
      Port vxlan_port
        Interface vxlan_port
          type: vxlan
          options: {in_key=flow, local_ip="172.171.13.54", out_key=flow, remote_ip="172.171.7.150"}
```

```
        Port "s1"
            Interface "s1"
                type: internal
    ovs_version: "2.8.2"
```

创建端口的 HTTP Body 的数据如下所示。


```
{
  "network-topology:termination-point": [
    {
     "ovsdb:options": [
       {
        "ovsdb:option": "remote_ip",
        "ovsdb:value" : "172.171.13.54"
       },
       {
        "ovsdb:option": "in_key",
        "ovsdb:value" : "flow"
       },
       {
        "ovsdb:option": "in_key",
        "ovsdb:value" : "flow"
       },
       {
        "ovsdb:option": "out_key",
        "ovsdb:value" : "flow"
       },
       {
        "ovsdb:option": "local_ip",
        "ovsdb:value" : "172.171.7.150"
       }
     ],

     "ovsdb:name": "vxlan_port",
     "ovsdb:interface-type": "ovsdb:interface-type-vxlan",
     "tp-id": "vxlan_port"
    }
  ]
}
```

查看 Open vSwitch s2 上的配置。

```
root@server2 ~:# ovs-vsctl show
c9f76c6f-f195-4ff3-808e-ddab62ef4e2b
    Manager "tcp:172.171.13.54:6640"
        is_connected: true
    Bridge "s2"
        Controller "tcp:172.171.13.54:6653"
            is_connected: true
        Port "s2"
            Interface "s2"
                type: internal
        Port vxlan_port
            Interface vxlan_port
                type: vxlan
                options: {in_key=flow, local_ip="172.171.7.150", out_key=flow, remote_ip="172.171.13.54"}
```

（3）创建流表

第 1 步：为了流表成功下发，我们需要指定网桥的 OpneFlow 的协议类型为 1.3 版本，具体命令如下。

```
ovs-vsctl set bridge s1 protocols=OpenFlow13
```

第 2 步：将 VM_RED1 端口添加到 Open vSwitch s1（VM_RED2 类似），具体命令如下。

```
ovs-vsctl add-port s1 host-nic
```

分别查看一下端口索引。

```
root@server1: ~:# ovs-ofctl show s1 -O openflow13
OFPT_FEATURES_REPLY (OF1.3) (xid=0x2): dpid:00006e41acd0bc40
n_tables:254, n_buffers:0
capabilities: FLOW_STATS TABLE_STATS PORT_STATS GROUP_STATS QUEUE_STATS
OFPST_PORT_DESC reply (OF1.3) (xid=0x3):
  1(vxlan_port): addr:be:5a:d8:74:1b:4a
     config:    0
     state:     LIVE
     speed: 0 Mbps now, 0 Mbps max
  2(host-nic): addr:9a:48:09:c3:b5:68
     config:    0
     state:     LIVE
     current:    10GB-FD COPPER
```

```
        speed: 10000 Mbps now, 0 Mbps max
    LOCAL(s1): addr:6e:41:ac:d0:bc:40
        config:     PORT_DOWN
        state:      LINK_DOWN
        speed: 0 Mbps now, 0 Mbps max
OFPT_GET_CONFIG_REPLY (OF1.3) (xid=0x7): frags=normal miss_send_len=0

root@server2 ~:# ovs-ofctl show s2 -O openflow13
OFPT_FEATURES_REPLY (OF1.3) (xid=0x2): dpid:0000d6a31d34dd44
n_tables:254, n_buffers:0
capabilities: FLOW_STATS TABLE_STATS PORT_STATS GROUP_STATS QUEUE_STATS
OFPST_PORT_DESC reply (OF1.3) (xid=0x3):
    1(vxlan_port): addr:96:ae:ea:34:4a:9f
        config:     0
        state:      LIVE
        speed: 0 Mbps now, 0 Mbps max
    2(host-nic): addr:1a:79:71:78:45:94
        config:     0
        state:      LIVE
        current:    10GB-FD COPPER
        speed: 10000 Mbps now, 0 Mbps max
    LOCAL(s1): addr:d6:a3:1d:34:dd:44
        config:     PORT_DOWN
        state:      LINK_DOWN
        speed: 0 Mbps now, 0 Mbps max
OFPT_GET_CONFIG_REPLY (OF1.3) (xid=0x7): frags=normal miss_send_len=0
```

第 3 步：分别在 server 1 和 server 2 的命名空间中添加静态 arp。

查看两端 VM 的 MAC 地址。

```
root@server1: ~:# ip netns exec VM_RED1 bash
root@server1: ~:# ifconfig
lo      Link encap: 本地环回
          inet 地址 :127.0.0.1  掩码 :255.0.0.0
          inet6 地址 : ::1/128 Scope:Host
          UP LOOPBACK RUNNING  MTU:65536  跃点数 :1
          接收数据分组 :0 错误 :0 丢弃 :0 过载 :0 帧数 :0
          发送数据分组 :0 错误 :0 丢弃 :0 过载 :0 载波 :0
```

```
        碰撞 :0 发送队列长度 :1
        接收字节 :0 (0.0 B)  发送字节 :0 (0.0 B)

vxlan_port Link encap: 以太网  硬件地址 0a:49:7d:9d:09:9d
        inet 地址 :10.0.0.1  广播 :0.0.0.0  掩码 :255.255.255.0
        inet6 地址 : fe80::849:7dff:fe9d:99d/64 Scope:Link
        UP BROADCAST RUNNING MULTICAST  MTU:1500  跃点数 :1
        接收数据分组 :4170 错误 :0 丢弃 :0 过载 :0 帧数 :0
        发送数据分组 :4180 错误 :0 丢弃 :0 过载 :0 载波 :0
        碰撞 :0 发送队列长度 :1000
        接收字节 :856808 (856.8 KB)  发送字节 :864342 (864.3 KB)

root@server2 ~:# ip netns exec VM_RED2 bash
root@server2 ~:# ifconfig
lo      Link encap:Local Loopback
        inet addr:127.0.0.1  Mask:255.0.0.0
        inet6 addr: ::1/128 Scope:Host
        UP LOOPBACK RUNNING  MTU:65536  Metric:1
        RX packets:0 errors:0 dropped:0 overruns:0 frame:0
        TX packets:0 errors:0 dropped:0 overruns:0 carrier:0
        collisions:0 txqueuelen:1
        RX bytes:0 (0.0 B)  TX bytes:0 (0.0 B)

vxlan_port Link encap:Ethernet  HWaddr 4a:b2:a1:aa:cc:1f
        inet addr:10.0.0.2  Bcast:0.0.0.0  Mask:255.255.255.0
        inet6 addr: fe80::48b2:a1ff:feaa:cc1f/64 Scope:Link
        UP BROADCAST RUNNING MULTICAST  MTU:1500  Metric:1
        RX packets:8 errors:0 dropped:0 overruns:0 frame:0
        TX packets:8 errors:0 dropped:0 overruns:0 carrier:0
        collisions:0 txqueuelen:1000
        RX bytes:648 (648.0 B)  TX bytes:648 (648.0 B)
```

server 1 添加静态 MAC。

```
root@server1: ~:# arp -s 10.0.0.2 4a:b2:a1:aa:cc:1f
root@server1: ~:# arp
地址            类型   硬件地址           标志  Mask        接口
10.0.0.2        ether  4a:b2:a1:aa:cc:1f  CM                vxlan_port
```

server 2 添加静态 MAC。

```
root@server1: ~:# arp -s 10.0.0.1 0a:49:7d:9d:09:9d
root@server1: ~:# arp
Address            HWtype  HWaddress          Flags Mask        Iface
10.0.0.1           ether   0a:49:7d:9d:09:9d  CM                vxlan_port
```

第 4 步：Open vSwitch s1 下发 vxlan 流表具体如下所示。

HTTP Body 的数据如下所示。

```
{
    "flow": [
      {
        "id": "1",
        "match": {
          "in-port": "2"
        },
        "instructions": {
          "instruction": [
            {
              "order": "0",
              "apply-actions": {
                "action": [
                  {
                    "order": "0",
                    "set-field": {
                      "tunnel": {
                        "tunnel-id": "100"
                      }
                    }
                  },
                  {
                    "order": "1",
                    "output-action": {
                      "output-node-connector": "1"
                    }
                  }
                ]
              }
```

```
                }
            ]
        },
        "priority": "100",
        "idle-timeout": "0",
        "hard-timeout": "0",
        "cookie": "0",
        "table_id": "0"
    }
  ]
}
```

HTTP Body 的数据如下所示。

```
{
  "flow": [
    {
        "id": "2",
        "match": {
          "in-port": "1",
          "tunnel": {
            "tunnel-id": "100"
          }
        },
        "instructions": {
          "instruction": [
            {
              "order": "1",
              "apply-actions": {
                "action": [
                  {
                    "order": "1",
                    "output-action": {
                      "output-node-connector": "2"
                    }
                  }
                ]
              }
            }
```

```
            ]
          },
          "priority": "100",
          "idle-timeout": "0",
          "hard-timeout": "0",
          "cookie": "0x1",
          "table_id": "0"
        }
      ]
    }
```

我们在 server 1 上可以查看其配置。

```
root@server1: ~:# ovs-ofctl dump-flows s1 -O openflow13
  cookie=0x0, duration=233.991s, table=0, n_packets=0, n_bytes=0, priority=100,in_port="host-nic" actions=set_field:0x64->tun_id,output:"vxlan_port"
  cookie=0x1, duration=10.441s, table=0, n_packets=0, n_bytes=0, priority=100,tun_id=0x64,in_port="vxlan_port" actions=output:"host-nic"
```

第 5 步：Open vSwitch s2 下发 vxlan 流表如下所示。

HTTP Body 的数据如下所示。

```
{
  "flow": [
    {
      "id": "1",
      "match": {
        "in-port": "2"
      },
      "instructions": {
        "instruction": [
          {
            "order": "0",
            "apply-actions": {
              "action": [
                {
                  "order": "0",
                  "set-field": {
                    "tunnel": {
                      "tunnel-id": "100"
                    }
```

```
                        }
                    },
                    {
                        "order": "1",
                        "output-action": {
                            "output-node-connector": "1"
                        }
                    }
                ]
            }
        }
    ]
},
"priority": "100",
"idle-timeout": "0",
"hard-timeout": "0",
"cookie": "0",
"table_id": "0"
        }
    ]
}
```

HTTP Body 的数据如下所示。

```
{
    "flow": [
        {
            "id": "2",
            "match": {
                "in-port": "1",
                "tunnel": {
                    "tunnel-id": "100"
                }
            },
            "instructions": {
                "instruction": [
                    {
                        "order": "1",
                        "apply-actions": {
```

```
                        "action": [
                            {
                                "order": "1",
                                "output-action": {
                                    "output-node-connector": "2"
                                }
                            }
                        ]
                    }
                }
            ]
        },
        "priority": "100",
        "idle-timeout": "0",
        "hard-timeout": "0",
        "cookie": "0x1",
        "table_id": "0"
    }
  ]
}
```

我们在 server 2 上可以查看其配置。

```
root@server2 ~:# ovs-ofctl dump-flows s2 -O openflow13
    cookie=0x0, duration=23.941s, table=0, n_packets=0, n_bytes=0, priority=100,in_port="host-nic" actions=
set_field:0x64->tun_id,output:"vxlan_port"
    cookie=0x1, duration=10.451s, table=0, n_packets=0, n_bytes=0, priority=100,tun_id=0x64,in_port="v
xlan_port" actions=output:"host-nic"
```

（4）测试 VxLAN

我们对 Open vSwitch s1 连接的主机 ping Open vSwitch s2 连接的主机。

```
root@server1: ~:# ip netns exec VM_RED1 bash
root@server1: ~:# ping 10.0.0.2
PING 10.0.0.2 (10.0.0.2) 56(84) bytes of data.
64 bytes from 10.0.0.2: icmp_seq=1 ttl=64 time=1.18 ms
64 bytes from 10.0.0.2: icmp_seq=2 ttl=64 time=0.519 ms
64 bytes from 10.0.0.2: icmp_seq=3 ttl=64 time=0.595 ms
64 bytes from 10.0.0.2: icmp_seq=4 ttl=64 time=0.576 ms
^C
```

```
--- 10.0.0.2 ping statistics ---
4 packets transmitted, 4 received, 0% packet loss, time 3001ms
rtt min/avg/max/mdev = 0.519/0.717/1.180/0.269 ms
```

下面分别查看一下 Open vSwitch s1 和 Open vSwitch s2 上的流表。

Open vSwitch s1。

```
root@server1: ~:# ovs-ofctl dump-flows s1 -O openflow13
    cookie=0x0, duration=793.963s, table=0, n_packets=4, n_bytes=392, priority=100,in_port="host-nic"
    actions=set_field:0x64->tun_id,output:"vxlan_port"
    cookie=0x1, duration=570.413s, table=0, n_packets=4, n_bytes=392, priority=100,tun_id=0x
64,in_port="vxlan_port" actions=output:"host-nic"
```

Open vSwitch s2。

```
root@server2: ~:# dump-flows s:2 -O OpenFlow13
    cookie=0x0, duration=304.167s, table=0, n_packets=4, n_bytes=392, priority=100,in_port="host-nic"
actions=set_field:0x64->tun_id,output:"vxlan_port"
    cookie=0x1, duration=281.879s, table=0, n_packets=4, n_bytes=392, priority=100,tun_id=0x6
4,in_port="vxlan_port" actions=output:"host-nic"
```

7.3 基于 OpenDaylight 的云网络应用

7.3.1 项目介绍

随着云计算技术的日益成熟，公有云、私有云等云服务技术也随之蓬勃发展，OpenStack 作为云计算领域流行的开源项目，涵盖计算、存储、网络等服务的管理，可以提供一个大规模、弹性可扩展的云计算平台，因此得到了业界的广泛关注与使用。近年来，OpenStack 在网络虚拟化服务方面进一步加强完善，致力于采用灵活的 SDN 解决思路，为产业界提供了一个更强大的云平台。由于 OpenDaylight 控制器具备了对物理网络和虚拟网络的弹性管理的能力，这就使得它作为 SDN 控制平台能够与 OpenStack 有机结合。

OpenStack 通过各个相互关联的组件的集成协作，提供云计算基础设施解决方案，它以 A ~ Z 为首写字母进行版本发布，在其第 16 个发行版本 Pike 中，包含了以下 12 个主要的核心组件，见表 7-4。

表 7-4　OpenStack Pike 版本主要组件列表以及服务描述

项目	服务	描述
Horizon	用户界面	提供基于 Web 的用户操作界面
Nova	计算	提供用户按需创建虚拟服务主机的服务
Neutron	网络	提供虚拟化网络服务，为其他组件提供网络连接
Swift	对象存储	提供了数据镜像、文件、文档的存储和读取服务
Cinder	块存储	给在运行中的实例提供永久的块存储
Glance	镜像存储	提供虚拟磁盘镜像服务
Keystone	身份认证	提供授权和认证服务
Ceilometer	监控测量	提供监控和计量使用情况，包括计费、配额和统计
Heat	部署编排	通过 API 使用 HOT 模板部署多组件云应用
Ironic	裸机管理	提供裸金属基础设施服务
Sahara	数据分析	提供 OpenStack 上部署 Hadoop 大数据处理服务
Trove	数据库	提供可扩展和高可用的数据库引擎服务

在实际应用中，OpenStack 的部署比较复杂，如图 7-9 所示。OpenStack 为了实现系统网络的维护和管理，将 OpenStack 部署网络划分为管理网络、数据网络和外部网络（API 网络）3 个部分。其中，管理网络为 OpenStack 网络管理员提供集群的管理和维护；数据网络为运行于 OpenStack 之上的租户虚拟机以及租户虚拟网络传递数据的网络；外部网络相对于 OpenStack 数据中心的内部网络的互联网，租户可以通过外部网络管理租户的虚拟机以及应用。

此外，为了提高服务的可用性和性能，OpenStack 按照各个组件服务的类型将其部署的节点划分为控制节点、计算节点和网络节点。其中，控制节点包括网络控制、调度管理、API 服务、存储卷管理、数据库管理、身份管理和镜像管理等；计算节点主要提供 Nova-Compute 服务；网络节点则主要管理租户网络，分配 IP 地址、配置虚拟网络和通信。

OpenStack 将网络作为独立的组件为其他组件提供网络服务。OpenStack 的网络服务是由 Neutron 提供，Neutron 是 OpenStack 核心项目之一，它将网络作为服务提供云计算环境下的虚拟网络功能。如图 7-10 所示，Neutron 提供了

基础 API（网络、子网、端口）、核心 API（ML2、Open vSwitch、Linux 网桥）和面向高级功能的可扩展 API（LBaaS、FWaaS 等），这些丰富的 API 服务接口是基于插件的方式完成的，并且 Neutron 可以独立地提供服务。OpenStack 与 SDN 控制器之间以 REST API 的方式进行交互，通过 Neutron 以各种插件的方式来处理请求，实现对网络的管理和编排。

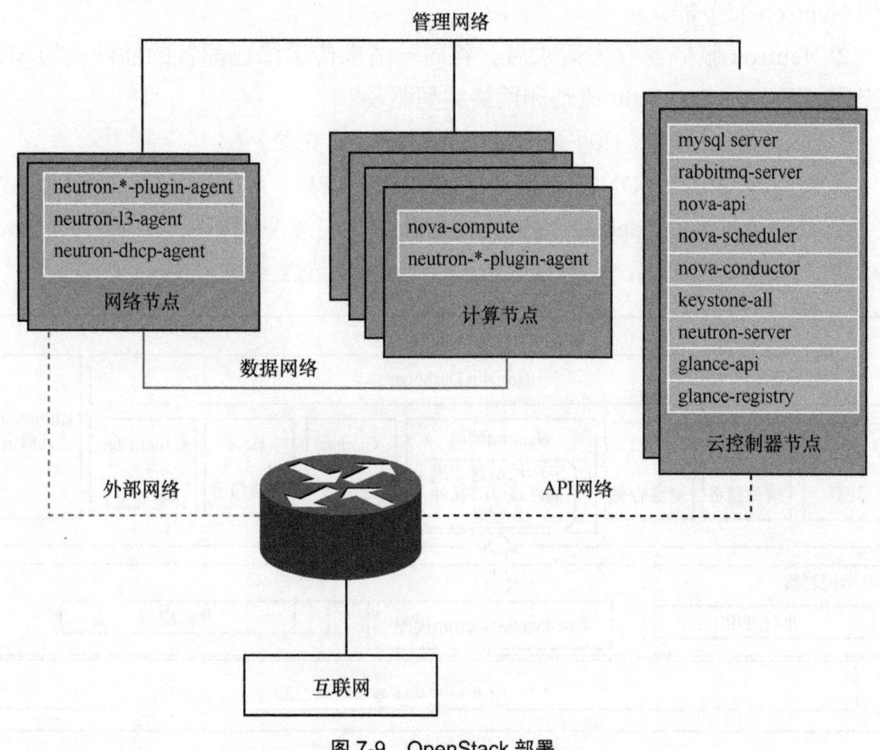

图 7-9　OpenStack 部署

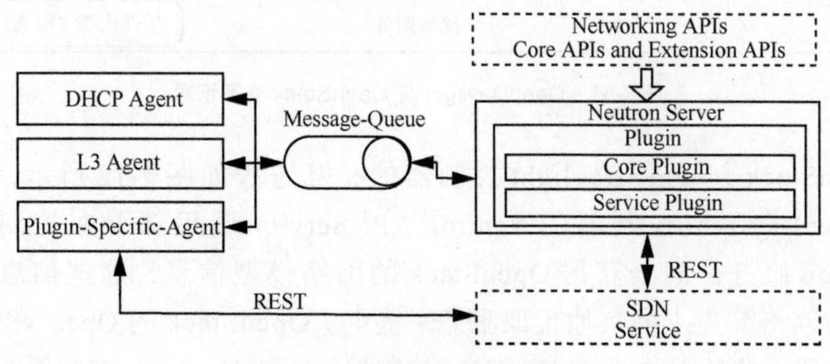

图 7-10　Neutron 组件通信架构

OpenDaylight 与 Neutron 进行通信是通过 Neutron 网络节点上的 ML2 插件，并调用 SDN 控制器的北向通信 REST API。OpenStack 用户可以通过 Horizon 执行相关的网络操作，如对网络、子网和端口的增 / 删 / 改 / 查操作，按照以下流程执行，如图 7-11 所示。

① OpenStack 用户在 Horizon 上的操作将被转换成相应的网络 API，并发送到 Neutron 服务器。

② Neutron 服务器收到请求后，将同一请求传递给已配置的插件，如 ML2 已配置好了 OpenDaylight 驱动和网络类型驱动。

③ Neutron 服务器 / 插件会对数据库做适应的变动。

④ 插件会调用与 SDN 控制器对应的 REST API。

⑤ 收到请求后，OpenDaylight 会使用任何南向插件 / 协议，比如 OpenFlow、OVSDB 或 OF-CONFIG，对网络设备进行相应的配置。

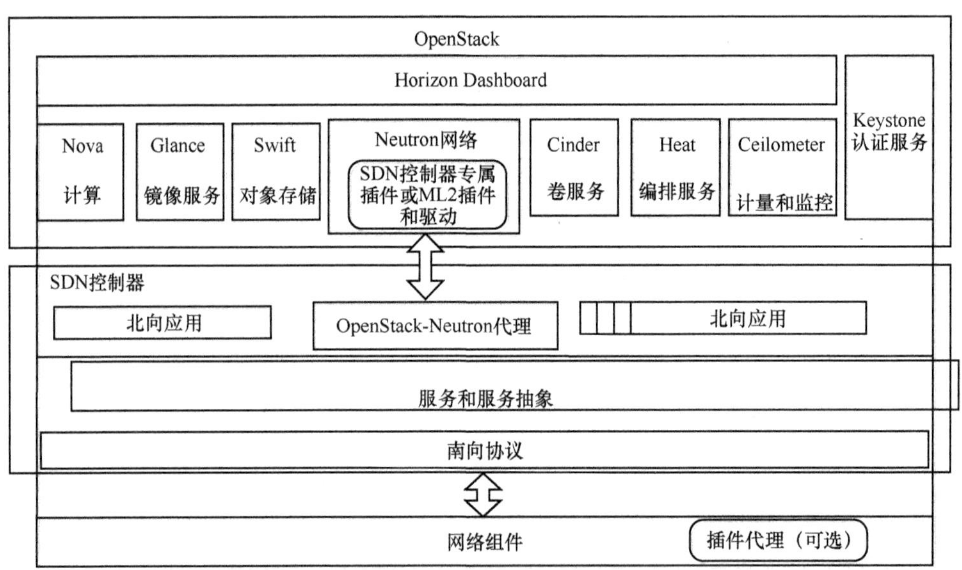

图 7-11　OpenDaylight 与 OpenStack 交互示意

OpenStack 与 OpenDaylight 控制器的交互过程如图 7-12 所示，实际上是由 OpenDaylight 控制器的 Neutron API Service 调用部署在控制节点上的 Neutron 服务，间接获得 OpenStack 的网络模型信息，这些信息由 ML2 Plugin 与网络节点上的其他代理服务来提供。OpenStack 的 Open vSwitch 模块可以设置连接外部的 OpenDaylight 控制器，OpenDaylight 控制器的 Netvirt 组件与 OpenStack 的 Open vSwitch 以 TCP 连接方式进行数据交互，实现对租户网络流表的操作。

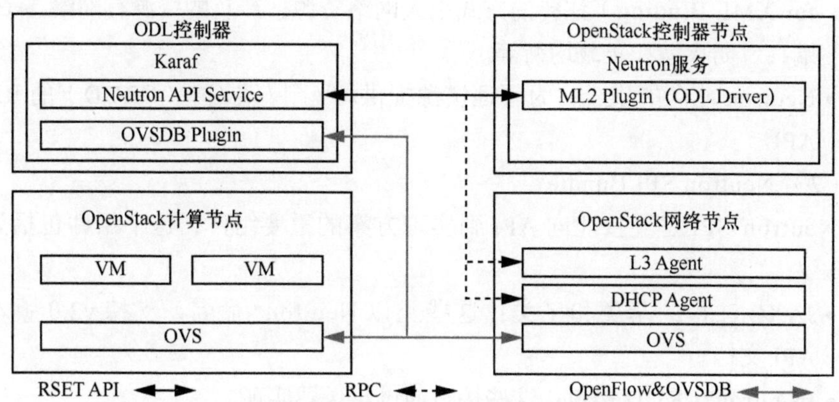

图 7-12 OpenStack 与 OpenDaylight 的集成

OpenDaylight 提供 OpenStack Neutron API 服务接口，给上层解决方案提供 Neutron API 操作。图 7-13 总结了 OpenDaylight Neutron API 的实现架构，Neutron API 服务主要由 3 个组件组成：北向 API 和南向 SPI、转录器（Transcriber）以及解决方案的实现集合。

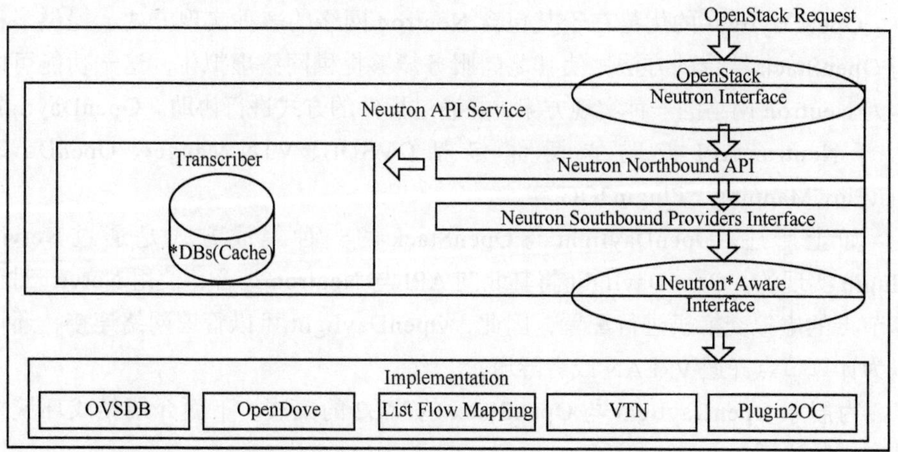

图 7-13 OpenDaylight Neutron API 实现架构

（1） Northbound API Bundle

OpenDaylight 的北向 API 处理来自 OpenStack 插件的 REST 请求并作出合适的应答，该组件的组成部分如下。

- INeutronRequest：父类请求接口。

- INeturonRequest 实现类的集合：这些实现类以 JAXB（Java Architecture for XML Binding）注释的方式引入网络资源，涉及的资源有网络、子网、端口、防火墙和负载均衡等。
- Neutron 北向的集合：为管理资源提供增 / 删 / 改 / 查（CRUD）的 REST API。

（2）Neutron SPI Bundle

Neutron SPI 是连接北向 API 到实现方案的重要组件，这个组件包括如下内容。

- JAXB 注释的基类和子类：这些类以 Neutron* 命名，支持 v2.0 版本的 API 文档。
- INeutron*CRUD 接口：这些接口通过转录器实现。
- INeutronAware 接口：这些接口通过特定的插件（OpenDove、OVSDB、VTN 等）实现。

（3）Transcriber Bundle

Transcriber 模块包含 Neutron 类，并实现 INeutron*CRUD 接口将 Neutron 对象缓存下来。

（4）Implementation Bundle

OpenDaylight 的优势在于其包含 Neutron 网络的多种实现方式，提供多种与 OpenStack 结合的方法，使其北向服务能够提供网络虚拟化，这一功能可以作为 Neutron 网络的一种实现方案，并通过插件的方式进行协助。OpenDaylight 用于 Neutron API 实现的插件包括 OVSDB、VTN Manger、OpenDove、ListFlowMapping、Plugin2OC 等。

如上所述，OpenDaylight 与 OpenStack 的一种集成方式是通过 Netvirt Plugin 实现的。OpenDaylight 将其北向 API 与 Neutron 结合，使用 Netvirt 对计算节点的虚拟交换机进行配置，因此，OpenDaylight 可以管理网络连接，还可以为计算节点开通 VxLAN 或者隧道。

为展示 OpenDaylight 与 OpenStack 的 ML2 的集成，下面介绍集成环境搭建和实验验证。

7.3.2 环境搭建

OpenStack 具有灵活部署和按需定制的特点，根据不同应用场景的需求提供特定的服务。OpenStack 在部署的过程中依赖于操作系统、网络环境，在实

际的部署过程中有特定的限制。其部署的灵活性和约束性导致部署过程相对复杂，OpenStack 官方网站提供了完整的安装手册，对于验证 OpenDaylight 与 OpenStack 的结合，则略显复杂。本章的环境搭建基于 OpenDaylight Netvirt 项目来构建测试开发环境。

（1）安装操作系统

安装 Fedora Minimal 版系统的过程：启动 Fedora Net Install.iso、选择磁盘布局；按照屏幕提示指令进行安装；登录服务器，关闭防火墙和 SELinux。

```
$ ufw disable
$ sudo setenforce 0
$ cat /etc/selinux/config |sed s/=enforcing/=disabled/ |sudo tee /etc/ selinux/config
$ sudo systemctl disable firewalld.service
$ sudo systemctl stop firewalld.service
```

安装必要的包，如 unzip、wget 等，可以通过以下方式安装。

```
$ sudo yum -y install @standard
```

注意：在产品环境不推荐关闭防火墙，实验中关闭防火墙和设置 SELinux 是为了减少出现问题的可能性。

（2）安装控制器运行环境

预先安装必要的安装包。

```
$ sudo yum install java-1.8.0-openjdk
```

安装 OpenDaylight。

① 获取 OpenDaylight。

```
$ unzip distribution-karaf-0.6.2-Carbon.zip
```

② 启动 OpenDaylight。

```
$ cd distribution-karaf-0.6.2-Carbon/bin
$ ./karaf
```

③ 安装 OpenStack 相关组件。

```
opendaylight-user@root>feature:install odl-ovsdb-openstack
```

（3）安装 DevStack

① 添加 stack 用户。

```
$ sudo useradd -s /bin/bash -d /opt/stack -m stack
```

② 添加权限。

```
$ echo "stack ALL=(ALL) NOPASSWD: ALL" |sudo tee /etc/sudoers.d/stack
$ sudo su – stack
```

③ 获取 DevStack。

```
$ cd devstack
```

④ 创建 local.conf 配置文件。

```
[[local|localrc]]
ADMIN_PASSWORD=secret
DATABASE_PASSWORD=$ADMIN_PASSWORD
RABBIT_PASSWORD=$ADMIN_PASSWORD
SERVICE_PASSWORD=$ADMIN_PASSWORD
```

启动 DevStack，先启动控制节点的 DevStack。

```
$ ./stack.sh
```

（4） OpenDaylight 和 OpenStack 集成

① 关闭 Neutron 服务。

```
$ systemctl stop neutron-openvswitch-agent
$ systemctl disable neutron-openvswitch-agent
$ sudo rm -rf /var/log/openvswitch/
$ sudo rm -rf /etc/openvswitch/conf.db
$ sudo mkdir /var/log/openvswitch/
$ sudo service openvswitch-switch start
$ sudo ovs-vsctl show
2c63096f-74f3-46eb-9904-00305ef84106
    ovs_version: "2.8.2"
```

② 节点连接到 OpenDaylight 上。

```
$ sudo ovs-vsctl set-manager tcp:[controloller ip]:6640
$ ovs-vsctl set-controller br-int tcp: [controloller ip]:6633
```

③ 添加 br-ex。

```
$ sudo ovs-vsctl add-br br-ex
$ sudo ovs-vsctl add-port br-ex eth0
$ sudo ovs-vsctl show
2c63096f-74f3-46eb-9904-00305ef84106
    Manager "tcp: 192.168.106.148:6640"
      is_connected: true
    Bridge br-ex
      Port br-ex
        Interface br-ex
          type: internal
      Port "eth3"
        Interface "eth0"
```

```
    Bridge br-int
        Controller "tcp: 192.168.106.148:6653"
            is_connected: true
        fail_mode: secure
        Port br-int
            Interface br-int
                type: internal
```

④ Neutron 服务配置更新。

```
sudo vi /etc/neutron/plugins/ml2/ml2_conf.ini
[ml2]
type_drivers = flat,vxlan
tenant_network_types = vxlan
mechanism_drivers = opendaylight
[ml2_odl]
password = admin
username = admin
```

⑤ 重新配置数据库。

```
$ source ./admin_openrc.sh
$ mysql -u root -pmysqlpassword
MariaDB [(none)]> DROP DATABASE neutron;
Query OK, 157 rows affected (1.76 sec)

MariaDB [(none)]> CREATE DATABASE neutron;
Query OK, 1 row affected (0.00 sec)

MariaDB [(none)]> GRANT ALL PRIVILEGES ON neutron.* TO 'neutron'@'localhost' IDENTIFIED BY
'NEUTRON_DBPASS';
Query OK, 0 rows affected (0.05 sec)

MariaDB [(none)]> GRANT ALL PRIVILEGES ON neutron.* TO 'neutron'@'%' IDENTIFIED BY 'NEUTRON_DBPASS';
Query OK, 0 rows affected (0.00 sec)

MariaDB [(none)]> exit
Bye
$ rm -rf /etc/neutron/plugin.ini
$ ln -s /etc/neutron/plugins/ml2/ml2_conf.ini /etc/neutron/plugin.ini
```

```
$ su -s /bin/sh -c "neutron-db-manage --config-file /etc/neutron/neutron.conf --config-file /etc/neutron/plugins/ml2/ml2_conf.ini upgrade head" neutron
```

⑥ 安装 networking-odl。

```
$ yum install python-pip -y
$ sudo pip install networking-odl
```

在控制节点上创建授权。

```
$ source ~/devstack/.openrc
```

创建 Neutron 网络。

```
$ neutron net-create my-private-net
Created a new network:
+----------------+------------------------------------+
| Field          | Value                              |
+----------------+------------------------------------+
| admin_state_up |True                                |
| id             | 33055c6b-b8cf-49e4-9131-5225a7d6b2f9 |
| name           | my-private-net                     |
| shared         | False                              |
| status         | ACTIVE                             |
| subnets        |                                    |
| tenant_id      | df183a6bd2c54ace87fee9dd0fc3a4b7       |
+----------------+------------------------------------+
$ neutron subnet-create $(neutron net-list |grep 'my-private-net' |awk '{print $2}') 10.254.0.0/24 --name my-private-subnet --ip-version 4 --gateway 10.254.0.1 --allocation-pool start=10.254.0.2,end=10.254.0.254
Created a new subnet:
+------------------+---------------------------------------------+
| Field      |    Value                                          |
+------------------+---------------------------------------------+
| allocation_pools |{ " start " : " 10.254.0.2 " , " end " : " 10.254.0.254 " }     |
| cidr             | 10.254.0.0/24                                |
| dns_nameservers       |                                         |
| enable_dhcp           | True                                    |
| gateway_ip       | 10.254.0.1                                   |
| host_routes      |                                    |
| id               | dbba9c95-09e4-4c46-b0ed-0f36706fc088                   |
| ip_version       | 4                                  |
| name             | my-private-subnet                            |
```

```
| network_id      | 33055c6b-b8cf-49e4-9131-5225a7d6b2f9                |
| tenant_id       | df183a6bd2c54ace87fee9dd0fc3a4b7                    |
+-----------------+---------------------------------------------+
```

启动 Nova 客户虚拟机。

```
$ nova boot --flavor m1.nano --image $(nova image-list |grep 'cirros-0.3.1-x86_64-uec\s' |awk '{print $2}')
--nic net-id=$(neutron net-list |grep my-private-net |awk '{print $2}') --num-instances 3 vm
$ nova list
+-------+--------+------------+------------+--------------------------+
| Name  | Status |Task State |Power State |Networks                  |
+-------+--------+------------+------------+--------------------------+
| vm-ba |ACTIVE |-         |Running     |my-private-net=10.254.0.3  |
| vm-c6 |ACTIVE |-         |Running     |my-private-net=10.254.0.4  |
| vm-f4 |ACTIVE |-         |Running     |my-private-net=10.254.0.2  |
+-------+--------+------------+------------+--------------------------+
```

验证网络创建。


```
{
    "networks" : [ {
      "id" : "33055c6b-b8cf-49e4-9131-5225a7d6b2f9",
      "admin_state_up" : true,
      "status" : "ACTIVE",
      "tenant_id" : "df183a6bd2c54ace87fee9dd0fc3a4b7",
      "name" : " my-private-net ",
      "shared" : false,
      "router:external" : false,
      "provider:network_type" : "vxlan",
      "provider:segmentation_id" : "80",
      "segments" : [ ]
    } ]
}
```


7.3.3 实例开发

根据以上操作，OVSDB 插件已经正确地设置了网络节点和计算节点的网络隧道，验证步骤可以按照以下方式操作。

（1）基本配置验证

检查隧道类型，如果是 GRE 隧道，则输入如下命令。

```
$ sudo ovsdb-client dump
Interface table
mac_in_use          name                    ofport type
------------------ -------------------- ------ --------
" 82:bc:1a:b7:65:54 "  " gre-192.168.106.149 "      3    gre
" 0a:46:ce:9a:b9:4c "  br-int                  65534  internal
" 46:31:a2:5c:83:40 "  br-ex                   65534  internal
" e2:74:32:15:e8:be "  " tapd46cffb4-9d "     1    " "
" 3e:3e:6b:5c:ff:93 "  " tap0562028d-e2 "           2    " "
" 8a:75:fc:82:42:e0 "  " tap52b25a35-2b "           1    " "
" fe:16:3e:89:df:bd "  " tapc554514b-d6 "     4    " "
" fe:16:3e:fa:6b:b1 "  " tapbdf5f3df-18 "     5    " "
# 可以看出该网络是 GRE 类型网络，Option 选项如下。
options
---------------------------------------------------------------
{key=flow, local_ip= " 192.168.106.148 " , remote_ip= " 192.168.106.149 " }
```

检查虚拟机运行的端口。

```
$ sudo ovsdb-client dump |grep tap
```

检查流表。

```
$ sudo ovs-ofctl dump-flows br-tun  -O openflow13
table=0, send_flow_rem tun_id=0x1,in_port=3 actions=goto_table:20
table=0, send_flow_rem in_port=1,dl_src=fa:16:3e:4d:94:1b actions=set_field:0x1->tun_id,goto_table:10
table=0, send_flow_rem priority=8192,in_port=5 actions=drop
table=0, send_flow_rem dl_type=0x88cc actions=CONTROLLER:56
table=10, send_flow_rem priority=8192,tun_id=0x1 actions=goto_table:20
table=10, priority=16384,tun_id=0x1,dl_dst=01:00:00:00:00:00/01:00:00:00:00:00 actions=output:3,goto_table:20
table=20, send_flow_rem priority=8192,tun_id=0x1 actions=drop
table=20, send_flow_rem tun_id=0x1,dl_dst=fa:16:3e:4d:94:1b actions=output:1
```

（2）虚拟机连通验证

虚拟机之间通过 Open vSwitch 的虚拟网桥进行连接，可以在 OpenStack 的控制节点输入相关命令查看虚拟机的连通情况。

列出虚拟机。

```
$ nova list
   vm-c6c9bf82-c8f6-445d-9810-8fb636d66444 |ACTIVE
```

生产控制台 novnc 连接。

```
$ nova get-vnc-console vm-c6c9bf82-c8f6-445d-9810-8fb636d66444 novnc
+-------+-----------------------------------------------------------+
| Type  |Url                                                        |
+-------+-----------------------------------------------------------+
```

novnc 控制台测试 ping 命令。

在浏览器中输入对应的 novnc 的 URL 打开控制台，尝试以“cirros”的身份，输入密码“cubswin:)”登录，然后在控制台进行 ping 测试，具体信息如图 7-14 所示。

```
Connected (unencrypted) to: QEMU (instance-00000003)
$ ifconfig | grep "inet addr"
          inet addr:10.254.0.4  Bcast:10.254.0.255  Mask:255.255.255.0
          inet addr:127.0.0.1  Mask:255.0.0.0
$ ping -c 1 10.254.0.2
PING 10.254.0.2 (10.254.0.2): 56 data bytes
64 bytes from 10.254.0.2: seq=0 ttl=64 time=2.209 ms

--- 10.254.0.2 ping statistics ---
1 packets transmitted, 1 packets received, 0% packet loss
round-trip min/avg/max = 2.209/2.209/2.209 ms
$ ping -c 1 10.254.0.3
PING 10.254.0.3 (10.254.0.3): 56 data bytes
64 bytes from 10.254.0.3: seq=0 ttl=64 time=2.011 ms

--- 10.254.0.3 ping statistics ---
1 packets transmitted, 1 packets received, 0% packet loss
round-trip min/avg/max = 2.011/2.011/2.011 ms
$ ping -c 1 10.254.0.4
PING 10.254.0.4 (10.254.0.4): 56 data bytes
64 bytes from 10.254.0.4: seq=0 ttl=64 time=1.527 ms

--- 10.254.0.4 ping statistics ---
1 packets transmitted, 1 packets received, 0% packet loss
round-trip min/avg/max = 1.527/1.527/1.527 ms
$ _
```

图 7-14　虚拟机连通性测试

从 L3 DHCP 或者网关测试 ping，在网络节点输入如下命令。

```
$ip netns list
qdhcp-33055c6b-b8cf-49e4-9131-5225a7d6b2f9
qrouter-2ba74533-579a-4143-ad19-61d6c614e30f
$ sudo ip netns exec qrouter-2ba74533-579a-4143-ad19-61d6c614e30f ping 10.0.0.1
PING 10.0.0.1 (10.0.0.1) 56(84) bytes of data.
64 bytes from 10.0.0.1: icmp_seq=1 ttl=64 time=0.050 ms
```

（3）使用 OpenDaylight 用户界面

使用 OpenDaylight 的 DLUX 界面，可以获得 OVS 的相关信息，如图 7-15 所示，当前网络的拓扑信息，可以点击 Nodes 菜单查看 Node 节点的详情信息，通过 Netvirt 组件的 REST API 可以得到更多的信息，也可以对节点的网桥、端口等进行操作（比如创建隧道等）以实现对网络的控制。

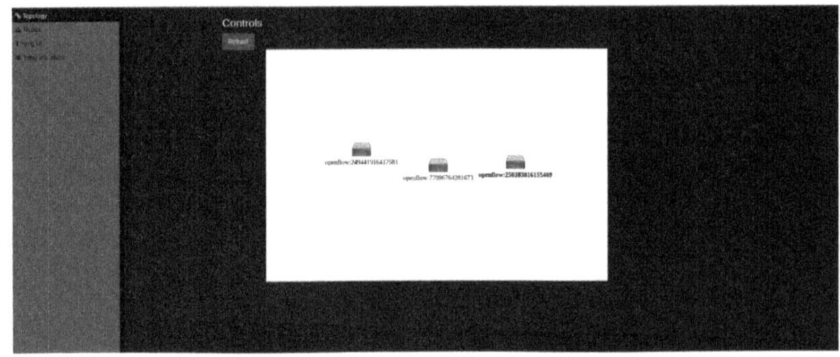

图 7-15　OpenDaylight 的用户界面

（4）使用 Netvirt REST API

Netvirt REST API 可以对任意的 Open vSwitch 实例进行增 / 删 / 改 / 查操作，借助于 POSTMAN（集成于 Chrome 浏览器的一款插件）工具发送 REST 请求，可以参考如下 Netvirt 北向 API。在 OpenDaylight Netvirt 项目的 resource 目录下可获取最新的相关北向 API。

如 OpenDaylight 的 Connection Manger 所获得的节点所示，试验中的两个节点在列表中展示出来，通过“openflow:dpid”的方式呈现。根据节点信息，调用 REST API 可以获得更多信息。下面以节点 openflow:258383816155469 为例来演示 OVSDB REST API 的操作，具体以网桥为例。

```
openflow:258383816155469
openflow:138356890151365
```

第 1 步：使用 CLI 命令查看节点上实际的基本信息，在当前部署的环境中，OpenStack 的网络节点与计算节点的隧道是创建在 br-int 上。

```
$ sudo ovs-vsctl show
17074e89-2ac5-4bba-997a-1a5a3527cf56
    Manager " tcp:192.168.106.148:6640 "
      is_connected: true
    Bridge br-int
      Controller " tcp:192.168.106.148:6633 "
        is_connected: true
      fail_mode: secure
      Port br-int
        Interface br-int
```

```
        Port "  tap208b7b43-ea "
          Interface "  tap208b7b43-ea "
        Port "  gre-192.168.106.148 "
          Interface "  vxlan-192.168.106.148 "
            type: vxlan
            options: {key=flow, local_ip= "  192.168.106.149 " , remote_ip= "  192.168.106.148 " }
    ovs_version: "  2.0.0 "
```

第 2 步：使用 Netvirt API 获取节点信息，通过 POSTMAN 的 GET 方法，获得网桥信息。如下 URL 返回的数据内容，就是 OpenDaylight 接管 Neutron 的网络后获取到的 OpenStack 网络信息。

第 3 步：在节点上创建网桥，图 7-16 所示为 POSTMAN 的操作界面。创建网桥使用 POST 的方式，以 JSON 格式将参数封装在 BODY 内。如果操作成功，则返回创建网桥的 UUID。

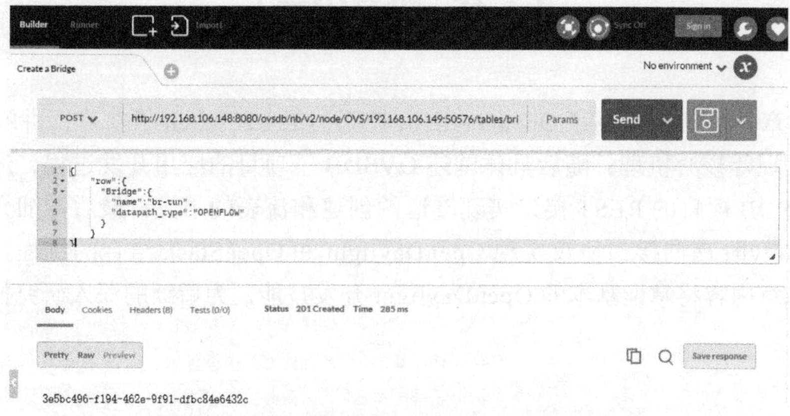

图 7-16　POSTMAN 演示 Netvirt REST API 创建网桥

第 4 步：创建完成后，再次确认节点上 OVS 的基本信息，可以发现网桥 br-tun 创建成功。Netvirt 的 REST API 也包含了对网桥进行删除以及更新操作，也可以通过 REST API 创建隧道、下发流表等操作，此处不再一一列举。

```
$ sudo ovs-vsctl show
17074e89-2ac5-4bba-997a-1a5a3527cf56
    Manager "  tcp:192.168.106.148:6640 "
      is_connected: true
    Bridge br-tun
    Bridge br-int
      Controller "  tcp:192.168.106.148:6633 "
```

```
      is_connected: true
    fail_mode: secure
    Port br-int
      Interface br-int
    Port " tap208b7b43-ea "
      Interface " tap208b7b43-ea "
    Port " vxlan-192.168.106.148 "
      Interface " vxlan-192.168.106.148 "
        type: vxlan
        options: {key=flow, local_ip= " 192.168.106.149 " , remote_ip= " 192.168.106.148 " }
ovs_version: " 2.0.0 "
```

7.4 本章小结

本章首先主要介绍了 OpenDaylight 控制器的 L2Switch 子项目，讲解 ARP 处理实现等核心机理；随后具体阐述 OVSDB 子项目的应用开发过程，通过调用 OVSDB 项目的 REST 接口实现隧道的创建和流表的下发；最后详细介绍了通过 Netvirt 南向接口协议实现 OpenDaylight 和 OpenStack 结合的过程。读者通过本章内容将掌握基本的 OpenDaylight 开发技能，为后续的深入研究打下坚实基础。

第 8 章
ONOS 应用实践(一)

OpenDaylight 控制器主要由设备商和服务商联合推出，更多考虑的是企业级网络、数据中心等应用场景，其出现时间相对更早，现阶段发展更为成熟。2014 年 12 月，美国斯坦福大学和伯克利大学共同成立的非营利性组织 ON.Lab 推出了开放网络操作系统（ONOS），其目标是维护 SDN 概念的初衷，打造一款高可用、可扩展、高性能、完全开源的控制器，以方便全球的研究者参与研究与贡献代码。ONOS 控制器目前主要由运营商和设备商共同推动，其主要面向对象是电信运营商级的大网场景，其设计理念是能在任何硬件（包括白牌机）上灵活地创建服务并且大规模部署，满足运营商级网络部署的需要。本章将首先介绍 ONOS 的基本概念和特性，并在此基础上对 ONOS 源代码尤其是几个重要子系统进行详细解读，最后介绍 ONOS 的系统安装与配置方法。

| 8.1 ONOS 项目 |

8.1.1 项目介绍

早期业界出现的 NOX、POX、Floodlight、Ryu 等 SDN 控制器，由于系统架构设计以及性能方面的原因，无法满足商用环境下多厂商互操作、高可用性的需求。随着 OpenDaylight 开源项目的不断发展以及 ONOS 开源项目的发布，SDN 控制器的架构变得更加复杂，支持的功能越来越多。ONOS 控制器的系统架构从设计之初就充分考虑了运营商的网络需求，期望具有高可靠性、较强的扩展性和更好的性能等优点，同时也充分考虑了南、北向 API 接口的抽象，以期在 SDN 应用领域有更广泛的适应性。

ONOS 是首款面向运营商业务场景的开源 SDN 操作系统，设计宗旨是可靠性强、性能好、可横向扩展，其北向接口层和 API 支持简单的应用开发，且通过南向接口层可以管控 OpenFlow 和传统设备。总体来说，ONOS 的实现目标总结如下。

- 控制层面实现电信级特征（可靠性强、性能好、灵活性高）；
- 为网络敏捷性提供强有力保证；
- 帮助服务提供商从现有网络迁移到白牌设备；
- 减少服务提供商的 CAPEX 和 OPEX。

2015 年 5 月 6 日，由 ONOS 提出的 ONOS 系统框架（ONOS System Framework，ONOSFW）项目在 NFV 开源组织（Open Platform for NFV，OPNFV）正式立项，标志着运营商领域最主要的两个开源组织——OPNFV 与 ONOS 正式合作。ONOS 通过与 OPNVF 合作，实现了在 NFV 领域与其他第三方模块的对接，方便运营商商用部署，加速了 SDN/NFV 在运营商网络中的商用。

ONOS 控制器的社区目前相对比较活跃，现正以每季度一个版本的速度进行更新。

8.1.2 系统架构

为了方便灵活性，ONOS 采取了是一种模块化结构，一方面能灵活地组织各种模块，容易让开发者扩展出新的模块；另一方面通过隔离，令系统的各个模块各司其职而不会互相干扰。ONOS 经过深入讨论，提出了如下具体设计目标。

① 代码的模块化：扩展其他组件更容易。

② 可配置性：灵活的配置能实现灵活的架构，同时也能提高可定制性。

③ 问题的分离：每个模块负责自身所属的工作内容，如果子系统间有明确的界限，就可以充分利用模块化的好处。

④ 协议不可知：ONOS 及其应用都不应该被绑定到特定的协议库或实现。

基于上述思路，ONOS 的主体架构围绕分布式核心的分层架构展开构建，即北向接口与南向接口 API 将应用、分布式核心和适配层相互隔离，可以独立添加新的应用和协议适配器，ONOS 架构如图 8-1 所示。

ONOS 架构主要包括分布式核心层、北向接口层和南向接口层，下面具体介绍这 3 层的功能作用。

8.1.2.1 分布式核心层

ONOS 可以作为服务部署在服务器集群上，在每个服务器上运行相同的 ONOS 软件，如图 8-2 所示。ONOS 核心的设计基于分布式核心平面，使得网络运营商可以在不发生中断的情况下任意添加 ONOS 实例。各个 ONOS 实例协同工作形成的平台，将被其他网络和应用视作单一平台。应用和网络设备无须知道是与单一的 ONOS 实例交互还是与多个 ONOS 实例交互，这一特征保证了

ONOS 的可扩展性，服务提供商可以随着网络的发展轻松地扩充控制平面的容量，并且不会产生网络中断。

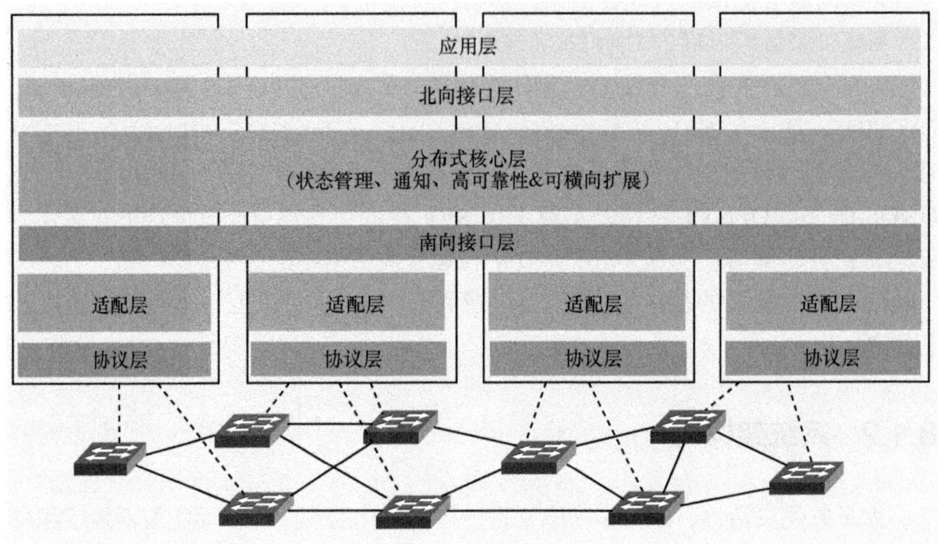

图 8-1　ONOS 架构

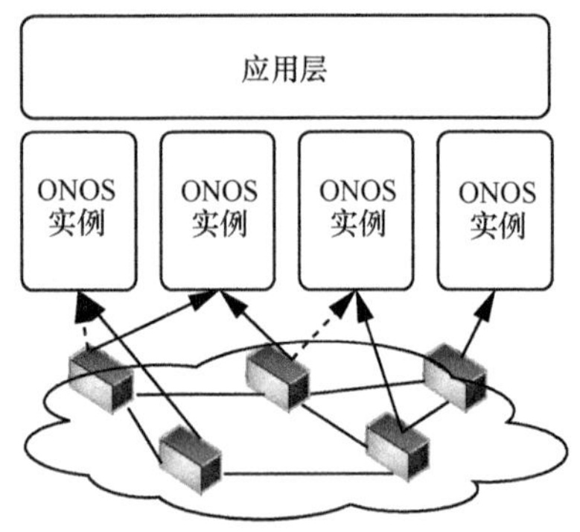

图 8-2　ONOS 分布式核心层

分布式核心层提供实例间通信、状态管理、领导选择等服务，这些服务保证了集群的高吞吐量、低时延以及高可用性。通过使用发布 / 订阅（Publish/Subscribe）模型中的高速消息，ONOS 实例可以将更新信息快速通知给其他实例。同时，ONOS 内部还设计了恢复协议来处理因为实例故障而引起的更新丢失。ONOS 使用多种机制管理实例的操作状态，并且每种机制与状态类型一一对应，其中典型的例子就是应用意图、拓扑数据库和流表，它们每个都有独一

无二的规模、读 / 写模式和持久化需求。领导选择确保交换机有且只有一个主实例，如果这个主实例出现故障，则另一个实例可以迅速地实现接管，无须重新创建新实例并重新同步流表。对于应用而言，可以通过网络图形抽象层持续获取网络的视图。

因此，从业务角度看，ONOS 提供了一个高可用的环境，应用可以有效降低网络控制平面发生故障的可能。实例故障和数据平面的故障对应用来说是透明的，这样可以极大地简化应用开发和错误处理。通过相同的机制，网络运营商按照实例下线、更新、上线的步骤能够实现零宕机更新软件。

8.1.2.2　北向接口层

ONOS 架构中有两个强大的北向接口层：意图框架和全局网络视图。意图框架主要用于屏蔽服务运行的复杂性，允许应用向网络请求服务而不需要了解服务运行的具体细节，这就意味着网络运营商和应用开发者可以进行高级编程。

如图 8-3 所示，上层应用可以轻松地提出意图：一个策略声明或连接需求，例如在主机间建立连接、在交换机间建立通道、阻止主机通信等。意图框架则负责处理所有应用的请求，判断可以满足哪些应用、解决应用之间的冲突、执行管理者的策略，对网络编程提供请求的功能，交付请求的服务给应用。一个意图会转化为多个目标，例如，一个连接两个主机的意图转化为两个目标，各提供一个方向的流，保证主机的双向可达。意图框架将把意图转化的目标编译成指令发送给网络设备，整个流程按照网络运维人员指定的策略自动地进行，从某种程度上说，这个方法可以解决意图之间的冲突。

全局网络视图为应用提供了网络视图，包括主机、交换机以及网络相关的状态参数，如网络利用率等。应用可以通过 API 对网络视图进行编程，一个 API 可以为应用以网络图的形式提供网络视图，基于网络图可以进行以下工作。

- 创建一个简单的应用，当该应用获得全局网络视图后计算最短路径；
- 通过监控网络视图和编程改变路径调节负载（流量工程），最大化网络利用率；
- 将流量从正在升级或因病毒而隔离的网络中引导出来。

确切地说，北向接口层和 API 能够将应用与网络细节进行隔离，而且也可以隔离需要了解网络事件（如链路中断）的应用和其他应用。因此，可以认为 ONOS 控制器在一定程度上完成了控制平面与应用隔离，通过强大的冲突管理机制可以管理来自多个应用的请求，进而向网络操作系统的目标迈进了一大步。

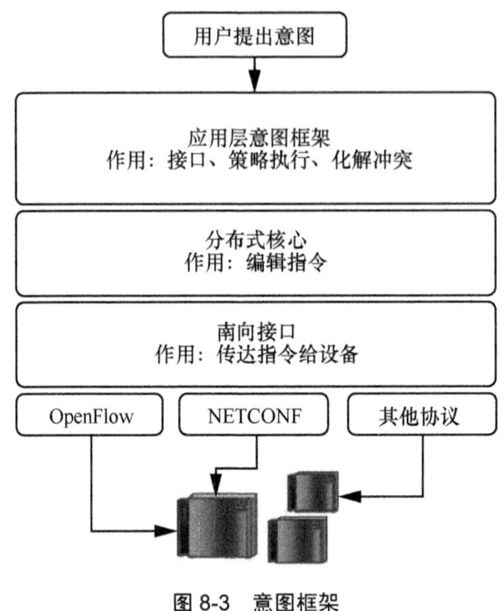

图 8-3　意图框架

8.1.2.3　南向接口层

南向接口层由网络组件构成，例如交换机、链路、主机等，ONOS 的南向接口层将每个网络组件表示为通用格式的对象。通过这个抽象层，分布式核心层可以维护网络组件的状态，并且不需要知道底层设备的具体细节。南向接口层可以实现南向接口协议和设备无感知，这个网络组件抽象层允许添加新设备和协议，以可插拔的形式支持扩展，插件根据规格映射（或翻译）通用网络组件描述或操控设备，反之亦然。因此，南向接口层确保 ONOS 能够管控多个不同的设备——即使它们使用不同的协议（OpenFlow、OVSDB、NETCONF 等）。

南向接口层的主要优势包括如下。

- 用不同的协议管理不同的设备，不会对分布式核心层造成影响；
- 扩展性强，可以在系统中添加新的设备和协议；
- 轻松地从传统设备转移到支持 OpenFlow 的白牌设备。

南向接口的分层结构中，最底层是网络设备，ONOS 通过协议与设备连接，协议细节被网络组件插件或适配器屏蔽。事实上，南向接口的核心是在不知道具体协议细节和网络组件的条件下维护网络组件对象（交换机、链路、主机等）。通过适配层 API，分布式核心层可以与网络组件对象状态保持一致，适配层 API 将分布式核心层与协议细节以及网络组件相隔离，方便系统添加新的物理设备和协议，可扩展性强。

| 8.2　ONOS 代码解读 |

8.2.1　代码结构

ONOS 是由多个可以独立构建的模块组合而成的，每个模块都有自己的 pom.xml 文件，ONOS 吸收了 Maven 的分层 POM 组织方式，因而每个子项目拥有自己的 pom.xml 文件。pom.xml 中的文件是层次结构的，它们依赖共享，因此 POM 文件的层次结构反映了 ONOS 的逻辑结构。其中，根文件下的顶层 POM 文件包含全部 ONOS 模块。

在每个模块中，都有一个 Bundle 与 POM 相对应，Bundle 下的所有缩进 Bundle 可以利用自己的 POM 文件建立。ONOS 中所包含的模块如图 8-4 所示，其中，apps 包含 ONOS 的基本示例应用程序（如转发程序 fwd、网络配置 config 等），cli 管理控制台命令行的扩展，core 中包含了核心根项目，docs 中储存了 Java API 文件，features 是 Apache Karaf 功能定义，of 是 OpenFlow 协议子系统，providers 是信息提供者和控制 / 管理协议适配器，web 为 Web 根目录的项目，另外，utils 是由 ON.Lab 提供的一些应用。

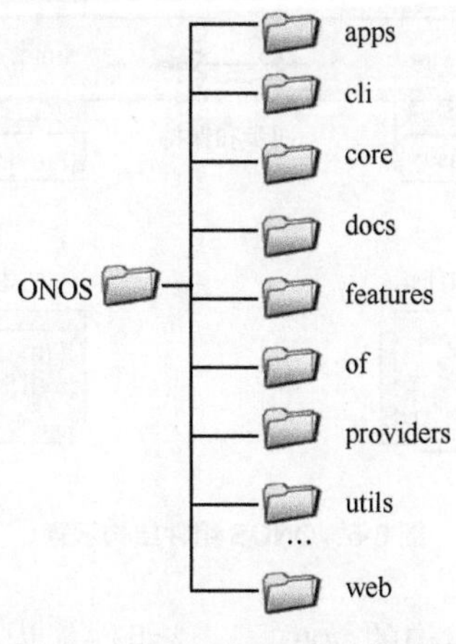

图 8-4　ONOS 代码目录结构说明

8.2.2 代码解析

模块化，即将软件拆分为若干组件并实现组件之间的高效交互。软件模块化是 ONOS 代码的一大特征，基于软件模块的方式，用户可以很方便地添加、改变和维护 ONOS。在 ONOS 源码中，模块分类细化并相互隔离，一个组件可以分布在 3 个层面的不同模块内，它们通过 Java 接口相互识别、协同工作。

从具体细节来看，分布式核心层内部的子结构可以体现模块化特征，分布式核心层的存在价值就是约束所有子系统的规模并保证模块的可拓展性。连接不同模块的 Java 接口至关重要，它允许模块不依赖其他模块独立进行更新，这样就可以不断更新算法和数据结构，并且不会影响整体系统与应用。ONOS 中的接口可以促进模块业务和职责的分离，尽量使子系统之间的交互更为简单，确保软件稳定更新。

ONOS 中的重要组件包括 Provider、Manager、Store 和 Events，各模块和各组件的关系如图 8-5 所示。在 ONOS 中，一个子系统的组件驻留在 3 个主要层，并且可以由一个或多个 Java 接口实现。

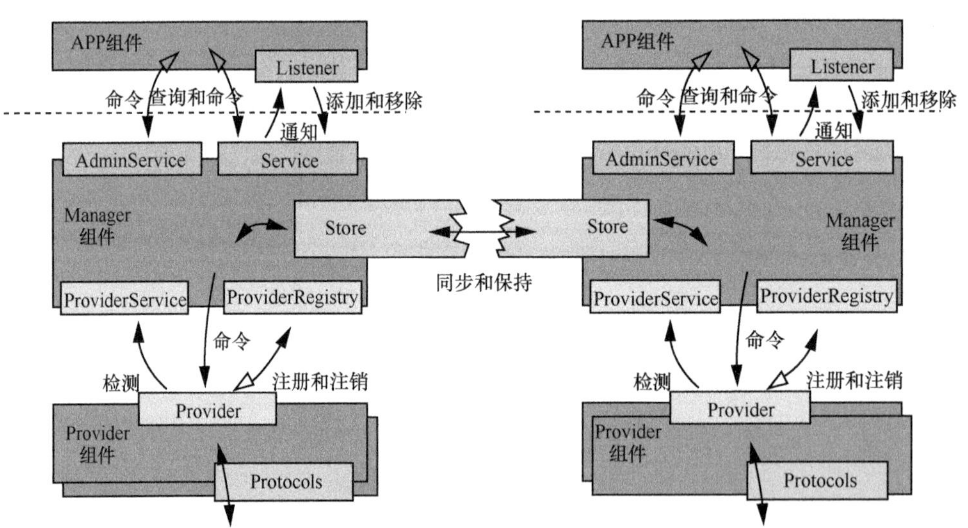

图 8-5　ONOS 组件结构示意

Provider 组件在整个架构的最底层，该组件能识别不同协议，负责不同控制器和配置协议与网络环境交换的过程。Provider 也可以从其他子系统收集数

据，将其转化为应用数据。Provider 通过特定的协议提供面向网络设备的接口，并实现与核心层 ProviderService 接口的交互。一个子系统可以有多个 Provider，不同 Provider 间会区分主从关系，主 Provider 拥有与其对应服务的实体，次 Provider 提供的信息可以替换覆盖。一旦覆盖信息与原信息产生冲突，则以主 Provider 信息优先级最高。另外，Provider 和 ProviderService 都可被注册或是注销，以便系统维护和管理。

Manager 组件位于核心层，接收来自 Provider 的数据信息，给需要数据的应用和其他服务发送数据。对于不同子系统，都有不同的 Manager 为其服务，每个 Manager 都包含特定的接口，这些接口可以提供不同接口功能，比如 CoreManager 实现 CoreService，提供北向接口功能——应用和其他核心层组件调用此接口能获取到网络状态信息，如应用的 appId、版本等相关信息查询。接口接收信息的方式有两种：一种是同步的主动请求，另一种是异步接收。同步即直接调用接口服务主动地获取，异步主要通过注册监听异步消息被动地接收。

Store 模块位于核心层，与 Manager 组件紧密相连，负责将 Manager 接收的信息进行建立索引、持久化以及同步处理，同时与其他 ONOS 实例上的 Store 模块进行交互，以确保多个 ONOS 实例之间数据的一致性和稳健性。ONOS-api 包下的 org.ONOSproject.store.Store 接口是与 Provider 有关的接口，可以设置代理、注销代理以及判断是否存在代理，并通过抽象实现类 AbstractStore 实现上述 3 个功能和通知代理的功能。Store 模块的实现形式多样，既可以是简单的 SimpleHostStore，也可以是分布式的 GossipHostStore、HazelcastIntentStore 等。

Event 模块有代理事件通知功能，Manager 组件能够基于 Events 将网络的更改信息通知给其监听者，Store 模块能够产生对端分布式的设置信息（Events）。例如，当一个设备被检测到上线（DEVICE_ADDED）、移除（DEVICE_REMOVED）或者其他信息的改变（DEVICE_UPDATED）时，DeviceEvent 就可以通知 DeviceListeners。

下面对 ONOS 的主要子系统及其功能作进一步介绍。

（1）设备子系统

设备子系统负责管理基础设备的详细清单，使得管理者和应用程序能够操控这些设备。大多数 ONOS 的核心子系统依赖于由该子系统管理的设备和端口模型对象，以及用于和网络互动的 Provider。设备子系统主要分为以下几类。

① DeviceManager 是 ONOS 的设备管理类，它是设备南向、北向 API 的基础实现。DeviceManager 类主要提供设备信息获取、角色信息获取、设备可达性判断、设备移除等功能，还提供 DeviceListener 事件的注册和撤销功能，它

通过 DeviceProviderService 接口与多个 Provider 交互，通过 DeviceService 接口与多个监听器交互。

② DeviceProviders 中的类有各自的网络协议库或网络接口支持，集群网络中有关角色的控制信息（如 OpenFlow 协议中的 RoleRequests 和 RoleReplies 消息），必须通过 DeviceProviders 接收和发送。

③ DeviceStore：追踪设备模型对象并生成 DeviceEvents。

设备子系统下还包括一些细分子系统，如 OpenFlow 子系统。OpenFlow 子系统由 OpenFlow DeviceProvider 和 OpenFlow 驱动组件构成，如图 8-6 所示，其功能由 OpenFlow 控制器编排控制，该组件存储 DPID 与 OpenFlow 交换机引用对应关系，并能产生 Provider 订阅的 OpenFlow 事件。OpenFlow 交换机对象包含一组端口、独特的标识符、设备信息和信道（指向设备实际连接），其接口由 OFSwitchImpl* 类实现。

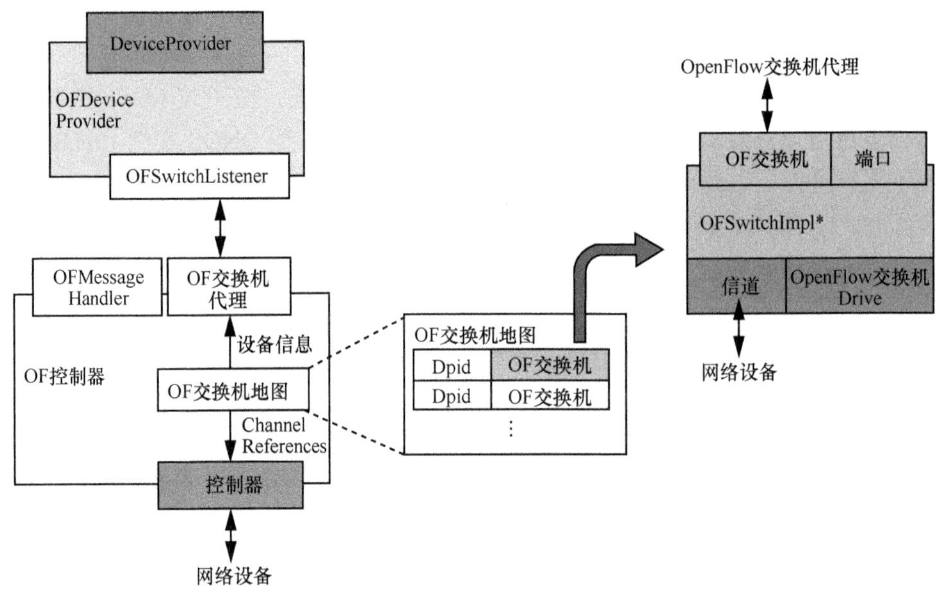

图 8-6　OpenFlow 子系统示意

（2）链路子系统

链路子系统负责管理基础链接的详细清单，与链路子系统相关的 Provider 是 LLDPLinkProvider，主要作用是链路探测。通过 LLDPLinkProvider 连接设备子系统，链路子系统能监听 DeviceEvents 和 OpenFlow 设备信息。LLDPLinkProvider 启动激活后开启链路探测服务，具体过程如图 8-7 所示。

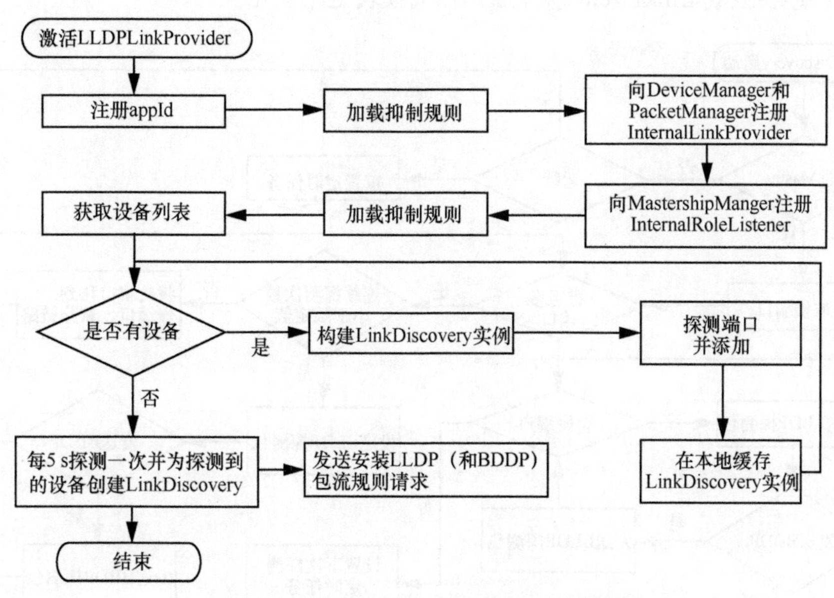

图 8-7　LLDPLinkProvider 启动后链路探测服务

当激活 LLDPLinkProvider 后，如果向相应的配置文件中加载抑制规则，可以屏蔽设备；向 DeviceManager 和 PacketManager 注册 InternalLinkProvider，可以监听 DeviceEvent 事件和 PacketIn 消息；向 MastershipManager 注册 InternalRoleListener 可以监听 MastershipEvent 事件。注册完毕后，通过 DeviceManager 获取到所有可用的设备，如果这个设备不属于抑制规则中屏蔽的设备，就可以构建 LinkDiscovery 实例并将端口加入实例中。当所有设备创建完后，可以设置 5 s 间隔定时任务，用于定时检测未创建 LinkDiscovery 的设备。LinkDiscovery 实现了物理交换机探测过程，每过一个探测间隔（默认为 3 s），LinkDiscovery 可以发送包含 LLDP（链路层发现协议）和 BDDP 探测消息，然后以 PacketIn 消息形式传递给相应的 LinkDiscovery。探测端口链路的整个过程如图 8-8 所示。

其中，快端口（fastPort）指已经知道存在链路接入的端口；慢端口（slowPort）指不确定是否存在链路接入的端口。连续探测次数一般为 3 次，如果连续 3 次发送仍未探测到，则将此端口设置为慢端口，并删除与此端口相关的链路。探测完快端口后再进行慢端口探测，探测过程与快端口一致，不同的是没有连续探测限制。探测过程是一个持续不断的过程，每次执行结束前会重置下次执行时间点。LLDP 或 BDDP 探测包以 PacketIn 消息上报到 ONOS，ONOS 收到后最终调用 LinkDiscovery 中的 handleLLDP 方法解析数据分组，获取发送、接收的端口信息创建 DefaultLinkDescription 对象，并通过 Store 存储和同步给其他节点，还会生成 LinkEvent 事件通知相关模块链路变化。

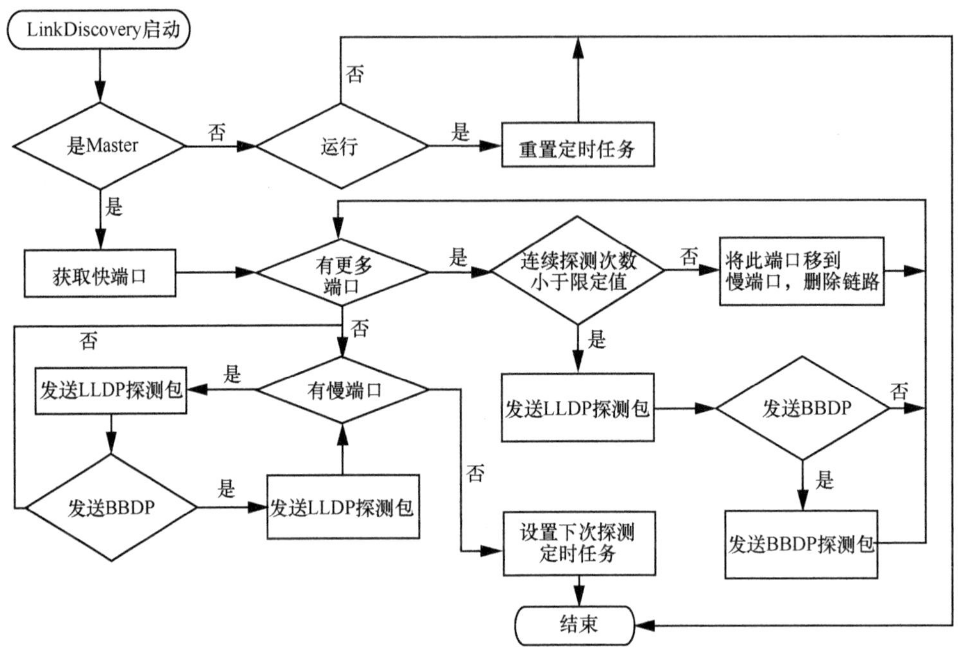

图 8-8　端口探测服务

（3）主机子系统

主机子系统负责管理终端主机和它们在网络中的位置，主机子系统的主机管理类是 HostManager。HostManager 提供了主机的南向和北向 API 的基础实现，它实现了 HostService、HostAdminService 以及 HostProviderRegistry 接口，定义了各种获取主机信息的方法，如 getHostCount 方法获取主机数目，getHosts 方法获取所有主机的列表，getHost(HostId hostId) 方法根据特定的 hostId 来获取主机等。该类中还同时定义了 InternalHostProviderService 和 InternalStoreDelegate 两个内部类，其中，InternalHostProviderService 类继承了 AbstractProviderService <HostProvider>，实现了 HostProviderService。它定义了两个方法，即 hostDetected 和 hostVanished，其中，hostDetected 方法主要是根据 HostId 把来自底层的主机添加或者更新信息 HostDescription 同步到 Store 模块中进行持久化存储。在这个过程中会生成一个 HostEvent 事件，并且把它派发出去。与之类似，hostVanished 方法则是根据指定的 HostId 从 Store 中移除相应的主机信息，同时也会生成相应的事件，并发布出去。InternalStoreDelegate 类则实现了 HostStoreDelegate 接口，并且重写了其中的通知方法。

（4）拓扑子系统

拓扑子系统的拓扑管理类是 TopologyManager，是拓扑南向 API、北向 API 的基础实现。拓扑管理类的主要服务是拓扑信息的存储和事件派发服务，TopologyManager 提供的功能包括保存当前拓扑快照、获取集群信息、获取拓扑图形等一系列拓扑相关信息，以及 TopologyListener 事件的监听和注销。TopologyManager 类中定义了一个私有内部类 InternalTopologyProviderService 用于更新拓扑，该类通过调用 Store 层的 TopologyStore 的 updateTopology 方法实现更新。该方法在具体实现时，首先检查系统中是否存在拓扑，若存在则传入参数进行比较，最后生成一个 topologyChangedEvent，用以广播通知其他子系统拓扑已经更新。

（5）路径服务子系统

路径服务是基于当前拓扑服务和主机服务实现的一种路径选择服务。PathManager 是路径服务子系统的管理类，该类的主要功能是提供获取路径集。通常 PathManager 与拓扑服务和主机服务共同发挥作用。该方法中，getEdgeLink 方法根据 elementId 获取主机边缘链接，若 Host 不存在，则返回空；若 elementId 不是 HostId，则返回 NOT_HOST。

（6）流规则子系统

流规则是交换机处理数据分组的依据准则，控制器可以通过下发特定的动作实现对交换机中流规则的增 / 删 / 改操作。流规则的载入是调用 FlowRuleManager 提供的服务完成的，若要写下特定协议消息，则可在 FlowRuleManager 中引用 FlowRuleBatchOperations 操作。

在下发流规则给交换机的操作中，对于 FlowRuleProvider，有两个实现方法，即 NullFlowRuleProvider 和 OpenFlowRuleProvider。NullFlowRuleProvider 处理逻辑简单，它将 FlowRule 保存在 FlowTable 表中；OpenFlowRuleProvider 则是将 FlowRule 按照操作类型分别构建 ADD、DELETE、MODIFY 的 Flowmod 消息发送给对应的交换机，最后利用 installation.verify 方法发送一个 Barrier Request 消息确认消息处理情况。

（7）数据分组子系统

数据分组子系统中的 PacketManager 是数据分组南向 API、北向 API 的基础实现，提供了流规则安装与数据分组发送功能。数据分组下发通过 OpenFlowPacketProvider 完成，OpenFlowPacketProvider 是 PacketManager 的 Provider，它为 PacketManager 监听南向消息。数据分组下发的具体过程为：从发送包获取设备信息，进而查找到该设备交换机 OpenFlowSwitch 实例，然后判断执行指令，如果是 OUTPUT 类型指令，构建 OFPacketOut 发送到交换机设备。

（8）其他子系统

除上述子系统外，ONOS 还有一些细分的子系统，包括 OpenFlow 协议子系统（OpenFlow Protocol Subsystem）、应用子系统（Application Subsystem）以及支持 MPLS 应用的标签子系统（Label Subsystem）等。

应用子系统包含 ONOS 提供的所有内置的应用实例和测试应用，并预装在标准 ONOS 发行版中（大部分未激活），便于集群中各 ONOS 实例软件交付和管理。该子系统的内置应用安装和启动都依赖 Apache Karaf 功能，因为这些应用是由 OSGi Bundles 文件组合而成的。通过这个子系统，ONOS 不需要重新安装也可以将应用安装或者卸载。此外，应用子系统还包括很多应用程序，比如 bgprouter 应用（定义了 BGP 路由的性能）、config 应用（定义网络配置）、demo 应用（测试流量吞吐量）、election 应用（在集群系统中选举出 Master）、intentperf 应用（测试意图性能）等。

8.3 ONOS 安装配置

8.3.1 软件安装

本节将介绍在 Ubuntu 系统下安装 ONOS v1.3 的方法。如果想了解在 OS X 或远程部署 ONOS 的方法，可访问相关网站。

在安装 ONOS 之前，系统应先安装 Maven、Karaf 和 Java 8 JDK。以 ONOS_1.3 为例，建议下载 Karaf-3.0.3 和 Maven-3.3.1 版本 (不同版本 ONOS 对应版本不同，1.10 左右的新版本可以参考 ONOSWiki 的 Developer Quick start)。ONOS 可以用 Maven 工具管理安装进程，用 Karaf 完成所需 ONOS 模块的配置和启动。

第 1 步：下载 Maven 和 Karaf。

下载后将 Maven 和 Karaf 解压到同一文件夹下。

第 2 步：下载并安装 Java 8 JDK，在 Maven 和 Karaf 后安装 Java 8 JDK 可避免因版本不匹配造成的错误。

```
sudo apt-get install software-properties-common -y
sudo add-apt-repository ppa:webupd8team/java -y
sudo apt-get update
```

```
sudo apt-get install oracle-java8-installer oracle-java8-set-default –y
```

配置环境变量。

```
export JAVA_HOME=/usr/lib/jvm/java-8-oracle
```

第 3 步：使用 Git 下载 ONOS 源码。

切换至下载版本。

```
git checkout 1.3.0
```

第 4 步：设置环境变量。

```
echo "  . ~/onos/tools/dev/bash_profile "  >> ~/.profile
source ~/.profile
```

第 5 步：安装 ONOS，并自动进行单元测试。

```
cd ~/onos
mvn clean install
```

出现“BUILD SUCCESS”的提示表明安装成功。至此，ONOS 安装完成。

8.3.2　系统配置

ONOS 控制器提供图形用户界面（Graphical User Interface，GUI）和命令行界面（Command Line Interface，CLI）。其中，CLI 为 Karaf 的 CLI 的延伸，通过 Karaf 的 CLI 可以管理和运行 ONOS 实例。如要在本地运行 ONOS，需配置 ONOS 应用程序和控制器 IP 地址，ONOS 控制器默认 GUI 监听端口为 8181。

下面介绍在本地运行 ONOS 的参数配置。

第 1 步：配置控制器 IP 地址。

```
export ONOS_IP=10.1.9.255                #IP 地址为选择的控制器的 IP 地址
```

第 2 步：配置 ONOS 应用程序。

```
export ONOS_APPS=drivers,openflow,proxyarp,mobility,fwd
```

其中，openflow 表示 ONOS 的 OpenFlow 协议子系统，drivers 为内置的驱动程序，proxyarp 是代理 ARP 的应用程序，mobility 是移动应用程序，fwd 是响应转发应用程序。

第 3 步：完成上面的编译和初始化配置后，就可以使用 Karaf 命令启动 CLI。

```
karaf clean                    # 也可使用 ok clean( ok 为 onos-karaf 命令的缩写 )
```

这里也可使用 Karaf 启动，启动后命令行界面如图 8-9 所示。Karaf 和 Karaf Clean 的区别是，使用 Karaf 启动时，它会加载之前保存的状态数据；而使用 Karaf Clean 启动，则是纯净状态的启动，使实例回到初始状态，不受之前运行程序所产生的数据影响。

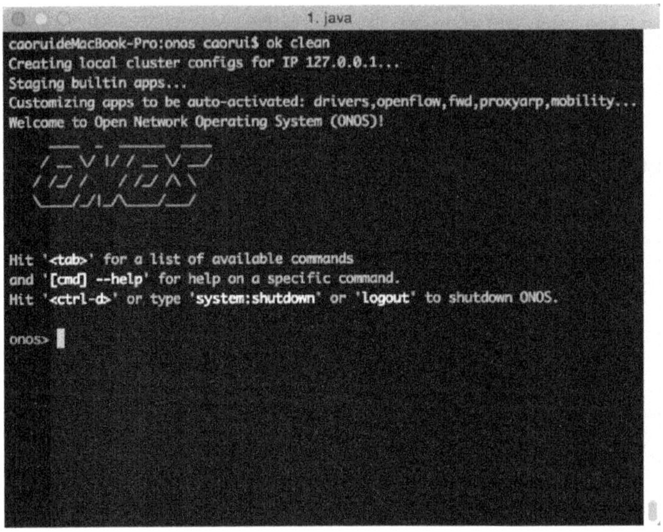

```
1. java
caoruideMacBook-Pro:onos caorui$ ok clean
Creating local cluster configs for IP 127.0.0.1...
Staging builtin apps...
Customizing apps to be auto-activated: drivers,openflow,fwd,proxyarp,mobility...
Welcome to Open Network Operating System (ONOS)!

Hit '<tab>' for a list of available commands
and '[cmd] --help' for help on a specific command.
Hit '<ctrl-d>' or type 'system:shutdown' or 'logout' to shutdown ONOS.

onos>
```

图 8-9　ONOS 命令行界面

输入“help onos”可以查看有效命令，输入命令“list”可查看已配置的模块。若要退出，则输入“logout”或是“Ctrl+D”。注意：退出 CLI 的同时，ONOS 实例也随即终止。

第 4 步：ONOS 的图形用户界面如图 8-10 所示，ONOS_1.3 版本的默认用户名和密码都是 karaf。

图 8-10　ONOS 登录界面

登录之后，可查看 ONOS 的控制器管理界面。若想知道加载了哪些应用程序，可点击页面左上角的设置按钮（Settings）查看。

| 8.4　本章小结 |

ONOS 开源控制器提供了一套开放、可用性强、可靠性强、性能好的平台，非常易于研发人员开发和管理。本章详细介绍了 ONOS 的设计目标、系统架构、代码解读等内容，通过分析不难看出，ONOS 采用模块化结构，将软件拆分成各组件，组件分布在不同的目录文件下，这些组件共同服务构成子系统，为整个系统服务。模块化的结构特征使得 ONOS 的灵活性大大提高，更易于开发新模块，因此受到研发人员的欢迎。ONOS 项目发展非常迅速，目前仍在版本快速迭代的过程中，感兴趣的读者可以通过官网了解其最新进展。

第9章 ONOS应用实践(二)

ONOS控制器拥有分布式的架构，同时提供可扩展性、高可用性以及性能良好的服务，同时还引入了南北向接口抽象层，可提供软件模块化的服务，使得网络应用开发与部署变得更加方便。本章通过4个ONOS应用开发示例，使读者可以初步掌握ONOS应用开发的基本方法。这些开发实例由浅入深，首先介绍ONOS应用的创建方法；其次以一个简单三层转发应用为例介绍如何为一个应用添加处理OpenFlow消息的功能；接下来对应用进行命令行和服务扩展，利用ONOS提供的扩展功能，让应用的功能性和交互性更加丰富；最后实现了一个基于ONOS的网络故障检测功能，以进一步提升ONOS的稳定性。

| 9.1 基于 ONOS 的 HelloONOS 应用 |

9.1.1 项目介绍

本节首先以 HelloONOS 应用为例介绍一个 ONOS 应用的创建方法，并介绍用户如何在 ONOS 控制器上进行应用的安装、激活、卸载。本节中不为 HelloONOS 应用添加任何功能，着重描述它的创建过程和配置，让读者在读完本节后对 ONOS 应用的开发方法有一个基本的了解。

ONOS 控制器使用 Maven 工具来管理项目的依赖、构建和测试，整体架构又以 OSGi 框架为标准进行模块化设计，并且使用 Karaf 作为 OSGi 的运行环境。Maven、OSGi 和 Karaf 的相关知识或用法，可参考本书前面相关内容。

9.1.2 代码解析

本节将从代码结构、应用属性配置以及主要类的解析几个方面，对在

ONOS 平台上开发 HelloONOS 应用过程中的代码进行解析，帮助读者迅速掌握开发环境。

1. 代码结构

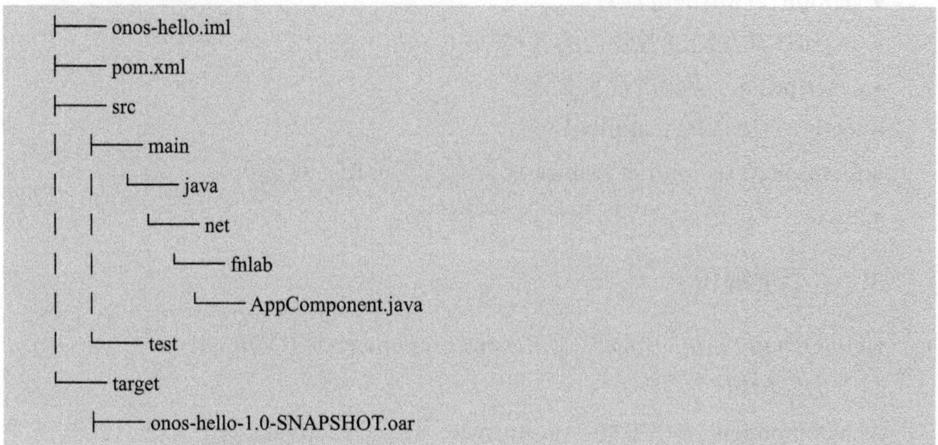

```
├── onos-hello.iml
├── pom.xml
├── src
│   ├── main
│   │   └── java
│   │       └── net
│   │           └── fnlab
│   │               └── AppComponent.java
│   └── test
└── target
    ├── onos-hello-1.0-SNAPSHOT.oar
```

pom.xml：项目配置文件。ONOS 使用 Maven 作为项目管理工具，ONOS 中的每个子项目都为 Maven 项目。该文件用于管理源代码、配置文件、开发者和角色、问题追踪系统、组织信息、项目授权、项目 URL、项目依赖关系等。

src：项目的源代码目录，其中，src/main 目录为项目主体目录，src/main/java 存放项目主体源代码，src/test 为项目测试目录，src/test/java 存放测试代码。

target：项目输出目录，存放项目构建后的文件（如 JAR 包、WAR 包、编译好的 .class 文件等）。

onos-hello-1.0-SNAPSHOT.oar：编译成功的 HelloONOS 应用文件，.oar 为 ONOS 应用文件后缀，全称为 ONOS Application aRchive。.oar 文件是一个压缩文件，包含 ONOS 应用的所有构件，如 feature 配置、OSGi Bundle 等。

AppComponent.java：HelloONOS 应用的主体代码文件，应用的功能将在这个类中得以实现。

2. 应用属性配置

HelloONOS 的应用属性在 pom.xml 文件中配置，其中，pom.xml 文件用 <onos.app.name> 属性标识该项目为一个 ONOS 应用项目。

对于单模块（Single-Bundle）应用来说，一般只需要在项目的 pom.xml 文件中配置以下两个属性：① onos.app.name 为应用的名称，一般来说是项目域名的反转，如 org.onosproject.fwd；② onos.app.origin 为开发组或者公司的名称，如 ON.Lab。

对于多模块应用来说，应用的 feature 配置可以使用 app.xml 文件，放在项目的根目录下，其中 app.xml 文件描述以下属性。

- name：应用的名称，一般来说是项目域名的反转。
- version：应用的版本号。
- origin：开发组或者公司的名称。
- description：应用的简要描述。
- feature：应用的 features 列表。
- featureRepo：应用的 feature 配置对应的 URL（可选）。
- artifact：打包后的应用包含的构件列表。

3. 主要类解析

HelloONOS 应用的主体代码在 AppComponent 类中实现。

（1）方法解析

AppComponent 类中主要有 @Activate 和 @Deactivate 两个方法，具体描述和解释如下。

- protected void activate() 方法。

```
@Activate
  protected void activate() {
    log.info( " Started " );
  }
```

使用 @Activate 注解，设置该方法在 HelloONOS 应用被加载激活时自动调用，执行方法内的语句，在日志中打印“Started”。

- protected void deactivate() 方法。

```
@Deactivate
protected void deactivate() {
    log.info( " Stopped " );
  }
```

使用 @Deactivate 注解，设置该方法在 HelloONOS 应用被取消激活状态时自动调用，执行方法内的语句，在日志中打印“Stopped”。

这两个方法伴随着应用的生命周期，分别在应用被激活和关闭时调用，相当于应用程序运行的入口和出口，非常重要。

（2）注解解析

ONOS 应用开发中使用 SCR 注解对组件进行配置，AppComponent 类中使用的 3 个注解是最常用的。

- @Component：声明一个类为 OSGi 组件，当它的 immediate 属性值为 true 时，表明组件载入时就被立即激活。
- @Activate：标记的方法在组件被激活时调用。
- @Deactivate：标记的方法在组件被关闭时调用。

9.1.3 实例开发

在本次应用的开发过程中，会用到 Maven 和 Karaf 以及 ONOS 自带的脚本命令，因此在开发前要确保三者已成功安装且环境变量都配置完成。

HelloONOS 应用开发大致分为 3 步。

① 使用 Maven 工具生成应用的基本框架。

② 编辑应用的设置，使其具有一个 ONOS 的基本属性。

③ 使用 ONOS 应用安装脚本将应用安装到 ONOS 中，并进行相关操作（激活、卸载等）。

本节先进行应用开发，然后对应用进行使用测试。

1. 应用的开发过程

（1）使用 Maven 模板生成 ONOS 应用骨架

具有来讲有两种方法。

方法 1：使用 mvn 命令。

```
mvn rchetype:generate -DarchetypeGroupId=org.onosproject -Darchetype ArtifactId= onos-bundle-archetype
```

方法 2：使用 ONOS 封装好的应用生成脚本。

```
onos-create-app
```

上述两种方法实质上是相同的，这里使用第二种方法进行介绍。

首先在开发目录下运行。

```
onos-create-app
```

然后按照提示填写项目信息，并确认无误。

```
Define value for property 'groupId': : net.fnlab
Define value for property 'artifactId': : onos-hello
Define value for property 'version':  1.0-SNAPSHOT: : 1.0-SNAPSHOT
Define value for property 'package':  net.fnlab: :
Confirm properties configuration:
groupId: net.fnlab
artifactId: onos-hello
```

```
version: 1.0-SNAPSHOT
package: net.fnlab
  Y: : y
```

项目信息填写完毕后脚本开始自动执行，生成应用项目的基本骨架，看到“SUCCESS”提示后，表明生成成功，可以开始进行项目开发。

```
[INFO] ------------------------------------------------------------------------
[INFO] Using following parameters for creating project from Archetype: onos-bundle-archetype:1.7.0
[INFO] ------------------------------------------------------------------------
[INFO] Parameter: groupId, Value: net.fnlab
[INFO] Parameter: artifactId, Value: onos-hello
[INFO] Parameter: version, Value: 1.0-SNAPSHOT
[INFO] Parameter: package, Value: net.fnlab
[INFO] Parameter: packageInPathFormat, Value: net/fnlab
[INFO] Parameter: package, Value: net.fnlab
[INFO] Parameter: version, Value: 1.0-SNAPSHOT
[INFO] Parameter: groupId, Value: net.fnlab
[INFO] Parameter: artifactId, Value: onos-hello
[INFO] project created from Archetype in dir: /home/zzy/onos-hello
[INFO] ------------------------------------------------------------------------
[INFO] BUILD SUCCESS
[INFO] ------------------------------------------------------------------------
[INFO] Total time: 01:14 min
[INFO] Finished at: 2017-12-04T09:38:57+08:00
[INFO] Final Memory: 14M/180M
[INFO] ------------------------------------------------------------------------
```

（2）编辑 pom.xml 项目配置文件

项目的基本骨架生成后，还要配置一些与 ONOS 相关的信息，以使这个工程可以打包为能够被 ONOS 识别的应用。

首先进入项目目录，编辑根目录下的 pom.xml 文件。

```
$ ls
  onos-hello
$ cd onos-hello
$ ls
  pom.xml      src
$ vim pom.xml
```

这里需要设置 onos.app.name 和 onos.app.origin 两个属性的值，先去除包含这两个属性的注释，然后根据自己的需要设置两个属性的值，如图 9-1 和图 9-2 所示。

```
<properties>
    <project.build.sourceEncoding>UTF-8</project.build.sourceEncoding>
    <onos.version>1.7.0</onos.version>
    <!-- Uncomment to generate ONOS app from this module.
    <onos.app.name>org.foo.app</onos.app.name>
    <onos.app.origin>Foo, Inc.</onos.app.origin>
    -->
</properties>
```

图 9-1　ONOS APP 中的两个属性

```
<properties>
    <project.build.sourceEncoding>UTF-8</project.build.sourceEncoding>
    <onos.version>1.7.0</onos.version>
    <onos.app.name>onos-hello</onos.app.name>
    <onos.app.origin>fnlab, onos</onos.app.origin>
</properties>
```

图 9-2　修改 APP 属性的值

这些属性值和 pom.xml 里的其他配置信息可以指导 onos-maven-plugin 插件将这个工程编译打包为 .oar 后缀的应用文件。

（3）开发应用代码

在 onos-hello 应用中将不会写入任何功能性代码，只带领读者们浏览一下开发应用的步骤，因此在这里不进行代码编辑。

2. 应用的使用

（1）打包、安装应用

应用开发完毕后，就可以把工程打包为 ONOS 专用的 *.oar 应用文件，并把应用安装到运行中的 ONOS 系统中开始工作了。

第 1 步：使用 mvn 打包应用，在项目根目录中执行：mvn clean install。

“BUILD SUCCESS” 表明打包成功。这里的 mvn 命令后面跟着的 install 命令不是安装本应用的意思，而是 Maven 构建项目中的一个操作，这个操作将项目打包并安装到 Maven 仓库中，使得这个项目可以被其他项目所依赖。

编译打包完成后，所有构建的输出都在项目根目录下的 target 目录中。如图 9-3 所示，onos-hello-1.0-SNAPSHOT.oar 即为打包好的应用。

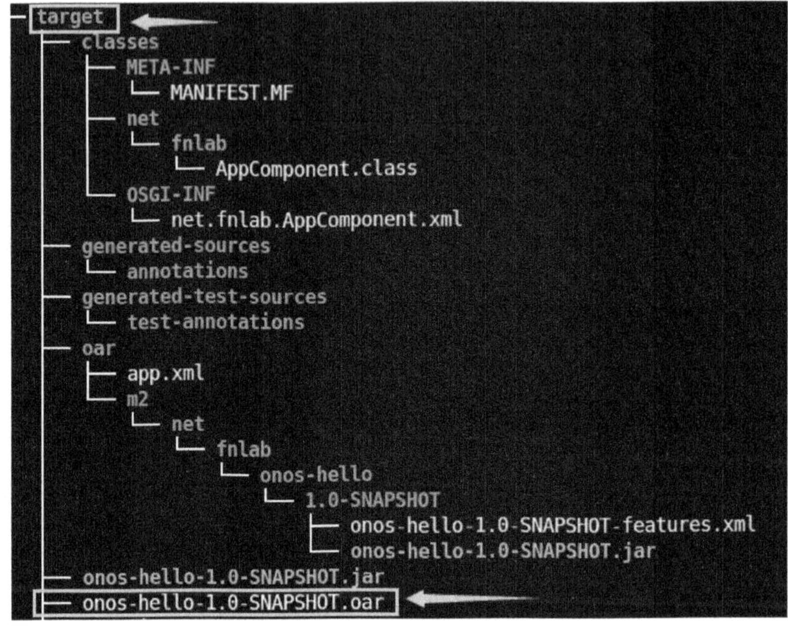

图 9-3　APP 项目的输出目录

第 2 步：启动 ONOS。在安装应用前，先启动 Karaf 加载 ONOS 工程，执行命令：ok clean。

第 3 步：将应用安装到 ONOS 中。Karaf 启动后，就可以运行 ONOS 提供的应用安装脚本安装 onos-hello 应用了，具体应用安装过程如下。

```
$cd ~/onos-hello    # 进入 HelloONOS 所在目录
$onos-app localhost install target/onos-hello-1.0-SNAPSHOT.oar # 使用 ONOS 应用安装脚本安装刚才开发的应用
```

这一步可能会遇到“curl not found”错误和“Error 401 Unauthorized”错误。其中，前一个错误可以通过安装 curl 应用程序解决；后一种错误是权限验证失败引起的，这个错误一般是当前的 bash 中 ONOS_WEB_USER 和 ONOS_WEB_PASS 环境变量没有正确配置，导致无法通过 WebConsole 验证，进而导致无法调用 ONOS 的 REST API 安装应用。可通过导入 Karaf WebConsole 的登录账号和密码为环境变量来解决，账号密码使用 Karaf 配置中的账号 / 密码（默认为 karaf/karaf），也可以使用 ONOS 配置的账号 / 密码（默认为 onos/rocks）。这两个变量默认使用 onos/tools/test/cells/local 文件里的定义，若读者对 ONOS 的配置已熟悉，可以尝试使用 cell 命令进行配置，执行如下语句。

```
$export ONOS_WEB_USER=onos
$export ONOS_WEB_PASS=rocks
或
```

```
$cell local
```

修正上面的错误后，重新使用 onos-app 脚本进行安装，如图 9-4 所示，表示成功安装。

```
zzy@zzy-test:~/onos-hello$ onos-app localhost install target/onos-hello-1.0-SNAPSHOT.oar
{"name":"onos-hello","id":109,"version":"1.0.SNAPSHOT","category":"default","description":"ONOS OSGi bundle archetype","readme":"ONOS OSGi bundle archetype","origin":"fnlab, onos","url":"http://onosproject.org","featuresRepo":"mvn:net.fnlab/onos-hello/1.0-SNAPSHOT/xml/features","state":"INSTALLED","features":["onos-hello"],"permissions":[],"requiredApps":[]}
```

图 9-4　APP 安装

（2）查看应用

成功安装完应用后，就可以在 ONOS 控制台查看刚才安装好的 onos-hello 应用了。查看 ONOS 中的应用使用 apps 命令，带 s 参数，进行如下操作，就能够在安装的 app 列表中找到 onos-hello。

```
onos> apps -s
...
109 onos-hello                    1.0.SNAPSHOT ONOS OSGi bundle archetype
```

（3）激活应用

激活应用使用 app 命令，带 activate 参数，然后再查看应用列表，前面带“*”表示 app 处于运行状态。

```
onos> app activate onos-hello
onos> apps -s
...
* 109 onos-hello                  1.0.SNAPSHOT ONOS OSGi bundle archetype
```

类似地，使用 deactivate 参数可以使应用失效。

（4）卸载应用

卸载应用使用 app 命令，带 uninstall 参数。

```
onos> app uninstall onos-hello
```

激活、失效、卸载等操作也可以在 Shell 中使用 onos-app 命令完成。

```
$ onos-app localhost deactivate onos-hello
$ onos-app localhost uninstall onos-hello
```

onos-app 命令的使用方法如下。

```
usage: onos-app <node-ip> list
       onos-app <node-ip> {install|install!} <app-file>
       onos-app <node-ip> {reinstall|reinstall!} [<app-name>] <app-file>
       onos-app <node-ip> {activate|deactivate|uninstall} <app-name>
```

| 9.2 基于 ONOS 的三层转发应用 |

9.2.1 项目介绍

ONOS 作为一个 SDN 控制器，其基本功能之一就是对交换机发出的南向协议消息进行处理。本节的应用将在 ONOS 的应用层工作，指导网络中的 OpenFlow 交换机转发收到的网络数据分组，实现类似于三层交换机的工作。具体来说，当网络中一个交换机收到了无法处理的数据分组时，就报告给 ONOS 控制器，ONOS 控制器再将数据分组交由负责三层转发的应用处理。上层应用根据掌握的全局视图为数据分组转发寻找下一跳地址，然后将找到的下一跳地址告知 OpenFlow 交换机，从而使 OpenFlow 交换机可以顺利完成数据分组的转发。

三层转发应用使用了 ONOS 核心层提供的服务来进行路径查找和对交换机的管理操作，读者阅读完本节后将会了解到如何使用 ONOS 核心层服务进行网络编程。

9.2.2 代码解析

本节主要介绍 ONOS 应用开发的代码部分，以向交换机下发流表项为例介绍 ONOS 中服务的使用。

ONOS 中通过服务提供了北向 API 功能，使用服务前要先获取其引用，引入一个服务的方法是使用 @Reference 注解。

```
@Reference(cardinality = ReferenceCardinality.MANDATORY_UNARY)
protected CoreService coreService;
```

这样，Karaf 会自动用 CoreService 实现一个实例的引用传递给 coreService 变量，在应用中就直接可以使用 coreService 提供的北向 API（方法），如使用它注册应用。

```
appId = coreService.registerApplication( " net.fnlab.fwd " );
```

除了 @Reference 外，下面对其他几个重要注解进行说明：@Component 声明一个类为 OSGi 组件，被 @Activate 和 @Deactivate 标记的方法分别在组件被激活和关闭时调用。当 @Component 的 immediate 属性值为 true 时，表明组件载入时就立即激活它。

（1）代码结构

项目的文件目录结构在 9.1 节已经作了详细的说明，不再赘述。应用的逻辑在 ReactiveForwarding 类中实现，这里梳理一下类中用到的变量、方法及其作用。

（2）主要变量

- protected CoreService coreService：用来访问 ONOS 的核心服务，在应用激活时使用此变量将应用注册到 ONOS 中。
- protected PacketService packetService：用来访问 ONOS 的数据分组服务，使用此变量向数据分组服务添加所要处理的数据分组类型以及具体的处理类实例。
- protected TopologyService topologyService：用来访问 ONOS 的拓扑服务，使用此变量来根据 ONOS 控制器已掌握的全局拓扑结构来尝试获取数据分组的转发路径。
- protected HostService hostService：用来访问 ONOS 的主机服务，使用此变量尝试从 ONOS 控制器获取主机信息。
- protected FlowObjectiveService flowObjectiveService、protected FlowRuleService flowRuleService：这两个变量是用来访问 ONOS 的流表服务，使用这两个变量来进行流表项下发。
- private ApplicationId appId：用来记录当前应用的 ID。
- private PacketProcessor packetProcessor：packetProcessor 是实现了 Packet Processor 接口的内部类的实例，负责对交换机发出的 Packet-out 数据分组进行处理，是三层转发应用对数据分组处理过程的执行者。

（3）主要方法

- public void activate()：在应用模块激活时，该方法首先将应用注册到 ONOS，并将应用 ID 保存到变量 appId 中，然后分别调用 requestIntercepts 方法和 packetService 变量的 addProcessor 方法，向 ONOS 添加处理数据分组的请求，并将 packetProcessor 添加为处理器。
- public void deactivate()：在应用关闭时，该方法负责应用关闭前的善后事宜，依次撤销数据分组处理请求，删除数据分组处理器，并将该应用下发的流表项从交换机中删除。
- private void requestIntercepts()：该方法通过调用 packetService 变量的 requestPackets 方法向 ONOS 数据分组服务添加数据分组处理请求，并设定要处理的数据分组类型。

- private void withdrawIntercepts()：与上一个方法相对应，撤销该应用对数据分组的处理请求。
- private boolean isControlPacket(Ethernet eth)：该方法判断一个数据分组是否为控制类型的数据分组（如 LLDP、BDDP 等类型），对这些类型的数据分组不做处理。
- private void flood(PacketContext context)：对数据分组做泛洪发出处理。
- private void packetOut(PacketContext context, PortNumber portNumber)：该方法向交换机发出一个 packetout 包，设定数据分组的转发端口。
- private void installRule(PacketContext context, PortNumber portNumber)：该方法向交换机下发一个流表项，设定今后此类数据分组的转发端口。

（4）内部类

ReactiveForwarding 类中定义了一个内部类 ReactivePacketProcessor，实现了 ONOS 中的 PacketProcessor 接口，并实现了 pocess(PacketContext) 方法。这个类的作用是提供对 Packet-in 数据分组的处理方法，完成三层转发逻辑。ReactivePacketProcessor 类的继承关系如图 9-5 所示。

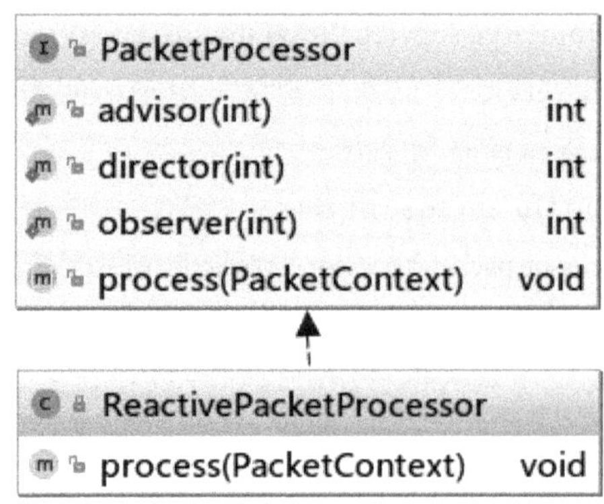

图 9-5 ReactivePacketProcessor 接口继承

三层转发应用对 Packet-in 数据分组的处理的主体部分在 ReactivePacketProcessor 类的 process 方法中实现，对 Packet-in 消息的处理流程如下。

- 使用目的主机 IP 地址查询它是否为已知的主机，若不是已知的主机，就泛洪发出。
- 若为已知的主机，从拓扑信息中获取源主机到目的主机的路径，若路径不存在，则泛洪发出。

- 若存在源主机到目的主机的路径，则下发相关流表项，并发出 Packet-out 包，指导交换机转发数据分组。

9.2.3 实例开发

本节的开发在 IDE 环境中进行，使用的 IDE 为 IntelliJ IDEA 2017.2。在 IDE 中创建项目骨架的过程与 9.1 节描述的实际过程相同，只是借助了 IDE 提供的便捷功能，读者在阅读这一部分时可以 9.1 节内容作为参考。

1. 新建 ONOS 应用项目

首先，在 IDE 中新建 Project 或 Module，选择 Maven 项目。在这里也使用 ONOS 提供的 Maven Archetype 来快速生成项目骨架，第一次使用时需要先添加 ONOS 的 Application Archetype 的坐标，包括 GroupId、ArtifactId 和 Version 等，如图 9-6 所示。

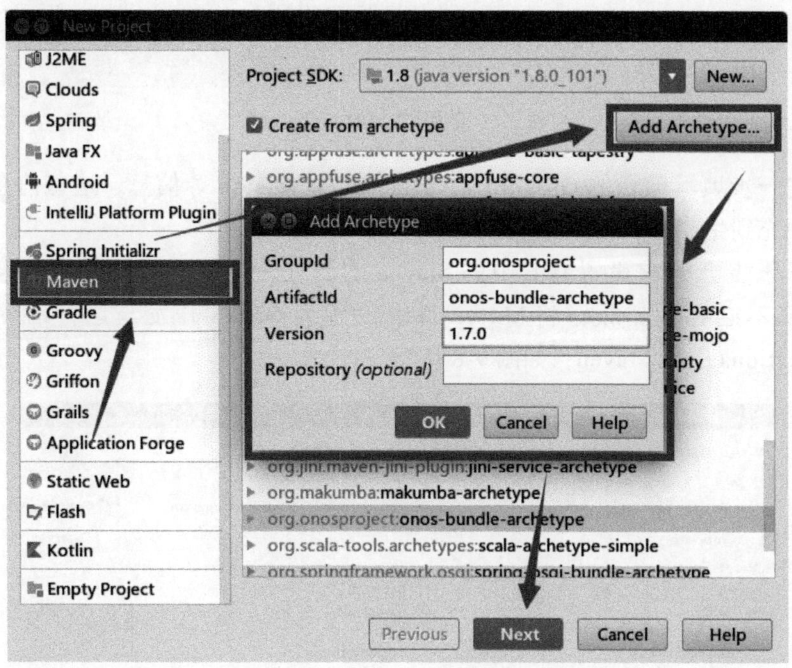

图 9-6 添加 Archetype

添加完成后，在 IDE 的 Archetype 列表中就可以看到 ONOS 生成 Application 的 Archetype 了，列表中 Archetype 的名字为 GroupId 加上 ArtifactId，如图 9-7 所示，选中此 Archetype，单击“下一步”。

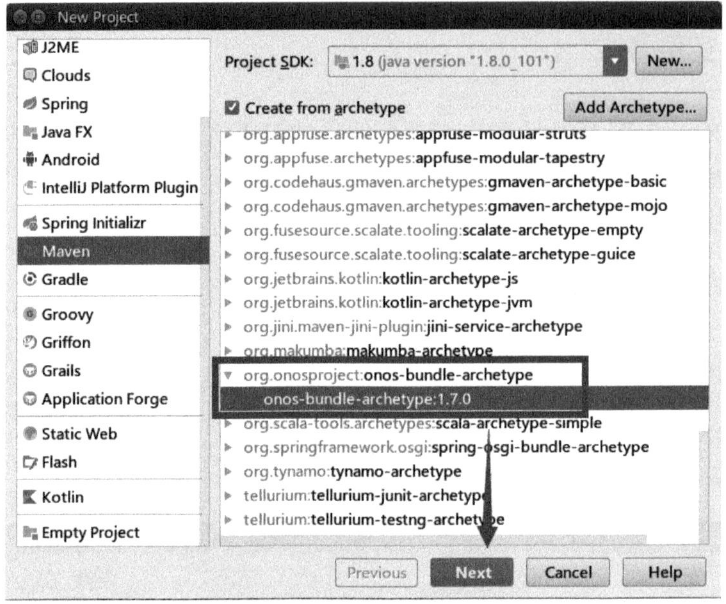

图 9-7　应用添加好的 Archetype

这一步填写项目的 GroupId、ArtifactId 和 Version 等信息，这些信息会被自动填充到生成的 pom.xml 配置文件中。

下一步会要求设置 IDE 中的 Maven 的属性，这里为统一开发环境，防止出现不必要的错误，将 Maven 目录设置为 ONOS 开发与运行时使用的 Applications 下的 Maven，如图 9-8 所示。

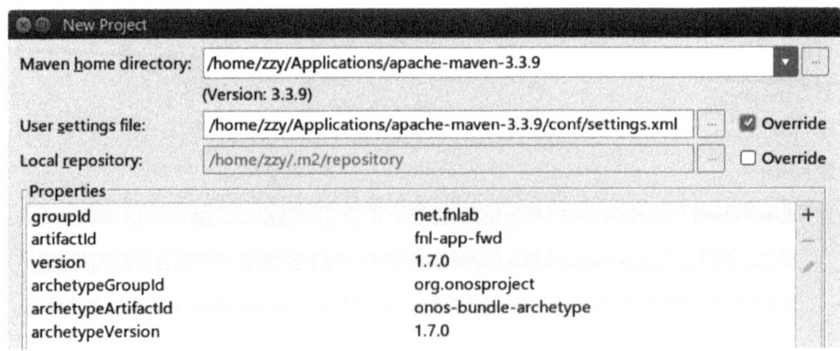

图 9-8　设置 Maven 目录

设置好 Maven 目录，单击“下一步”，IDE 就根据设置使用 Archetype 生成项目的骨架，如图 9-9 所示。

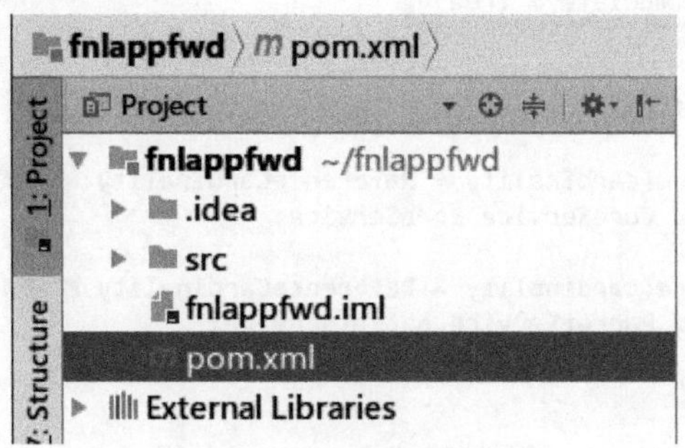

图 9-9 生成的项目目录

接下来编辑 pom.xml 文件，编辑图 9-10 中所指的几个属性，onos.app.name 属性是 ONOS 识别一个项目是否为 Application 项目的标志，如果存在这个属性，ONOS 在打包时便将其打包成 .oar 应用文件。

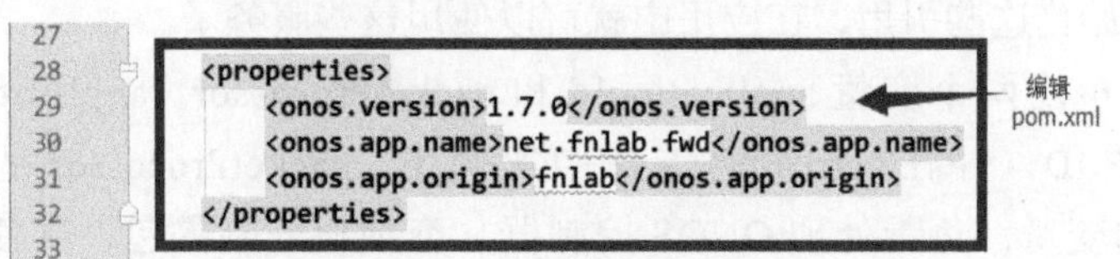

图 9-10 编辑 APP 属性

2. 主体代码开发

（1）新建转发类

在 net.fnlab.fwd 包下建立类 ReactiveForwarding，如图 9-11 所示，并在类名上方加上 @Component 注解，如图 9-12 所示，使得应用在加载时可以自动调用 activate() 方法，在注销时自动调用 deactivate() 方法。

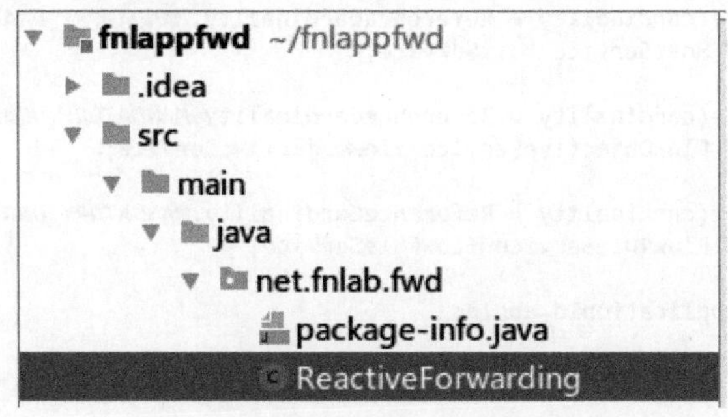

图 9-11 ReactiveForwarding 类的位置

```
/**
 * Sample reactive forwarding application.
 */
@Component(immediate = true)
public class ReactiveForwarding {

    private final Logger log = LoggerFactory.getLogger(getClass());

    @Reference(cardinality = ReferenceCardinality.MANDATORY_UNARY)
    protected CoreService coreService;

    @Reference(cardinality = ReferenceCardinality.MANDATORY_UNARY)
    protected PacketService packetService;
```

图 9-12　@Component 注解

（2）加入成员变量

首先把应用中需要用到的服务都写入成员变量，并使用 @Reference 注解声明对这些服务的引用，这样在应用加载时 Karaf 会用 ONOS 中已经存在的服务实例自动初始化这些引用，在应用中就可以使用这些服务了。

其次，声明两个变量 applicationId 和 packetProcessor。applicationId 记录这个应用的 ID，并在 activate() 方法中实例化。packetProcessor 是这个应用中最重要的变量，负责处理 ONOS 控制器从交换机收到的包，并使用私有类 ReactivePacketProcessor 初始化，如图 9-13 所示。

```
private final Logger log = LoggerFactory.getLogger(getClass());

@Reference(cardinality = ReferenceCardinality.MANDATORY_UNARY)
protected CoreService coreService;

@Reference(cardinality = ReferenceCardinality.MANDATORY_UNARY)
protected PacketService packetService;

@Reference(cardinality = ReferenceCardinality.MANDATORY_UNARY)
protected TopologyService topologyService;

@Reference(cardinality = ReferenceCardinality.MANDATORY_UNARY)
protected HostService hostService;

@Reference(cardinality = ReferenceCardinality.MANDATORY_UNARY)
protected FlowObjectiveService flowObjectiveService;

@Reference(cardinality = ReferenceCardinality.MANDATORY_UNARY)
protected FlowRuleService flowRuleService;

private ApplicationId appId;

private PacketProcessor packetProcessor;
```

图 9-13　ReactiveForwarding 类中的重要成员变量

（3）声明要用到的方法

应用在激活和注销时的调用方法如图 9-14 所示。

```
@Activate
protected void activate() {...}

@Deactivate
protected void deactivate() {...}

/**
 * request packet in.
 */
private void requestIntercepts() {...}

/**
 * withdraw packet in request.
 */
private void withdrawIntercepts() {...}
```

图 9-14　应用在激活和注销时的调用方法

ReactiveForwarding 类中流表操作方法如图 9-15 所示。

```
// Whether this is a control packet, e.g. LLDP, BDDP
private boolean isControlPacket(Ethernet eth) {...}

// Floods the specified packet if permissible
private void flood(PacketContext context) {...}

// Send a packet out of the specified port
private void packetOut(PacketContext context, PortNumber portNumber) {...}

// Install a rule forwarding the packet to the specified port
private void installRule(PacketContext context, PortNumber portNumber) {...}
```

图 9-15　ReactiveForwarding 类中流表操作方法

应用中一共有 8 个方法和一个私有类，后面再一一进行介绍。

（4）建立 packet 处理私有类 ReactivePacketProcessor

```
private class ReactivePacketProcessor implements PacketProcessor {
        @Override
        public void process (PacketContext context) {...}
}
```

ReactivePacketProcessor 是 packet 的处理类，继承了 org.onosproject.net.packet. PackerProcessor 接口，并实现 process() 方法，负责对数据分组进行处理，下面给出了 process() 方法在接口中的声明。

```
/**
  * Process the inbound packet as specified in the given context .
  *
```

```
    * @param context packet processing context
    */
void process(PacketContext context);
```

接下来实现 ReactivePacketProcessor 中最重要的 process 方法。

```
@Override
public void process(PacketContext context) {
    InboundPacket pkt = context.inPacket();
    Ethernet ethPkt = pkt.parsed();
    //Check if the packet has been handled.
    if (context.isHandled()) {
        return;
    }
    //If the packet is a control packet, return.
    if (isControlPacket(ethPkt)) {
        return;
    }
    //Do not process multicast packet.
    if (ethPkt.isMulticast()) {
        return;
    }
    //Do we know the destination host of the packet? If not, flood.
    HostId dstHostId = HostId.hostId(ethPkt.getDestinationMAC());
    Host dstHost = hostService.getHost(dstHostId);
    if (null == dstHost) {
    flood(context);
        return;
    }
    //Are we the edge switch that the destination is on? If so,
    //simply forward out to the destination.
    if (pkt.receivedFrom().deviceId().equals(dstHost.location(). deviceId())) {
        installRule(context, dstHost.location().port());
    }
    //Otherwise, get a set of switch that lead from here to the destination edge switch.
    Set<Path> paths = topologyService.getPaths(topologyService. currentTopology(),
            pkt.receivedFrom().deviceId(),
            dstHost.location().deviceId());
```

```
    //If there is no path, flood.
    if (paths.isEmpty()) {
        flood(context);
        return;
    }
    //Otherewise,intsall rule and forward.
    Path path = paths.iterator().next();
    if (path == null) {
        flood(context);
        return;
    }
        installRule(context, path.src().port());
}
```

（5）主要方法的实现

在这里将上面ReactiveForwarding类中activate()、deactivate()、requestIntercepts()、withdrawIntercepts()、isControlPacket()、flood()、packetOut()、installRule()等方法的主要实现进行介绍。

activate()方法在该应用被激活时自动调用，负责初始化一些设置，包括如下几个方面。

- 向packetService添加对数据分组的处理器；
- 对交换机进行设置，使其将匹配失败的IPv4分组发送到ONOS控制器进行处理。

```
@Activate
public void activate() {
    //register application
    appId = coreService.registerApplication( "  net.fnlab.fwd " );
    //add packaet processor
    packetProcessor = new ReactivePacketProcessor();
    packetService.addProcessor(packetProcessor, PacketProcessor. director(2));
    //request packet in
    requestIntercepts();
    log.info( "  Started " , appId.id());
}
```

deactivate()方法在应用被关闭时自动调用，与activate()方法相对，负责应用关闭时的善后工作，包括以下几个方面。

- 命令交换机不再将相关类型的分组发送至 ONOS 控制器处理；
- 撤销包处理器 packetProcessor，使其不再进行分组处理；
- 删除该应用下发的所有流表项；
- 删除对 packetProcessor 的引用，使它可以被垃圾回收器回收。

```
@Deactivate
public void deactivate() {
    //withdraw packet in request
    withdrawIntercepts();
    //remove packet processor
    packetService.removeProcessor(packetProcessor);
    //remove rules set by this APP
    flowRuleService.removeFlowRulesById(appId);
    //set prosessor null
    packetProcessor = null;
    log.info( "  Stopped "  );
}
```

requestIntercepts() 方法向各交换机下发流表项：若有匹配失败的 IPv4 分组，则将这个分组发送至 ONOS 控制器处理。

```
/**
 * request packet in.
 */
private void requestIntercepts() {
    TrafficSelector.Builder selector = DefaultTrafficSelector.builder();
    selector.matchEthType(Ethernet.TYPE_IPV4);
    packetService.requestPackets(selector.build(), PacketPriority.REACTIVE, appId);
}
```

withdrawIntercepts() 方法的功能与 requestIntercepts() 方法正好相反，撤销 requestIntercepts() 下发的流表项。

```
/**
 * withdraw packet in request.
 */
private void withdrawIntercepts() {
    TrafficSelector.Builder selector = DefaultTrafficSelector. builder();
    selector.matchEthType(Ethernet.TYPE_IPV4);
    packetService.cancelPackets(selector.build(), PacketPriority. REACTIVE, appId);
}
```

isControlPacket() 方法判断是不是网络控制分组（如 LLDP 等），对于这种分组，本应用不做处理。

```
// Whether this is a control packet, e.g. LLDP, BDDP
private boolean isControlPacket(Ethernet eth) {
    short type = eth.getEtherType();
    return type == Ethernet.TYPE_LLDP || type == Ethernet.TYPE_BSN;
}
```

flood() 方法先判断源交换机是否允许洪泛，若允许，则将数据分组洪泛发出；否则，阻塞发往该目的地的数据分组。

```
// Floods the specified packet if permissible
private void flood(PacketContext context) {
    if (topologyService.isBroadcastPoint(topologyService.currentTopology(),
            context.inPacket().receivedFrom())) {
      packetOut(context, PortNumber.FLOOD);
    } else {
      context.block();
    }
}
```

packetOut() 方法向交换机指定该数据分组应从哪个端口发出。

```
// Send a packet out of the specified port
private void packetOut(PacketContext context, PortNumber portNumber) {
    context.treatmentBuilder().setOutput(portNumber);
    context.send();
}
```

installRule() 方法安装一条流表项，以目的主机的 MAC 作为匹配，符合匹配的数据分组被指定从 portNumber 端口发出。

```
// Install a rule forwarding the packet to the specified port
private void installRule(PacketContext context, PortNumber portNumber) {
    // Create flows match dstMac, and install
    Ethernet inPkt = context.inPacket().parsed();
    TrafficSelector.Builder selectorBuilder = DefaultTrafficSelector.builder();
    selectorBuilder. matchEthSrc(inPkt.getSourceMAC())
      .matchEthDst(inPkt.getDestinationMAC());
    TrafficTreatment treatment = DefaultTrafficTreatment.builder()
      .setOutput(portNumber)
      .build();
```

```
        ForwardingObjective forwardingObjective = DefaultForwardingObjective.builder()
            .withSelector(selectorBuilder.build())
            .withTreatment(treatment)
            .withPriority(10)
            .withFlag(ForwardingObjective.Flag.VERSATILE)
            .fromApp(appId)
            .makeTemporary(10)
            .add();
        flowObjectiveService.forward(context.inPacket().receivedFrom().deviceId(),
            forwardingObjective);
        // Send the packet out to the specified port.
        packetOut(context, portNumber);
    }
```

（6）应用测试

第 1 步：启动 ONOS，并关闭 ONOS 自动启动的相关应用。

因为 ONOS 自带的 org.onosproject.fwd 应用与本节开发的简单三层转发应用功能有重叠之处，因此在测试本节应用前，为避免影响先将这个应用关闭。

```
onos> app deactivate org.onosproject.fwd
onos> apps -s |grep org.onosproject.fwd
85 org.onosproject.fwd              1.7.0   Reactive Forwarding App
```

第 2 步：使用 Mininet 组建虚拟网络，指定本机 ONOS 实例为控制器。

```
$ sudo mn --controller remote,127.0.0.1
```

登录 ONOS 的 Web 控制台可以查看网络信息，这里组建了一个包含一台交换机和两台主机的虚拟网络，如图 9-16 所示。

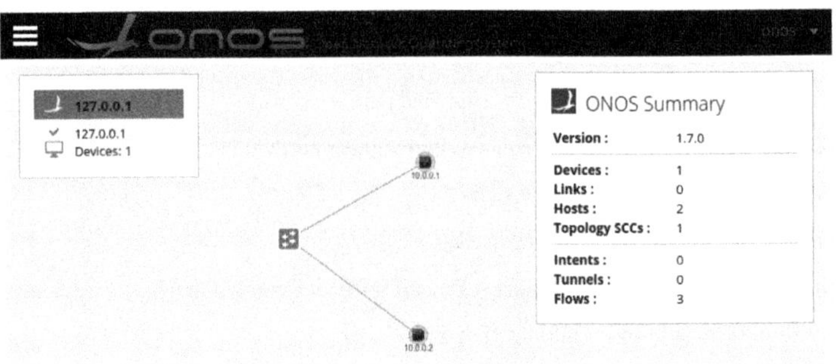

图 9-16　ONOS Web 控制台

第 3 步：测试虚拟网络中各主机间是否可达。首先登录 ONOS 的 Web 控制台查看交换机的流表信息，如图 9-17 所示。

Flows for Device of:0000000000000001 (3 total)

FLOW ID	APP ID	GROUP ID	TABLE ID	PRIORITY	TIMEOUT	PERMANENT	STATE	PACKETS	BYTES
0x10000190260d7	1	0x0	0	40000	0	true	Added	0	0
Criteria: ETH_TYPE:lldp									
Treatment Instructions: OUTPUT:CONTROLLER									
0x100006a526acd	1	0x0	0	40000	0	true	Added	0	0
Criteria: ETH_TYPE:bddp									
Treatment Instructions: OUTPUT:CONTROLLER									
0x10000c42e0660	1	0x0	0	40000	0	true	Added	3	126
Criteria: ETH_TYPE:arp									
Treatment Instructions: OUTPUT:CONTROLLER									

图 9-17　ONOS Web 控制台中查看设备流表信息

在 Mininet 中运行 pingall 查看主机间是否可达，如图 9-18 所示。观察交换机的流表，收到的所有 packet 都会被打包成 Packet-in 消息发送给 ONOS 控制器询问如何处理，而此时的 ONOS 控制器中没有运行任何与转发有关的应用，因此主机间无法通信。

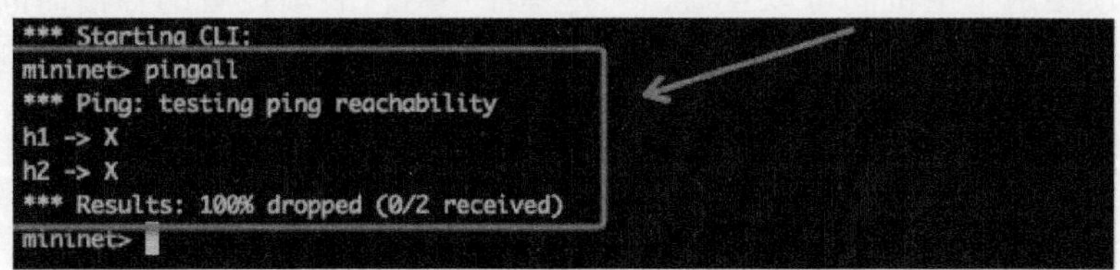

图 9-18　在 Mininet 中测试主机间连通性

第 4 步：安装 net.fnl.fwd 应用重新测试主机间连通性。

首先，编译、打包、安装、激活应用到运行中的 ONOS，分别运行命令。

```
mvn clean install
onos-app localhost install target/fnl-app-fwd-1.7.0.oar
onos> app activate net.fnlab.fwd
```

然后，再次在 Mininet 中运行 pingall，测试连通性并观察流表变化情况，如图 9-19 和图 9-20 所示。

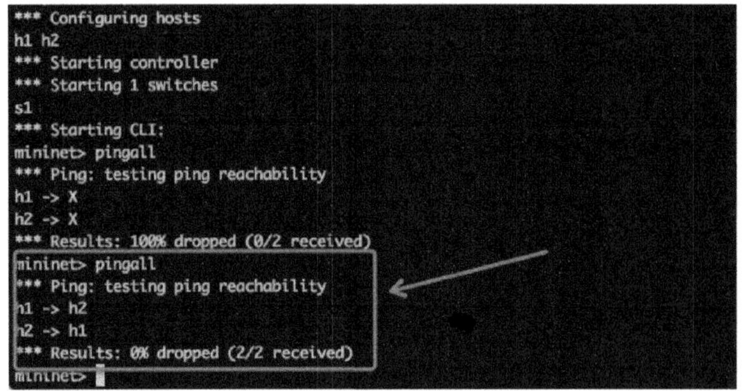

图 9-19　重新在 Mininet 中测试主机间连通性

0x6c000089ef149d	108	0x0	0	10	10	false	Added	1	98
Criteria: ETH_DST:5E:99:5C:33:AA:42, ETH_SRC:EE:77:A7:CE:DD:83									
Treatment Instructions: OUTPUT:1									
0x6c0000df78dc33	108	0x0	0	10	10	false	Added	1	98
Criteria: ETH_DST:EE:77:A7:CE:DD:83, ETH_SRC:5E:99:5C:33:AA:42									
Treatment Instructions: OUTPUT:2									

图 9-20　查看设备流表变化

由图 9-19 和图 9-20 可见，该应用成功转发了各主机的 ping 请求，并新增了流表项使两个主机间可以互通，只是程序中对流表项设置的存活时间较短，如果要看到流表项的变化，则需要在 pingall 时立即刷新流表列表页面，否则可能会因为过期而看不到。

9.3　基于 ONOS 的命令行与服务应用

9.3.1　项目介绍

本节对 9.2 节的应用进行扩充，在其基础上添加命令行功能，并将应用扩展为服务的提供者。

ONOS 控制器为开发者提供了两种用户交互方式：命令行（CLI）和 Web 界面（Web GUI）。为应用添加用户交互，既可以方便用户使用应用的功能，又有利于充分向用户展现应用的功能和信息。因此，这一节将以刚刚开发完成的三层转发应用添加命令行功能为示范，展示 ONOS 应用添加用户交互功能的方法。

服务（Service）是 ONOS 中一个重要概念，它是由多个组件形成的功能集。对于 ONOS 的一个模块来说，它既可以为其他模块提供服务，也可以使用其他模块提供的服务。除了 ONOS 的核心模块以外，用户开发的应用也可以为其他模块提供服务。本节在 9.2 节的应用基础上扩展了一个新的功能，并将这个功能扩展为一个可供其他模块调用的服务。

本节中介绍开发的应用将能够提供这样的服务：返回应用安装过的流表项中的主机 MAC 地址对，调用服务模块获得此列表，并通过添加的命令行使用该服务。

9.3.2 代码解析

1. 代码结构

本节在三层转发应用项目的基础上做了一些扩充。

（1）新建 ForwardingMapService 接口

```
public interface ForwardingMapService {
    /**
     * Get the endpoints of the host-to-host that has connection
     *
     * @return maps of source to destination
     */
    public Map<MacAddress, MacAddress> getEndPoints();
}
```

ForwardingMapService 接口是新增的服务声明，可以有多种不同的实现。并且在 ForwardingMapService 中声明了方法 public Map< MacAddress , MacAddress > getEndPoints。ForwardingMapService 服务的功能是返回应用安装过的流表项中的主机 MAC 对。

（2）扩充 ReactiveForwarding 类

```
@Component(immediate = true)
@Service
public class ReactiveForwarding implements ForwardingMapService{
    @Override
```

```
    public Map<MacAddress, MacAddress> getEndPoints() {...}
}
```

将 ReactiveForwarding 扩充为了 ForwardingMapService 的提供者。用 @Service 注解标记 ReactiveForwarding 类为服务的提供者。

（3）实现 ForwardingMapService 接口及其 getEndPoints 方法

对接口进行实现，记录应用安装过的流表项中的主机 MAC 对，getEndPoints 方法返回记录的主机 MAC 地址对。

（4）新建 ForwardingMapCommand 类

```
@Command(scope = " onos " , name = " fwdmap " ,
        description = " Lists the endpoints for which flows are installed " )
public class ForwardingMapCommand extends AbstractShellCommand {
    ... ...
    @Override
    protected void execute() {
        // get a reference to our service
        service = get(ForwardingMapService.class);
        hmap = service.getEndPoints();
        ... ...
    }
}
```

2. 调用关系

命令行与服务的调用关系如图 9-21 所示。ReactiveForwarding 类提供 ForwardingMapService，命令行类 ForwardingMapCommand 使用其提供的服务完成功能。

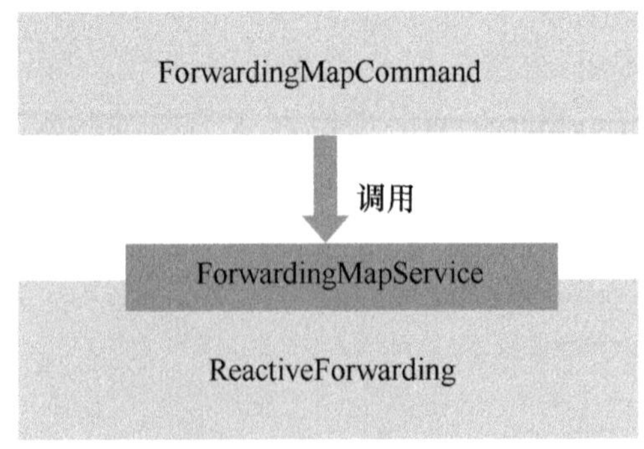

图 9-21　服务调用关系

图 9-22 为本节命令行与服务实现的 UML。

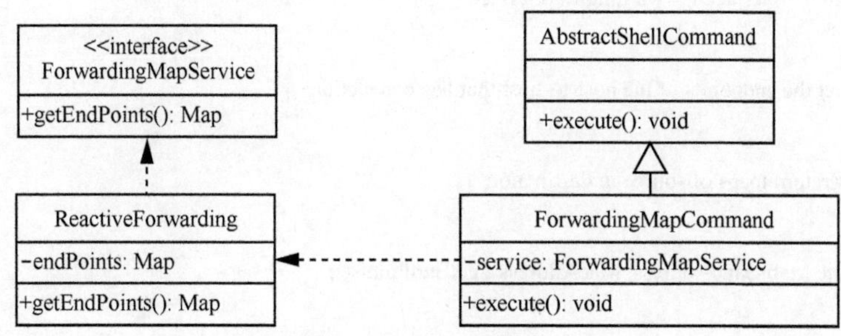

图 9-22　新增类 UML 图

9.3.3　实例开发

本节应用开发的步骤大致为服务开发、命令行开发、应用测试 3 个步骤。首先依次完成服务的声明和实现；然后在此基础上，完成添加命令行依赖、命令行类的开发和注册；最后对应用进行测试。

1. 服务开发

定义一个可以被自己或其他模块使用的服务，并且在 9.2 节三层应用中提供一个这个服务的实现。

（1）定义服务

在 ONOS 源码的 onos-api 模块定义服务 ForwardingMapService。具体的位置在 ${ONOS_ROOT}/core/api/src/main/java/org/onosproject/net/，在这个目录下新建包 apps，将 ForwardingMapService 声明在 apps 下，如图 9-23 所示。

ForwardingMapService.java。

```
package org.onosproject.net.apps;
import org.onlab.packet.MacAddress;
import java.util.Map;
/**
 * A demonstrative service for the reactive forwarding application to
```

```
* export.
*/
    public interface ForwardingMapService {
  /**
   * Get the endpoints of the host-to-host that has connection
   *
   * @return maps of source to destination
   */
  public Map<MacAddress, MacAddress> getEndPoints();
}
```

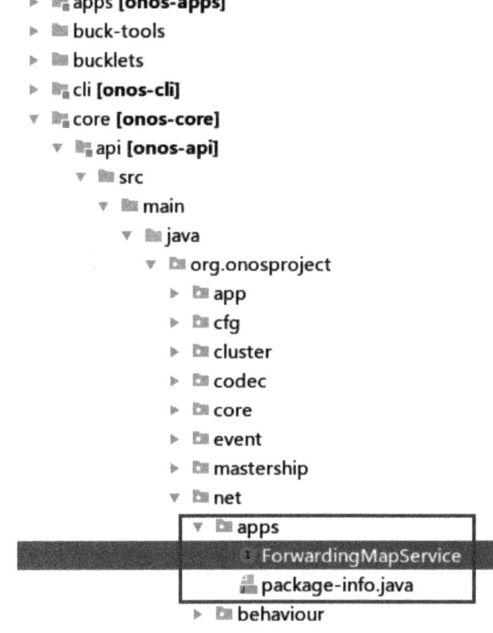

图 9-23　ForwardingMapService 声明的位置

如上添加 ForwardingMapService 类并编辑后，就完成了服务接口的创建。

注意：因为这一步会修改 ONOS 源码，而 ONOS 有一套自己的 Java 代码规范，并且在编译时会对代码规范进行检查，因此容易出错。这里在 IntelliJ IDEA 中安装 Checkstyle 插件，并导入 ONOS 的代码规范配置，来帮助提示代码规范错误。ONOS 的代码规范可以在 GitHub 上找到，在 ONOS 的最新版本代码中找到 checkstyle.xml 文件，下载到本地使用。当然，也可以简单地注释掉 ONOS 的代码规范检查过程，在 pom.xml 中将相关插件和构建过程注释掉即可。这里，Checkstyle 文件的导入过程如图 9-24 所示。

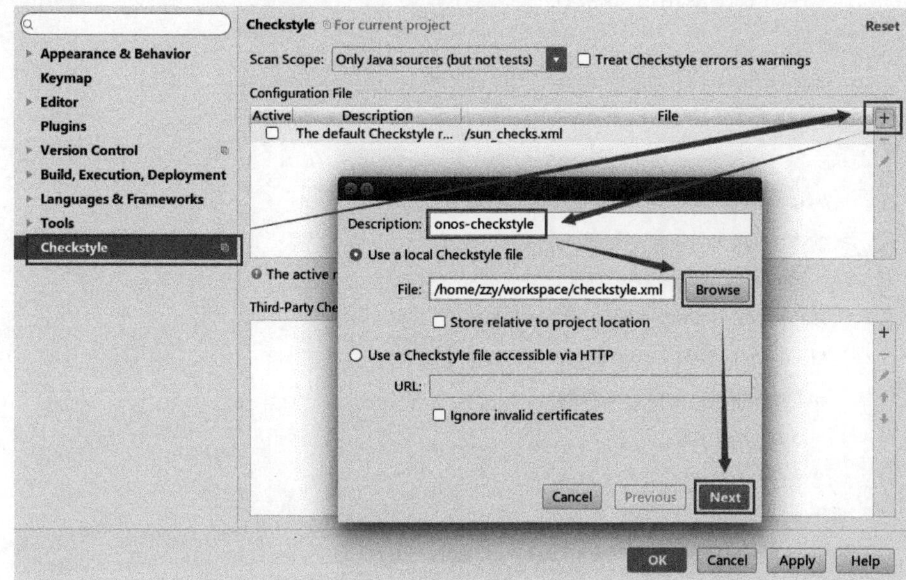

图 9-24　添加代码检查配置

（2）实现服务

实现 ForwardingMapService 服务的具体做法是让 ReactiveForwarding 类实现 ForwardingMapService 接口。为了能让这个实现可以被其他模块作为服务使用，需要使用 Felix SCR 的 @Service 注解来标记这个类。这一步在 fnl-app-fwd 项目中进行，下面是可提供服务的 ReactiveForwarding 类实现。

```
package net.fnlab.fwd;
...
/**
  * Sample reactive forwarding application.
  */
@Component(immediate = true)
@Service
public class ReactiveForwarding implements ForwardingMapService {
    ...
    @Reference(cardinality = ReferenceCardinality.MANDATORY_UNARY)
    protected FlowRuleService flowRuleService;
    private ApplicationId appId;
    private PacketProcessor packetProcesssor;
```

```
    protected final ConcurrentMap<MacAddress, MacAddress> endPoints =
        new ConcurrentHashMap<>();
    ...
    // Install a rule forwarding the packet to the specified port
    private void installRule(PacketContext context, PortNumber portNumber) {
    ...
      // Send the packet out to the specified port.
      packetOut(context, portNumber);
      // Add found endpoints to map.
      MacAddress srcMac = inPkt.getSourceMAC();
      MacAddress dstMac = inPkt.getDestinationMAC();
      endPoints.put(srcMac , dstMac );
    }
    ...
    @Override
    public Map<MacAddress, MacAddress> getEndPoints() {
      // Return our map as a read-only structure.
      return Collections.unmodifiableMap(endPoints);
    }
}
```

在需要使用 ForwardingMapService 服务的地方可以像这样引入服务并使用。

```
@Reference(cardinality = ReferenceCardinality.MANDATORY_UNARY)
protected ForwardingMapService fwdMapService;
```

2. 添加命令行功能作为服务的使用者

（1）将应用扩展，引入开发命令行需要的依赖

进入 fnl-app-fwd 项目根目录做如下操作。

```
$ onos-create-app cli net.fnlab  fnl-app-fwd 1.7.0 net.fnlab.fwd
```

这一步目的是对项目添加 CLI 扩展，onos-create-app 后面的参数中，CLI 是固定的，再后面依次跟随的是项目的 GroupId、ArtifactId、Version 和默认生成实例代码的 Package。GroupId、ArtifactId、Version 一定要与原项目一致，不清楚的话可以查看项目的 pom.xml 文件。

操作完成后，Maven 将添加好 CLI 开发相关的依赖，并在项目中添加一些文件，图 9-25 中显示了自动添加的 shell-config.xml 文件，它是命令行的配置文件。

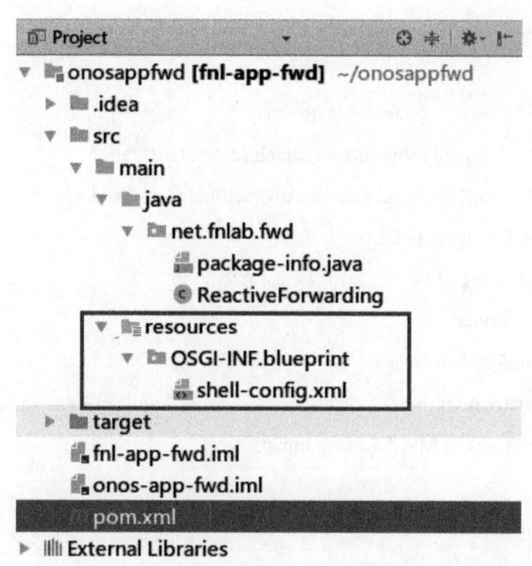

图 9-25　命令行配置文件

（2）新建命令行类

在项目中新建命令行类 ForwardingMapCommand，并继承命令行抽象类。随后在 ForwardingMapCommand 类声明上方使用 @Command 注解，其作用是表明这个类是一个命令行类，命令的名字为“fwdmap”。

```
package net.fnlab.fwd;
import org.apache.karaf.shell.commands.Command;
import org.onosproject.cli.AbstractShellCommand;
/**
  * A demo service that lists the endpoints for which intents are installed.
  */
@Command(scope = " onos " , name = " fwdmap " ,
      description = " Lists the endpoints for which intents are installed " )
public class ForwardingMapCommand extends AbstractShellCommand {
    @Override
    protected void execute() {
    }
}
```

（3）在命令行程序中使用开发好的 ForwardingMapService 服务

```
package net.fnlab.fwd;
/**
```

```
    * A demo service that lists the endpoints for which flows are installed.
    */
@Command(scope = "  onos " , name = "  fwdmap " ,
        description = "  Lists the endpoints for which flows are installed " )
public class ForwardingMapCommand extends AbstractShellCommand {
    // formatted string for output to CLI
    private static final String FMT = "  src=%s, dst=%s " ;
    // reference to our service
    private ForwardingMapService service;
    // to hold the service's response
    private Map<MacAddress, MacAddress> hmap;
    @Override
    protected void execute() {
      // get a reference to our service
      service = get(ForwardingMapService.class);
      hmap = service.getEndPoints();
      for (Map.Entry<MacAddress, MacAddress> el : hmap.entrySet()) {
        print(FMT, el.getKey(), el.getValue());
      }
    }
}
```

（4）将开发好的命令注册到 Karaf 的 CLI

要在 ONOS 中使用刚刚开发好的命令，则需要将这个命令的信息注册在 Karaf 中，具体的做法是修改 shell-config.xml 文件，这个文件位于 ${PROJECT_ROOT}/src/ main/resources/OSGi-INF/blueprint 包中。

3. 命令行和服务测试

接下来对刚才新增的服务和命令行进行测试。

（1）重新编译 ONOS 源码

因为服务接口的声明是在 ONOS 源码中添加的，欲使它生效，则需要重新编译 ONOS 源码，在 ONOS 目录下运行。

```
$ mvn clean install
```

如果编译出现与代码检查（CheckStyle）相关的错误，按提示修改代码不合规范的地方，也可以在 pom.xml 文件中将代码检查相关部分去掉，不进行代码检查。

（2）重新编译 fnl-app-fwd 项目

```
$ cd fnlappfwd
```

```
$ mvn clean install
...
    [INFO] ------------------------------------------------------------------------
    [INFO] BUILD SUCCESS
    [INFO] ------------------------------------------------------------------------
    [INFO] Total time: 6.255 s
    [INFO] Finished at: 2017-12-04T14:06:39+08:00
    [INFO] Final Memory: 24M/264M
       ------------------------------------------------------------------------
```

（3）启动 ONOS 测试

启动 ONOS，并关闭 org.onosproject.fwd 和 org.onosproject.proxyarp，安装 net.fnlab.fwd 应用。

```
onos> app deactivate org.onosproject.fwd
onos> app deactivate org.onosproject.proxyarp
onos> apps -s |grep fwd
85 org.onosproject.fwd                1.7.0    Reactive Forwarding App
onos> apps -s |grep arp
69 org.onosproject.proxyarp              1.7.0    Proxy ARP/NDP App
$ onos-app localhost install target/fnl-app-fwd-1.7.0.oar
{"name":"net.fnlab.fwd","id":108,"version":"1.7.0","category":"default","description":"ONOS OSGi bundle archetype",
"readme":"ONOS OSGi bundle archetype","origin":"fnlab","url":"http://onosproject.org","featuresRepo": "mvn:net.
fnlab/fnl-app-fwd/1.7.0/xml/features","state":"INSTALLED","features":["fnl-app-fwd"],"permissions":[],"requiredApps":[]}
onos> app activate net.fnlab.fwd
onos> apps -s |grep fwd
85 org.onosproject.fwd                1.7.0    Reactive Forwarding App
* 108 net.fnlab.fwd                   1.7.0    ONOS OSGi bundle archetype
```

启动 Mininet 建立一个简单的虚拟网络，指定本机 ONOS 实例为控制器，并运行 pingall 命令。

```
$ sudo mn --topo linear --mac  --controller remote,127.0.0.1
...
*** Starting CLI:
mininet>pingall
*** Ping: testing ping reachability
h1 -> h2
h2 -> h1
*** Results: 0% dropped (2/2 received)
```

```
mininet>
```

在 ONOS 中输入刚才开发的命令 fwdmap，查看结果，顺利显示出了主机对列表。

```
onos> fwdmap
src=00:00:00:00:00:01, dst=00:00:00:00:00:02
src=00:00:00:00:00:02, dst=00:00:00:00:00:01
```

9.4 基于 ONOS 的网络故障检测应用

9.4.1 项目介绍

本小节将介绍在 ONOS 上开发一个网络故障检测应用的步骤。本例主要探讨网络中的路由环路问题。路由环路是指数据分组在某些交换节点之间绕圈转发，直接原因是它们的转发表项构成了一个逻辑的链路环。网络中的路由环路会严重消耗链路带宽、交换机的 CPU 和内存等硬件资源，容易导致网络业务体验严重下降，甚至让某些业务无法正常进行。

该应用通过 ONOS 核心层提供的北向接口，从核心层的各个子系统中获取当前网络的拓扑、交换节点的流表、接入网络的主机等信息；然后将这些信息送入本应用的核心（即检测算法中）进行检测；最终能够得到网络中的环路预警信息，包括是否有环、哪些节点构成了环、哪些流表组成了环、拥有什么样首部的数据分组会沿环流动并最终触发环路风暴。服务依赖如图 9-26 所示。

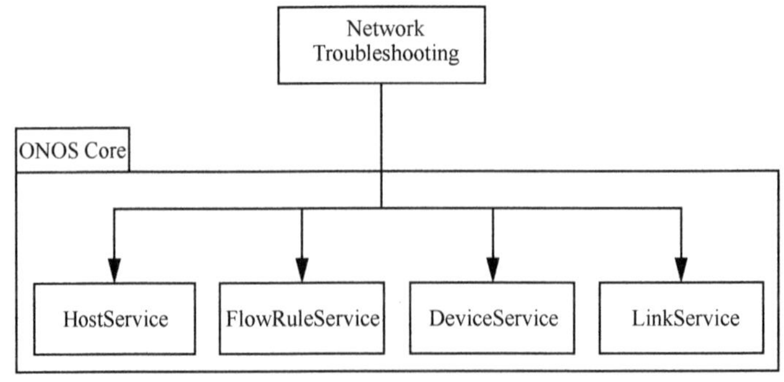

图 9-26　服务依赖

① HostService：管理接入网络的主机信息的抽象服务。在本应用中通过它从中获取全网接入主机的实例化对象，进而获知该主机接入在哪个交换节点上，最终可以得到网络中哪些节点是接入节点。

② FlowRuleService：收集、管理、下发流表的抽象服务。在本应用中通过它获取交换节点中的流表信息，用于检测算法中构造的模拟数据分组、模拟数据平面流表匹配过程。

③ DeviceService：保存并分发网络中交换节点信息的抽象服务，可以提供全网的节点统计信息，也可以提供某一交换节点的实例化对象，还可以提供某一交换节点的某些属性和工作信息。在本应用中主要通过它获得交换节点的实例化对象。

④ LinkService：保存并分发网络中链路信息的抽象服务，可以提供连接到某个交换节点的所有链路的一个集合，最细粒度的能力是可以提供交换节点某个端口上出口链路和入口链路的实例化对象。还可以提供链路的类型等信息。在本应用中，通过它获取交换节点某端口上出口链路的实例化对象，进而能够正确模拟数据分组的转发、识别数据分组是否到达转发的终点。

ONOS 应用最核心的还是对流量的处理策略和算法，本应用充分体现了这一点，该应用可以通过 CLI 与网管人员交互。

9.4.2 代码解析

（1）代码结构

本应用遵循面向对象设计原则，针对接口编程，不针对实现编程，这也是 ONOS 自身设计所倡导的原则，本应用的 UML 类图如图 9-27 所示。

① TsCheckLoop 是 CLI 功能类，是 CLI 命令的入口，还可用于构造命令行自动完成的字符串。本应用在其中触发一次环路检查。

② NetWorkTsCheckLoopService 是环路检测服务的接口。本应用的环路检测功能对 ONOS 是以一个服务子系统来呈现的，服务可供其他的应用模块使用。

③ NetworkTsCheckLoop 是环路检测服务的实现类。主要包含一个检测入口函数和一个迭代匹配函数，实现了具体的环路检测算法，还包含了必要的辅助函数，如精确匹配函数、最大化匹配函数、IP 通配匹配函数、判断对象类型函数等。

④ TsReturn<M> 类是一个工具类，将任一基本数据类型及其类化类型采用装饰者模式进行再次封装。目的是使函数拥有同时返回多个不同类型值的能力。用法是将其作为函数的形参，并在函数中被修改，然后当函数返回时，能从中

获得值。在本应用中主要用于流表的最大化匹配，指示流表的匹配域是否比模拟数据分组的首部更精确。

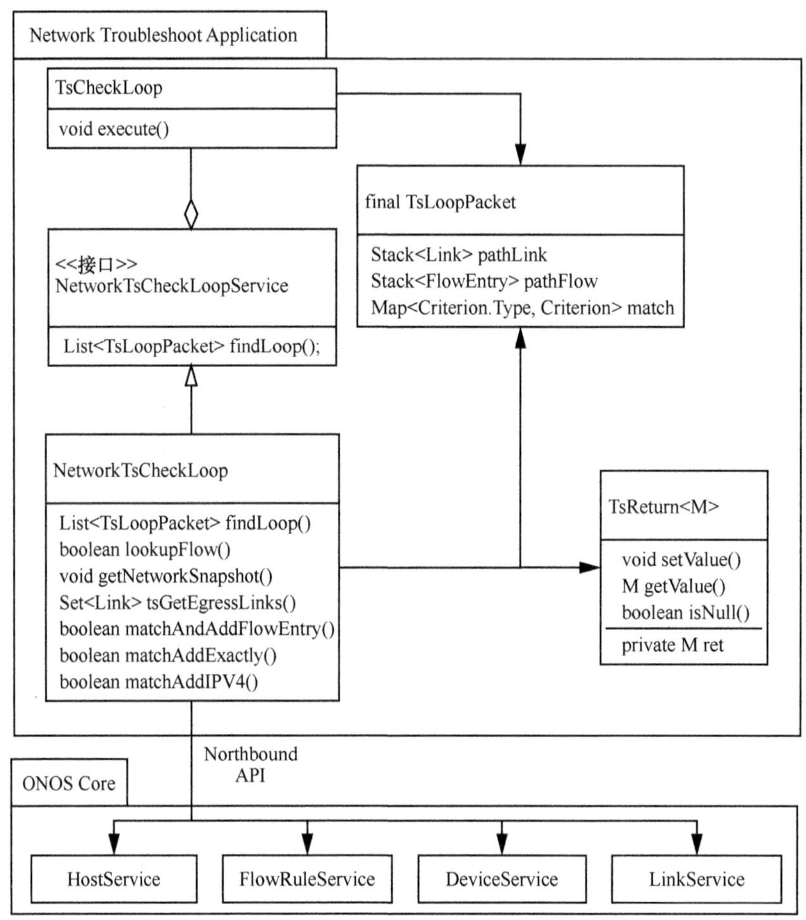

图 9-27　项目 UML 图

⑤ final TsLoopPacket 是模拟数据分组类，并根据 ONOS 代码风格的要求，设定为 final 类。成员变量主要包含了数据分组的首部信息、经过的链路信息和匹配到的流表信息。成员函数主要包含了模拟数据分组的硬复制函数和构造首部函数，为了 CLI 展示而重写的字符串构造函数，以及一些对成员变量值的操作函数。

模拟数据分组的硬复制函数主要用于在数据分组送入下一跳交换机之前，进行数据分组的复制。在复制时要重新实例化成员变量，并且当成员变量是集合类型时，要重新实例化每一个集合元素。由于采用递归逐跳检测的方式，需要在递归返回时保有进入下一跳前的数据分组，因为流表转发后可能还会有其他的修改包、转发包的操作。

（2）检测算法

本应用的核心是一个路由环路检测算法，此处采用的检测算法如下。

将接入节点的流表按优先级顺序，逐一将流表的匹配域作为数据分组的首部，构造一个模拟数据分组，然后执行该条流表的动作，例如模拟数据平面的流表转发。转发即是迭代进入下一跳交换节点。如此进行下去，一旦发现数据分组再次进入某一个已经进入过的交换机，则为发现环路；若从网络边缘转出或发生丢包，则递归返回。检查完所有接入节点后，算法结束。

为了降低算法复杂度，只以有主机直接连接的交换节点（即接入节点）作为算法的起点，因为可能会触发环路风暴的数据分组，只能是从网络外部输入网络的。另外，建立了一个交换节点的排除集合（9.4.3 小节中的 excludeDeviceId），当检测到环路存在时，即将所有环上的交换节点加入集合中，不再以它们作为算法的起点。如希望在一次检测中能发现尽可能多的独立环，即网络中存在多批交换机各自构成多环路的情况，则在发现第一个环后，让算法继续运行即可。

9.4.3　实例开发

本节内容将详细对本应用的开发步骤进行介绍和说明，应用的相关代码目录结构如图 9-28 所示。

具体开发步骤如下。

（1）建立 POM.xml

```
<parent>
        <groupId>org.onosproject</groupId>
        <artifactId>onos-apps</artifactId>
        <version>1.5.0-SNAPSHOT</version>
        <relativePath>../pom.xml</relativePath>
</parent>
<artifactId>onos-app-network-troubleshoot</artifactId>
<!--<version>0.3.0-SNAPSHOTT</version>-->
<packaging>bundle</packaging>
<description>ONOS Network TroubleShoot Module</description>
<properties>
        <onos.version>1.5.0-SNAPSHOT</onos.version>
        <onos.app.name>org.onosproject.fnl.Network.Troubleshoot</onos.app.name>
```

```
        <onos.app.category>default</onos.app.category>
        <onos.app.origin>Future Network Lab, BUPT</onos.app.origin>
</properties>
```

图 9-28　工程目录结构

（2）编写应用核心

① 建立检测模块的接口，接口在文件 NetworkTsCheckLoopService.java 中。

```
public interface NetworkTsCheckLoopService {
    /**
     * Enter of Loop Detecting.
     * @return .
     */
}
```

② 引用 ONOS 各子系统服务，以下均在 NetworkTsCheckLoop.java 文件中。

```
private final Logger log = LoggerFactory.getLogger(getClass());
@Reference(cardinality = ReferenceCardinality.MANDATORY_UNARY)
private CoreService coreService;
@Reference(cardinality = ReferenceCardinality.MANDATORY_UNARY)
private DeviceService deviceService;
@Reference(cardinality = ReferenceCardinality.MANDATORY_UNARY)
private HostService hostService;
@Reference(cardinality = ReferenceCardinality.MANDATORY_UNARY)
private FlowRuleService flowRuleService;
```

```
@Reference(cardinality = ReferenceCardinality.MANDATORY_UNARY)
private LinkService linkService;
```

③ 准备必要的常量和变量，建立3个Map，用于稍后接收从ONOS各子系统获得的信息。

```
private static final int IP_PROTO_TCP_TS = 6;
private static final int IP_PROTO_UDP_TS = 17;
//except HostService
private Map<DeviceId, Device> deviceInfo;
private Map<DeviceId, Iterable<FlowEntry>> flowEntryInfo;
private Map<DeviceId, Set<Link>> egressLinkInfo;
```

④ 编写返回值类，TsReturn类作为函数的形参使用，如9.4.2小节所述，用于扩展函数的返回值。

```
public class TsReturn<M> {
    private M ret = null;
    public void setValue(M value) {
        ret = value;
    }
    public M getValue() {
        return ret;
    }
    public boolean isNull() {
        return null == ret;
    }
}
```

⑤ 构造模拟数据分组类TsLoopPacket。CopyPacketMatch拷贝数据分组，在迭代过程中数据分组首部会变化，仅需拷贝匹配域部分；isPassDeviceId判断数据分组是否曾经进入某交换节点；matchBuilder根据流表匹配域构造数据分组。

```
public final class TsLoopPacket {
    private Map<Criterion.Type, Criterion> match;
    private Stack<FlowEntry> pathFlow;
    private Stack<Link> pathLink;
    private TsLoopPacket() {
        match = new HashMap<Criterion.Type, Criterion>();
        pathFlow = new Stack<FlowEntry>();
        pathLink = new Stack<Link>();
    }
```

```
/**
 * test pass 2012.12.21 15:54 by Mao.
 * just copy match field, pathFlow and pathLink is Stack,
 * carefully push and pop is making sense
 * @return .
 */
public TsLoopPacket copyPacketMatch() {
  TsLoopPacket newOne = new TsLoopPacket();
  newOne.pathFlow = this.pathFlow;
  newOne.pathLink = this.pathLink;
  // 借助 Criteria 的工厂模式依次构造新的匹配域元素
  for (Map.Entry<Criterion.Type, Criterion> entry : this.match. entrySet()) {
    switch (entry.getKey()) {
      case IN_PORT:
        newOne.match.put(entry.getKey(),
                Criteria.matchInPort(((PortCriterion) entry. getValue()).port()));
        break;
      case ETH_SRC: // At present, not support Ethernet mask (ONOS?)
        newOne.match.put(entry.getKey(),
                Criteria.matchEthSrc(((EthCriterion) entry. getValue()).mac()));
        break;
      //other match field…
      default:
        break;
    }
  }
  return newOne;
}
public boolean isPassDeviceId(DeviceId deviceId) {
  for (Link linkTemp : pathLink) {
    if (deviceId.equals(linkTemp.src().deviceId())) {
      return true;
    }
  }
  return false;
}
```

```
    /**
     * .
     * @param criteria :.
     * @param collision : as return value: if criteria contain mutiple criteria with same type, it is true
     * @return tsLoopPacket: if anyone is SetHeader_FAILURE, return null
     */
    public static TsLoopPacket matchBuilder(Iterable<Criterion> criteria,
    TsReturn<Boolean> collision) {
    // 边添加边检查是否同一个匹配域在输入参数中出现了两次
      if (null != collision) {
        collision.setValue(false);
      }
      TsLoopPacket pkt = new TsLoopPacket();
      for (Criterion criterion : criteria) {
        if (null == pkt) {
          break;
        }
        int ret = pkt.setHeader(criterion);
        if (SETHEADER_SUCCESS == ret) {
        } else if (SETHEADER_OVERRIDE == ret) {
          if (null != collision) {
            collision.setValue(true);
          }
        } else {
          pkt = null;
        }
      }
      return pkt;
    }
}
```

⑥ 完成功能函数。总览图如图 9-29 所示，后续分别介绍下列功能函数。

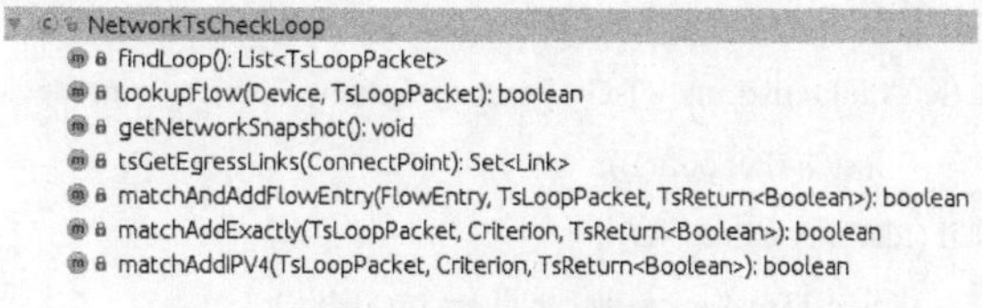

```
NetworkTsCheckLoop
    findLoop(): List<TsLoopPacket>
    lookupFlow(Device, TsLoopPacket): boolean
    getNetworkSnapshot(): void
    tsGetEgressLinks(ConnectPoint): Set<Link>
    matchAndAddFlowEntry(FlowEntry, TsLoopPacket, TsReturn<Boolean>): boolean
    matchAddExactly(TsLoopPacket, Criterion, TsReturn<Boolean>): boolean
    matchAddIPV4(TsLoopPacket, Criterion, TsReturn<Boolean>): boolean
```

图 9-29　功能函数总览

- findLoop：路由环路检测的入口函数。首先获取全网的交换节点、链路、流表信息，找出有主机接入的交换节点（网络的接入节点），依次以各接入节点为起点，提取流表，并根据每一条构造数据分组，将数据分组进行数据面流表匹配。

```
private List<TsLoopPacket> findLoop() {
    getNetworkSnapshot();  //获取全网当前情况，即交换节点、链路、流表信息
    List<TsLoopPacket> loops = new ArrayList<>();
    Set<DeviceId> excludeDeviceId = new HashSet<>();  //找出接入节点，作为算法的起点
    Set<Device> hostConnects = new HashSet<>();
    Iterable<Host> hosts = hostService.getHosts();
    for (Host host : hosts) {
      hostConnects.add(deviceInfo.get(host.location().deviceId()));
    }
    for (Device device : hostConnects) {
      if (excludeDeviceId.contains(device.id())) {
        continue;
      }
      //将匹配域排序，简化后续模拟匹配时的工作量，
      //各匹配域存在的先决条件请参考 OpenFlow 协议原文
      Iterable<FlowEntry> flowEntries = NetworkTsCore.sortFlowTable (flowEntryInfo.get(device.id()));
      for (FlowEntry flow : flowEntries) {
        //构造模拟数据分组
        TsLoopPacket pkt = TsLoopPacket.matchBuilder(flow.selector(). criteria(), null);
        pkt.pushPathFlow(flow);
        //提取流表动作内容，并模拟数据平面去执行它们
        List<Instruction> inst = flow.treatment().immediate();
        for (Instruction instOne : inst) {
          switch (instOne.type()) {
            case OUTPUT:
              Instructions.OutputInstruction instOutPut = (Instructions. OutputInstruction) instOne;
              if (!instOutPut.port().isLogical()) {
                //获取从该端口转发的链路对象
                Set<Link> dstLink = tsGetEgressLinks(new ConnectPoint (device.id(),
                    instOutPut.port()));
                if (!dstLink.isEmpty()) {
                  Link dstThisLink = dstLink.iterator().next();
```

```
                ConnectPoint dstPoint = dstThisLink.dst();
                if (NetworkTsCore.isDevice(dstPoint)) {
                    Device dstDevice = deviceInfo.get(dstPoint.deviceId());
                    pkt.pushPathLink(dstThisLink);
                    //in_port 在每次转发时会天然地变化，要特别注意！
                    // 特别是递归返回时要注意还原其原值！
                    PortCriterion inPort = pkt.getInport();
                    PortCriterion oldInPort = null != inPort ? (PortCriterion)
                        Criteria.matchInPort(inPort.port()) : null;
                    pkt.setHeader(Criteria.matchInPort(dstPoint.port()));
                    // 关键步骤，由于将数据分组送入递归后，
                    // 仍需要其原来的样子，而在递归中会对其修改，
                    // 因此，模拟数据平面的包复制操作
                    TsLoopPacket newPkt = pkt.copyPacketMatch();
                    // 将数据分组转发（递归）进下一跳交换机
                    boolean loopResult = lookupFlow(dstDevice, newPkt);
                    if (loopResult) {
                        // 发现环路存在时的处理
                        loops.add(newPkt);
                        Iterator<Link> iter = newPkt.getPathLink();
                        while (iter.hasNext()) {
                            excludeDeviceId.add(iter.next().src().deviceId());
                        }
                    }
                    pkt.resetLinkFlow(flow);
                    if (oldInPort == null) {
                        pkt.delHeader(Criterion.Type.IN_PORT);
                    } else {
                    pkt.setHeader(oldInPort);
                    }
                }
            }
        }
        break;
    //other cases…
    default:
        break;
```

```
                }
            }
        }
    }
    return loops;
}
```

- lookupFlow（迭代函数）：用于将数据分组在各交换节点上进行流表匹配。一旦发现数据分组曾经进入此节点，则直接返回并记录该环路，并且将环路上所有交换节点加入排除集合，在后续的检测中将不以此节点作为起点。

```
private boolean lookupFlow(Device device, TsLoopPacket pkt) {
if (pkt.isPassDeviceId(device.id())) {
        return true;
    }
    Iterable<FlowEntry> flowEntries = NetworkTsCore.sortFlowTable(flowEntryInfo.get(device.id()));
    for (FlowEntry flowEntry : flowEntries) {
      TsReturn<Boolean> isBigger = new TsReturn<>();
      TsLoopPacket newPkt = pkt.copyPacketMatch();
      boolean matchResult = matchAndAddFlowEntry(flowEntry, newPkt, isBigger);
      if (!matchResult) {
        continue;
      }
      newPkt.pushPathFlow(flowEntry);
      List<Instruction> inst = flowEntry.treatment().immediate();
      for (Instruction instOne : inst) {
        switch (instOne.type()) {
          ...
          case OUTPUT:
            ...
            // 该部分代码大体同 findLoop 函数…（对应阅读时请留意下方代码的缩进）
            // 递归过程中若发现环路，不进行任何记录，直接返回
            // 直到入口函数 findLoop 处，再进行记录等操作
                  if (loopResult) {
                    pkt.handInLoopMatch(newNewPkt);
                    return true;
                  }
```

```
                        newPkt.popPathLink();
                        if (oldInPort == null) {
                            pkt.delHeader(Criterion.Type.IN_PORT);
                        } else {
                            pkt.setHeader(oldInPort);
                        }
                    ...
                    break;
                default://error!
                    break;
            }
        }
        newPkt.popPathFlow();
        if (!isBigger.getValue()) {
            break;
        }
    }
    return false;
}
```

- getNetworkSnapshot：获取网络交换节点、链路、流表信息。

```
private void getNetworkSnapshot() {
    deviceInfo = new HashMap<>();
    Iterable<Device> deviceTemp = deviceService.getDevices();
    for (Device d : deviceTemp) {
        deviceInfo.put(d.id(), d);
    }
    flowEntryInfo = new HashMap<>();
    for (Map.Entry<DeviceId, Device> d : deviceInfo.entrySet()) {
        flowEntryInfo.put(d.getKey(), flowRuleService.getFlowEntries (d.getKey()));
    }
    egressLinkInfo = new HashMap<>();
    for (Map.Entry<DeviceId, Device> d : deviceInfo.entrySet()) {
        egressLinkInfo.put(d.getKey(), linkService.getDeviceEgressLinks (d.getKey()));
    }
}
```

- tsGetEgressLinks：获取某个交换机端口上的出口链路的集合。

```
private Set<Link> tsGetEgressLinks(ConnectPoint point) {
Set<Link> portEgressLink = new HashSet<>();
DeviceId deviceId = point.deviceId();
Set<Link> allEgressLink = egressLinkInfo.get(deviceId);
// 此处使用 ONOS 倡导的 Java 1.8 的新特性：Stream（流）
portEgressLink.addAll(
    allEgressLink
        .stream()
            .filter(l->l.src().equals(point))
            .collect(Collectors.toList()));
    return portEgressLink;
}
```

- matchAndAddFlowEntry：进行数据分组的流表匹配，并在需要时，让数据分组的首部更加精细。

```
private boolean matchAndAddFlowEntry(FlowEntry flowEntry, TsLoopPacket pkt, TsReturn<Boolean> isBigger) {
    isBigger.setValue(false);
    ArrayList<Criterion> criterionArray =
        NetworkTsCore.sortCriteria(flowEntry.selector().criteria());
    // 此处以部分匹配域为例，请再次注意 OpenFlow 中匹配域存在的先决条件
    for (Criterion criterion : criterionArray) {
      switch (criterion.type()) {
        case IN_PORT:
        case ETH_DST:
        case ETH_TYPE:
          if (!matchAddExactly(pkt, criterion, isBigger)) {
            return false;
          }
          break;
        case IPV4_SRC:
        case IPV4_DST:
          if (!pkt.existHeader(Criterion.Type.ETH_TYPE) ||
              !((EthTypeCriterion) pkt.getHeader(Criterion. Type.ETH_TYPE))
                  .ethType().equals(EthType.EtherType.IPV4.ethType())) {
            return false;
          }
          if (!matchAddIPV4(pkt, criterion, isBigger)) {
            return false;
```

```
            }
            break;
          //other cases…
          default:
            break;
        }
      }
      return true;
    }
```

- matchAddExactly：精确地进行数据分组的流表匹配。

```
private boolean matchAddExactly(TsLoopPacket pkt, Criterion criterion, TsReturn<Boolean> isBigger) {
if (pkt.existHeader(criterion.type())) {
if (!pkt.getHeader(criterion.type()).equals(criterion)) {
return false;
      }
    } else {
      pkt.setHeader(criterion);
      isBigger.setValue(true);
    }
    return true;
}
```

- matchAddIPV4：结合 wildcard，精确地进行数据分组的 IPv4 匹配。

```
private boolean matchAddIPV4(TsLoopPacket pkt, Criterion criterion, TsReturn<Boolean> isBigger) {
    if (pkt.existHeader(criterion.type())) {
      IpPrefix ipFlow = ((IPCriterion) criterion).ip();
      IpPrefix ipPkt = ((IPCriterion) pkt.getHeader(criterion. type())).ip();
      // attention - the order below is important
      if (ipFlow.equals(ipPkt)) {
        // shoot
      } else if (ipFlow.contains(ipPkt)) {
        // shoot, pkt is more exact than flowEntry
      } else if (ipPkt.contains(ipFlow)) {
        pkt.setHeader(criterion);
        isBigger.setValue(true);
      } else {
        return false;
      }
```

```
        } else {
            pkt.setHeader(criterion);
            isBigger.setValue(true);
        }
        return true;
    }
```

⑦ 准备 CLI 命令。

首先建立命令索引，shell-config.xml。

```
<blueprint xmlns= "  http://www.osgi.org/xmlns/blueprint/v1.0.0 " >
<command-bundle xmlns= "  http://karaf.apache.org/xmlns/shell/v1.1.0 " >
        <command>
        <action class= "  org.onosproject.fnl.cli.TsCheckLoop " />
    </command>
</command-bundle>
</blueprint>
```

随后完成命令处理，TsCheckLoop.java。

```
@Command(scope = "  onos " , name = "  CheckLoop " ,
        description = "  Check if there are some loops in the network " ,
        detailedDescription = "  Report loop-trigger packet header, DevicesIds and FlowEntries. FNL, BUPT " )
public class TsCheckLoop extends AbstractShellCommand {
        @Override
    protected void execute() {
        NetworkTsCoreService networkTsCoreService = getService (NetworkTsCoreService.class);
        List<TsLoopPacket> loops = networkTsCoreService.checkLoop();
        for (TsLoopPacket loop : loops) {
            System.out.println(loop.toString());
        }
    }
}
```

9.5 本章小结

本章由浅入深地介绍了 ONOS 控制器应用的开发过程，从最简单的 HelloONOS 应用，到具有三层转发功能的 net.fnlab.fwd 应用，进一步将应用扩展为可使用命令行交互并可以向其他模块提供服务的应用，最后到创新的网络故障检测应用。通过阅读本章内容，读者可以了解到一个 ONOS 应用从创建、编辑到使用的简要步骤，而如何充分按用户的需求实现更为强大的应用功能，还需要读者对 ONOS 做进一步了解，ONOS 官网源码自带的 APP 和 ONOS 提供的 SampleApps 可以作为很好的学习参考。

第 10 章 FlowVisor 应用实践

FlowVisor 是由斯坦福大学研究人员开发的一款基于 OpenFlow 协议的网络虚拟化工具，被部署在斯坦福大学的实验网中。它可以通过对网络流量关键字段的划分，使得同一物理 OpenFlow 网络中可以部署多个控制器来完成不同的策略。FlowVisor 使用 Java 进行编写，使用 Select 来完成底层网络 I/O 的处理，并通过对上行消息映射和下行消息过滤实现了 OpenFlow 交换机和控制器之间的透明代理功能。本章将深度解析 FlowVisor 的代码、模块及其结构，并详细介绍 FlowVisor 的安装及使用方法，以帮助有需要的读者更好地了解 FlowVisor，最后列举两个实际应用的示例供读者参考。

| 10.1 FlowVisor 代码解读 |

10.1.1 代码结构

FlowVisor 是一款应用于试验床的网络虚拟化工具，基于 Java 开发，其代码结构如图 10-1 所示，具体代码目录结构及功能介绍如下。

- build：FlowVisor 源码编译 class 文件存放目录。
- build.test：单元测试编译文件存放目录。
- dist：编译 JAR 发布包存放目录，默认文件名 FlowVisor.jar。
- doc：文档目录，如 FlowVisor.8、fvconfig.1、fvctl.1。
- Documentation：主要存放 FlowVisor 概览图。
- lib：存放 FlowVisor 依赖包，包括 openflow、jsonrpc、xmlrpc、jetty、derby 等第三方依赖包。
- scripts：控制脚本存放目录，如 FlowVisor.sh 启动脚本、fvctl-xml.sh 命令解析脚本、install-script.sh 安装脚本等。

- src：FlowVisor 的 Java 源码文件存放目录。
- src.tests：单元测试源码文件存放目录。
- utilities：辅助工具存放目录，如统计脚本 fvSliceStats2mrtg.sh、fvSwitch Stats 2mrtg.sh 等。

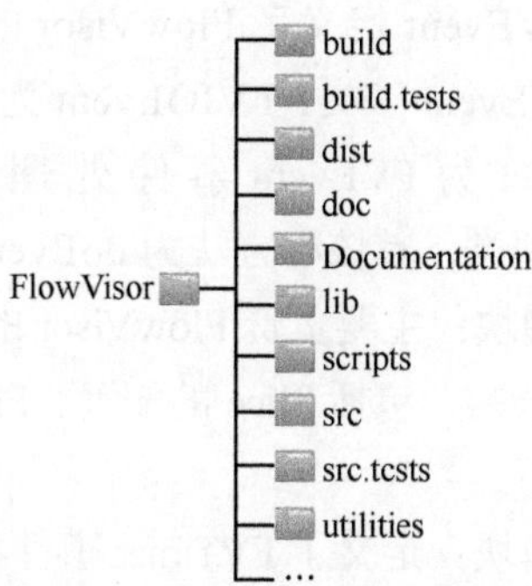

图 10-1 FlowVisor 代码目录结构说明

10.1.2 代码解析

下面将对 FlowVisor 的核心模块逐一进行分析，以便大家对 FlowVisor 的工作流程进行深入了解，尤其希望能够对想要进行 FlowVisor 模块开发的读者有所帮助。FlowVisor 的核心模块包括 org.FlowVisor.classifier、org.FlowVisor.events、org.FlowVisor. config、org.FlowVisor.fvtimer、org.FlowVisor.flows、org.FlowVisor.message 和 org. FlowVisor. slicer 等。各模块之间的依赖关系如图 10-2 所示，下面进行具体介绍。

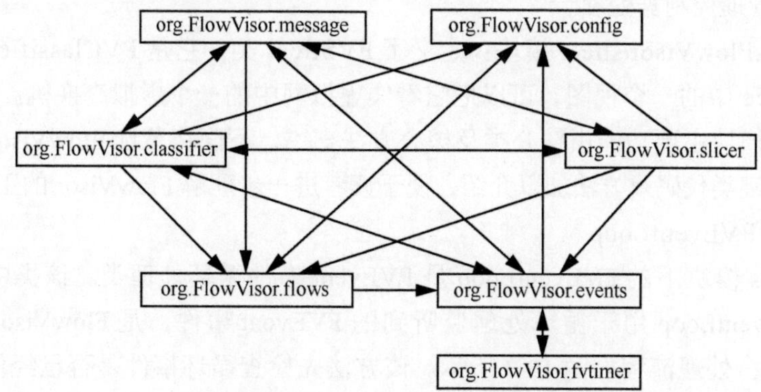

图 10-2 FlowVisor 核心模块依赖关系

- org.FlowVisor.classifier 模块：定义了 OpenFlow 物理交换机维护类 FVClassifier，它负责维护 OpenFlow 物理交换机的信息，并且维持物理交换机与 FlowVisor 之间的连接。
- org.FlowVisor.events 模块：定义了 FlowVisor 中的事件对象、事件回调接口、事件处理循环。其中 FVEvent 定义了 FlowVisor 的事件基类；FVTimerEvent 为定时事件类，为 FVEvent 子类；FVIOEvent 为 I/O 事件类，同为 FVEvent 子类；FVEventHandler 为 FVEvent 事件处理接口类；FVEventLoop 为 FVEvent 事件循环处理类，其核心方法为 doEventLoop。
- org.FlowVisor.config 模块：主要负责 FlowVisor 的配置操作，FlowVisor 的配置主要是对数据库的读写，包括 Slice 的配置、FlowSpace 的配置、Switch 的配置等。
- org.FlowVisor.fvtimer 模块：定义了 FVTimer 事件集中处理类，它将所有注册到 FVTimer 下的 FVTimerEvent 事件根据超时时间点由前向后存入优先级队列中。循环事件处理时通过调用 processEvent 方法处理所有到期事件。
- org.FlowVisor.flows 模块：定义了 FlowEntry 以及与 FlowEntry 相关的操作。FlowEntry 为流规则类，包含 FVMatch 和 FVAction 集合、FlowSpaceRuleStore 为规则缓存类、FlowMap 为规则操作接口。
- org.FlowVisor.message 模块：定义了 FlowVisor 对 OpenFlow 数据分组进行处理的对象和方法。此模块定义了 Classifiable 接口、Slicable 接口和 TopologyControllable 接口。部署 Classifiable 接口的 OpenFlow 消息对象可以由一个物理交换机转发给某个 Slice 对应的控制器；部署 Slicable 接口的 OpenFlow 消息对象可以由一个 Slice 控制器发送到物理交换机；部署 TopologyControllable 接口的 OpenFlow 消息对象可以被 FlowVisor 内部拓扑管理控制器处理。
- org.FlowVisor.slicer 模块：定义了 FVSlicer 类，它是 FVClassifier 类在某 Slice 中的一个视图，可以把它看作虚拟网中的一个虚拟交换机。

核心模块主要功能由核心类及核心方法支撑，下面将节选 FlowVisor 核心模块中的关键类代码及方法加以介绍，便于读者进一步理解 FlowVisor 的工作原理。

（1）FVEventLoop

events 模块下的 FVEventLoop 是 FVEvent 事件循环处理类。该类中的主要方法 doEventLoop 用于循环处理监听到的 FVEvent 事件，是 FlowVisor 事件驱动的核心，处理流程如图 10-3 所示。该方法先检查循环事件是否已经停止，如果是，则结束循环，否则，检查是否有挂起的事件；如果有，则依次处理所有挂起事件，否则，跳过此步；然后判断是否有超时事件，如果有，则调用 fvtimer.

processEvent 处理定时器中所有的超时事件，否则，跳过此步；紧接着设置 Selector 敏感事件；调用 selector.select 方法等待异步 I/O 事件（等待最长时间为定时器中最早的事件超时时间），如果监听到 I/O 事件则处理，完成后清空 Selector 中的 selectKeys，然后进入下一次事件循环处理；直至循环终止时结束流程。

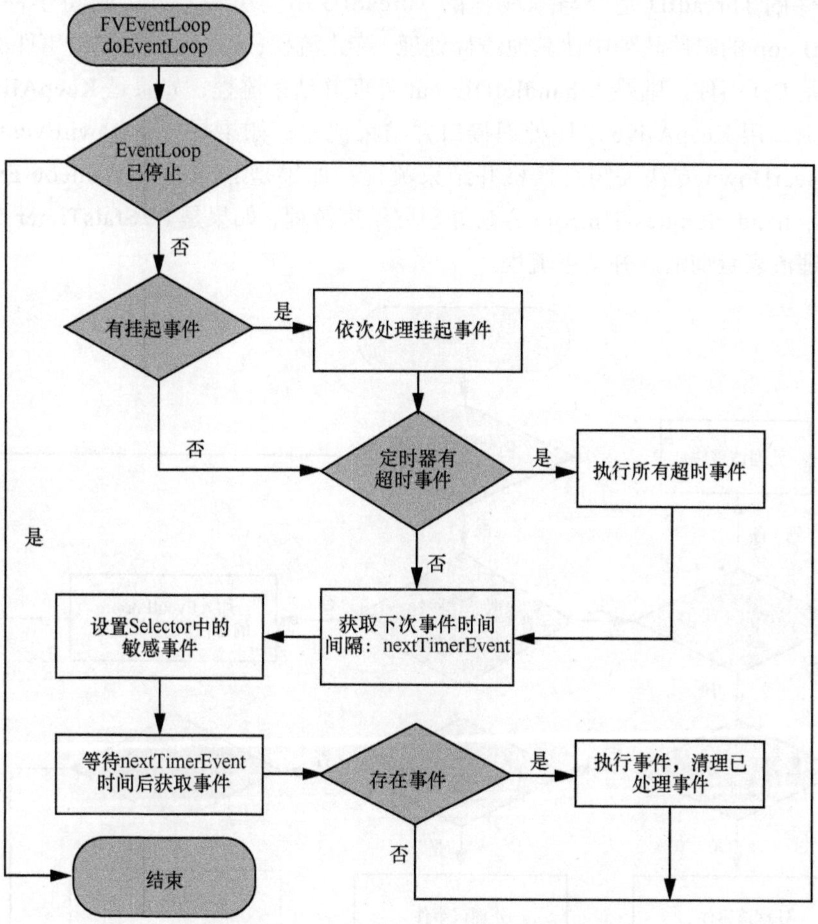

图 10-3　FVEventLoop.doEventLoop 函数处理流程

（2）FVClassifier

Classifier 模块下的 FVClassifier 的主要功能是将物理交换机发给 FlowVisor 的 OpenFlow 消息转发给正确的 Slice，可以看作是 OpenFlow 交换机在 FlowVisor 中的一个映射对象，负责维持 FlowVisor 与交换机的 OF 连接，维护 OpenFlow 交换机的配置、特性及内部流表状态信息，并且处理从交换机收到的 OpenFlow 消息。该类具有建立初始化连接、发送消息、清理 Flow-mod 消息、处理 FVEvent 事件的功能，其核心处理方法为 handleEvent、handleIOEvent。

其中，FVClassifier.handleEvent 是 FVEventHandler 接口的实例化方法，用来处理此对象接收的事件，处理流程如图 10-4 所示。该方法先判断 FVClassifier 对象是否为关闭状态，如果关闭，则退出方法处理过程；如果未关闭，则判断事件的 ThreadID 是否与本线程的 ThreadID 相同。若不同，则将事件加入 EventLoop 的事件队列中让其他线程处理，终止流程；若相同，再判断事件类型。如果是 I/O 事件，则跳入 handleIOEvent 处理并结束流程；如果是 KeepAlive 事件，则调用 KeepAlive 事件处理接口并结束流程；如果是 TearDownEvent，则调用 tearDown 方法关闭交换机并结束流程；如果是 FVRequestTimeoutEvent，则调用 handleRequestTimeout 方法处理并结束流程；如果是 FVStatsTimer 事件，则处理流表查询消息并结束流程。

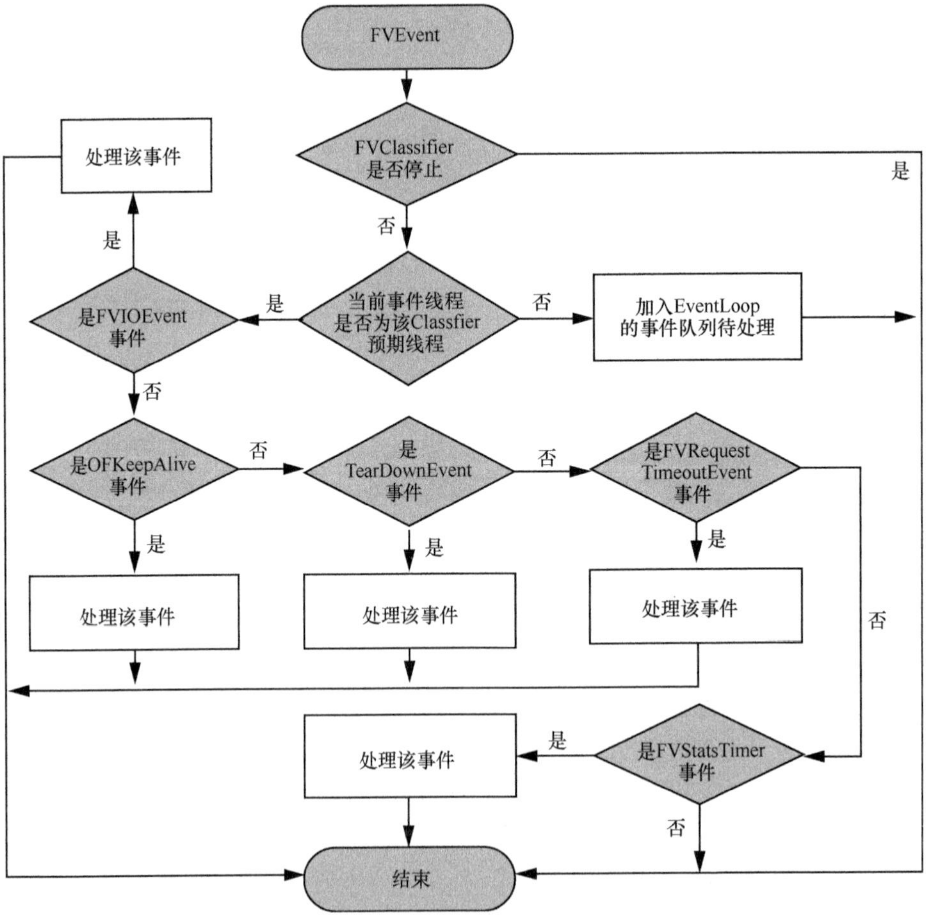

FVEvent
FVClassifier 是否停止
是
否
处理该事件
是
是FVIOEvent 事件
是
当前事件线程是否为该Classfier预期线程
否
加入EventLoop的事件队列待处理
否
是OFKeepAlive 事件
否
是 TearDownEvent 事件
否
是FVRequest TimeoutEvent 事件
是
是
是
处理该事件
处理该事件
处理该事件
否
处理该事件
是
是FVStatsTimer 事件
否
结束

图 10-4　FVClassifier.handleEvent 函数处理流程

FVClassifier.handleIOEvent 为 I/O 事件处理方法，也就是 FlowVisor 从物理交换机接收到 OpenFlow 数据分组或者 FlowVisor 向交换机发送数据分组，处理流程如图 10-5 所示。该方法首先查看事件的套接字是否有数据可读，若无，则结束流程，如果有，则从接收缓冲区读出 OpenFlow 消息，准备 OpenFlow 消息轮询操作；取一条消息，如果消息为空，说明发生了 OpenFlow 协议解析错误，丢弃本条消息取下一条，如果消息不为空，则检测数据分组合法性；如果数据分组合法性检查失败，则说明 OpenFlow 消息不合法，抛弃本条消息取下一条，如果检测成功则判断 switchInfo；如果 switchInfo 为空，说明交换机正在等待 Features-reply 消息，执行 handleOFMessage_unidentified 方法处理消息（此方法只处理 Hello、Echo-request 和 Features-reply 消息），如果 switchInfo 不为空，说明交换机处在正常工作状态，调用 classifyOFMessage 方法处理此 OpenFlow 消息，classifyOFMessage 再调用 OpenFlow 消息的 classifyFromSwitch 方法将消息分配给正确的 Slice；最后判断是否要写出消息，如果是，则写出消息结束流程，否则，直接结束流程。

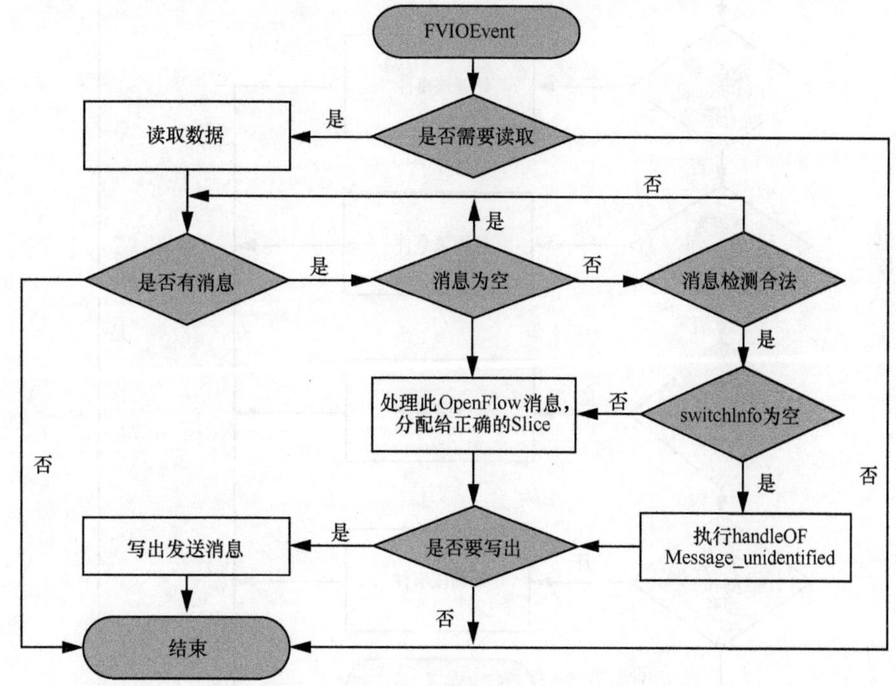

图 10-5　FVClassifier.handleIOEvent 函数处理流程

（3）FVSlicer

FVSlicer 是 FVClassifier 在一个 Slice 中的映射对象，可以理解为 FlowVisor 为某个 Slice 建立的虚拟交换机，其核心方法包括 handleEvent 和 handleIOEvent。

FVSlicer.handleEvent 是 FVEventHandler 接口的实例化方法，用来处理此对象接收的事件，处理流程如图 10-6 所示。该方法首先检查 Slice 是否是 Shutdown 状态，如果是，则结束处理流程，否则，判断事件类型。如果是 FVIOEvent 事件，则调用 handleIOEvent 处理后结束流程；如果是 OFKeepAlive 事件，则调用 KeepAlive 事件处理后结束流程；如果是 ReconnectEvent 事件，则说明重连控制器超时，继续尝试重新连接控制器后结束流程；如果是 TearDownEvent 事件，则执行 tearDown 方法清理 Slice 及其相关对象的状态后结束流程；如果是其他类型的事件，则作为异常抛出。

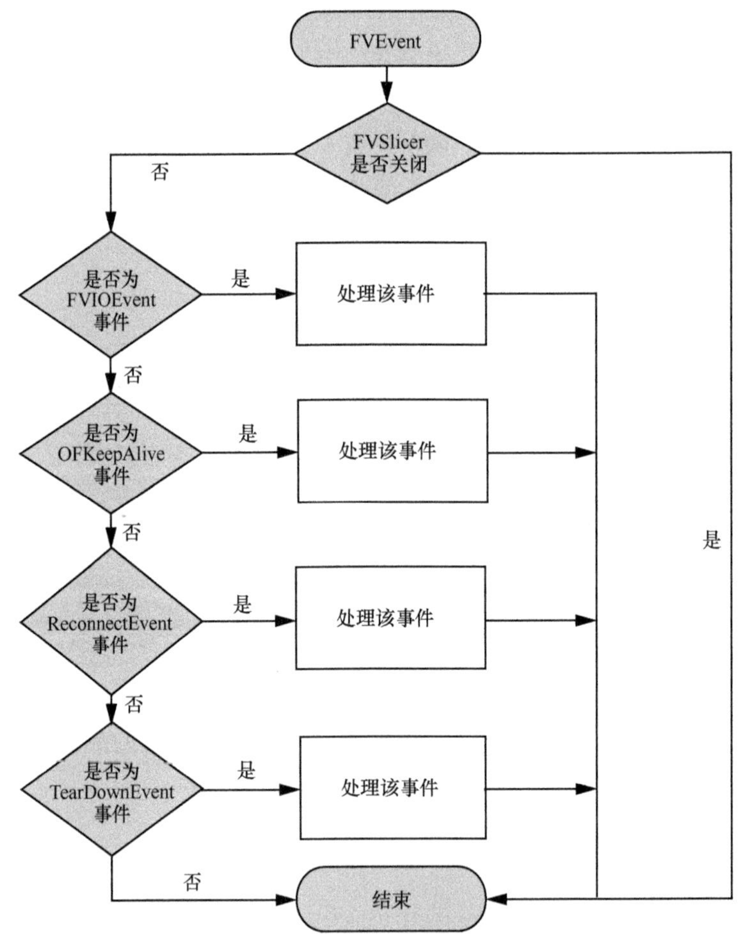

图 10-6　FVSlicer.handleEvent 函数处理流程

FVSlicer.handleIOEvent 为 FVIOEvent 事件处理方法，也就是 FlowVisor 从物理交换机接收到 OpenFlow 数据分组或者 FlowVisor 向交换机发送数据分组，处理流程如图 10-7 所示。首先检查控制器是否连接成功，如果控制器没有连接成功，则检查套接字是否完成连接。如果套接字没有完成连接，则跳出处理流程；如果套接字连接成功，则标识控制器连接，自增连接计数，通知拓扑 Slice 连接有变化，创建异步消息流，发送 Hello 消息初始化连接。如果控制器已连接成功，判断是否有消息缓存，若有，则将缓冲区中的数据刷出；否则，跳过此步。从 msgStream 读取一条 OpenFlow 消息，如果消息有不合法字段，则丢弃此 OpenFlow 消息；否则，判断消息类型。如果消息是 Slicable 类型而不是 OFHello 类型的消息，并且 Slice 的 OpenFlow 消息没有超过限制，则调用 OpenFlow 消息对应的 sliceFromController 方法处理此消息；否则丢弃此消息，再取一条 OpenFlow 消息执行上述操作。直至循环结束流程终止。

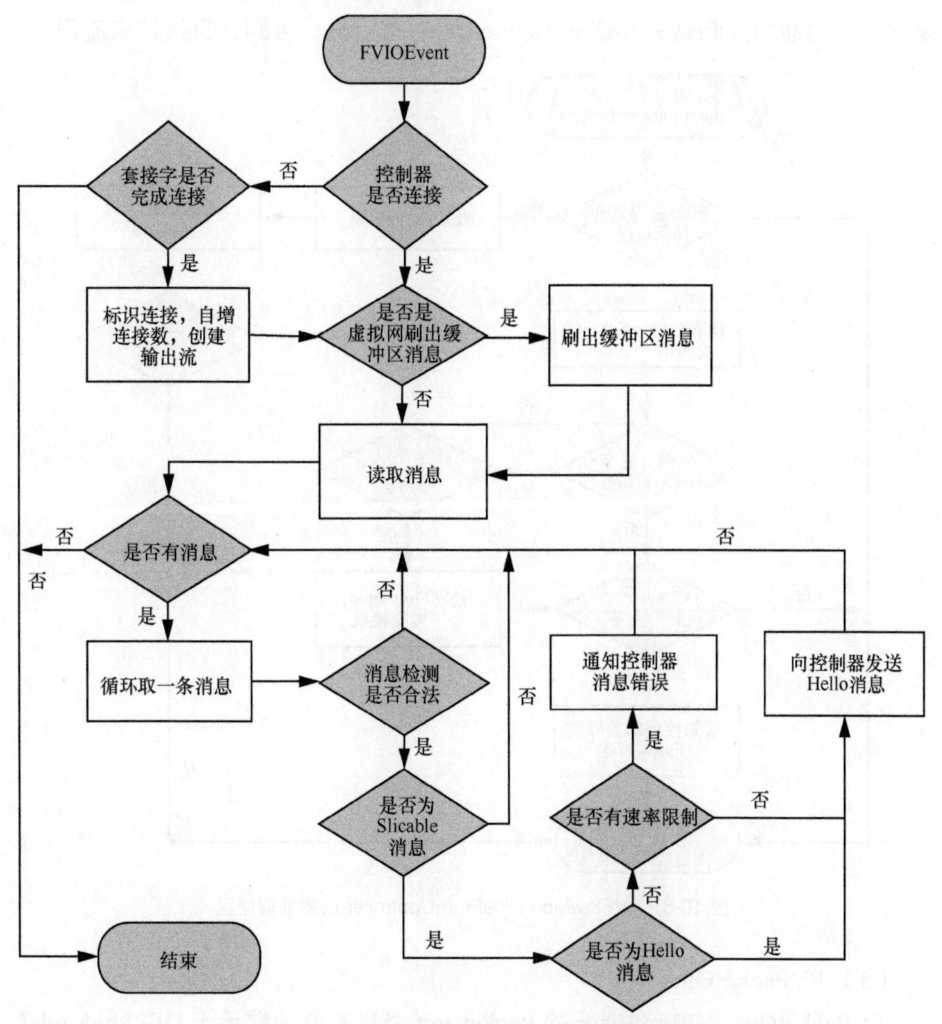

图 10-7 FVSlicer.handleIOEvent 函数处理流程

（4）FVFlowMod

FVFlowMod是FlowVisor的Flow-mod消息对象，继承于OFFlowMod对象，但是添加了Classifiable和Slicable属性。

FVFlowMod的核心成员方法是sliceFromController，此成员方法是对Slicable接口的实例化，其主要处理流程如图10-8所示。该流程首先检查Slice是否为允许的交换机缓存标识，若不是，则结束流程，否则，获取动作集，筛选出允许的动作集，如果出现异常则结束流程；获取Flow-mod与该Slice的FlowSpace交集Intersections，准备循环遍历Intersections；取一条Intersection，判断其是否有Slice写权限，如果没有，则循环下一条，如果有，则处理Flow-mod并下发给交换机；完成遍历后判断Expansions是否为零，如果为零，则通知控制器丢弃该Flow-mod再结束流程，否则，直接结束流程。

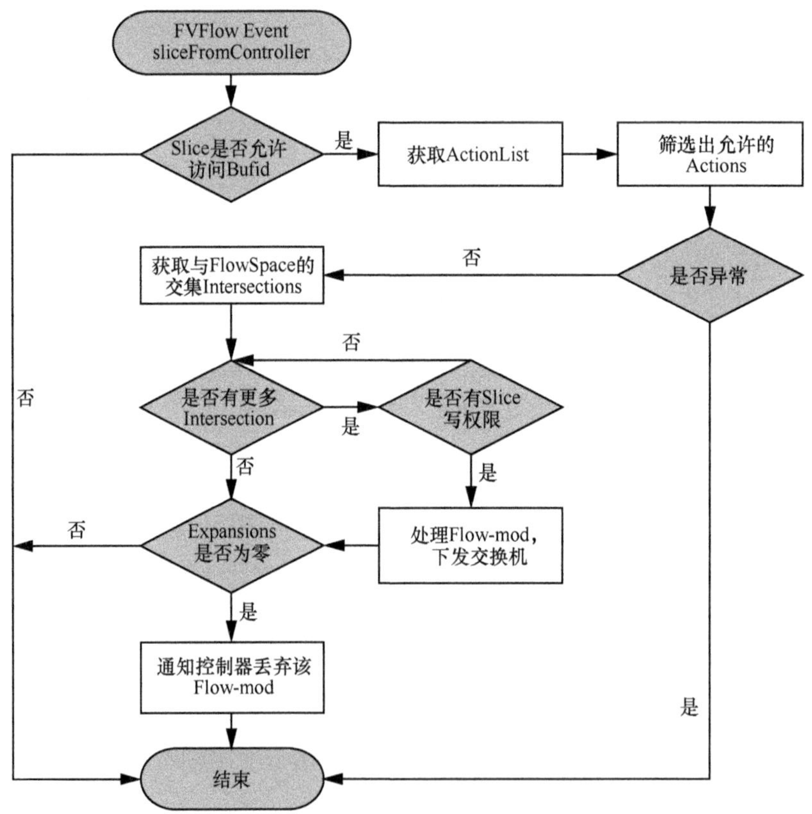

图10-8 FVFlowMod.sliceFromController函数处理流程

（5）FVPacketOut

FVPacketOut是FlowVisor的Packet-out消息对象，继承于OFFlowMod对

象，但是添加了 Classifiable 和 Slicable 属性。

FVPacketOut 的核心成员方法是 sliceFromController，此成员方法是对 Slicable 接口的实例化，其主要处理流程如图 10-9 所示。该流程首先检查 Slice 是否为允许的交换机缓存标识，如果不是，则结束流程；判断是否是 LLDP 数据分组，如果是，则追加 SliceName 到分组尾并推送到交换机后结束流程，如果不是 LLDP，再判断数据分组是否有数据；如果有数据，则创建 Match 与 FlowSpace Entry 进行匹配，如果无匹配项或无写权限，则通知控制器丢弃此消息，否则，获取动作表（ActionList）并筛选出允许的动作集，如果此过程异常则通知控制器 Action 不良并结束流程，否则推送 Packet-out 消息给交换机后结束流程。

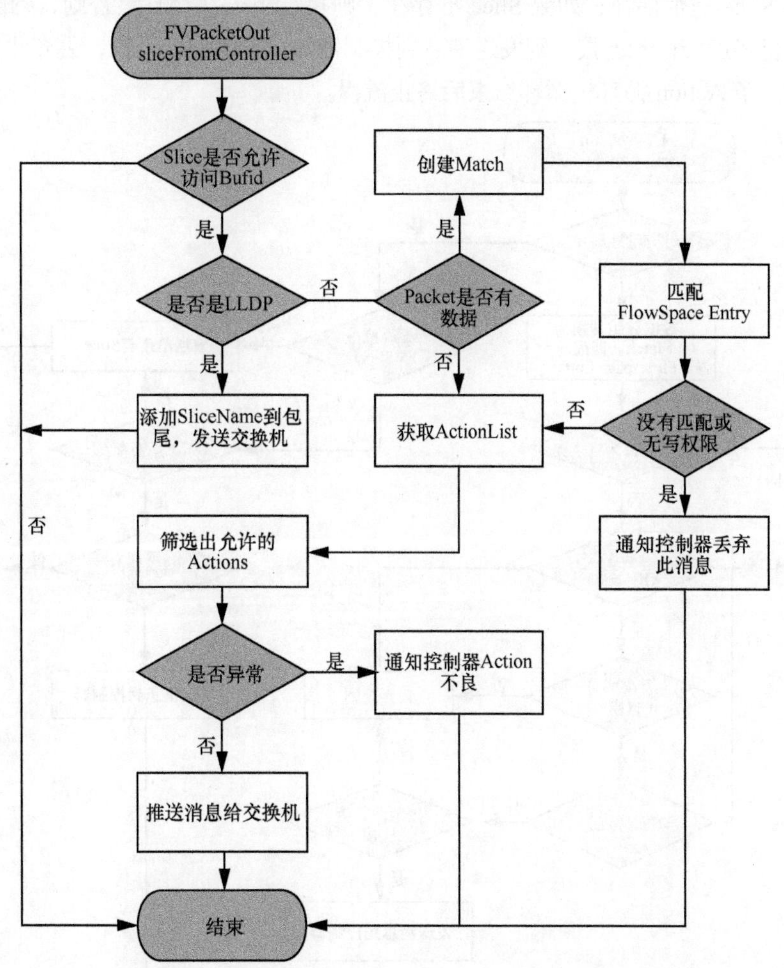

图 10-9　FVPacketOut.sliceFromController 函数处理流程

（6）FVPacketIn

FVPacketIn 是 FlowVisor 的 Packet-in 消息对象，继承于 OFFlowMod 对象，

但是添加了 Classifiable 和 Slicable 属性。

FVPacketIn 的核心成员方法是 classifyFromSwitch，此成员方法是对 Classifiable 接口的实例化，其主要处理流程如图 10-10 所示。该方法首先检查 FVPacketIn 是否是 LLDP 数据分组，如果是 LLDP，则判断是否来自单个 FVSlicer，如果是，再判断 Slice 是否存在，然后判断控制器是否连接，若连接，则发送消息到控制器，否则丢弃；如果不是来自一个 FVSlicer 或 Slice 不存在，则发送给所有 Slice，并结束流程。如果不是 LLDP，转换数据分组为 OFMatch 并匹配一条 FlowEntry，匹配失败则结束流程，否则获取 FlowEntry 中的 ActionList，准备轮询 ActionList 操作；先取一条 Action 判断是否有读写权限，若无，则丢弃规则并执行下一次循环，若有，则判断 Slice 是否存在；如果 Slice 不存在，则执行下一次循环，否则，判断控制器是否已经连接；若连接，则发送消息到控制器并结束流程，否则，丢弃此 Action 后再取一条 Action 循环；循环结束后终止流程。

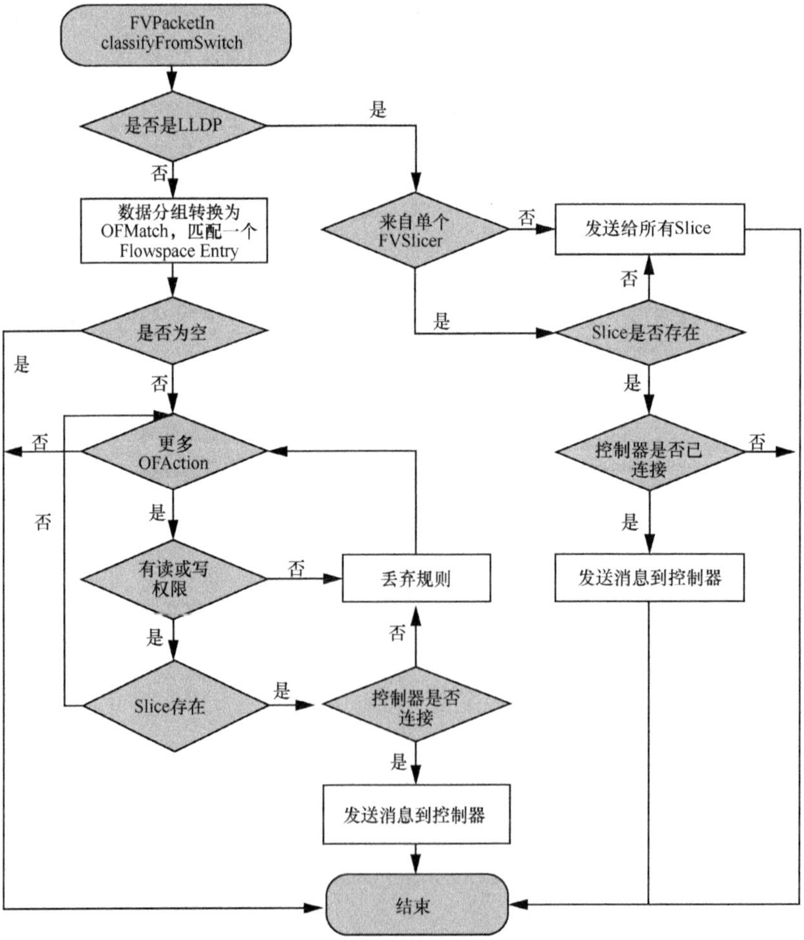

图 10-10　FVPacketIn. classifyFromSwitch 消息处理流程

10.2 FlowVisor 安装使用

10.2.1 软件安装

（1）系统安装

下面介绍如何在通用的 Linux 或者 FreeBSD 主机上构建和安装 FlowVisor。以 Ubuntu 12.04 系统下构建安装 FlowVisor 1.0 为例，步骤如下。

第 1 步：源码下载。采用 Git 的方式进行源码下载。

```
# git clone git://github.com/OPENNETWORKINGLAB/FlowVisor.git
```

下载完毕后，可通过 git branch 命令切换 FlowVisor 的版本，以 1.0 版本为例，通过 git branch 命令切换到 1.0-MAINT 分支。

```
# cd FlowVisor
# sudo git checkout -b 1.0-MAINT origin/1.0-MAINT
```

第 2 步：依赖包安装。需要安装 ANT 和 JDK，JDK 要求使用 JDK 1.6 版本或其以下版本，否则会发生错误。

```
# sudo apt-get install ant
# sudo apt-get install openjdk-6-jdk
```

第 3 步：编译。解压 FlowVisor-1.0-MAINT.zip 包后进行编译，成功后可以看到“BUILD SUCCESSFUL”提示。

```
# make
```

第 4 步：安装。安装时使用默认路径，并输入用户名、用户组和密码，用户名是 ubuntu 的用户名。

```
# make install
```

第 5 步：运行。首先系统切换到 FlowVisor 用户下，即在上一步安装中输入的用户名，然后启动 FlowVisor。

直接启动使用如下命令。

```
# flowvisor /etc/flowvisor/config.json
```

如果希望采用不挂断的后台运行，并且不在终端输出日志的方式启动 FlowVisor，则可以使用如下命令。

```
# nohup flowvisor /etc/flowvisor/config.json >/dev/null &
```

FlowVisor 启动后使用 add-slice 可以创建虚拟网，然后使用 add-flowspace

命令可以添加虚拟网相应的匹配规则。

（2）参数配置

FlowVisor 安装完成后，它的配置文件位于 /etc/flowvisor/config.json。配制文件中包括简单的 Slice、FlowSpaceRule 样例以及 FlowVisor 的监听端口、日志等级、版本等信息。api_webserver_port 是 XML 请求的监听端口，默认为 8080； api_jetty_webserver_port 是 JSON 请求的监听端口；listen_port 是交换机的监听端口，默认为 6633。参数配置如下所示。

```
    " switches " : [],
    " FlowVisor " : [
     {
      " api_webserver_port " : 8080,
      " db_version " : 2,
      " host " : " localhost " ,
      " log_ident " : " FlowVisor " ,
      " checkpointing " : false,
      " listen_port " : 6633,
      " logging " : " NOTE " ,
      " run_topology_server " : false,
      " log_facility " : " LOG_LOCAL7 " ,
      " version " : " FlowVisor-1.0.0 " ,
      " config_name " : " default " ,
      " api_jetty_webserver_port " : 8181,
      " default_flood_perm " : " fvadmin " ,
      " track_flows " : false,
      " stats_desc_hack " : false
     }
    ],
  " FlowSpaceRule " : [],
  " Slice " : []
```

10.2.2 使用说明

FlowVisor 操作主要包括 Slice 的操作、Datapath 的操作、FlowSpace 的操作及其他操作 4 个部分。Slice 是 FlowVisor 在 OpenFlow 网络中创建的虚拟网，每个 Slice 由一个控制器管理，控制器决定了虚拟网中数据转发的策略、速率限制等；Datapath 是 FlowVisor 下管控的所有交换设备，为虚拟网提供节点和拓扑资源；FlowSpace 通过匹配项的设置和行为的限定来划分和管理虚拟网的流资源。

FlowVisor 常用的命令见表 10-1。

表 10-1 FlowVisor 常用命令

Slice 操作相关命令	add-slice	创建一个 Slice
	list-slices	列出所有的 Slice
	list-slice-health	显示 Slice 的健康状况
	list-slice-info	显示 Slice 的信息
	list-slice-stats	显示 Slice 的统计信息
	remove-slice	删除一个 Slice
	update-slice	修改 Slice 信息
	update-slice-password	修改 Slice 密码
Datapath 操作相关命令	list-datapaths	列出所有交换设备
	list-datapath-info	显示交换设备的具体信息
	list-datapath-stats	显示交换设备的统计信息
	list-datapath-flowdb	如果支持流跟踪功能，则显示流数据库
FlowSpace 操作相关命令	add-flowspace	创建一个 FlowSpace
	list-flowspace	显示 FlowSpace
	update-flowspace	修改 FlowSpace
	remove-flowspace	删除一个 FlowSpace
其他操作相关命令	get-config	显示 FlowVisor 的配置参数
	save-config	保存 FlowVisor 的配置信息
	list-fv-health	显示 FlowVisor 的健康状况
	list-links	显示拓扑信息
	list-version	显示 FlowVisor 的版本

10.3 基于交换机的虚拟网划分应用实例

10.3.1 实例介绍

由于 FlowVisor 基于 OpenFlow 协议实现，于是按照 OpenFlow 协议的流表设计规则，FlowVisor 也可以在 TCP/IP 模型的物理层、数据链路层、网络层以及传输层这 4 个层面中划分虚拟网。具体来讲，它可以利用这四层中的以下信息来划分切片：交换机层面（物理层）包括数据分组进入的交换机端口号和交换机的 DPID；数据链路层包括 VLAN 的 ID 号、VLAN 的 PCP 域、源 MAC 地址、目的 MAC 地址、以太网协议类型；网络层包括源 IP 地址、目的 IP 地址、IP 类型、ToS/DSCP 优先级；传输层包括源端口和目的端口。本节主要举例说明 FlowVisor 在物理层中是如何划分虚拟网的，10.4 节重点说明 FlowVisor 在传输层中是如何划分虚拟网的。

基于交换机的虚拟网划分实例是针对 FlowVisor 下行信令过滤流程的实验。实验中将一台交换机的端口分别划分到两个不同的虚拟网中，然后通过两个虚拟网的控制器给交换机下发流表，其中包括符合虚拟网匹配规则的流表和不符合虚拟网匹配规则的流表，随后查看 FlowVisor 的日志信息和交换机上的流表信息，看 FlowVisor 是否实现了流表的过滤和下发，从而实现虚拟网的划分。

此实验需要创建两个虚拟网，虚拟网 1 能够控制交换机的 1、2 端口，虚拟网 2 能够控制交换机的 3、4 端口，实验环境配置如图 10-11 所示。

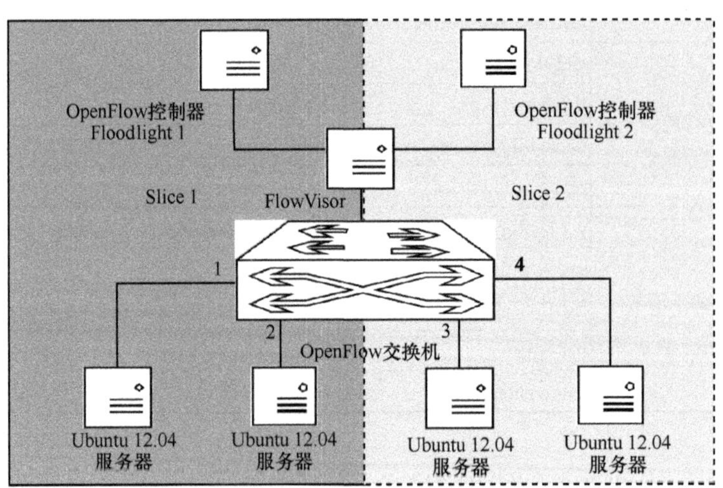

图 10-11　基于交换机端口的虚拟网划分

10.3.2　实验流程

本实验在 ubuntu14.02 系统中基于 Mininet 搭建实验环境，相关的软件版本信息见表 10-2。

表 10-2 实验环境软件版本

软件	版本
FlowVisor	1.2
Floodlight	0.9
Mininet	2.20
OVS	2.0.2

① 首先在 FlowVisor 中创建两个虚拟网，确认 Floodlight 控制器的端口号为 6633，则虚拟网 1 对应控制器 Floodlight 1 的地址为 192.168.5.198:6633；虚拟网 2 对应控制器 Floodlight 2 的地址为 192.168.5.199:6633；查看 FlowVisor 交换机的监听端口是否与控制器端口冲突，若有冲突，需要在配置文件 config.json 中修改交换机的监听端口。管理员的邮件地址为 fv@gmail.com。则创建 Slice 的命令如下。

```
# fvctl add-slice slice1 tcp:192.168.5.198:6633 fv@gmail.com
# fvctl add-slice slice2 tcp:192.168.5.199:6633 fv@gmail.com
```

② 在 FlowVisor 中添加 FlowSpace 匹配规则，命令如下。

添加 Slice 1 的 FlowSpace 匹配规则。

```
# fvctl add-flowspace flowspace1 all 100 in_port=1 slice1=7
# fvctl add-flowspace flowspace2 all 100 in_port=2 slice1=7
```

添加 Slice 2 的 FlowSpace 匹配规则。

```
# fvctl add-flowspace flowspace3 all 100 in_port=3 slice2=7
# fvctl add-flowspace flowspace4 all 100 in_port=4 slice2=7
```

③ 分别让两个控制器向交换机下发流表，添加流表信息见表 10-3。

表 10-3 控制器创建流表项（基于交换机端口）

Rule#	控制器	流表
1	Floodlight 1	In_port 1 Out_port 2
2	Floodlight 2	In_port 3 Out_port 4
3	Floodlight 2	In_port 2 Out_port 4

10.3.3 实验结果

Rule#1 和 Rule#2 下发成功，Rule#3 下发失败。查看 FlowVisor 的日志，发现当 FlowVisor 收到控制器向交换机下发的 Rule#1 和 Rule#2 时，会下发相应的流表给交换机；当 FlowVisor 收到 Rule#3 时，对该规则进行了阻塞，即没有下发相应的流表给交换机。再查看交换机中的流表信息，结果如下。

```
NXST_FLOW reply (xid=0x4):
cookie=0xa000000000000, duration=18.19s, table=0, n_packets=2, n_bytes=128, idle_age=1, in_port=1
actions=output:2
cookie=0xa000000000000, duration=18.19s, table=0, n_packets=2, n_bytes=128, idle_age=1, in_port=3
actions=output:4
```

注：第一条流表为控制器 Floodlight 1 下发的 Rule#1，第二条流表为控制器 Floodlight 2 下发的 Rule#2。

通过这个实验，可以看到 FlowVisor 对控制器下发给交换机的流条目进行了检测和过滤。对于符合 Slice 的 FlowSpace 匹配范围的流条目，FlowVisor 会转发给相应的物理交换机；对于不符合 Slice 的 FlowSpace 匹配范围的流条目，FlowVisor 会将其丢弃。

10.4　基于传输层的虚拟网划分应用实例

10.4.1　实例介绍

基于传输层的虚拟网划分实例是针对上行消息映射流程的实验。实验中将基于不同传输层端口的流量划分到不同的虚拟网中，然后通过在虚拟机之间进行不同的服务请求，构造符合虚拟网匹配规则的流和不符合虚拟网匹配规则的流，随后通过服务请求的反馈结果和交换机上的流表信息，判断 FlowVisor 是否正确匹配了经过交换机的流，从而实现流量隔离。

此实验需要创建 3 个虚拟网，每个虚拟网处理一种流以增加网络的安全性。实验设计为虚拟网 1 的控制器负责处理端口为 80 的网页流量，虚拟网 2 的控制器负责处理端口为 8080 的网页流量，虚拟网 3 的控制器负责处理端口为 3306 的 MySQL 流量，实验环境配置如图 10-12 所示。

VM01 的 IP 地址为 10.0.0.128，MAC 地址为 fa:16:0a:00:00:80，部署了 PHP 功能的 Apache 服务器，监听端口为 80，能够为用户提供静态文件，也能够连接到 VM02 的数据库中获取动态数据；VM02 的 IP 地址为 10.0.0.129，MAC 地址为 fa:16:0a:00:00:81，也部署了 Apache 服务器，监听端口为 8080，并提供端口为 3306 的 MySQL 数据库服务；VM03 的 IP 地址为 10.0.0.130，MAC 地址为 fa:16:0a:00:00:82。

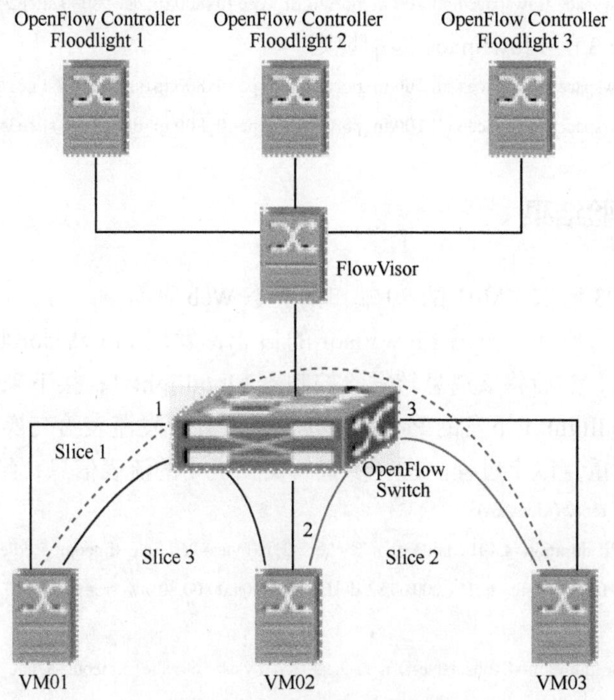

图 10-12　基于应用端口的虚拟网划分

10.4.2　实验流程

① 在 FlowVisor 中分别创建 3 个虚拟网：Slice 1、Slice 2、Slice 3。其中，Slice 1 对应控制器 Floodlight 1 的地址为 192.168.5.200:6633；Slice 2 对应控制器 Floodlight 2 的地址为 192.168.5.201:6633；Slice 3 对应控制器 Floodlight 3 的地址为 192.168.5.202:6633，创建 Slice 命令如下。

```
# fvctl add-slice slice1 tcp:192.168.5.200:6633 fv@gmail.com
# fvctl add-slice slice2 tcp:192.168.5.201:6633 fv@gmail.com
# fvctl add-slice slice3 tcp:192.168.5.202:6633 fv@gmail.com
```

② 在 FlowVisor 中添加 FlowSpace 匹配规则，具体命令如下。

添加 Slice 1 的 FlowSpace 匹配规则。

```
# fvctl add-flowspace flowspace1 all 100 in_port=1,dl_type=0x800,tp_src= 80 slice1=7
# fvctl add-flowspace flowspace2 all 100 in_port=3,dl_type=0x800,tp_dst= 80 slice1=7
```

添加 Slice 2 的 FlowSpace 匹配规则。

```
# fvctl add-flowspace flowspace3 all 100 in_port=2,dl_type=0x800,tp_src= 8080 slice2=7
# fvctl add-flowspace flowspace4 all 100 in_port=3,dl_type=0x800,tp_dst= 8080 slice2=7
```

添加 Slice 3 的 FlowSpace 匹配规则。

```
# fvctl add-flowspace flowspace5 all 100 in_port=2,dl_type=0x800,tp_src= 3306 slice3=7
# fvctl add-flowspace flowspace6 all 100 in_port=1,dl_type=0x800,tp_dst= 3306 slice3=7
```

10.4.3 实验结果

（1）VM03 请求 VM01 的 80 端口的静态 Web 页面

结果：请求成功。查看 FlowVisor 的日志，发现 FlowVisor 收到交换机的 Packet-in 消息，然后将该消息转发给控制器 Floodlight 1，接下来 FlowVisor 收到控制器 Floodlight 1 下发的 Packet-out 消息，并下发流表给交换机，当 VM01 回复 VM03 时重复以上过程。进一步查看交换机中的流表信息，结果如下。

```
NXST_FLOW reply (xid=0x4):
    cookie=0x13d, duration=4.491s, table=0, n_packets=2, n_bytes=260, idle_timeout=5, idle_age=4, priority=0,
ip, in_port=3, vlan_tci=0x0000,dl_src= fa:16:0a:00:00:82, dl_dst= fa:16:0a:00:00:80, nw_src=10.0.0.130, nw_dst= 10.0.0.128
actions=output:1
    cookie=0x13e, duration=4.466s, table=0, n_packets=2, n_bytes=164, idle_ timeout=5, idle_age=4, priority=0,ip,
in_port=1,vlan_tci=0x0000,dl_src= fa:16: 0a:00:00:80, dl_dst=fa:16:0a:00:00:82, nw_src=10.0.0.128, nw_dst=10.0.0.130
actions=output:3
```

注：第一条流表匹配 VM03 发向 VM01 的请求数据分组，第二条流表匹配 VM01 发向 VM03 的回复数据分组。

（2）VM03 请求 VM02 的 8080 端口的动态 Web 页面

结果：请求成功。查看 FlowVisor 的日志，发现 FlowVisor 收到交换机的 Packet-in 消息，然后将该消息转发给控制器 Floodlight 2，接下来 FlowVisor 收到控制器 Floodlight 2 下发的 Packet-out 消息，并下发流表给交换机，当 VM02 回复 VM03 时重复以上过程。进一步查看交换机中的流表信息，结果如下。

```
NXST_FLOW reply (xid=0x4):
    cookie=0x13d, duration=4.491s, table=0, n_packets=2, n_bytes=260, idle_timeout=5, idle_age=4, priority=0,
ip, in_port=3, vlan_tci=0x0000, dl_src= fa:16:0a:00:00:82, dl_dst= fa:16:0a:00:00:81,nw_src=10.0.0.130, nw_
dst=10.0.0.129 actions=output:2
    cookie=0x13e, duration=4.466s, table=0, n_packets=2, n_bytes=164, idle_timeout=5, idle_age=4, priority=0,ip,
in_port=2,vlan_tci=0x0000,dl_src= fa:16:0a:00:00:81,dl_dst= fa:16:0a:00:00:82,nw_src=10.0.0.129,nw_dst= 10.0.0.130
actions=output:3
```

注：第一条流表匹配 VM03 发向 VM02 的请求数据分组，第二条流表匹配 VM02 发向 VM03 的回复数据分组。

（3）VM01 请求 VM02 的 MySQL 数据库中的数据

结果：请求成功。查看 FlowVisor 的日志，发现 FlowVisor 收到交换机的 Packet-in 消息，然后将该消息转发给控制器 Floodlight 3，接下来 FlowVisor 收到控制器 Floodlight 3 下发的 Packet-out 消息，并下发流表给交换机，当 VM02 回复 VM01 时，重复以上过程。进一步查看交换机中的流表信息，结果如下。

```
NXST_FLOW reply (xid=0x4):
    cookie=0x13d, duration=4.491s, table=0, n_packets=2, n_bytes=260, idle_timeout=5, idle_age=4, priority=0, ip, in_port=1,vlan_tci=0x0000, dl_src= fa:16:0a:00:00:80, dl_dst= fa:16:0a:00:00:81,nw_src=10.0.0.128, nw_dst=10.0.0.129 actions=output:2
    cookie=0x13e, duration=4.466s, table=0, n_packets=2, n_bytes=164, idle_ timeout=5, idle_age=4, priority=0, ip, in_port=2,vlan_tci=0x0000,dl_src= fa:16:0a:00:00:81, dl_dst= fa:16:0a:00:00:80,nw_src=10.0.0.129,nw_dst=10.0.0.128 actions=output:1
```

注：第一条流表匹配 VM01 发向 VM02 的请求数据分组，第二条流表匹配 VM02 发向 VM01 的回复数据分组。

（4）VM03 请求 VM02 的 MySQL 数据库中的数据

结果：请求失败。查看 FlowVisor 的日志，发现 FlowVisor 对交换机上报的 Packet-in 消息进行了阻塞，即未转发给任何控制器。交换机未收到 MySQL 请求数据分组对应的转发流表，该数据分组被丢弃。

通过这个实验，可以看到，当 OpenFlow 交换机有数据分组到达时，会发送 Packet-in 消息给 FlowVisor，FlowVisor 将该消息与现有的 FlowSpace 规则进行匹配，若没有相匹配的规则则将该消息丢弃；否则将该消息转发给相应的控制器，控制器收到消息后下发 Packet-out 消息给 FlowVisor，然后 FlowVisor 根据该 Packet-out 消息下发相应的流表给交换机，交换机收到流表信息后将数据分组从给定的端口转发出去。

10.5 本章小结

本章首先介绍了 FlowVisor 的 3 个组成部分，即 FVClassifier、FVSlicer 和 FlowSpace 数据库，随后分析了 FlowVisor 的主要功能模块和关键代码实现流程，接着以 Ubuntu 12.04 系统下 FlowVisor 1.0 为例介绍了 FlowVisor 的安装部署流程，最后通过两个应用实例说明了如何通过 FlowVisor 进行虚拟网划分。通过本章的介绍可以看出，FlowVisor 作为控制平面与数据平面之间的网络虚拟化层，可以将物理网络按照流的粒度划分成多个虚拟网，并且为每个虚拟网络创建独立的控制逻辑。这样不仅给网络基础设施管理人员提供了灵活的网络切分能力，也改变了传统网络的虚拟化方式，是一种具有发展潜力的网络虚拟化工具。

第 11 章 OpenVirteX 应用实践

OpenVirtex 是由斯坦福大学研究人员开发的一款基于 OpenFlow 协议的网络虚拟化工具，被应用部署在斯坦福大学的实验网中。OpenVirtex（OVX）是在 FlowVisor 架构的基础上进行设计实现的，OVX 平台通过作为 OpenFlow 控制器代理来实现网络虚拟化，代理位于物理基础设施与租户网络操作系统之间，可提供地址虚拟化能力与租户流量隔离能力，同时还能够提供拓扑虚拟化能力使租户可以自定义租户网络的拓扑结构，并且实现网络基础设施的按需资源分配。

本章将深度解析 OpenVirtex 的代码、模块、结构以及安装使用方法，以帮助有需要的读者更好地了解和使用 OpenVirtex，最后列举一个实际应用的例子供读者参考。

| 11.1 OpenVirteX 代码解读 |

11.1.1 代码结构

OpenVirteX[1-2] 代码主要由 openvirtex 和 openflow 两个目录组成。openvirtex 代码目录集中存放 OpenVirteX 业务代码，其中 api 子目录提供管理 JSON RPC API 服务；core 子目录提供启动 OVX 控制器、解析命令行参数、实现 I/O 循环操作等功能；db 子目录负责持续性存储的读 / 写操作，可根据存储后台重新生成租户网络，并同时创建每个虚拟租户网络，此外，db 子目录定义 OpenVirteX 与后端服务的各种交互方法等功能；elements 负责维护虚拟网络到物理网络的映射与物理网络到虚拟网络的映射；exceptions 负责处理网络中的各种异常；linkdiscovery 负责物理交换机的链路发现；messages 用于管理 OVX 中的动作消息和统计消息等；packets 用于模拟实现 ARP、DHCP、LLDP 等数据分组的实例化；protocol 扩展了 OpenFlow 协议 [3] 以携带一些 OVX 的有用信息；

routing 用于实现路由算法及管理 bigswitch 中的路由抽象等；util 则负责管理实现各种方法的工具类。

openflow 代码目录为 OpenFlow 协议栈的封装代码，实现了 OpenFlow 消息的封包 / 解包，其中 protocol 用于标准的 OpenFlow 协议封装解析，util 为工具类，vendor.nicira 为厂商扩展数据代码。OpenVirteX 核心代码目录结构如图 11-1 所示。

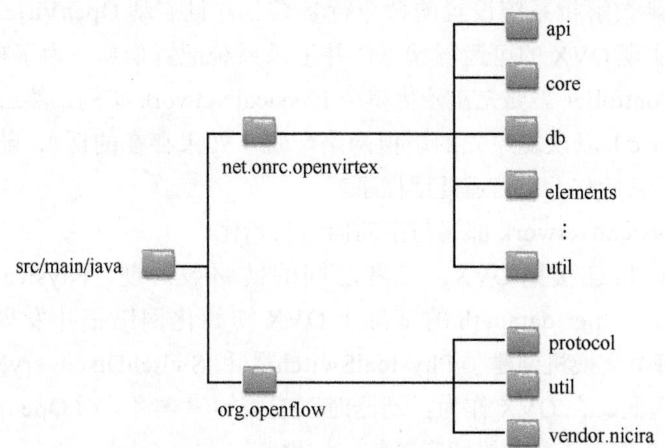

图 11-1　OpenVirteX 代码目录层次

11.1.2　代码解析

OpenVirteX 系统模块可主要分为 4 个部分：面向网络的南向接口、面对租户的北向接口、全局映射（Global Map）以及 API 服务器（API Server）[4]。

- 面向网络的南向接口：用于建立和维护基础设施（Physical Network），管理 OVX 和数据路径（Datapath）之间的 OpenFlow 信道。
- 面对租户的北向接口：用于呈现由软件交换机（OVXSwitches）和虚拟链路（OVXLinks）构成的虚拟网络中的租户网络，管理软件交换机和租户控制器之间的 OpenFlow 信道。
- 全局映射（PhysicalPort.ovxPortMap，OVXMap）：完成虚拟网络和物理网络之间的相互映射，维持两个网络之间的连接。
- API 服务器：用于监听 JSONRPC 调用系统配置和系统 / 网络状态信息。

基于上述部分，OpenVirteX 通过启动与关闭、事件循环、网络发现、虚拟化与去虚拟化、状态同步、持续性和 JSON RPC API 等模块操作来实现网络虚拟化过程。本节将重点选取启动与关闭、事件循环、拓扑发现 /LLDP 处理、虚拟化与去虚拟化 4 个重要模块进行详细解析。

1. 启动与关闭模块

OVX 的 main 函数在 OpenVirtex.java[package net.onrc.openvirtex.core] 中。首先，main 函数解析系统设置的命令行参数，并且启动 OpenVirteXController，通过控制器实现 OVX 的可运行状态，并记录系统配置信息。为了初始化设置，OpenVirteXController 需要先初始化单个 PhysicalNetwork 实例，然后尝试连接数据库（Database）以恢复原先的虚拟网络配置（如果存在的话），随后开启 API 服务器，最后初始化北向信道处理程序。

（1）PhysicalNetwork 部署与南向信道初始化

随着交换机连接到 OVX，二者之间的链路被发现，PhysicalNetwork 结构也被部署。在 per-datapath 的基础上 OVX 初始化网络拓扑发现模块，per-datapath 为每个交换机创建了 PhysicalSwitch 类和 SwitchDiscoveryManger 类的一个实例。因此，在 OVX 作为控制器时，连接的建立将遵循 OpenFlow 的握手过程，图 11-2 展示了交换机状态机转移过程。

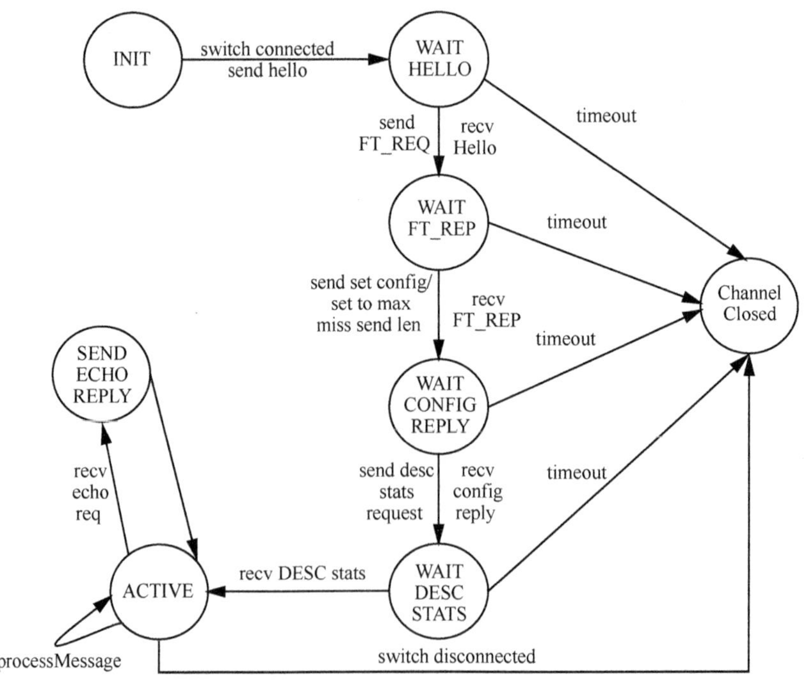

图 11-2　南向接口与 Datapath 握手的状态机转移过程（OVX 作为控制器）

SwitchChannelHandler[net.onrc.openvirtex.core.io] 中的 ChannelState 枚举类实现了 OVX 作为控制器时南向接口与 Datapath 握手的状态机。每个 ChannelState 枚举值代表 Datapath 可到达的状态，并且定义了特定状态消息的处理方法，ChannelState 也定义了一个默认的行为，但特定状态消息的方法会重写这个默认行为。

OVX 仅在 Datapath 到达 WAIT_DESCPRIPTION_STAT_REPLY 状态时将 Datapath 映射到 PhysicalSwitch 上。OVX 在握手期间通过 Datapath 提供的信息配置 PhysicalSwitch，并且将 PhysicalSwitch 加入 PhysicalNetwork。一旦 SwitchDiscoveryManger 映射到它的 PhysicalSwitch，并且 PhysicalSwitch 的 StatisticsManger 可用，这时 Datapath 就被认为处于 ACTIVE 状态，一个处于 ACTIVE 状态的物理交换机将参与网络发现和事件循环流程。

（2）租户网络（OVXNetwork）与北向信道初始化

租户网络通过 API 调用来实现创建、配置和初始化，OVX 网络的创建按照以下步骤进行。

- 声明 OVXNetwork，确定虚拟网络所使用的地址块以及连接到 OVX 的租户控制器信息。
- 从可用的物理交换机中创建 OVXSwitch。
- 向 OVXSwitch 添加虚拟端口（OVXPorts）。
- 添加虚拟链路（OVXLinks）、主机（Hosts）、Big Virtual Switch，交换路由（SwitchRoutes）。
- 如果使用手动配置，则为 OVXLink 和 SwitchRoute 指定路径。
- 为 OVXLink 和 SwitchRoute 添加备份路径（可选）。
- 初始化 OVXNetwork。

在 OpenVirtex 平台内部，OVX 会完成以下的过程。

① 实例化虚拟组件。

② 在全局映射中将虚拟组件映射到 PhysicalNetwork 组件上。

③ 让虚拟组件到达 ACTIVE 状态，依照依赖顺序，启动 OVXNetwork。

ControllerChannelHandler[net.onrc.openvirtex.core.io] 实现了租户控制器与 OVXSwitch 实例握手的状态机转移过程，如图 11-3 所示。

OpenVirtexShutdownHook[net.onrc.openvirtex.core.io] 实现了租户控制器与 OVXSwitch 实例握手断开流程，通过调用 OpenVirteXController.terminate 方法来断开租户控制器与 OVX 的连接信道，同时注销相应的物理网络，并从其数据库中断开与 OVX 连接。考虑到 PhysicalNetwork 已经部署，并且在 OVXNetworks 存在时，关闭过程需要按照依赖关系规定的顺序依次销毁。

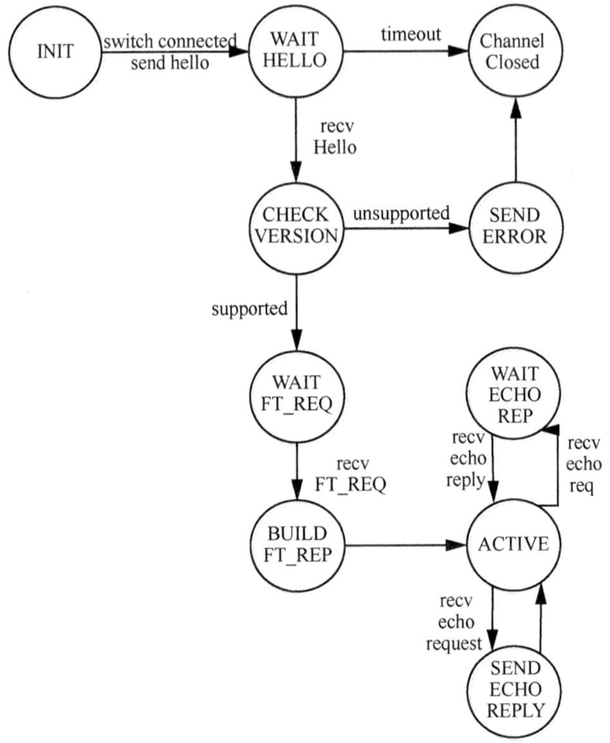

图 11-3 控制器状态机转移过程（OVX 作为 Datapath）

2. 事件循环模块

OVX 利用事件循环对 OpenFlow 消息进行处理。事件循环的主要角色包括：完成 Datapath 与租户控制器的 OpenFlow 握手（初始化）、OpenFlow 消息的虚拟化与去虚拟化、处理数据通路（Datapath）与控制器之间的 keep-alives 消息。事件循环的实现依赖于网络异步 I/O 和 Java 执行的线程池。

OVXMessage 类实现如下接口：控制器侧消息的虚拟化接口 virtualize (PhysicalSwitch sw) 和网络侧消息的去虚拟化接口 devirtualize(OVXSwitch sw)。这些接口方法的参数均为从各自信道上接收到消息的交换机实例。值得注意的是，诸如握手消息与 keep-alives 消息等只在虚拟网络或只在物理网络中传输的消息并没有 virtualize() 和 devirtualize() 方法，而需要既在物理网络又在虚拟网络中传输的消息则必须依次在各自的 devirtualize() 和 virtualize() 方法中实现虚拟到物理和物理到虚拟的消息转化过程。

3. 拓扑发现 /LLDP 处理模块

（1）物理 LLDP 处理

从网络中接收到的 LLDP 消息或是发送到网络中的 LLDP 消息由模块 SwitchDiscoveryManager 负责处理。SwitchDiscoveryManager 与 PhysicalSwitch 链路对保存在 PhysicalNetwork.discoveryManager 之中。每一个 SwitchDiscoveryManager 经由它配对的交换机发送出 LLDP。发送 LLDP 的默认时间间隔为 1 000 ms，该参数可在 SwitchDiscoveryManager 构造函数中修改。由于 LLDP 分组会被邻近的交换机拦截同时上传到 OVX 上，SwitchChannelHandler 通过调用 PhysicalNetwork.HandleLLDP() 来拦截它们。这个方法通过 LLDPEventHandler [net.onrc.openvirtex.core.io] 定义了接口要求，由网络类来具体实现。在拦截到 LLDP 分组后，HandleLLDP() 会调用已收到 LLDP 分组的物理交换机相应的 SwitchDiscovery Manager。SwitchDiscoveryManager 的整体行为如图 11-4 所示。

（2）更新物理网络

SwitchDiscoveryManager.run() 模块负责在毫秒级内更新拓扑结构。OVX 定义了两种类型的端口，即 Fast 与 Slow，其中 Fast 类型端口表示成功接收 LLDP 的端口（即链路的终端），Slow 类型端口表示发送 MAX_PROBE_COUNT 数量的 LLDP 包未被确认的端口（即端口是边缘端口，或者端口并不是链路的一部分，MAX_PROBE_COUNT 当前值为 3）。

如图 11-4 所示，接收到 LLDP 报文的端口被认为是 Fast 端口，在接收方的交换机的 SwitchDiscoveryManager 上设置 Fast 端口，对于每个由 Fast 端口发送的 LLDP 报文，其探测计数器将会递增。相反地，报文被确认后，计数器则会递减。探测计数器存储在数据结构 Map<Short, AtomicInteger> portProbeCount 中。当端口的探测计数器超过最大探测数 MAX_PROBE_COUNT，Fast 端口就将变成 Slow 端口。从 Slow 端口到 Fast 端口的更新与探测计数器递减发生在 SwitchDiscoveryManager. ackProbe() 方法中，与之相反的情况则在 run() 方法中实现。

（3）虚拟拓扑呈现

OVX 将从运行自身拓扑发现模块的租户控制器中接收到包含 LLDP 的 PacketOut 消息，而来自租户的 LLDP 消息则在虚拟网络中处理，并不会送至 OVX 平台上。通过在虚拟域中处理 LLDP，OVX 显著地减少了物理网络中 LLDP 分组的数量。对于每个存在这种探测包的输出端口，OVXNetwork 通过 neighborPortMap 查找目的端口，构造一个带有 Inport 的 PacketIn 到目的地，通过包含目的端口的 OVXSwitch 发送 PacketIn 到租户控制器。换言之，对于每一个租户拓扑，OVX 模拟了网络中 LLDP 分组广播、接收的过程。这个过程由 OVXNetwork.handleLLDP() 方法来实现。具体如图 11-5 所示。

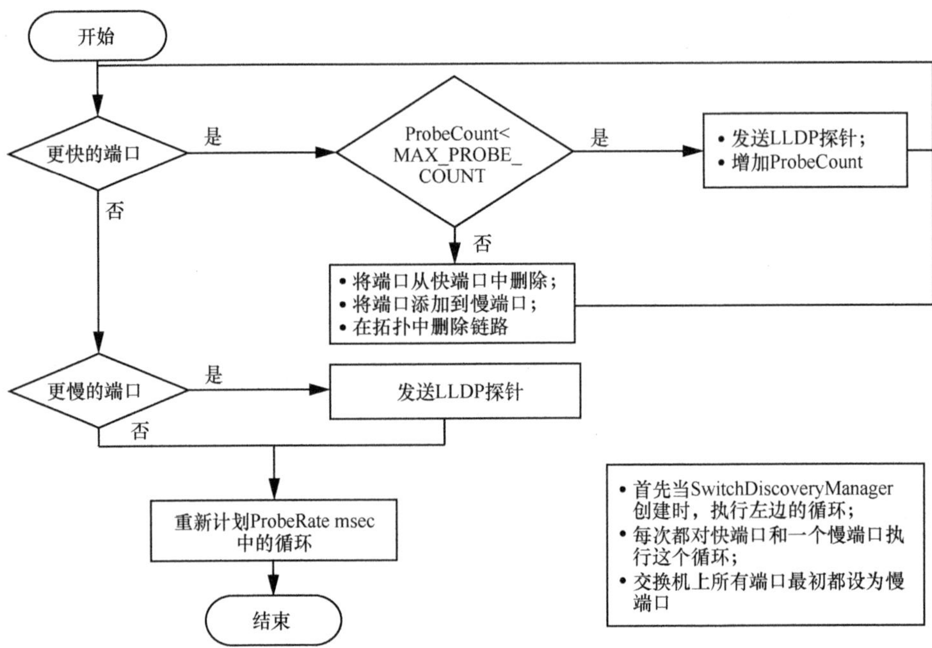

图 11-4　SwitchDiscoveryManager 整体行为流程

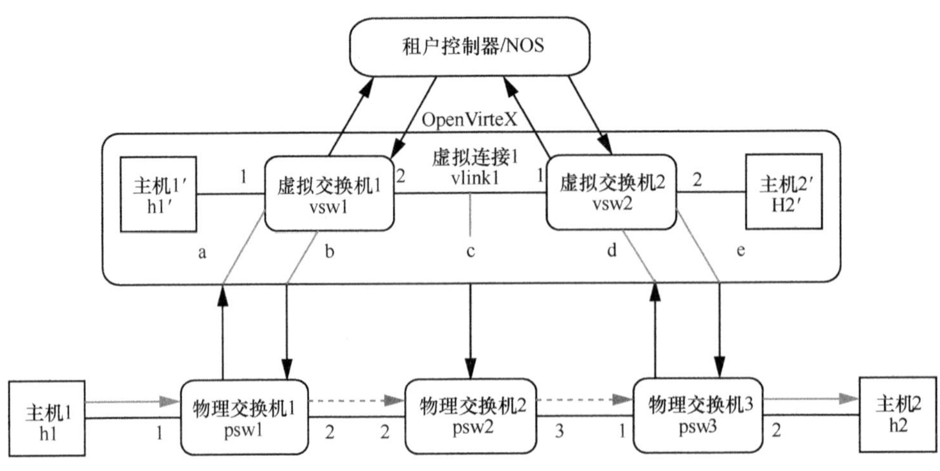

图 11-5　OVX 地址虚拟化过程

4. 虚拟化与去虚拟化模块

OVX 为每个主机创建虚拟地址（OVXIPAddress）和物理地址（PhysicalIPAddress）以避免租户流量之间存在地址空间冲突。虚拟地址在租户的 OVXNetwork 中是唯一的，而物理地址在整个物理网络中是唯一的。虚拟和物理 IP 地址之间转换可保证每个租户控制器依照其网络的编址方案（尽管可能与其他租户方案重叠）来处理流，并且 Datapath 有能力识别不同租户的流量。

地址转换将 Datapath 分成两组：边缘 Datapath 表示含有主机挂载的 Datapath，核心 Datapath 表示仅和其他 Datapath 相连的 Datapath。边缘交换机主要用于两个方面：一是对于网络侧的流量，nw_src 和 nw_dst 字段进行 OVXIPAddress 值匹配，将 OVXIPAddress 重写成 PhysicalIPAddress；二是对于来自主机侧的流量，匹配 PhysicalIPAddress 值，将 PhysicalIPAddress 重写成 OVXIPAddress。核心交换机依据 PhysicalIPAddresses 进行匹配和转发。

OVX 拦截并改变 FlowMod 以便将这些行为添加到 Datapath 上。除了 FlowMod，OVX 也改变 PacketIn 和 PacketOut—— 核心 Datapath 只"看见" PhysicalIPAddress 值，控制器只能"看见" OVXIPAddress 值。图 11-5 描述地址虚拟化的过程，表 11-1 列出了一组由租户控制器发送到 OVX 和由 OVX 发送到 Datapath 可能的 FlowMod 集合，以实现虚拟化。

表 11-1 实现地址虚拟化的 FlowMod 集

Tenant NOS → OVXSwitch			OpenVirteX → Datapath		
	OFMatch	OFAction		OFMatch	OFAction
vsw1	nw_src=10.0.0.1 nw_dst=10.0.0.3 in_port=1	output=2	sw1	nw_src=10.0.0.1 nw_dst=10.0.0.3 in_port=1	nw_src=1.0.0.1 nw_dst=1.0.0.2 output=2
	nw_src=10.0.0.3 nw_dst=10.0.0.1 in_port=2	output=1		nw_src=1.0.0.2 nw_dst=1.0.0.1 in_port=2	nw_src=10.0.0.3 nw_dst=10.0.0.1 output=1
vlink1			sw2	nw_src=1.0.0.1 nw_dst=1.0.0.2 in_port=2	output=3
				nw_src=1.0.0.2 nw_dst=1.0.0.1 in_port=3	output=2

续表

Tenant NOS → OVXSwitch			OpenVirteX → Datapath		
	OFMatch	OFAction		OFMatch	OFAction
vsw3	nw_src=10.0.0.1 nw_dst=10.0.0.3 in_port=2	output=1	sw3	nw_src=10.0.0.1 nw_dst=10.0.0.3 in_port=2	nw_src=1.0.0.1 nw_dst=1.0.0.2 output=1
	nw_src=10.0.0.3 nw_dst=10.0.0.1 in_port=1	output=2		nw_src=1.0.0.2 nw_dst=1.0.0.1 in_port=1	nw_src=10.0.0.3 nw_dst=10.0.0.1 output=2

如图 11-5 所示，地址虚拟化过程流程如下。

① Packet-in 消息携带 OVXIP 值，未经修改发送到租户控制器；

② 相应的 FlowMod 匹配 OVXIP，并将值重写为 PhysicalIP；

③ 虚拟链路通过物理交换机 2（psw2）映射回两跳路径；

④ 目的地边缘的 Packet-in 与核心网络中的转换行为一致；

⑤ OVX 下发与 PhysicalIP 匹配的 FlowMod 消息，并将它们重写回 OVXIP。

图 11-5 中示意了 3 个 Datapath 的地址虚拟化过程，交换机标识的数字表示端口号。在租户网络和实际网络中，即使是准确的映射，端口号也可能不同，如物理交换机 1（psw1）和虚拟交换机 1（vsw1）。这里，主机 1（h1）开始发送数据分组到主机 2（h2），OVX 根据目标 Datapath 相对于源和目的主机中的位置分别处理 PacketIns（租户方向箭头）和 FlowMods（网络方向箭头）。

转换过程通过以下 OVXMessage 类实现：OVXPacketIn、OVXPacketOut、OVXFlowMod 和 OVXActionNetworkLayerSource/Destination。其中，OVXPacketIn 实现虚拟化过程，其他实现去虚拟化过程。

11.2 OpenVirteX 安装使用

OpenVirteX 基于 Java 开发，基于 Maven 框架管理源码，用 Git 进行版本控制。在安装前需要预装 Git、Version 7 的 JDK（暂不支持 Java 8）、Apache Maven 工具以及 2.7 以上版本的 Python，MongoDB 为可选项，用来保证 OVX 的可持续性。

11.2.1 软件安装

首先可以通过 GitHub 下载 OVX 源代码。

通常 0.0-MAINT 分支是功能较为稳定的，若想使用更多新添加的功能，可以将上述命令中的“0.0-MAINT”替换成“0.1-DEV”。另外也可以通过下载官网上的集成环境虚拟机镜像完成安装，这里从略，建议通过安装 OVX 虚拟机镜像进行实验，虚拟机 VM 用户名与密码均为 ovx，以下实验均基于官方镜像进行。

下载完成后，可通过启动命令运行 OVX 控制器，OVX 控制要求连接到互联网。

```
# sh OpenVirteX/scripts/ovx.sh
```

第一次启动 OVX 时，会提示 packaging…，请耐心等待，成功启动后，会有相关数据库、Switch 连接等信息显示。

11.2.2 使用说明

OVX 支持在启动命令后加上相应的命令行参数，可以修改 OVX 的全局系统配置，见表 11-2。

表 11-2 ovx.sh 命令行参数

名称	全称	描述	缺省值
-p	-of-port	OpenFlow 端口	6633
-h	-of-host	主机名	0.0.0.0
-dh	-db-host	数据库主机名	127.0.0.1
-dp	-db-port	数据库端口	27017
	-db-clear	清除数据库	
	-stats-refresh	设置物理层数据轮询时间间隔	30
-ct	-client-threads	设置处理控制器连接的线程数目	32
-st	-server-threads	设置处理交换机连接的线程数目	32
-ub	-use-bddp	使用 BDDP 进行网络拓扑探测	

此外，在 OpenVirteX/utils 目录下的 ovxctl.py 文件也支持一些命令行参数使用。ovxctl.py 主要用于对虚拟网进行配置，其支持的命令行参数见表 11-3。

表 11-3　ovxctl.py 命令行参数

名称	全称	描述	缺省值
-h	-hostname	指定运行 OVX 的主机	localhost
-p	-port	OVX 使用端口	8080
-u	-user	OVX 管理员用户名	admin
-n	-no-passwd	在无密码情况下运行 OVX	no_passwd
-v	-version	打印版本号	
	-help	打印帮助	

除了添加命令行参数外，ovxctl.py 后还可直接添加不同的配置命令来完成对虚拟网的各种配置，简单列举见表 11-4，更多命令可通过 python ovxctl.py-n help 获得。

表 11-4　ovxctl.py 后的配置命令

名称	描述	使用格式
addController	给虚拟交换机添加控制器	addController <tenantId> <vdpid> <ctrlUrls>
createNetwork	创建虚拟网	createNetwork <protocal> <controller_ip> <port> <ip_address> <mask>
createSwitch	创建虚拟交换机	createSwitch <tenant> list of <dpid>
createPort	创建虚拟端口	createPort <tenant_id> <physical_dpid> <physical_port>
connectHost	连接端机到端口	connectHost < tenant_id > < virtual switch_id > <virtual port_id > <host MAC address>
startNetwork	启动一个虚拟网络	startNetwork <tenant_id>
stopSwitch	关闭一个虚拟机	StopSwitch <tenant_id> <virtual_switch_id>
removePort'	移除一个端口	removePort <virtual switch_id> <virtual port_id>
getVirtualTopology	获取虚拟拓扑	getVirtualTopology <tenant_id>

另外，embedder.py 后的命令行参数用于对创建的 embedder 进行全局配置，可用的参数与 ovx.sh 的命令行参数类似，有兴趣的读者可以继续做深入研究。

11.3　OpenVirteX 应用实例

11.3.1　实例介绍

OpenVirteX 相比其他的控制器，最大的特点是具有支持 SDN 域内网络虚拟化的能力，向用户提供完整丰富的命令集用于创建、配置和管理虚拟网络。大到整个租户虚拟网络，小到一个端口或链路，用户完全可以通过命令集创建虚拟网络、虚拟交换机、虚拟端口、虚拟连接，完成连接主机，启动虚拟网络和停止虚拟网络等最常用的任务，这些命令均主要集中在 ovxctl.py 脚本下。本章将通过创建一个范例拓扑（Internet 2）来说明 OVX 的工作方式。

本节利用 OVX 尝试在一个底层网络上创建多个租户的虚拟网，并检测租户间网络的隔离性。底层网络拓扑为实际中美国 Internet 2 项目中的 NDDI 网络拓扑，在这个网络中，一共有 11 个城市，每个城市有 1 个核心交换机，每个交换机上有 4 台主机与之相连，这种复杂的网络拓扑更符合真实网络的需求。表 11-5 中列出了不同城市的物理交换机的 DPID，其中 DPID 的最后 6 个字节表示主机的 MAC 地址，MAC 地址的最后一个字节表示主机编号。表中列举项目中各城市物理交换机的 DPID。通过 DPID，可知道对应的主机地址。例如，根据表中城市 SFO 的物理 DPID，可以推导出该城市第 3 台主机的 MAC 地址应是 00:00:00:00:02:03。

表 11-5　各城市物理交换机的 DPID

城市	DPID
SEA（西雅图）	00:00:00:00:00:00:01:00
SFO（森尼维尔）	00:00:00:00:00:00:02:00
LAX（洛杉矶）	00:00:00:00:00:00:03:00
ATL（亚特兰大）	00:00:00:00:00:00:04:00
IAD（华盛顿）	00:00:00:00:00:00:05:00
EWR（纽瓦克）	00:00:00:00:00:00:06:00
SLC（盐湖城）	00:00:00:00:00:00:07:00

续表

城市	DPID
MCI（堪萨斯城）	00:00:00:00:00:00:08:00
ORD（芝加哥）	00:00:00:00:00:00:09:00
CLE（克利夫兰）	00:00:00:00:00:00:0A:00
IAH（休斯敦）	00:00:00:00:00:00:0B:00

在该项目拓扑中连接在每个核心交换机上的主机 IP 地址分别分配为 10.0.0.1 到 10.0.0.4，端口为 1 到 4，其他端口一般用于城市间交换机互连，具体连接情况如图 11-6 所示。其中，横线上的数字表示物理交换机端口号，例如，城市 EWR 交换机 6 号端口与城市 IAD 交换机的 7 号端口相连。

首先，在主目录下执行以下命令，运行系统自带的 Mininet 脚本 internet2.py，这将会启动 Mininet 并自动创建一个如图 11-6 所示的拓扑结构，并将所有的交换机连接到 OVX。保持终端端口处于打开状态，因为整个实验过程都会用到它。

```
# sudo python internet2.py
```

在拓扑创建完成后，本实例的主要目的是实现在底层物理拓扑上逐步建立租户定制的虚拟网络，并测试不同租户间网络的隔离，从而令读者能够深入地理解 OVX 在网络虚拟化上的实现特点。

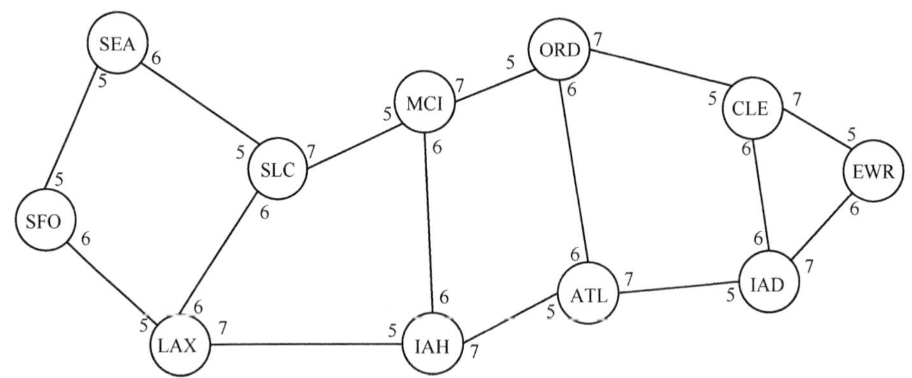

图 11-6　OpenVirteX 实验网络拓扑

11.3.2　实验流程

① 输入命令成功启动 OVX 后，会出现许多消息，在一些通用消息过后，

可以看到 OVX 中交换机连接到网络的消息，如下所示。

```
17:34:53.275 [pool-7-thread-14] INFO PhysicalSwitch-Switch connected with dpid 9, name 00:00:00:00:00:00:00:09 and type Open vSwitch
```

还可以进一步观察到一些连接的检测过程，例如，下面显示的信息表示 DPID 为 00:00:00:00:00:00:06:00 的 6 端口和 DPID 为 00:00:00:00:00:00:05:00 的 7 端口连接。

```
17:34:53.290 [pool-7-thread-12] INFO PhysicalNetwork - Adding physical link between 00:00:00:00:00:00:06:00/6 and 00:00:00:00:00:00:05:00/7
```

当然，这一点也可以通过 Mininet 控制台下的 net 命令进行验证。

```
EWR lo: [OMITTED] EWR-eth6:IAD-eth7
```

在未对 OVX 进行配置的情况下，主机之间是不能互通的，这是因为 OVX 虽然可以接收到和 ping 命令相关的 Packet_in 消息，但是并不知道数据来源的虚拟网络，从而会将分组直接丢弃。这里以西雅图（SEA）和洛杉矶（LAX）城市下的主机 h_SEA_1 和 h_LAX_2 为例。

```
# mininet> h_SEA_1 ping -c3 h_LAX_2
# PING 10.0.0.2 (10.0.0.2) 56(84) bytes of data.
# From 10.0.0.1 icmp_seq=1 Destination Host Unreachable
# From 10.0.0.1 icmp_seq=2 Destination Host Unreachable
# From 10.0.0.1 icmp_seq=3 Destination Host Unreachable
#
# --- 10.0.0.2 ping statistics ---
# 3 packets transmitted, 0 received, +3 errors, 100% packet loss, time 2017ms
```

通过 OVX 创建并配置虚拟网后，就可以保证 h_SEA_1 和 h_LAX_2 两台主机间网络连通性。

② 使用 ovxctl 命令，通过 JSON API 创建 OVX 内的虚拟网络，其中 ovxctl.py 位于 /utils 目录下。其后配置的参数表示：该网络中的控制器使用 TCP，运行在本机的 10 000 端口，虚拟网络主机使用的 IP 范围为 10.0.0.0/16，创建好之后会得到一个租户 ID。

```
$ python ovxctl.py -n createNetwork tcp:localhost:10000 10.0.0.0 16
Virtual network has been created (network_id {u'mask': 16, u'isBooted': False, u'networkAddress': 167772160, u'controllerUrls': [u'tcp:192.168.1.90: 10000', u'tenantId': 1}).
```

③ 同样使用 ovxctl 指定虚拟网络拓扑，根据在命令中指定租户 ID 和城市物理 DPID 创建虚拟交换机。本实例将创建 3 台虚拟交换机线形连接，并在两端挂载主机。接下来，在刚创建的虚拟网络创建虚拟交换机，每创建一个虚拟交换机，就会得到一个虚拟交换机的 DPID。命令行中的 1 是 "tenantId"，00:00:00:00:00:00:xx:00 分别是该实验中 3 个城市（SEA、SFO、LAX）的物理

DPID。

```
$ python ovxctl.py -n createSwitch 1 00:00:00:00:00:00:01:00
$ python ovxctl.py -n createSwitch 1 00:00:00:00:00:00:02:00
$ python ovxctl.py -n createSwitch 1 00:00:00:00:00:00:03:00
```

进一步检查 OVX 日志，以确保成功创建了虚拟交换机。

④ 在创建的虚拟交换机上创建虚拟端口。通过在命令中指定租户 ID、物理 DPID 和物理端口可以创建虚拟端口。通过图 11-6 可见，SEA 和 LAX 间还有中间交换机 SFO，要分别为之间的两条连接创建虚拟端口。首先在连接 SEA 的虚拟交换机上创建两个端口：一个用于主机 h_SEA_1，连接在物理端口 1；另一个在物理端口 5，连接 SEA 和 SFO。命令将返回一个虚拟的端口号。

```
$ python ovxctl.py -n createPort 1 00:00:00:00:00:00:01:00 1
$ python ovxctl.py -n createPort 1 00:00:00:00:00:00:01:00 5
```

对于 LAX 同理，操作如下。

```
$ python ovxctl.py -n createPort 1 00:00:00:00:00:00:03:00 5
$ python ovxctl.py -n createPort 1 00:00:00:00:00:00:03:00 2
```

在中间交换机 SFO 上，需要创建两个端口连接 SFO 和 LAX，以及 SFO 和 SEA。

```
$ python ovxctl.py -n createPort 1 00:00:00:00:00:00:02:00 5
$ python ovxctl.py -n createPort 1 00:00:00:00:00:00:02:00 6
```

⑤ 完成虚拟交换机间的连接，即设置好的端口间的连接。可以通过在命令中指定租户 ID、虚拟源交换机的 DPID 和端口数量、虚拟目的交换机的 DPID 和端口数量、路由模式和用户自定义备份线路的数量来创建虚拟连接。注意，OVX 会自动创建反向连接，连接 ID 相同。路由模式支持 spf 或 manual，前者将使用最短路径。

命令行的参数分别是：tenant_id、src_virtual_dpid、src_virtual_port、dst_virtual_dpid、dst_virtual_port、algorithm (spf, manual)、number of backup routes。virtual_dpid 和 virtual_port 可以通过前两步获得。

```
$ python ovxctl.py -n connectLink 1 00:a4:23:05:00:00:00:01 2 00:a4:23:05:
00:00:00:02 1 spf 1
$ python ovxctl.py -n connectLink 1 00:a4:23:05:00:00:00:02 2 00:a4:23:05:
00:00:00:03 1 spf 1
```

⑥ 最后，挂载主机。通过在命令中租户 ID、虚拟交换机 DPID、虚拟交换机端口和主机的 MAC 地址创建连接。这将返回主机 ID。h_SEA_1 连接到第一个虚拟交换机上的端口 1，h_LAX_2 连接到第 3 个虚拟交换机的端口 2。可以在 Mininet 控制台运行 h_SEA_1 ifconfig 验证 MAC 地址。

```
$ python ovxctl.py -n connectHost 1 00:a4:23:05:00:00:00:01 1 00:00:00: 00:01:01
$ python ovxctl.py -n connectHost 1 00:a4:23:05:00:00:00:03 2 00:00:00: 00:03:02
```

⑦ 虚拟网络配置步骤已经完成，只需要提供租户 ID 即可启动。

```
$ python ovxctl.py -n startNetwork 1
```

可以在 OVX 和控制器的日志中看到虚拟交换机已经连接到控制器了。从控制器的角度看，OVX 是一个组成交换机的物理网络。同时，从物理交换机的角度看，OVX 像一个控制器，所以 OpenVirteX 可以认为是一个代理控制器。

```
15:05:41.620 [pool-14-thread-12] INFO ControllerChannelHandler - Connected dpid 00:a4:23:05:00:00:00:02 to controller /127.0.0.1:10000
15:05:41.621 [pool-12-thread-12] INFO ControllerChannelHandler - Connected dpid 00:a4:23:05:00:00:00:03 to controller /127.0.0.1:10000
15:05:41.622 [pool-16-thread-12] INFO ControllerChannelHandler - Connected dpid 00:a4:23:05:00:00:00:01 to controller /127.0.0.1:10000
```

此时可以通过 ping 检测 h_SEA_1 和 h_LAX_2 间的网络连通性。

⑧ 采用同样的方法，创建一个新的虚拟网络。注意，这里是一个新的租户 ID。新的网络拓扑与之前的相同，唯一的区别是主机设为 h_SEA_3 和 h_LAX_4。

```
$ python ovxctl.py -n createNetwork tcp:localhost:20000 10.0.0.0 16
$ python ovxctl.py -n createSwitch 2 00:00:00:00:00:00:01:00
$ python ovxctl.py -n createSwitch 2 00:00:00:00:00:00:02:00
$ python ovxctl.py -n createSwitch 2 00:00:00:00:00:00:03:00
$ python ovxctl.py -n createPort 2 00:00:00:00:00:00:01:00 3
$ python ovxctl.py -n createPort 2 00:00:00:00:00:00:01:00 5
$ python ovxctl.py -n createPort 2 00:00:00:00:00:00:02:00 5
$ python ovxctl.py -n createPort 2 00:00:00:00:00:00:02:00 6
$ python ovxctl.py -n createPort 2 00:00:00:00:00:00:03:00 5
$ python ovxctl.py -n createPort 2 00:00:00:00:00:00:03:00 4
$ python ovxctl.py -n connectLink 2 00:a4:23:05:00:00:00:01 2 00:a4:23:05:00:00:00:02 1 spf 1
$ python ovxctl.py -n connectLink 2 00:a4:23:05:00:00:00:02 2 00:a4:23:05:00:00:00:03 1 spf 1
$ python ovxctl.py -n connectHost 2 00:a4:23:05:00:00:00:01 1 00:00:00:00:01:03
$ python ovxctl.py -n connectHost 2 00:a4:23:05:00:00:00:03 2 00:00:00:00:03:04
$ python ovxctl.py -n startNetwork 2
```

⑨ 测试不同租户间主机的网络连通性。通过 ping 检测 h_SEA_1 和 h_LAX_4 间的网络连通性。

11.3.3 实验结果

① h_SEA_1 和 h_LAX_2 主机间已可以互通。

```
mininet> h_SEA_1 ping -c3 h_LAX_2
PING 10.0.0.2 (10.0.0.2) 56(84) bytes of data.
64 bytes from 10.0.0.2: icmp_req=1 ttl=64 time=34.1 ms
64 bytes from 10.0.0.2: icmp_req=2 ttl=64 time=0.415 ms
64 bytes from 10.0.0.2: icmp_req=3 ttl=64 time=0.053 ms

--- 10.0.0.2 ping statistics ---
3 packets transmitted, 3 received, 0% packet loss, time 2000ms
rtt min/avg/max/mdev = 0.053/11.538/34.147/15.987 ms
```

OpenVirteX 实验结果如图 11-7 所示。

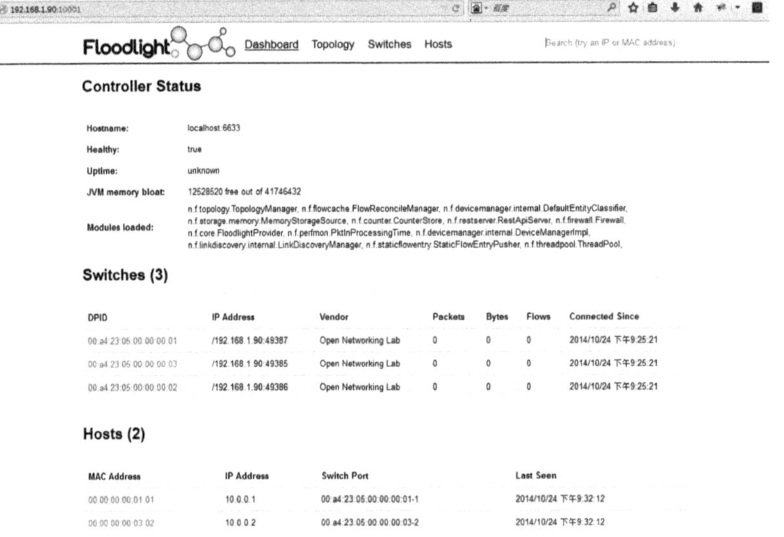

图 11-7　OpenVirteX 实验结果

在执行 ping 命令后，读者可以通过查看流表，更清楚地发现 OVX 对分组的重写操作。

② h_SEA_1 和 h_LAX_4 主机间无法互通。

```
mininet> h_SEA_1 ping -c3 h_LAX_4
PING 10.0.0.4 (10.0.0.4) 56(84) bytes of data.
From 10.0.0.1 icmp_seq=1 Destination Host Unreachable
```

```
From 10.0.0.1 icmp_seq=2 Destination Host Unreachable
From 10.0.0.1 icmp_seq=3 Destination Host Unreachable

--- 10.0.0.4 ping statistics ---
3 packets transmitted, 0 received, +3 errors, 100% packet loss, time 2017ms
```

同样地，通过在 Mininet 下查看流表，可以更深刻地理解到不同租户间的隔离原理。这时可以看到，来自租户 2 的数据分组被翻译为 2.0.0.0/8 的 IP 地址，与租户 1 被翻译成 1.0.0.0/8 的数据分组干净地隔离开。

通过这个实验，可以从一个现存的底层网络创建租户所需的虚拟网络，该过程通过指定虚拟交换机、虚拟链路、虚拟主机构成。同时，读者们也可以从中了解不同租户虚拟网隔离的原理：OVX 通过对数据分组的重写来保证租户独立地址空间之间不会产生冲突，以保障租户之间的隔离性。

11.4 本章小结

OpenVirtex 平台在软件定义网络的背景下提供了基础设施即服务（IaaS）的能力。可从物理基础设施中解耦网络以提供虚拟化的网络资源。这些虚拟网络可以提供强大的隔离和迁移、网络快照能力，并能在实例化虚拟 SDN 时自定义拓扑结构。这样的虚拟网络可以与计算资源一起被实例化来真正地按需求提供基础设施。本章通过介绍 OpenVirtex 的组成部分系统地阐述了其工作原理。随后，从 OpenVirtex 的代码层面分析其主要功能模块和关键代码的实现流程。接着，在 Ubuntu 12.04 系统下介绍了 OpenVirtex 的安装部署流程。最后，通过应用实例向读者清晰说明了如何通过 OpenVirtex 从一个现存的底层网络创建用户所需的虚拟网络。

参考文献

[1] AL-SHABIBI A, DE LEENHEER M, GEROLA M, et al. OpenVirteX: a network hypervisor[J]. Open Networking Summit, 2014.

[2] AL-SHABIBI A, DE LEENHEER M, GEROLA M, et al. OpenVirteX: make

your virtual SDNs programmable[C]// Proceedings of the Third Workshop on Hot Topics in Software Defined Networking. ACM, 2014: 25-30.

[3] MCKEOWN N, ANDERSON T, BALAKRISHNAN H, et al. OpenFlow: enabling innovation in campus networks[J]. ACM SIGCOMM Computer Communication Review,2008, 32(2): 69.

[4] SHERWOOD R, GIBB G, YAP K K, et al. FlowVisor: a network virtualization layer[J]. OpenFlow Switch Consortium, Tech. Rep, 2009.

第 12 章

扩展实验工具

SDN 的扩展工具主要分为：功能测试工具、性能测试工具、报文分析工具、拓扑模拟工具以及网络监控工具。功能测试工具用于发送协议并根据被测试对象的反馈来判断其功能的完整性，比较典型的是 OFTest，它模拟控制器向交换机发送 OpenFlow 消息，从而达到测试 OpenFlow 交换机的目的；性能测试工具主要用于对控制器和交换机等设备进行性能测试，当前 OpenFlow 控制器性能测试工具不是很多，Cbench 是比较突出的一个；开发辅助工具主要用于模拟各种网络拓扑环境，Mininet 及其辅助工具 VND 能出色完成上述任务，同时采用 Wireshark 工具对报文进行抓取分析也是网络应用开发中的常见手段；网络监控工具用于对网络系统进行实时反馈，全面的监控能够更好地管理网络并增强安全性。本章将从工具介绍、安装配置及应用实例 3 个方面向读者详细介绍上述几种核心扩展工具。

12.1 功能测试工具 OFTest

12.1.1 工具介绍

在 SDN 发展的初期，由于 OpenFlow 协议有很多可选的功能，因此各个厂商的设备对协议的支持情况都不同，需要一个工具来进行测试分析。OFTest 是一个用来测试 OpenFlow 协议规范的框架和测试套件，目前支持的 OpenFlow 协议版本为 1.0/1.2/1.3。在测试环境中，OFTest 相当于 OF 控制器，可以主动或者被动与交换机连接，并发送消息到交换机，同时对控制平面和数据平面的数据分组进行抓取分析，从而判断交换机支持的协议功能，OFTest 测试框架如图 12-1 所示。

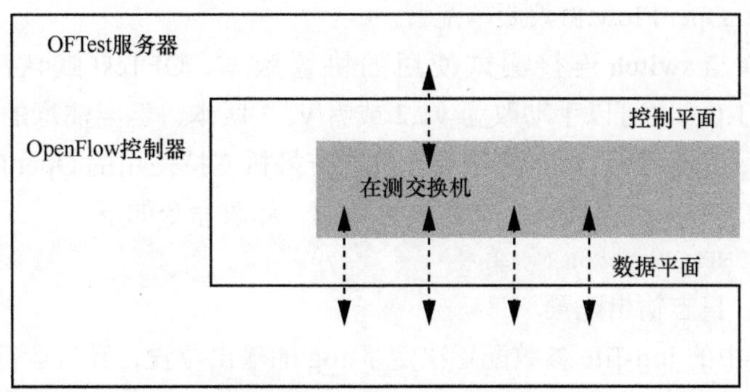

图 12-1 OFTest 测试框架

12.1.2 软件安装

（1）OFTest 的安装

第 1 步：安装前的准备条件。

- 安装 Python2.7。
- 安装 pypcap（如果没有安装 pypcap 关于 VLAN 的测试用例将会失败）。
- 安装 scapy。
- 其他可选软件，如文档生成工具 doxygen、doxypy，源代码语法检查工具 lint，数据分组解析工具 tcpdump。

第 2 步：下载安装获取 OFTest。

```
# git clone git://github.com/FloodLight/oftest
```

第 3 步：运行 OFTest。

```
# cd oftest
# sudo ./oft #运行 OFTest 需要 root 权限或者在命令前加 sudo
```

（2）OFTest 的配置

第 1 步：本地或远程配置。

本地或远程配置测试主要是通过 platform 参数配置来定义 oft 与 switch 连接的 portmap。连接本地虚拟机，platform 使用 veth.py，oft 中参数 platform= “veth”（默认）。测试远程的交换机使用 remote.py，oft 中参数 platform =“remote”（可以直接在 oft 中将 platform “veth” 改为 “remote”，或者使用命令行 sudo ./oft-platform = remote 修改）。此外，还可以添加自己的 .py 文件测试远程交换机，方法同 remote。

第 2 步：OpenFlow 协议版本配置。

配置 oft 与 switch 连接测试使用的协议版本，OFTest 默认测试版本为 OpenFlow v1.0，也可以手动改为 v1.2 或者 v1.3 版本，但要注意的是，交换机和 oft 的 OpenFlow 协议版本要一致。例如交换机支持使用的 OpenFlow 协议版本为 v1.2，OFTest 也需要将版本修改为 v1.2，修改命令如下。

```
# ./oft --OPENFLOW_VERSION=1.2
```

第 3 步：日志输出配置。

oft 脚本中的 log-file 参数配置决定了 log 的输出位置，默认运行的 log 输出到 oft.log 中，修改 log-file= “” 使 log 输出到 console 上，也可以修改 log-file= “***” 定义自己的 log 文件。

12.1.3 应用实例

（1）实例 1：使用 OFTest 测试本地 OpenFlow 交换机

该实例用来测试本地虚拟交换机的功能，并初步了解 oft 的运行方式，具体步骤如下。

第 1 步：下载并运行本地虚拟交换机。

```
# cd openflow
# ./boot.sh
# ./configure
# make
# cd ../oftest
# sudo ./run_switch.py
```

第 2 步：运行 oft。

```
# sudo ./oft
```

直接运行 ./oft 不带任何参数执行将遍历所有的测试用例，遍历运行时可以看到每个测试用例的运行结果是成功还是失败，前提条件是 OFTest 与交换机连接成功，如果连接不成功，可以将 oft 文件中的参数 controller_host 修改为 127.0.0.1 或主机的 IP 地址。若想执行具体某个测试用例，可以先用 sudo./oft-list 列出所有的测试用例，即可看到所有的模式（Mode）和其对应的测试用例。例如，sudo./oft port_stats.AllPortStats 表明在使用 port_stats 模式下执行 AllPortStats 测试用例，也可以同时测试多个用例，而通过符号“^”忽略某个测试用例，使用命令如 sudo./oft ^port_stats.AllPortStats，此命令将执行除了 port_stats 模块下 AllPortStats 测试用例以外的其他所有测试用例。

第 3 步：查看日志并抓取分组分析。

通过抓取分组和日志分析，查看虚拟交换机功能是否正常。测试结束后，使用 sudo rmmod veth 命令删除交换机产生的虚接口，否则会影响接下来的其他测试。

（2）实例 2：使用 OFTest 测试远端 Mininet 中的 OpenFlow 交换机

该实例是为了测试交换机在 remote 情况下交换机功能的有效性，交换机为 Mininet 中的虚拟交换机，默认远端的 Mininet 已经装好。

第 1 步：根据实际环境修改监听 switch 的 oft 的 IP 地址和端口，oft 中默认的 controller host 为 0.0.0.0，端口为 6633，一般使用默认值即可，也可以通过在 oft 文件中修改为 controller host 的 IP 地址及其端口。

第 2 步：修改 platforms/remote.py，port_map={eth0}（portmap 终端为运行 oft 的虚拟机的网口，需要根据虚拟机的环境修改）。

第 3 步：运行 Mininet 交换机，并通过指定 oft 的 IP 地址及端口向 oft 发出连接请求。

第 4 步：将 platform 参数改为 remote。

```
# sudo ./oft –platform=remote testmod.testcase
```

或者将 oft 脚本中的 platform 参数改为 remote。

```
# sudo ./oft testmod.testcase
```

由于 oft 提供的测试用例与测试环境不相符，直接使用一般的测试结果可能会不正确，建议使用 Wireshark 抓取分组、查看 oft.log 日志和脚本调试信息等方法分析错误原因，修改测试脚本。

（3）实例 3：使用 OFTest 测试物理交换机

该实例依然是测试远程交换机与控制器的交互，但是使用的是真实的物理交换机设备，OFTest 相当于控制器，测试真实物理交换机与 OFTest 之间的交互连接及其他功能是否正确。

第 1 步：修改 platforms/remote.py，port_map={eth0}（根据实际虚拟机的环境进行修改，此处 eth0 是指运行 oft 的虚拟机的网口），其他配置使用默认即可。

第 2 步：修改测试用例，使其符合测试环境。如测试 port_stats，需要修改 OFTest/tests/port_stats.py，原测试用例要求 oftset 与被测试交换机的端口之间建立连接，要求被测试交换机有 3 个端口，并且需要在这 3 个端口之间添加流表并互相收发数据分组改变端口的状态。而测试物理交换机只需要向交换机发送 port stats 请求分组即可，以上过程需要省去。

第 3 步：物理交换机向 OFTest 发起连接请求，例如 OpenFlow TCP

192.168.4.59 6653，其中 192.168.4.59 为 eth0 的 IP 地址，6653 为 OFTest 的监听端口。

第 4 步：运行测试用例，命令如下。

```
# sudo ./oft --platform=remote port_stats.AllPortStats
```

第 5 步：通过抓取分组和日志分析交换机与 OFTest 之间的交互过程，测试的抓取分组分析截屏如图 12-2 所示。

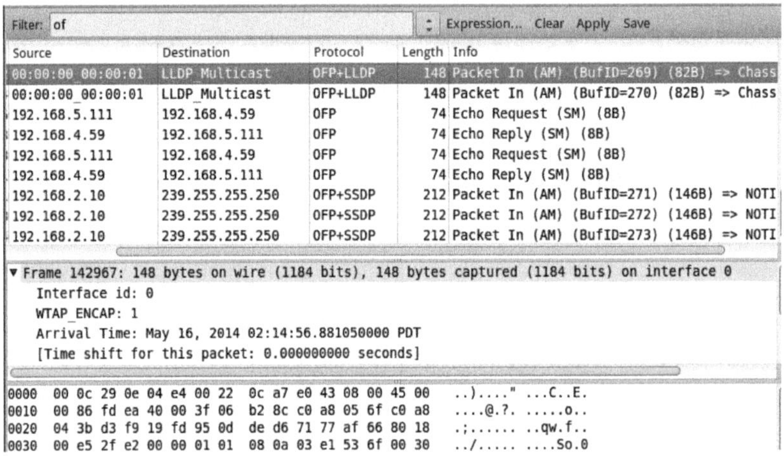

Filter: of   Expression... Clear Apply Save

Source	Destination	Protocol	Length	Info
00:00:00_00:00:01	LLDP_Multicast	OFP+LLDP	148	Packet In (AM) (BufID=269) (82B) => Chass
00:00:00_00:00:01	LLDP_Multicast	OFP+LLDP	148	Packet In (AM) (BufID=270) (82B) => Chass
192.168.5.111	192.168.4.59	OFP	74	Echo Request (SM) (8B)
192.168.4.59	192.168.5.111	OFP	74	Echo Reply (SM) (8B)
192.168.5.111	192.168.4.59	OFP	74	Echo Request (SM) (8B)
192.168.4.59	192.168.5.111	OFP	74	Echo Reply (SM) (8B)
192.168.2.10	239.255.255.250	OFP+SSDP	212	Packet In (AM) (BufID=271) (146B) => NOTI
192.168.2.10	239.255.255.250	OFP+SSDP	212	Packet In (AM) (BufID=272) (146B) => NOTI
192.168.2.10	239.255.255.250	OFP+SSDP	212	Packet In (AM) (BufID=273) (146B) => NOTI

```
▾ Frame 142967: 148 bytes on wire (1184 bits), 148 bytes captured (1184 bits) on interface 0
    Interface id: 0
    WTAP_ENCAP: 1
    Arrival Time: May 16, 2014 02:14:56.881050000 PDT
    [Time shift for this packet: 0.000000000 seconds]

0000  00 0c 29 0e 04 e4 00 22  0c a7 e0 43 08 00 45 00   ..)...." ...C..E.
0010  00 86 fd ea 40 00 3f 06  b2 8c c0 a8 05 6f c0 a8   ....@.?. .....o..
0020  04 3b d3 f9 19 fd 95 0d  de d6 71 77 af 66 80 18   .;...... ..qw.f..
0030  00 e5 2f e2 00 00 01 01  08 0a 03 e1 53 6f 00 30   ../..... ....So.0
```

图 12-2　物理交换机的 port_stats 测试截屏

12.2　性能测试工具 Cbench

12.2.1 工具介绍

Cbench（Controller Benchmark，控制器基准）是一种用于测试 OpenFlow 控制器性能的工具，通过不断循环产生新的流（Packet-in 消息）来测试控制器的处理能力。Cbench 的基本原理是模拟连接到控制器的一组交换机，发送 Packet-in 消息并查看 Flow-mod 等消息的下发，记录相关统计信息，以计算、衡量控制器性能指标。

可以在一台笔记本电脑或者普通的电脑上，使用 Cbench 搭建一套媲美真实硬件环境的复杂网络结构，展开基于 OpenFlow 控制器的性能测试工作，灵活地配置参数进行相关测试实验，轻松获取控制器的各项试验性能数据，并能根据实验结果统计分析控制器的性能瓶颈，通过多个交换机及主机发出数以百万计的上行消息，对 OpenFlow 控制器进行压力测试。运用 Cbench 测试工具，有效节省了真实硬件环境的使用资源，可迅速展开对 OpenFlow 控制器性能、可用性和扩展能力的全面测量，充分体现出开销小、操作简单灵活和测试效率高的特点。

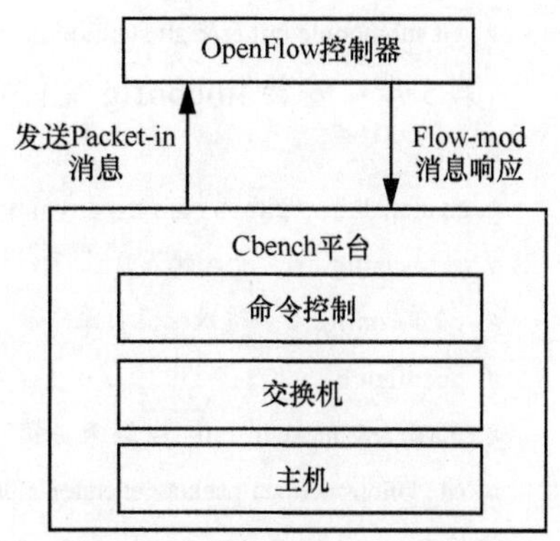

图 12-3　Cbench 与 OpenFlow 控制器间交互

Cbench 运行在基于 oflops 的 OpenFlow 测试平台上，在模拟 OpenFlow 交换机及主机的同时，分析测量控制器对交换机发送的 Packet-in 消息做出的 Packet-out 或者 Flow-mod 的响应性能，其主要有吞吐量（Throughput 模式）和延迟（Latency 模式）两种工作模式。Cbench 与 OpenFlow 控制器之间的交互如图 12-3 所示。

12.2.2　软件安装

Linux/Ubuntu 环境下，安装 Cbench 主要包括以下三大模块：OpenFlow 模块、oflops 模块以及 libconfig 模块。OpenFlow 模块主要用于支持 OpenFlow 协议；oflops 模块是 Cbench 主要的运行测试平台；libconfig 模块用于处理配置文件，存储配置解析器和例程。

第 1 步：安装 Cbench 依赖包，在安装 Cbench 及 oflops 模块之前，为确保 Cbench 能成功编译，需安装 Cbench 的依赖包，具体安装命令和过程如下所示。

```
# apt-get install autoconf automake libtool libsnmp-dev libpcap-dev pkg-config
```

第 2 步：准备 Cbench 运行环境，安装 OpenFlow 文件包，完成后进入 OpenFlow 文件目录，切换到分支代码。

```
# git clone https://github.com/mininet/openflow.git
# cd openflow
# git checkout -b mybranch origin/release/1.0.0
```

第 3 步：安装 oflops 软件，作为 Cbench 的测试平台。

```
# cd ..                                         # 进入 openflow 同目录下
# git clone https://github.com/mininet/oflops.git
```

第 4 步：进入 oflops 目录下，进行子模块初始化及更新。

```
# git submodule init && git submodule update
```

第 5 步：安装 libconfig 文件包，对 Cbench 进行配置编译。

```
# cd ..                                    # 进入 openflow 同目录下
# git clonehttps://github.com/hyperrealm/libconfig.git
# cd libconfig    # 进入配置目录
# cd libconfig    # 进入配置目录
# ./configure                         # 执行配置脚本，进行文件配置
# make && make install   # 编译安装
# cd ../oflops/netfpga-packet-generator-c-library/  # 进入 oflops 目录下的 netfpga-packet-generator-c-library
文件夹
# ./autogen.sh              # 自动安装
# ./configure && make    # 配置编译 oflops
```

第 6 步：进入 oflops 目录下。

```
# sh boot.sh
# ./configure --with-openflow-src-dir=<openflow 的绝对路径 >
```

此安装文档 openflow 的路径为 /root/openflow。

```
# make && make install   # 编译安装生成 cbench 启动文件
# cd cbench              # 可以查看到生成的 cbench 脚本启动文件。
```

至此 Cbench 安装全部完成，下面介绍 Cbench 的使用参数。Cbench 提供了丰富的命令行参数，以满足使用者通过仿真测试控制器性能的多方位需求，这里只介绍一些常用的参数，其他参数读者可查看 Cbench 官网。

- -c/--controller：指定需要连接的控制器。既可以通过主机名也可以通过主机 IP 地址指定要测试的控制器。如果测试的控制器与 Cbench 安装在一台机器上，则可以直接通过 localhost 来指定控制器。
- -p/--port：连接控制器的端口。与控制器的主机名或 IP 地址同时存在，可通过 IP 地址与端口组合，唯一确定要测试的控制器。
- -d/--debug：启动调试信息，默认关闭。可通过调试开关打开，查看调试信息。
- -l/--loops：总的测试循环次数。在一次测试控制器性能过程中进行循环测试，直到达到设定的总循环次数为止。
- -M/--mac-addresses：每个交换机模拟不同的 MAC 地址数量（即 Host 个数）。用户可通过此参数设置每个模拟生成的交换机下挂的主机数目。
- -s/--switches：Cbench 模拟产生的 OpenFlow 交换机数量，通过结合 -M 参数，可产生多种复杂的拓扑，并可不断增加交换机及主机的数量，测试 OpenFlow 控制器的性能。

- -t/--throughput：测试吞吐量代替延迟，进入 Throughput 模式。不添加此参数，则直接进入 Latency 模式。
- -r/--ranged-test：测试范围为 1 ~ *n* 个交换机，用于在指定的交换机数量范围内进行测试。
- -m/--ms-per-test：每次测试的时间长度（注意大小写意义不同），即每次执行测试开始与下一次测试开始前的时间间隔。
- -D/--delay：features_reply 接收后，延迟开始测试（以 ms 为单位），消息接收后，经过设定的延迟后再进行测试。
- -L：测试之前发送 ARP 分组便于控制器进行 MAC 地址学习。

12.2.3 应用实例

下面我们就根据 Cbench 的两个工作模式来做几个实验。首先准备环境，在一台 Ubuntu 12.04 的机器上安装一个 OpenFlow 控制器，如 Floodlight，然后再按照 12.2.2 小节介绍的方法安装 Cbench。

（1）实验 1：测试 Floodlight 控制器的吞吐量

实验原理：使用 Cbench 平台模拟 Switch 和 Host，同时让 Cbench 与 OpenFlow 控制器（本实验是 Floodlight）进行互连，通过提供的相关参数设置 Cbench 工作模式为 Throughput 模式，然后在固定的时间内向控制器循环发送请求并等待回应，最后分析返回的数据，得出控制器的吞吐量。

实验方法：在 Cbench 目录下执行如下命令，启动 Cbench 软件。

```
#  ./cbench -c 192.168.5.105 -p 6633 -m 10000 -l 5 -s 16 -M 1000 –t
```

执行该命令后 Cbench 的主要工作内容如下。

- 与运行在本机的 Floodlight 控制器进行连接，IP 地址为 192.168.5.105，端口为 6633。
- 模拟 16 个交换机且每个交换机模拟 1 000 个不同的 MAC 地址。
- 循环进行 5 次测试，每次测试的时间为 10 000 ms，忽略首次“热身”和最后的“冷却”循环。
- 将封装了请求的 OF 数据分组放入缓存进行排队，等待整个缓存满时将请求全部发出，以模拟大规模并发请求控制器的效果。

运行结果如下所示。

```
#  ./cbench -c 192.168.5.105 -p 6633 -m 10000 -l 5 -s 16 -M 1000 -t
    cbench: controller benchmarking tool
    running in mode 'throughput'
```

```
    connecting to controller at 192.168.5.104:6633
faking 16 switches offset 1 :: 5 tests each; 10000 ms per test
with 1000 unique source MACs per switch
learning destination mac addresses before the test
starting test with 0 ms delay after features_reply
ignoring first 1 " warmup " and last 0 " cooldown " loops
connection delay of 0ms per 1 switch(es)
debugging info is off
21:45:30.193 16 switches: flows/sec: 7595 10387 14192 8496 11183 15577 10989 6498 3605 4402 8808 4811 7798 10396 6403 4799 total = 13.590478 per ms
21:45:40.297 16 switches: flows/sec: 23868 22981 23269 23967 24431 22382 22382 23681 23381 22382 23680 24398 24681 22182 22482 23881 total = 37.400175 per ms
21:45:50.400 16 switches: flows/sec: 25575 24477 24576 24676 25961 25562 24463 23976 25675 24360 24776 24763 26062 25259 23977 23676 total = 39.774678 per ms
21:46:00.504 16 switches: flows/sec: 25979  22369 23280 23182 25844 25579 23082 23968 25566 22039 23981 23281 25579 25397 22933 24068 total = 38.605905 per ms
21:46:10.607 16 switches: flows/sec: 25566  24780 26400 25267 24182 26977 25079 24280 25579 24280 26365 24879 24480 26865 24767 24081 total = 40.372167 per ms
RESULT: 16 switches 4 tests min/max/avg/stdev = 37400.17/40372.17/39038.23/ 1139.28 responses/s
```

测试模拟 16 台交换机且每台下挂接 1 000 台主机时与控制器通信的场景，以此获得控制器的吞吐量性能数据。第一次测试结果为，10 000 ms 内控制器处理了 135 939 条流，每毫秒处理 13.590478 条流（忽略第一次“热身”测试结果）；第二次测试结果为，10 000 ms 内控制器处理 374 002 条流，每毫秒处理 37.400175 条流；第三次测试结果为，10 000 ms 内控制器处理 397 747 条流，每毫秒处理 39.774678 条流。

模拟 16 台交换机进行 5 次测试，控制器的吞吐量响应测试最小值 / 最大值 / 平均值 / 标准偏差分别为：374 00.17/403 72.17/390 38.23/113 9.28 responses/s。

（2）实验 2：测试 Floodlight 控制器的延迟

实验原理：使用 Cbench 平台模拟交换机和主机，同时让 Cbench 与 OpenFlow 控制器（本实验是 Floodlight）进行互联，使用 Cbench 的默认工作模式——Latency 模式，然后通过发送 Packet-in 等待匹配的 Flow-mod 消息返回，重复多次此动作，最后计算每秒钟有多少条流返回，计算出延迟结果。

实验方法：在 Cbench 目录下执行如下命令启动 Cbench，与实验一不同的是，删除“-t”参数。

```
# ./cbench -c 192.168.5.105 -p 6633 -m 1000 -l 5 -s 16 -M 1000
```

主要工作内容与实验1类似，具体运行结果如下所示。

```
#  ./cbench -c 192.168.5.105 -p 6633 -m 1000 -l 5 -s 16 -M 1000
cbench: controller benchmarking tool
running in mode 'latency'
connecting to controller at 192.168.5.105:6633
faking 16 switches offset 1 :: 5 tests each; 1000 ms per test
with 1000 unique source MACs per switch
learning destination mac addresses before the test
starting test with 0 ms delay after features_reply
ignoring first 1 " warmup " and last 0 " cooldown " loops
connection delay of 0ms per 1 switch(es)
debugging info is off
16:51:46.340 16 switches: flows/sec: 196 250 157 299 190 64 93 8 104 87 29 0 12 8 2 0 total = 1.498999 per ms
16:51:47.441 16 switches: flows/sec: 99 79 112 113 96 179 136 148 103 73 100 106 102 117 140 89 total = 1.791986 per ms
16:51:48.541 16 switches: flows/sec: 90 146 122 99 83 123 90 102 93 136 104 91 89 111 98 108 total = 1.684998 per ms
16:51:49.641 16 switches: flows/sec: 94 163 171 170 87 165 97 88 98 148 144 162 96 149 107 100 total = 2.038996 per ms
16:51:50.742 16 switches: flows/sec: 44 93 80 76 55 49 66 82 47 77 66 63 59 39 75 88 total = 1.058996 per ms
RESULT: 16 switches 4 tests min/max/avg/stdev = 1059.00/2039.00/1643.74/ 361.19 responses/s
```

延迟数据显示获取的仍是吞吐量测试同单位的数据信息，需经过换算才能获得延迟的数据统计信息，因篇幅限制，这里不做细致分析，有兴趣的读者可以参考上面的例子或官网的内容，多尝试进行几次试验进行分析。

12.3 拓扑生成工具VND

12.3.1 工具介绍

前面介绍过，Mininet可以快速地创建SDN拓扑，但是Mininet本身只提供了几种简单的拓扑类型，如需要更复杂的网络拓扑，通常需要用户通过编写Python脚本的方式来手动创建。本节将介绍一种生成Mininet拓扑的简单工具，即利用VND构建网络环境并生成拓扑。虚拟网络描述（Visual Network Description，VND）是一个基于网页的通用网络场景图形化设计工具，它能够生成网络场景描述语言（Network Scenario Description Language，NSDL）脚本，并可以进一步地针对这些场景进行仿真和分析。该工具通过友好的图形化界面能够设置 SDN 的流表、QoS 等信息，并可以在创建 NSDL 脚本的同时自动生成 Mininet 和 OpenFlow 控制器脚本。

12.3.2 应用实例

本实例拟利用 VND 构建一个网络环境拓扑并生成 Mininet 脚本，进而在 Linux 环境中执行脚本模拟运行 SDN。该实验将搭建最基本的 SDN 拓扑，如图 12-4 所示。

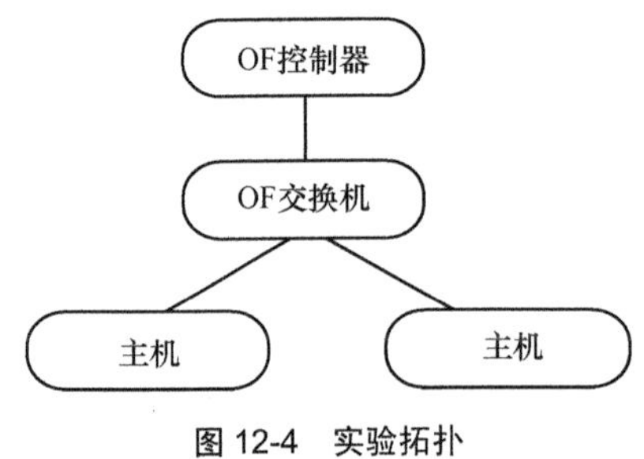

图 12-4 实验拓扑

按照如下步骤进行实验。

第 1 步：生成并配置 Computer 节点。拖动 Library->Objects Nodes 下的 Computer 到右侧空白区域；右侧空白区域显示一个终端节点；双击终端图标配置终端的 IP 地址、子网掩码和 MAC 地址。同样的，拖动第二个 Computer 到右侧空白区域，配置其 IP 地址、子网掩码和 MAC 地址，并将 Computer_1、Computer_2 的属性配置如下。

Computer_1：IP 地址 10.0.0.1，子网掩码 255.0.0.0，MAC 地址 00:00:00:00:00:01。

Computer_2：IP 地址 10.0.0.2，子网掩码 255.0.0.0，MAC 地址 00:00:00:00:00:02。

第 2 步：生成并配置 SwitchOpenFlow 节点。拖动 Library Objects Nodes 下的 SwitchOpenFlow 节点，配置 SwitchOpenFlow 的 MAC 地址，并将其值配置为 00:00: 00:00:00:03。

第 3 步：生成并配置 ControllerOpenFlow 节点。拖动 Library->Objects Nodes 下的 ControllerOpenFlow 节点，配置 Controller 的属性。需要配置的属性包括：IP 地址、端口（默认 6633）、特殊控制器（默认 None）以及 OpenFlow 控制器（配置为 FloodLight）。

第 4 步：建立连接并配置属性。双击 Library->Objects Links 节点下的 Ethernet，在 Computer_1 和 SwitchOpenFlow_3、Computer_2 和 SwitchOpenFlow_3、SwitchOpenFlow_3 和 ControllerOpenFlow4 之间用线连接起来，需要配置的连接属性有带宽、延迟、分组丢失率等。

第 5 步：导出网络场景到文件。单击左上角菜单按钮 File->Export->Export to Mininet Script File，将网络场景导出到 Mininet 的脚本文件。

第 6 步：运行程序，模拟网络运行。将导出的文件保存，文件内容是可以查看编辑的。在已经安装了 Mininet 的 Linux 环境下，增加文件的可执行权限，运行程序，即可进行 Mininet 仿真，运行结果如下。

```
# ubuntu@ubuntu:~/mininet/custom$ sudo ./mininetScript70140.sh
*** Creating nodes
*** Creating links
*** Starting network
*** Configuring hosts
h1 h2
*** Starting controller
*** Starting 1 switches
s3
*** Running CLI
*** Starting CLI:
mininet>
```

| 12.4 报文分析工具 Wireshark |

12.4.1 工具介绍

Wireshark（原名 Ethereal）是灵活且功能强大的网络调试和数据分组协议分析软件。Wireshark 基本类似于 tcpdump，但 Wireshark 还具有设计完美的 GUI 和众多分类信息及过滤选项。用户通过 Wireshark 将网卡设置成混杂模式，可以查看网络中发送的所有通信流量。Wireshark 目前所识别的协议有 500 多种，为使协议和协议间的层次关系明晰，从而对数据流中各层次的协议能够逐层处理，Wireshark 系统采用了协议树的方式。

Wireshark 已经被广泛应用于故障修复、分析、软件和协议开发以及教学领域，具备用户对协议分析软件所期望的所有基本功能。Wireshark 是一种开放源代码的自由软件，允许用户向其中添加改进方案。为能够使用 Wireshark 解析 OpenFlow 格式的数据分组，需要安装专用的 OpenFlow 插件，目前已经有 OpenFlow v1.0 ~ OpenFlow v1.3 各版本的插件来支持 OpenFlow 协议的解析。

12.4.2 软件安装

Wireshark 适用于当前所有较为流行的计算机系统，包括 UNIX、Linux 和 Windows。这里介绍 Wireshark 在 Ubuntu 12.04 环境下的安装使用。

第 1 步：下载安装 OpenFlow 插件。此处的 OpenFlow 插件为 1.0 版，如果想研究 OpenFlow v1.3 协议也可以下载最新的 OpenFlow v1.3 版。

```
# apt-get install git-core automake m4 pkg-config libtoolgcc
# cd openflow
# ./boot.sh
# ./configure# 执行配置脚本，进行文件配置
# make && make install# 编译安装
```

第 2 步：安装 Wireshark Dissector 扫描器。

```
# apt-get install wireshark libgtk2.0-dev # 在 openflow 目录下
# cd utilities/wireshark_dissectors/openflow
```

修改 utilities/wireshark_dissectors/openflow/packet-openflow.c 文件的第 769 行。

```
dissector_add(TCP_PORT_FILTER, global_openflow_proto, openflow_handle)
改为：
dissector_add_uint(TCP_PORT_FILTER,global_openflow_proto,openflow_handle)
```

保存后编译。

```
# make
# make install
```

将编译好的库，packet-openflow.so 放入 Wireshark 插件目录。

```
scppacket-openflow.so/usr/lib/wireshark/libwireshark1/plugins
```

第 3 步：后台运行 Wireshark。

```
# wireshark &
```

第 4 步：打开 Wireshark 查看 OpenFlow 插件是否安装成功。安装成功后打开 Wireshark，就可以在 Help 菜单下的 About Wireshark Plugins 中看到 OpenFlow 插件，这样就可对 OpenFlow 协议进行抓取分组分析。

12.4.3　应用实例

下面介绍一个利用 Wireshark 来验证 SDN 环境中主机相互通信过程的例子，SDN 实验网络拓扑如图 12-5 所示，在控制器上安装 Wireshark。实验环境包含一台 OpenFlow 控制器（IP=192.168.237.133）、一台 OpenFlow 交换机（MAC=00:00:00:00:00:03）、两台主机（IP 地址分别为 10.0.0.1、10.0.0.2；MAC 地址分别为 00:00:00:00:00:01、00:00:00:00:00:02）。

首先运行 Wireshark 在 Capture 中选择 Interfaces，然后选取要抓取的网卡，Any 指定为在所有的网络接口上抓取分组。为了精确地抓取分组可以选择在控制器和交换机所连接的接口上进行，这样就可以显示所有从 OpenFlow 交换机到达控制器的流量分组了。此时显示的数据分组较多，可以使用过滤器过滤出 OpenFlow 分组。使用过滤功能还可以只显示更加精确的 OpenFlow 消息，如 Packet-in、Packet-out、Flow-mod 等。

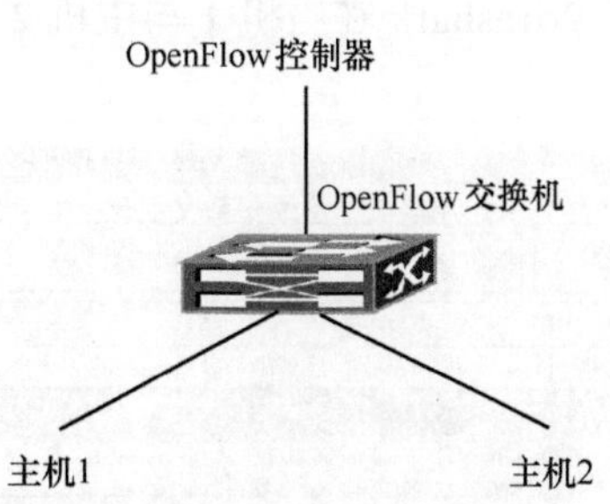

图 12-5　抓取分组分析实验拓扑

此外还可以按具体的属性进行过滤，见表 12-1。

表 12-1　OpenFlow 协议属性过滤

属性	举例	描述
链路层属性	eth.addr==00:00:00:00:00:01	显示源和目的 MAC 地址都为 00:00:00:00:00:01 的分组
	eth.src==00:00:00:00:00:01	显示源和目的 MAC 地址都为 00:00:00:00:00:01 的分组
网络层属性	ip.addr == 10.1.1.1	显示源和目的 IP 都为 10.1.1.1 的分组
	ip.src == 10.230.0.0/16	显示来自 10.230.0.0 网段的分组
	ip.dst==10.1.1.1	显示出目的 IP 为 10.1.1.1 的分组
传输层属性	tcp.port == 25	显示源和目的 TCP 端口为 25 的分组
	tcp.dstport == 25	显示目的 TCP 端口为 25 的分组
	tcp.dstport >=25	显示所有目的 TCP 端口大于 25 的分组

续表

属性	举例	描述
应用层属性	http.request.method == “POST”	显示请求方式为 POST 的 HTTP 分组
	http.host == “tracker.1ting.com”	显示请求域名为 tracker.1ting.com 的 HTTP 分组
组合属性	ip.addr==10.1.1.1 and tcp.port == 25	显示 IP 地址为 10.1.1.1，TCP 端口为 25 的分组
	tcp.dstport>=25 and tcp.dstport <=80	显示目的端口范围在 25 ～ 80 的分组

控制器与交换机成功建立连接后，两台主机即可以互相通信。图 12-6 给出了 Wireshark 在主机 1 与主机 2 互 ping 时抓取的数据分析情况。

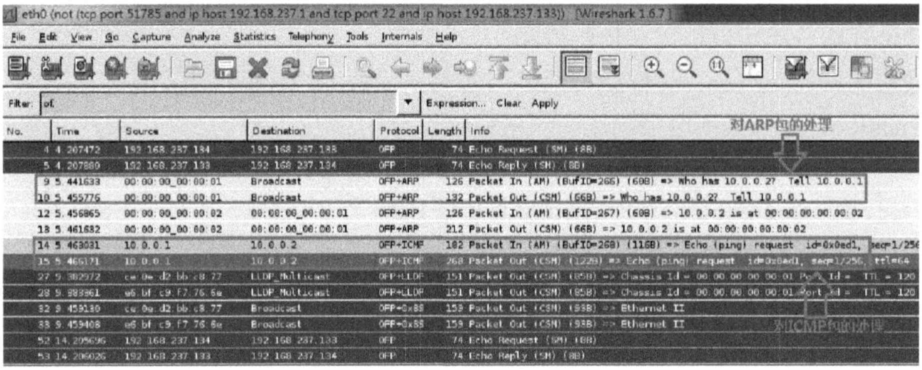

图 12-6　Wireshark 抓取数据分组分析结果

由图中可以看出，主机 1 首先向网络发出 ARP 广播，OpenFlow 交换机将此 ARP 分组用 OpenFlow 协议封装后作为 Packet-in 消息上交给控制器，在 Wireshark 中该封分组的协议名为 OFP+ARP。控制器在收到该分组后，给交换机下发 Packet-out 消息，告诉交换机将此条 ARP 请求消息泛洪到除进来的所有端口，此时主机 1 成功进行了 ARP 广播。

主机 2 在收到主机 1 的 ARP 请求后将发送一个定向单播进行 ARP 应答。同样控制器收到了交换机发来的协议名为 OFP+ARP 的 Packet-in 消息后，回应 Packet-out 消息和 Flow-mod 消息，接下来交换机将主机 2 的 ARP 应答分组转发给主机 1。到目前为止，整个 ARP 的解析过程结束。

此时主机 1 开始向主机 2 发送 ICMP 分组，控制器收到 Packet-in 消息后发出 Packet-out 消息和 Flow-mod 消息，交换机得到相应的流表后允许主机 1 与主机 2 通信。

12.5 流量监控工具 sFlow

12.5.1 工具介绍

sFlow 是由 InMon、HP 和 FoundryNetworks 于 2001 年联合开发的一种网络监测技术，是一种以设备端口为基本单元的数据流随机采样流量监控技术，不仅可以提供全网范围内完整的第 2 ~ 4 层实时流量信息，而且可以适应超大网络流量（如大于 10 Gbit/s）环境下的流量分析，让用户详细、实时地分析网络传输流的性能、趋势以及存在的问题。

sFlow 监控系统由 sFlow 代理（Agent）和 sFlow 收集器（Collector）两部分组成。其中，代理负责数据采样并周期上报数据给收集器，收集器则负责对采样结果进行分析、汇总、生成流量报告，sFlow 的基本工作原理如图 12-7 所示。

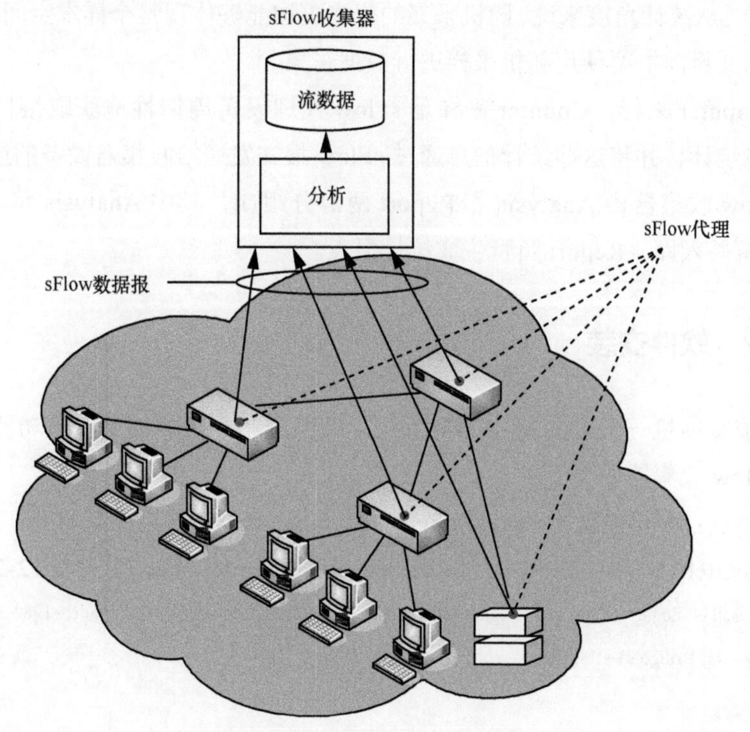

图 12-7 sFlow 的基本工作原理

sFlow 报文采用 UDP 封装，缺省目的端口号为知名端口 6343。sFlow 报文共有 4 种报文头格式，分别为 Flow Sample、Expanded Flow Sample、Counter Sample、Expanded Counter Sample。其中 Expanded Flow Sample 和 Expanded Counter Sample 是 sFlow Version 5 新增内容，是 Flow Sample 和 Counter Sample 的扩展，但不能向后兼容。所有的 Expanded 的采样内容必须使用 Expanded 采样报文头封装，sFlow 报文格式如图 12-8 所示。

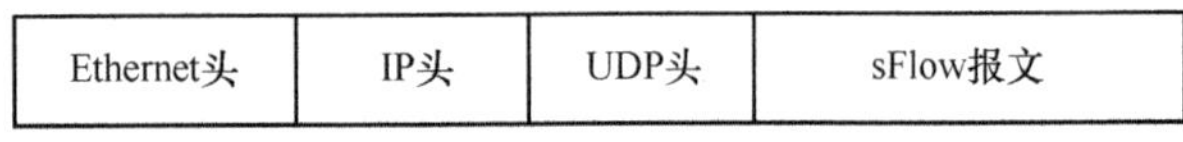

图 12-8　sFlow 报文封装

sFlow 代理一般内嵌于交换机或者路由器等转发设备，可通过特定的采样技术获取网络设备上的流量信息，sFlow 的采样技术分为以下两种。

- Flow 采样：Flow 采样是 sFlow 代理设备在指定端口上按照特定的采样方向和采样比，对报文进行采样分析，并将分析结果通过 sFlow 报文发送到 Collector 设备的过程。Flow 采样主要有两种方式：固定采样和随机采样。从统计角度来说，随机采集的样本更加能够体现整个样本空间的情况，因此目前主要使用随机采样进行数据采集。
- Counter 采样：Counter 采样是 sFlow 代理设备周期性地获取接口上的流量统计，并将这些统计信息通过 sFlow 报文发送给收集器设备的过程。

sFlow 收集器由 Analysis 和 Report 两部分组成，其中 Analysis 负责 sFlow 报文分析并入库，Report 负责生成统计报表。

12.5.2　软件安装

传统交换机一般都自带 sFlow 功能，可通过命令行启动 sFlow 功能、正确配置 sFlow 收集器即可。

第 1 步：在交换机上开启 sFlow 功能，Open vSwitch 提供了 sFlow 的功能，Open vSwitch 上开启 sFlow 的命令如下，OVS sFlow 参数说明见表 12-2。

```
# ovs-vsctl -- --id=@s create sFlow agent=eth1 target=\ "  192.168. 56.1:6343\ "  header=128 \sampling=64 polling=10 -- set Bridge s1 sflow=@s
```

表 12-2　OVS sFlow 参数说明

参数	说明
agent	用于发送采样报文网卡的 IP 地址，默认为 127.0.0.1
target	SFlow 收集器的 IP 地址
header	采样报文头的大小，默认为 128
sampling	采样比，默认值为 400，表示每 400 个分组采样一次
polling	采样周期，默认值 30 s，每周期采样一次
s1	待启用 sFlow 的虚拟网桥

第 2 步：使用 sFlow Trend。sFlow Trend 是 InMon 开发的一款免费的 sFlow 收集器，它把由 sFlow 代理采集上报的 sFlow 信息进行分析和图形化显示，是一款功能十分强大的流量分析软件。sFlow Trend 的安装需要输入如下命令。

安装结束后，双击 sFlowTrend.jnlp，可启动 sFlow Trend。随后可通过图形化界面查看 sFlow Trend 结果（如图 12-9 所示）。

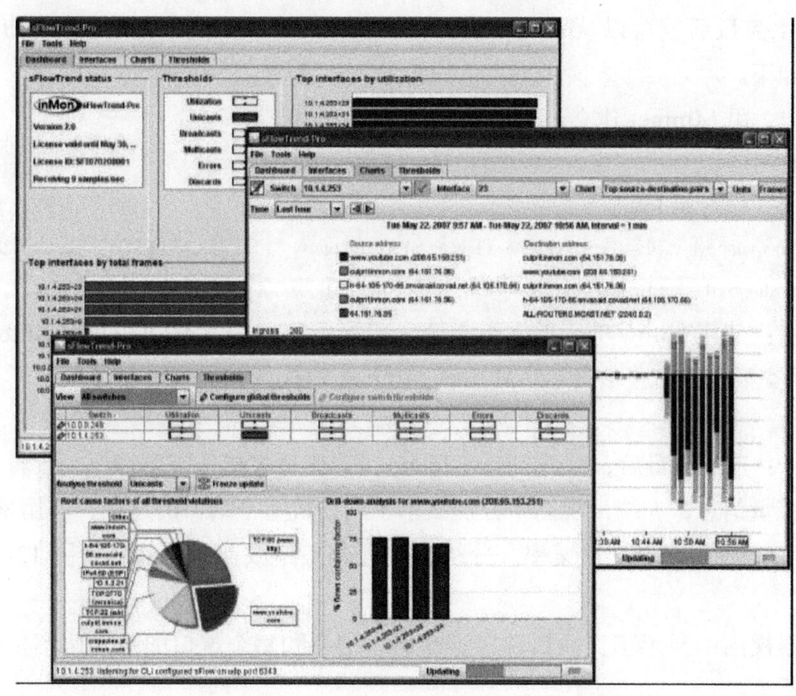

图 12-9　sFlow Trend 测试结果

12.5.3 应用实例

下面介绍一个使用 sFlow 工具监测两台主机间通信流量的例子，实验拓扑如图 12-10 所示。

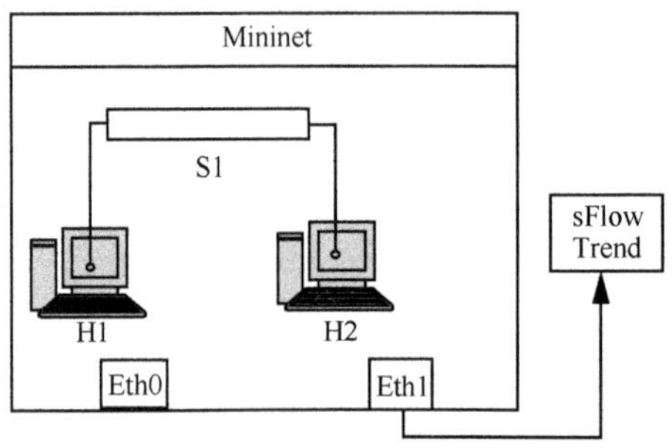

图 12-10 sFlow 流量监控实验拓扑

为了让网络中产生流量，本实验中我们让主机 H1 不停地 ping 主机 H2。当网络中产生流量后就可以从 sFlow Trend 所提供的图形界面对流量进行分析，具体操作如下。

第 1 步：用 Mininet 建立一个简单的拓扑。

```
# sudo mn
```

第 2 步：配置 sFlow。

```
root@mininet-vm# ovs-vsctl -- --id=@s create sFlow agent=eth1 target=\ "  192.168.56.1:6343\ "  header=128 \
sampling=64 polling=10 -- set Bridge s1 sflow=@s
```

第 3 步：使用 sFlow Trend 检测流量。在配置完成以后就可以使用 sFlow Trend 查看交换机的流量信息了，随后在 Mininet 中执行 ping 操作。

```
h1 ping h2
```

第 4 步：产生流量后，打开 sFlow Trend 可以查看主机的流量情况。查看交换机端口流量信息，在端口视图中分别显示了交换机每个端口的速率、使用率、单播速率、多播速率、广播速率、分组丢失数和差错数，具体信息如图 12-11 所示。

计数器视图中显示了交换机端口吞吐速率信息和每个端口的收发速率，如图 12-12 所示。

Top 视图显示了最近的峰值流量信息，例如最近 5 s 分组发送速率最高的主机的信息以及分组的发送速率，如图 12-13 所示。

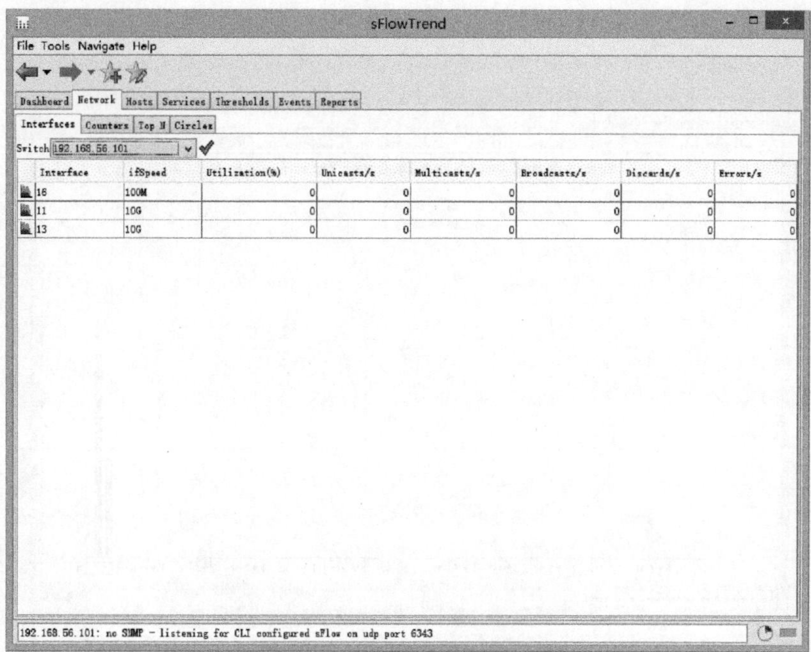

图 12-11 sFlow Trend 端口视图

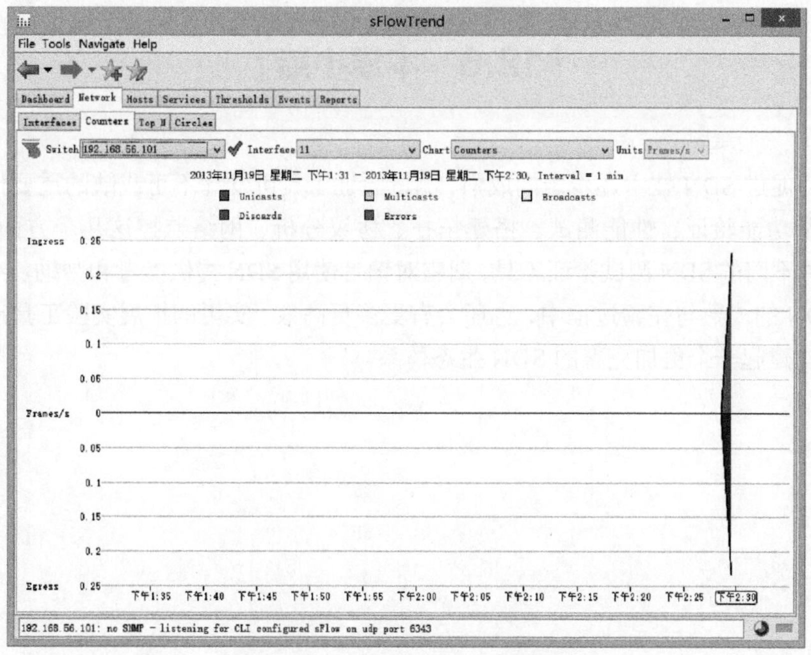

图 12-12 sFlow Trend 计数器视图

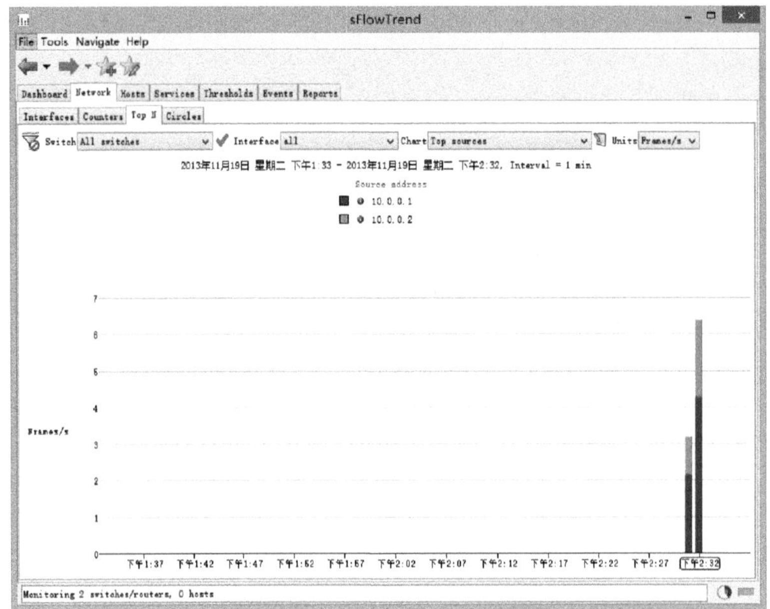

图 12-13　sFlow Trend Top 视图

12.6　本章小结

为促进 SDN 技术逐步走向成熟，测试验证工具可发挥不可或缺的重要作用。本章从功能验证、性能测试、搭建拓扑、协议分析、网络监控这几个方面介绍了 5 种不同的 SDN 测试验证工具，期望对读者使用 SDN 提供参考和帮助。当然，在 SDN 的成熟与完善过程中，也还会有更多更高效、实用的扩展实验工具出现，从而构建起一个更加完整的 SDN 生态体系。

缩略语

英文缩写	英文释义	中文释义
ARP	Address Resolution Protocol	地址解析协议
API	Application Programming Interface	应用编程接口
APP	Application	应用程序
CAM	Content Addressable Memory	存储报文内容的缓存
CLI	Command-Line Interface	命令行界面
CPU	Central Processing Unit	中央处理器
DDoS	Distributed Denial of Service	分布式拒绝服务
DHCP	Dynamic Host Configuration Protocol	动态主机配置协议
DNS	Domain Name System	域名系统
DOM	Document Object Model	文档对象模型
DS	Declarative Service	声明式服务
DTO	Data Transfer Object	数据传输对象
GCC	GNU Compiler Collection	GNU 编译器套件
GIL	Global Interpreter Lock	全局解释器锁
GRE	Generic Routing Encapsulation	通用路由封装
GUI	Graphical User Interface	图形用户界面
HA	High Availability	高可用性
HP	Hewlett-Packard Development Company	惠普公司
HTML	HyperText Markup Language	超文本标记语言
HTTP	HyperText Transfer Protocol	超文本传送协议

续表

英文缩写	英文释义	中文释义
ICMP	Internet Control Message Protocol	国际控制报文协议
IDE	Integrated Development Environment	集成开发环境
I/O	Input/Output	输入 / 输出
IETF	Internet Engineering Steering Group	互联网工程指导小组
IP	Internet Engineering Task Force	互联网工程任务组
IPv4	Internet Protocol version 4	网际协议第四版
JSON	JavaScript Object Notation	JavaScript 对象表示法
LLDP	Link Layer Discovery Protocol	链路层发现协议
MAC	Medium Access Control	媒体接入控制
MD-SAL	Model-Driven Service Abstraction Layer	模型驱动的服务抽象层
NAT	Network Address Translation	网络地址转换
NETCONF	Network Configuration Protocol	网络配置协议
NFV	Network Function Virtualization	网络功能虚拟化
NIC	Network Interface Card	网卡、网络适配器
NSDL	Network Scenario Description Language	网络场景描述语言
OS	Operating System	操作系统
OPNFV	Open Platform for NFV	NFV 开源组织
OVSDB	Open vSwtich Database	Open vSwitch 数据库
QoS	Quality of Service	服务质量
REST	Representational State Transfer	表征状态转移
RFC	Request For Comments	请求评议文档
RPC	Remote Procedure Call Protocol	远程过程调用协议
SAL	Service Abstraction Layer	服务抽象层
SDN	Software Defined Network	软件定义网络
SKB	Socket Buffer	存储报文内容的缓存
SNMP	Simple Network Management Protocol	简单网络管理协议
SOCM	Service-Oriented Component Model	面向服务的组件模型
STP	Spanning Tree Protocol	生成树协议
TCP	Transmission Control Protocol	传输控制协议
TLV	Type, Length and Value	类型、长度和值域
UDP	User Datagram Protocol	用户数据报协议

续表

英文缩写	英文释义	中文释义
UI	User Interface	用户界面
URL	Uniform Resource Locator	统一资源定位符
UML	Unified Modeling Language	统一建模语言
VLAN	Virtual LAN	虚拟局域网
VND	Visual Network Description	虚拟网络描述
VxLAN	Virtual eXtensible LAN	虚拟可扩展 LAN
VTN	Virtual Tenant Network	虚拟租户网络
XML	Extensive Markup Language	可扩展标记语言

名词索引